化学工业出版社“十四五”普通高等教育规划教材

# 大学化学

第二版

王孝杰　张 炜　朱 慧　胡碧茹
王春华　邹晓蓉　张 冶　编

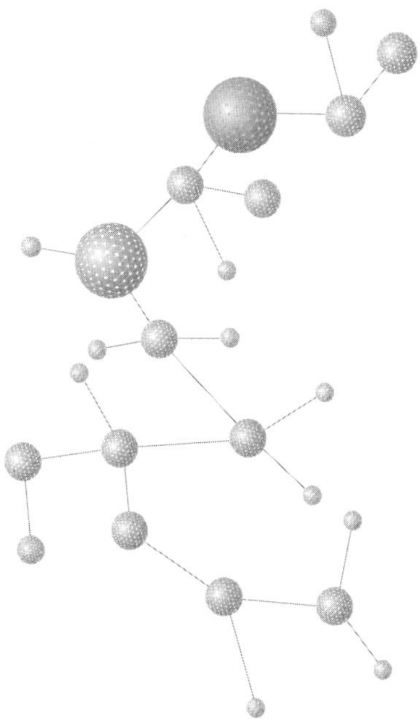

DAXUE
HUAXUE

化学工业出版社
·北京·

## 内容简介

《大学化学》（第二版）共 13 章，包括基础和应用两大部分。基础部分包括物质结构（物质的状态、原子结构和元素周期律、分子结构、晶体结构）和化学反应的基本规律（化学热力学、化学反应动力学、化学平衡、氧化还原反应和电化学）。应用部分包括化学与能源、化学与材料、化学与信息、化学与生命、化学与环境，突出了化学与军事武器装备的密切联系，重点介绍了军用能源、军用新材料、生化战剂、军事活动对环境的影响和军事人工环境。本书对主要知识点配置了讲解视频，每章设有大量复习题和习题，其答案可扫二维码获取。

《大学化学》（第二版）尤其适合于国防类专业的本科生，也可供其他近化学化工类专业的师生参考使用。

**图书在版编目（CIP）数据**

大学化学 / 王孝杰等编. -- 2版. -- 北京 ：化学工业出版社，2025. 8. -- （化学工业出版社“十四五”普通高等教育规划教材）. -- ISBN 978-7-122-48405-5

Ⅰ. O6

中国国家版本馆 CIP 数据核字第 2025QQ3237 号

责任编辑：宋林青　　文字编辑：刘志茹
责任校对：张茜越　　装帧设计：史利平

出版发行：化学工业出版社
（北京市东城区青年湖南街 13 号　邮政编码 100011）
印　　装：河北鑫兆源印刷有限公司
787mm×1092mm　1/16　印张 20½　彩插 1　字数 509 千字
2025 年 9 月北京第 2 版第 1 次印刷

购书咨询：010-64518888　　售后服务：010-64518899
网　　址：http://www.cip.com.cn
凡购买本书，如有缺损质量问题，本社销售中心负责调换。

定　　价：49.80 元

# 第二版前言

随着移动互联网、智能终端的普及，基于智能手机、平板电脑等移动终端的数字化学习时代随之到来，教材已从静态知识载体转变为动态学习系统。本书初版发行以来，承蒙全国多所高校师生厚爱被选为参考教材，并被选定为军队文职人员公开招考参考教材。结合新形势下对教材的改革需求，本次再版以“纸媒＋数字资源”的新形态教材形式对知识架构与习题系统进行了全面升级。

本次修订重点包括：(1) 对原书出现的一些疏漏进行了更正；(2) 对第 2～8 章主要知识点配置了讲解视频，并插入二维码引导体验数字功能；(3) 对每章的习题进行了大幅度的更新，并以二维码呈现参考答案；(4) 每章针对基本概念增加了复习题；(5) 对第三篇化学的现代应用更新了部分内容。

国防科技大学化学教学团队的老师们在本书的修订中给予了大力支持，并提出了很多改进意见，在此表示衷心感谢。

化学工业出版社为本书的出版提供了大力帮助和支持，编者表示由衷的感谢。

由于编者水平有限，书中疏漏与不妥之处在所难免，恳请读者批评指正。

编者

2025 年 5 月

# 第一版前言

化学是在原子、分子或离子层次上研究物质的组成、结构和性质及其相互关系和变化规律的一门学科，是自然科学的重要组成部分。

在人类历史发展的长河中，化学始终处于先导和基础的地位。特别是在当今世界里，科学技术、生产实践、日常生活、军事高技术装备和军事活动，都与化学密切相关。现代文明的三大支柱——能源、材料和信息，无一不涉及化学问题。例如，能源的开发和利用，常以各类化学反应中释放出的能量和能量转换为基础；新材料的选择、研制和加工都需要应用化学和化工技术；信息的传递和处理离不开载体和介质，而载体和介质材料的性能很大程度上取决于其组成、结构和理化性质。生命过程的基础之一是生物化学反应，分子生物学是生命科学的重要分支之一，因此生命科学的研究离不开化学；生活中的衣、食、住、行等都与化学密切相关；军事高科技装备更是集先进的材料和化学等相关技术之大成，无论材料，还是动力，乃至伪装隐身能力和毁伤效应都依赖于化学技术，火炸药、推进剂、烟幕、油料、核生化战剂是军事应用化学的主要组成部分，先进的金属材料、非金属材料、复合材料、纳米材料和各种功能材料在军事装备中比比皆是。

随着各门学科相互渗透的日益增强，人们面临的问题往往需要运用多种学科的知识才能解决，因而对化学提出了更高的要求。在科学研究、工程实践、军事活动中，非化工类的工程技术人员也需要能运用化学的知识、化学的思维方法、化学的手段来思考和解决问题。因此，化学是非化工类学生的必修课程。

考虑到 21 世纪综合型军事人才培养中对化学素质的需求，本教材从物质的化学组成、化学结构和化学反应出发，紧密联系现代工程技术和现代高技术战争中所遇到的与化学相关的问题，如材料的选择和使用，人类生存环境、战场环境以及空间宇航员生活环境的污染与防护，新型能源的开发与利用，信息传递和处理，生命科学发展等，深入浅出地介绍有现实应用价值和有潜在应用价值的基础理论和基本知识，使学生在今后的实际工作中能有意识地运用化学观点去思考、认识和解决问题。

全书以物质结构基础和化学热力学基础为主线，并贯穿始终。共分 13 章，包括基础和应用两大部分。基础部分包括物质结构（物质的状态、原子结构和元素周期律、分子结构、晶体结构）和化学反应的基本规律（化学热力学、化学反应动力学、化学平衡、氧化还原反应和电化学）。应用部分包括：化学与能源、化学与材料、化学与信息、化学与生命、化学与环境。

本教材力图准确、简明地阐述最基本、最通用的高等教育层次的化学基本原理、规律，使学生理解化学学科的框架；注意追踪现代科技的发展和学科之间的联系，强调化学与其他学科之间的渗透和交融；追求概念论述的清晰明了和深入浅出，注重每个章节相关部分的衔接和必要的过渡，力求“来龙明，去脉清”；应用部分突出了化学与军事武器装备的密切联系，重点介绍了军用能源、军用新材料、生化战剂、军事活动对环境的影响和军事人工环境。本书每章之后均附有参考书目，以供学生自学及参考使用。

本教材由张炜任主编。绪论由朱慧编写，第 1 章由邹晓蓉编写，第 2～4 章由朱慧编写，第 5 章、第 7～8 章由胡碧茹编写，第 6 章由胡碧茹、王春华编写，第 9～10 章由张炜、朱慧编写，第 11 章由张炜、王春华编写，第 12～13 章由王孝杰编写。全书由张炜、朱慧统稿。

本教材是在 2000 年开始使用的内印教材基础上修改、提炼而成的。经过多年内印教材的试用，相信新版的教材应该更加完善，为军校的化学教学提供一本有价值的教材。

在本教材的编写过程中，参考了许多已出版的教材和文献，并引用了书中的一些图表和数据，主要参考书列于每一章书后，在此向所有参考书的作者表示我们最诚挚的谢意。

感谢在教材的编写过程中给予帮助的老师和同学。

限于编者水平，书中难免有疏漏和不妥之处，敬请读者和专家批评指正。

编者

2008 年 4 月于长沙

# 目　录

## 第二篇 化学反应的基本规律

## 第三篇　化学的现代应用

- 讲解视频
- 习题答案

# 绪　　论

## 1. 化学研究的对象、内容和目的

什么是化学

世界是由物质组成的，物质处于永恒的运动之中。自然科学就是以客观存在的物质世界作为考察对象，以它的基本属性——运动作为研究的内容。

物质运动包含许多形式：机械运动、物理运动、化学运动、生物运动和社会运动。化学研究的内容主要是物质的化学运动，即物质的化学变化。

化学变化的过程实际上是分子、原子或离子因核外电子运动状态的改变而发生分解和化合的过程，这种变化常会伴有一些物理变化（如光、热、电、颜色、物态等）发生。因此在研究物质化学变化的同时，也必须注意研究相关的其他变化。

物质发生了化学变化之后，其组成或结构也发生了变化。除了核反应之外，一般的化学变化不会涉及新元素的生成，即不涉及原子核的改变。

研究物质的化学变化，首先是研究物质本身的组成、结构以及它们的性质，其次是研究变化发生的一些外界条件，最终还要对变化本身的规律进行研究，即反应能否发生，程度如何，有哪些影响因素等。

物质的化学变化与物质的化学性质有关，而物质的化学性质又与物质的组成和结构密切相关，所以物质的组成、结构和性质必然成为化学研究的内容。由于化学变化与外界条件有关，因此研究化学变化的同时要研究变化发生的外界条件。

综上所述，化学是一门在原子、分子或离子层次上研究物质的组成、结构和性质及其相互联系和变化规律的自然科学。简而言之，化学是研究物质变化的科学。

研究化学的目的是要通过认识物质化学变化的规律，了解天然资源的形成，以便有效地开采和利用廉价而丰富的天然资源，提取加工有用的原料或用以制备各种人工合成产品，以最大限度地满足人类日益增长的物质生活和精神生活的需要。

## 2. 化学变化的特征

生活中的一个化学实例

① 化学变化是质变　化学变化是新物质生成的变化，在变化过程中伴随着旧化学键的断裂和新化学键的形成，是化学键的重新组合。例如：$H_2$ 和 $O_2$ 生成水的反应，过程中伴随 H—H 键和 O═O 键的断裂而形成 H—O 键，生成新的物质 $H_2O$，这就是化学变化。水、氢气、氧气是 3 种性质完全不同的物质，因此化学变化是质变。

② 化学变化服从质量守恒定律　化学变化是原子核外电子的运动状态发生的变化，在此过程中原子核不发生任何变动，变化过程中只有旧物质的消失和新物质的生成，没有元素的消失和生成。化学反应过程中各元素的原子数和核外电子的总数没有变化，所以化学变化前后各元素的物质的量不变，服从质量守恒定律，并且参与反应的各种物质之间有确定的计量关系。反应物之间、反应物与生成物之间，以及生成物之间的定量关系都是可以定量计算的。

③ 化学变化伴随着能量变化　由于各种化学键的键能不同，因此当化学键发生改组时，

必然伴随着能量的变化，伴随系统与环境的能量交换。旧化学键的破坏需要吸收能量，而新化学键的形成则将放出能量。在一个化学变化的历程中，如果放出的能量大于吸收的能量，则将有能量向环境释放。反之，如果放出的能量低于吸收的能量，则需要从环境中吸收能量，才能维持化学变化的顺利进行。

在基础化学课程内，将遇到大量类型不同的化学变化，但这些化学变化无一例外地都具有上述三个方面的基本特征。因此，了解并掌握这些特征，将有助于加深对各种化学变化实质的理解。

### 3. 化学学科的分支

化学的定义

化学的研究范围极其广泛，按其研究对象和研究目的不同，化学已逐渐形成了分析化学、无机化学、有机化学和物理化学等分支学科。

分析化学是研究物质的化学组成和化学结构的分析方法及其理论的一门学科。按其分析方法可以分为化学分析和仪器分析。分析化学分支形成最早，自 19 世纪初，原子量的准确测定，促进了分析化学的发展，这对原子量数据的积累和周期律的发现都有很重要的作用。1841 年贝采利乌斯（J. J. Berzelius）的《化学教程》、1846 年弗莱森（C. R. Fresenius）的《定量分析教程》和 1855 年莫尔（E. Mohr）的《化学分析滴定法教程》等专著相继出版，其中介绍的仪器设备、分离和测定方法，已初具今日化学分析的端倪。随着电子技术的发展，借助于光学性质和电学性质的光度分析法以及测定物质内部结构的 X 射线衍射法、红外光谱法、紫外光谱法、核磁共振波谱法等近代的仪器分析方法，可以快速灵敏地对物质的组成和含量进行检测。如对运动员的兴奋剂监测，尿样中某些药物浓度即使低到 $10^{-13}g \cdot mL^{-1}$ 时，也难躲避分析化学家们的锐利眼睛。目前分析化学不再只限于测定物质的组成和含量，而要对物质的状态（氧化还原态、各种结合态、结晶态）、结构（一维、二维、三维空间分布）、微区、薄层和表面的组成与结构以及化学行为和生物活性等作出瞬时追踪，进行无损和在线监测等分析及过程控制，甚至要求直接观察到原子和分子的形态和排列。

无机化学是一门研究除碳氢化合物及其衍生物外的所有元素及其化合物的组成、结构、性质、制备、反应规律及应用的学科。无机化学的形成常以 1870 年前后门捷列夫（D. I. Mendeleev）和迈尔（J. L. Meyer）发现周期律和公布周期表为标志。他们把当时已知的 63 种元素及其化合物的零散知识归纳成一个统一整体。一个多世纪以来，化学研究的成果还在不断地丰富和发展周期律，周期律的发现是科学史上的一个勋业。现代无机化学在合成新材料、超导体、配合物催化剂、稀土元素化学、核化学、生物无机化学等领域发挥着越来越重要的作用。

有机化学是一门研究碳氢化合物及其衍生物的组成、结构、性质、合成及其相关理论和应用的学科。有机化学是最大的化学分支学科，也可以说有机化学就是“碳的化学”。有机化学的结构理论和有机化合物的分类，也形成于 19 世纪下半叶。如 1861 年凯库勒（F. A. Kekulé）提出碳的四价概念及 1874 年范特霍夫（J. H. van't Hoff）和勒贝尔（J. A. Le Bel）的四面体学说，至今仍是有机化学最基本的概念之一。世界有机化学权威杂志就是用 Tetrahedron（四面体）命名的。医药、农药、染料、化妆品等无不与有机化学有关。20 世纪以来，世界上每年约合成近百种新化合物，其中 70%以上是有机化合物。有机化学正朝着高选择性合成、天然复杂有机物的合成与分离、有机金属化合物研究开发等领域不断推进。

在有机物中有些小分子，如乙烯（$C_2H_4$）、丙烯（$C_3H_6$）、丁二烯（$C_4H_6$），在一定温度、压力和有催化剂的条件下可以聚合成为分子量为几万、几十万的高分子材料，这就是塑料、合成纤维、合成橡胶等，它们已经走进千家万户、各行各业。目前高分子材料的年产量已超过 1 亿吨。若按使用材料的主要种类来划分时代，人类经历了石器时代、青铜器时代、铁器时代，目前正在迈向高分子时代。现在往往把高分子列为另一个化学分支学科，有的高等学校设立高分子系，有的学校设立高分子研究所，有力地加强了人才培养，并促进了该分支学科的发展。

物理化学是从化学变化与物理变化的联系入手，研究化学反应的方向和限度（化学热力学）、化学反应的速率和机理（化学动力学）以及物质的微观结构与宏观性质间的关系（结构化学）等问题的一门学科，它是化学学科的理论核心。1887 年奥斯特瓦尔德（W. Ostwald）和范特霍夫合作创办了物理化学杂志，标志着这个分支学科的形成。随着电子技术、计算机、微波技术等的发展，化学研究如虎添翼，空间分辨率现已达 $10^{-10}$m，这是原子半径的数量级，时间分辨率已达飞秒级（1fs$=10^{-15}$s），这和原子世界中电子运动速度差不多。肉眼看不见的原子，借助于仪器的延伸已经成为看得见、摸得着的实物，微观世界的原子和分子不再那么神秘莫测了。

在研究各类物质的性质和变化规律的过程中，化学逐渐发展成为若干分支学科，但在探索和处理具体课题时，这些分支学科又相互联系、相互渗透。无机物或有机物的合成总是研究（或生产）的起点，在进行合成的过程中必定要靠分析化学的测定结果来指示合成工作中原料、中间体、产物的组成和结构，这一切当然都离不开物理化学的理论指导。

化学学科在其发展过程中还与其他学科交叉结合形成多种边缘学科，如生物化学、环境化学、农业化学、医药化学、材料化学、地球化学、放射化学、激光化学、计算化学、星际化学等。

### 4. 化学在国民经济发展中的作用和地位

化学的作用和地位

化学是自然科学中的基础学科之一。化学与人类的现代文明有着十分密切的关系。化学过去在改变人类的物质文明和精神文明的面貌中曾起过重要的、不可替代的作用，在今后迎接新世纪的机遇和挑战中也将会起到更加重要的作用。化学既是关于自然的科学，又是关于人的科学，它的各个研究领域无不直接或间接地关系到人类的发展问题。化学与社会进步以及现代科技发展密不可分。

（1）化学与人类生活

人类的每项活动都用到一些由化学提供或加工的物质，同时在许多活动中也包含着化学变化，我们的衣、食、住、行无不与化学有关，可以说我们生活在化学世界里。

色泽鲜艳的衣料需要经过化学处理和印染，丰富多彩的合成纤维更是化学的一大贡献。粮食增产的关键之一是发展化肥和农药生产；加工制造色香味俱佳的食品离不开各种食品添加剂，如甜味剂、防腐剂、香料、调味剂和色素等，它们大多是用化学合成方法或用化学分离方法从天然产物中提取出来的。现代建筑所用的水泥、石灰、涂料、玻璃和塑料等材料都是化工产品。用以代步的各种现代交通工具，不仅需要汽油、柴油作动力，还需要各种汽油添加剂、防冻剂，以及机械部分的润滑剂，这些无一不是石油化工产品。此外，人们需要的药品，洗涤剂、美容品和化妆品等日常生活必不可少的用品也都是化学制剂。

(2) 化学与农业、工业和科学技术现代化

再从社会发展来看，化学对于实现农业、工业和科学技术现代化具有重要的作用。农业要大幅度增产，农、林、牧、副、渔要全面发展，在很大程度上依赖于化学所取得的成就。化肥、农药、植物生长激素和除草剂等化学产品，不仅可以提高产量，而且也改进了耕作方法。高效、低污染的新农药的研制，长效、复合化肥的生产，农、副业产品的综合利用和合理贮运，也都需要应用化学知识。在工业现代化和国防现代化方面，急需研制各种性能迥异的金属材料、非金属材料和高分子材料。在煤、石油和天然气的开发、炼制和综合利用中包含着极为丰富的化学知识，并已形成煤化学、石油化学等专门领域。

(3) 化学与国防

化学在武器和防御物两方面发挥着重要的作用。现代战争是以包括化学在内的各种高新技术为基础的战争，无论是材料，还是动力，乃至隐身效果都依赖于化学技术。从武器的核心——炸药，到以化学物质为主的反装备武器，以及制造战机、导弹等现代高科技武器装备用的各种新材料，都离不开化学家的发明和贡献。

古代中国所发明的黑色火药的使用彻底地改变了战争的模式，使战争由冷兵器时代进入到以枪、炮为代表的热兵器时代。现代武器所使用的火药和炸药是黑火药的改进，它们都是化学药品或其混合物，经过化学反应释放出大量热能。军事四弹——烟幕弹、照明弹、燃烧弹、信号弹，在军事上有着重要的作用；化学武器更是武器家族中随风而动、杀人无形的“毒魔”；以化学物质为主的反装备武器是一类对人员不造成杀伤，专门用于对付敌方武器装备的化学武器（如超强润滑剂、超强黏合剂、金属脆化剂、超级腐蚀剂、泡沫体、易爆剂、阻燃剂等），它们都利用了化学物质和化学反应。导弹和人造卫星的发射，需要很多种具有特殊性能的化学产品，如高能燃料、高能电池、高敏胶片及耐高温、耐辐射的材料等。无论是精确制导武器、反辐射导弹，还是隐身飞机、复合装甲导弹，无一例外地与军用新材料的应用分不开。

火药和炸药、导弹和火箭、航空和航天、隐身和探测……化学与军事装备有着密切的关系，因此许多国家都十分重视军事领域的化学研究。

(4) 化学与能源、材料、信息、生命、环境科学

随着科学技术和生产水平的提高以及新的实验手段和电子计算机的广泛应用，不仅化学科学本身有了突飞猛进的发展，而且由于化学与其他科学的相互渗透，相互交叉，也大大促进了其他基础科学和应用科学的发展和交叉学科的形成。目前国际上最关心的几个重大问题——能源的开发与利用、材料的选择和寿命、信息传递、生命科学发展、环境的污染与保护等都与化学密切相关。

在能源开发和利用方面，化学工作者为人类使用煤和石油曾作出了重大贡献，现在又在为开发新能源积极努力，利用太阳能和氢能源的研究工作都是化学科学研究的前沿课题。材料科学是以化学、物理和生物学等为基础的科学，先进功能材料主要是研究和开发具有电、磁、光和催化等各种性能的新材料，如高温超导体、非线性光学材料和功能性高分子合成材料等。材料、能源、信息是现代文明社会的三大支柱，材料又是能源和信息工业技术的物质基础。信息离不开载体和介质，而载体和介质的组成和化学状态对信息有很大影响。根据材料结构和性能的关系，通过各种化学合成手段，可以制造出许多性能各异（光、磁、电、热、力、化学性质）的信息材料，如信息工程中信息采集、处理和执行所需要的功能材料。

生命过程中充满着各种生物化学反应，当今化学家和生物学家正在通力合作，探索生命现象的奥秘，从原子、分子水平上对生命过程作出化学的说明则是化学家的优势。化学对满足人民生活需要，促进社会文明功不可没。可是随着工业生产的发展，工业废气、废水和废渣越来越多，处理不当就会污染环境。正是人类自己一手创造物质文明，另一手又把废物抛向大自然，破坏了生态环境。全球气温变暖、臭氧层破坏和酸雨是三大环境问题，正在威胁着人类的生存和发展。因此，“三废”的治理和利用，对污染情况的监测和寻找净化环境的方法，都是现今化学工作者的重要任务。

总之，化学与国民经济各个部门、尖端科学技术各个领域以及人民生活各个方面都有着密切联系。化学在自然科学中是一门中心科学，在国民经济发展中具有十分重要的地位和作用。

### 5. 现代化学科学发展的特点和发展趋势

化学与现代科学技术

现代化学科学的发展和进步，与当今世界科学技术的发展、进步紧密相关。现代科学技术取得了突飞猛进的发展，人类取得的科技成果，即科学新发现和技术新发明的数量，超过过去两千多年的总和。当代科学技术的发展呈指数增长的趋势，每 3 年至 5 年翻一番。现代科学技术的发展越来越综合化、整体化，形成大量边缘学科、交叉学科以及综合性很强的“大学科”。现代科学的发展，从理论创立到实践应用周期越来越短，科学、技术、生产日益形成统一的整体，涌现了大批知识密集型的高新技术产业。现代科学技术的发展极大地扩展了科学研究的范围，自然科学研究的空间尺寸由小到基本粒子 $1\times10^{-18}$m，大到宇宙总星系的半径 $1\times10^{26}$m，时间尺度由短到共振态粒子的寿命 $1\times10^{-24}$s，长到地球的年龄 $1\times10^{17}$s（即 46 亿年）。科学研究的对象更趋向复杂的、非线性的、非平衡的而真实的系统。现代科学技术发展的这些特点和趋势，包含着现代化学科学发展的特点和趋势，并且深刻地影响化学科学的发展。

现代化学的发展，一般从 19 世纪末物理学的三大发现（X 射线——1895 年、元素放射性——1896 年、电子——1897 年）之后的 20 世纪算起。20 世纪初相对论（1916 年）和量子力学（1926 年）的创立，改变了人类的时空观，现代化学基本理论，例如价键理论、分子轨道理论、配位场理论、能带理论等逐步形成和建立；20 世纪 60 年代以后，借助计算机科学技术的进步，不仅使量子力学、结构化学得到迅速发展和广泛应用，而且化学正在走向分子设计的新方向；分子反应动力学的发展，正在分子水平的微观程度上对化学科学的核心问题——化学反应的本质做深入的揭示；20 世纪 50 年代 DNA 双螺旋结构的发现以及随后 DNA 重组技术和 RNA 功能的发现，不仅使生物化学、分子生物学取得巨大发展，而且为生命科学的发展奠定了基础；化学家以惊人的速度发现和合成新的化合物。化学研究的范围扩大到宇宙空间、人类社会、微观世界的各个领域，形成了众多交叉学科、边缘学科，例如星际化学、地球化学涉及天体演化、生命起源等重大问题，环境化学、能源化学、材料化学、生物化学等正在为社会、经济、技术的发展以及人类生活和健康水平的提高大显身手；脑化学、神经化学等将为揭示精神世界以及认知、思维的物质基础和本质做出贡献。

化学科学的发展，已经进入从宏观深入到微观，从定性走向定量，从描述进入推理，从静态到动态的新的发展阶段。化学科学的发展，不仅将在更深的层次揭示化学反应、物质结构与性能关系等的本质，而且将在揭示和解决许多自然的、社会的、精神的实际问题，例如生命科学中的化学问题以及人类认知和思维的物质基础等问题中发挥巨大作用和做出贡献。

环境、能源、资源向化学提出建立洁净、节能、节源和可持续发展的化学合成与工艺，因此推动化学工业研制新方法，发展高效、节能的新流程，为市场提供更多的新产品。化学与化工、材料、能源、制药、食品、环境、农业、军工等产业的紧密结合，将为社会创造更多的财富。

课程要求

### 6. 本书内容和学习目的、方法

本教材内容包括物质结构、化学反应的基本规律及现代应用三部分。在物质结构方面，重点要求掌握结构特征及其对宏观性质的影响；化学反应的基本规律主要要求掌握各定律、原理的基本内容，公式及其使用条件，重要概念及其应用；考虑到人才培养中对化学素质的需求，本教材专门设篇章介绍与化学密切相关的热门领域——能源、材料、信息、生命、环境，介绍各领域中的化学知识、原理及其应用，重点突出军事高技术，以开拓眼界，扩大知识面。

本课程的目的是使学生了解高等教育层次的化学基本原理，理解化学学科的框架，建立物质变化和能量变化的观点，了解化学基本理论和知识在能源、材料、信息、生命科学、环境及工程上的应用，在今后的工作中能有意识地运用化学理论、观点、方法去思考、认识和解决问题；培养学生正确的学习和研究方法，逐步树立唯物主义的世界观。通过本课程的教学活动，把学生的科学观、社会观、价值观结合起来，提高学生的基本素质和创新能力。

学习大学化学和学习其他课程一样，在学习某一个问题时，要注意问题是怎样提出来的，需要借助的理论和实验是什么，最终解决问题的途径和方法是什么。学习时要多钻研，力求贯通，提倡独立思考、相互讨论，并在辩证地思考教材内容的过程中，善于提出矛盾和问题。学会查阅一些参考文献和资料，结合工程技术中的问题解决一些实际的化学问题，为今后的学习和工作奠定必要的化学基础。

# 第一篇　物质结构

物质世界种类繁多，精彩纷呈。不同的物质之所以表现出不同的性质，其根本原因在于物质内部结构的差异。

物质结构篇由物质的状态、原子结构和元素周期律、分子结构、晶体结构 4 章组成。本篇将运用现代量子力学的研究成果阐述物质微观世界的客观规律，深化对物质结构的认识，探讨物质的性质及其变化规律的内在原因。

# 第 1 章　物质的状态

通常人们接触的不是单个的原子和分子，而是由大量分子、原子或离子以一定方式结合而成的聚集体。例如在 0℃和 101.325kPa 下，$1cm^3$ 氧气中约含有 $2.7\times10^{19}$ 个氧分子。

组成物质的微粒在不停地运动，微粒间存在相互作用力。随外界温度和压力的不同，微粒的运动状态和微粒间相互作用力大小不同，物质的聚集状态也会有所不同。常见的聚集状态有气态、液态和固态三种。当外界条件变化时，物质可以从一种状态变为另一种状态。固体和液体的分子不会散开而能保持一定的体积，固体还能保持一定的形状，表明它们的分子间存在相互吸引力。当对固体和液体施加很大的压力时，它们的可压缩性很小，这表明当分子间的距离很近时，存在相互排斥力。在通常情况下，分子间的作用力倾向于使分子聚集在一起，并在空间形成某种较规则的有序排列。随着温度的升高，分子的热运动加剧，力图破坏有序排列，变成无序的状态。当温度升高到一定程度，热运动足以破坏原有的排列秩序时，物质的宏观状态就可能发生突变，即从一种聚集状态变到另一种聚集状态，例如从固态变成液态，从液态再变到气态。除此之外，在特定的条件下，物质还可以呈现其他聚集状态（如等离子态、超高密度态）。

在一定条件下，物质总是以一定的聚集状态参加化学反应。当物质处于不同聚集状态时，会呈现不同的物理和化学性质。对于给定的反应，由于物质的聚集状态不同，反应的速率和能量关系也会不同，甚至还会影响反应工艺条件的选择。因此有必要熟悉物质的状态特征，研究物质的状态变化。在自然界中，物质除了以气态、液态和固态等形式单独存在外，大多数是以相互混合、相互分散的状态存在，如空气、乳状液、泡沫等都属于分散系统。物质的分散状态不同，表现出不同的宏观性质。

本章主要讨论气体、液体和溶液的性质及变化规律，并对固体、等离子体、超高密度态的性质以及气溶胶等分散系统的特性与区别作简要介绍。

## 1.1　物质的聚集状态

### 1.1.1　气体

#### 1.1.1.1　气体的特征

气态是人们迄今为止研究和了解得较为全面的一种状态。理论和实践均已证明，气体由许多快速、独立和无规则运动着的分子组成。气体分子之间的距离很大，因此分子间的作用力很小，故气体具有明显的可压缩性和无限膨胀的特性。在一定温度下，随着压力的增加，气体分子间的距离缩小，气体的体积减小，反之亦然。由于气体分子间的作用力很小，分子的热运动又十分显著，故气体还具有良好的扩散性和渗透性，无论气体量的多少，它们都可以完全、均匀地充满整个容器，因此气体本身没有固定的体积和形状。同样，不同种类的气体只要不发生化学反应，便可以以任何比例相互均匀地混合。

气体的体积不仅受压力的影响，同时还与温度和气体的量有关。因此，可以用体积、压力、温度这些物理量来描述一定量的气体所处的状态。能反映这四者之间关系的表达式就称为气体的状态方程式。

#### 1.1.1.2 理想气体定律

(1) 理想气体状态方程

理想气体是人们为了使研究的问题简化而建立的一种假想的气体模型。按照这一模型，气体分子为只有位置而不具有体积的质点，分子之间也没有相互作用力。我们所接触的空气或其他一些气体，其分子都有体积，分子之间也存在着相互作用力，这些气体称为实际气体。

在压力很小、温度较高的情况下，实际气体分子之间的距离比较大，气体分子本身所占体积与它所占容器容积（即气体体积）相比可以忽略不计，同时气体分子间的作用力很小也可忽略不计。这时，实际气体的性质十分接近于理想气体的性质，因此我们可以用描述理想气体的一些定律来近似处理实际气体的问题。另外，通过对理想气体定律作适当的修正，就可以比较精确地解决有关实际气体的问题。这种处理问题的理想化方法，在科学上是经常使用的，可以使研究工作大大简化，并且容易导出一些重要的结论。

通过实验，人们发现理想气体的物质的量与压力、体积和温度之间存在如下关系：

$$pV=nRT \tag{1.1}$$

式中，$n$ 为气体的物质的量，mol；$p$ 为气体的压力，Pa；$V$ 为气体的体积，$m^3$；$T$ 为气体的热力学温度，K；$R$ 为摩尔气体常数，其数值为 $8.314Pa \cdot m^3 \cdot mol^{-1} \cdot K^{-1}$，$R$ 也可取 $8.314kPa \cdot L \cdot mol^{-1} \cdot K^{-1}$。因为 $1J=1Pa \cdot m^3$，故在用于能量方面的计算时 $R=8.314J \cdot mol^{-1} \cdot K^{-1}$。式(1.1)称为理想气体状态方程。

理想气体状态方程还可表示为另一种形式：

$$pV=\frac{m}{M}RT \tag{1.2}$$

式中，$m$ 为气体的质量；$M$ 为摩尔质量。利用式(1.1)或式(1.2)，可进行一些有关的计算。注意，计算时要保持 $p$、$V$ 与 $R$ 单位的统一。

(2) 混合气体的分压定律

以上讨论的是一种气体单独存在时的性质。当两种或两种以上的气体在同一容器中混合时，如果它们之间不发生化学反应，分子本身的体积和分子间的相互作用力都可以忽略不计时，这就是理想气体混合物。其中每一种气体都称为该混合气体的组分气体。它们互不干扰，如同单独存在一样，都能均匀地充满整个容器，占有与混合气体相同的总体积，并对器壁施加压力。这种组分气体对器壁所施加的压力叫作该气体的分压力（简称分压），它等于该组分气体单独存在并具有与混合气体相同体积、相同温度时所产生的压力。

1801 年，英国科学家道尔顿（J. Dalton）通过实验发现：混合气体的总压等于混合气体中各组分气体的分压之和。这一经验定律被称为道尔顿分压定律，其数学表达式为：

$$p=p_1+p_2+\cdots$$

或

$$p=\sum_i p_i \tag{1.3}$$

式中，$p$ 为混合气体的总压；$p_1$，$p_2$…为各组分气体的分压。

若以 $p_i$ 和 $n_i$ 分别表示混合气体中组分气体 $i$ 的分压和物质的量，$V$ 为混合气体的体积，在温度 $T$ 时，根据理想气体状态方程式，则

$$p_i=\frac{n_iRT}{V} \tag{1.4}$$

由道尔顿分压定律可知

$$p=\sum_i p_i=\sum_i n_i\frac{RT}{V}=n\frac{RT}{V} \tag{1.5}$$

式中，$n$ 为混合气体的物质的量，$n=n_1+n_2+\cdots=\sum_i n_i$ 。由此可见，理想气体状态方程不仅适用于单一纯净气体，也适用于气体混合物。

以式(1.4)除以式(1.5)，得

$$\frac{p_i}{p}=\frac{n_i}{n}$$

若令

$$x_i=\frac{n_i}{n}$$

则

$$p_i=x_i p \tag{1.6}$$

$x_i$ 称为组分气体 $i$ 的物质的量分数，又称为摩尔分数。式(1.6)表明混合气体中某组分气体的分压等于该组分的摩尔分数与混合气体总压的乘积，这是道尔顿分压定律的另一种表达形式。

**【例 1.1】** 恒温下，将 2.00mol $N_2$ 和 1.00mol $O_2$ 混合，混合气体的总压为 300kPa，求各组分气体的分压。

**解：** $O_2$ 的物质的量分数：

$$x(O_2)=\frac{1.00\text{mol}}{2.00\text{mol}+1.00\text{mol}}=\frac{1}{3},\quad p(O_2)=\frac{1}{3}p=\frac{1}{3}\times 300\text{kPa}=100\text{kPa}$$

$N_2$ 的物质的量分数：

$$x(N_2)=\frac{2.00\text{mol}}{2.00\text{mol}+1.00\text{mol}}=\frac{2}{3},\quad p(N_2)=\frac{2}{3}p=\frac{2}{3}\times 300\text{kPa}=200\text{kPa}$$

混合气体中 $O_2$ 的分压为 100kPa，$N_2$ 的分压为 200kPa。

#### 1.1.1.3　实际气体的状态方程

建立在理想气体模型基础上的状态方程和定律，只有在低压、高温下才近似适用于实际气体。在高压、低温下，随着气体分子间距离的缩短和分子平均动能的降低，分子之间的引力和分子自身的体积这两种因素已不能被忽略。这时，实际气体与理想气体的行为之间有较大的偏差。气体在降温和加压后可以液化这一事实，证实了这种偏差的存在。

针对实际气体偏离理想气体的情况，人们对理想气体状态方程进行了修正，提出了许多解决实际气体问题的方程。1873 年荷兰科学家范德华（J. D. van der Waals）的工作最为人们所重视。范德华针对引起实际气体与理想气体产生偏差的两个主要原因，即实际气体分子自身的体积和分子间作用力，对理想气体状态方程进行了修正。

按照理想气体模型，分子本身不具有体积，因此在 $pV=nRT$ 一式中，$V$ 可理解为每个分子可以自由运动的空间，它等于容器的容积。对于实际气体，当压力较高，分子自身的体积不能忽略时，每个分子可以自由运动的空间不再等于容器的容积 $V$，而应从 $V$ 中减去一个反映气体分子自身所占体积的修正项。设每摩尔气体分子自身所占体积的修正量为 $b$，对于 $n$ mol 气体，状态方程中的体积项就应修正为 $V-nb$。

当实际气体处于高压时，分子间引力也不容忽视。由图 1.1 可见，位于容器内部的分子受到周围分子的引力是均匀的，可以相互抵消。但靠近器壁表面的分子所受引力是不均匀的，它们受到内层分子的吸引作用较大而产生一种向内的拉力，此压力称为内压力 $p_内$。

$p_内$ 使得气体碰撞器壁时所产生的压力比分子间无引力的理想气体所产生的压力要小，因而状态方程中的压力项应修正为实际气体的压力加上内压力，即 $p+p_内$。单位面积上碰撞器壁的分子越多，以及每一个分子所受的拉力越大，内压力就越大。这两个因素都与单位体积内的分子数 $n/V$ 成正比，所以内压力应与 $n^2/V^2$ 成正比，即：

$$p_内 \propto \left(\frac{n}{V}\right)^2$$

令 $a$ 为比例常数，上式可以写成：$p_内=\frac{an^2}{V^2}$

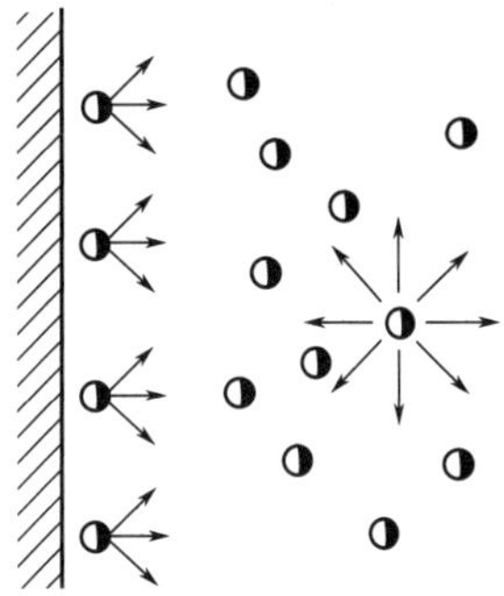

图 1.1　分子间吸引力对所产生压力的影响

综合以上两项校正，就得到范德华气体状态方程：

$$\left(p+\frac{an^2}{V^2}\right)(V-nb)=nRT \tag{1.7}$$

式中，$a$ 是与分子间引力有关的常数；$b$ 是与分子自身体积有关的常数，统称范德华常数，它们可由实验确定。表 1.1 列出了一些气体的范德华常数。

**表 1.1　一些气体的范德华常数**

| 气　体 | $a$/Pa·m$^6$·mol$^{-2}$ | $b$/m$^3$·mol$^{-1}$ | 气　体 | $a$/Pa·m$^6$·mol$^{-2}$ | $b$/m$^3$·mol$^{-1}$ |
|---|---|---|---|---|---|
| $H_2$ | $2.47\times10^{-2}$ | $2.66\times10^{-5}$ | $N_2$ | $1.41\times10^{-1}$ | $3.91\times10^{-5}$ |
| He | $3.46\times10^{-3}$ | $2.37\times10^{-5}$ | $O_2$ | $1.38\times10^{-1}$ | $3.18\times10^{-5}$ |
| $CH_4$ | $2.28\times10^{-1}$ | $4.28\times10^{-5}$ | Ar | $1.36\times10^{-1}$ | $3.22\times10^{-5}$ |
| $NH_3$ | $4.22\times10^{-1}$ | $3.71\times10^{-5}$ | $CO_2$ | $3.64\times10^{-1}$ | $4.27\times10^{-5}$ |
| $H_2O$ | $5.54\times10^{-1}$ | $3.05\times10^{-5}$ | $CH_3OH$ | $9.65\times10^{-1}$ | $6.70\times10^{-5}$ |
| CO | $1.50\times10^{-1}$ | $3.99\times10^{-5}$ | $C_6H_6$ | 1.823 | $1.154\times10^{-4}$ |

显然，不同的气体范德华常数不同，反映出各种实际气体对于理想气体的偏差程度的不同。经过修正的方程即范德华方程比理想气体状态方程能在更为广泛的温度和压力范围内得到应用。

#### 1.1.1.4　气体的液化与临界现象

气体转变成液体的过程叫作气体的液化或凝聚。气体分子的热运动使气体有扩散膨胀的倾向，同时分子间的相互吸引又使气体有凝聚的倾向。降低温度可减小气体分子的动能，从而减小气体分子扩散膨胀的倾向；而增加压力则可减小分子间的距离，有利于增大分子间引力。因此，当降温或加压到一定程度，气体分子因分子间的作用力而相互紧密靠近，分子间的作用力大到足以限制气体分子的运动时，气体就液化了。实验表明，采用单纯降温的方法可使气体液化；但对一些气体而言，采用单纯加压的方法却不能奏效，必须首先把温度降到某一特定值，然后再加以足够的压力，方可实现气体的液化，也就是说当加压使分子间距离缩小到一定程度仍然不能克服气体分子热运动导致的扩散膨胀倾向时，只能同时采用降温和加压的方法。每种气体都存在一个特定的温度，在这个温度以上，不论加多大压力都不能使该气体液化，这个温度称为临界温度 $T_c$。临界温度与分子间力的大小有关。分子间力较大的气体，临界温度较高；反之，则较低。在临界温度时，使气体液化所必需的最低压力称为临界压力 $p_c$。在 $T_c$ 和 $p_c$ 条件下，1mol 气体所占的体积称为临界体积 $V_c$。$T_c$、$p_c$、$V_c$ 统称临界常数。表 1.2 列出了一些物质的临界常数和沸点。

表 1.2 一些物质的临界常数和沸点

| 物质 | | $T_b$/K | $T_c$/K | $p_c$/MPa | $V_c$/mL·mol$^{-1}$ |
|---|---|---|---|---|---|
| 永久气体 | He | 4.22 | 5.19 | 0.227 | 57 |
| | $H_2$ | 20.28 | 32.97 | 1.293 | 65 |
| | $N_2$ | 77.36 | 126.21 | 3.39 | 90 |
| | $O_2$ | 90.20 | 154.59 | 5.043 | 73 |
| | $CH_4$ | 111.6 | 190.56 | 4.599 | 98.6 |
| 可凝聚气体 | $CO_2$ | 194.65 | 304.13 | 7.375 | 94 |
| | $C_3H_8$ | 231.1 | 369.83 | 4.248 | 20 |
| | $Cl_2$ | 239.11 | 416.9 | 7.991 | 123 |
| | $NH_3$ | 239.82 | 405.5 | 11.35 | 72 |
| | $C_4H_{10}$ | 272.7 | 425.12 | 3.796 | 255 |
| 液体 | $C_5H_{12}$ | 309.2 | 469.7 | 3.370 | 311 |
| | $C_6H_{14}$ | 341.88 | 507.6 | 3.025 | 368 |
| | $C_6H_6$ | 353.24 | 562.05 | 4.895 | 256 |
| | $C_7H_{16}$ | 371.6 | 540.2 | 2.74 | 428 |
| | $H_2O$ | 373.2 | 647.14 | 22.06 | 56 |

由表 1.2 中数据可见，气体的沸点 $T_b$ 越低，临界温度也越低，就越难液化。凡沸点和临界温度都低于室温的气体，如 $N_2$、$O_2$、$CH_4$ 等，就不能在室温加压液化，这种气体叫作“永久气体”。凡沸点低于室温而临界温度高于室温的气体，如 $CO_2$、$C_3H_8$、$Cl_2$ 等，在室温加压可以液化，减压又可气化，这种气体叫作“可凝聚气体”。凡沸点和临界温度都高于室温的物质，在常温常压下就是液体了，如 $C_6H_6$、$H_2O$ 等。家用石油液化气的主要成分是丙烷和丁烷，它们是可凝聚的气体，在工厂加压时即成液体储于高压瓶里，使用时打开减压阀，它们即气化，经皮管输送到炉灶点燃。

## 1.1.2 液体

### 1.1.2.1 液体的特征

液体分子也处于不断的热运动之中，液体分子之间的距离远小于气体分子之间的距离，液体分子之间的作用力远大于气体分子之间的作用力，因此液体分子运动的自由度比气体分子要小得多，并不像气体分子那样呈现完全混乱无序的状态。现代实验证明，液体分子在很小范围和短暂时间内作有规则的排列，这种保持规则排列的微小区域是由为数不多的分子临时组成的，其边界和大小都随时在改变。有时这种区域会完全自解，有时又会有新的区域形成，液体就是由许多彼此之间方位完全无序的这种微小区域所构成的。从总体上看，液体分子的排列仍是无序的。因此液体的微观结构是“近程有序而远程无序”，在宏观上表现为各向同性。

由于液体分子间距离小，作用力大，分子的热运动主要表现为在平衡位置附近作微小振动，但它又没有长期固定的平衡位置，它在一个位置附近振动一小段时间后，就转移到另一个位置振动，因此液体具有流动性。流动性使液体没有确定的外形，而只能取容器的形状。

液体具有对抗流动的性质，即具有黏度。液体对流动的阻抗主要来自分子间的引力，所以对黏度的测量给分子间引力的强度提供了简单估测。当然还有其他因素，例如分子质量大小、分子结构、温度、压力等对黏度都有影响。升高温度时，液体分子运动加剧起主导作用，所以温度升高导致黏度降低。另一方面，增大压力往往会增大给定液体的黏度。液体的黏度是一个重要的物理量，在实际工作中经常要遇到，如选择润滑剂时必须考虑其黏度的大小，在化学研究中，往往可通过研究黏度的大小及其与温度的关系来了解物质的分子结构，在高分子化合物中黏度与其摩尔质量的大小有关，在医学研究中往往通过血液黏度的变化来了解患者身上的病变等。

液体虽然具有流动性，但液体并不能像气体那样无限扩散，液体分子的运动被限制在液面之内。液体分子间具有较强的吸引力，在液体内部的一个分子在各个方向上均等地被周围分子所吸引，但在液面上的分子仅在下面被内部分子所吸引，因而受到一种向内的拉力，这种力使液体表面具有收缩的趋势，这种使液体表面收缩的力就是表面张力。表面张力是液体与分子间引力有关的另一种性质，可以说明小滴液体呈球形的原因。表面张力将分子强烈地限制在液面之内，只有具有很高能量的分子才能逃出液面，所以液体能保持一定的体积。同时由于液体中分子紧密靠近，当进一步靠近时分子间的排斥力很快增大，这样就使得液体的可压缩性很小。液体表面张力的特性，对生产、科研和日常生活均有一定的指导意义，如洗涤织物上的油污不用纯水而用洗涤剂，这是由于油污为非极性物质，而水是极性物质，表面张力大，油污无法溶入其中；而洗涤剂是表面活性剂，它使液体的表面张力大大减小，从而可将织物中的油污去除。

液体具有一定的掺混性，但通常不能像气体那样无限混溶。不同液体间混溶的情况差别相当大，有的可以完全互溶，有的只能部分互溶，有的基本不互溶，这与其分子间作用力的本质及大小密切相关。当将两种可以互相混溶的液体放入同一容器中时，液体分子的相互扩散是一个较慢的过程，因为在液体中分子彼此很靠近，分子运动的自由路程相当短，所以不会有气体分子那样的高速扩散。在单位时间内，液体分子互相碰撞次数要比气体分子碰撞次数多得多。

#### 1.1.2.2　液体的汽化

在一定温度、压力下，液体可以转变为气体，液体转变为气体的过程称液体的汽化，蒸发和沸腾是液体汽化的两种形式。

（1）液体的蒸发与蒸气压

液体分子和气体分子一样，都在不停地运动，速率有快有慢，动能有大有小。在液体表面，一些能量足够大、速率足够快的分子可以克服分子间的引力，逸出液面而汽化。这种液体表面的汽化现象叫蒸发，在液面上的气态分子叫蒸气。在敞口容器中，液体蒸发所产生的蒸气迅速向外扩散，蒸气分子回到液面重新进入液体的机会很小。蒸发是吸热过程，液体从周围环境吸收热量，蒸发可继续进行，直到敞口容器中的液体全部蒸发为止。在一定温度下，密闭容器中液体的蒸发是有限的。当液体蒸发后，蒸气分子不能从容器中跑出，而在液面上部空间做无序运动。有些蒸气分子会撞击到液面上，被液面分子所吸引又返回到液体中，这个过程称为凝聚。在密闭容器中，液体的蒸发和蒸气的凝聚是同时进行的。只是开始时，液体上部空间气体分子数较少，液体蒸发速率大于气体凝聚速率；随着液体的不断蒸发，蒸气分子的数目不断增加，蒸气分子返回液面的机会逐渐增多，凝聚速率增大，最后会达到蒸发和凝聚速率相等的平衡状态。从宏观看，此时液体的蒸发似乎停止了；从微观看，蒸发和凝聚还在不断进行，因此这是一种动态平衡。平衡时，液面上方单位空间里的蒸气分子数目不再增加，达到饱和状态，这时的蒸气称为饱和蒸气，它的压力称为饱和蒸气压，简称蒸气压。

液体的饱和蒸气压是液体的重要性质，它仅与液体的本质和温度有关，与液体的量以及

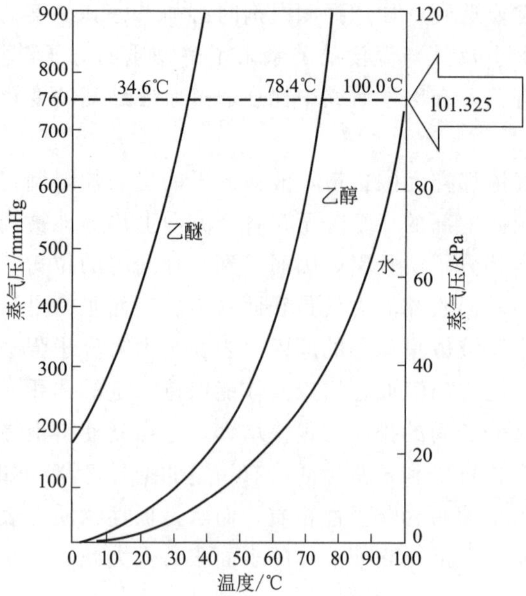


图 1.2 液体的蒸气压曲线
1mmHg=133.322Pa

液面上方空间的体积无关。在同一温度下，不同液体的蒸气压是不同的，例如20℃时水的蒸气压是 2.33kPa，乙醇是 5.83kPa，乙醚是 58.7kPa。一般来说，液体分子之间的吸引力越弱，越易蒸发，蒸气压越高，反之亦然。对同一种液体而言，温度不同时蒸气压也不同。若升高温度，液体分子中动能增大、运动速率快的分子数目增多，液体表面的分子逸出液面的机会也增加，随之蒸气分子返回液面的数目也逐渐增多，直到建立一个新的平衡状态，这个过程的总效果是蒸气压增大；反之若降低温度，蒸气压则降低。图 1.2 给出了几种液体在不同温度下蒸气压的变化情况。

(2) 液体的沸腾与沸点

温度升高，蒸气压增大。当温度升高到蒸气压与外界压力相等时，液体就沸腾了，此时的温度就是该液体的沸点。沸腾时，液体的气化不但在液体的表面，而且在液体的内部同时进行。液体的沸点与外界压力有关，外界压力升高，液体的沸点升高；外界压力下降，液体的沸点也随之下降。例如，在 101.325kPa(760mmHg) 时，水的沸点是 100℃；在珠穆朗玛峰顶，大气压约为 30kPa，水加热到 70℃左右就沸腾了；而高压锅炉内气压达到 1000kPa 时，水的沸点大约在 180℃。因此，提及液体的沸点必须指明外界压力。习惯上将外界压力等于 101.325kPa 时的沸点称为正常沸点。从图 1.2 中可以看出乙醚、乙醇和水的正常沸点。

利用液体沸点随外界气压而变化的特性，可以采用减压蒸馏的方法实现分离和提纯的目的。这种方法适用于分离提纯沸点很高的物质，以及那些在正常沸点下易分解或易被空气氧化的物质。例如将压力调节到 1.22kPa，可使水在 10℃沸腾。利用这种方式可将某些食品减压快速脱水保存，从而避免食品受热分解、脱色、脱香、脱味。

### 1.1.2.3 液体的凝固与凝固点

当一种液体被冷却时，分子运动的速度逐渐变慢。当温度降低至一定值时，分子的动能足够低，使分子间引力足以把分子固定在相对一定的位置上时，该液体开始变成固体，这个过程就叫作液体的凝固，相反的过程叫作固体的熔化。发生凝固（熔化）的温度就是该物质的凝固点（熔点）。例如在常压下，如果冷却 0℃的水，水就变成冰；反之，如果加热 0℃的冰，冰就变成水。在 0℃时水和冰的混合物，如果不冷却也不加热，则液态的水和固态的冰能共存不变化。因此，某物质的凝固点（熔点）是该物质的液态与固态达到平衡时的温度。在凝固点（熔点）上，液-固共存系统的温度一直保持恒定，直到液体完全凝固或固体完全熔化时为止。

固体里的分子也处于不断热运动的状态，那些能量较高的分子有可能逸出固体表面，所以固体表面也有蒸气压，并且它的蒸气压也随温度升高而增大。在凝固点（熔点）上，液体的凝固和固体的熔化处于平衡状态，液体的蒸气压和它的固体的蒸气压相等。

液体沸点及凝固点的高低都相应地反映了物质内部结构粒子（分子、原子或离子）间引力的大小。

## 1.1.3　固体

### 1.1.3.1　固体的特征

固体是人们日常接触最多的一种聚集状态。与气体、液体相比，固体分子间的距离最短，分子间作用力最强。分子间强的作用力牵制了分子自由运动的幅度，使之只能在固定位置上作小幅度的振动。因此，固体具有一定的体积和形状，不随容器的变化而变化。同时，固体又有刚性和不可压缩性，在外力作用不太大时，固体的体积和形状改变都很小。

### 1.1.3.2　晶体和非晶体

固体一般有两种类型：晶体和非晶体。

① 晶体又称晶形固体，其特征是构成固体的分子、原子或离子，在内部有规则地排列，如食盐、金刚石、金属等。

② 非晶体又称无定形体，其特征是构成固体的分子、原子或离子，在固体内部无规则地分布，如沥青、玻璃、石蜡等。

由于内部粒子排列方式的不同，这两类固体在性质上有极大的差异，主要表现在以下几个方面。

① 外形　晶体能形成有规则的三维结构或多面体，即晶体是有固定的几何形状的。如金属铜为八面体形，食盐是立方体形。而非晶体由于内部粒子只是短程有序，在较大的范围内完全无序，因此非晶体无一定的几何外形。

② 熔点　晶体有固定的熔点。当将晶体加热到熔点时晶体开始熔化，随之继续加热至晶体全部熔化。在熔化过程中，系统温度维持不变。当全部熔化后，再继续加热，则系统温度又开始上升。但非晶体无固定的熔点，即对非晶体加热时，系统温度逐步上升，非晶体从软化开始，流动性逐步增大，最后变成液体。

③ 性质　晶体具有各向异性的特点，反映在同一晶体在各个方向上呈现的物理性质（如导电性、导热性、光学性质、解理性等）各不相同，如石墨晶体在纵向的电导率要比横向电导率小 1 万倍；云母纵向的解理力小，而横向大，因而可层层剥离。但非晶体是各向同性的。

必须指出：晶体和非晶体虽有上述明显的区别，但它们之间并无绝对严格的界限，在一定条件下它们可以相互转化。同一物质可以形成晶体，也可以形成非晶体。如自然界中二氧化硅在一定条件下可形成晶体——石英，也可以在另一条件下形成非晶体——玻璃。

### 1.1.3.3　液晶

晶体是各向异性的，液体则是各向同性的。一般的晶体熔化后就由各向异性转化为各向同性的液体。但是，有些物质在由晶体向液体的转变过程中，要经历一种介于晶体和液体之间的各向异性的液体状态，处于中间的这种过渡状态的物质称为液晶。液晶兼有液体的流动性和晶体的有序排列、各向异性的特点，这就使液晶有许多特别的电、磁、光学特性。图 1.3 表示晶态、液态和液晶态分子排列状态的对比。

液晶分子可以有棒状、盘状、板状等几何形状。它们可以是小分子，也可以是聚合物。

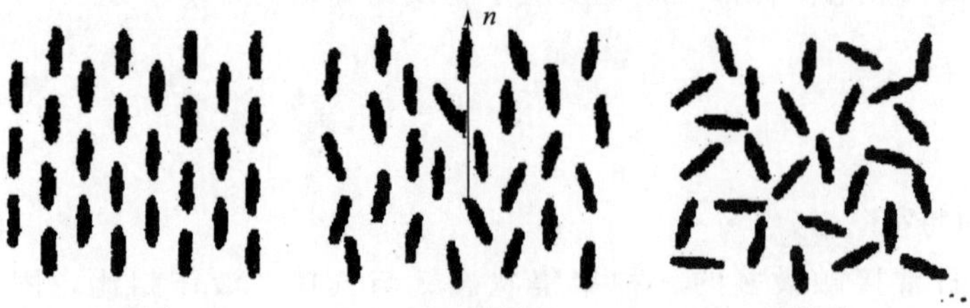

(a) 晶态 (b) 液晶态 (c) 液态

图 1.3 物质的晶态、液晶态和液态的示意图

大多数液晶是刚性棒状结构，其基本结构可以表示为图 1.4。它的中心是刚性的核，核中间有一 X“桥”，例如—CH═N—、—N═N—或—N═N(O)—等。两侧由苯环、脂环或杂环组成，形成共轭系统。分子尾端的 R(R′) 基团可以是酯基（$—COOC_2H_5$）、硝基（$—NO_2$）、氨基（$—NH_2$）或卤素（如 Cl、Br 等）。其分子的长度为 2～4nm，宽度为 0.4～0.5nm，实验证明，当分子的长宽比大于 4 时，才有可能呈液晶态。

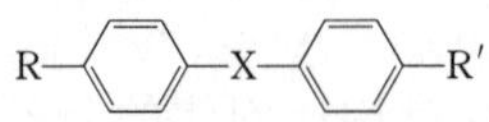

图 1.4 棒状液晶分子的基本结构式

在一定温度范围内，这些分子虽不像晶体那样有严格的点阵结构，但它也可以沿着某个特定的方向有序地排列起来，并能在宏观上表现出像晶体那样的各向异性。例如，图 1.3 (b) 就是液晶分子在上、下方向呈远程有序排列，而从左右方向看就没有一定的规律，是无序的比较混乱的。当光线自上向下射入时，由于分子在上、下方向的排列有序，光线可以通过，是透明的；而左、右方向光线不能透过。当受热后，分子运动加剧，不能维持原来的有序排列，逐渐变得比较混乱，结果导致上、下方向也成为不透明。利用它的这种性质，就可以设计显示器，例如用液晶涂成一个数码字，不受热时，上、下看是透明的，什么也看不见，当受热后，上、下看就不透明，数码也就显示出来了。

除了对热敏感，液晶化合物对光、电、磁等也都极为敏感，只要接受极低的能量，就可以引起分子排列顺序的变化，从而产生光-电、电-光、热-光等一系列物理效应，利用这些效应就能设计出各种显示器，如电子计算机、数字仪表、电视机、照相机的显示器等。

液晶还可用于无损探伤，将液晶材料涂在被检验材料的表面上，然后加热（或冷却），根据液晶显示出的颜色，便可以直观地探测出材料的裂缝或缺陷。这种方法已广泛用于航空工业，如飞机、导弹、宇宙飞行器等的检验。液晶在医疗方面也有广泛的用途，如检测皮肤温度的变化，检测皮下斑痕或肿块的位置等。

生物体内许多物质（如蛋白质、核酸、类脂）等也都显液晶态，要探讨生命奥秘，要研究致病原因，都离不开对液晶的认识和了解。液晶已成为化学家、物理学家、生物学家共同感兴趣的新兴研究领域之一。

### 1.1.4 物质的其他状态

#### 1.1.4.1 等离子体

在一定的压力下，随着温度的升高，物质的聚集状态可由固态变为液态，再变为气态。温度继续升高，气态分子便解离成单个原子。在此基础上若再进一步提高温度，原子外层的电子就会脱离原子核的束缚成为自由电子，失去电子的原子变成带正电的离子，这个过程称为电离。当电离产生的带电粒子密度超过一定限度（如大于 0.1%）时，电离气体的行为将主要取决于离子和电子间的库仑力。这种电离气体成为有别于普通气体的一种新的聚集状态，通常称为物质的第四态——等离子体。它是由大量带电粒子（离子、电子）和中性粒子（原子、分子、自由基）所组成的系统，无论是部分电离还是完全电离，其中负电荷总数等于正电荷总数，所以称为等离子体。

等离子体和“三态”相比，无论在组成上还是在性质上均有着本质的不同，即使和相近的气体相比也是这样。在组成上，等离子体是由带电粒子和中性粒子组成的集合体，普通气体则由电中性的分子或原子组成。在性质上，首先，等离子体是一种导电流体而整体上又保持电中性，气体通常是不导电的；其次，组成粒子间的相互作用由带电粒子间的库仑作用力所支配，并由此导致等离子体空间的种种集体运动，中性粒子间的相互作用退居次要地位；再次，作为一个带电系统，其运动行为明显受到电磁场的影响和支配。

在茫茫宇宙中，等离子体是物质存在的主要形式。太阳就是一个灼热的等离子体，类似太阳的许许多多恒星、星云以及广阔无垠的星际空间物质也都以等离子体状态存在。在自然界中，人们可以看到许多等离子体现象，如闪电和极光等。在我们的周围，等离子电视、绚丽多彩的霓虹灯及各种照明光源（日光灯、高压汞灯、高压钠灯等），也都与等离子体有关。通过气体放电、激光辐射、射线辐照以及加热等方法都可以产生等离子体。

等离子体的发现至今已有 100 余年，1879 年英国物理学家克鲁克斯（S. Crookes）研究了放电管中电离气体的性质后，首先提出物质还存在第四种状态，但等离子体这一术语是 1927 年朗缪尔（I. Langmuir）在研究低压汞蒸气放电现象时，给这种导电气体所起的名字。20 世纪 60 年代起，等离子体化学兴起并引起化学界的极大兴趣。

近几十年对等离子体的基本理论及应用技术的研究已经取得了长足的进步。等离子体技术已广泛应用于冶金、机械制造、电子技术等领域。例如高温等离子体可用于难熔金属的切割、喷涂、焊接以及受控核聚变反应的研究。从化学的角度来看，等离子体空间富集的是离子、电子、激发态的原子和自由基等反应活性极强的物种，它有利于产生“高能量”“高密度”的化学条件。等离子体的研究和应用已从早期作为导电流体、高能量密度的热源等发展到化学合成、薄膜制备、表面处理和精细化学加工等领域，促成了一系列工艺革新和技术的进步。例如利用等离子体的高温可使某些在常温下难以发生的化学反应得以进行，然后用淬冷的方法得到所需产品。$TiO_2$ 的等离子体合成是其中典型的例子，已进入大规模生产阶段，方法是用高频感应等离子发生器将氧气加热到 2000℃，然后与气态 $TiCl_4$ 发生反应，淬冷即得微粒状 $TiO_2$(钛白粉)。

#### 1.1.4.2 超高密度态

人们发现，在高压下物质的结构和性质会发生很大变化。例如在高于 $101.325\times10^4$ kPa 压力下，95℃的水也会凝固成冰；当压力达到 100GPa 以上时，液态氢可以导电，并具有稳定的电导率，此时氢的性质与金属相似，故称为氢的金属化。

当压力达到常压的 $10^8$ 倍或在更高的超高压条件时，物质的状态将发生根本的改变，这时原子的电子壳层将发生显著的变形，电子被原子核俘获，使质子转变为中子，最终中子的数量超过电子，形成一种基本上是由中子组成的超高密度的物质，其密度可达 $10^{13}g\cdot cm^{-3}$ 或者更大，例如白矮星内部压力可达常压的 $10^{19}$ 倍，密度可达 $10^{19}g\cdot cm^{-3}$。

由于超高密度物质的存在，它们必将有许多特殊的性能，因此，有人把这种超高密度物质叫作物质的第五态（由于人们对这种状态的研究还很不充分，是否将其称作第五态还存在争议)。

人们对超高密度态物质的性质知之甚少，现有的理论无法解释这些现象，有待人类进一步探索与认识。

## 1.2 物质的分散状态

### 1.2.1 相和相变

在科学研究中，往往将研究讨论的对象称为系统，如一杯液体、一块固体都可以看作是一个系统。系统中化学性质和物理性质完全相同的部分称为相，且相与相之间在指定的条件下有明显的界面。在相界面上，从宏观的角度来看，性质的改变是突跃式的。

通常任何气体均能无限混合，所以系统内不论有多少种气体都只有一个气相。液体则按其互溶程度通常可以是一相、两相或多相共存。对于固体，一般是有多少种固体物质，就有多少个固相。但固体溶液只是一个相。对同一种物质的不同晶型（如石墨和金刚石等），每种晶型都是一个相。同一种固体的不同颗粒是一个相，不同物质即使磨得很碎混合在一起，仍是不同的相。

只含一个相的系统叫单相系统或均相系统，含有两个或两个以上相的系统称为多相系统或非均相系统。如某一盐水溶液，虽然它含有两种不同的组分，但系统内部是完全均匀的，组成和性质完全相同，所以该盐水溶液是一个单相系统。如果加上溶液上空的空气和水蒸气，该系统就成了两相系统。假如继续往溶液中加盐，直到盐析出，该系统就成了三相系统。

同一种物质由于聚集状态不同存在不同的相。冰、水和水蒸气分别是水的固相、液相和气相。纯物质各相在一定条件下可以相互转化。物质状态的变化——固体的熔化、液体的凝固、液体的气化、气体的液化——统称为相变化，简称“相变”，两相之间的动态平衡叫“相平衡”。

### 1.2.2 分散系统的分类

一种或几种物质分散在另一种介质中所形成的系统称为分散系统，简称分散系。其中被分散的物质称为分散相，起分散作用的物质称为分散介质。例如，碘分散在酒精中形成碘酒，碘是被分散的物质，为分散相（又称分散质）；酒精是起分散作用的物质，为分散介质。

按照分散相粒子的组成不同，分散系可分为均相（单相）分散系和非均相（多相）分散系。当分散相粒子以单个的分子（或离子）分散在介质中时，则分散系的每一部分都是溶质分子或离子与分散介质的均匀混合物，分散相和分散介质间没有相界面，只存在一个相，属于均相分散系统，如酒精水溶液、食盐水溶液等。当分散的分散相粒子由许多分子或原子聚集而成时，分散相和分散介质间有相界面存在，这样的分散系属于非均相分散系统，如牛奶、泥浆水等。按聚集状态不同，非均相分散系统可分为八大类，见表 1.3。

由于分散系统的一些性质与分散相粒子的大小有关，因此常按照分散相粒子的大小把分散系统分为三类，见表 1.4。

**表 1.3　非均相分散系统按聚集状态分类**

| 分散介质 | 分散相 | 名　　称 | 实　　例 |
| --- | --- | --- | --- |
| 液 | 固 | 溶胶、悬浮液 | 金溶胶、泥浆 |
| | 液 | 乳状液 | 牛奶、含水原油 |
| | 气 | 泡沫 | 肥皂泡沫 |
| 气 | 固 | 气溶胶 | 烟、尘 |
| | 液 | | 雾 |
| 固 | 固 | 固体悬浮体 | 加颜料的塑料 |
| | 液 | 固体乳状液 | 珍珠 |
| | 气 | 固体泡沫 | 泡沫塑料 |

**表 1.4　分散系统按分散相粒子的大小分类**

<table>
<tr><th>分散相粒子直径 $d$/m</th><th colspan="2">类　型</th><th>分散相粒子</th><th>性　质</th><th>举　例</th></tr>
<tr><td>$<10^{-9}$</td><td colspan="2">低分子(离子)分散系</td><td>小分子、离子或原子</td><td>均相、稳定系统;分散相粒子扩散快,能通过滤纸和半透膜</td><td>食盐水溶液、酒精水溶液等</td></tr>
<tr><td rowspan="2">$10^{-9}\sim10^{-7}$</td><td rowspan="2">胶体分散系</td><td>溶胶</td><td>胶粒(分子、离子、原子小聚集体)</td><td>非均相系统;分散相粒子扩散慢,能通过滤纸,不能通过半透膜</td><td>氢氧化铁、硫化砷溶胶及金、硫等单质溶胶等</td></tr>
<tr><td>高分子溶液</td><td>大分子</td><td>均相、稳定系统;分散相粒子扩散慢,能通过滤纸,不能通过半透膜</td><td>蛋白质、核酸水溶液,橡胶苯溶液等</td></tr>
<tr><td>$>10^{-7}$</td><td colspan="2">粗分散系</td><td>粗粒子(分子或原子的大聚集体)</td><td>非均相、不稳定系统;分散相粒子不能通过滤纸和半透膜</td><td>泥浆、乳汁等</td></tr>
</table>

分散相粒子的直径小于 $10^{-9}$m 的分散系称为低分子（或离子）分散系。这类分散系中的分散相粒子一般为单个的分子和离子，为均相分散系统。

分散相粒子的直径大于 $10^{-7}$m 的分散系称为粗分散系。这类分散系中的分散相粒子是大量分子或原子的聚集体，用肉眼或普通光学显微镜可观察到分散相的颗粒，为非均相分散系统。乳状液、悬浮液、泡沫等都属于粗分散系。

胶体分散系中分散相粒子的大小介于上述二者之间。根据胶体粒子结构和胶体分散系稳定性的区别，通常将胶体分散系分为溶胶和高分子化合物溶液两大类。溶胶的分散相粒子即胶粒由许多分子或原子聚集而成，为非均相分散系统，如氢氧化铁溶胶、金溶胶等。高分子溶液的分散相粒子是单个的高分子化合物，其分子的大小已经达到了胶体分散系的大小范围，因此也具有胶体分散系的一些性质。高分子化合物溶解于适当的介质中即可形成高分子溶液，为均相系统，很稳定，如蛋白质的水溶液。

胶体分散系和粗分散系因高度分散和巨大表面积而具有许多独特性质，其应用遍及生命（血液、骨组织、细胞膜）、材料（陶瓷、水泥、浆料、胶乳、泡沫塑料、多孔吸附剂、有色玻璃）、食品（牛奶、啤酒、面包）、能源（强化采油、乳化和破坏）、环境（烟雾、除尘、水处理）等各领域。

## 1.2.3　溶液

### 1.2.3.1　概述

按分散系统的分类，溶液属分子、离子分散系，是由一种或几种物质以分子、原子或离子形式分散于另一种物质中所形成的均匀而又稳定的混合物，是一个均相系统。此类溶液也称真溶液。

按聚集状态来分，溶液有气态溶液、液态溶液和固态溶液（又称固溶体）。溶液一词习惯上是指液态溶液。

液态溶液形成的方式有：气体溶于液体、固体溶于液体和液体溶于液体。在溶液中常把液体组分称为溶剂，把溶解在液体中的气体或固体称为溶质。当液体溶于液体时，通常把含量较多的一种称为溶剂，含量较少的一种称为溶质，当两个液体组分的含量差不多时，溶剂和溶质就没有明显的区别。

关于物质在某一液体中的溶解问题，现在还没有很成熟的理论，但有一条经验规则，即"相似相溶"规则。所谓相似主要是指物质的结构相似或极性相似，也就是说，如果溶质和溶剂之间结构相似或极性相似的话，则比较容易相互溶解。从结构相似的角度考虑，乙醇（$C_2H_5OH$）和乙酸（$CH_3COOH$）与水分子（$H_2O$）的结构相似，所以它们在水中的溶解度很大，可以任意混合。而苯（$C_6H_6$）与水的结构和极性相差很大，故不能互溶。但若在苯上引入一个—OH 基成为苯酚（$C_6H_5OH$）时，则溶解度明显增大。从极性相似的角度考虑，极性物质易溶于极性溶剂（如水）中，而非极性或弱极性物质易溶于非极性溶剂（如乙醚、苯、四氯化碳）中。例如，NaCl、KI、HCl 这些极性物质，在极性溶剂（如水）中的溶解度都很大；而 $I_2$ 及很多弱极性的化合物，在非极性溶剂（如 $CCl_4$）中的溶解度则远远大于它们在水中的溶解度。

一般来说，物质溶解过程往往伴有热效应，即有吸热或放热现象，故物质的溶解度往往与温度有关。气体溶于水通常是放热过程，故温度升高时气体的溶解度降低。除特殊情况外，一般固体的溶解度随温度升高而增加。

在溶液的形成过程中也常常有体积的变化。例如，$50cm^3$ 水和 $50cm^3$ 纯乙醇（即无水乙醇）混合后，体积不等于 $100cm^3$，而是小于 $100cm^3$，而水和醋酸混合后的总体积也不具有加和性。此外，白色无水的 $CuSO_4$ 粉末溶于水后变成蓝色溶液。上述现象表明，溶解过程并不是一个简单的物理过程，往往伴随着一定的化学变化。溶解过程中，分子间引力的变化将导致有能量的变化，所以溶液的形成绝不是简单的机械混合。

#### 1.2.3.2 难挥发非电解质稀溶液的依数性

溶液的性质一般可分为两类：一类性质由溶质的本性决定，如溶液的密度、颜色、酸碱性、导电性等，这些性质因溶质不同而各不相同；另一类性质则与溶质的本性无关，只与一定量溶剂中所含溶质的粒子数目有关。这些只与溶液中溶质粒子数目有关，而与溶质本性无关的性质称为溶液的依数性，如溶液的蒸气压下降、沸点升高、凝固点降低和渗透压。溶液的依数性在难挥发非电解质稀溶液中表现出明显的规律性，遵循一定的定量关系式，而浓溶液和电解质溶液的依数性无明显规律性。因此，下面主要讨论难挥发非电解质稀溶液（简称稀溶液）的依数性。

（1）稀溶液的蒸气压下降

在一定温度下，每种纯溶剂的蒸气压为一定值。如果在纯溶剂中溶入少量难挥发非电解质（如蔗糖、甘油等），则发现在同一温度下，稀溶液的蒸气压总是低于纯溶剂的蒸气压，这种现象称为溶液的蒸气压下降。由于溶质是难挥发的物质，因此溶液的蒸气压实际上是溶液中溶剂的蒸气压。溶液的蒸气压之所以低于纯溶剂的蒸气压，是因为难挥发非电解质溶质溶于溶剂后，溶质分子占据了溶液的一部分表面，阻碍了溶剂分子的蒸发，使得在单位时间内逸出液面的溶剂分子数相对于纯溶剂的要少。所以，达到平衡时溶液的蒸气压就必然小于相同温度下纯溶剂的蒸气压。

1887 年，法国物理学家拉乌尔（F. M. Raoult）对溶液的蒸气压进行了定量研究，得出如下结论：在一定温度下，难挥发非电解质稀溶液的蒸气压（$p$）等于纯溶剂的蒸气压（$p^*$）与溶液中溶剂的摩尔分数（$x_A$）的乘积，这就是拉乌尔定律。其数学表达式为：

$$p=p^* x_A \tag{1.8}$$

对于一个双组分系统来说，若溶质的摩尔分数为 $x_B$，则 $x_A+x_B=1$，所以

$$p=p^* x_A=p^*(1-x_B)=p^*-p^* x_B$$

$$p^*-p=p^* x_B$$

若用 $\Delta p$ 表示溶液的蒸气压下降值 $p^*-p$，则

$$\Delta p=p^*-p=p^* x_B \tag{1.9}$$

因此，拉乌尔定律也可以表示为：一定温度下，难挥发非电解质稀溶液的蒸气压下降与溶质的摩尔分数成正比。

若设 $n_A$、$n_B$ 为溶剂 A 和溶质 B 的物质的量，$m_A$ 为溶剂 A 的质量，$M_A$ 为溶剂 A 的摩尔质量，由于 $x_B=\dfrac{n_B}{n_A+n_B}$，当溶液很稀时，即 $n_A \gg n_B$，因而有 $n_A+n_B \approx n_A$，则 $x_B \approx \dfrac{n_B}{n_A}$

所以
$$\Delta p=p^* x_B \approx p^* \frac{n_B}{n_A}$$

因为　$n_A=\dfrac{m_A}{M_A}$，则

$$\Delta p=p^* \frac{n_B}{m_A/M_A}=p^* M_A \frac{n_B}{m_A} \tag{1.10}$$

式(1.10)中，$\dfrac{n_B}{m_A}$定义为溶质 B 的质量摩尔浓度，以 $b_B$ 表示，则

$$\Delta p=p^* M_A b_B$$

在一定温度下，$p^*$ 和 $M_A$ 为一常数，用 $K$ 表示，则

$$\Delta p=K b_B \tag{1.11}$$

式(1.11)表明：温度一定时，难挥发非电解质稀溶液的蒸气压下降，近似地与溶质的质量摩尔浓度成正比，而与溶质的本性无关。

(2) 稀溶液的沸点升高和凝固点下降

溶液的沸点是溶液的蒸气压等于外界压力时溶液的温度。由于溶液的蒸气压总是低于纯溶剂的蒸气压，因此当纯溶剂的蒸气压达到外界压力而开始沸腾时，溶液的蒸气压尚低于外界压力而未能沸腾。若要增加溶液的蒸气压使其也等于外界压力，必须给溶液加热，促使溶剂分子的热运动，所以溶液的沸点总是高于纯溶剂的沸点。例如以水为溶剂时，如图 1.5 所示，$AB$、

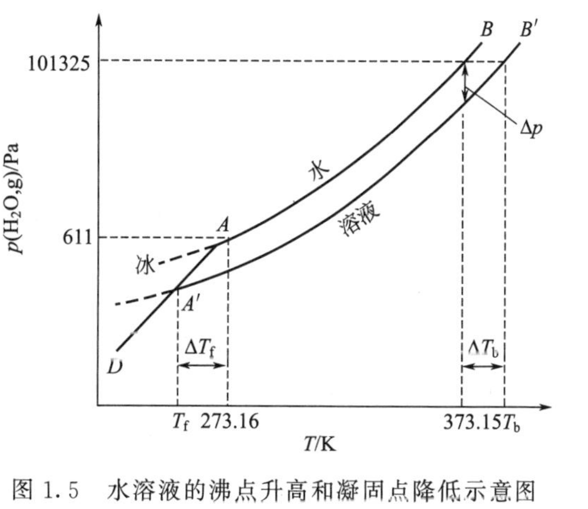


图 1.5　水溶液的沸点升高和凝固点降低示意图

$A'B'$分别为纯水和水溶液的蒸气压随温度变化的曲线。在任何温度下，水溶液的蒸气压总是低于纯水的蒸气压。当外界压力为101.325kPa时，水的沸点为373.15K；此时，由于水溶液的蒸气压低于纯水的蒸气压，溶液不会沸腾，要使其蒸气压达到外界压力101.325kPa，则需要较高的温度$T_b$，即水溶液的沸点$T_b$比纯水的沸点高。

根据实验研究，难挥发非电解质稀溶液的浓度越大，其蒸气压下降越显著，则溶液的沸点升高也越多，其关系为

$$\Delta T_b = K_b b_B \tag{1.12}$$

式中，$\Delta T_b$为溶液的沸点升高值，K或℃；$b_B$为溶质的质量摩尔浓度，$mol \cdot kg^{-1}$；$K_b$为溶剂的沸点升高常数，它取决于溶剂的特性而与溶质本性无关，$K \cdot kg \cdot mol^{-1}$或$℃ \cdot kg \cdot mol^{-1}$。一些溶剂的沸点升高常数$K_b$列于表1.5中。

**表1.5 一些溶剂的沸点升高常数和凝固点降低常数**

| 溶 剂 | 沸点/K | $K_b/K \cdot kg \cdot mol^{-1}$ | 凝固点/K | $K_f/K \cdot kg \cdot mol^{-1}$ |
|---|---|---|---|---|
| 水 | 373.15 | 0.515 | 273.15 | 1.853 |
| 苯 | 353.25 | 2.53 | 278.68 | 5.12 |
| 醋酸 | 391.05 | 2.53 | 289.81 | 3.90 |
| 萘 | 491.105 | 5.80 | 353.44 | 6.94 |
| 四氯化碳 | 349.9 | 4.48 | 250.2 | 29.8 |

溶液的凝固点降低是溶液蒸气压下降的另一个必然结果。在101.325kPa下，纯液体和它的固相平衡时的温度就是该液体的正常凝固点，这时物质固相的蒸气压与液相的蒸气压相等。纯溶剂中加入溶质以后，溶剂的蒸气压就会下降。如果原来是一个固相与液相共存的平衡系统，此时平衡就会破坏，于是固相就要通过熔化成液相来增加液相的蒸气压，从而使系统重新达到平衡。在固相熔化过程中，要吸收系统的热量，因此在新平衡点的温度就要比原平衡点温度低。如图1.5，$AD$为冰的蒸气压曲线，$AD$、$AB$两条曲线的交点$A$即为纯溶剂水的凝固点（273.16K），此时冰的蒸气压和水的蒸气压相等，均为611Pa，水开始凝固。但此时溶液的蒸气压低于纯水的蒸气压，也必定低于冰的蒸气压，所以此时溶液不能结冰，要使溶液结冰，就必须进一步降低溶液的温度。由图1.5可见，冰的蒸气压随温度的降低而降低的速率较快，而溶液的蒸气压随温度的降低而降低的速率较慢，这样冰的蒸气压曲线$AD$与溶液的蒸气压曲线$A'B'$必然在比273.16K更低的某温度$T_f$下相交于$A'$点，即在$A'$点冰的蒸气压等于溶液的蒸气压，所对应的温度即为溶液的凝固点。

实验研究表明，溶有难挥发非电解质的稀溶液的凝固点降低值$\Delta T_f$可由式(1.13)定量计算

$$\Delta T_f = K_f b_B \tag{1.13}$$

式中，$b_B$为溶质的质量摩尔浓度，$mol \cdot kg^{-1}$；$K_f$为溶剂的凝固点降低常数，它同$K_b$一样，取决于溶剂的特性而与溶质本性无关，$K \cdot kg \cdot mol^{-1}$或$℃ \cdot kg \cdot mol^{-1}$。一些溶剂的凝固点降低常数$K_f$见表1.5。

在生产和科学实践中，溶液的蒸气压下降和凝固点降低这些性质得到广泛的应用。例如，应用凝固点下降的原理，冬天在汽车、坦克水箱（散热器）中加入乙二醇或甘油等物质，可以防止水的结冰。盐和冰的混合物冷冻温度比冰的低（如NaCl和冰的混合物，冷冻温度可降到251K；$CaCl_2$和冰的混合物，冷冻温度可以降低到218K），可以作为冷冻剂，常用于水产和食品的储藏和运输。溶液的凝固点降低和蒸气压下降规律还有助于说明植物的

防寒抗旱功能。研究表明，当外界气温发生变化时，植物细胞内会强烈地生成可溶物（主要是碳水化合物），从而使细胞液的浓度增大，凝固点降低，从而可以预防细胞冻裂，增强其耐寒性。另一方面细胞液浓度越大，其蒸气压越小，蒸发过程就越慢，使植物在较高温度时仍能保持一定的水分而表现出抗旱性。

（3）溶液的渗透压

渗透现象在自然界和日常生活中普遍存在。如动物组织间水分的转移运送，植物所需水分的获得。要认识渗透现象首先要认识半透膜。动植物的细胞膜都是一种很容易透过水而几乎不让溶解在细胞液中的物质透过的薄膜，这种只允许溶剂水透过而不允许水中的溶质透过的薄膜，称为半透膜。天然的半透膜有动植物细胞膜、动物膀胱、肠衣等；人工合成的有硝化纤维膜、醋酸纤维膜、聚砜纤维膜等。我们通过下面的实验来了解什么是溶液的渗透现象和渗透压。

如图 1.6 所示，在一容器中间用半透膜隔开成两部分，然后在左边放入溶剂（如水），右边放入溶液（如蔗糖溶液），并使两端液面高度相等。经过一段时间后，可以观察到左端纯水的液面下降，右端蔗糖溶液的液面升高［图 1.6(a)］，说明纯水中一部分水分子通过半透膜进入了溶液，这种溶剂分子通过半透膜向溶液中扩散的过程称为渗透。渗透现象也能发生在有半透膜隔开的两种不同浓度的溶液之间。渗透现象产生的原因可粗略地解释为：溶液的蒸气压小于纯溶剂的蒸气压，所以纯水分子通过半透膜进入溶液的速率大于溶液中水分子通过半透膜进入纯水的速率，故使蔗糖溶液体积增大，液面升高。随着渗透作用的进行，右端水柱逐渐增高，水柱产生的静水压使溶液中的水分子渗出速率增加，当水柱达到一定的高度时，静水压恰好使半透膜两边水分子的渗透速率相等，渗透达到平衡。在一定温度下，为了阻止渗透作用的进行必须向溶液施加一最小压力［图 1.6(b)］，该压力称为渗透压，用符号 $\Pi$ 表示。

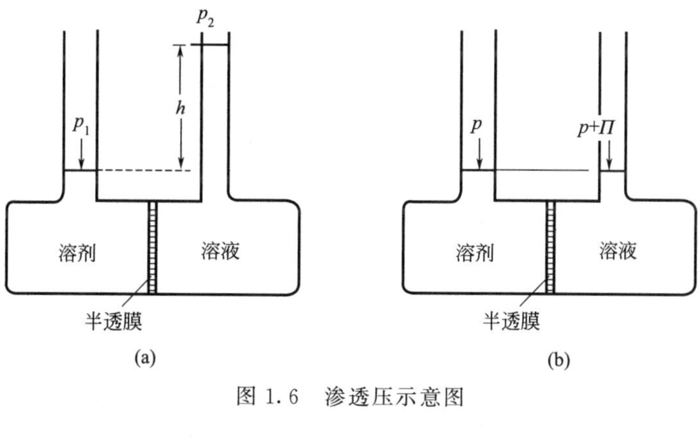


图 1.6　渗透压示意图

1886 年，荷兰物理学家范特霍夫在前人实验的基础上，得出了稀溶液的渗透压定律：

$$\Pi V = nRT \tag{1.14}$$

或

$$\Pi = \frac{n}{V}RT = cRT \tag{1.15}$$

式中，$V$ 为溶液的体积；$n$ 为溶质的物质的量；$c$ 是溶质的物质的量的浓度；$R$ 是摩尔气体常数；$T$ 是热力学温度。如果溶液浓度很稀，则式(1.15)可写为：

$$\Pi = b_B RT \tag{1.16}$$

即在一定温度下，非电解质稀溶液的渗透压与溶质的质量摩尔浓度成正比，而与溶质的本性无关。

渗透现象和生命科学有着密切的联系，它广泛存在于动植物的生理活动中。如动植物体内的体液和细胞液都是水溶液，通过渗透作用，水分可以从植物的根部被输送到几十米高的顶部。医院给病人配制的静脉注射液必须和血液的渗透压相等，因为浓度过高，水分子从红细胞中渗出，导致红细胞干瘪；浓度过低，水分子渗入红细胞，导致红细胞胀裂。由于同样的原因，淡水鱼不能在海水中养殖；盐碱地不利于植物生长；给农作物施肥后必须立即浇水，否则会引起局部渗透压过高，导致植物枯萎。

工业上常用“反渗透”技术进行海水的淡化或浓缩一些特殊要求的溶液。所谓反渗透是指在渗透压较大的溶液一方加上比其渗透压还要大的压力，迫使溶剂从高浓度溶液处向低浓度溶液处扩散，从而达到浓缩溶液的目的。一些不能或不适合在高温条件下浓缩的物质，可以利用常温反渗透浓缩的方法进行浓缩，如速溶咖啡和速溶茶的制造就利用了这种方法。

### 1.2.4 气溶胶

以固体或液体微粒为分散相，气体为分散介质形成的胶体分散系称为气溶胶。气溶胶的分散介质常常是空气。自然界中固体或液体微粒包括尘土、炭黑、水滴、细菌微生物和植物花粉、孢子等。人工制造的气溶胶（烟幕）其微粒可以是无机物或有机物。烟、尘是微小的固体粒子分散在空气中的气溶胶，雾则是小水滴分散在空气中的气溶胶，烟和雾的分散程度较高，它们的线度一般为 10nm～1μm。粉尘的分散度较低，其线度一般在 1μm～1mm。

气溶胶在自然界和人类生活中起着重要的作用。例如，许多植物的授粉是以花粉成为气溶胶由风传播的；医学和发酵工艺必须重视分散在空气中的微生物，很多传染病是由分散在空气中的细菌传染而扩散的；矿石的开采、水泥生产、钢铁冶炼等许多工业生产过程都会产生大量的烟雾及粉尘，对人的健康极为有害，如在煤烟表面上含有致癌性很强的碳氢化合物(3,4-苯并芘之类)。因此，环境保护工作与对气溶胶的研究是密切相关的。

另外，气溶胶在科学技术上的应用也十分广泛，如将液体燃料喷成雾状或固体燃料以微尘的形式燃烧，可大大提高燃料的发热量，而且燃烧完全，污染减少；又如将催化剂分散成颗粒状，悬浮于气流之中的流态化技术，可以加大固-气传质速度，提高催化效果。此外，军事上常用烟雾来掩蔽敌人攻击的目标等。

## 复习题

1. 常见的物质聚集状态有哪几种？各有何特征？如何从它们的微观结构来理解？
2. 使用理想气体状态方程的条件是什么？
3. 试说明实际气体的范德华方程中各修正项的物理意义。
4. 什么叫临界温度？是否所有气体在室温下加压都可以液化？举例说明。
5. 如何区别晶体与非晶体？
6. 什么是液晶？液晶态具有哪些特征？举例说明液晶的应用。
7. 什么是等离子体和超高密度态物质？举例说明等离子体的应用。
8. 什么是分散系统？分几类？举例说明。
9. 难挥发非电解质的稀溶液有哪些依数性？定量关系如何？

10. 溶液蒸气压下降的原因是什么？试用蒸气压下降来解释溶液的沸点上升和凝固点下降的现象。

## 习　题

1. 为什么用高压锅可以缩短食物煮熟的时间？

2. 小水滴和水蒸气混合在一起，它们的化学性质都相同，是否为一个相？

3. 在 0℃时，一只烧杯中盛有水，水上面浮着一块冰，这个水和冰组成的系统有几相？

4. 为什么 $I_2$ 能溶于 $CCl_4$ 而不溶于水，而 $KMnO_4$ 可溶于水但不溶于 $CCl_4$？

5. 解释下列现象：

(1) 海鱼放在淡水中会死亡；

(2) 盐碱地上栽种植物难以生长；

(3) 雪地里撒些盐，雪就融化了；

(4) 氯化钙和冰的混合物可作为冷冻剂。

6. 为了行车安全，可在汽车上装备安全气囊，以便遭到碰撞时使司机不受到伤害。这种气囊是用氮气充填的，所用氮气是由叠氮化钠与三氧化二铁在火花的引发下反应生成的。总反应为：

$$6NaN_3(s)+Fe_2O_3(s)=\!=\!=3Na_2O(s)+2Fe(s)+9N_2(g)$$

在 25℃、748mmHg 下，要产生 75.0L 的 $N_2$ 需要叠氮化钠的质量是多少？

7. 潜水员的肺中可容纳 6.0L 空气，某深海中的压力为 980kPa。在温度 37℃的条件下，如果潜水员很快升至水面，压力为 100kPa，则他的肺将膨胀至多大体积？这样安全吗？

8. 在 298.2K、10.0L 的容器中含有 1.00mol $N_2$ 和 3.00mol $H_2$，设气体为理想气体，试求容器中的总压和两种气体的分压。

9. 在火星赤道附近中午时温度为 20℃，火星大气的主要成分是 $CO_2$，其压力约为 5mmHg，则其为多少千帕？相同温度下火星上的 $CO_2$ 与地球上的 $CO_2$ [干空气中，$x(CO_2)=0.00033$] 相比，何者更接近理想气体？

10. 冬天，在汽车散热器的水中注入一定量的乙二醇可防止水的冻结。如在 100g 的水中注入 3.25g 的乙二醇，求这种溶液的凝固点。(已知：水的 $K_f=1.86K\cdot kg\cdot mol^{-1}$)

11. 将 5.00g 鸡蛋白溶于水中并配成 1.00L 溶液，测得该溶液在 25℃时的渗透压为 306Pa，求鸡蛋白的平均摩尔质量。

第 1 章参考答案

# 第 2 章　原子结构和元素周期律

本章概述

世界上的物质种类繁多、性质各异，其根本原因都与物质的组成和结构有关。物质是由分子组成的，分子是由原子构成的。迄今为止，人们已经发现或人工合成了 118 种元素。正是这些元素组成了千千万万种不同的物质，也正是这些元素的原子之间结合方式的变化，使物质具有了不同的性质，这说明物质进行化学反应的实质是原子之间的相互结合状况发生了变化。因此，要研究物质的性质、化学反应的过程及物质性质与物质结构的关系，就必须先研究原子的内部结构。

原子是由带正电荷的原子核和带负电荷的运动着的电子构成的，在化学变化过程中，原子核没有发生变化，只是核外电子的运动状态发生了改变。因此，研究原子结构及其与化学反应的关系，主要是研究核外电子的运动状态，以及原子结构与元素性质之间的变化规律。

本章主要介绍原子中电子在核外的运动状态和核外电子分布规律，以及元素周期系与原子结构的关系。

## 2.1　原子核外电子运动的特点

原子结构基础

人们对微观粒子运动规律的认识，经历了长期艰苦的探索与发展。

19 世纪初，道尔顿提出原子学说，认为物质由原子构成，原子不可再分，道尔顿原子学说奠定了现代化学的基础。但其缺陷是：不能解释同位素的发现，没有说明原子和分子的区别，未能阐释原子的具体组成和结构。

1897 年，汤姆逊（J. J. Thomson）发现了电子，打开了认识原子内部结构的大门。

20 世纪初，卢瑟福（E. Rutherford）根据 α 粒子的散射实验提出了含核原子模型，认为原子核位于原子中心，带正电荷，集中了几乎全部的原子质量，电子绕核运动。含核原子模型比较直观，时至今日在讨论一般原子结构知识时仍采用此模型。但这个模型却不能解释原子的稳定存在和原子的线状光谱。

1913 年，为了解释氢原子光谱的变化规律，玻尔（N. Bohr）借助卢瑟福的原子模型、普朗克（M. Planck）的量子论和爱因斯坦（A. Einstein）的光子学说，提出了玻尔原子模型，认为电子沿具有一定能量和半径的轨道绕核运动，电子在这些符合量子化的轨道上运动时，处于稳定状态，既不吸收能量，也不放出能量；轨道离核越近，能量越低，离核越远，能量越高；处于激发态的电子不稳定，当电子从高能轨道跃迁至低能轨道时，要放出能量，能量差以光辐射的形式发射出来；光量子能量的大小，取决于两个轨道的能量差。玻尔理论成功地解释了氢原子光谱的产生和不连续性以及原子能够稳定存在等客观事实。然而，玻尔原子结构模型也存在很大的局限性，难以解释氢原子光谱的精细结构以及多电子原子的光谱和能量，原因是玻尔理论仍然沿用了以牛顿力学为基础的经典物理学的理论框架，只是人为地加上量子化条件，以此来描述原子中电子的运动规律，没有真正涉及微观粒子运动的本质。

20 世纪 20 年代以后，以微观粒子的波粒二象性为基础发展起来的现代量子力学，正确地描述了电子、原子、分子等微观粒子的运动规律，这才奠定了现代物质结构理论的基础。

原子核外电子属于微观粒子。与宏观物体相比，电子的质量极微，运动范围极小而且运动速度极快，因此不服从经典力学的基本原理（牛顿力学），微观粒子的运动有下列基本特征。

### 2.1.1　量子化特征

微观粒子运动特征

微观粒子运动遵循量子力学规律，与经典力学运动规律不同的重要特征是“量子化”。

所谓量子化是指，如果某一物理量的变化是不连续的，而是以某一最小单位作跳跃式的增减，这一物理量就是量子化的，其最小单位就称为这一物理量的量子。

量子化这一重要概念是普朗克于 1900 年首先提出的。他在解释黑体辐射规律时，认为能量的传递与变化是不连续的，是量子化的。普朗克把能量的最小单位称为能量子，简称量子。

1905 年，爱因斯坦在普朗克量子论的基础上提出了光子学说，认为光由具有粒子特征的光子组成，每个光子的能量 $E$ 与光的频率 $\nu$ 成正比：

$$E=h\nu=\frac{hc}{\lambda}$$

式中，$h=6.626\times10^{-34}\,\mathrm{J\cdot s}$，称为普朗克常数；$c$ 为光速；$\lambda$ 为光子的波长。

原子光谱是分立的线光谱而不是连续光谱的事实，是微观粒子运动呈现量子化特征的一个很好证据。按照经典电磁学理论，原子中的电子在环绕原子核不断高速运动时，会不断地对外辐射出电磁波；随之，原子的能量将逐渐降低，电子绕核运动的圆周半径将逐渐减小，而辐射的电磁波波长应不断逐渐增长。据此推断，原子应不断地辐射波长连续增长的电磁波，即其发射光谱应为一连续光谱。然而，实验事实表明，原子光谱是分立的线光谱。氢原子光谱的谱线波长不是任意的，其相应的谱线频率也是特定的，各谱线的频率是不连续的，而是跳跃式变化的。所以量子化是微观世界的一个基本特征。

### 2.1.2　波粒二象性

20 世纪初，爱因斯坦的光子理论阐述了光具有波粒二象性，即传统被认为是波动的光也具有微粒的特性：光在传播时的干涉、衍射等现象，表现出光的波动性；而光与实物相互作用时所发生的现象，如光的发射、吸收、光电效应等，突出地表现出其微粒性。

1924 年，德布罗意（L. de Broglie）受光具有波粒二象性的启发，提出了分子、原子、电子等微观粒子也具有波粒二象性的假设，即实物微粒除具有粒子性外，还具有波的性质，这种波称为德布罗意波或物质波。对于质量为 $m$、以速度 $v$ 运动着的微观粒子，不仅具有动量 $P=mv$（粒子性特征），而且具有相应的波长 $\lambda$（波动性特征），两者间的相互关系符合下式：

$$\lambda=\frac{h}{P}=\frac{h}{mv}$$

这就是著名的德布罗意关系式，它把物质微粒的波粒二象性联系在一起。

根据德布罗意关系式，可求得电子的波长。例如，以 $1.0\times10^{6}\,\mathrm{m\cdot s^{-1}}$ 的速度运动的电子，其德布罗意波波长为：

$$\lambda=\frac{6.626\times10^{-34}\,\mathrm{J\cdot s}}{9.1\times10^{-31}\,\mathrm{kg}\times1.0\times10^{6}\,\mathrm{m\cdot s^{-1}}}=7\times10^{-10}\,\mathrm{m}$$

这个波长相当于分子大小的数量级。因此，当一束电子流经过晶体时，应该能观察到由于电子的波动性引起的衍射现象。德布罗意的假设于1927年被戴维逊（C. J. Davisson）和革末（L. H. Germer）的电子衍射实验所证实。以后的实验又发现了许多其他的粒子流，如质子射线、α射线、中子射线、原子射线等通过合适的晶体靶时都会产生衍射现象，其波长都符合德布罗意关系式。这些实验结果有力地证明了德布罗意提出的物质微粒具有波粒二象性的假说是科学的、正确的，具有普适性意义。也就是说，波粒二象性是微观粒子运动的基本特征。

### 2.1.3 微观粒子运动规律的统计性解释

物质波的波动性不同于机械波的波动性。那么物质波的本质是什么呢？怎样把以连续分布于空间为特征的波动性和以不连续分布为特征的粒子性统一起来呢？

1926年，玻恩（M. Born）提出了物质波的“统计解释”。该解释认为：微观粒子波是一种概率波，在空间某一点波的强度与粒子出现的概率密度（单位体积的概率）成正比。

衍射实验可以说明统计解释。人们发现，强度较大的电子流可以在短时间内得到衍射图。当用强度很弱的电子流，即让电子一个一个地通过晶体到达底片时，底片上就会出现一个一个显示电子微粒性的斑点，但斑点的位置无法预言，似乎是毫无规则地分散在底片上。但是只要时间足够长，这些逐渐增多的斑点最后就会形成和强电子流所得的衍射一样的图案，显示了电子的波动性。这说明电子等微观粒子的运动是遵循一定规律的。

对大量粒子行为而言，衍射强度大的地方，出现粒子的数目就多，强度小的地方出现粒子数目就少。对个别粒子的行为而言，通过晶体后到达的地方是不能预测的，但衍射强度大的地方，粒子出现的机会多（概率大）；强度小的地方，粒子出现的机会少（概率小）。衍射强度大小表示了波的强度大小，即电子在空间出现概率的大小。所以，电子运动虽然没有确定的轨道，但它在空间运动也遵循一定规律：在空间出现的概率可以由波的强度表现出来。因此，电子及其微观粒子波（物质波）又称为概率波。

电子的波动性与微观粒子行为的统计性联系在一起，反映了微观粒子在空间区域出现概率的大小。单个粒子并不能形成波，大量粒子的定向运动才能表现出波动性。这就揭示了微观粒子运动波动性的统计特征。

### 2.1.4 海森堡测不准关系

在经典理论中，宏观物体总是沿一定轨道运动，其运动状态用坐标和动量（或速度）来描述。对于一个运动中的宏观物体，我们可以同时准确测定运动物体的坐标和动量，即它的运动轨道是可测知的。对于具有波粒二象性的微观粒子，由于它们运动规律的统计性，经典理论的描述方法不再适用。研究发现，其坐标和动量之间存在着一种互相依赖、互相制约的关系。1927年海森堡（W. Heisenberg）提出：微观粒子在客观上不可能同时具有确定的坐标 $x$ 及相应的动量分量 $P_x$，即

$$\Delta x \Delta P_x \geqslant h; \qquad \Delta y \Delta P_y \geqslant h; \qquad \Delta z \Delta P_z \geqslant h$$

这就是著名的海森堡测不准关系。其中 $\Delta x$ 与 $\Delta P_x$ 分别称为坐标和动量分量的不确定量。它说明粒子位置的精确度愈大，其动量的精确度就愈小。对于具有波粒二象性的微观粒子，其运动都服从测不准关系。

由于测不准关系的限制，对于像核外电子这样的微观粒子的运动，已经不能沿用牛顿力学原理进行描述，而只能使用量子力学的方法进行处理。

# 2.2 单电子原子（离子）体系中电子运动的描述

在探讨微观系统，如电子运动规律时，必须解决如何描述微观系统的运动状态问题。

具有单电子及一个原子核的体系有氢原子（$Z=1$）及类氢离子如 $He^+$（$Z=2$）、$Li^{2+}$（$Z=3$）等，这是原子核外电子运动的最简单的体系。微观粒子如电子除了粒子性，还具有波动性，是一种概率波，描述微观粒子的运动规律要靠量子力学。根据量子力学第一基本假定：任何微观系统的运动状态都可以用波的数学函数式——波函数 $\Psi$ 来描述，因此，氢原子核外电子的运动状态用波函数来描述，运动状态变化的规律靠波动方程来概括。

## 2.2.1 波动方程——薛定谔方程

解决微观粒子的一般运动规律问题，必然要建立它所服从的运动方程。众所周知，在经典理论中，质点（即宏观物体）的运动状态及其变化规律是用牛顿运动方程 $\vec{F}=m\vec{a}$ 描述的。只要知道初始条件，就可以通过该式从理论上计算出它在以后任何时刻的状态，如坐标、动量等物理量的数值。对于质点的波动状态的变化规律，是用波动方程来描述的，只要知道初始条件，也可通过计算确定它以后任何时刻的状态。然而，描述微观粒子的运动方程必须能同时反映它的粒子性和波动性。1926 年，奥地利物理学家薛定谔（E. Schrödinger）根据德布罗意物质波的思想，以微观粒子的波粒二象性为基础，参照电磁波的波动方程，建立了描述微观粒子运动规律的波动方程——薛定谔方程。描述氢原子和类氢离子稳定状态（能量有确定值的状态）的电子运动的薛定谔方程为：

$$\left[-\frac{h^2}{8\pi^2 m}\left(\frac{\partial^2}{\partial x^2}+\frac{\partial^2}{\partial y^2}+\frac{\partial^2}{\partial z^2}\right)-\frac{Ze^2}{4\pi\varepsilon_0 r}\right]\Psi(x,y,z)=E\Psi(x,y,z)$$

式中，$x$、$y$、$z$ 表示空间直角坐标；$e$、$m$、$r$、$\varepsilon_0$ 和 $Z$ 分别表示电子电荷、电子质量、电子离核的距离、真空介电常数和原子的核电荷数；$E$ 为电子总能量，等于动能与势能（$V$）之和。所以，等号左边也是电子的总能量：方括号内的第二项是电子在核电荷产生的引力场作用下的势能，方括号内的第一项则是电子的“动能”，显然它不同于经典理论中的动能，这是微观粒子波粒二象性决定的。这是一个二阶偏微分方程，它意味着质量为 $m$，离原子核的距离为 $r$ 的电子的总能量 $E$ 由动能项和势能项两大项构成。薛定谔方程把代表电子微粒性的物理量 $m$、$E$、$V$ 和代表电子波动性的物理量 $\Psi$ 联系在一起，表达了波粒二象性的原理，并表明了原子中电子运动遵从波动的规律。

薛定谔方程的意义为：对于一个质量为 $m$、在势能等于 $V$ 的势场中运动的微粒子来说，有一个与该微粒运动定态相联系的波函数 $\Psi$。该波函数服从上述薛定谔方程，此方程的每一个合理的解 $\Psi$ 表示微粒运动的某一定态，与此解相对应的常数 $E$ 就是微粒在这一定态的能量。能量 $E$ 与波函数 $\Psi$ 呈一一对应状态。

薛定谔方程求解过程十分复杂，涉及较深的数学和物理知识，已超出本课程的基本要求。在此，仅定性地讨论这个方程的解，并介绍由此所获得的重要概念，为正确理解化学键理论和化学键的物埋图像打卜基础。

## 2.2.2 薛定谔方程的解

氢原子的薛定谔方程的解是一系列波函数及其相应的能量。该方程的数学解很多，但从物理意义来看，并不是所有的数学解都是合理的。为了得到电子运动状态合理的解，必须引用只能取某些整数值的三个参数 $n$、$l$、$m$，称它们为量子数。

求解薛定谔方程可以得到波函数 $\Psi(x,y,z)$ 的一系列具体函数式，它是空间坐标（$x$、$y$、$z$）的函数，而不是一个确定的数值。它表示在核外空间一个质量为 $m$、离核的距离为 $r$ 的电子在核电场势能作用下电子的运动状态。把 $n$、$l$、$m$ 都有确定值的波函数称为原子轨道。波函数没有明确的物理意义，而它的平方 $|\Psi(x,y,z)|^2$ 则代表电子在核外空间出现的概率密度。

将薛定谔方程简写成下式：

$$f(x,y,z)=0$$

在求解薛定谔方程的过程中，常将直角坐标系换算成球坐标系（$r,\theta,\varphi$）。通常认为原子核是不动的，位于坐标原点 $O$ 上，运动的电子位于空间的 $P$ 点上，电子离核的距离为 $r$；$\theta$ 表示 $OP$ 与 $z$ 轴正向夹角，$\varphi$ 表示 $OP$ 在 $xy$ 平面上的投影 $OP'$ 与 $x$ 轴正向的夹角。显然有如下变换关系：

$$\begin{cases}x=r\sin\theta\cos\varphi\\ y=r\sin\theta\sin\varphi\\ z=r\cos\theta\end{cases}$$

原子轨道

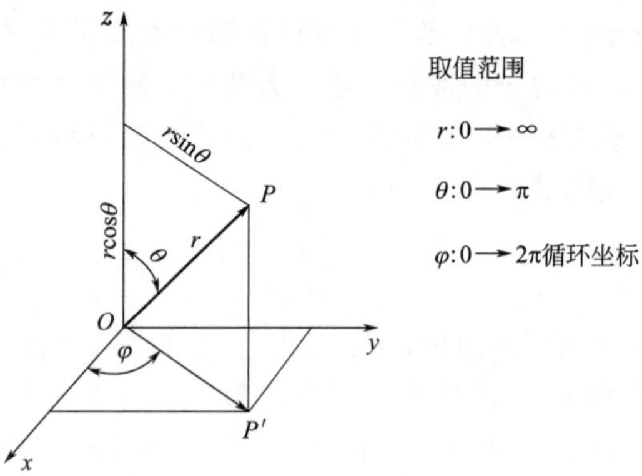


将这些关系代入薛定谔方程，便可得到单电子原子在球坐标系中的薛定谔方程：

$$f(r,\theta,\varphi)=0$$

这样用直角坐标描述的波函数 $\Psi(x,y,z)$ 可转变成用球坐标 $\Psi(r,\theta,\varphi)$ 来描述，它们之间只是形式不同，但后者却更方便。

坐标变换后分离变量，将一个含有 3 个变量的方程分离成 3 个只含一个变量的方程。即将波函数 $\Psi(r,\theta,\varphi)$ 分离成单变量函数之积：

$$\Psi(r,\theta,\varphi)=R(r)Y(\theta,\varphi)=R(r)\Theta(\theta)\Phi(\varphi)$$

将其代入用球坐标表示的波动方程中，即可进行分离变量，其结果为：

$f(r,\theta,\varphi)=0$ → $f(r)=0$ 称 $R$ 方程

$f(r,\theta,\varphi)=0$ → $f(\theta)=0$ 称 $\Theta$ 方程

$f(r,\theta,\varphi)=0$ → $f(\varphi)=0$ 称 $\Phi$ 方程

然后对 $R(r)$、$\Theta(\theta)$ 和 $\Phi(\varphi)$ 这 3 个方程式分别求解。方程解很多，但是数学的解在物理意义上并不是每一个都能合理地表示电子运动的一个稳定状态。为得到合理的解，要引入 3 个参数：$n$、$l$ 和 $m$，这三个参数均为整数，即是量子化的。

尽管氢原子薛定谔方程的解比较复杂而又各不相同，但还是可以统一用 $\Psi_{n,l,m}$ 及 $E_n$ 来表述：

$$\Psi_{n,l,m}(r,\theta,\varphi)=R_{n,l}(r)Y_{l,m}(\theta,\varphi)$$
$$R_{n,l}(r)=C_r f(r)\mathrm{e}^{-r/C}$$
$$Y_{l,m}(\theta,\varphi)=C_Y g(\theta,\varphi)$$

式中，$C_r$ 为含有 $(n-l-1)!$ 的常数项；$f(r)$ 为以自变量为 $r$ 的 $(n-1)$ 次多项式；$C$ 为常数；$C_Y$ 为含有 $(l-|m|)!$ 的常数项；$g(\theta,\varphi)$ 为以自变量为 $\theta$ 和 $\varphi$ 的三角函数。

$$E_n=-13.6\left(\frac{Z}{n}\right)^2(\mathrm{eV})=-2.18\times10^{-18}\left(\frac{Z}{n}\right)^2(\mathrm{J})$$

波函数 $\Psi_{n,l,m}$ 由两部分组成，一部分是径向波函数 $R_{n,l}(r)$，由主量子数 $n$ 和角量子数 $l$ 同时决定，它是电子离核距离 $r$ 的函数；另一部分则是角度波函数 $Y_{l,m}(\theta,\varphi)$，由角量子数 $l$ 和磁量子数 $m$ 同时决定，它随空间的方位，即随 $\theta$、$\varphi$ 的不同而不同。分析常数项中的 $(n-l-1)!$ 与 $(l-|m|)!$ 两项可知：$n$、$l$、$m$ 须满足 $(n-l-1)\geqslant0$ 及 $(l-|m|)\geqslant0$ 时，方

**表 2.1　氢原子（类氢离子）波函数**

| $\Psi_{n,l,m}=R_{n,l}Y_{l,m}$ | | | |
|---|---|---|---|
| $n,l,m$ | $R_{n,l}\left[其中:\rho=\frac{2Zr}{na_0};A=\left(\frac{Z}{a_0}\right)^{3/2}\right]$ | $Y_{l,m}\left(其中:B=\frac{1}{\sqrt{4\pi}}\right)$ | 符号 |
| 1,0,0 | $A2\mathrm{e}^{-\rho/2}$ | $B$ | 1s |
| 2,0,0 | $\frac{A}{2\sqrt{2}}(2-\rho)\mathrm{e}^{-\rho/2}$ | $B$ | 2s |
| 2,1,0 | $\frac{A}{2\sqrt{6}}\rho\mathrm{e}^{-\rho/2}$ | $\sqrt{3}B\cos\theta=\sqrt{3}B\,\frac{z}{r}$ | $2p_z$ |
| 2,1,±1 | $\frac{A}{2\sqrt{6}}\rho\mathrm{e}^{-\rho/2}$ | $\sqrt{3}B\sin\theta\cos\varphi=\sqrt{3}B\,\frac{x}{r}$<br>$\sqrt{3}B\sin\theta\sin\varphi=\sqrt{3}B\,\frac{y}{r}$ | $2p_x$<br>$2p_y$ |
| 3,0,0 | $\frac{A}{9\sqrt{3}}(6-6\rho+\rho^2)\mathrm{e}^{-\rho/2}$ | $B$ | 3s |
| 3,1,0 | $\frac{A}{9\sqrt{6}}(4-\rho)\rho\mathrm{e}^{-\rho/2}$ | $\sqrt{3}B\cos\theta=\sqrt{3}B\,\frac{z}{r}$ | $3p_z$ |
| 3,1,±1 | $\frac{A}{9\sqrt{6}}(4-\rho)\rho\mathrm{e}^{-\rho/2}$ | $\sqrt{3}B\sin\theta\cos\varphi=\sqrt{3}B\,\frac{x}{r}$<br>$\sqrt{3}B\sin\theta\sin\varphi=\sqrt{3}B\,\frac{y}{r}$ | $3p_x$<br>$3p_y$ |
| 3,2,0 | $\frac{A}{9\sqrt{30}}\rho^2\mathrm{e}^{-\rho/2}$ | $\frac{\sqrt{5}}{2}B(3\cos^2\theta-1)=\frac{\sqrt{5}}{2}B\,\frac{1}{r^2}(3z^2-r^2)$ | $3d_{z^2}$ |
| 3,2,±1 | $\frac{A}{9\sqrt{30}}\rho^2\mathrm{e}^{-\rho/2}$ | $\sqrt{15}B\sin\theta\cos\theta\cos\varphi=\sqrt{15}B\,\frac{xz}{r^2}$<br>$\sqrt{15}B\sin\theta\cos\theta\sin\varphi=\sqrt{15}B\,\frac{yz}{r^2}$ | $3d_{xz}$<br>$3d_{yz}$ |
| 3,2,±2 | $\frac{A}{9\sqrt{30}}\rho^2\mathrm{e}^{-\rho/2}$ | $\frac{\sqrt{15}}{2}B\sin^2\theta\sin2\varphi=\sqrt{15}B\,\frac{xy}{r^2}$<br>$\frac{\sqrt{15}}{2}B\sin^2\theta\cos2\varphi=\frac{\sqrt{15}}{2}B\,\frac{x^2-y^2}{r^2}$ | $3d_{xy}$<br>$3d_{x^2-y^2}$ |
| … | … | … | … |
| 4,3,0 | $\frac{A}{96\sqrt{35}}\rho^3\mathrm{e}^{-\rho/2}$ | $\frac{\sqrt{7}}{2}B(5\cos^2\theta-3\cos\theta)=\frac{\sqrt{7}}{2}B\,\frac{1}{r^3}(5z^2-3r^2)$ | $4f_z^3$ |
| … | … | … | … |

程才有合理的解。因此 $n$、$l$、$m$ 的取值范围为：

$n \geqslant 1$，即 $n=1$、2、3、…、$\infty$，取正整数，称为主量子数；

$0 \leqslant l \leqslant n-1$，即 $l$ 可取 0、1、2、…、$n-1$，有 $n$ 个取值，称为角量子数；

$|m| \leqslant l$，即 $m$ 可取 0、$\pm 1$、…、$\pm l$，有 $(2l+1)$ 个取值，称为磁量子数。

$n$、$l$、$m$ 取值的共同特点是跳跃式变化，其改变量为 1，故称作量子数。

在一定条件下，通过求解薛定谔方程，可得到描述核外电子运动状态的一系列波函数 $\Psi(r,\theta,\varphi)$ 的具体表达式，以及其对应的状态能量 $E$。所求得的每一波函数 $\Psi(r,\theta,\varphi)$，都对应于核外电子运动的一种运动状态，即一个定态，其相应的能量即为该定态的能级。

由薛定谔方程解得的氢原子的波函数的具体形式见表 2.1。

量子数

### 2.2.3 四个量子数的物理意义

解薛定谔方程必须先确定三个量子数 $n$、$l$、$m$。对于三维运动的电子来说，三个量子数就可以描述其运动状态。但进一步的实验和研究发现，电子还可作自旋运动，因此还需要第四个量子数——$m_s$ 来描述。这样，描述核外电子的一种运动状态共需要用四个量子数。下面分别介绍它们的物理意义。

#### 2.2.3.1 主量子数 (*n*)

主量子数决定着电子运动状态的能量 $E_n$（负值），$n$ 的量子化取值决定了 $E_n$ 是分立的而不是连续的，也决定着电子离核运动的平均距离，或者说决定了该电子在这个平均距离上出现的概率将最大。显然 $E_1 < E_2 < E_3 < \cdots < E_\infty$。在氢原子或类氢离子体系中，$n$ 相同的电子具有相同的能量。$n$ 与能层或电子层相对应，$n=1$、2、3…分别称电子处于第一、二、三……能层，常用光谱符号 K、L、M…分别表示。这样 $n=1$，即第一电子层或 K 层电子处于离核最近的地方，能量最低；依次离核越来越远，能量越来越高。

| $n$ | 1 | 2 | 3 | 4 | 5 | 6 | … |
|---|---|---|---|---|---|---|---|
| 能层(电子层) | 1 | 2 | 3 | 4 | 5 | 6 | … |
| 光谱符号 | K | L | M | N | O | P | … |

#### 2.2.3.2 角量子数 (*l*)

角量子数因决定电子运动角动量的大小故而得名，其取值特点表明原子中电子运动的角动量也是量子化的。$l$ 取值从 0 到 $(n-1)$ 时，可分别用相应的光谱符号来标记：

| $l$ | 0 | 1 | 2 | 3 | 4 | … |
|---|---|---|---|---|---|---|
| 光谱符号 | s | p | d | f | g | … |

角量子数决定了原子轨道和电子云角度分布图的形状。如 $l=0$，原子轨道和电子云的角度分布图呈球形，$l=1$ 的原子轨道和电子云的角度分布图呈哑铃形等。

在多电子原子体系中，$l$ 还影响电子的能量。通常角量子数 $l$ 不同的原子轨道表示同一电子层中具有不同状态的电子亚层，如对应于 $l=0$、1、2、3，常用 s、p、d、f 表示相应的电子亚层，其能量不同。从能量角度看，这些亚层也称为能级。第 $n$ 个能层便会有 $n$ 个亚层：

| $n$ 能层 | 1 | 2 | | 3 | | | 4 | | | | … |
|---|---|---|---|---|---|---|---|---|---|---|---|
| $l$ 能级 | 0 | 0 | 1 | 0 | 1 | 2 | 0 | 1 | 2 | 3 | … |
| $nl$ 亚层 | 1s | 2s | 2p | 3s | 3p | 3d | 4s | 4p | 4d | 4f | … |

$l$ 决定着同一能级的大小，因而常称为副量子数。这样电子的能量便可用 $E_{n,l}$ 来标记。凡 $n$、$l$ 相同的电子处于同一能级。当 $n$ 相同时，$l$ 数值越大的状态，能量越高：$E_{ns}<E_{np}<E_{nd}<E_{nf}$。然而，氢原子中电子的能量只取决于主量子数 $n$，$n$ 相同，亚层能量也相同，如 $E_{3s}=E_{3p}=E_{3d}$。

**2.2.3.3 磁量子数（$m$）**

角量子数为 $l$ 的电子在外磁场中有不同的取向。$m$ 决定电子的轨道角动量在磁场方向的分量值大小，因此 $m$ 称为磁量子数。$l$ 一定，$m$ 可取 0、±1、±2、…、$\pm l$，共（$2l+1$）个值，$m$ 值决定原子轨道和电子云的角度分布图的空间取向。$l$ 越大，$m$ 的取值越多，即此轨道的空间取向也越多。一种取向表示一个原子轨道，一定的 $l$ 值有 $2l+1$ 个原子轨道。$l$ 相同，$m$ 不同的轨道，能量相同，叫作等价轨道或简并轨道。等价轨道的数目，叫简并度。如 $l=2$ 的 d 轨道，$m$ 可取 0、±1 和 ±2 等 5 个值，表示有 5 个空间取向，简并度为 5，这 5 个 d 轨道为等价轨道。

综上所述，原子轨道在三维空间的可能状态可由 $n$、$l$、$m$ 这 3 个量子数——轨道量子数来描述。通常称 $\Psi_{n,l,m}$ 为原子轨道波函数，简称轨函，俗称“轨道”。

**2.2.3.4 自旋量子数（$m_s$）**

自旋量子数 $m_s$ 描述电子自旋运动的取向，其值也是量子化的，且只能取 $m_s=+\frac{1}{2}$ 或 $m_s=-\frac{1}{2}$，表示电子有两种不同的自旋方向。

总之，原子中电子任何一个运动状态可以用这四个量子数来描述。前 3 个量子数描述电子的空间状态——轨道，而后一个量子数描述了电子的自旋状态。4 个量子数完全确定了，相应电子运动状态便确定了。习惯上，用—或□或○来表示轨道，用填入轨道中的↑或↓表示该轨道上处于某自旋状态的电子。

## 2.2.4 原子轨道及其符号

$n$、$l$、$m$ 都有确定值的波函数 $\Psi_{n,l,m}$ 称为原子轨道。这里原子轨道的含义不同于宏观物体的运动轨道，也不同于玻尔理论中的固定轨道，它指的是电子的一种空间运动状态。

原子轨道的名称用符号表示，由 $n$、$l$、$m$ 三个量子数组成，即用 $n$、$l$、$m$ 表示原子轨道。其中 $n$ 由 $n$ 的取值数字表示；$l$ 由光谱学符号表示；$m$ 写在 $l$ 的右下角，$m$ 的符号用角度波函数的最大绝对值在 $x$、$y$、$z$ 直角坐标轴的位置标示。如对 p 轨道，$l=1$，原子轨道的符号为 $np_m$。当 $m=0$ 时，以 $np_z$ 表示，$z$ 表示该轨道角度波函数值在 $z$ 轴方向最大；当 $m=\pm1$ 时，以 $np_x$ 或 $np_y$ 表示。

表 2.2 列出了 $n$、$l$、$m$ 的合理取值关系、轨道名称和轨道数。表 2.3 列出了核外电子运动的可能状态数。

从表 2.2 和表 2.3 中可以看出，一定 $n$ 值的总轨道数为 $n^2$，核外电子运动的可能状态数为 $2n^2$；一定 $l$ 值的轨道数为 $2l+1$，如 s 轨道数为 1，p 轨道数为 3，d 轨道数为 5，f 轨道数为 7。

表 2.2 $n$、$l$、$m$ 的合理取值关系、轨道名称和轨道数

| $n$ | $l$ | $l$ 符号 | $m$ | 轨道名称 | $l$ 相同轨道数 | $n$ 相同轨道数 |
|---|---|---|---|---|---|---|
| 1 | 0 | s | 0 | 1s | 1 | 1 |
| 2 | 0 | s | 0 | 2s | 1 | 4 |
| | 1 | p | 0 | $2p_z$ | 3 | |
| | | | ±1 | $2p_x$ | | |
| | | | | $2p_y$ | | |
| 3 | 0 | s | 0 | 3s | 1 | 9 |
| | 1 | p | 0 | $3p_z$ | 3 | |
| | | | ±1 | $3p_x$ | | |
| | | | | $3p_y$ | | |
| | 2 | d | 0 | $3d_{z^2}$ | 5 | |
| | | | ±1 | $3d_{xz}$ | | |
| | | | | $3d_{yz}$ | | |
| | | | ±2 | $3d_{x^2-y^2}$ | | |
| | | | | $3d_{xy}$ | | |

表 2.3 核外电子运动的可能状态数

| 主量子数 | 符号 | 角量子数 | 原子轨道符号 | 磁量子数 | 轨道空间取向数 | 电子层中总轨道数 | 自旋量子数 | 状态数 | |
|---|---|---|---|---|---|---|---|---|---|
| | | | | | | | | 各轨道 | 各电子层 |
| 1 | K | 0 | 1s | 0 | 1 | 1 | ↑↓ | 2 | 2 |
| 2 | L | 0 | 2s | 0 | 1 | 4 | ↑↓ | 2 | 8 |
| | | 1 | 2p | −1,0,+1 | 3 | | ↑↓ | 6 | |
| 3 | M | 0 | 3s | 0 | 1 | 9 | ↑↓ | 2 | 18 |
| | | 1 | 3p | −1,0,+1 | 3 | | ↑↓ | 6 | |
| | | 2 | 3d | −2,−1,0,+1,+2 | 5 | | ↑↓ | 10 | |
| 4 | N | 0 | 4s | 0 | 1 | 16 | ↑↓ | 2 | 32 |
| | | 1 | 4p | −1,0,+1 | 3 | | ↑↓ | 6 | |
| | | 2 | 4d | −2,−1,0,+1,+2 | 5 | | ↑↓ | 10 | |
| | | 3 | 4f | −3,−2,−1,0,+1,+2,+3 | 7 | | ↑↓ | 14 | |

## 2.2.5 概率密度和电子云

波函数 $\Psi$ 本身没有明确的物理意义，不能与任何可以观察的物理量相联系，但波函数的平方 $|\Psi|^2$ 却可以反映电子在核外某处单位体积内出现的概率大小，即该处的概率密度。若用黑点的疏密程度来表示空间各点电子概率密度的大小，则 $|\Psi|^2$ 大的地方黑点较密，其概率密度大；反之，$|\Psi|^2$ 小的地方黑点较疏，概率密度小。在原子核外分布的小黑点，好像一团带负电的云，把原子核包围起来，人们称它为电子云。即通常把 $|\Psi|^2$ 在核外空间分布的图形叫电子云。

## 2.2.6 波函数及电子云的图像

波函数 $\Psi$ 用以描述具有一定能量电子的运动状态，$|\Psi|^2$ 则表示电子在空间各点出现的概率密度。原子轨道和电子云除用数学函数式描述外，通常还可用相应的图形来表示。化学

反应涉及化学键的变化，其实质在于电子运动状态的变化，因此讨论 $\Psi$ 及 $|\Psi|^2$ 的图形对深刻而又直观地理解化学键及分子构型很重要。$\Psi$ 的数学形式很复杂，为便于描述，将波函数分离为两部分的乘积，即 $\Psi_{n,l,m}(r,\theta,\varphi)=R_{n,l}(r)Y_{l,m}(\theta,\varphi)$，其中 $R_{n,l}(r)$ 为波函数的径向部分，将 $R_{n,l}(r)$ 对 $r$ 作图，可以了解波函数随 $r$ 的变化情况；$Y_{l,m}(\theta,\varphi)$ 为波函数的角度部分，将 $Y_{l,m}(\theta,\varphi)$ 对 $\theta$、$\varphi$ 作图，可以了解波函数随 $\theta$、$\varphi$ 的变化情况。下面分角度部分和径向部分来讨论波函数图。

#### 2.2.6.1　原子轨道和电子云的角度分布图

(1) 原子轨道角度分布图

原子轨道角度分布图是将径向部分 $R_{n,l}$ 视为常量来考虑不同方位上 $\Psi$ 的相对大小，即角度函数 $Y_{l,m}(\theta,\varphi)$ 随 $\theta$、$\varphi$ 变化的图像，这种分布图只与 $l$、$m$ 有关，而与 $n$ 无关，因此只要 $l$ 和 $m$ 相同的原子轨道，它们的角度分布图就相同。

原子轨道角度分布图的制作：从坐标原点出发，引出方向为 $\theta$、$\varphi$ 的直线，长度取 $Y$ 的绝对值大小，再将所有这些直线的端点连起来，在空间形成一个曲面。下面以 $2p_z$ 轨道为例讨论原子轨道角度分布图的画法。

所有 $p_z$ 轨道的角度波函数相同（$Y_{p_z}$ 与 $n$ 无关），由表 2.1 可知，$Y_{p_z}=\sqrt{\dfrac{3}{4\pi}}\cos\theta$，求出不同 $\theta$ 角所对应的 $Y_{p_z}$ 值，如表 2.4 所示。因 $Y_{p_z}$ 只与 $\theta$ 有关而与 $\varphi$ 无关，所以其角度分布图是一个绕 $z$ 轴旋转一周的曲面。以 $x$ 为横轴，$z$ 为纵轴，从坐标原点出发，分别画出 $\theta$ 为 15°、30°、45°等的直线，分别在其上取线段等于 $Y$ 的值，把各线段端点连接起来，便得 $xz$ 平面曲线，然后将此曲线绕 $z$ 轴旋转一周即得 $Y_{p_z}$ 的立体曲面，再标上“+”与“−”（正负号仅表示 $Y$ 值是正值还是负值，并不代表电荷），即为 $p_z$ 轨道的角度分布图，如图 2.1 所示。

**表 2.4　不同 $\theta$ 角与对应的 $Y_{p_z}$ 和 $Y_{p_z}^2$ 值**

| $\theta$ | $\cos\theta$ | $Y_{p_z}$ | $Y_{p_z}^2$ | $\theta$ | $\cos\theta$ | $Y_{p_z}$ | $Y_{p_z}^2$ |
|---|---|---|---|---|---|---|---|
| 0° | 1.000 | 0.489 | 0.239 | 120° | −0.500 | −0.244 | 0.060 |
| 15° | 0.966 | 0.472 | 0.223 | 135° | −0.707 | −0.346 | 0.120 |
| 30° | 0.866 | 0.423 | 0.179 | 150° | −0.866 | −0.423 | 0.179 |
| 45° | 0.707 | 0.346 | 0.120 | 165° | −0.966 | −0.472 | 0.223 |
| 60° | 0.500 | 0.244 | 0.060 | 180° | −1.000 | −0.489 | 0.239 |
| 90° | 0 | 0 | 0 | | | | |

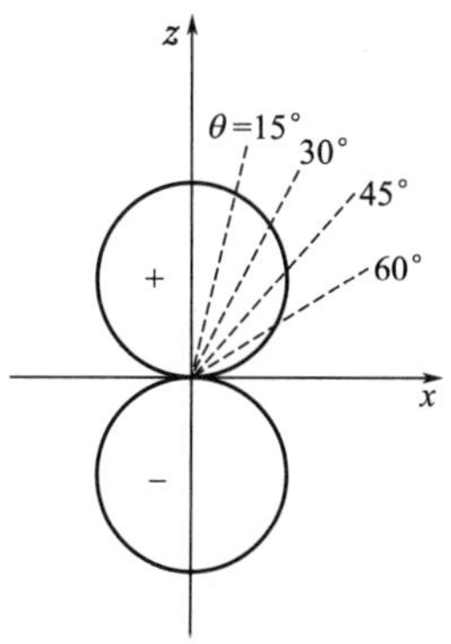


图 2.1　$p_z$ 轨道的角度分布图

波函数的角度分布图

其他原子轨道的角度分布图也可根据各自的函数值用类似方法得到，原子轨道的角度分布图如图 2.2 所示。$l=0$、$m=0$ 的角度函数表示的是 s 轨道，此时 $Y_s=Y_{0,0}=1/\sqrt{4\pi}$ 是一常数，不随 $\theta$、$\varphi$ 而变，故呈球面。p 轨道的角度分布图是两个相切的球面，呈哑铃形，有三种分布。d 轨道有五种分布，除 $d_{z^2}$ 轨道外，都是四瓣花形。f 轨道有 7 个角度分布图。

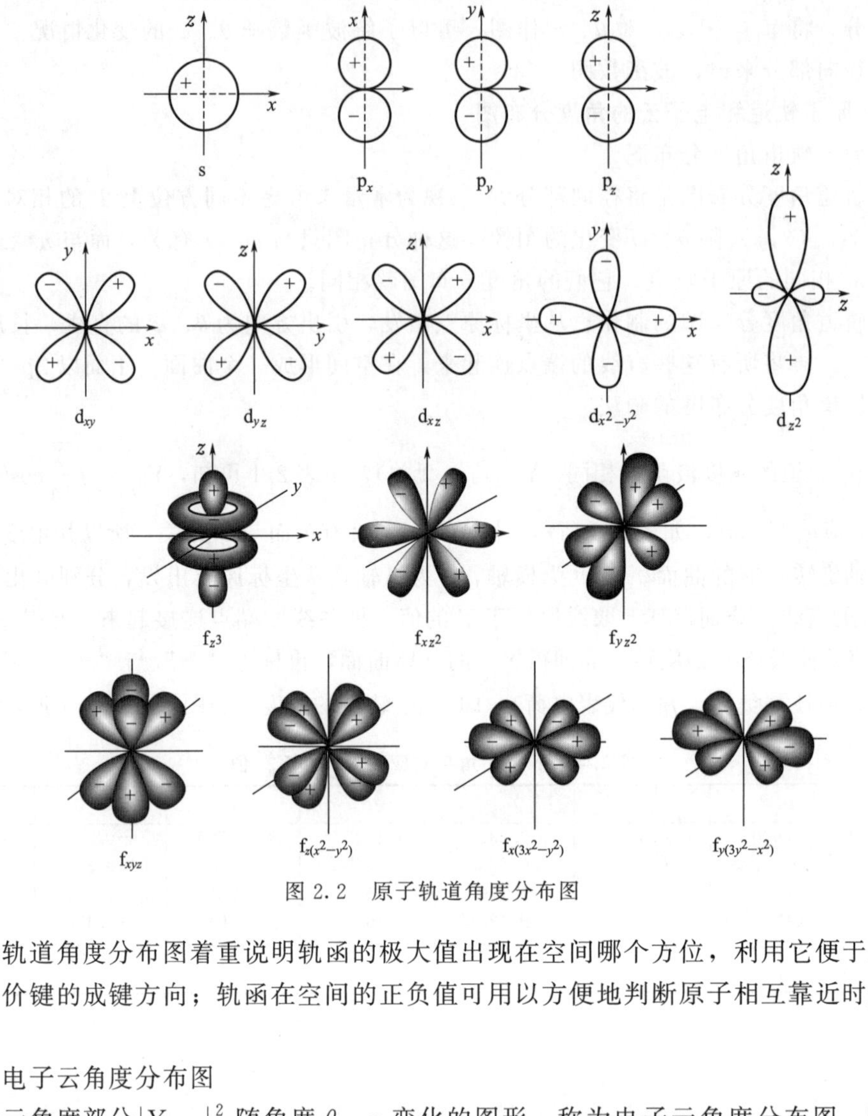


图 2.2 原子轨道角度分布图

原子轨道角度分布图着重说明轨函的极大值出现在空间哪个方位，利用它便于直观地讨论化学共价键的成键方向；轨函在空间的正负值可用以方便地判断原子相互靠近时是否能有效成键。

(2) 电子云角度分布图

电子云角度部分 $|Y_{l,m}|^2$ 随角度 $\theta$、$\varphi$ 变化的图形，称为电子云角度分布图。图 2.3 是 s、p、d 电子云角度分布示意图。

电子云角度分布图与原子轨道角度分布图形状类似，它们的极大值在同一方向，但有两点区别：①原子轨道角度分布图有正、负之分，而电子云的角度分布图无正、负之分；②电子云的角度分布图比原子轨道角度分布图“瘦”些。电子云的角度分布图反映了同一球面不同方向上概率密度的变化情况。由图 2.3 可知，s 轨道中的电子在核周围同一球面不同方向上出现的概率密度相同；而对于 $p_x$ 轨道中的电子，在核周围同一球面不同方向上出现的概率密度不同，以 $x$ 方向为最大。

**2.2.6.2 原子轨道和电子云的径向函数图**

将原子轨道的角度部分 $Y_{l,m}$ 视为常量来讨论其径向函数 $R_{n,l}$，绘出 $R_{n,l}$-$r$ 图为原子轨道

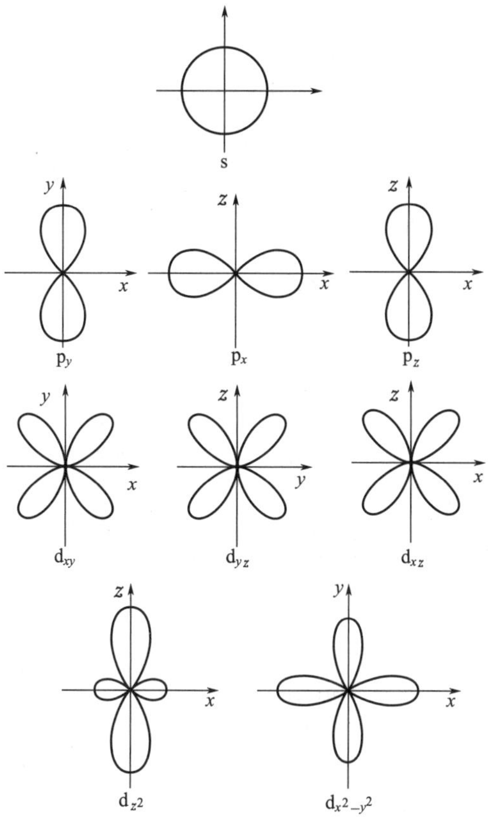


图 2.3　s、p、d 电子云角度分布示意图

波函数的径向函数图

的径向函数图，而$|R_{n,l}|^2$-$r$ 图便是电子云径向函数图，如图 2.4 所示。一般 s 电子在 $r=0$ 处，$\Psi$ 值最大，且$|\Psi|^2$ 值也最大，并存在着（$n-1$）个$|\Psi|^2=0$ 的球面——节面（电子云密度等于 0 的面）。但 p、d、f 电子在 $r=0$ 处的$|\Psi|^2=0$，并有（$n-l-1$）个节面。

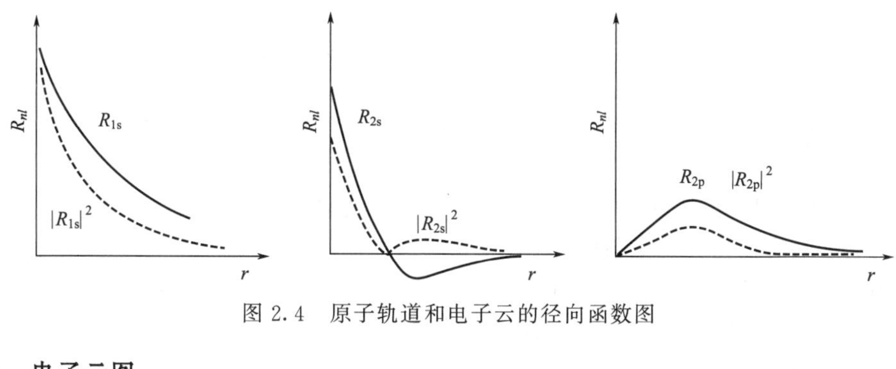


图 2.4　原子轨道和电子云的径向函数图

### 2.2.6.3　电子云图

电子云图是指$|\Psi|^2$ 在空间的分布，即电子在空间出现的概率密度的分布图。综合$|R_{n,l}|^2$-$r$ 图与$|Y_{l,m}|^2$-$(\theta,\varphi)$图，常用小黑点的疏密来表示$|\Psi|^2$ 在空间的大小，见图 2.5(a)。电子云图可以看成是由电子云的径向函数图和电子云的角度分布图合成的结果。以处于 1s 态的电子为例，由电子云径向函数图可知，离核越近电子出现的概率密度越大，故在电子云图上离核越近黑点越密；而由电子云角度分布图可知，1s 电子在同一球面不同方向

上出现的概率密度相同，因此在电子云图上离核相同距离不同方向上黑点的疏密情况相同。其他电子云图也可以用类似方法讨论。

电子云图

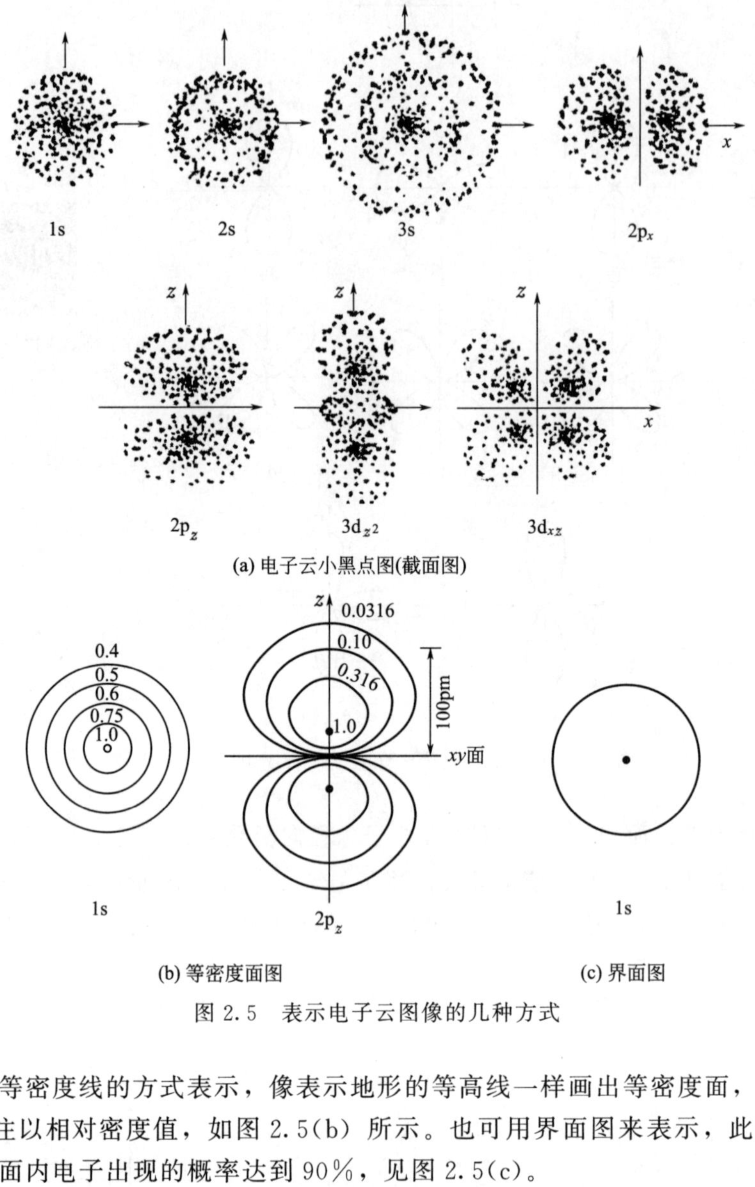


(a) 电子云小黑点图(截面图)

(b) 等密度面图　　(c) 界面图

图 2.5　表示电子云图像的几种方式

电子云图有时用等密度线的方式表示，像表示地形的等高线一样画出等密度面，以最密处定为 1，其他各面注以相对密度值，如图 2.5(b) 所示。也可用界面图来表示，此时所画出的界面表明在此界面内电子出现的概率达到 90%，见图 2.5(c)。

**2.2.6.4　电子云的径向分布函数图**

了解电子经常在离核多远的区域内运动，即了解电子在离核多远的区域出现的概率大，对了解电子的能量以及电子间的相互作用都很重要，为此给出电子云的径向分布函数图。

以原子核为中心的球体可分割成许多极薄的球壳。半径为 $r$、厚度为 $dr$ 的球壳体积为 $4\pi r^2 dr$。核外电子在该球壳中出现的概率为 $|\Psi|^2 4\pi r^2 dr$。若将原子轨道的角度部分视为常数，便可定义径向分布函数 $D(r)=4\pi r^2 R^2(r)$，并作 $D(r)$-$r$ 图，称为电子云的径向分布函数图，如图 2.6 所示。$D(r)$表示在半径为 $r$ 的球面附近，单位厚度球壳内电子出现的概率。由于球壳极薄，因此 $D(r)$也就表示在离核 $r$ 处球面上电子出现的概率。由径向分布函数图可以看出：

① 在核（$r=0$）处，$D=0$，每种状态有（$n-l$）个极大峰。3s、3p 和 3d 分别有 3、

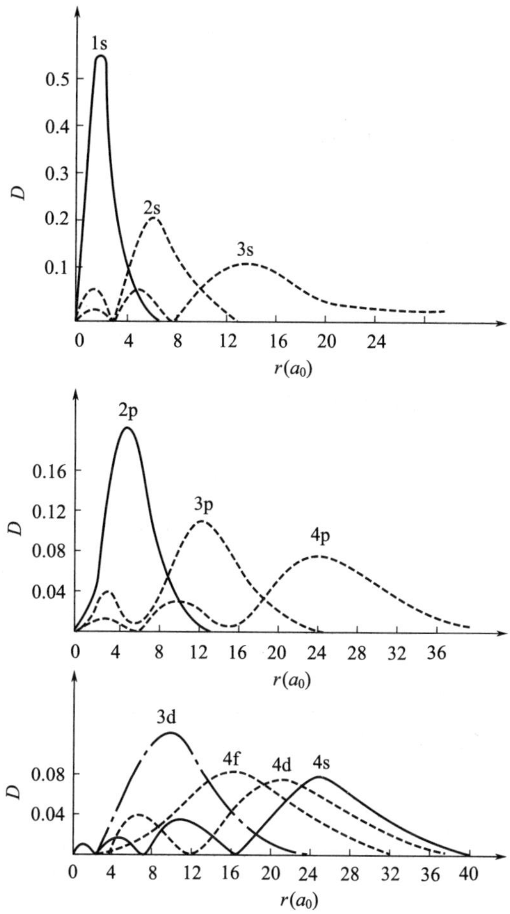


图 2.6　氢原子的各种状态的径向分布函数图

2、1 个峰；

② $n$ 相同的各轨道离核平均距离较接近，$n$ 越大的轨道相应离核平均距离也大，因此核外电子轨道可分层；

③ $n$ 相同、$l$ 不同的电子，$l$ 越小峰越多，且在核附近出现的概率也越大。

电子云的径向分布函数图对讨论原子轨道的能级高低、屏蔽效应和钻穿效应很有意义。

至此，我们已从不同角度较形象和直观地感受到氢原子、类氢离子核外电子（单）的运动状态与空间分布，那么多电子的原子体系又如何呢？

## 2.3　多电子原子核外电子的运动状态

除氢原子外，所有其他元素的原子，其电子数目都不止一个，统称为多电子原子。要讨论多电子原子的结构，可解多电子原子的薛定谔方程，从而得到波函数和相应的能量。但是多电子原子中由于电子的相互作用，其势能函数比较复杂，薛定谔方程无法精确求解，只能用近似方法。用近似方法得到的多电子原子的波函数，和单电子原子（离子）波函数有相似的形式，仍然可像氢原子那样用量子数 $n$，$l$，$m$ 标记；波函数的角度函数和氢原子是相同的，只是含 $r$ 部分（径向函数 $R$）不同，角动量和角动量在磁场方向上的分量仍然由量子数 $l$ 和 $m$ 决定，而原子轨道的能量则除了与 $n$ 有关外还与 $l$ 有关。整个原子的能量等于在原子轨道上运动的电子能量之和。整个原子结构，就是将原子中所有的电子分布在这些原子轨道上。因此描述多电子原子的运动状态，必须首先讨论多电子原子原子轨道的能级。

## 2.3.1 多电子原子原子轨道的能级

多电子原子中电子的分布顺序与原子轨道的能量高低有关。对于多电子原子，每个电子不仅受到原子核的吸引，还受到同原子内其他电子的排斥。这两种作用的相对大小，决定了原子轨道的能级高低。其中原子核对电子的吸引作用主要取决于核电荷数的大小和电子离核的远近距离；而多电子原子内电子间的相互作用，通常归结为屏蔽效应和钻穿效应。

原子轨道的能级

### 2.3.1.1 鲍林近似能级图和能级组

鲍林（L. Pauling）根据光谱实验的结果，总结出了多电子原子的原子轨道近似能级图（图 2.7），能级高低顺序为：1s，2s，2p，3s，3p，4s，3d，4p，5s，4d，5p，6s，4f，5d，6p，7s，5f，6d，7p……。

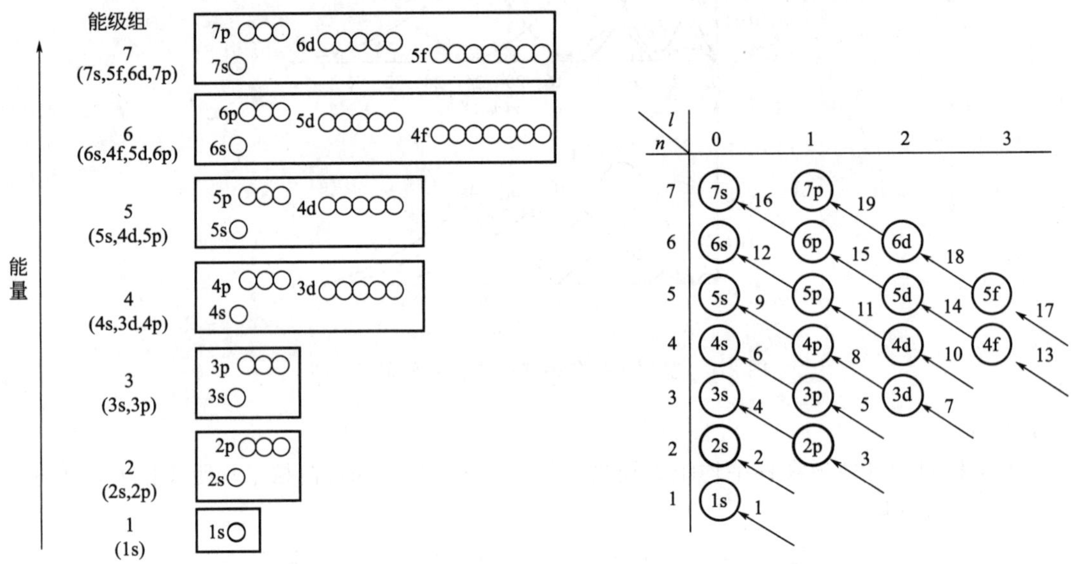


(a) (b)

图 2.7 原子轨道近似能级图

我国化学家徐光宪从光谱数据归纳的多电子原子原子轨道的能级规律为：

① 对于原子的外层电子，$(n+0.7l)$ 越大，则电子能量越高；

② 对于离子的外层电子，$(n+0.4l)$ 越大，则电子能量越高；

③ 对于原子或离子较深的内层电子，能量高低基本上取决于主量子数 $n$。

鲍林近似能级图与我国化学家徐光宪教授归纳的能级规律是一致的。

在原子轨道近似能级图中，把能量相近的能级（图 2.7 中方框）划分为一个组，叫能级组，共分七个能级组。能级组内各能级能量差别不大，组与组间能级的能量差别大。图 2.7 中每一个小圆圈代表一个原子轨道，s 亚层有一个原子轨道，p 亚层有三个能量相同的原子轨道，d 亚层有五个能量相同的原子轨道，f 亚层有七个能量相同的原子轨道。从图 2.7 中还可以看出：

① 主量子数 $n$ 相同，角量子数 $l$ 不同时，$l$ 值越大，原子轨道的能量越高，即 $E_{ns}<E_{np}<E_{nd}<E_{nf}$；

② 当 $l$ 相同时，原子轨道的能量由主量子数决定，$n$ 越大，能量越高，例如 $E_{3p}<E_{4p}<E_{5p}<E_{6p}$；

③ 主量子数 $n$ 和角量子数 $l$ 同时变动时，能级次序比较复杂，会出现 $E_{4s}<E_{3d}$ 等现象，这种现象称为能级交错。出现能级交错的原因，来源于屏蔽效应和钻穿效应等。

这个近似能级图，对于正确排出各元素的电子排布十分有用。

#### 2.3.1.2　屏蔽效应

如不考虑电子间的相互作用，每一个电子只受核电荷的吸引，其能量与氢原子和类氢离子的能级公式相同，电子的能量 $E$ 值仍随 $n$ 值的增大而增大。当考虑电子的相互作用时，氢原子和类氢离子的能级公式不再适用，这给解决多电子原子中电子的能级带来了困难。可以采用一种近似的处理方法，把多电子原子中其余电子对指定电子的相互排斥作用，简单地看作是抵消一部分核电荷对指定电子的作用，相当于核电荷数减少。这种在多电子原子中其余电子抵消核电荷对指定电子的作用叫屏蔽效应。抵消核电荷的程度即屏蔽效应的强弱，可用屏蔽常数 $\sigma$(实验归纳得到的经验常数) 来衡量。

$$Z^{*}=Z-\sum_{i=1}^{Z-1}\sigma_{i}$$

式中，$Z$ 为核电荷；$Z^{*}$ 为有效核电荷；$\sigma_i$ 为屏蔽常数，表示由于其他电子的排斥作用而使核电荷数被抵消的部分；$\sum\sigma_i$ 为（$Z-1$）个电子的屏蔽常数的总和。由上式可看出：屏蔽效应越大，$Z^{*}$ 就越小，被屏蔽电子受核的引力越小，电子的能量升高越多。原子中任一轨道上的电子，受到内层电子的屏蔽要比同层电子的屏蔽作用大。下面是屏蔽常数的一般近似计算规则。

写出原子的电子分布式，将原子中的电子按如下分组：

(1s)(2s,2p)(3s,3p)(3d)(4s,4p)(4d)(4f)(5s,5p)(5d)…

那么，内层电子对指定电子的屏蔽常数，可以按下面的简单规则估算：

① 处在右面的各轨道组内的电子对左面轨道组内的电子没有屏蔽作用，屏蔽常数 $\sigma_i$ 为零；

② 同层电子间的屏蔽常数 $\sigma_i=0.35$；但第一层电子间的屏蔽常数取值为 $\sigma_i=0.30$；

③ 第（$n-1$）层电子对第 $n$ 层电子的屏蔽常数取值为 $\sigma_i=0.85$；

④ 第（$n-2$）层及其以内各层电子对第 $n$ 层电子的屏蔽常数取值均为 $\sigma_i=1.00$；

⑤ 处在（$n$d）或（$n$f）组左面的各轨道组内的电子对（$n$d）或（$n$f）组内电子的屏蔽常数取值均为 $\sigma_i=1.00$。

原子内所有电子对指定电子的屏蔽常数的总和，即为该电子在原子中受到的总的屏蔽常数 $\sigma$。

严格说来，同一电子层中不同电子亚层电子的屏蔽作用是有差别的。但在要求不太精确的情况下，近似认为其 $\sigma_i$ 是相同的。

通过有效核电荷的引入，多电子原子系统就简化成单电子原子的类似系统。多电子原子中，电子能量的计算公式与单电子的氢原子类似，如下所示：

$$E_{n}=-2.18\times10^{-18}\left(\frac{Z^{*}}{n}\right)^{2}(\mathrm{J})$$

从上式可见，$E_n$ 不仅取决于 $n$，而且与 $Z^{*}$ 有关。

屏蔽常数对有效核电荷数和电子层的能量有很大影响。对于同层电子间的屏蔽，当 $n$ 相同时，$l$ 值越大的电子，受到其同层电子的屏蔽作用越强，相应的轨道能级也越高，但因同层电子的屏蔽作用不同造成的能级高低差别很小，影响不大，屏蔽效应的影响主要表现在对不同层的原子轨道能级高低的影响上。对于不同层电子间的屏蔽，主量子数 $n$ 越大，原子轨道离核越远，相应的电子云径向分布图中最大峰值离核越远，该轨道电子受到其他电子的屏蔽作用也越大，因而相应的轨道能级也越高，如 $E_{6p}>E_{5p}>E_{4p}>E_{3p}$。

#### 2.3.1.3 钻穿效应

从量子力学观点来看，电子可以出现在原子内任何位置上，最外层电子也可能出现在离核很近处。这就是说，外层电子可钻入内电子壳层而更靠近核，这种电子渗入原子内部空间而更靠近核的本领称为钻穿。钻穿结果降低了其他电子对它的屏蔽作用，起到了增加有效核电荷降低轨道能量的作用。电子钻穿得越靠近核，电子的能量越低。这种由于电子钻穿而引起能量发生变化的现象称为钻穿效应。

电子钻穿效应的大小可从电子云的径向分布函数图看出。径向分布函数图的特点是具有 $n-l$ 个峰。当 $n$ 相同，$l$ 不同时，$l$ 越小，峰的数目（径向极大）越多，而且第一峰离核较近，所以当 $n$ 相同而 $l$ 不同时，各亚层电子云径向分布的第一峰离核的距离大小顺序是：$r_{ns}<r_{np}<r_{nd}<r_{nf}$。第一峰离核越近，在核附近电子出现的概率越大，被其他电子屏蔽越少，也就是钻得越深，受到有效核电荷作用越大，能量就越低，所以原子轨道能量顺序是：$E_{ns}<E_{np}<E_{nd}<E_{nf}$。

钻穿效应还可以用来说明 $n$s 与 $(n-1)$d 轨道的能级交错。将 4s 和 3d 的径向分布函数图进行比较就可以看出，4s 最大峰虽然比 3d 离核要远，但是它有小峰很靠近核，因此，4s 比 3d 穿透要大，4s 的能量比 3d 要低，能级产生交错。屏蔽效应使核对电子的有效吸引减弱，将导致轨道能级升高；而钻穿效应使核对电子的有效吸引加强，将导致轨道能级降低。两者的影响刚好相反。两者彼此的消长决定了原子轨道的实际能级的高低。

#### 2.3.1.4 原子轨道的能量和原子序数的关系

鲍林近似能级图是假定所有元素原子的能级高低顺序是一样的，对于了解多电子原子中电子如何依次分布到各能级中是十分有用的。但事实上，原子轨道能级顺序不是一成不变的。原子轨道的能量在很大程度上取决于原子序数。随着元素原子序数的增加，核对电子的吸引力增加，因而原子轨道的能量逐渐下降。反映原子轨道能量与原子序数关系的能级图有不少种，图 2.8 为科顿（F. A. Cotton）多电子原子的轨道能量与原子序数关系图。

由图 2.8 可以看出，原子序数增大时，原子轨道能量逐渐下降，但下降的幅度不同。d 和 f 轨道能量递减的幅度大于 s 和 p 轨道，因而出现了有些轨道能级高低顺序改变的情况。科顿能级图还反映了主量子数相同的氢原子轨道的能量是相同的。

科顿能级图比较复杂，不像鲍林近似能级图简明易懂，为方便起见，在讨论核外电子排布时，一般采用鲍林近似能级图。周期系中各元素原子的电子排布，除极少数例外，其顺序是可按照鲍林近似能级图填充的。

### 2.3.2 多电子原子核外电子的分布

#### 2.3.2.1 核外电子排布的基本原则

根据光谱实验结果，以及对元素周期律的分析，总结出核外电子排布要遵循的三个原则：泡利不相容原理、能量最低原理和洪特规则。

(1) 泡利不相容原理

在同一个原子内没有四个量子数完全相同的电子，或者说同一个原子中没有运动状态完全相同的电子。因此，任何一个原子轨道中最多只能容纳两个自旋方向相反的电子。

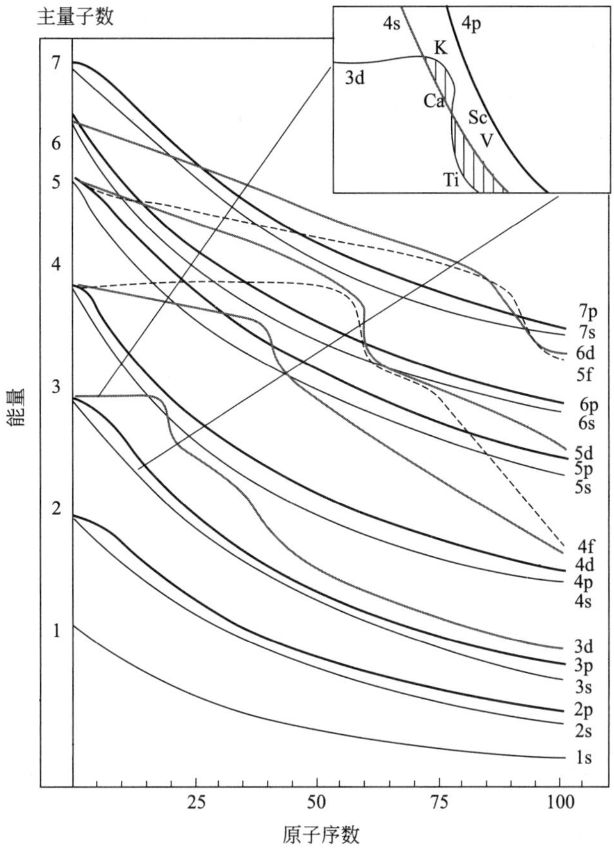


图 2.8　多电子原子的轨道能量与原子序数关系图

构造原理

根据泡利不相容原理和四个量子数之间的关系，以四个量子数作不同的合理组合，可算出电子层、亚层的轨道数和电子数的最大容量。每个主量子数为 $n$ 的电子层，一共有 $n$ 个亚层；每个角量子数为 $l$ 的亚层有 $2l+1$ 个轨道；每个轨道最多可以容纳 2 个电子。每个电子层 $n$ 的轨道数等于 $n^2$，能容纳的电子数等于 $2n^2$，这叫作电子层最大容量原理。

（2）能量最低原理

基态时，在不违背泡利不相容原理的前提下，核外电子的分布将尽可能优先占据能量最低的轨道，以使原子系统的能量最低。根据能量最低原理，核外电子按原子轨道近似能级图中各能级的顺序由低至高填充到各原子轨道中。

（3）洪特规则

在能量相同的原子轨道（即所谓等价轨道，如 3 个 p 轨道、5 个 d 轨道、7 个 f 轨道，亦称为简并轨道）中排布的电子，总是尽可能分占不同的等价轨道且保持自旋相同。量子力学原理表明，电子的这种排布方式避免了同一轨道中两个电子间的斥力，无须消耗电子配对能，使整个原子能量处于较低状态。因此，洪特规则实际上是能量最低原理的一种具体体现。

作为洪特规则的特例，使等价轨道处于全充满（$p^6$，$d^{10}$，$f^{14}$）、半充满（$p^3$，$d^5$，$f^7$）或全空（$p^0$，$d^0$，$f^0$）状态时的电子排布方式是比较稳定的。

### 2.3.2.2　周期系中各元素原子的电子排布

周期系中各元素原子的核外电子排布情况是根据光谱实验得出的。表 2.5 列出了周期系中一些元素原子中电子的排布情况。

多电子原子核外电子排布

**表 2.5 原子中电子的排布**

| 周期 | 原子序数 | 元素符号 | 电子层 | | | | | | | | | | | | | | | | | |
|---|---|---|---|---|---|---|---|---|---|---|---|---|---|---|---|---|---|---|---|---|
| | | | K | L | | M | | | N | | | | O | | | | P | | | Q |
| | | | 1s | 2s | 2p | 3s | 3p | 3d | 4s | 4p | 4d | 4f | 5s | 5p | 5d | 5f | 6s | 6p | 6d | 7s |
| 1 | 1 | H | 1 | | | | | | | | | | | | | | | | | |
| | 2 | He | 2 | | | | | | | | | | | | | | | | | |
| 2 | 3 | Li | 2 | 1 | | | | | | | | | | | | | | | | |
| | 4 | Be | 2 | 2 | | | | | | | | | | | | | | | | |
| | 5 | B | 2 | 2 | 1 | | | | | | | | | | | | | | | |
| | 6 | C | 2 | 2 | 2 | | | | | | | | | | | | | | | |
| | 7 | N | 2 | 2 | 3 | | | | | | | | | | | | | | | |
| | 8 | O | 2 | 2 | 4 | | | | | | | | | | | | | | | |
| | 9 | F | 2 | 2 | 5 | | | | | | | | | | | | | | | |
| | 10 | Ne | 2 | 2 | 6 | | | | | | | | | | | | | | | |
| 3 | 11 | Na | 2 | 2 | 6 | 1 | | | | | | | | | | | | | | |
| | 12 | Mg | 2 | 2 | 6 | 2 | | | | | | | | | | | | | | |
| | 13 | Al | 2 | 2 | 6 | 2 | 1 | | | | | | | | | | | | | |
| | 14 | Si | 2 | 2 | 6 | 2 | 2 | | | | | | | | | | | | | |
| | 15 | P | 2 | 2 | 6 | 2 | 3 | | | | | | | | | | | | | |
| | 16 | S | 2 | 2 | 6 | 2 | 4 | | | | | | | | | | | | | |
| | 17 | Cl | 2 | 2 | 6 | 2 | 5 | | | | | | | | | | | | | |
| | 18 | Ar | 2 | 2 | 6 | 2 | 6 | | | | | | | | | | | | | |
| 4 | 19 | K | 2 | 2 | 6 | 2 | 6 | | 1 | | | | | | | | | | | |
| | 20 | Ca | 2 | 2 | 6 | 2 | 6 | | 2 | | | | | | | | | | | |
| | 21 | Sc | 2 | 2 | 6 | 2 | 6 | 1 | 2 | | | | | | | | | | | |
| | 22 | Ti | 2 | 2 | 6 | 2 | 6 | 2 | 2 | | | | | | | | | | | |
| | 23 | V | 2 | 2 | 6 | 2 | 6 | 3 | 2 | | | | | | | | | | | |
| | 24 | Cr | 2 | 2 | 6 | 2 | 6 | 5 | 1 | | | | | | | | | | | |
| | 25 | Mn | 2 | 2 | 6 | 2 | 6 | 5 | 2 | | | | | | | | | | | |
| | 26 | Fe | 2 | 2 | 6 | 2 | 6 | 6 | 2 | | | | | | | | | | | |
| | 27 | Co | 2 | 2 | 6 | 2 | 6 | 7 | 2 | | | | | | | | | | | |
| | 28 | Ni | 2 | 2 | 6 | 2 | 6 | 8 | 2 | | | | | | | | | | | |
| | 29 | Cu | 2 | 2 | 6 | 2 | 6 | 10 | 1 | | | | | | | | | | | |
| | 30 | Zn | 2 | 2 | 6 | 2 | 6 | 10 | 2 | | | | | | | | | | | |
| | 31 | Ga | 2 | 2 | 6 | 2 | 6 | 10 | 2 | 1 | | | | | | | | | | |
| | 32 | Ge | 2 | 2 | 6 | 2 | 6 | 10 | 2 | 2 | | | | | | | | | | |
| | 33 | As | 2 | 2 | 6 | 2 | 6 | 10 | 2 | 3 | | | | | | | | | | |
| | 34 | Se | 2 | 2 | 6 | 2 | 6 | 10 | 2 | 4 | | | | | | | | | | |
| | 35 | Br | 2 | 2 | 6 | 2 | 6 | 10 | 2 | 5 | | | | | | | | | | |
| | 36 | Kr | 2 | 2 | 6 | 2 | 6 | 10 | 2 | 6 | | | | | | | | | | |
| 5 | 37 | Rb | 2 | 2 | 6 | 2 | 6 | 10 | 2 | 6 | | | 1 | | | | | | | |
| | 38 | Sr | 2 | 2 | 6 | 2 | 6 | 10 | 2 | 6 | | | 2 | | | | | | | |
| | 39 | Y | 2 | 2 | 6 | 2 | 6 | 10 | 2 | 6 | 1 | | 2 | | | | | | | |
| | 40 | Zr | 2 | 2 | 6 | 2 | 6 | 10 | 2 | 6 | 2 | | 2 | | | | | | | |
| | 41 | Nb | 2 | 2 | 6 | 2 | 6 | 10 | 2 | 6 | 4 | | 1 | | | | | | | |
| | 42 | Mo | 2 | 2 | 6 | 2 | 6 | 10 | 2 | 6 | 5 | | 1 | | | | | | | |
| | 43 | Tc | 2 | 2 | 6 | 2 | 6 | 10 | 2 | 6 | 5 | | 2 | | | | | | | |
| | 44 | Ru | 2 | 2 | 6 | 2 | 6 | 10 | 2 | 6 | 7 | | 1 | | | | | | | |
| | 45 | Rh | 2 | 2 | 6 | 2 | 6 | 10 | 2 | 6 | 8 | | 1 | | | | | | | |
| | 46 | Pd | 2 | 2 | 6 | 2 | 6 | 10 | 2 | 6 | 10 | | | | | | | | | |
| | 47 | Ag | 2 | 2 | 6 | 2 | 6 | 10 | 2 | 6 | 10 | | 1 | | | | | | | |
| | 48 | Cd | 2 | 2 | 6 | 2 | 6 | 10 | 2 | 6 | 10 | | 2 | | | | | | | |
| | 49 | In | 2 | 2 | 6 | 2 | 6 | 10 | 2 | 6 | 10 | | 2 | 1 | | | | | | |
| | 50 | Sn | 2 | 2 | 6 | 2 | 6 | 10 | 2 | 6 | 10 | | 2 | 2 | | | | | | |
| | 51 | Sb | 2 | 2 | 6 | 2 | 6 | 10 | 2 | 6 | 10 | | 2 | 3 | | | | | | |
| | 52 | Te | 2 | 2 | 6 | 2 | 6 | 10 | 2 | 6 | 10 | | 2 | 4 | | | | | | |
| | 53 | I | 2 | 2 | 6 | 2 | 6 | 10 | 2 | 6 | 10 | | 2 | 5 | | | | | | |
| | 54 | Xe | 2 | 2 | 6 | 2 | 6 | 10 | 2 | 6 | 10 | | 2 | 6 | | | | | | |

续表

| 周期 | 原子序数 | 元素符号 | 电子层 | | | | | | | | | | | | | | | | | |
|---|---|---|---|---|---|---|---|---|---|---|---|---|---|---|---|---|---|---|---|---|
| | | | K | L | | M | | | N | | | | O | | | | P | | | Q |
| | | | 1s | 2s | 2p | 3s | 3p | 3d | 4s | 4p | 4d | 4f | 5s | 5p | 5d | 5f | 6s | 6p | 6d | 7s |
| 6 | 55 | Cs | 2 | 2 | 6 | 2 | 6 | 10 | 2 | 6 | 10 | | 2 | 6 | | | 1 | | | |
| | 56 | Ba | 2 | 2 | 6 | 2 | 6 | 10 | 2 | 6 | 10 | | 2 | 6 | | | 2 | | | |
| | 57 | La | 2 | 2 | 6 | 2 | 6 | 10 | 2 | 6 | 10 | | 2 | 6 | 1 | | 2 | | | |
| | 58 | Ce | 2 | 2 | 6 | 2 | 6 | 10 | 2 | 6 | 10 | 1 | 2 | 6 | 1 | | 2 | | | |
| | 59 | Pr | 2 | 2 | 6 | 2 | 6 | 10 | 2 | 6 | 10 | 3 | 2 | 6 | | | 2 | | | |
| | 60 | Nd | 2 | 2 | 6 | 2 | 6 | 10 | 2 | 6 | 10 | 4 | 2 | 6 | | | 2 | | | |
| | 61 | Pm | 2 | 2 | 6 | 2 | 6 | 10 | 2 | 6 | 10 | 5 | 2 | 6 | | | 2 | | | |
| | 62 | Sm | 2 | 2 | 6 | 2 | 6 | 10 | 2 | 6 | 10 | 6 | 2 | 6 | | | 2 | | | |
| | 63 | Eu | 2 | 2 | 6 | 2 | 6 | 10 | 2 | 6 | 10 | 7 | 2 | 6 | | | 2 | | | |
| | 64 | Gd | 2 | 2 | 6 | 2 | 6 | 10 | 2 | 6 | 10 | 7 | 2 | 6 | 1 | | 2 | | | |
| | 65 | Tb | 2 | 2 | 6 | 2 | 6 | 10 | 2 | 6 | 10 | 9 | 2 | 6 | | | 2 | | | |
| | 66 | Dy | 2 | 2 | 6 | 2 | 6 | 10 | 2 | 6 | 10 | 10 | 2 | 6 | | | 2 | | | |
| | 67 | Ho | 2 | 2 | 6 | 2 | 6 | 10 | 2 | 6 | 10 | 11 | 2 | 6 | | | 2 | | | |
| | 68 | Er | 2 | 2 | 6 | 2 | 6 | 10 | 2 | 6 | 10 | 12 | 2 | 6 | | | 2 | | | |
| | 69 | Tm | 2 | 2 | 6 | 2 | 6 | 10 | 2 | 6 | 10 | 13 | 2 | 6 | | | 2 | | | |
| | 70 | Yb | 2 | 2 | 6 | 2 | 6 | 10 | 2 | 6 | 10 | 14 | 2 | 6 | | | 2 | | | |
| | 71 | Lu | 2 | 2 | 6 | 2 | 6 | 10 | 2 | 6 | 10 | 14 | 2 | 6 | 1 | | 2 | | | |
| | 72 | Hf | 2 | 2 | 6 | 2 | 6 | 10 | 2 | 6 | 10 | 14 | 2 | 6 | 2 | | 2 | | | |
| | 73 | Ta | 2 | 2 | 6 | 2 | 6 | 10 | 2 | 6 | 10 | 14 | 2 | 6 | 3 | | 2 | | | |
| | 74 | W | 2 | 2 | 6 | 2 | 6 | 10 | 2 | 6 | 10 | 14 | 2 | 6 | 4 | | 2 | | | |
| | 75 | Re | 2 | 2 | 6 | 2 | 6 | 10 | 2 | 6 | 10 | 14 | 2 | 6 | 5 | | 2 | | | |
| | 76 | Os | 2 | 2 | 6 | 2 | 6 | 10 | 2 | 6 | 10 | 14 | 2 | 6 | 6 | | 2 | | | |
| | 77 | Ir | 2 | 2 | 6 | 2 | 6 | 10 | 2 | 6 | 10 | 14 | 2 | 6 | 7 | | 2 | | | |
| | 78 | Pt | 2 | 2 | 6 | 2 | 6 | 10 | 2 | 6 | 10 | 14 | 2 | 6 | 9 | | 1 | | | |
| | 79 | Au | 2 | 2 | 6 | 2 | 6 | 10 | 2 | 6 | 10 | 14 | 2 | 6 | 10 | | 1 | | | |
| | 80 | Hg | 2 | 2 | 6 | 2 | 6 | 10 | 2 | 6 | 10 | 14 | 2 | 6 | 10 | | 2 | | | |
| | 81 | Tl | 2 | 2 | 6 | 2 | 6 | 10 | 2 | 6 | 10 | 14 | 2 | 6 | 10 | | 2 | 1 | | |
| | 82 | Pb | 2 | 2 | 6 | 2 | 6 | 10 | 2 | 6 | 10 | 14 | 2 | 6 | 10 | | 2 | 2 | | |
| | 83 | Bi | 2 | 2 | 6 | 2 | 6 | 10 | 2 | 6 | 10 | 14 | 2 | 6 | 10 | | 2 | 3 | | |
| | 84 | Po | 2 | 2 | 6 | 2 | 6 | 10 | 2 | 6 | 10 | 14 | 2 | 6 | 10 | | 2 | 4 | | |
| | 85 | At | 2 | 2 | 6 | 2 | 6 | 10 | 2 | 6 | 10 | 14 | 2 | 6 | 10 | | 2 | 5 | | |
| | 86 | Rn | 2 | 2 | 6 | 2 | 6 | 10 | 2 | 6 | 10 | 14 | 2 | 6 | 10 | | 2 | 6 | | |
| 7 | 87 | Fr | 2 | 2 | 6 | 2 | 6 | 10 | 2 | 6 | 10 | 14 | 2 | 6 | 10 | | 2 | 6 | | 1 |
| | 88 | Ra | 2 | 2 | 6 | 2 | 6 | 10 | 2 | 6 | 10 | 14 | 2 | 6 | 10 | | 2 | 6 | | 2 |
| | 89 | Ac | 2 | 2 | 6 | 2 | 6 | 10 | 2 | 6 | 10 | 14 | 2 | 6 | 10 | | 2 | 6 | 1 | 2 |
| | 90 | Th | 2 | 2 | 6 | 2 | 6 | 10 | 2 | 6 | 10 | 14 | 2 | 6 | 10 | | 2 | 6 | 2 | 2 |
| | 91 | Pa | 2 | 2 | 6 | 2 | 6 | 10 | 2 | 6 | 10 | 14 | 2 | 6 | 10 | 2 | 2 | 6 | 1 | 2 |
| | 92 | U | 2 | 2 | 6 | 2 | 6 | 10 | 2 | 6 | 10 | 14 | 2 | 6 | 10 | 3 | 2 | 6 | 1 | 2 |
| | 93 | Np | 2 | 2 | 6 | 2 | 6 | 10 | 2 | 6 | 10 | 14 | 2 | 6 | 10 | 4 | 2 | 6 | 1 | 2 |
| | 94 | Pu | 2 | 2 | 6 | 2 | 6 | 10 | 2 | 6 | 10 | 14 | 2 | 6 | 10 | 6 | 2 | 6 | | 2 |
| | 95 | Am | 2 | 2 | 6 | 2 | 6 | 10 | 2 | 6 | 10 | 14 | 2 | 6 | 10 | 7 | 2 | 6 | | 2 |
| | 96 | Cm | 2 | 2 | 6 | 2 | 6 | 10 | 2 | 6 | 10 | 14 | 2 | 6 | 10 | 7 | 2 | 6 | 1 | 2 |
| | 97 | Bk | 2 | 2 | 6 | 2 | 6 | 10 | 2 | 6 | 10 | 14 | 2 | 6 | 10 | 9 | 2 | 6 | | 2 |
| | 98 | Cf | 2 | 2 | 6 | 2 | 6 | 10 | 2 | 6 | 10 | 14 | 2 | 6 | 10 | 10 | 2 | 6 | | 2 |
| | 99 | Es | 2 | 2 | 6 | 2 | 6 | 10 | 2 | 6 | 10 | 14 | 2 | 6 | 10 | 11 | 2 | 6 | | 2 |
| | 100 | Fm | 2 | 2 | 6 | 2 | 6 | 10 | 2 | 6 | 10 | 14 | 2 | 6 | 10 | 12 | 2 | 6 | | 2 |
| | 101 | Md | 2 | 2 | 6 | 2 | 6 | 10 | 2 | 6 | 10 | 14 | 2 | 6 | 10 | 13 | 2 | 6 | | 2 |
| | 102 | No | 2 | 2 | 6 | 2 | 6 | 10 | 2 | 6 | 10 | 14 | 2 | 6 | 10 | 14 | 2 | 6 | | 2 |
| | 103 | Lr | 2 | 2 | 6 | 2 | 6 | 10 | 2 | 6 | 10 | 14 | 2 | 6 | 10 | 14 | 2 | 6 | 1 | 2 |
| | 104 | Rf | 2 | 2 | 6 | 2 | 6 | 10 | 2 | 6 | 10 | 14 | 2 | 6 | 10 | 14 | 2 | 6 | 2 | 2 |
| | 105 | Db | 2 | 2 | 6 | 2 | 6 | 10 | 2 | 6 | 10 | 14 | 2 | 6 | 10 | 14 | 2 | 6 | 3 | 2 |
| | 106 | Sg | 2 | 2 | 6 | 2 | 6 | 10 | 2 | 6 | 10 | 14 | 2 | 6 | 10 | 14 | 2 | 6 | 4 | 2 |
| | 107 | Bh | 2 | 2 | 6 | 2 | 6 | 10 | 2 | 6 | 10 | 14 | 2 | 6 | 10 | 14 | 2 | 6 | 5 | 2 |
| | 108 | Hs | 2 | 2 | 6 | 2 | 6 | 10 | 2 | 6 | 10 | 14 | 2 | 6 | 10 | 14 | 2 | 6 | 6 | 2 |
| | 109 | Mt | 2 | 2 | 6 | 2 | 6 | 10 | 2 | 6 | 10 | 14 | 2 | 6 | 10 | 14 | 2 | 6 | 7 | 2 |

讨论核外电子排布，主要是根据核外电子排布原则，并结合鲍林近似能级图，按照原子序数的增加，将电子逐个填入各相应的原子轨道中。这样得出的周期系各元素原子的电子分布，对大多数元素来说，与光谱实验结果是一致的，但也有少数不符合。对于这种情况，我们首先应该尊重光谱实验事实。但利用一般原则进行核外电子排布是有重要意义的，它有助于掌握核外电子排布的一般情况和了解周期律的本质。

元素原子核外电子分布的情况可用电子分布式表示。多电子原子核外电子分布的表达式称为电子分布式，或称原子的电子结构分布式，表示了原子的电子层结构。通常先按近似能级顺序直接写出电子分布情况，再根据主量子数由小到大的顺序重排。例如溴原子的电子分布式写法为：先写出原子轨道能级顺序——1s2s2p3s3p4s3d4p5s，然后按上述原则在每个轨道上排布电子。Br 原子序数为 35，共有 35 个电子，直至排完为止，即 $1s^2 2s^2 2p^6 3s^2 3p^6 4s^2 3d^{10} 4p^5 5s^0$，然后按 $n$ 和 $l$ 依次递增的顺序整理成：$1s^2 2s^2 2p^6 3s^2 3p^6 3d^{10} 4s^2 4p^5$，即为 Br 元素原子的电子分布式。

参与化学反应的外层电子是填充在最高能级组中的有关轨道上的电子，这组轨道常常称为价电子轨道或价轨道。占有这些轨道的电子称为价电子。有时为了避免书写过长，以及由于化学反应通常只涉及外层价电子的改变，因此常将内层电子分布式用相同电子数的稀有气体符号加括号（称为原子实）表示，而只写价电子轨道式，这样，元素原子的电子分布式可以用“［稀有气体］价电子”的方式来表示。如 Br 的电子分布式可写成 $[Ar]3d^{10}4s^2 4p^5$，Fe 的电子分布式为 $[Ar]3d^6 4s^2$ 等。

碳元素的原子序数为 6，其电子分布式为 $1s^2 2s^2 2p_x^1 2p_y^1$，此式反映了洪特规则，因 p 轨道有 $p_x$、$p_y$、$p_z$ 三个轨道，p 轨道上 2 个电子分占不同轨道。值得注意的是，24 号元素和 29 号元素的电子分布式分别是 $[Ar]3d^5 4s^1$ 和 $[Ar]3d^{10} 4s^1$。这是根据光谱实验得到的结果，由这些情况可归纳为一个规律：等价轨道在全充满、半充满或全空的状态是比较稳定的，这些状态可以看作洪特规则的特例。表 2.5 中尚有少数元素的电子层结构呈现例外，如 41 号元素、44 号元素、57 号元素，93 号元素等，它们的电子分布既不符合鲍林能级图排布也不符合半充满、全充满规则。实际上，这是光谱实验事实，我们对于核外电子排布，只要掌握一般排布规律，并尊重实验事实，注意少数例外即可。

由于化学反应中通常只涉及外层电子的改变，因此一般不必写出完整的电子分布式，只需写出外层电子分布情况即外层电子构型即可。“外层电子”并不只是最外层电子，而是指对参与化学反应有重要意义的外层价电子，如：

主族和零族是指最外层 s 亚层和 p 亚层的电子，即 $n$s$n$p；

过渡元素是指最外层 s 亚层和次外层 d 亚层的电子，即 $(n-1)$d$n$s；

镧系、锕系元素一般是指最外层的 s 亚层、次外层的 d 亚层和倒数第三层的 f 亚层的电子。

值得一提的是，原子在失去电子时，一般总是失去最外层电子，如 Cu 原子电离时先丢失的是 4s 电子，然后丢失 3d 电子，$Cu^{2+}$ 外层电子构型为 $3d^9$。原因是阳离子的有效核电荷比原子的多，造成基态阳离子的轨道能级与基态原子的轨道能级有所不同。通过对基态原子和离子内轨道能级的研究，从大量光谱数据中归纳出如下经验规律：基态原子外层电子填充顺序满足 $n+0.7l$ 规则，即→$n$s→$(n-2)$f→$(n-1)$d→$n$p；当原子电离成为离子时，失电子的顺序应满足 $n+0.4l$ 规则，此值大的电子先电离，即价电子电离顺序为→$n$p→$n$s→

$(n-1)d \rightarrow (n-2)f$。

## 2.3.3　原子的核外电子分布与元素周期表

电子层结构与周期表

由原子的核外电子分布可知，随着原子核电荷的增大，原子的最外电子层重复着同样的电子构型。原子周期性重复外层电子构型是元素性质周期性变化即元素周期律的基础，而元素周期表则是周期律的表现形式。

元素周期表体现了元素性质随核电荷数增加呈周期性变化的规律。物质结构决定其性质，元素性质的周期性是元素原子电子层结构周期性的结果。因此，元素周期表也体现了原子电子层结构（即核外电子排布情况）周期性的变化规律。联系原子核外电子的分布和元素周期表，可看出它们之间的规律性。

### 2.3.3.1　原子电子层结构与周期的关系

元素周期表中有 7 行，分别表示为 7 个周期，表 2.6 列出了周期与电子层的关系。由表 2.6 可看出：元素所在的周期数等于该元素原子的电子层数，也等于最外电子层的主量子数 $n$；每一周期所能容纳的元素数目等于相应能级组中的原子轨道所能容纳的电子总数。

**表 2.6　周期与电子层的关系**

| 周　期 | 能级组 | 容纳的原子轨道 | 电子的最大容量 | 元素个数 | 原子序数 |
|---|---|---|---|---|---|
| 1 | 1 | 1s | 2 | 2 | 1～2 |
| 2 | 2 | 2s、2p | 8 | 8 | 3～10 |
| 3 | 3 | 3s、3p | 8 | 8 | 11～18 |
| 4 | 4 | 4s、3d、4p | 18 | 18 | 19～36 |
| 5 | 5 | 5s、4d、5p | 18 | 18 | 37～54 |
| 6 | 6 | 6s、4f、5d、6p | 32 | 32 | 55～86 |
| 7 | 7 | 7s、5f、6d、7p | 32 | 32 | 87～118 |

### 2.3.3.2　原子的电子层结构与族的关系

元素周期表有 18 个纵行，共 16 个族：8 个主族和 8 个副族。当元素原子最后填入电子的亚层为 s 或 p 亚层时，该元素则为主族元素，用 A 表示；当元素原子最后填入电子的亚层为 d 或 f 亚层时，该元素则为副族元素，又称过渡元素，用 B 表示。每一族元素的外层电子结构大致相同，因此，它们的性质相似。

元素的族序数与其原子的外层电子结构关系密切。

① ⅠA 到ⅦA 族元素，其族数等于各自的最外层电子数，即等于它们的价层电子数（$n$s 电子与 $n$p 电子数的总和）。

② 零族元素，电子排布最外层是一个满层（$ns^2$ 或 $ns^2np^6$），通常化学变化中既不会失去电子也不会得到电子，可认为价电子数为零，故为零族，或称为ⅧA 族。

③ ⅠB 和ⅡB 族元素，其族数应等于它们各自的最外层电子数，即 $n$s 电子的数目，但其价层电子应包括 $n$s 电子和（$n-1$)d 电子。

④ ⅢB 到ⅦB 族元素，其族数等于各自的最外层 $n$s 电子数与次外层（$n-1$)d 电子数的总和。这与各元素的价层电子数目基本一致，但其中处于ⅢB 族的镧系元素和锕系元素的价层电子除 $n$s 电子和（$n-1$)d 电子外，还包括部分（$n-2$)f 电子。

⑤ Ⅷ族元素，占据周期表中三个纵行，这些元素的价层电子数为 $n$s 与（$n-1$)d 电子的总和，分别为 8、9 和 10，理应分别为Ⅷ族、Ⅸ族和Ⅹ族，但因这三列元素性质十分相

似，故虽分属于三个纵行，仍合并为一个族，称为Ⅷ族，或称为ⅧB族，为一特例。

#### 2.3.3.3 原子电子层结构与元素的分区

按各元素原子的价层电子构型的特点，元素周期表可划分为五个区：s区、p区、d区、ds区和f区，如图2.9所示。

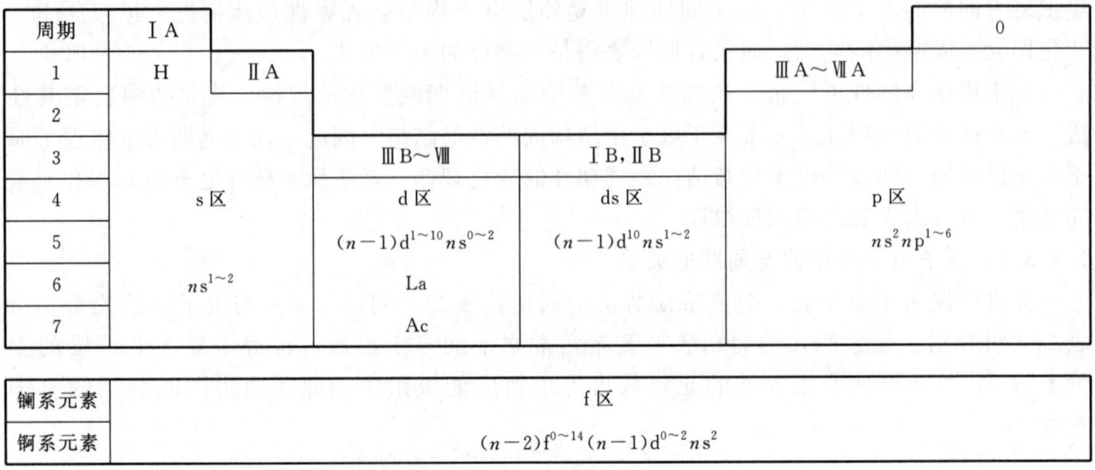


图2.9 周期表分区示意图

① s区：包括ⅠA和ⅡA族元素，价层电子构型为$ns^{1\sim2}$。

② p区：包括ⅢA到零族元素，价层电子构型为$ns^2np^{1\sim6}$。

③ d区：包括ⅢB到Ⅷ族元素，价层电子构型为$(n-1)d^{1\sim10}ns^{0\sim2}$。

④ ds区：包括ⅠB和ⅡB族元素，价层电子构型为$(n-1)d^{10}ns^{1\sim2}$。

⑤ f区：包括镧系和锕系族元素，又称为内过渡元素，价层电子构型为$(n-2)f^{0\sim14}(n-1)d^{0\sim2}ns^2$。

## 2.4 元素的性质与原子结构的关系

元素的一些基本性质，如原子半径、电离能、电子亲和能、电负性等，都与原子的电子层结构的周期性变化密切相关，它们在元素周期表中呈规律性的变化。

### 2.4.1 原子半径

原子半径

原子半径是元素的一个重要参数，对元素及化合物的性质有较大影响。由于核外电子具有波动性，电子云没有明显的边界，从这一观点看，讨论单个原子的半径是没有意义的。现在讨论的原子半径是人为规定的物理量，可以把原子半径理解为原子相互作用时的有效作用范围。

由于气态、液态的单质、共价化合物、金属晶体中的原子间作用力的性质各不相同，因而在不同条件下通过测定原子间距离而求得的原子半径分别属于不同类型：通过测定共价化合物的核间距离求得的原子半径称为共价半径；由测定金属晶体中核间距离求得的原子半径称为金属半径；而稀有气体是由单原子分子构成的，原子间的作用力只有范德华力，其原子半径称为范德华半径。通常，原子半径是指上述三类中的一种。同一类型的原子半径可以相互比较，不同类型的原子半径之间缺乏可比性，一般不作简单的比较。

各元素的原子半径列于表 2.7。从表 2.7 可以看出，同周期或同族元素的原子半径具有十分明显的周期性变化规律。

**表 2.7　周期表中各元素的原子半径**　　单位：pm

| 1 | | | | | | | | | | | | | | | | | 18 |
|---|---|---|---|---|---|---|---|---|---|---|---|---|---|---|---|---|---|
| ⅠA | | | | | | | | | | | | | | | | | 0 |
| H | 2 | | | | | | | | | | | 13 | 14 | 15 | 16 | 17 | He |
| 32 | ⅡA | | | | | | | | | | | ⅢA | ⅣA | ⅤA | ⅥA | ⅦA | 93 |
| Li | Be | | | | | | | | | | | B | C | N | O | F | Ne |
| 123 | 89 | | | | | | | | | | | 82 | 77 | 70 | 66 | 64 | 112 |
| Na | Mg | 3 | 4 | 5 | 6 | 7 | 8 | 9 | 10 | 11 | 12 | Al | Si | P | S | Cl | Ar |
| 154 | 136 | ⅢB | ⅣB | ⅤB | ⅥB | ⅦB | Ⅷ | | | ⅠB | ⅡB | 118 | 117 | 110 | 104 | 99 | 154 |
| K | Ca | Sc | Ti | V | Cr | Mn | Fe | Co | Ni | Cu | Zn | Ga | Ge | As | Se | Br | Kr |
| 203 | 174 | 144 | 132 | 122 | 118 | 117 | 117 | 116 | 115 | 117 | 125 | 126 | 122 | 121 | 117 | 114 | 169 |
| Rb | Sr | Y | Zr | Nb | Mo | Tc | Ru | Rh | Pd | Ag | Cd | In | Sn | Sb | Te | I | Xe |
| 216 | 191 | 162 | 145 | 134 | 130 | 127 | 125 | 125 | 128 | 134 | 148 | 144 | 140 | 141 | 137 | 133 | 190 |
| Cs | Ba | La | Hf | Ta | W | Re | Os | Ir | Pt | Au | Hg | Tl | Pb | Bi | Po | At | Rn |
| 235 | 198 | 169 | 144 | 134 | 130 | 128 | 126 | 127 | 130 | 134 | 144 | 148 | 147 | 146 | 146 | 145 | 222 |

| La | Ce | Pr | Nd | Pm | Sm | Eu | Gd | Tb | Dy | Ho | Er | Tm | Yb | Lu |
|---|---|---|---|---|---|---|---|---|---|---|---|---|---|---|
| 169 | 165 | 164 | 164 | 163 | 162 | 185 | 162 | 161 | 160 | 158 | 158 | 158 | 170 | 156 |

(1) 同周期元素原子半径的变化

同周期元素的原子半径具有以下几方面的周期性变化规律。

① 同一周期中各元素原子半径自左至右缩小。因为同一周期各元素的原子具有相同的电子层数，随原子序数增加，其核电荷数 $Z$ 递增，虽然总电子数相应增加，但新增加的电子是排入最外层轨道或次外层轨道，它们对外层电子有屏蔽作用，但并没有将增加的核电荷完全屏蔽掉，因而随原子序数的递增，核对最外层电子的有效吸引还是逐步增大的，故使原子半径在同一周期中自左至右呈现缩小的趋势。

在长周期中原子半径缩小的趋势显得较为缓慢。因为对过渡元素而言，随原子序数的增加，新增的电子是填入次外层的，其对次外层电子的屏蔽效应较大，屏蔽常数 $\sigma=0.85$，故有效核电荷递增的幅度不如同周期的主族元素大。

② 每一周期的最末一种元素——零族元素的原子半径突然增大，这是因为实际测得的稀有气体的原子半径为范德华半径，因而显得特别大。

③ 自第 4 周期起，在ⅠB、ⅡB 族（ds 区）元素附近，原子半径突然增大。这是由于此时次外层 d 轨道已全部填满电子，对最外层电子的屏蔽作用较强，使核对最外层 s 电子吸引很弱所造成的。

④ 镧系收缩是指整个镧系元素原子半径随原子序数增加而缩小的现象。镧系收缩与同一周期中元素的原子半径自左至右递减的趋势是一致的，但不同的是，镧系元素随原子序数增加的电子是填在 4f 轨道上的，其对最外层的 6s 电子和次外层的 5d 电子的屏蔽作用较强，使得核对 5d、6s 电子的吸引很弱，因而镧系元素的原子半径随原子序数的增加而缩小的幅度很小。

从元素 Ce 到元素 Lu 共 14 种元素，原子半径从 0.165nm 降至 0.156nm，仅减少 0.009nm，这就造成了镧系收缩的特殊性，直接导致了以下两方面的结果：一是由于镧系元素中各元素的原子半径十分相近，镧系元素中各个元素的化学性质十分相近；二是第 5 周期各过渡元素与第 6 周期各相应的过渡元素的原子半径几乎相等，因而它们的物理、化学性质也都十分相似，在自然界中常常彼此共生，难以分离。

（2）同族元素原子半径的变化

同族元素的原子半径具有以下两方面的周期性变化规律。

① 同族元素从上至下，随电子层数增加，原子半径增大，但增大的幅度从上到下却逐渐减小。这是因为周期变长，每个周期中包含的元素数目增多，同一周期中元素自左向右原子半径的缩减总幅度加大，部分抵消了从上到下原子半径增大的幅度。

② 过渡元素中每族元素的原子半径，从该族的第一种元素（属第 4 周期）到第二种元素（属第 5 周期）是明显增加的，但第二种元素与第三种元素（属第 6 周期）的原子半径却都十分相近。这是镧系收缩所造成的结果。

### 2.4.2 电离能

电离能和电负性

使基态的气态原子或离子失去一个电子所需要的最低能量，称为电离能。

处于基态的气态原子失去一个价电子，形成＋1 价的气态离子所需要的最低能量，称为该元素的第一电离能。由＋1 价离子再失去一个价电子所需要的能量，称为第二电离能，以此类推。对于同一元素，第一电离能最小，其余各级逐级增大，这是因为正离子比原子更难失去电子，而离子正价越高，失去电子越难。

电离能的大小反映了原子失去电子的难易程度。表 2.8 列出了元素的第一电离能的参考数据。元素的第一电离能也具有周期性的变化规律。

**表 2.8　元素的第一电离能**　　单位：$kJ\cdot mol^{-1}$

| H<br>1312.0 | | | | | | | | | | | | | | | | | He<br>2372.0 |
|---|---|---|---|---|---|---|---|---|---|---|---|---|---|---|---|---|---|
| Li<br>520.2 | Be<br>899.5 | | | | | | | | | | | B<br>800.6 | C<br>1086.4 | N<br>1402.3 | O<br>1313.9 | F<br>1681.0 | Ne<br>2080.6 |
| Na<br>495.8 | Mg<br>737.7 | | | | | | | | | | | Al<br>577.5 | Si<br>786.5 | P<br>1011.8 | S<br>999.6 | Cl<br>1251.2 | Ar<br>1520.6 |
| K<br>418.8 | Ca<br>589.8 | Sc<br>633.5 | Ti<br>658.8 | V<br>650.9 | Cr<br>652.9 | Mn<br>717.3 | Fe<br>762.5 | Co<br>760.4 | Ni<br>737.1 | Cu<br>745.5 | Zn<br>906.4 | Ga<br>578.8 | Ge<br>762.2 | As<br>947.0 | Se<br>941.0 | Br<br>1139.8 | Kr<br>1350.7 |
| Rb<br>403.0 | Sr<br>549.5 | Y<br>599.8 | Zr<br>640.1 | Nb<br>652.1 | Mo<br>684.3 | Tc<br>702.4 | Ru<br>710.2 | Rh<br>719.7 | Pd<br>804.4 | Ag<br>731.0 | Cd<br>867.7 | In<br>558.3 | Sn<br>708.6 | Sb<br>833.6 | Te<br>869.3 | I<br>1008.4 | Xe<br>1170.3 |
| Cs<br>375.7 | Ba<br>502.8 | La<br>538.1 | Hf<br>658.5 | Ta<br>761.3 | W<br>769.9 | Re<br>760.3 | Os<br>839.4 | Ir<br>878.0 | Pt<br>868.4 | Au<br>890.1 | Hg<br>1007.1 | Tl<br>589.4 | Pb<br>715.6 | Bi<br>703.3 | Po<br>812.1 | At | Rn<br>1037.1 |
| Fr | Ra<br>509.3 | Ac<br>498.8 | Th<br>586.6 | Pa<br>568.3 | U<br>597.6 | Np<br>604.5 | Pu<br>584.7 | Am<br>578.2 | Cm<br>580.8 | Bk<br>601.1 | Cf<br>607.9 | Es<br>619.4 | Fm<br>627.1 | Md<br>634.9 | No<br>641.6 | | |

| La | Ce | Pr | Nd | Pm | Sm | Eu | Gd | Tb | Dy | Ho | Er | Tm | Yb | Lu |
|---|---|---|---|---|---|---|---|---|---|---|---|---|---|---|
| 538.1 | 534.4 | 572.2 | 533.1 | 535.5 | 544.5 | 547.1 | 593.4 | 565.8 | 573.0 | 581.0 | 589.3 | 596.7 | 603.4 | 523.5 |

（1）同族元素电离能的变化

① 对于主族元素而言，同族元素从上到下，由于电子层数增加，原子半径增大，核对最外层电子有效吸引力降低，价电子容易离去，故电离能递降。

② 对于过渡元素而言，每族第一种元素与第二种元素间电离能变化规律不明显；而第三种元素的电离能几乎都比第二种元素的电离能大，这是由于镧系收缩使每族过渡元素中第

二、第三种元素的原子半径相近，但从上至下有效核电荷却增加很多，因而核对外层电子的有效吸引加强了，故电离能也随之增大。

(2) 同一周期中各元素电离能的变化

① 同一周期各元素的电离能自左至右，总的趋势是递增的。这是与原子半径递降的趋势相一致的。

② 每个周期中第一种元素的电离能在同周期各元素中最低。这是因为每周期的第一种元素（ⅠA 族）与其前一种元素（零族）相比，新增加一个电子就是增加了一个电子层，而其内层排布又恰好构成一个特别稳定的稀有气体原子的电子构型，对最外层的 $n$s 电子屏蔽作用很强，使得核对该 s 电子的有效吸引很弱，故原子半径很大而电离能很小。

③ 每个周期中最后一种元素，即稀有气体元素，在同周期各元素中电离能最高。这是因为稀有气体元素原子的电子构型十分稳定，从中失去一个电子是相当困难的，故电离能显得特别高。

④ 在每一周期各元素电离能递增的过程中，在ⅢA 族及ⅣA 族处有两个转折点，如图 2.10 所示。

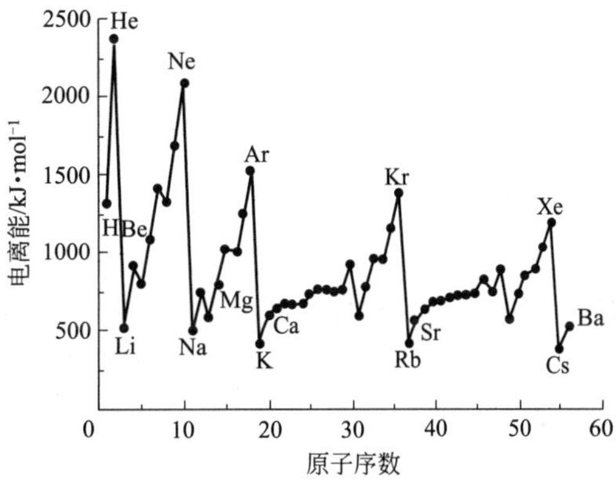


图 2.10　元素的第一电离能的周期性变化图

ⅢA 族元素的电离能比其左右的元素都低，是一个周期中的第一个“低谷”。这是因为ⅢA 族元素原子的价电子结构为 $ns^2np^1$，比较容易失去其 $np^1$ 电子，变成较稳定的 $ns^2$ 结构，因而ⅢA 族元素的电离能反而比ⅡA 族元素低；而同一周期的元素自左至右随原子半径递降而电离能升高。因此，ⅢA 族元素的电离能比同一周期前后两种元素的都低。

ⅥA 族元素的电离能也比其左右的元素低，形成同一周期中的第二个“低谷”，这是因为ⅤA 族元素原子的价电子构型为 $ns^2np^3$，属半充满状态，是相对稳定的结构，而ⅥA 族元素的价电子构型为 $ns^2np^4$，反而不如 $ns^2np^3$ 构型稳定，故ⅥA 族元素的电离能反而比ⅤA 族元素低。

⑤ 长周期中的过渡元素，由于原子半径和有效核电荷变化不大，因而从左到右各元素的电离能虽然总的趋势是增加的，但增加的幅度较小，规律性不甚明显。

### 2.4.3　电子亲和能

基态的气态原子获得一个电子变成负一价的气态离子，所放出的能量为电子亲和能。表 2.9 列出了一些元素的电子亲和能。

**表 2.9　一些元素的电子亲和能**　　单位：kJ·mol$^{-1}$

| | | | | | | | |
|---|---|---|---|---|---|---|---|
| H | 72.8 | | | | | | |
| Li | 59.8 | Be | (−240) | O | 141.0 | F | 322 |
| Na | 52.9 | Mg | (−230) | S | 200.4 | Cl | 348.7 |
| K | 48.4 | Ca | (−156) | Se | 195 | Br | 324.5 |
| Rb | 46.9 | Sr | (168) | Te | 190.1 | I | 295 |
| Cs | 45.5 | Ba | (−52) | Po | (180) | At | (270) |

注：括号内的数值为理论值。

电子亲和能可用来衡量原子获得电子的难易程度，其周期性变化规律如下。

① 同一周期中，各元素的电子亲和能的绝对值自左至右递增，表示元素得电子能力递增，非金属性变强。

② 同族元素，自上至下，电子亲和能的绝对值变小，表示元素得电子能力递降，非金属性变弱而金属性变强。

③ 在同族元素中，电子亲和能最大的往往不是该族的第一种元素（属第 2 周期），而是第二种元素（属第 3 周期），然后依次往下递降。这是因为第 2 周期各元素，如 O 和 F，原子半径小，电子云密度较大，因而电子间斥力较大，当获得一个电子形成负离子时，必须消耗较多的能量克服电子的斥力，因此放出的电子亲和能就少。而第 3 周期的原子半径较大，电子云密度相对较小，电子的斥力也小，因此放出的电子亲和能反而大。但在化学反应中，F 原子和 O 原子得电子的能力都是同族元素中最强的，这是因为化学反应时决定一种元素化学活泼性的因素是多方面的，电子亲和能只是其中的一个因素，还有其他因素必须考虑，如成键的强弱等。

## 2.4.4 电负性

原子在共价键中对成键电子吸引能力的大小，称为元素的电负性。通常以符号 $\chi$ 表示。电负性是一种相对比较的结果，鲍林指定电负性最强的元素 F 的电负性 $\chi_F=4.0$，将其作为比较标准，并从热化学数据计算得到其他元素的电负性数据。表 2.10 列出 Pauling 的元素电负性数据。

表 2.10 Pauling 的元素电负性

| 1<br>ⅠA | | | | | | | | | | | | | | | | | 18<br>0 |
|---|---|---|---|---|---|---|---|---|---|---|---|---|---|---|---|---|---|
| H<br>2.1 | 2<br>ⅡA | | | | | | | | | | | 13<br>ⅢA | 14<br>ⅣA | 15<br>ⅤA | 16<br>ⅥA | 17<br>ⅦA | He |
| Li<br>1.0 | Be<br>1.5 | | | | | | | | | | | B<br>2.0 | C<br>2.5 | N<br>3.0 | O<br>3.5 | F<br>4.0 | Ne |
| Na<br>0.9 | Mg<br>1.2 | 3<br>ⅢB | 4<br>ⅣB | 5<br>ⅤB | 6<br>ⅥB | 7<br>ⅦB | 8<br>Ⅷ | 9 | 10 | 11<br>ⅠB | 12<br>ⅡB | Al<br>1.5 | Si<br>1.8 | P<br>2.1 | S<br>2.5 | Cl<br>3.0 | Ar |
| K<br>0.8 | Ca<br>1.0 | Sc<br>1.3 | Ti<br>1.5 | V<br>1.6 | Cr<br>1.6 | Mn<br>1.5 | Fe<br>1.8 | Co<br>1.9 | Ni<br>1.9 | Cu<br>1.9 | Zn<br>1.9 | Ga<br>1.6 | Ge<br>1.8 | As<br>2.0 | Se<br>2.4 | Br<br>2.8 | Kr |
| Rb<br>0.8 | Sr<br>1.0 | Y<br>1.2 | Zr<br>1.4 | Nb<br>1.6 | Mo<br>1.8 | Tc<br>1.9 | Ru<br>2.2 | Rh<br>2.2 | Pd<br>2.2 | Ag<br>1.9 | Cd<br>1.7 | In<br>1.7 | Sn<br>1.8 | Sb<br>1.9 | Te<br>2.1 | I<br>2.5 | Xe |
| Cs<br>0.7 | Ba<br>0.9 | La<br>1.2 | Hf<br>1.3 | Ta<br>1.5 | W<br>1.7 | Re<br>1.9 | Os<br>2.2 | Ir<br>2.2 | Pt<br>2.2 | Au<br>2.4 | Hg<br>1.9 | Tl<br>1.8 | Pb<br>1.8 | Bi<br>1.9 | Po<br>2.0 | At<br>2.2 | Rn |
| Fr<br>0.7 | Ra<br>0.9 | Ac<br>1.1 | | | | | | | | | | | | | | | |

单一元素的电负性值本身的数据并不重要，相互比较元素间的电负性差值更有意义，它反映了原子间成键能力的大小和成键后分子的极性大小。

电负性的变化也具有明显的周期性，它和元素的金属性、非金属性密切相关。通常，非金属元素的电负性都较大，除 Si 以外都大于 2.0；而金属元素的电负性都较小，除铂系元素和金以外都小于 2.0。电负性最大的元素是最活泼的非金属元素 F，而电负性最小的元素则是最活泼的金属元素 Cs 和 Fr。

### 2.4.5　元素的金属性和非金属性

元素的金属性和非金属性，一般用来表示元素在化学反应中得失电子的倾向，或其氧化物、水化物的酸碱性等性质。元素的原子越容易失去电子，金属性越强；越容易得到电子，非金属性越强。金属性越强，单质与水/酸反应越剧烈，置换反应能力越强；非金属性越强，单质与 $H_2$ 化合越容易，氢化物越稳定。当然，显示金属性的元素并不一定就是金属元素，非金属元素也可具有某种程度的金属性。

同一周期各元素的金属性自左至右逐渐减弱，而非金属性却逐渐加强。同族元素自上而下，金属性增加，而非金属性减弱。这一趋势在第 2、第 3 周期中和各主族元素中表现得较为典型，规律明显。

最典型的非金属元素，出现在周期表的右上方，F 是最强的非金属元素；最典型的金属元素在周期表的左下方，Cs 是金属性最强的稳定元素。

## 复习题

1. 原子核外电子的运动有什么特征？
2. 说明原子轨道与核外电子运动波函数的关系。
3. $|\Psi|^2$ 的物理意义是什么？它的形象化表示是什么？
4. 解释四个量子数 $n$、$l$、$m$ 和 $m_s$ 的物理意义。
5. 原子轨道的角度分布图与电子云的角度分布图相比有哪些不同？
6. 解释概念：(1) 屏蔽效应；(2) 钻穿效应。
7. 简述 Pauling 总结得出的多电子原子的原子轨道近似能级图的能级高低次序。
8. 简述核外电子排布遵循的基本原则及其主要内容。
9. 如何确定元素所在的周期、族和区？
10. 简要解释下列事实：

(1) 周期表中，短周期元素从左到右原子半径依次减小；同一主族从上到下原子半径依次增大；

(2) 周期表中同一过渡系从左到右原子半径只略有减小。

11. 什么是镧系收缩？其影响是什么？
12. 什么是第一电离能？说明第三周期元素随着原子序数的增加第一电离能的变化特点。
13. 什么是元素的电负性？电负性在同周期及同族元素中各有怎样的变化规律？指出周期表中电负性最大和最小的元素各是什么？

## 习　题

1. 下列说法是否准确？简述理由。

(1) 按近代量子力学的观点，原子核外电子运动的运动轨迹可以用 $\Psi$ 的图像表示。

(2) 电子云的角度分布图是波函数角度 $Y^2(\theta,\varphi)$ 部分随 $\theta$、$\varphi$ 变化的图形。

(3) s 电子绕核旋转，其轨道为一圆圈，p 电子是走 8 字形。

(4) 主量子数为 1 时，有自旋相反的两条轨道。

(5) 主量子数为 3 时，有 3s、3p、3d、3f 四条轨道。

(6) 主量子数为 4 时，轨道总数为 16，电子层最多可容纳 32 个电子。

2. 下列各原子轨道相应的主量子数 $n$ 及角量子数 $l$ 的数值是多少？轨道数分别是多少？

2p　　3d　　4s　　4f　　5s

3. 当主量子数 $n=4$ 时，可能有多少条原子轨道？分别用 $\Psi_{n,l,m}$ 表示出来。电子可能处于多少种运动状态？

4. 给出下面每组中可能的量子数。

(1) $l=2$，$m=0$，$m_s=\pm1/2$，$n=?$

(2) $n=2$，$m=0$，$m_s=\pm1/2$，$l=?$

(3) $n=4$，$l=2$，$m_s=-1/2$，$m=?$

(4) $n=3$，$l=2$，$m=2$，$m_s=?$

(5) $n=2$，$m=-1$，$m_s=-1/2$，$l=?$

(6) $n=5$，$l=0$，$m_s=+1/2$，$m=?$

5. 基于鲍林近似能级图，按照能量由低到高的顺序排列下列轨道：

(1) $n=4$，$l=0$；(2) $n=3$，$l=1$；(3) $n=4$，$l=2$；(4) $n=3$，$l=2$

6. 请解释原因：$He^+$ 中 3s 和 3p 轨道的能量相等，而在 $Ar^+$ 中 3s 和 3p 轨道的能量不相等。

7. 某元素基态原子有 6 个电子处于 $n=3$、$l=2$ 的能级上，推测该元素的原子序数为多少？根据洪特规则在 d 轨道上会有几个未成对电子？它的电子分布式如何？

8. 填充下表

| 原子序数 | 电子分布式 | 外层电子构型 | 第几周期 | 第几族 | 哪一区 | 金属或非金属 |
|---|---|---|---|---|---|---|
| 53 | | | | | | |
| | $1s^22s^22p^63s^23p^6$ | | | | | |
| | | $3d^54s^1$ | | | | |
| | | | 六 | ⅠB | | |

9. 写出下列原子的基态电子分布，说明未成对电子数最多的是哪一个。

(1) Ag；　(2) Cd；　(3) Sn；　(4) Mo；　(5) Co

10. $M^{2+}$ 的 3d 轨道上有 3 个电子，该元素位于周期表中哪一周期？哪一族？分别写出描述这 3 个电子运动状态的四个量子数。

11. 下列 4 个元素原子的外层电子构型中，估计哪一种元素的第一电离能最小，说明原因。

A. $4s^24p^3$；　B. $4s^24p^4$　C. $4s^24p^5$；　D. $4s^24p^6$

12. 比较下列各对元素半径的大小，并简要说明原因。

(1) Sr 与 Ba；

(2) Ni 与 Cu

第 2 章参考答案

• 讲解视频

• 习题答案

# 第3章　分子结构

在自然界中除了稀有气体以单原子存在以外，其他各种单质和化合物，由原子与原子或离子与离子相互作用形成分子而存在。分子是参与化学反应的基本单元和保持物质基本化学性质的最小微粒，分子的性质是由分子内部结构决定的。因此，研究分子的内部结构，对于了解物质的性质和化学反应规律具有重要的意义。

化学键

分子结构包括分子的空间构型和化学键以及分子间力等。化学键就是相邻的两个（或多个）原子或离子间强烈的相互作用力。分子间力是分子之间存在的一种较弱的相互作用力。

原子在形成分子过程中，只是核外电子，特别是外层电子在原子间重新分布。不同元素原子之间在电子层结构方面各有差异，因此这种原子间电子的重新分布也有不同的分布方式，从而形成了不同类型的化学键。化学键的基本类型有离子键、共价键、配位键和金属键四种，不同的化学键形成不同类型的化合物。

本章在原子结构理论的基础上，重点讨论分子的形成过程以及离子键、共价键、配位键和金属键的性质，并对分子间力（包括氢键）及其与物质性质之间的关系作适当的介绍。

## 3.1　离子键

### 3.1.1　离子键的形成及本质

1916年，德国化学家柯塞尔（W. Kossel）根据稀有气体原子的电子层结构特别稳定的事实，提出了离子键理论，用以说明电负性差别较大的元素间所形成的化学键。

电负性较小的活泼金属元素的原子与电负性较大的活泼非金属元素的原子相互靠近时，前者失去电子形成正离子，后者获得电子形成负离子，使正、负离子都达到类似稀有气体原子的稳定结构。当带相反电荷的离子因静电引力而逐渐靠近时，会使靠近后的新体系总能量不断降低，低于正、负离子单独存在时的总能量，即正、负离子间存在着不断靠近，紧密结合的趋势。但是当接近到一定的距离时，正、负离子的电子云之间的斥力将显示出来，而且这种斥力将随两离子核间距的缩小而迅速增大，使体系的总能量上升。当离子的核间距达到某一特定值 $r_0$ 时，正、负离子间的引力和斥力达到平衡，体系的总能量降至最低，这时体系处于一种相对稳定的状态，正、负离子形成一种稳定、牢固的结合，即正、负离子间形成了化学键(图3.1)。这种由正、负离子间的静电引力形成的化学键称为离子键。

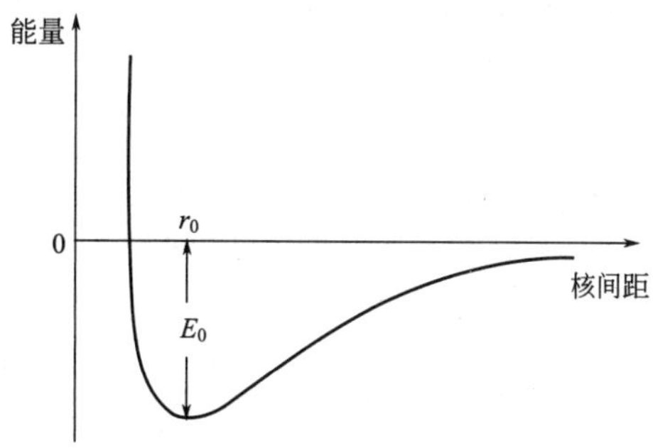

图3.1　离子键形成过程的能量曲线

以KCl为例，离子键形成的过程如下：

$$nK(4s^1) \longrightarrow nK^+(3s^2 3p^6) + ne^-$$

$$nCl(3s^2 3p^5) + ne^- \longrightarrow nCl^-(3s^2 3p^6)$$

$$nK^+ + nCl^- \longrightarrow nKCl$$

形成离子键的条件是形成键的两个原子的电负性相差较大。一般地，两个原子的电负性差值在 1.7 以上，才能形成典型的离子型化合物。如碱金属和碱土金属（Be 除外）的卤化物是典型的离子型化合物。

离子键

离子键的本质是静电引力，这种引力 $f$ 与两种离子电荷（$q^+$ 和 $q^-$）的乘积成正比，而与离子间距离 $R$ 的平方成反比：

$$f=\frac{q^+q^-}{R^2}$$

由此可见，离子的电荷越大，离子间的距离越小（在一定范围内），则离子间的引力越强。

离子键是强的极性键，正、负离子分别为键的两极，但离子间也不是纯粹的静电作用，而是仍有部分电子云重叠，即离子键不完全是离子性，也具有部分共价性。离子性的大小取决于成键原子元素电负性差值的大小，差值越大，离子性越大，键的极性越强。

### 3.1.2 离子键的特征

① 离子键没有方向性　离子键是由带正、负电荷的离子通过静电引力结合而形成的。由于离子的电荷分布可看作是球形对称的，在各个方向上的静电效应是等同的，因此离子间的静电作用在各个方向上都相同，离子键没有方向性。

② 离子键没有饱和性　同一个离子可以与不同数目的异性电荷离子结合，只要离子周围的空间允许，每个离子将尽可能多地吸引异号电荷离子，因此离子键没有饱和性。但不应误解为一种离子周围所配位的异性电荷离子的数目是任意的。恰恰相反，晶体中每种离子都有一定的配位数，它主要取决于相互作用的离子的相对大小，且异性离子间的吸引力应大于同性离子间的排斥力。

### 3.1.3 离子的性质

离子型化合物的性质与离子键的强度有关，而离子键的强度又与正、负离子的性质有关，因而离子的性质在很大程度上决定着离子型化合物的性质。一般离子具有三个重要的性质：离子的电荷、离子的电子层构型和离子半径。

#### 3.1.3.1 离子的电荷

离子的电荷数是形成离子键时原子得失的电子数，原子得失电子数目的多少往往以能够形成稳定的稀有气体的电子层结构为标准，对于主族元素大都如此，而对于副族元素来说，情况就复杂一些，但也大多是失去最外层电子和个别的次外层电子而形成稳定的电子层构型。在离子型化合物中，正离子电荷一般为+1、+2，最高为+3、+4，更高电荷的正离子是不存在的，负离子电荷较高的，如−3、−4，多数为含氧酸根或配离子。

#### 3.1.3.2 离子半径

与原子半径的概念一样，单独的离子半径是没有什么确定意义的，离子半径是指在离子晶体中正负离子的接触半径。把晶体中的正、负离子看作是相互接触的两个球，两个原子核之间的平均距离（称为核间距）$d$ 就可看作是正、负离子的半径之和，即 $d=r_+ + r_-$（图 3.2）。核间距 $d$ 的数据可用 X 射线衍射法测得。常

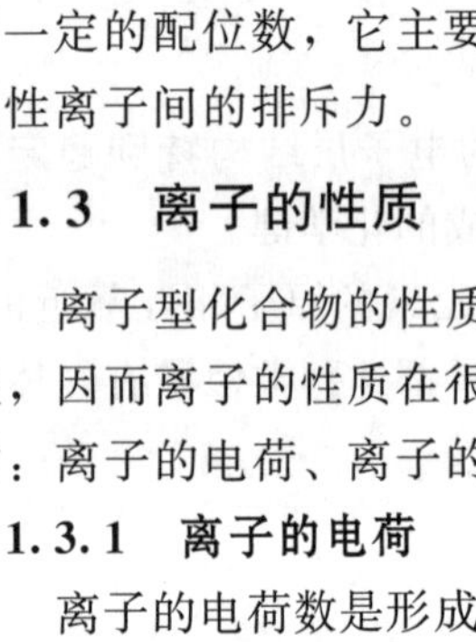


图 3.2　正、负离子半径与核间距的关系示意图

见的离子半径如表 3.1 所示。原子失去电子成为正离子时，由于有效核电荷增加，外层电子受到的引力增大，因此正离子的半径比原来的原子半径小。原子形成负离子后，外层电子的相互斥力增大，所以负离子半径比原来的原子半径大。

**表 3.1　常见离子半径**　　单位：pm

| 离子 | 半径 | 离子 | 半径 | 离子 | 半径 | 离子 | 半径 |
|---|---|---|---|---|---|---|---|
| $Li^+$ | 78 | $Cr^{3+}$ | 65 | $Cd^{2+}$ | 99 | $Ba^{2+}$ | 138 |
| $Na^+$ | 98 | $Cr^{6+}$ | 36 | $Hg^{2+}$ | 112 | $Cl^-$ | 181 |
| $K^+$ | 133 | $Mn^{2+}$ | 91 | $Al^{3+}$ | 55 | $Ti^{4+}$ | 64 |
| $Rb^+$ | 149 | $Mn^{4+}$ | 52 | $Sn^{2+}$ | 102 | $Ti^{3+}$ | 75 |
| $Cs^+$ | 170 | $Fe^{2+}$ | 83 | $Sn^{4+}$ | 74 | $I^-$ | 220 |
| $Be^{2+}$ | 34 | $Fe^{3+}$ | 67 | $Pb^{2+}$ | 132 | $Cu^{2+}$ | 72 |
| $Mg^{2+}$ | 78 | $Co^{2+}$ | 82 | $O^{2-}$ | 132 | $Br^-$ | 196 |
| $Ca^{2+}$ | 105 | $Co^{3+}$ | 65 | $S^{2-}$ | 182 | $Ag^+$ | 113 |
| $Sr^{2+}$ | 118 | $Ni^{2+}$ | 78 | $F^-$ | 133 | $Zn^{2+}$ | 83 |

元素的离子半径周期性变化规律与原子半径的变化规律类似。离子半径大致有如下的变化规律：

① 在周期表各主族元素中，由于自上而下电子层数依次增多，因此具有相同电荷数的同族离子的半径依次增大，如：

$$r(Li^+)<r(Na^+)<r(K^+)<r(Rb^+)<r(Cs^+)$$

② 同一周期中主族元素随着族数的递增，正离子的电荷数增大，离子半径依次减小，如：

$$r(Na^+)>r(Mg^{2+})>r(Al^{3+})>r(Si^{4+})$$

③ 若同一元素能形成几种不同电荷的正离子时，则高价离子的半径小于低价离子的半径，如：

$$r(Ti^{4+})<r(Ti^{3+})$$

④ 负离子的半径较大，约为 130～250pm；正离子半径较小，约为 10～170pm。

离子电荷和离子半径是决定离子间引力大小的重要因素，因而对离子化合物性质有显著的影响。离子电荷（绝对值）越大，其静电作用越强。当所带电荷相同时，离子半径越小，其静电作用越强。对于同种构型的离子晶体，离子电荷越大，离子半径越小，正、负离子间引力越大，生成的离子键越牢固，这些离子化合物的熔点和沸点也就越高。

#### 3.1.3.3　离子的电子层构型

负离子的电子层构型与稀有气体的电子层构型相同。正离子的电子层构型，既有与稀有气体相同的电子层构型，也有其他多种构型。根据离子的外层电子结构中的电子总数，可分为 2 电子构型、8 电子构型、18 电子构型、(18+2) 电子构型和 9～17 不饱和电子构型五种离子的电子层构型。

① 2 电子构型　即氦型结构，$1s^2$，最外层有 2 个电子的离子，如 $Li^+(1s^2)$、$Be^{2+}(1s^2)$ 等。

② 8 电子构型　$ns^2np^6$，最外层有 8 个电子的离子，如 $Na^+(2s^22p^6)$、$Cl^-(3s^23p^6)$、$O^{2-}(2s^22p^6)$ 等。

③ 18 电子构型　$ns^2np^6nd^{10}$，最外层有 18 个电子的离子，如 $Cu^+(3s^23p^63d^{10})$、$Zn^{2+}(3s^23p^63d^{10})$ 等 ds 区元素的离子及 $Pb^{4+}(5s^25p^65d^{10})$ 等 p 区高氧化态金属正离子。

④ (18+2) 电子构型 $(n-1)s^2(n-1)p^6(n-1)d^{10}ns^2$，次外层为 18 电子，最外层为 2 个电子的离子，如 $Pb^{2+}$ $(5s^25p^65d^{10}6s^2)$ 等 p 区低氧化态金属正离子。

⑤ 9～17 不饱和电子构型 $ns^2np^6nd^{1\sim9}$，最外层的电子为 9～17 个电子的离子，如 $Fe^{3+}$ $(3s^23p^63d^5)$ 等 d 区元素的离子。

离子的电子构型对离子化合物性质的影响较大。如 NaCl 和 AgCl 均为由 $Cl^-$ 与 +1 价正离子形成的离子化合物，但由于 $Na^+$ 为 8 电子构型，而 $Ag^+$ 为 18 电子构型，两者的电子构型不同，具有 18 电子构型的 $Ag^+$ 比 8 电子构型的 $Na^+$ 表现出更强的静电作用，故两者性质也不同：NaCl 易溶于水，而 AgCl 难溶于水；$Ag^+$ 易形成配合物，而 $Na^+$ 却不易形成配合物。

## 3.2 共价键

离子键理论能很好地说明离子化合物的形成，但对同种原子组成的非金属单质分子（如 $H_2$ 分子）和电负性相差很小的不同非金属分子（如 HCl）或晶体（如 $SiO_2$），它们的原子不可能形成正、负离子以离子键结合，这些分子的形成就不能用离子键理论说明。为了说明这类分子的形成，1916 年路易斯（G. N. Lewis）提出了共价键理论。他认为 $H_2$、$O_2$、HCl 等分子中，两原子间是以共用电子对吸引两原子核，原子共用电子对后，每个原子具有稳定的稀有气体电子层结构。这种分子通过共用电子对结合而成的化学键称为共价键。但是共用电子对为什么可以使两个原子结合在一起的问题，一直到 1927 年海特勒（W. Heitler）和伦敦（F. London）用量子力学求解氢分子体系的薛定谔方程后才得到理论的解释。

用量子力学方法处理分子体系的薛定谔方程很复杂，严格求解经常遇到困难，必须采取某些近似假定以简化计算。由于近似处理方法不同，现代化学键理论产生了两种主要的共价键理论。

一种是由鲍林（L. Pauling）和斯莱脱（J. C. Slater）提出的价键理论，简称 VB 法或电子配对法。1931 年，鲍林和斯莱脱在电子配对法的基础上，又提出了杂化轨道理论，以解决多原子分子的立体结构问题，进一步发展和完善了价键理论。

另一种共价键理论是由莫立根（R. S. Mulliken）等人在 1932 年前后提出的分子轨道理论，简称 MO 法。

VB 法和 MO 法各有其成功和不足之处，都得到广泛的应用。

### 3.2.1 现代价键理论

#### 3.2.1.1 共价键的形成和本质

以 $H_2$ 分子为例说明共价键的形成及其本质。用量子力学处理氢原子形成氢分子时，得到 $H_2$ 分子的能量 $E$ 与核间距 $R$ 关系曲线，如图 3.3 所示。如果两个氢原子的未成对电子自旋方向相反，当这两个原子相互靠近时（$R$ 变小），两原子的电子同时受到两个原子核的吸引，整个系统的能量降低。但由于两核

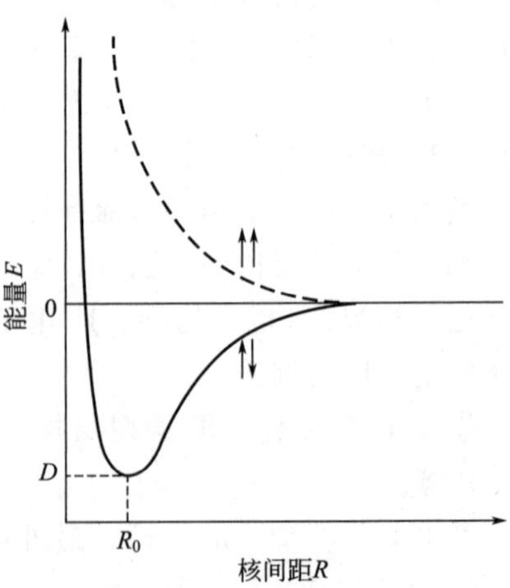


图 3.3 两个氢原子体系的能量变化曲线

间存在斥力，故随核间距 $R$ 的进一步缩短，斥力增大。当 $R=R_0$（理论值 74.2pm）时，吸引力与排斥力达到平衡，系统的能量最低。这说明两个氢原子在平衡距离 $R_0$ 处形成了稳定的化学键。这种状态称为氢分子的基态，如图 3.3 实线所示。这个最低能量就是 H—H 键的键能。分子中两原子核间的平衡距离 $R_0$ 就是键长，$R_0=74.2\text{pm}$。如果两个氢原子的电子自旋平行，它们相互靠近时，将会产生排斥作用，使系统能量高于两个单独存在的氢原子能量之和，它们越相互靠近，能量越升高，说明它们不能形成稳定的化学键，即不能形成 $H_2$ 分子，如图 3.3 虚线所示。这种不稳定的状态，称为氢分子的推斥态。

根据量子力学原理，氢分子的基态所以能成键，是由于两个氢原子的原子轨道（$\Psi_{1s}$）都是正值，互相重叠后，两核间 $\Psi$ 增大，$|\Psi|^2$ 随之增大，即两个核间的电子概率密度有所增加，在核间出现了一个电子概率密度较大的区域。这一方面降低了两核间的正电排斥，另一方面增加了两个原子核对核间负电荷区域的吸引，都有利于系统能量的降低，有利于共价键的形成。对不同双原子分子，两原子重叠部分越多，键越牢固。而 $H_2$ 分子的推斥态则相当于两氢原子的原子轨道重叠部分相互抵消，在两核间出现了电子概率密度稀疏的区域，从而增大了两核之间的排斥能，使系统的能量升高，因而不能形成共价键。氢分子的两种状态如图 3.4 所示。

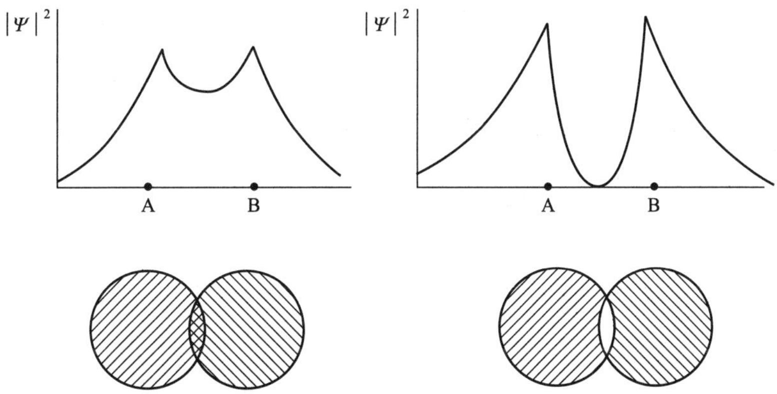


(a) 基态　　(b) 推斥态

图 3.4　氢分子的两种状态

综上所述，当原子相互靠近时，两个自旋相反的未成对电子的相应原子轨道相互重叠，电子云密集在两原子核之间使系统能量降低，因而形成稳定的共价键。这表明共价键的本质是电负性的。

#### 3.2.1.2　价键理论的要点

价键理论又称为电子配对理论（简称 VB 法），其要点如下。

① 原子具有自旋相反的未成对电子，是化合成键的先决条件。两个含有自旋相反的未成对电子的原子接近时，它们的未成对电子可以相互配对，形成稳定的共价键，这对电子为两个原子所共有。如果两个原子各有两个或三个未成对的电子，则两个原子间自旋相反的未成对电子可以两两配对形成共价双键或叁键。例如氢原子有一个未成对的 1s 电子，氟原子的电子层结构为 $1s^2 2s^2 2p_x^2 2p_y^2 2p_z^1$，即 2p 轨道上有一个未成对电子，则氢原子 1s 电子和氟原子中与之自旋相反的未成对的 2p 电子配对，形成单键的 HF 分子。N 原子中有三个未成对电子，可以与氢原子构成三个共价键（如 $NH_3$）；或形成一个共价叁键（如 N≡N）。

价键理论

如果两原子中没有未成对电子，则它们不能形成共价键。如稀有气体原子的外层电子结构为 $ns^2np^6$，无未成对电子，所以它们以单原子分子的形式存在。

② 当原子中的一个未成对电子与另一原子中的自旋相反的未成对电子配对成键后，就不能再与此原子或另一原子中的未成对电子配对成键。如 HCl 分子中 H 原子的一个电子（1s）和 Cl 原子的一个 3p 未成对电子配对形成共价单键，已无未成对电子，故 HCl 分子不能再与 H 或 Cl 原子结合。

③ 原子轨道相互重叠成键，必须符合三个原则：a. 能量相近原则；b. 对称性匹配原则；c. 最大重叠原则。所谓对称性匹配原则，即原子轨道重叠必须考虑原子轨道的正、负号，只有同号原子轨道才能实现有效的重叠。原子轨道相互重叠时，总是沿着重叠最多的方向进行，重叠越多，共价键越牢固，这就是原子轨道的最大重叠原则。由于原子轨道重叠要满足三个原则，决定了原子轨道重叠具有一定的方向，因此也决定着分子的空间构型，影响分子的性质。例如 HCl 分子形成时，氢原子的 1s 轨道和氯原子的 3p 轨道之间有四种重叠方式，如图 3.5 所示。其中图(c)为异号重叠，对称性不匹配，图(d)由于同号重叠加强和异号重叠减弱的两部分相互抵消为零，因此图(c)和图(d)不可能有效重叠而成键，只有图(a)和图(b)为同号重叠，符合对称性原则；但由于两核的距离一定，图(a)比图(b)重叠多，为最大重叠，故 HCl 分子中 H 的 1s 轨道和氯的 3p 轨道采取图(a)的方式重叠成键，使 HCl 成为直线形分子。

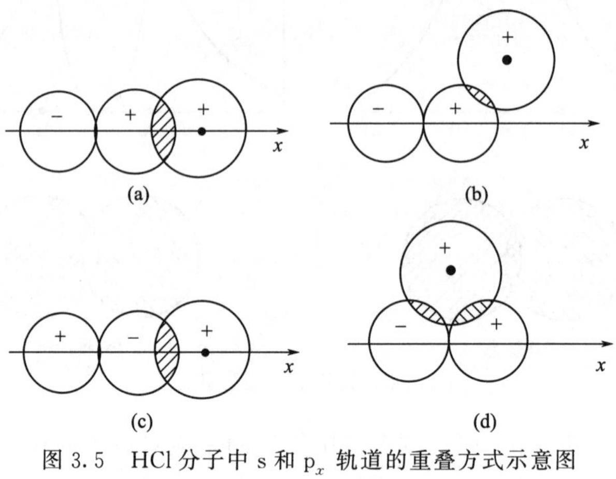


图 3.5 HCl 分子中 s 和 $p_x$ 轨道的重叠方式示意图

### 3.2.1.3 共价键的特征

共价键是具有饱和性和方向性的化学键。每一种元素的原子能够形成共价键的数目是严格确定的，即等于该原子所能提供的未成对电子的数目，这决定了共价键的饱和性。原子间相互成键时，必须符合原子轨道最大重叠原则和对称性匹配原则，因而原子间形成共价键时，总是按确定的方向成键，这决定了共价键的方向性。

共价键的饱和性和方向性，都与离子键不同。此外，离子键由于正、负离子各为一极，肯定是有极性的。共价键则不一定，既有相同元素的原子因电负性相同，两原子吸引电子的能力一样，原子核正电荷重心与核外电子的负电荷重心重合而形成的非极性共价键；也有不同元素的原子间因电负性不同，成键原子的电荷分布不均，电负性较大的原子带部分负电荷，电负性较小的原子带部分正电荷，即正、负电荷重心不重合而形成的极性共价键。极性共价键可视为具有一定离子键成分的共价键。

#### 3.2.1.4　共价键的类型

原子轨道的重叠方式不同，可以形成不同类型的共价键。例如 s 和 p 原子轨道有两种不同的重叠方式，形成两种类型（σ 键和 π 键）的共价键。

（1）σ 键

成键的两个原子轨道沿键轴（两核间连线）方向，以“头碰头”的方式发生重叠，其重叠部分集中在键轴周围，对键轴呈圆柱形对称性分布，即沿键轴旋转任何角度，形状和符号都不会改变，这种共价键称为 σ 键。s-s（$H_2$ 分子中的键）、$p_x$-s（如 HCl 分子中的键）、$p_x$-$p_x$（如 $F_2$ 分子中的键）重叠形成 σ 键，如图 3.6(a)所示。

（2）π 键

成键的两个原子轨道沿键轴方向，以“肩并肩”的方式发生重叠，其重叠部分对通过键轴的某一特定平面具有镜面反对称性，即重叠部分的形状在镜面的两侧是对称的，但镜面两边的符号正好相反，在键轴上原子轨道的重叠为零，这种键称为 π 键。当 $p_x$-$p_x$ 已形成 σ 键时，$p_z$-$p_z$、$p_y$-$p_y$ 轨道重叠即形成 π 键，如图 3.6(b)所示。

共价键

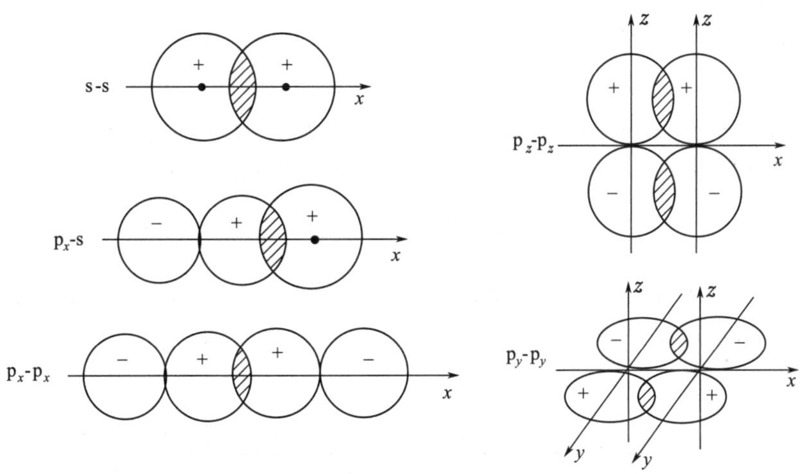


(a) σ键　　(b) π键

图 3.6　σ 键和 π 键形成示意图

有些分子中既有 σ 键，也有 π 键。例如 $N_2$ 分子的结构中有一个 σ 键和两个 π 键。N 原子的电子层结构为 $1s^2 2s^2 2p_x^1 2p_y^1 2p_z^1$。当两个 N 原子相互靠近化合时，N 原子 $p_x$ 轨道沿 $x$ 轴方向以“头碰头”的方式重叠形成 σ 键，而 $p_y$-$p_y$、$p_z$-$p_z$ 分别沿 $y$ 轴和 $z$ 轴相互平行或以“肩并肩”方式重叠形成 π 键，如图 3.7 所示。

通常 π 键的重叠程度小于 σ 键，π 键的强度小于 σ 键，所以 π 键的能量较高，稳定性低于 σ 键，π 电子的活泼性较高，易参加化学反应。

#### 3.2.1.5　键参数

化学键的性质在理论上可以由量子力学计算而作定量的讨论，也可以通过表征键性质的某些物理量来描述。这些物理量如键长、键角、键能等，统称为键参数。键参数可以由实验直接或间接测定，也可通过理论计算求得。

（1）键能

以能量标志化学键强弱的物理量称为键能，不同类型的化学键有不同的键能，如离子键

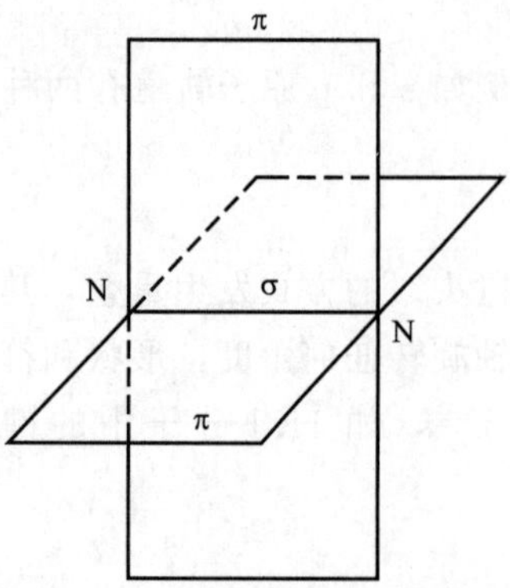


图 3.7 $N_2$ 分子形成示意图

的键能是晶格能，金属键的键能为内聚能等。本节仅讨论共价键的键能。

在 298.15K 和 100kPa 下，断裂 1mol 键所需要的能量称为键能 $E$，单位为 $kJ \cdot mol^{-1}$。

对双原子分子而言，在 298.15K 和 100kPa 下，将 1mol 理想气态分子解离为理想气态原子所需要的能量称为解离能（$D$），解离能就是键能。例如：

$$Cl-Cl(g) \longrightarrow 2Cl(g) \quad D(Cl-Cl)=239.7kJ \cdot mol^{-1}$$

$$E(Cl-Cl)=D(Cl-Cl)=239.7kJ \cdot mol^{-1}$$

对于两种元素组成的多原子分子来说，要断裂其中的键成为单个原子，需要多次解离，因此，解离能不等于键能，而是多次解离能的平均值才等于键能。例如，$NH_3$ 分子有三个等价的 N—H 键，但每个 N—H 键的解离能因解离的先后次序不同是不一样的：

$$NH_3(g) = NH_2(g) + H(g) \qquad D_1=427kJ \cdot mol^{-1}$$

$$NH_2(g) = NH(g) + H(g) \qquad D_2=375kJ \cdot mol^{-1}$$

$$NH(g) = N(g) + H(g) \qquad D_3=356kJ \cdot mol^{-1}$$

$$NH_3(g) = N(g) + 3H(g) \qquad D_{总}=D_1+D_2+D_3=1158kJ \cdot mol^{-1}$$

在 $NH_3$ 分子中 N—H 键的键能就是三个等价键的平均解离能：

$$E(N-H)=\frac{D_1+D_2+D_3}{3}=\frac{1158}{3}=386kJ \cdot mol^{-1}$$

共价键的键能指的是平均键能。一般键能愈大，键愈牢固，由该键构成的分子也就愈稳定。通常键能数据是通过热化学法（或光谱法）测定的。表 3.2 列出了一些共价键的键能数值。

**表 3.2 298.15K 时一些共价键的键能** 单位：$kJ \cdot mol^{-1}$

| 键名 | 键能 | 键名 | 键能 | 键名 | 键能 | 键名 | 键能 |
|---|---|---|---|---|---|---|---|
| H—H | 432.0 | Sb—Sb | 1217 | P—H | 约 322 | P—Cl | 326 |
| F—F | 154.8 | C—C | 345.6 | As—H | 约 247 | As—Cl | 321.7 |
| Cl—Cl | 239.7 | C═C | 602 | C—H | 411 | C—Cl | 327.2 |
| Br—Br | 190.16 | C≡C | 835.1 | Si—H | 318 | Si—Cl | 381 |
| I—I | 148.95 | Si—Si | 222 | C—F | 485 | Ge—Cl | 348.9 |
| O—O | 约 142 | B—B | 293 | Si—F | 318 | N—O | 201 |
| O═O | 493.59 | F—H | 565 | B—F | 613.1 | N═O | 607 |
| S—S | 268 | Cl—H | 428.02 | O—F | 189.5 | C—O | 357.7 |
| Se—Se | 172 | Br—H | 362.3 | N—F | 283 | C═O | 798.9 |
| Te—Te | 126 | I—H | 294.6 | P—F | 490 | Si—O | 452 |
| N—N | 167 | O—H | 458.8 | As—F | 406 | C═N | 615 |
| N═N | 418 | S—H | 363.5 | Sb—F | 402 | C≡N | 887 |
| N≡N | 941.69 | Se—H | 276 | O—Cl | 218 | C═S | 573 |
| P—P | 201 | Te—H | 238 | S—Cl | 255 | | |
| As—As | 146 | N—H | 386 | N—Cl | 313 | | |

（2）键长

分子中两个成键原子的平均核间距称为键长。理论上用量子力学近似方法可以算出键长，实际上对于复杂分子往往是通过光谱或 X 射线衍射等实验方法来测定键长。键长与键的强度（或键能）有关。一般说来，键长越短，表示键越强，由此键形成的分子越稳定。

（3）键角

分子中相邻两键间的夹角称为键角，它是反映分子空间结构的基本数据。分子的空间构型与键长和键角有关。知道一个分子的键长和键角，即可确定分子的几何构型。例如，$NH_3$ 分子∠HNH 为 107°18′，N—H 键长是 101.9pm，就可以断定 $NH_3$ 分子是一个三角锥形的极性分子。键角一般通过光谱、X 射线衍射等实验测定，也可以用量子力学近似计算得到。

## 3.2.2　杂化轨道理论

杂化轨道理论

价键理论较简单地阐明了共价键的形成过程和本质，并成功地解释了共价键的方向性和饱和性等特点。但在解释分子的空间结构方面却遇到了困难。例如，近代实验测定结果表明：甲烷（$CH_4$）分子的空间构型是一个正四面体，碳原子位于四面体的中心，四个氢原子占据四面体的四个顶点。$CH_4$ 分子中形成四个稳定的 C—H 键，键角∠HCH 为 109°28′，四个键的强度相同。但是根据价键理论，碳原子的电子层结构为 $1s^22s^22p_x^12p_y^1$，只有两个未成对的电子，因此它只能与两个氢原子形成两个共价单键。如果将碳原子的一个 2s 电子激发到 2p 轨道上，则碳原子的电子层结构为 $1s^22s^12p_x^12p_y^12p_z^1$，有四个未成对电子，它可与四个氢原子的 1s 电子配对形成四个 C—H 键。但碳原子的 2s 电子与 2p 电子的能量是不同的，这四个 C—H 键应当不是等同的，这与实验测定 $CH_4$ 中四个 C—H 键是等同的不相符合，这是价健理论（VB 法）不能解释的。为了解释上述实验现象和其他多原子分子的空间构型，1931 年美国化学家鲍林在价键理论的基础上，提出了杂化轨道理论。

### 3.2.2.1　杂化轨道理论要点

杂化轨道理论认为，当原子相互化合形成分子时，由于原子间的相互影响，若干不同类型、能量相近的原子轨道会相互混合，重新分配能量，重新作出空间取向而形成新的原子轨道。能量相近的原子轨道间相互混合、重组、趋于平均化的过程称为原子轨道的杂化。经杂化后得到的新的平均化的原子轨道称为杂化轨道。杂化轨道与其他原子的原子轨道或杂化轨道之间重叠形成共价键。杂化轨道在成键时更有利于轨道间的重叠，即成键能力增强，因此，原子轨道经杂化后生成的共价键更牢固，生成的分子更稳定。一定数目和一定类型的原子轨道间杂化所得到的杂化轨道具有确定的空间几何构型，由此形成的共价键和共价分子相应地具有确定的几何构型。

应当强调的是，只有同一原子中能量相近、不同类型的原子轨道才能杂化，还必须具备增强原子成键的能力或增加键的强度，使系统能量降低，分子更稳定等条件；由 $n$ 个能量相近的原子轨道杂化可以而且只能形成 $n$ 个杂化轨道，即杂化前后，原子轨道的总数不变；在形成分子时，通常存在激发、杂化、轨道重叠成键等过程，而且杂化与成键过程应该是同时发生的，即原子轨道的杂化只有在形成分子的过程中才会发生，孤立的原子是不发生杂化的。

### 3.2.2.2　杂化轨道的基本类型

成键原子所具有的价层轨道的类型和数目不同，成键情况也不同，因此杂化轨道具有不同的类型。下面仅介绍 s 轨道与 p 轨道间杂化的几种类型。

(1) sp 杂化

sp 杂化轨道是由一个 $n$s 轨道和一个 $n$p 轨道杂化形成的两个相同的 sp 杂化轨道，其中每一个 sp 杂化轨道含有$\frac{1}{2}$s 和$\frac{1}{2}$p 轨道成分。sp 杂化轨道间的夹角为 180°，空间结构为直线形。sp 杂化成键过程如图 3.8 所示。

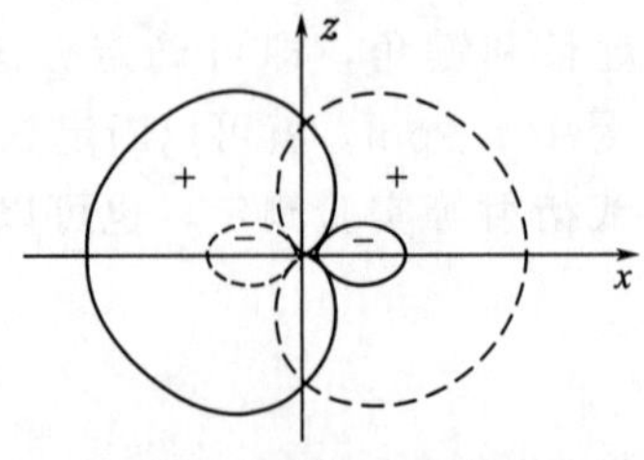


(a) 2个sp杂化轨道的角度分布图

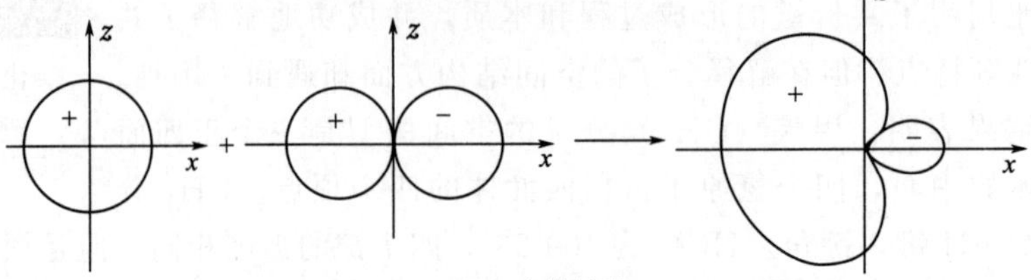


(b) sp杂化过程

图 3.8　sp 杂化过程及其 sp 杂化轨道的角度分布图

s-p 杂化类型

例如，气态 $BeCl_2$ 分子的结构。Be 原子的电子层结构是 $1s^2 2s^2$。根据价键理论，Be 原子无未成对电子，不应形成共价键。而杂化轨道理论认为，成键时，Be 原子中电子配对的 2s 轨道上一个电子可以激发到 2p 空轨道成为激发态，Be 原子激发态电子层结构变为 $1s^2 2s^1 2p^1$(此时就有两个未成对电子可以与其他原子的未成对电子形成共价键)。Be 原子的一个 2s 轨道和一个 2p 轨道发生杂化，形成两个 sp 杂化轨道，分别与两个 Cl 原子的 3p 轨道进行“头碰头”的重叠形成两个 σ 键。由于杂化轨道间夹角是 180°，因此形成的 $BeCl_2$ 分子的空间结构呈直线形，如图 3.9 所示。

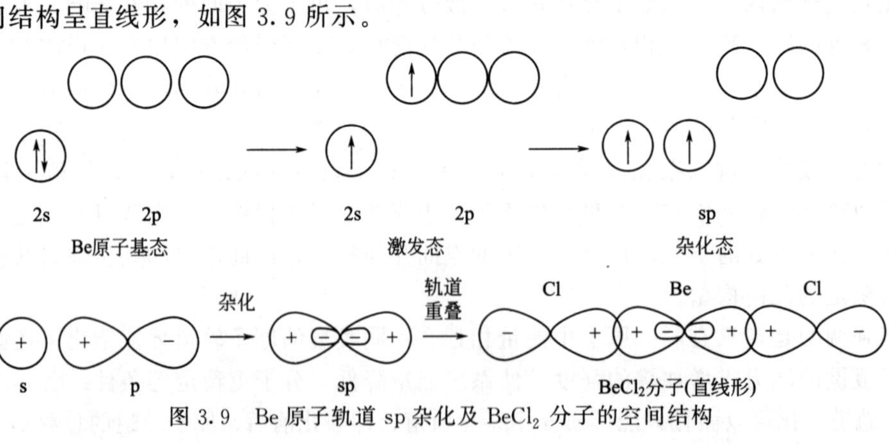


图 3.9　Be 原子轨道 sp 杂化及 $BeCl_2$ 分子的空间结构

(2) $sp^2$ 杂化

$sp^2$ 杂化轨道是由一个 $n$s 轨道和两个 $n$p 轨道杂化形成的三个完全相同的 $sp^2$ 杂化轨道，其中每个 $sp^2$ 杂化轨道含有$\frac{1}{3}$s 和$\frac{2}{3}$p 轨道成分。$sp^2$ 杂化轨道间的夹角为 120°，空间结构为平面三角形。

例如，$BF_3$ 分子的结构。B 原子的电子层结构为 $1s^2 2s^2 2p_x^1$。当 B 与 F 反应时，B 原子的一个 2s 电子激发到空的 $2p_y$ 轨道上，使 B 原子的电子层结构变为 $1s^2 2s^1 2p_x^1 2p_y^1$。B 原子的一个 2s 轨道和两个 2p 轨道杂化，形成三个 $sp^2$ 杂化轨道，B 原子的三个 $sp^2$ 杂化轨道分别与三个 F 原子中的 2p 轨道（未成对电子轨道）重叠形成 $sp^2$-p 的 σ 键。由于三个 $sp^2$ 杂化轨道在同一平面上，而且夹角为 120°，因此 $BF_3$ 分子具有平面三角形的空间结构，如图 3.10 所示。

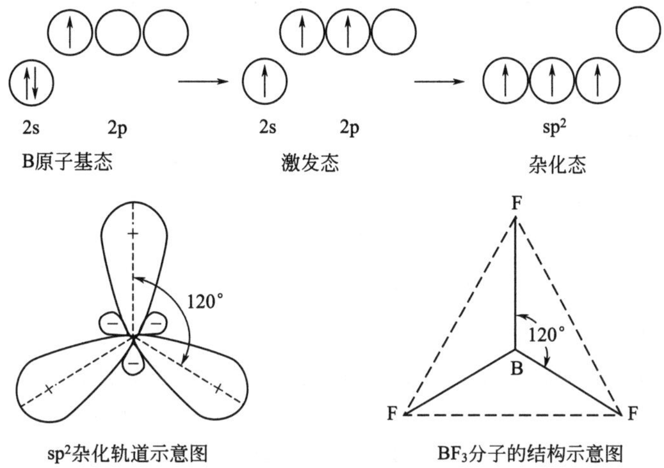


图 3.10　B 原子轨道 $sp^2$ 杂化及 $BF_3$ 分子的空间结构

(3) $sp^3$ 杂化

$sp^3$ 杂化轨道是由一个 $n$s 轨道和三个 $n$p 轨道杂化形成的四个完全相同的 $sp^3$ 杂化轨道，其中每个 $sp^3$ 杂化轨道含有 $\frac{1}{4}$s 和 $\frac{3}{4}$p 轨道成分。$sp^3$ 杂化轨道间的夹角为 109°28′，空间构型为正四面体。

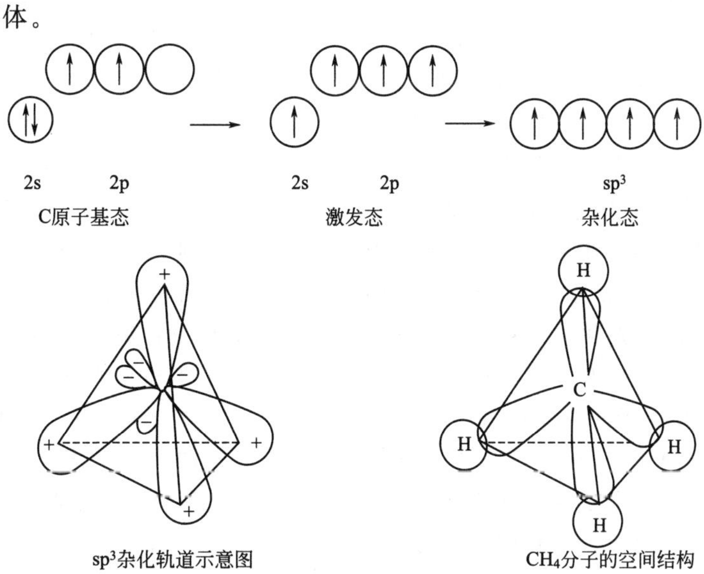


图 3.11　C 原子轨道 $sp^3$ 杂化及 $CH_4$ 分子的空间结构

例如，甲烷 $CH_4$ 分子的结构。C 原子的电子层结构为 $1s^2 2s^2 2p_x^1 2p_y^1$。杂化轨道理论认为，在形成 $CH_4$ 分子时，C 原子的 2s 轨道中的一个电子激发到空的 $2p_z$ 轨道，使 C 原子的电子层结构变为 $1s^2 2s^1 2p_x^1 2p_y^1 2p_z^1$。C 原子的一个 2s 轨道和三个 2p 轨道杂化，形成四个 $sp^3$ 杂化轨道。四个 $sp^3$ 杂化轨道分别与四个 H 原子的 1s 轨道重叠，形成四个 $sp^3$-s 的 σ 键。由于 $sp^3$ 杂化轨道间的夹角为 109°28′，因此 $CH_4$ 分子具有正四面体的空间结构，如图 3.11 所示。

通过以上讨论，杂化轨道的基本类型 $sp^n$ 可归纳总结如表 3.3 所示。

**表 3.3 $sp^n$ 杂化轨道与分子的轨道构型**

| 杂化轨道的类型 $sp^n$ | sp | $sp^2$ | $sp^3$ |
|---|---|---|---|
| 用于杂化的原子轨道 | 1 个 s，1 个 p | 1 个 s，2 个 p | 1 个 s，3 个 p |
| 轨道中所含 s 和 p 的成分 $s=\frac{1}{1+n},p=\frac{n}{1+n}$ | $\frac{1}{2}s,\frac{1}{2}p$ | $\frac{1}{3}s,\frac{2}{3}p$ | $\frac{1}{4}s,\frac{3}{4}p$ |
| 杂化轨道的数目 | 2 | 3 | 4 |
| 杂化轨道间的夹角 | 180° | 120° | 109°28′ |
| 空间构型 | 直线形 | 平面三角形 | 正四面体 |
| 实例 | $BeX_2$，$BeH_2$ | $BX_3$，$C_2H_4$ | $CH_4$，$CCl_4$，$SiCl_4$ |

### 3.2.2.3 等性杂化和不等性杂化

不等性杂化

同种类型的杂化轨道又可分为等性杂化和不等性杂化两种类型。

① 等性杂化 在形成分子过程中，所有杂化轨道均参与成键，形成分子后，每一个杂化轨道都生成了一个共价键，整个分子中同一组杂化的每一个杂化轨道是完全等同的，具有完全相同的特性，在空间的立体分布也完全对称、均匀。这种杂化轨道称为等性杂化轨道。前节例子中介绍的各组杂化轨道都属于等性杂化轨道。

② 不等性杂化 在形成分子过程中，杂化轨道中还包含了部分不参与成键的价层轨道（通常这些轨道中已含有孤对电子，不具备形成共价键的能力），形成分子后，同一组杂化轨道分为参与成键的杂化轨道和不参与成键的杂化轨道两类，这两类杂化轨道的特性是不等同的，因而空间分布不是完全对称的。这种杂化轨道称为不等性杂化轨道。

例如，$H_2O$ 和 $NH_3$ 的中心原子 O 和 N 原子是不等性杂化成键的。在 $NH_3$ 分子中，N 原子的电子层结构为 $1s^2 2s^2 2p_x^1 2p_y^1 2p_z^1$，氮原子的 2s 电子配对（称孤对电子）不参加成键，3 个 2p 轨道与 H 原子成键，其键角由于氮原子 2p 轨道相互垂直似乎应为 90°，但实测为 107°18′，这是电子配对理论不能满意解释的。

杂化轨道理论认为，在形成 $NH_3$ 分子过程中，氮原子的 2s 轨道和三个 2p 轨道发生了不等性 $sp^3$ 杂化，四个 $sp^3$ 杂化轨道中，其中三个 $sp^3$ 杂化轨道各有 1 个未成对电子，这三个 $sp^3$ 杂化轨道可以分别和三个氢原子形成三个 N—H 共价键；第四个 $sp^3$ 杂化轨道中含有一对孤对电子，电子已配对，不能再形成共价键，这是一个不参与成键的 $sp^3$ 杂化轨道。所以，$NH_3$ 分子中 N 原子的价层轨道形成了不等性 $sp^3$ 杂化轨道。其中，杂化后成键轨道中的电子对属于 N 原子和 H 原子两个成键原子共有，同时受两个原子核吸引；而杂化后不参与成键的轨道中的孤对电子仅属于 N 原子所有，只受到一个原子核的吸引，因而孤对电子所占有的杂化轨道，电子云比较密集，与成键电子对间的排斥相比，孤对电子对成键电子对有更大的推斥作用，以致使三个 N—H 键间的夹角不是 109°28′，而是小于 109°28′、大于 90°的 107°18′，如图 3.12 所示。在描述分子的空间构型时，由于观察不到孤对电子，而只能观察到原子的位置，因此 $NH_3$ 分子的空间构型为三角锥形。

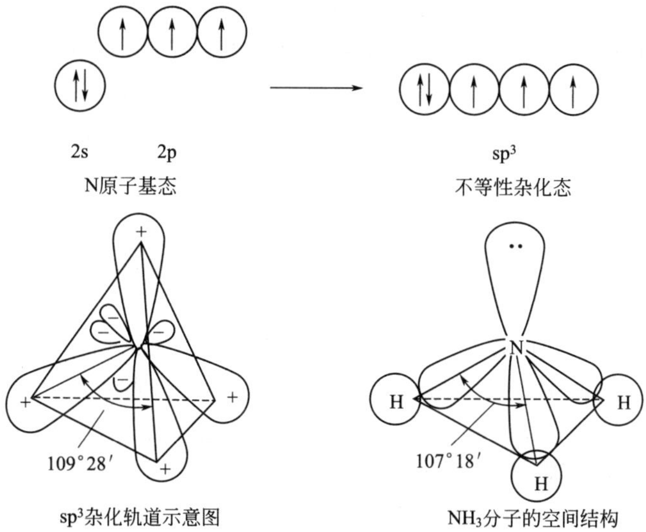


图 3.12　N 原子的不等性 $sp^3$ 杂化和 $NH_3$ 分子的空间结构

在 $H_2O$ 分子中，氧原子的 2s 轨道和三个 2p 轨道也是采取不等性 $sp^3$ 杂化。四个杂化轨道中，有两个参与成键的杂化轨道分别与两个氢原子形成两个 O—H 键，另两个轨道中各有一对孤对电子。由于氧原子中有两对孤对电子，对成键电子对有更大的排斥作用，因此 O—H 键间的键角更小，为 104°40′，如图 3.13 所示。水分子的空间构型为“V”字形。

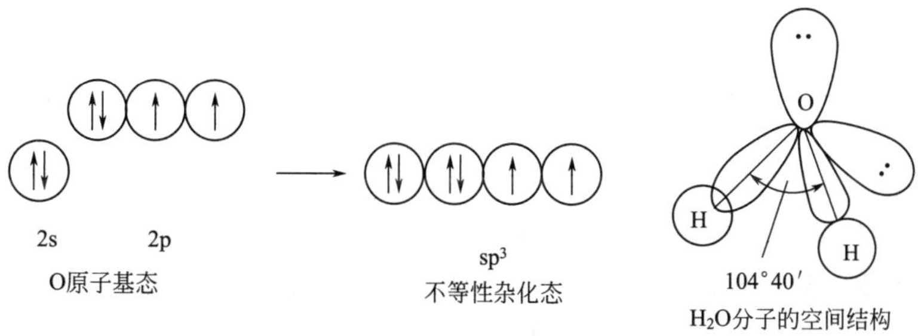


图 3.13　O 原子的不等性 $sp^3$ 杂化和 $H_2O$ 分子的空间结构

凡参加杂化的原子轨道中电子总数小于或等于原子轨道总数，则可形成等性杂化；若大于原子轨道总数，则有孤对电子，故形成不等性杂化。如 $NH_3$ 分子中 N 原子参加杂化的原子轨道有 2s 和 2p 轨道共四个原子轨道，轨道中共有 5 个电子，电子数大于轨道数，故形成不等性杂化。而 $CH_4$ 中 C 原子参加 $sp^3$ 杂化共四个轨道，4 个电子，故 C 原子形成等性杂化。

### 3.2.3　分子轨道理论

价键理论和杂化轨道理论比较直观，并能较好地解释共价键的形成和分子的空间构型，但有局限性。如它对氧分子中的三电子键以及分子的磁性无法解释。物质的磁性主要来源于电子的自旋所产生的磁矩。抗磁性物质的分子中不含未成对电子，磁矩为零；顺磁性物质的分子中含有未成对电子，磁矩大于零。氧分子 $O_2$ 的结构按价键理论，由于氧原子有两个未成对电子，形成 $O_2$ 分子以后，电子配对形成共价双键$:\ddot{O}=\ddot{O}:$，没有未成对电子，应为抗磁性物质，但实测 $O_2$ 分子的磁矩大于零，它为顺磁性物质。

分子轨道理论着重考虑分子的整体性，把分子作为一个整体来处理，没有明确的价键概念。它在解释 $O_2$ 的顺磁性、$N_2$ 的稳定性、$He_2^+$ 为什么能够存在及一些多原子分子的结构方面取得了相当的成功，在共价键理论中占有重要地位。下面介绍分子轨道理论的基本要点。

#### 3.2.3.1 分子轨道理论的基本要点

① 强调分子的整体性。分子轨道理论把组成分子的所有原子作为分子整体来考虑。原子形成分子后，电子不再定域在个别的原子内，而是在整个分子范围内运动。每一个电子都被看作是在核和其余电子共同提供的势场中运动，其状态可以用单电子波函数 $\Psi$ 来表示。分子中的单电子波函数 $\Psi$ 称为分子轨道，$|\Psi|^2$ 表示分子中的电子在空间各处的概率密度或电子云。分子中电子的分布也和原子中电子的分布相似，服从泡利不相容原理、能量最低原理和洪特规则等基本原则。

常用 σ、π 等符号来表示分子轨道的名称。

② 分子轨道可近似地用原子轨道的线性组合来表示。原子轨道组成分子轨道时，只有符合价键理论中所述的成键三原则：能量相近原则、对称性匹配原则和最大重叠原则，才能形成有效的分子轨道。形成分子轨道的数目等于参与组合的原子轨道的数目。以双原子分子为例，A、B 两原子的能量相近、对称性相同的两个原子轨道（$\Psi_a$ 和 $\Psi_b$）可线性组合成两个分子轨道（$\Psi_1$ 和 $\Psi_2$）：

$$\Psi_1 = c_1(\Psi_a + \Psi_b) \qquad \text{成键分子轨道}$$

$$\Psi_2 = c_2(\Psi_a - \Psi_b) \qquad \text{反键分子轨道}$$

式中，$c_1$、$c_2$ 为常数。由两个符号相同的波函数叠加（即原子轨道相加重叠）所形成的分子轨道（如 $\Psi_1$），由于在两核间概率密度增大，因此其能量较原子轨道的能量低，称为成键分子轨道；而由两符号相反的波函数叠加（或原子轨道相减重叠）所形成的分子轨道（如 $\Psi_2$），在两核间概率密度减小，因此其能量较原子轨道的能量高，称为反键分子轨道。同核双原子分子成键分子轨道降低的能量等于反键分子轨道升高的能量。由不同类型的原子轨道线性组合可得到不同类型的分子轨道。

#### 3.2.3.2 分子轨道的两种类型——σ 轨道和 π 轨道

① 形成 σ 分子轨道的线性组合类型　由 s 轨道与 s 轨道、s 轨道与 p 轨道、$p_x$ 轨道与 $p_x$ 轨道，以“头碰头”的方式重叠所形成的分子轨道称为 σ 分子轨道，σ 分子轨道图形的特征是它对于键轴呈圆柱形对称，即沿键轴旋转时轨道的形状和符号不变。这些轨道相互重叠均形成一个成键分子轨道（以符号 σ 表示）和一个反键分子轨道（以符号 $\sigma^*$ 表示）。例如两个氧原子的 1s 和 1s 轨道重叠，得一个成键的 $\sigma_{1s}$ 分子轨道和一个反键的 $\sigma_{1s}^*$ 分子轨道；HCl 分子则是氢原子的 1s 和氯原子的 p 轨道以 s-p 重叠，形成一个成键的 $\sigma_{sp}$ 分子轨道和一个反键的 $\sigma_{sp}^*$ 分子轨道；卤素分子 $X_2$ 则是卤素原子的 p 轨道以 p-p“头碰头”重叠，形成一个成键的 $\sigma_p$ 分子轨道和一个反键的 $\sigma_p^*$ 分子轨道，如图 3.14 所示。

② 形成 π 分子轨道的线性组合类型　由于 p 轨道的三个轨道 $p_x$、$p_y$、$p_z$ 相互垂直，当两原子的 $p_x$ 与 $p_x$ 轨道沿 $x$ 轴发生“头碰头”重叠形成 σ 分子轨道以后，另外 $p_y$ 与 $p_y$ 轨道，$p_z$ 与 $p_z$ 轨道只能相互垂直于键轴，以“肩并肩”的方式发生重叠。这种以“肩并肩”

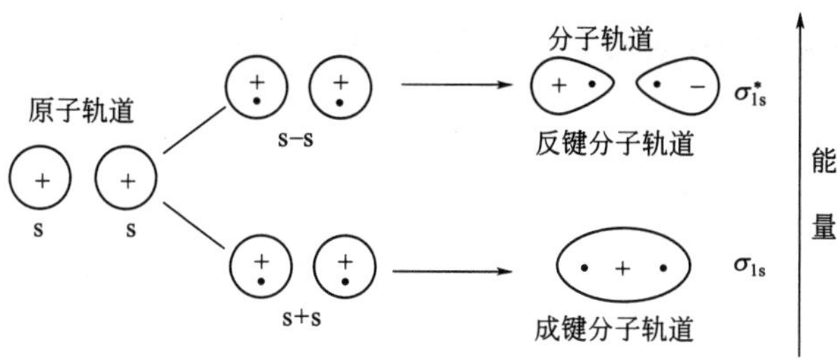


s-s轨道重叠形成的$\sigma_s$分子轨道

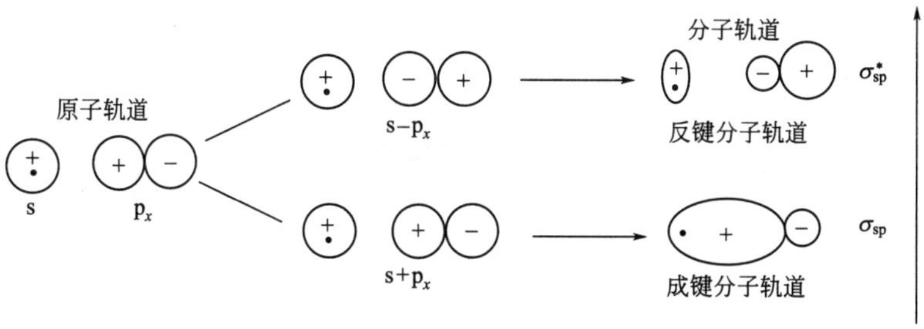


s-p 轨道重叠形成$\sigma_{sp}$分子轨道

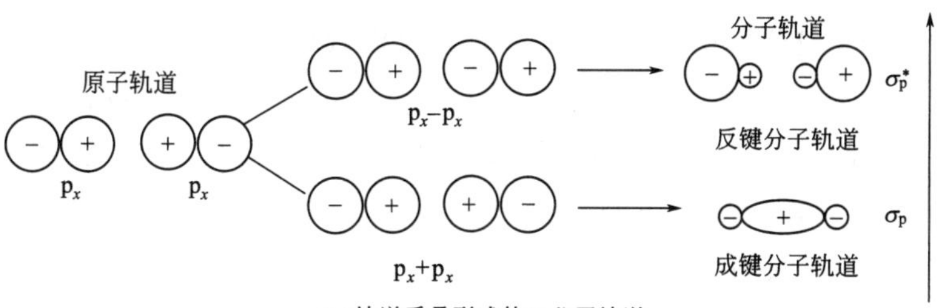


p-p轨道重叠形成的$\sigma_p$分子轨道

图 3.14　σ 分子轨道的各种组合示意图

重叠形成的分子轨道称为 π 分子轨道。π 分子轨道的特征是它的图形通过一个键轴的平面具有反对称性。若把该图形沿键轴旋转 180°，它的图形重合而符号相反。p-p 重叠形成一个 $\pi_p$ 成键分子轨道和一个 $\pi_p^*$ 反键分子轨道，如图 3.15 所示。

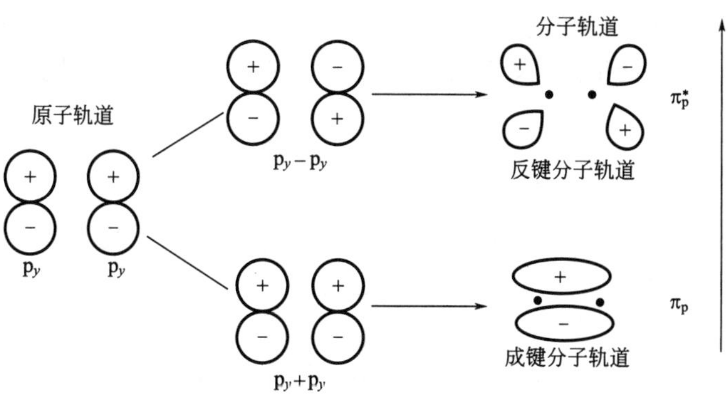


图 3.15　p-p 重叠形成 $\pi_p$ 分子轨道示意图

### 3.2.3.3　分子轨道的近似能级图

分子轨道能级的高低对分子中电子的分布具有重要意义。根据分子光谱实验数据，把分子中各分子轨道按能级由低到高的顺序排列起来，可得到分子轨道的近似能级图。对于第一、二周期元素形成的同核双原子分子的分子轨道，近似能级图有两种不同的能级顺序，如图 3.16(a)和(b)所示。

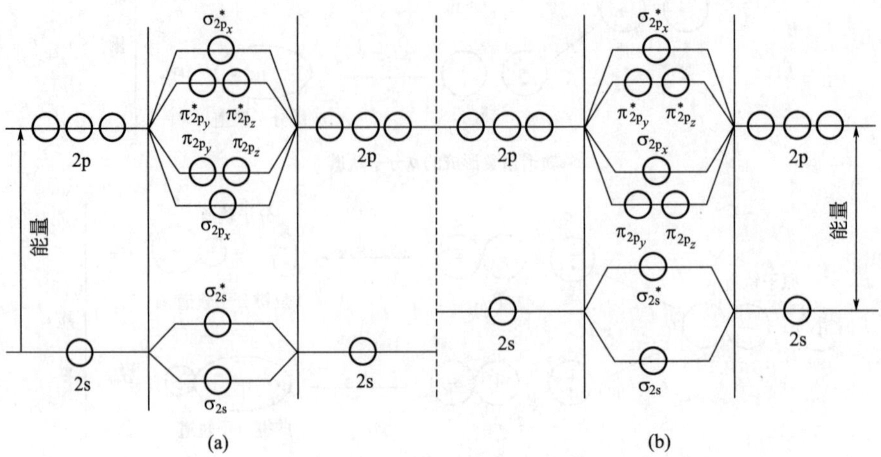

图 3.16 $n=2$ 时原子轨道和分子轨道能量关系示意图

$F_2$、$O_2$ 分子轨道能级如图 3.16(a)所示，这个能级顺序为：

$$\sigma_{1s}<\sigma_{1s}^*<\sigma_{2s}<\sigma_{2s}^*<\sigma_{2p_x}<\pi_{2p_y}=\pi_{2p_z}<\pi_{2p_y}^*=\pi_{2p_z}^*<\sigma_{2p_x}^*$$

$N_2$、$C_2$、$B_2$、$Be_2$、$Li_2$ 的分子轨道能级如图 3.16(b) 所示，这个能级顺序为：

$$\sigma_{1s}<\sigma_{1s}^*<\sigma_{2s}<\sigma_{2s}^*<\pi_{2p_y}=\pi_{2p_z}<\sigma_{2p_x}<\pi_{2p_y}^*=\pi_{2p_z}^*<\sigma_{2p_x}^*$$

图 3.16(a)与(b)能级顺序的区别在于(a)中的 $\sigma_{2p_x}<\pi_{2p_y}=\pi_{2p_z}$，而(b)中的 $\pi_{2p_y}=\pi_{2p_z}<\sigma_{2p_x}$，其他分子轨道能级顺序相同。

### 3.2.3.4 第一、第二周期同核双原子分子的结构

分子的结构可用分子轨道式表示。分子轨道式表明分子中电子的分布。

(1) 氢分子的结构

氢分子由两个氢原子组成。每个氢原子在 1s 轨道上有一个电子，当它们形成氢分子时，按分子轨道的能级顺序，两个电子将进入能级最低的 $\sigma_{1s}$ 成键分子轨道，且自旋方向相反，如图 3.17 所示。$H_2$ 分子基态的电子分布式可写为：$H_2(\sigma_{1s})^2$。由于 $H_2$ 分子中两个电子都分布在成键轨道上，体系能量降低，形成稳定的共价键，因此氢分子是稳定的。

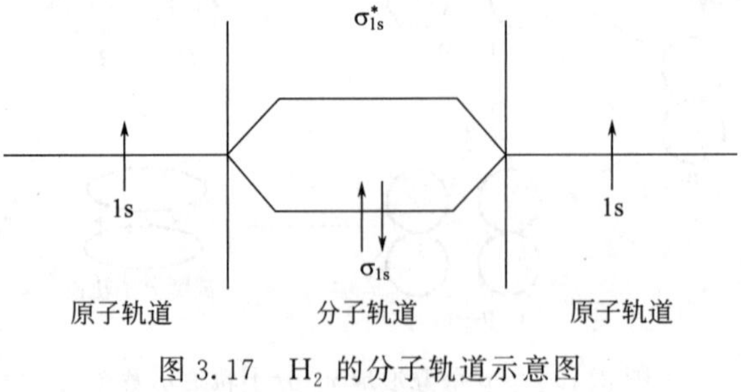

图 3.17 $H_2$ 的分子轨道示意图

氦不能形成稳定的 $He_2$ 分子。每个氦原子在 1s 轨道上有两个电子。如果两个氦原子要形成 $He_2$ 分子，按分子轨道的能级顺序，它们的四个电子中将有两个进入能量较低的 $\sigma_{1s}$ 成

键分子轨道，另外两个电子将进入能量较高的 $\sigma_{1s}^*$ 反键分子轨道。由于能量一升一降，两相抵消，能量的净变化为零，仍保持单个原子存在时的能量状态，因此不能形成稳定的共价键，$He_2$ 不存在，单质氦以单原子的形式存在。光谱实验证实有 $He_2^+$ 存在，这是因为在 $He_2^+$ 中，两个电子在成键分子轨道上，一个电子在反键分子轨道上，成键电子数大于反键电子数，总能量有所降低，故 $He_2^+$ 能够存在。这种由相应的成键和反键两轨道中的三个电子组成的 σ 键叫三电子 σ 键。

（2）$F_2$、$O_2$ 分子的结构

由于 2s 和 2p 原子轨道对于 F 和 O 来说能级相差较大（大于 $24\times10^{-19}$J），可不考虑 2s 和 2p 轨道间的相互作用，因此 $F_2$ 和 $O_2$ 的分子轨道能级是按图 3.16(a)所示排列的。$O_2$ 分子中共有 16 个电子，将分子中所有电子按泡利不相容原理、能量最低原理，即按能级图由低至高的顺序分布在能级图中各分子轨道上，其中 $\pi_{2p_y}$ 与 $\pi_{2p_z}$、$\pi_{2p_y}^*$ 与 $\pi_{2p_z}^*$ 为等价轨道，电子是按洪特规则分布的，如图 3.18 所示。由两个 O 原子的原子轨道组成的分子轨道式如下：

$$2O\{1s^2 2s^2 2p_x^2 2p_y^1 2p_z^1\} \longrightarrow O_2\{(\sigma_{1s})^2(\sigma_{1s}^*)^2(\sigma_{2s})^2(\sigma_{2s}^*)^2(\sigma_{2p_x})^2(\pi_{2p_y})^2(\pi_{2p_z})^2(\pi_{2p_y}^*)^1(\pi_{2p_z}^*)^1\}$$

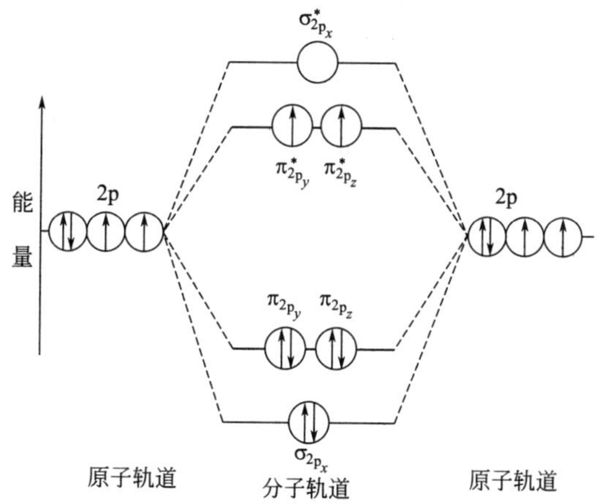


图 3.18　$O_2$ 分子轨道能级示意图

由于同核双原子分子中成键分子轨道降低的能量和反键分子轨道升高的能量相等，故氧分子中 $(\sigma_{1s})^2$ 和 $(\sigma_{1s}^*)^2$、$(\sigma_{2s})^2$ 和 $(\sigma_{2s}^*)^2$ 对成键的贡献互相抵消，实际上对成键有贡献的是 $(\sigma_{2p_x})^2$ 构成 $O_2$ 分子中的一个 σ 键；$(\pi_{2p_y})^2(\pi_{2p_y}^*)^1$ 和 $(\pi_{2p_z})^2(\pi_{2p_z}^*)^1$ 分别构成两个三电子 π 键。所以氧分子的结构式为：

$O_2$ 分子的分子轨道能级图表明，$O_2$ 分子中存在两个未成对的电子，所以 $O_2$ 分子具有顺磁性，与实验结果一致。从键的强度来说，每个三电子 π 键由两个成键电子和一个反键电子组成，由于成键电子和反键电子能量抵消，只抵得上半个键，两个三电子 π 键的强度相当丁一个 π 键，因而 $O_2$ 分了接近双键。

$F_2$ 分子中电子分布也是按图 3.16(a)分子轨道能级图能级顺序，但由于 $F_2$ 分子中共有 18 个电子，故反键的 $\pi^*$ 分子轨道上电子已排满，成键的 π 分子轨道和反键 $\pi^*$ 分子轨道能量相互抵消，对成键有贡献的只有 $\sigma_{2p_x}$，所以 $F_2$ 分子是单键结构。稀有气体假设能形成双

原子分子，则成键分子轨道降低能量和反键分子轨道升高能量相互抵消对成键没有贡献，故稀有气体分子不以双原子而只能以单原子分子存在。

（3）$N_2$ 分子的结构

对于N、C、B、Be、Li等原子来说，由于2s和2p原子轨道能级相差较小（一般为$16\times10^{-19}$J左右），必须考虑2s和2p轨道之间的相互作用，以致造成$\sigma_{2p}$高于$\pi_{2p}$能级的颠倒现象，故$N_2$、$C_2$、$B_2$、$Be_2$、$Li_2$等分子是按分子轨道能级图3.16(b)分布电子的。$N_2$分子中共有14个电子，将所有电子按分子轨道的能级顺序，遵从泡利不相容原理和洪特规则，依次进入能量由低到高的分子轨道。$N_2$分子的分子轨道能级图如图3.19所示。由两个N原子的原子轨道组成的分子轨道式为：

$$2N\{1s^2 2s^2 2p_x^1 2p_y^1 2p_z^1\} \longrightarrow N_2\{(\sigma_{1s})^2(\sigma_{1s}^*)^2(\sigma_{2s})^2(\sigma_{2s}^*)^2(\pi_{2p_y})^2(\pi_{2p_z})^2(\sigma_{2p_x})^2\}$$

其中$(\sigma_{1s})^2$和$(\sigma_{1s}^*)^2$是内层电子，且成键分子轨道与反键分子轨道能量一升一降相互抵消，可以不写出来，或以KK代替，KK表示K层全充满。

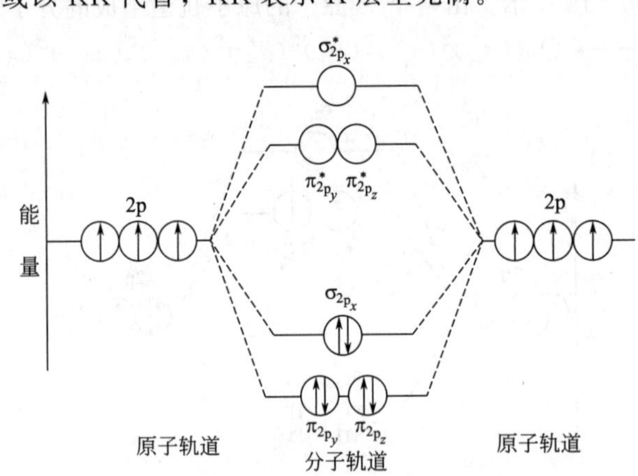


图3.19 $N_2$分子轨道能级示意图

成键分子轨道和反键分子轨道能量相互抵消，相当于电子未参加成键，又叫非键电子，这样的轨道称为非键轨道。$N_2$分子中成键轨道$\sigma_{2s}$和反键轨道$\sigma_{2s}^*$各占满2个电子，降低的能量和升高的能量互相抵消，对成键没有贡献。对成键有贡献的只是$(\pi_{2p_y})^2(\pi_{2p_z})^2(\sigma_{2p_x})^2$三对电子，即形成两个$\pi$键和一个$\sigma$键。把非键轨道的$(\sigma_{2s})^2(\sigma_{2s}^*)^2$视为两对孤对电子，$N_2$分子的结构可表示为：

$$:N\equiv N:$$

$N_2$分子中，2p电子都分布在成键分子轨道上，能量降低较多，因此N≡N叁键的键能较大，键长也较短。$N_2$分子很稳定，表现出很大的惰性，工业上用作保护性气体。$N_2$分子中无单电子，故$N_2$分子是抗磁性分子。

## 3.3 配位键

### 3.3.1 配位键和配位化合物

#### 3.3.1.1 配位键及其形成条件

前面所讨论的共价键的共用电子对都是由成键的两个原子分别提供一个电子组成的。此外，还有一类共价键，成键两原子间的共用电子对不是由成键的两个原子提供，而只由其中一个原子提供，这样所形成的共价键称为配位键。例如 $NH_4^+$ 中，氮原子的 1 个 2s 轨道和 3 个 2p 轨道杂化形成 4 个不等性 $sp^3$ 杂化轨道，其中 3 个 $sp^3$ 杂化轨道各有 1 个未成对电子，它们分别与只含 1 个电子的氢原子的 1s 轨道重叠形成 3 个 σ 键，另外氮原子中还有 1 个含有孤对电子的 $sp^3$ 杂化轨道与具有空轨道的 $H^+$ 形成一个 σ 配位键。配位键通常以一个指向电子对接受体的箭头"→"来表示。如 $NH_4^+$ 的结构式写为：

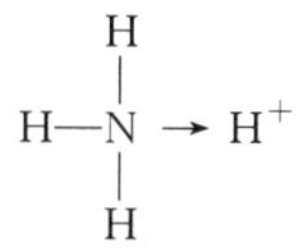


由此可见，形成配位键必须满足两个条件：成键原子中一个原子的价电子层有孤对电子（提供电子对的原子称给予体）；另一个原子的价电子层有可接受孤对电子的空轨道（接受共用电子的原子称接受体）。

### 3.3.1.2 配离子和配位化合物

含有配位键的复杂离子，叫配离子，它通常是由一个金属正离子和若干中性分子或负离子结合在一起所形成的。由配离子组成的化合物，称为配位化合物，简称配合物。配离子又有配阳离子和配阴离子之分，如 $[Ag(NH_3)_2]^+$，是由 $Ag^+$ 和两个 $NH_3$ 分子中 N 原子以配位键结合的，是配阳离子；$[Fe(CN)_6]^{3-}$ 为配阴离子。

配合物的组成见图 3.20。配合物中的金属离子（或原子）称为配合物的中心离子（或原子），或称配合物的形成体，它位于配离子的中心，是配合物的核心部分。配合物中与中心离子（或原子）以配位键结合的含有孤对电子的负离子或中性分子称为配体。只有具备价层空轨道、能接受配位体提供的孤对电子的离子或原子，才能成为中心离子（或原子）。同样，只有含有孤对电子、能与中心离子（或原子）的空轨道结合形成配位键的负离子或中性分子，才能成为配体。配体中，与中心原子以配位键结合的原子，叫配位原子，它应具有孤对电子，与中心原子共用。与中心原子直接结合的配位原子的总数，叫中心原子的配位数，最常见的配位数为 2、4 和 6。

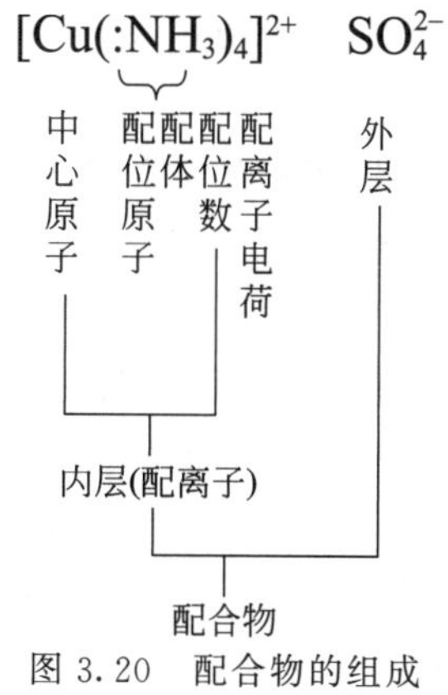


图 3.20 配合物的组成

配合物的命名方法，服从一般无机化合物的命名原则，即从右到左。如果配合物中的酸根是一个简单的阴离子，便叫某化某；如果酸根是一个复杂的阴离子，便叫某酸某。不同的是配合物的内层本身有一套命名方法。配合物内层的命名次序是：配阴离子—电中性配体—介字—中心离子（通常用罗马数字表示中心离子的氧化数）。一般用"合"字作为内层命名的介字。即内层的命名采用某合某的形式，来表示配体与中心原子是互相加合的关系。如果有几种配阴离子或中性配体位于内层，一般按先简单后复杂的顺序命名。

配阴离子的次序为：简单离子—复杂离子—有机酸根离子

配体的个数用数字一、二、三等表示。下面是几个命名的实例：

| | |
|---|---|
| $[Cu(NH_3)_4]SO_4$ | 硫酸四氨合铜(Ⅱ) |
| $[Co(H_2O)(NH_3)_3Cl_2]Cl$ | 氯化二氯一水三氨合钴(Ⅲ) |
| $K_2[PtCl_6]$ | 六氯合铂(Ⅳ)酸钾 |
| $Na_3[AlF_6]$ | 六氟合铝(Ⅲ)酸钠 |
| $K_3[Co(NO_2)_3Cl_3]$ | 三氯三硝基合钴(Ⅲ)酸钾 |
| $[Pt(NH_3)_2Cl_2]$ | 二氯二氨合铂(Ⅱ) |
| $K_3[Fe(CN)_6]$ | 六氰合铁(Ⅲ)酸钾 |
| $[CoCl_3(NH_3)_3]$ | 三氯三氨合钴(Ⅲ) |
| $[Pt(NH_3)_6][PtCl_4]$ | 四氯合铂(Ⅱ)酸六氨合铂(Ⅱ) |
| $H_2[SiF_6]$ | 六氟合硅(Ⅳ)酸 |
| $[Fe(CO)_5]$ | 五羰基合铁 |
| $[Ni(CO)_4]$ | 四羧基合镍 |

对于常见氧化态的中心离子，也可略去氧化数，有时也可略去合字，例如：$[Cu(NH_3)_4]SO_4$ 通常简称为硫酸四氨铜。

### 3.3.2 配合物的价键理论

配合物中的化学键，主要是指配合物中心离子（或原子）与配体之间的化学键。关于这种键的理论目前主要有：价键理论、晶体场理论、配位场理论和分子轨道理论等。本节只介绍配合物价键理论的基本要点。

配合物的价键理论是从电子配对法的共价键引申并将杂化轨道理论应用于配合物而形成的，较好地说明了配合物的空间构型以及其他一些性质。其要点如下。

① 配位键是由中心离子（或原子）的空轨道接受配位原子的孤对电子而形成的 σ 配位键，简称 σ 配键。

② 中心离子采用经过杂化的、能量相同的空轨道与配体成键，从而形成结构匀称的配合物。中心离子提供的空轨道数目由中心离子的配位数决定，即中心离子空轨道的杂化类型与配位数有关。当配体接近中心离子（或原子）时，中心离子（或原子）的价层空的原子轨道在配体的影响下形成杂化轨道，这些杂化轨道同时与配位原子含孤对电子的原子轨道重叠形成配离子。由于杂化轨道的类型不同，空间构型亦不同，因而形成的配离子具有相应的空间构型，如表 3.4 所示。例如 $[Ag(NH_3)_2]^+$ 配离子的形成，$Ag^+$ 的 1 个 5s 和 1 个 5p 空轨道进行 sp 杂化，形成两条 sp 杂化轨道。由于 sp 杂化轨道的空间构型为直线形，因此 $[Ag(NH_3)_2]^+$ 配离子的空间构型为直线形。

③ 中心离子利用哪些价层空轨道进行杂化，既与中心离子的价电子层结构有关，又与配位体中配位原子的电负性有关。一般来说，同一个中心离子与电负性大的配位原子易形成外轨型配离子，与电负性小的配位原子易形成内轨型配离子。例如，$[FeF_6]^{3-}$ 配离子，$Fe^{3+}$ 的电子层结构为 $3d^5 4s^0 4p^0 4d^0$，$F^-$ 的价电子层结构为 $2s^2 2p^6$，由于氟的电负性大，不易给出孤对电子，它们对中心离子影响小，使中心离子的结构不易发生变化，仅用外层的空

表 3.4　杂化轨道类型与空间构型的关系

| 配位数 | 杂化轨道 | 空间构型 | 实　例 |
|---|---|---|---|
| 2 | sp | 直线形 | $[Cu(NH_3)_2]^+$ |
| 3 | $sp^2$ | 平面三角形 | $[HgI_3]^-$ |
| 4 | $sp^3$ | 四面体 | $[Cd(NH_3)_4]^{2+}$ |
| 4 | $dsp^2$ 或 $sp^2d$ | 正方形 | $[Ni(CN)_4]^{2-}$ |
| 5 | $dsp^3$ | 三角双锥 | $[CuCl_5]^{3-}$ |
| 6 | $d^2sp^3$ 或 $sp^3d^2$ | 正八面体 | $[Co(NH_3)_6]^{3+}$ |

轨道 1 个 $n$s、3 个 $n$p、2 个 $n$d 进行杂化，生成能量相同的 6 个 $sp^3d^2$ 杂化轨道与配体 $F^-$ 配位，形成配离子 $[FeF_6]^{3-}$。由于这种杂化轨道的空间构型为八面体，因此 $[FeF_6]^{3-}$ 为八面体。这种中心离子以最外层轨道组成的杂化轨道和配位原子形成的配位键称为外轨型配位键，其对应形成的配离子称为外轨型配离子，而相应的配合物称为外轨型配合物。所以 $[FeF_6]^{3-}$ 是外轨型配离子。

在$[Fe(CN)_6]^{3-}$配离子中，配位体中配位原子 C 的电负性小，较易给出孤对电子，对中心离子 $Fe^{3+}$ 的影响较大，使电子层结构发生变化，$(n-1)$d 轨道上的未成对电子进行重新分布，其中 4 个电子两两成对，还有 1 个电子未成对，空出两个 3d 轨道。这两个 3d 空轨道和 1 个 4s 轨道、3 个 4p 轨道进行杂化，形成 6 个 $d^2sp^3$ 杂化轨道。每个 $d^2sp^3$ 杂化轨道与配体 $CN^-$ 中 C 原子中孤对电子的原子轨道重叠形成 6 个 σ 配键，形成 $[Fe(CN)_6]^{3-}$ 配离子。由于 $d^2sp^3$ 杂化轨道空间构型是八面体，故$[Fe(CN)_6]^{3-}$ 配离子的空间构型也是八面体。这种中心离子以部分次外层如 $(n-1)$d 与外层轨道如 $n$s 和 $n$p 轨道参与组成杂化轨道与配位原子形成的配位键称为内轨型配位键，其对应的配离子称为内轨型配离子，而相应的配合物称为内轨型配合物。所以 $[Fe(CN)_6]^{3-}$ 是内轨型配离子。

必须指出，形成内轨型配合物要使电子在同一个 d 轨道中配对，必须给予一定的能量，此能量称为电子成对能（用 $P$ 表示），因此形成内轨型配合物的条件是中心离子与配体成键放出的能量大于克服电子成对的总能量。

由于内轨型配离子由 $(n-1)$d 轨道参与形成杂化轨道，而外轨型配离子由 $n$d 轨道参与形成杂化轨道，$(n-1)$d 轨道比 $n$d 轨道能量低，因此内轨型配位键比外轨型配位键要强。所以氧化数相同的同一种金属离子（如 $Fe^{3+}$），当形成相同配位数时，如 $[Fe(CN)_6]^{3-}$ 和 $[FeF_6]^{3-}$，它们的稳定性不同，一般是内轨型配离子比外轨型配离子稳定，在溶液中内轨型配离子 $[Fe(CN)_6]^{3-}$ 比外轨型配离子 $[FeF_6]^{3-}$ 较难解离。

如何判断配合物是内轨型还是外轨型呢？主要是通过测定 $(n-1)$d 轨道未成对电子数的变化来确定。外轨型未成对电子数不变，而内轨型由于 $(n-1)$d 电子重新分布，未成对电子数一般要减少。未成对电子数的变化，可通过测定配离子的磁矩 $\mu$ 来确定。磁矩 $\mu$ 与原子、分子或离子中的未成对电子数 $n$ 的关系为：

$$\mu=\sqrt{n(n+2)}\ \mu_B$$

式中，$\mu_B$ 为磁矩单位，称为玻尔磁子（$\mu_B=9.27\times10^{-24}\ A\cdot m^2$）。

由上式可见，物质磁矩的大小，反映了原子、分子或离子中未成对电子数的多少。根据测得的磁矩计算出未成对电子数 $n$，再将之与中心离子自由状态的理论未成对电子数进行比较，即可确定配合物是内轨型还是外轨型。由于外轨型配合物比内轨型配合物未成对的电子数多，故磁矩大，磁性强。如磁矩 $\mu=0$，则为抗磁性配合物。

通过以上讨论，可见配合物价键理论对配合物的形成条件、空间构型、中心离子的结合力（σ配位键）、配位数和磁性等都有较好的说明，还可粗略地定性说明配合物的稳定性。

## 3.4 金属键

大多数金属元素的价电子都少于4个（多数只有1个或2个），而在金属晶格中每个原子要被8个或12个相邻原子包围，这么少的价电子不足以使金属原子间形成共价键。金属晶格是由同种原子组成的，其电负性相同，不可能形成正、负离子而以离子键结合。为了说明金属键的本质，目前有下面两种理论。

### 3.4.1 “自由电子”理论

对金属键本质的认识，较早提出来的是自由电子理论又称为改性共价键理论。该理论认为，由于金属元素的电负性较小，电离能也较小，外层价电子容易脱落下来并不断在原子和离子间进行交换。这些电子不受某一定的原子或离子的束缚，能在金属中相对自由地运动，故称为“自由电子”或“离域电子”。这些离域范围很大的自由电子把金属正离子和原子联系起来，这种自由电子与原子或正离子之间的作用力称为金属键。金属键也可以看成是由许多原子（或离子）共用许多自由电子而形成的一种特殊形式的少电子多中心的共价键，故也称改性共价键。由于自由电子为整块金属晶体所共有，一块金属晶体可视为一个巨型的大分子，因此，通常以元素符号代表金属单质的化学式。与共价键不同，金属键不具有饱和性和方向性。金属中，每个原子在空间允许条件下，与尽可能多数目的原子形成金属键，因此金属结构一般以紧密的方式堆积起来，具有较大的密度。

应用自由电子理论可以解释金属的不透明、光泽、导电、传热、延展、可塑等共同特性，但不能深入阐述金属晶体中金属键的本质；不能解释导体、绝缘体和半导体性质的差异等。解决这些问题，需用由量子力学支撑的近代金属键理论——能带理论。

### 3.4.2 金属键的能带理论

以分子轨道理论为基础发展起来的能带理论是现代金属键理论之一，它能较好地说明金属键的本质，不仅能对导体、绝缘体和半导体的导电性作出满意的解释，而且还可说明金属的光泽、导热性和延展性等。能带理论的基本要点是，由于金属晶体中原子的紧密堆积结构，原子靠得很近，按照分子轨道理论，把整个晶体看成一个大分子，能级相同的金属原子轨道线性组合（原子轨道重叠）起来，成为整个晶体共有的若干分子轨道，使体系的能量降低。

根据原子轨道组合成分子轨道的原则，两个能量相同的原子轨道可组合成两个能量不同的分子轨道，其中一个是能量比原来低的成键分子轨道；另一个是能量比原来高的反键分子轨道。形成多原子离域键（指生成的键不再局限于2个原子，而是属于一个多原子系统）时，能级相同的 $n$ 个原子轨道线性组合得到 $n$ 个分子轨道，每个分子轨道可容纳2个电子，共可容纳 $2n$ 个电子。$n$ 的数值越大，分子轨道能级间的能量差越小。各分子轨道的能级间相差极小时，几乎连成一片，形成了具有一定能量上、下限的分子轨道群，称为能带。

按原子轨道能级不同，金属晶体中可以形成不同的能带。例如金属钠是由 $n$ 个Na原子组成的体心立方晶格。这里，$n$ 是一个极大的数（1mol的Na就应有 $6.023\times10^{23}$ 个Na原子）。Na的电子层结构为：$1s^2 2s^2 2p^6 3s^1$。$n$ 个1s轨道彼此重叠，可以形成 $n$ 个分子轨道，称为 1s 能带；同样 $n$ 个 2s 轨道重叠，可以形成 $n$ 个分子轨道，称为 2s 能带；由于 p 轨道有 3 个等价的 $p_x$、$p_y$、$p_z$ 轨道，故 $n$ 个原子的 2p 轨道重叠，形成 $3n$ 个分子轨道，称为 2p 能带，共可容纳 $6n$ 个电子；同理 $n$ 个 3s 轨道重叠，可形成 $n$ 个分子轨道，称为 3s 能带。如图 3.21 是钠晶体能带形成示意图。每个能带具有一定能量范围，把它们按能量高低排列起来，即形成能带结构示意图，图 3.22 是钠和镁能带结构示意图。

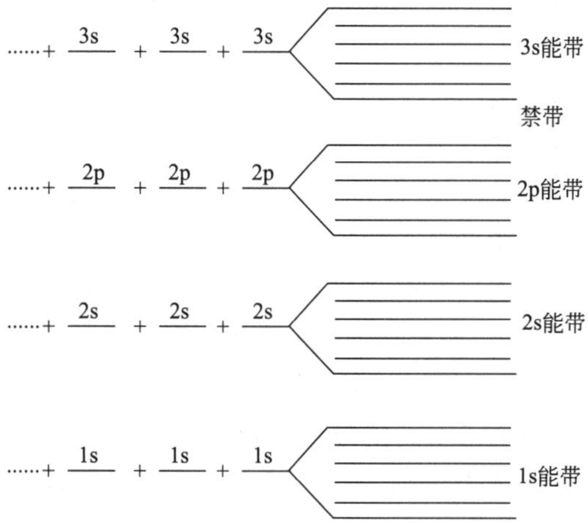


图 3.21　钠晶体能带形成示意图

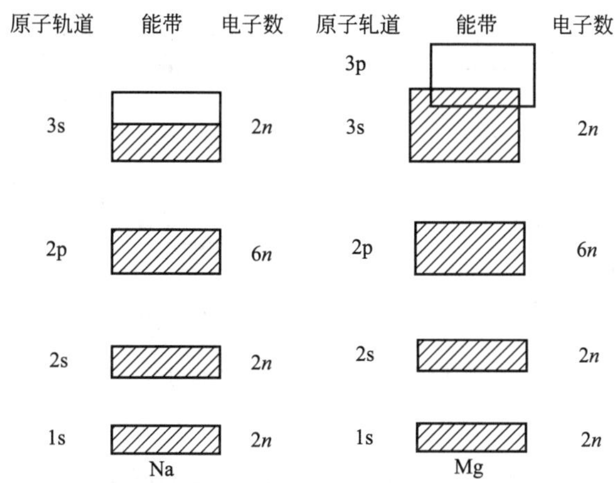


图 3.22　钠和镁能带结构示意图

由充满电子的原子轨道重叠所形成的能带，称为满带；由未充满电子的原子轨道重叠所形成的高能量能带，称为导带。能带与能带之间的间隔是电子不能存在的区域，称为禁带。凡无电子的原子轨道重叠所形成的能带称为空带；凡价电子所在的能带称为价带；相邻两个能带相互重叠的区域称为重带或叠带。满带与空带重叠，会使满带变成导带。例如钠晶体中 2p 是满带；3s 能带只有半满电子，是导带也是价带；3p 能带是空带；3s 能带和 2p 能带之间的间隔是禁带。镁晶体中 3s 满带和 3p 空带重叠是重带，从而使 3s 和 3p 总的成为导带，这就可以解释镁具有良好的导电性能。

按照能带理论的观点，导体、绝缘体和半导体的区别取决于禁带的宽度（最低空带底与最高满带顶之间的能量差）以及价带电子的分布状况。

一般金属导体的价带是导带或重带。禁带宽度 $E_g \leqslant 0.48\times10^{-19}$J(0.3eV)，在外电场力作用下，导带和重带中的电子可以在未占满电子的分子轨道间跃迁，所以导带和重带能导电。金属晶体具有导带或重带结构，故金属具有导电性。由于金属温度升高，金属中的原子或离子振动加剧，电子在导带中跃迁受到的阻力加大，故金属的导电性随温度的升高而降低；由于金属中的价电子可吸收波长范围很广的光子射线而跳到较高能级，当跳回较低能级时又将吸收的光子发射出来，所以金属具有金属光泽；电子也可以传输热能，使金属有导热性；由于金属中的电子是离域的，故一个地方的金属键被破坏，在另一个地方又可以生成新的金属键，因此机械加工根本不会完全破坏金属结构，而只能改变金属的外形，这就是金属具有延性、展性、可塑性的原因。

绝缘体（如金刚石）不导电，因为它的价带是满带，最高满带顶与最低空带底间的禁带宽度较宽，$E_g \geqslant 8\times10^{-19}$J(5eV)，所以在外电场作用下，满带中的电子不能越过禁带跃迁到空带，不能形成导带，故不能导电。

半导体（如单晶硅、单晶锗）的能带结构如图 3.23(a)所示，与绝缘体能带结构相似，价带也是满带，但最高满带与最低空带的禁带宽度较窄，$E_g \leqslant 4.8\times10^{-19}$J(3eV)，大于导体的禁带宽度，在一般条件下，满带中的电子不能跃入空带，故不能导电。但在光照或适当加热半导体的条件下，满带中电子得到能量可以越过禁带，跃迁到空带上去，从而使空带部分填充电子而形成导带，在满带上则留下“空穴”，它们都可以导电，如图 3.23(b)所示。所以，半导体的导电性随温度的升高而增大。

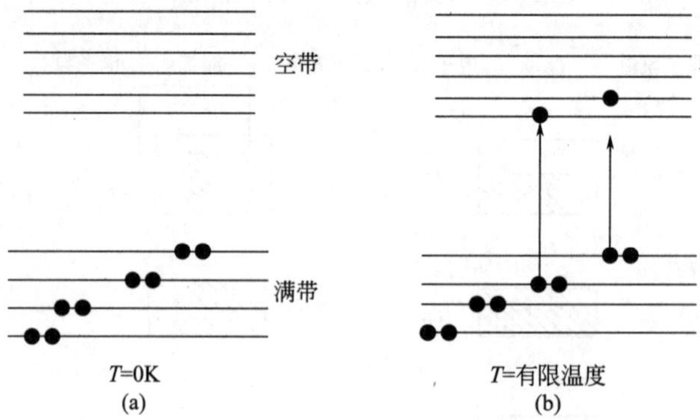


图 3.23 半导体的能带结构和有条件电子的跃迁示意图

# 3.5 分子间作用力和氢键

离子键、共价键、配位键和金属键都是原子间比较强的相互作用，键能约为 100～800kJ·mol$^{-1}$。此外，在分子之间还存在着一种较弱的相互作用，其结合能大约只有几到几十千焦每摩尔，比化学键小 1～2 个数量级，这种分子间的作用力称为范德华力，是由范德华首先提出的。气体分子能凝聚成液体和固体，主要靠分子间作用力。分子间的范德华力是决定物质熔点、沸点、溶解度等物理化学性质的一个重要因素。而分子间作用力又与分子的极性密切相关。

## 3.5.1 分子的极性和偶极矩

### 3.5.1.1 极性分子和非极性分子

在任何分子中，存在着带正电荷的原子核和带负电荷的电子，其正、负电荷总值应相等，所以分子是电中性的。对于分子中所有电子来说，可以设想它们的负电荷集中于一点，这一点称为负电荷的重心或称负极；同样，对分子中各个原子核来说，它们的正电荷总和可以设想于一点，这一点称为正电荷的重心或称正极。正极和负极总称为偶极。如果分子中的正、负电荷重心重合，我们称此分子为非极性分子，如图 3.24(b)所示，如果分子的正、负电荷重心不重合，这种分子称为极性分子，如图 3.24(a)所示。同核双原子分子是由非极性键组成的分子，正、负电荷重心重合，一定是非极性分子；异核双原子分子是由极性键组成的分子，正、负电荷重心不重合，是极性分子。由非极性键组成的多原子分子（如 $S_8$），正、负电荷重心重合，是非极性分子；由极性键组成的空间构型对称的多原子分子（如 $CO_2$、$CCl_4$），正、负电荷重心重合，是非极性分子；由极性键组成的空间构型不对称的多原子分子（如 $H_2O$、$NH_3$），正、负电荷重心不重合，是极性分子。

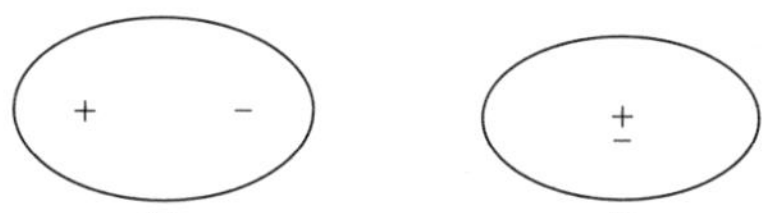


图 3.24　极性分子和非极性分子示意图

#### 3.5.1.2　分子的偶极矩

分子有无极性及极性大小常用偶极矩大小来衡量。在极性分子中，正、负电荷重心分别形成了正、负两极，又称偶极，偶极间的距离称为偶极长度，以 $d$ 表示。极性分子正或负电荷的电量以 $q$ 表示。分子的偶极长度和偶极一端上电量的乘积定义为分子的偶极矩，以符号 $\mu$ 表示。即

$$\mu = qd$$

偶极矩的单位为 C·m。$\mu$ 大于零的分子是极性分子，$\mu$ 越大，分子的极性越强。$\mu=0$ 的分子是非极性分子。

分子有无极性，对物质的一些性质有影响。例如，在一般情况下，非极性分子易溶于非极性溶剂，极性分子易溶于极性溶剂，称为物质的“相似者相溶”原理。

### 3.5.2　分子间作用力

分子间力

分子间作用力是分子与分子之间的一种弱的相互作用力，是一种短程吸引力，与分子间距离的 7 次方成反比，随分子间距离的增大而迅速减小。根据力产生的特点，分子间力可分为取向力、诱导力和色散力。

#### 3.5.2.1　取向力

取向力产生在极性分子和极性分子之间。极性分子固有的偶极称为永久偶极。偶极是电性的，因此两个极性分子相互靠近时，同性相斥，异性相吸，此种状态称为分子的取向，如图 3.25 所示。在已取向的偶极分子之间，由于静电引力将相互吸引或排斥，当吸引和排斥达到相对平衡时，系统能量达到最小值。这种在极性分子固有偶极间产生的吸引力称为取

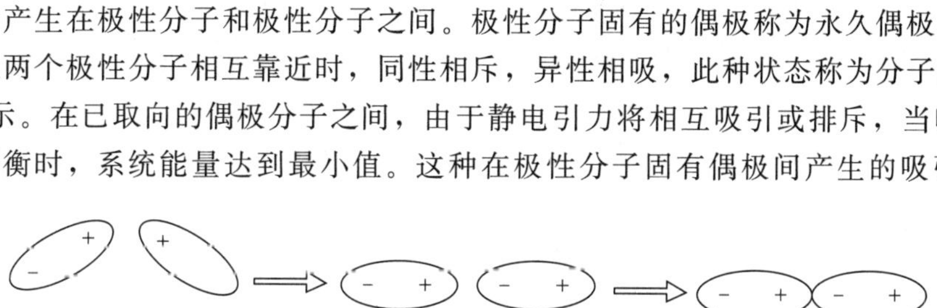


图 3.25　极性分子与极性分子相互作用示意图

向力。

取向力与下列因素有关：①取向力与偶极矩平方成正比，即分子的偶极矩越大，分子的极性越大，取向力越大；②取向力与热力学温度成反比，温度越高，取向力越弱；③取向力与分子间距离的7次方成反比，即随分子间距离增大，取向力递减得非常快。

**3.5.2.2 诱导力**

在极性分子和非极性分子之间以及极性分子和极性分子之间都存在诱导力。

非极性分子中正、负电荷重心重合，不存在偶极。但在极性分子的固有偶极的电场影响下，非极性分子变成具有一定偶极的极性分子。这种在外电场力作用下产生的偶极称为诱导偶极。非极性分子诱导偶极同极性分子固有偶极间的作用称为诱导力，如图3.26所示。

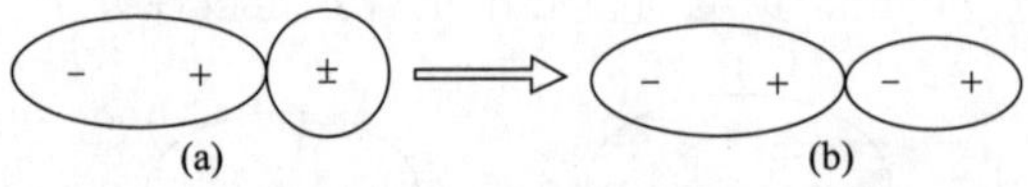


图3.26 极性分子与非极性分子相互作用示意图

同样，在极性分子和极性分子之间，除了取向力外，极性分子相互影响，也会产生诱导偶极，其结果是极性分子的偶极矩增大，从而使分子之间出现了除取向力之外的额外吸引力——诱导力。诱导力也会出现在离子和分子、离子和离子之间。影响诱导力的因素有：

① 与分子偶极矩的平方成正比；

② 与被诱导分子的变形性成正比，通常分子中各组成原子的半径越大，分子在外来静电力作用下越容易变形，诱导力也越大；

③ 诱导力也与分子间距离的7次方成反比，因而随距离的增大，诱导力减弱得很快，诱导力与温度无关。

**3.5.2.3 色散力**

任何一个分子，由于电子的运动和原子核的振动，原子核与电子云间的相对位移是经常发生的，这使得分子中的正、负电荷重心会不断出现暂时的偏移，分子发生瞬时变形，产生瞬时偶极。分子中原子数越多、原子半径越大或原子中电子数越多，则分子变形越显著。当两个分子相互接近时，一个分子产生的瞬时偶极会诱导邻近分子的瞬时偶极采取异极相邻的状态，于是两个分子靠瞬时偶极的异极相互吸引在一起，这种瞬时偶极与瞬时偶极间产生的相互作用力称为色散力。图3.27为非极性分子与非极性分子相互作用示意图。虽然每种瞬时偶极状态存在的时间极短，但任何分子中，这种由于电子运动造成的正、负电荷重心的相互分离状态却是时刻存在的，因而分子间始终存在着色散力。任何两个分子，不管是极性分子或非极性分子，相互接近时都会产生色散力。色散力和下列因素有关：

① 色散力和相互作用分子的变形性有关，变形性越大，色散力越大；

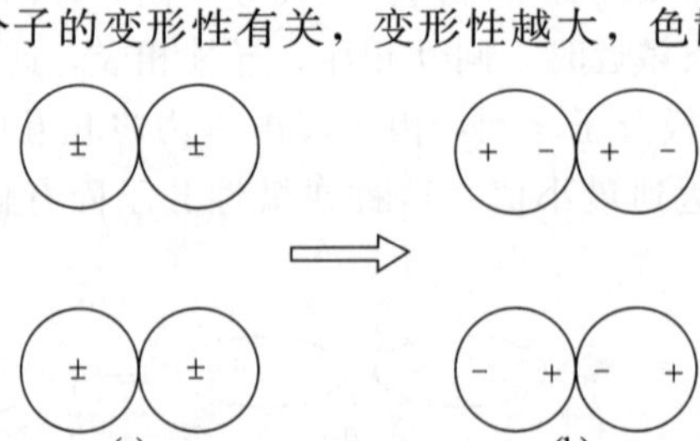


图3.27 非极性分子与非极性分子相互作用示意图

② 色散力和分子间距离的 7 次方成反比；

③ 色散力和相互作用分子的电离能有关。

综上所述，在非极性分子之间只有色散力存在；在极性分子和非极性分子之间除了诱导力外，还有色散力；在极性分子之间，色散力、诱导力、取向力均存在。即色散力在各种分子间都有，而且一般是主要的一种，只有当分子的极性较大时才以取向力为主，如表 3.5 所示。范德华力一般没有方向性和饱和性。

**表 3.5　分子间作用力的分配**　　单位：$kJ \cdot mol^{-1}$

| 分　子 | 取向力 | 诱导力 | 色 散 力 | 总　和 |
|---|---|---|---|---|
| Ar | 0.000 | 0.0000 | 8.49 | 8.49 |
| CO | 0.0029 | 0.0084 | 8.74 | 8.75 |
| HI | 0.59 | 0.31 | 60.54 | 61.44 |
| HBr | 1.09 | 0.71 | 28.45 | 30.25 |
| HCl | 3.305 | 1.004 | 16.82 | 21.13 |
| $NH_3$ | 13.31 | 1.548 | 14.94 | 29.58 |
| $H_2O$ | 36.38 | 1.929 | 8.996 | 47.28 |

分子间力对物质性质，如熔点、沸点、溶解度等都有很大影响。当液体汽化时，分子间力越大，汽化热也越大，液体的沸点就高。当固体熔化时，分子间力大，熔化热也大，于是固体的熔点就高。同族元素的单质（如卤素和稀有气体）和卤化氢分子的色散力随分子量的增大而增加，故熔点、沸点依次升高。

## 3.5.3　氢键

氢键

由于分子间力在大多数情况下是以色散力为主，因此同族元素氢化物的熔点、沸点通常随着分子量的增大而上升。但 $H_2O$、$NH_3$、HF 的熔点、沸点却不符合上述递变规律（见图 3.28），这说明除上节所述的三种分子间力以外，在许多分子间还存在着与分子间力大小相当的另一种作用力——氢键。

与某一电负性大的原子 X 以共价键相结合的氢原子，可与另一个电负性大的原子 Y 之间形成一种弱键，这种键称为氢键。氢键通常可用 X—H…Y 表示，其中 X、Y 代表 F、O、N 等电负性大、原子半径较小的原子。X 和 Y 可以是相同的元素（如 F—H…F、O—H…O 等），也可以是不相同的元素（如 N—H…O 等）。

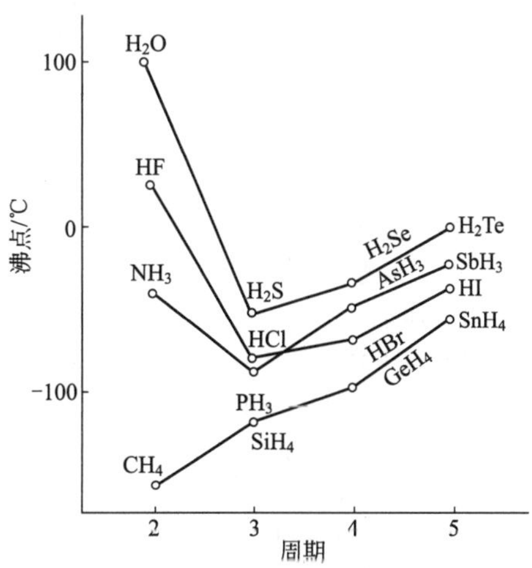


图 3.28　第Ⅳ～Ⅶ主族氢化物的沸点

### 3.5.3.1　氢键的形成

氢键形成的本质是由于 H 原子和电负性大的 X 原子（如 F、O、N 等）以共价键结合后，其成键的共用电子对强烈地偏向氮、氧、氟原子，使氢原子几乎成为赤裸的质子。这个半径很小，且带正电性的氢原子与另一个分子中含有孤对电子并带部分负电荷的、电负性大的 X 原子充分靠近而产生吸引力，形成一种由氢原子参与成键的特殊形式的键，这种吸引力就是氢键。

从氢键的形成可以看出，形成氢键具备的条件是：①分子中有 H 原子；②X—H…Y 中 X 和 Y 原子的电负性要大，半径要小，且有孤对电子。实际上只有 F、O、N 元素才满足此条件，它们与氢的化合物才能形成氢键。

**3.5.3.2 氢键的特点**

① 氢键的键能一般在 $40kJ \cdot mol^{-1}$ 以下，比化学键弱，与分子间力具有相同的数量级，属分子间力的范畴，故把氢键划入分子间作用力，而不看作化学键。

② 氢键具有饱和性和方向性。这一点与共价键的特征十分相似，因此把这种分子间作用力称为氢键。氢键的饱和性是指，每一个 X—H 只能与一个原子形成氢键。因为当 H 与 Y 形成氢键时，H 特别小，使得 X 和 Y 彼此靠近。这使第三个电负性大的原子因受到 X 和 Y 的斥力而难以再接近 H，故一个 X—H 通常只能形成一个氢键，这就是氢键具有饱和性的原因。氢键的方向性是指 Y 原子与 X—H 形成氢键时，X—H…Y 在同一直线上。因为这样成键可使 X 与 Y 的距离最远，两原子的电子云之间斥力最小，因而系统越稳定，形成的氢键越强。

③ 氢键的强弱与元素的电负性有关。元素的电负性越大，半径越小，氢键越强。如 F—H…F＞ O—H…O ＞N—H…N。

**3.5.3.3 氢键对化合物性质的影响**

分子间形成氢键时，分子间产生了较强的结合力，分子形成缔合分子，要使液体化合物气化或固体熔化，必须给予额外的能量去破坏分子间的氢键，因此物质的沸点和熔点升高。$NH_3$、$H_2O$、HF 的沸点都比同族氢化物的沸点高，就是由于产生了氢键。

分子间能形成氢键的物质易互相溶解，如乙醇、羧酸等有机物都易溶于水，因为它们与水分子之间能形成氢键，使分子间互相缔合而溶解。

## 复习题

1. 简述离子键的本质和特征。
2. 简述价键理论的基本要点。
3. 解释说明为什么共价键具有饱和性和方向性。
4. 试从以下几个方面简要分析 σ 键和 π 键：

(1) 原子轨道的重叠方式；

(2) 成键电子的电子云分布；

(3) 原子轨道的重叠程度；

(4) 键的强度；

(5) 常见成键原子轨道类型（各举一例）。

5. 什么叫杂化？原子轨道为什么要杂化？
6. 试从以下各方面对 $sp^3$、$sp^2$、sp 杂化轨道作比较说明：

(1) 参与杂化的原子轨道数；

(2) 每个杂化轨道中 s 和 p 的成分；

(3) 杂化轨道数；

(4) 杂化轨道的空间构型；

(5) 杂化轨道所形成键的类型（σ 键、π 键）。

7. 简述等性杂化和不等性杂化的概念。
8. 分别说明 $N_2$ 和 $O_2$ 分子轨道能级顺序。
9. 简述极性分子的概念，解释分子极性和键极性的关系，并举例说明。

10. 简述分子间力的类型和成因，说明在实际物质中，一般以哪种作用力为主？

11. 什么是氢键？氢键形成的基本条件是什么？氢键对化合物性质有何影响？

## 习　题

1. 下列说法是否准确？简述理由。

（1）离子键中离子性成分的多少取决于成键原子元素电负性差值的大小，差值越大，离子性越大，键的极性也越强。

（2）共价键具有方向性的原因在于成键时电子要配对。

（3）一般来说，$\pi$ 键只能与 $\sigma$ 键同时存在。在双键或叁键中，必须也只能有 1 个 $\sigma$ 键。

（4）极性共价键可以存在于非极性分子中的原子之间，也可能存在于金属与非金属元素的原子之间。

（5）在 $CH_4$ 分子形成过程中，C 原子的 2p 轨道和 H 原子的 1s 轨道发生杂化。

（6）1 个 s 轨道和 3 个 p 轨道发生杂化后形成 1 个 $sp^3$ 杂化轨道。

（7）当分子的空间结构相同时，键的极性越强，其分子的极性越强。

（8）$CO_2$ 分子与 $SO_2$ 分子之间存在着色散力、诱导力和取向力。

（9）氢键是 H 原子与电负性很大的元素原子间以共价键结合的同时，又与另一个电负性小的元素原子间产生的吸引作用。

2. 用列表的方式分别写出下列离子的电子分布式。指出它们的外层电子分别属于哪种构型（8、9～17、18 或 18＋2）？未成对电子数是多少？

$Al^{3+}$、$V^{2+}$、$V^{3+}$、$Mn^{2+}$、$Fe^{2+}$、$Sn^{4+}$、$Pb^{2+}$、$I^-$

3. 写出下列离子的电子分布式，说明属于电子半充满结构的是哪一个。

A. $Ca^{2+}$；B. $Fe^{3+}$；C. $Mn^{2+}$；D. $Fe^{2+}$；E. $S^{2-}$

4. 指出氢在下列几种物质中的成键类型：

（1）HCl；（2）NaOH；（3）NaH；（4）$H_2$

5. 根据杂化轨道理论分析下列分子的杂化轨道类型、分子的空间构型：

$SiF_4$、$HgCl_2$、$PCl_3$、$OF_2$、$SiHCl_3$

6. $BCl_3$ 分子的空同构型是平面三角形，而 $NCl_3$ 分子的空间构型是三角锥形，为什么？

7. 测知 $CS_2$ 的电偶极矩为零，试用杂化轨道理论简要说明 $CS_2$ 分子内共价键的形成情况，有几个 $\sigma$ 键，几个 $\pi$ 键？

8. 下列各物质中分别存在什么形式的分子间力（色散力、诱导力、取向力）？有无氢键？

$Cl_2$、HCl、$H_2O$、$NH_3$

9. 比较下列物质的沸点大小，并解释原因：（1）$NH_3$ 与 $PH_3$；（2）$PH_3$ 与 $SbH_3$。

10. 指出下列分子间的相互作用力类型：（1）$CCl_4$ 分子 $H_2O$ 分子；（2）$NH_3$ 分子与 $H_2O$ 分子。

11. 说明 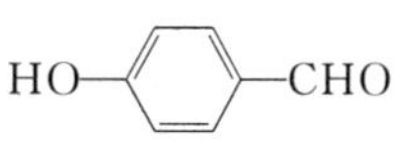 和 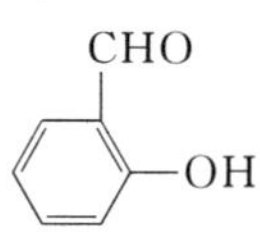 两种化合物熔、沸点的高低及其原因。

12. $O_2$ 和 $O_2^+$ 相比，哪一个解离能较大？试用分子轨道理论解释。

13. 简要说明以下事实：铜的导电性随温度升高而降低，硅的导电性随温度升高而增大。

14. 用能带理论说明导体、半导体、绝缘体能带之间的区别，并用能带理论阐述金属晶体的特性。

第 3 章参考答案

# 第 4 章　晶体结构

固体物质可分为晶体和非晶体两大类。晶体具有规则的几何外形、固定的熔点和各向异性等特征。晶体的这些宏观、外表特征是由它的微观内在结构特征所决定的。研究晶体的结构与性能的关系是研究物质宏观性质的重要方面。

本章将介绍晶体的点阵结构和基本类型，单质的晶体结构及其物理性质的周期性，以及晶体的缺陷和非化学计量化合物。

晶体的特征

## 4.1　晶体的微观点阵结构

晶体是由原子、离子、分子等微粒在空间按一定规律周期性地重复排列构成的固体物质。将晶体的微粒抽象为几何学中的点，无数这样的点在空间按照一定的规律重复排列而成的几何构型叫作晶格（或点阵），如图 4.1 所示。每个微粒所处的位置叫作晶格结点。

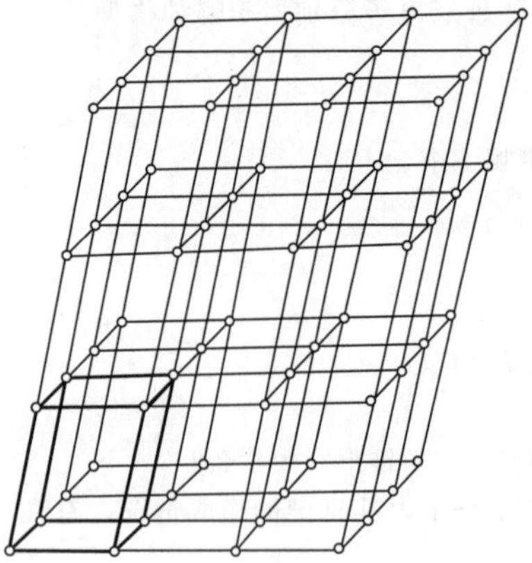

图 4.1　晶格及晶胞

晶格中代表晶体结构特征的最小重复单元称为晶胞，通常是一个平行六面体，如图 4.1 中粗黑线所示。晶胞在三维空间无限地周期性重复就产生宏观的晶体。因此知道晶胞的大小、形状和组成（微粒的种类和位置分布），就知道相应晶体的空间结构。

晶胞的大小和形状可用六面体的 3 个边长 $a$、$b$、$c$ 和由 $bc$、$ca$、$ab$ 所形成的 3 个夹角 $\alpha$、$\beta$、$\gamma$ 来描述，这六个数值称为晶胞参数。按晶胞参数的差异将晶体分为 7 种晶系，列于表 4.1 和图 4.2 中。

**表 4.1　7 种晶系**

| 晶　系 | 边　长 | 夹　角 | 晶体实例 |
|---|---|---|---|
| 立方 | $a=b=c$ | $\alpha=\beta=\gamma=90°$ | Cu, NaCl |
| 四方 | $a=b\neq c$ | $\alpha=\beta=\gamma=90°$ | Sn, $SnO_2$ |
| 正交 | $a\neq b\neq c$ | $\alpha=\beta=\gamma=90°$ | $I_2$, $HgCl_2$ |
| 三方 | $a=b=c$ | $\alpha=\beta=\gamma\neq 90°$ | Bi, $Al_2O_3$ |
| 六方 | $a=b\neq c$ | $\alpha=\beta=90°, \gamma=120°$ | Mg, AgI |
| 单斜 | $a\neq b\neq c$ | $\alpha=\gamma=90°, \beta\neq 90°$ | S, $KClO_3$ |
| 三斜 | $a\neq b\neq c$ | $\alpha\neq\beta\neq\gamma\neq 90°$ | $CuSO_4\cdot 5H_2O$ |

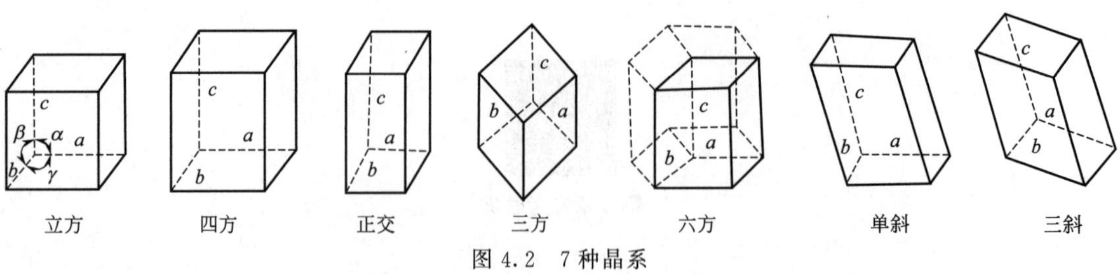


图 4.2　7 种晶系

# 4.2　晶体的基本类型

根据占据晶格结点上微粒的种类和微粒间相互作用力的不同，可将晶体分为离子晶体、原子晶体、分子晶体、金属晶体四种基本类型。

## 4.2.1　离子晶体

离子晶体与原子晶体

在晶格结点上交替排列着正离子和负离子，正、负离子之间以离子键结合而形成的晶体称为离子晶体。以氯化钠晶体为例，其晶格结点上 $Na^+$ 和 $Cl^-$ 交替相间排列。若将正、负离子近似地看成圆球，每个离子都尽可能多地吸引异号离子而紧密堆积成晶体，见图 4.3。由于离子键没有方向性、饱和性，因此在离子晶体中没有单个的离子化合物分子存在，整个晶体可视为一个巨大的分子。

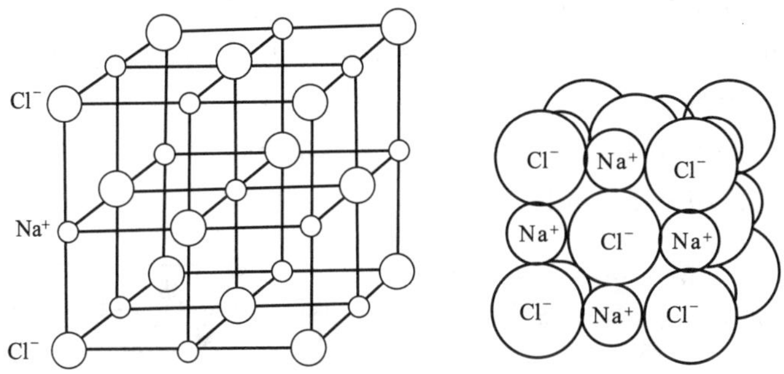


图 4.3　NaCl 晶体的晶格和紧密堆积

电负性差别较大的元素，易形成较典型的离子晶体，通常为活泼金属（如 Na、K、Ba、Mg、Ca 等）的含氧酸盐类和卤化物、氧化物。例如可作为耐火材料的氧化镁（MgO），可作为建筑材料的碳酸钙（$CaCO_3$）等。

由于离子键强度大，离子晶体多数有较高的熔点、沸点和较大的硬度。固态时离子只能在晶格结点附近做有规则的振动，不能自由移动，因而不能导电（固体电解质例外）。熔化或溶解后，离子能自由移动，因此离子晶体的熔融液或水溶液均能导电。多数离子晶体易溶于水等极性溶剂中，难溶于非极性溶剂。

离子晶体的很多物理和化学性质与离子键的强度有关，离子键的强度可用晶格能（$U$）的大小来衡量。在标准状态（100kPa，298.15K）下，将 1mol 的离子晶体解离成自由的气态正、负离子所吸收的能量称为离子晶体的晶格能，单位为 $kJ\cdot mol^{-1}$。例如：

$$NaCl(s) \longrightarrow Na^+(g) + Cl^-(g) \quad U = 770kJ\cdot mol^{-1}$$

晶格能的大小与正、负离子的电荷数成正比，与正、负离子间的距离成反比。相同类型的离子晶体比较，离子的电荷越高，正、负离子半径越小，其晶格能越大，正、负离子间的结合力越强，此离子晶体的离子键越牢固，晶体的熔点越高、硬度也越大，参见表 4.2。

表 4.2 晶格能与离子晶体的物理性质

| NaCl 型晶体 | NaF | NaCl | NaBr | NaI | MgO | CaO | SrO | BaO |
|---|---|---|---|---|---|---|---|---|
| 离子电荷 | 1 | 1 | 1 | 1 | 2 | 2 | 2 | 2 |
| 核间距($d=r_{+}+r_{-}$)/pm | 231 | 279 | 294 | 318 | 210 | 240 | 257 | 277 |
| 晶格能 $U/\mathrm{kJ \cdot mol^{-1}}$ | 933 | 770 | 732 | 686 | 3916 | 3477 | 3205 | 3042 |
| 熔点 $T$/K | 1261 | 1074 | 1013 | 935 | 3073 | 2843 | 2703 | 2196 |
| 硬度(金刚石=10) | 3.2 | 2.0 |  |  | 6.5 | 4.5 | 3.5 | 3.3 |

### 4.2.2 原子晶体

在原子晶体的晶格结点上排列着中性原子，原子间以牢固的共价键相连接，组成了一个原子数目极大的巨大分子。金刚石（C）、单晶硅（Si）、单晶锗（Ge）、砷化镓（GaAs）、石英（$SiO_2$）、金刚砂（SiC）等都是原子晶体。以金刚石为例，见图 4.4(a)。晶体中，每 1 个 C 原子通过 4 个 $sp^3$ 杂化轨道与邻近的另外 4 个 C 原子以 4 个共价键构成正四面体的基础结构，无数 C 原子互相连接成三维空间的骨架结构。金刚砂（SiC）的结构与金刚石类似，只是碳的骨架结构中有一半的结点为 Si 原子取代，形成 C、Si 原子交替排列的空间骨架。

石英晶体中，每个 Si 原子以 4 个 $sp^3$ 杂化轨道与 4 个 O 原子通过 $sp^3$-p 共价键结合起来，形成了以 Si 原子为中心的正四面体。许许多多的 Si—O 四面体通过氧原子联结而形成三维空间体型结构的巨型分子，见图 4.4(b)。

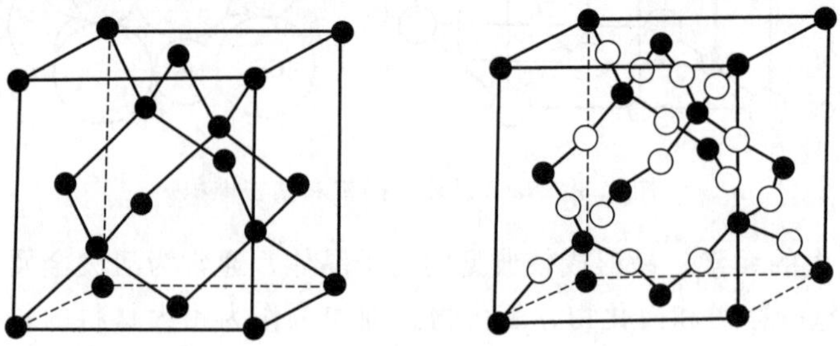

(a) 金刚石晶胞　　(b) 石英晶胞

图 4.4 金刚石（C）和石英（$SiO_2$）的晶胞

原子晶体中原子间不是紧密堆积的，由于共价键键能较大，原子晶体有很高的硬度和熔点，在工业上常被用作磨料、耐火材料等。例如金刚石是自然界中、硬度最大（莫氏硬度为 10）的固体物质，广泛用作金属表面加工用磨料、石油勘探的钻头等。原子晶体中没有离子，一般在固态和熔化时不导电，也是热的不良导体。但是某些原子晶体，如硅（Si）、锗（Ge）、镓（Ga）、砷（As）等具有半导体性质，可以有条件地导电。原子晶体难溶于任何溶剂，化学性质十分稳定。

### 4.2.3 分子晶体

分子晶体与金属晶体

在分子晶体的晶格结点上排列着极性分子或非极性分子，分子间以范德华力（分子间力）或氢键相结合。分子晶体中，存在着独立的分子，分子内是共价键，分子间是分子间力。图 4.5 所示为 $CO_2$ 分子晶体的晶胞。$CO_2$ 分子分别占据着立方体的 8 个顶点和 6 个面的中心位置，分子内部 C 和 O 原子间以共价键结合，晶体中的 $CO_2$ 分子间则是靠色散力结合起来。

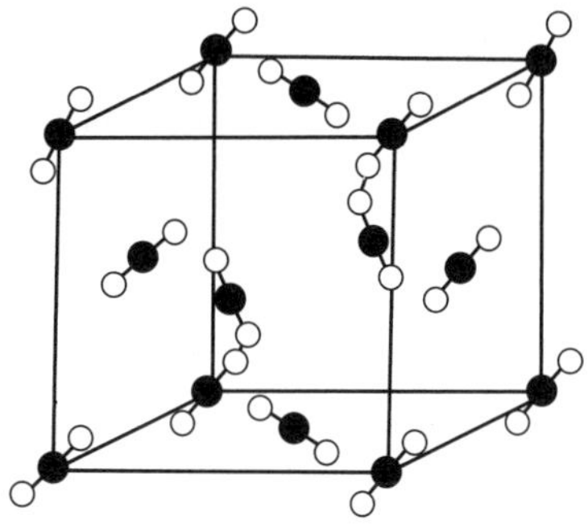

图 4.5　$CO_2$ 分子晶体的晶胞

属于分子晶体的物质，一般为非金属元素组成的共价化合物，如 $SiF_4$、$SiCl_4$、$SiBr_4$、$SiI_4$、$H_2O$、$CO_2$、$I_2$ 等。零族元素 He、Ne、Ar 等的晶体中，虽然占据晶格结点的是中性原子，但这些原子间并无化学键的结合，靠的是色散力结合，仍称为分子晶体。有机化合物晶体大多是分子晶体。

由于分子间力较弱，只要供给少量的能量，晶体就会被破坏，因此分子晶体的硬度较小，熔点较低（一般低于 400℃），具有较大的挥发性，常温下以气态或液态存在。即使常温下呈固态的分子晶体，如碘片、萘等，蒸气压高，挥发性大，具有升华性。因为占据晶格结点的是电中性分子，所以分子晶体在固态和熔融时都不导电，是电的绝缘体。如六氟化硫（$SF_6$）是优质气体绝缘材料，主要用于变压器及高电压装置中。但有些极性较强的分子形成的分子晶体，如冰醋酸（$CH_3COOH$），溶于水后，形成了水合离子，故能导电。

### 4.2.4　金属晶体

金属都具有金属晶体的结构。在金属晶体的晶格结点上排列着中性原子或金属正离子，在晶格结点的间隙处有许多从金属原子上脱落下来的自由电子。整个晶体中的原子或金属离子靠共用这些自由电子结合起来，这种结合力即为金属键。由于金属键没有方向性和饱和性，因此金属晶体中金属原子倾向于采取紧密堆积的方式，使每个原子拥有尽可能多的相邻原子（通常是 8 个或 12 个原子），从而形成稳定的金属结构，具有较大的密度。图 4.6 给出了金属晶体密堆积结构的三种基本构型。

金属晶体具有金属光泽，有良好的导电、导热性以及良好的延展性等机械加工性能。

金属晶体中，自由电子的存在和晶体的紧密堆积结构能很好地说明金属的通性。

金属中的自由电子可以吸收可见光，使金属晶体不透明，当被激发的电子跳回低轨道时又可发射出各种不同波长的光，因而具有金属光泽。

在外加电场的影响下，自由电子沿着外加电场定向流动而形成电流，使得金属具有导电性。电子在金属中运动，会不断地与原子或离子碰撞而交换能量，当金属的某一部分受热时，原子或离子的振动得到加强，并通过自由电子的运动把热能传递给邻近的原子或离子，很快使金属整体的温度均一化，故金属具有良好的导热性。

由于金属中的电子是离域的，一个地方的金属键被破坏，在另一个地方又可以生成新的金属键，因此机械加工根本不会完全破坏金属结构，而只能改变金属的外形；同时，金属的紧密堆积结构，允许在外力作用下使一层原子相对于相邻的一层原子滑动而不破坏金属键，这就是金属显示良好的延展性等机械性能的原因。

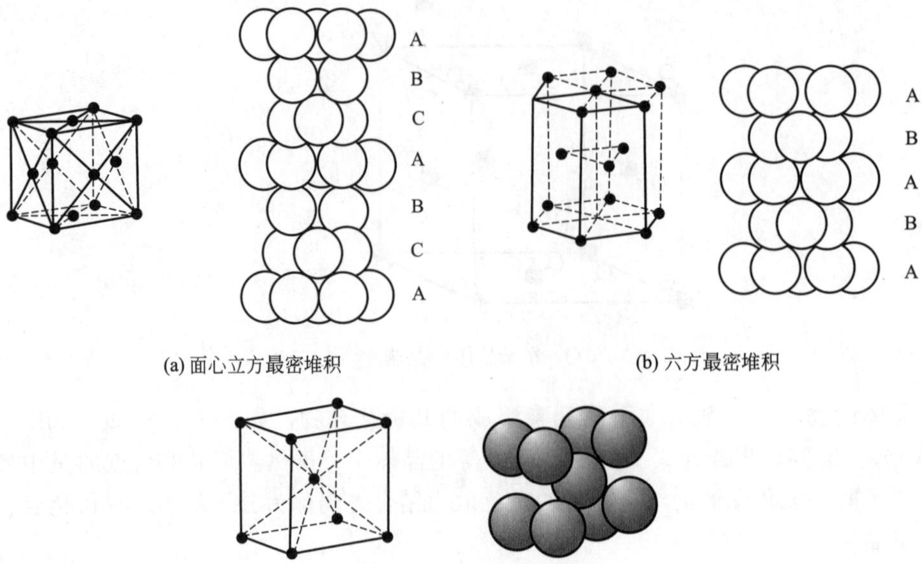


(a) 面心立方最密堆积 (b) 六方最密堆积

(c) 体心立方密堆积

图 4.6 金属晶体的密堆积结构

晶体的基本类型小结

以上四种类型晶体的结构和特性关系总结见表 4.3。

**表 4.3 各类晶体的结构和特性**

| 晶格类型 | 组成晶胞的质点 | 结合力 | 晶体的特性 | 实例 |
| --- | --- | --- | --- | --- |
| 离子晶体 | 正离子<br>负离子 | 离子键 | 熔、沸点很高，硬而脆，大多溶于极性溶剂中，熔融状态和水溶液能导电 | NaCl，CsCl，ZnS |
| 原子晶体 | 原子 | 共价键 | 硬度大，熔、沸点很高，大多数溶剂中不溶，导电性差 | 金刚石，SiC |
| 分子晶体 | 极性分子 | 分子间力（或氢键） | 熔、沸点低，能溶于极性溶剂中，溶于水时能导电 | HCl，HF，$NH_3$，$H_2O$ |
| | 非极性分子 | 分子间力 | 熔、沸点低，能溶于非极性或极性弱的溶剂中，易升华 | $H_2$，$Cl_2$ |
| 金属晶体 | 金属原子<br>金属离子<br>自由电子 | 金属键 | 有金属光泽，电和热的良导体，有延展性，熔、沸点较高 | Na，W，Ag，Au |

## 4.2.5 混合键型晶体

常见的晶体除上述四种基本类型外，还有若干混合键型的晶体。在这些晶体中，微粒间存在着多种结合力。

（1）链状结构晶体

自然界存在的硅酸盐晶体，其基本结构单元是由 1 个硅原子和 4 个氧原子组成的硅氧四面体。根据连接方式的不同，有链状、层状，还有骨架状（三维网络）等多种结构的硅酸盐。图 4.7 为硅酸盐链状结构示意图。如果每个硅氧四面体［$SiO_4$］共用两个氧原子，在一维方向延伸出去，就形成单链结构的硅酸盐负离子 $(SiO_3)_n^{2n-}$；若链与链间再通过共用氧原子联系起来，可得双链结构的硅酸盐负离子 $(Si_4O_{11})_n^{6n-}$。链与链间充填着金属正离子

$Ca^{2+}$、$Mg^{2+}$、$Na^{+}$等。可见在硅酸盐晶体内，链内硅、氧原子间靠共价键结合起来，链间的金属正离子以离子键的静电引力与硅酸盐负离子相结合。在硅酸盐晶体内同时存在着共价键与离子键两种化学键。由于链状负离子与金属正离子距离较远，以致链间的结合力比链内共价键原子间结合力弱得多。如果沿平行于链的方向用力，链状晶体很容易被撕裂成柱状或纤维状。

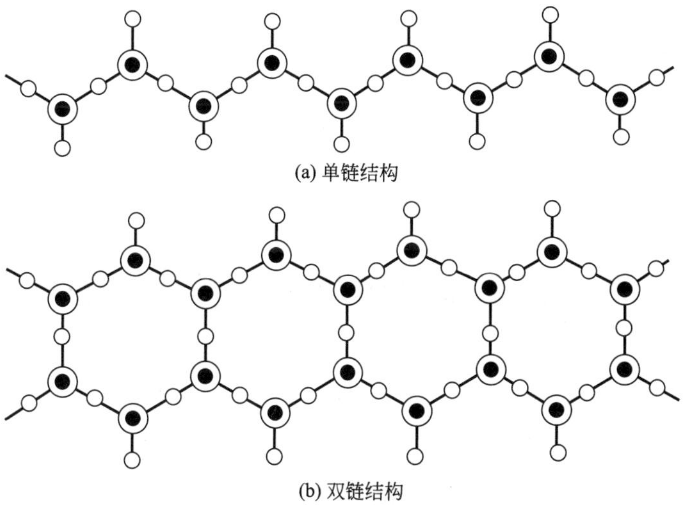


图 4.7　$[SiO_4]$ 四面体构成的链状结构

石棉是含有 $Ca^{2+}$、$Mg^{2+}$ 的硅酸盐，用氧化物的形式可表示为 $CaO \cdot 3MgO \cdot 4SiO_2$。它是典型的链状晶体，其长链是由 Si－O 共价键连接的双链结构。石棉可用作保温、绝缘材料。

（2）层状结构晶体

石墨是典型的层状结构晶体，见图 4.8。在石墨层状晶体中，每个碳原子以 $sp^2$ 杂化形成 3 个 $sp^2$ 杂化轨道，分别与相邻的 3 个碳原子形成 3 个 $sp^2$-$sp^2$ 重叠的 σ 键，键角为 120°，构成

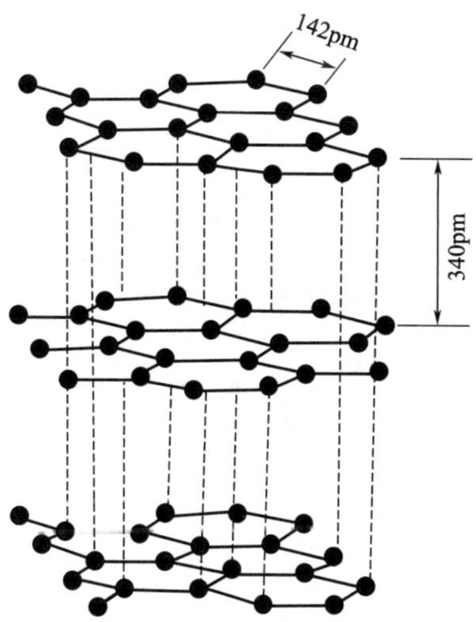


图 4.8　石墨晶体的层状结构

无限扩展的蜂巢状正六边形平面层状结构。层内C原子间距离为142pm。每个C原子还有1个垂直于杂化轨道平面的2p轨道，其中各有1个2p电子。这些相互平行的p轨道可以互相重叠形成遍及整个平面的离域大π键，大π键中的π电子可以在整个C原子平面层上运动，具有类似金属键的性质。所以石墨是良好的导电、导热材料，可作电极或热交换设备。

石墨晶体的层与层间C原子距离较长，为340pm。层与层间的作用力为相对较弱的分子间力。层与层间易于断开而滑动，所以它具有润滑性，工业上用作固体润滑剂。在石墨晶体中既有共价键又有具金属键性质的离域大π键，层间则有分子间作用力，所以它是典型的混合键型晶体。

氮化硼（BN）为类似石墨晶体结构的白色粉末，俗称“白色石墨”。在BN晶体中B、N原子相间排列，组成相连的六边形拼接平面。密度小而质地软，熔点达2983℃，是很好的高温固体润滑剂。

# 4.3 单质的晶体结构及其物理性质的周期性

## 4.3.1 单质的晶体结构

表4.4中列出了周期系中元素单质的晶体类型。同一周期从左到右，元素单质由典型的金属晶体经原子晶体或层状、链状过渡型晶体逐渐变化到分子晶体。s区及长周期中部的d区、ds区元素单质都是金属晶体。p区元素单质的晶体结构在周期表中同一主族从上到下常由分子晶体或原子晶体经层状或链状过渡型晶体向金属晶体转变。p区梯形对角线附近就是这种转变的过渡区，出现了层状或链状的晶体结构。

在过渡区中常出现同一种元素的原子结合成不同类型晶体的同素异晶现象，如C、P、S、As、Se、Sn、Sb等。

碳的同素异晶体除了金刚石和石墨外，1985年发现了以$C_{60}$为代表的第三种结晶形态。$C_{60}$是由60个碳原子经12个正五边形和20个正六边形构成的32面体原子簇，如图4.9所示，其中五边形彼此不相连，只与六边形相邻。每个碳原子以$sp^2$杂化轨道和相邻的3个碳原子成键，剩余的p轨道在$C_{60}$分子的外表面和内腔形成球面大π键。

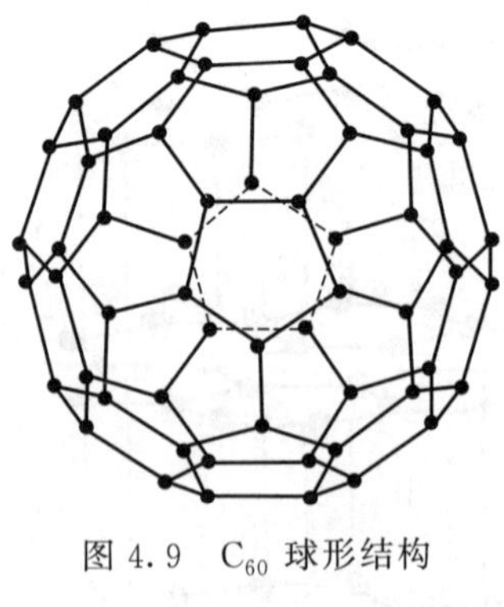

图4.9 $C_{60}$球形结构

$C_{60}$靠范德华力形成分子晶体，属面心立方结构，$C_{60}$分子间距为260pm，小于石墨的层间距，密度为$1.7g \cdot cm^{-3}$。$C_{60}$分子球的直径为0.7nm，内腔可以容纳直径为0.5nm的原子。利用化学和物理的方法可在笼内“植入”其他原子，也可在笼外“嫁接”别的原子或原子团，形成各种衍生物。如将钾植入笼中可得到超导体；将锂植入笼中可制得高能锂电池。

**表 4.4　周期系中元素单质的晶体类型**

| ⅠA | ⅡA | | ⅢA | ⅣA | ⅤA | ⅥA | ⅦA | 0 |
|---|---|---|---|---|---|---|---|---|
| | | | | | | | ($H_2$)<br>分子晶体 | He<br>分子晶体 |
| Li<br>金属晶体 | Be<br>金属晶体 | | B<br>近于原子晶体 | C<br>金刚石<br>原子晶体<br>石墨<br>层状晶体 | $N_2$<br>分子晶体 | $O_2$<br>分子晶体 | $F_2$<br>分子晶体 | Ne<br>分子晶体 |
| Na<br>金属晶体 | Mg<br>金属晶体 | ⅢB-ⅡB | Al<br>金属晶体 | Si<br>原子晶体 | P<br>白磷<br>分子晶体<br>黑磷<br>层状晶体 | S<br>菱形、针形硫<br>分子晶体<br>弹性硫<br>层状晶体 | $Cl_2$<br>分子晶体 | Ar<br>分子晶体 |
| K<br>金属晶体 | Ca<br>金属晶体 | 过渡元素 | Ga<br>金属晶体 | Ge<br>原子晶体 | As<br>黄砷<br>分子晶体<br>灰砷<br>层状晶体 | Se<br>红硒<br>分子晶体<br>灰硒<br>层状晶体 | $Br_2$<br>分子晶体 | Kr<br>分子晶体 |
| Rb<br>金属晶体 | Sr<br>金属晶体 | | In<br>金属晶体 | Sn<br>灰锡<br>原子晶体<br>白锡<br>金属晶体 | Sb<br>黑锑<br>分子晶体<br>灰锑<br>层状晶体 | Te<br>灰碲<br>层状晶体 | $I_2$<br>分子晶体<br>（具金属性） | Xe<br>分子晶体 |
| Cs<br>金属晶体 | Ba<br>金属晶体 | 金属晶体 | Tl<br>金属晶体 | Pb<br>金属晶体 | Bi<br>层状晶体<br>（近于金属晶体） | Po<br>金属晶体 | At | Rn<br>分子晶体 |

$C_{60}$ 球形结构原子簇的发现，开辟了碳化学研究的新领域，具有重大的理论意义和巨大的应用潜力。

### 4.3.2　单质的物理性质

（1）密度

图 4.10 列出了若干单质的密度数据，也形象地表示出在周期系中密度的变化规律。金属元素单质密度一般较大，这是因为它们的晶体结构是金属晶体，原子间以紧密堆积的方式聚集起来，排列比较紧密。从左到右，元素单质的密度按由小到大再变小的规律递变。s 区元素虽是金属，但原子半径较大、原子量较小，因而密度小。锂的密度仅为水的一半，是密度最小的金属。Mg、Al 的密度分别是 $1.74g\cdot cm^{-3}$ 和 $2.70g\cdot cm^{-3}$，也较小。通常把密度在 $5g\cdot cm^{-3}$ 以下的金属称为轻金属。镁、铝可用于制作轻合金。密度大于 $5g\cdot cm^{-3}$ 的金属称为重金属。锇的密度最大，为 $22.48g\cdot cm^{-3}$，约 3 倍于铁。p 区的非金

属元素单质固态是分子晶体，分子间力很小，结合松弛，密度较小。

| | ⅠA | ⅡA | ⅢB | ⅣB | ⅤB | ⅥB | ⅦB | Ⅷ | | | ⅠB | ⅡB | ⅢA | ⅣA | ⅤA | ⅥA | ⅦA | 0 |
|---|---|---|---|---|---|---|---|---|---|---|---|---|---|---|---|---|---|---|
| 1 | $H_2$<br>0.071 | | | | | | | | | | | | | | | | $H_2$<br>0.071 | He<br>0.126 |
| 2 | Li<br>0.53 | Be<br>1.8 | | | | | | | | | | | B<br>2.5 | C<br>2.26 | $N_2$<br>0.81 | $O_2$<br>1.14 | $F_2$<br>1.11 | Ne<br>1.204 |
| 3 | Na<br>0.97 | Mg<br>1.74 | | | | | | | | | | | Al<br>2.70 | Si<br>2.4 | P<br>1.82 | S<br>2.07 | $Cl_2$<br>1.557 | Ar<br>1.402 |
| 4 | K<br>0.86 | Ca<br>1.55 | Sc<br>(2.5) | Ti<br>4.5 | V<br>5.96 | Cr<br>7.1 | Mn<br>7.2 | Fe<br>7.86 | Co<br>8.9 | Ni<br>8.90 | Cu<br>8.92 | Zn<br>7.14 | Ga<br>5.91 | Ge<br>5.36 | As<br>5.7 | Se<br>4.7 | $Br_2$<br>3.119 | Kr<br>2.6 |
| 5 | Rb<br>1.53 | Sr<br>2.6 | Y<br>5.51 | Zr<br>6.4 | Nb<br>8.4 | Mo<br>10.2 | Tc<br>11.5 | Ru<br>12.2 | Rh<br>12.5 | Pd<br>12 | Ag<br>10.5 | Cd<br>8.6 | In<br>7.3 | Sn<br>6 | Sb<br>6.0 | Te<br>6.1 | $I_2$<br>4.93 | Xe<br>3.06 |
| 6 | Cs<br>1.90 | Ba<br>3.5 | La<br>6.15 | Hf<br>13.1 | Ta<br>16.6 | W<br>19.3 | Re<br>21.4 | Os<br>22.48 | Ir<br>22.4 | Pt<br>21.45 | Au<br>19.3 | Hg<br>13.65 | Tl<br>11.85 | Pb<br>11.34 | Bi<br>9.8 | Po | At | Rn<br>4.4 |

图 4.10 单质的密度（$10^{-3}\rho/kg\cdot cm^{-3}$）

（2）熔点和硬度

单质的熔点和硬度在周期系中总的变化趋势是从左到右按低→高→低的规律递变，这与它们的晶体结构密切相关，参见图 4.11 和图 4.12。

| | ⅠA | ⅡA | ⅢB | ⅣB | ⅤB | ⅥB | ⅦB | Ⅷ | | | ⅠB | ⅡB | ⅢA | ⅣA | ⅤA | ⅥA | ⅦA | 0 |
|---|---|---|---|---|---|---|---|---|---|---|---|---|---|---|---|---|---|---|
| 1 | $H_2$<br>−259.14 | | | | | | | | | | | | | | | | $H_2$<br>−259.14 | He<br>−272.2 |
| 2 | Li<br>180.54 | Be<br>1278 | | | | | | | | | | | B<br>2079 | C<br>3550 | $N_2$<br>−209.86 | $O_2$<br>−218.1 | $F_2$<br>−219.6 | Ne<br>−218.6 |
| 3 | Na<br>97.81 | Mg<br>648.8 | | | | | | | | | | | Al<br>660.37 | Si<br>1410 | P(白)<br>44.1 | S(菱)<br>112.8 | $Cl_2$<br>−100.9 | Ar<br>−189.2 |
| 4 | K<br>63.65 | Ca<br>839 | Sc<br>1541 | Ti<br>1600 | V<br>1890 | Cr<br>1857 | Mn<br>1244 | Fe<br>1535 | Co<br>1495 | Ni<br>1453 | Cu<br>1083.4 | Zn<br>419.58 | Ga<br>29.78 | Ge<br>937.4 | As(灰)<br>817① | Se(灰)<br>217 | $Br_2$<br>−7.2 | Kr<br>−156.6 |
| 5 | Rb<br>38.89 | Sr<br>769 | Y<br>1522 | Zr<br>1852 | Nb<br>2468 | Mo<br>2617 | Tc<br>2172 | Ru<br>2310 | Rh<br>1966 | Pd<br>1552 | Ag<br>961.93 | Cd<br>320.9 | In<br>156.61 | Sn<br>231.968 | Sb<br>630.74 | Te<br>449.5 | $I_2$<br>113.5 | Xe<br>−111.9 |
| 6 | Cs<br>28.40 | Ba<br>725 | La<br>921 | Hf<br>2227 | Ta<br>2996 | W<br>3410 | Re<br>3180 | Os<br>3045 | Ir<br>2410 | Pt<br>1772 | Au<br>1064.43 | Hg<br>−38.84 | Tl<br>303.5 | Pb<br>327.502 | Bi<br>271.3 | Po<br>254 | At<br>302 | Rn<br>−71 |

注：① 系在加压下。

图 4.11 单质的熔点（$t$/℃）

| | ⅠA | ⅡA | ⅢB | ⅣB | ⅤB | ⅥB | ⅦB | Ⅷ | | | ⅠB | ⅡB | ⅢA | ⅣA | ⅤA | ⅥA | ⅦA | 0 |
|---|---|---|---|---|---|---|---|---|---|---|---|---|---|---|---|---|---|---|
| 1 | H(s) | | | | | | | | | | | | | | | | $H_2$ | He |
| 2 | Li 0.6 | Be 4 | | | | | | | | | | | B 9.5 | C 10.0 | $N_2$ | $O_2$ | $F_2$ | Ne |
| 3 | Na 0.4 | Mg 2.0 | | | | | | | | | | | Al 2～2.9 | Si 7.0 | P −0.5 | S 1.5～2.5 | $Cl_2$ | Ar |
| 4 | K 0.5 | Ca 1.5 | Sc | Ti 4 | V | Cr 9.0 | Mn 5.0 | Fe 4—5 | Co 5.5 | Ni 4 | Cu 2.5—3 | Zn 2.5 | Ga 1.5 | Ge 6.5 | As 3.5 | Se 2.0 | $Br_2$ | Kt |
| 5 | Rb 0.3 | Sr 1.8 | Y | Zr 4.5 | Nb | Mo 6 | Te | Ru 6.5 | Rh | Pd 4.8 | Ag 2.5～4 | Cd 2.0 | In 1.2 | Sn 1.5～1.8 | Sb 3.0～3.3 | Te 2.3 | $I_2$ | Xe |
| 6 | Cs 0.2 | Ba | La | Hf | Ta 7 | W 7 | Re | Os 7.0 | Iz 6～6.5 | Pt 4.3 | Au 2.5～3 | Hg | Tl 1 | Pb 1.5 | Bi 2.5 | Po | At | Rn |

图 4.12　单质的硬度（金刚石＝10）

第二、三周期元素，从左到右，单质的晶型由金属晶体过渡到原子晶体，再转变为分子晶体。Ⅳ A 族的金刚石和硅的原子半径小，原子间以共价键结合成牢固的原子晶体，破坏晶格需要较高的能量、较大的外力，所以它们的熔点高、硬度大。金刚石的熔点达 3550℃，硬度为 10(莫氏硬度)，是所有单质中最高的。

第四、五、六周期元素，从左到右，单质的晶型由金属晶体过渡到层状或链状晶体，最后转变为分子晶体。s 区碱金属单质在同一周期中原子半径最大，晶体中粒子间结合力弱，故熔点、硬度都较低。d 区金属元素的单质熔点、硬度都较高，尤其是Ⅳ B～Ⅶ B 副族的单质大部分都是高熔点、高硬度的金属。金属中熔点最高的是钨（3410℃），硬度最大的是铬(9.0)。通常把熔点高于铬（1857℃）的金属称为耐高温金属或高熔点金属。这些 d 区元素单质都是金属晶体，占据晶格结点的原子有效核电荷数较大，原子半径较小，而且在这些金属晶体中除最外层 s 电子外，次外层的 d 电子也可能参与成键，尤其是Ⅴ B～Ⅶ B 副族，它们次外层未成对的 d 电子多，由于这些未成对的 d 电子参与成键，增强了金属键的强度，因此熔点高、硬度大。Ⅷ族以后，未成对电子逐渐减少，故其熔点、硬度也逐渐降低。d 区中部的 V、Cr、Mn、W 等是重要的合金元素。

ds 区和 p 区的金属单质由于原子半径较大，次外层的 d 电子填满后已不能参与成键，故熔点低、硬度小。熔点最低的汞可作液态导体。铋、锡、铅称为低熔金属，是制造低熔合金的主要材料。铋的某些合金熔点在 100℃以下。这类合金用于自动灭火设备、锅炉安全装置、信号仪表、电路中的保险丝、焊锡等。

（3）导电性

图 4.13 列出了单质的电导率数据。金属元素的单质具有金属晶体结构，都是导体。以分子晶体形成的非金属单质是绝缘体；在 p 区对角线附近的元素单质多数具有半导体性质。层状晶体结构的石墨具有良好的导电性。导电性最好的是银、铜、金，其次是铝。

s 区金属的导电性较好。钾、铷、铯原子最外层只有 1 个 s 电子，原子半径大，电离能

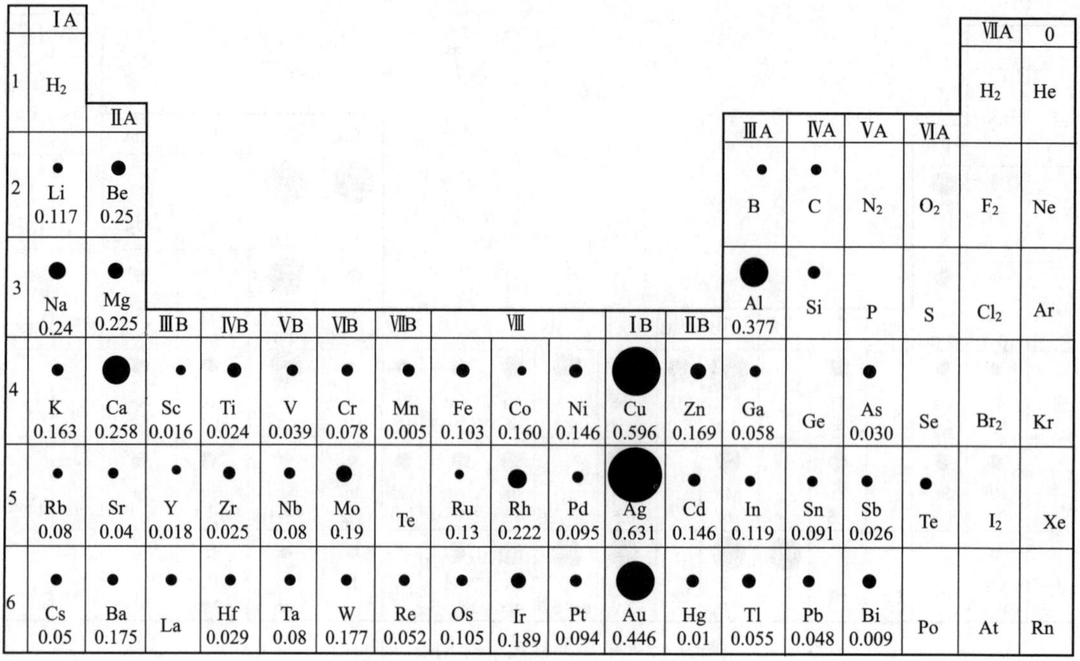


图 4.13 单质的电导率（$10^8\sigma/S\cdot m^{-1}$）

小，当受光照射时，电子就能从表面逸出，具有显著的光电效应，是制作光电管的材料。

p 区对角线附近的硅、锗是用得最广的半导体材料。它们的电离能、电负性都在金属与非金属之间，亦称准金属。在晶体中加入少量ⅤA 族的 P、As、Bi 或ⅢA 族的 Al、B、Ga，可以改变、控制半导体的性能，制造二极管、三极管、可控硅元件。

## 4.4 晶体的缺陷

纯净的完整晶体是一种理想状态，实际晶体总是存在着缺陷。晶体的缺陷有空位（晶格结点上缺少原子）、位错（点阵排列出现偏离）、杂质（掺杂其他原子）等。在非晶格结点的位置出现粒子，也属缺陷。

晶体的缺陷按几何形式可分为：点缺陷（杂质原子置换、空位、间隙原子）；线缺陷（位错）；面缺陷（层错、晶粒边界）；体缺陷（包裹杂质、空洞）等。

若按缺陷的形成和结构可分为：本征缺陷——由于实际晶体粒子的排列偏离理想点阵结构而形成的缺陷，并无外来杂质原子的掺入；杂质缺陷——由于杂质原子进入基质晶体而形成的缺陷。

晶体缺陷必然带来晶体性质的变化。有时会在光、电、磁、声、热学上出现新的特性，这给新材料的开发提供了可能。

## 4.5 非化学计量化合物

晶体尽管普遍存在着缺陷，但它们多数仍然具有固定的组成，其中各元素原子数均呈简单整数比，即它们是化学计量化合物。但近代晶体结构理论和实验研究结果都表明，有相当一部分晶体化合物中各元素原子数不是简单的整数比，即非化学计量化合物，又称非整比化合物。

非化学计量化合物的形成是由于晶体中某些元素呈现多余或不足，因此总是伴有晶体缺陷。

非化学计量化合物的形成一般有下列三种情况。

① 金属具有多种氧化值。非化学计量化合物很多是过渡金属氧化物，过渡金属常有多种氧化值，可形成组成元素不成整数比的化合物。这是由于晶格结点上低氧化值的阳离子被高氧化值的阳离子所代替，为了保持化合物的电中性，而造成阳离子空位。如 FeS 中部分 $Fe^{2+}$ 被 $Fe^{3+}$ 所代替，Fe 与 S 原子数之比不再是 1∶1，而是 Fe 原子数小于 1，即化学式应为 $Fe_{1-x}S$。可以看出，为了保持化合物的电中性，3 个 $Fe^{2+}$ 只需两个 $Fe^{3+}$ 代替即可，因而有了 1 个阳离子（$Fe^{2+}$）的空位，由此造成了晶体缺陷，如图 4.14 所示。

② 阴离子缺少，产生的空位由电子代替。有些金属没有两种或多种氧化值，也可形成非化学计量化合物。如普通氧化锌 ZnO 晶体放在锌蒸气中加热产生非整比氧化锌 $ZnO_{1-x}$，氯化钠 NaCl 与钠蒸气作用生成非整比氯化钠 $NaCl_{1-x}$。这种情况是由于钠（锌）原子进入 NaCl(ZnO) 晶格结点后，可释放出电子，钠（锌）离子变多，晶格中产生了负离子的空穴，这些负离子空穴由钠（锌）原子释放出的电子占据，如图 4.15 所示。由于空穴中的电子只受附近正离子的吸引，所处的能量状态较高，容易受到激发，其激发能一般在可见光的范围内，这些空穴常成为发色中心，因此电子代替负离子所形成的非整比化合物通常具有颜色，如 $NaCl_{1-x}$ 为蓝色固体，$ZnO_{1-x}$ 为黄色固体；这类化合物由于空穴上电子的移动而具有导电性（电子导电）。

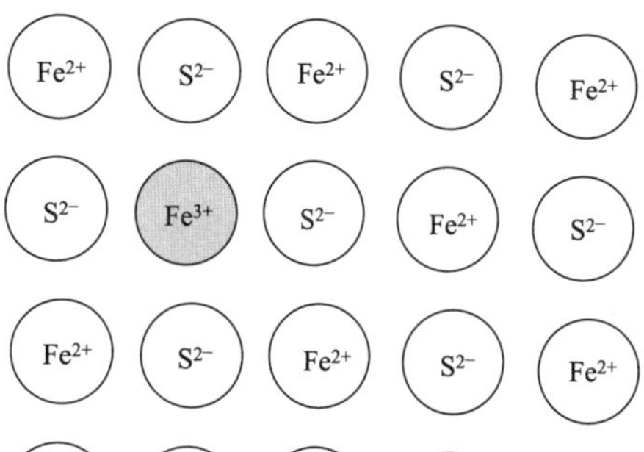


图 4.14　FeS 中的缺陷

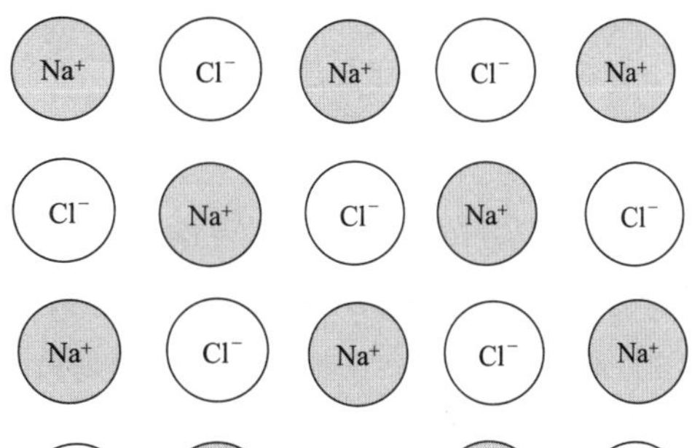


图 4.15　NaCl 中的缺陷

③ 杂质取代。某些杂质离子引入后，为了保持固体的电中性，原来离子的氧化值发生改变，结果也产生非化学计量化合物。例如，在 NiO 中掺入少量 $Li_2O$，$Li^+$ 进入后，占据了 $Ni^{2+}$ 的位置。为了保持电中性，则必须有部分 $Ni^{2+}$ 转变为 $Ni^{3+}$。每引入一个 $Li^+$，将产生一个 $Ni^{3+}$，而 $Ni^{2+}$ 将少去两个，如图 4.16 所示，其组成可用 $Li_x^+Ni_{1-2x}^{2+}Ni_x^{3+}$ 来表示。因为 $Ni^{3+}$ 位置不固定，它与邻近的 $Ni^{2+}$ 进行电子交换，所以 NiO 是绝缘体，而非整比的化合物有半导体的性质。

非化学计量化合物与相同组成元素的化学计量化合物在组成上虽有偏差，但一般不影响化学性质，也能保持其基本结构，但在导电性、磁性、光学性质、催化性能等方面

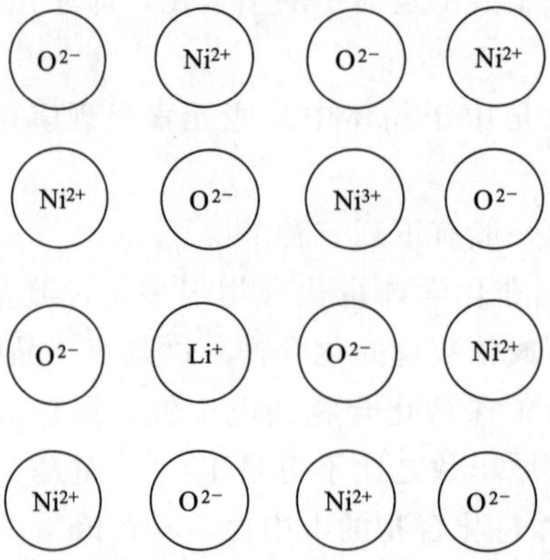


图 4.16　含 $Li_2O$ 的 NiO 的离子排列

有差别。这些特殊的性质可以满足人们的各种需求，因此，利用晶体缺陷制作的各种材料，如颜料、导电及超导材料、磁性材料、半导体材料及化学反应的催化剂等，越来越受到重视。

## 复习题

1. 简述晶体的基本特征。

2. 什么叫晶格？四种基本类型的晶体中，晶格结点上存在什么微粒？粒子之间存在什么作用力？对物质性质有何影响？

3. 什么是晶格能？影响晶格能的因素有哪些？晶格能与物质的物理性质有何关系？

4. 简述原子晶体的结构特点，并列举两种代表物。

5. 分析金属晶体为什么会有金属光泽。

6. 为什么分子晶体的熔点相对较低？

## 习　题

1. 下列说法是否准确？简述理由。

(1) 离子晶体中正、负离子的堆积方式取决于离子键的方向性。

(2) 离子键的强弱决定了晶格能的大小。

(3) 由于共价键十分牢固，因而共价化合物的熔点均较高。

(4) 金属材料具有优良的延展性与自由电子有关。

(5) 分子晶体的物理性质取决于分子中共价键的强度。

2. 由常温下 $Mn_2O_7$ 是液体的事实，估计 $Mn_2O_7$ 中 Mn 与 O 之间的化学键是哪种类型。

3. 实验测得某些离子型二元化合物的熔点：

| 化合物： | NaF | NaCl | NaBr | NaI | KCl | RbCl | CsCl | CaO | BaO |
|---|---|---|---|---|---|---|---|---|---|
| 熔点/℃： | 992 | 801 | 747 | 662 | 768 | 717 | 638 | 2570 | 1920 |

试从晶格能的变化来讨论化合物的熔点随离子半径、离子电荷等变化的规律。

4. 分析下列几种固体物质晶格中，由独立分子占据晶格结点的是哪个（哪些），并简要说明原因。

①石墨　②干冰　③SiC　④NaCl　⑤$SiF_4$

5. 下列四种离子晶体中熔点最高的是哪一个？简要解释原因。

①$CaF_2$　②$BaCl_2$　③NaCl　④MgO

6. 指出下列物质晶态时的晶体类型。

①$O_2$　②SiC　③KCl　④Ti

7. 根据有关性质的提示，估计下列几种物质固态时的晶体类型。

① 固态物质熔点高，不溶于水，是热、电的良导体；

② 固态时熔点 1000℃以上，易溶于水中；

③ 常温为固态，不溶于水，易溶于苯；

④ 2300℃以上熔化，固态和熔体均不导电。

8. 熔融固态的下列物质时，需克服什么力？（对于分子间力需要指出具体类型）

①$CCl_4$　②MgO　③$SiO_2$　④$H_2O$

9. 以列表的方式比较 K、Cr、C、Cl 四种元素的外层电子构型、在周期表中的分区、单质的晶体类型、熔点、硬度。

10. 由相关资料查出：(1) 密度最小的；(2) 熔点最低的；(3) 熔点最高的；(4) 硬度最大的；(5) 导电性最好的金属的元素符号及其相应数据。

11. 碳与硅是同族元素，为什么干冰（$CO_2$）和石英（$SiO_2$）的物理性质却相差很远？

12. 分析石墨的晶体结构，利用石墨作润滑剂与它的晶体中哪一部分结构有关？金刚石为什么没有这种性能。

第 4 章参考答案

# 第二篇　化学反应的基本规律

化学是研究物质组成、结构、性质以及变化规律的科学。在研究化学反应的过程中，必然会涉及如下问题。

① 物质和物质之间能否发生反应？简单说，A 和 B 能否反应生成 C 和 D？石墨能否变成金刚石？

在给定的条件下预知反应的可能性非常重要。若不能发生，就不必花费精力去研究它，当然可以改变反应条件，看在新的条件下反应能否发生，因此它有益于我们充分利用资源去合成一些新的有用物质。

② 如果反应能发生，它将进行到什么程度？反应物转变成生成物的最大限度是多少？这涉及“化学平衡”的问题。

③ 反应过程中的能量变化关系如何？是否伴随热效应？是放热还是吸热？这关系到如何开发和合理利用能源的问题。

④ 反应进行的速率如何？反应过程中（A＋B）是怎样变成（C＋D）的？反应的中间历程怎样？若反应本质上可以发生，但是速率很慢，怎样寻找合适的催化剂以提高其反应速率？

⑤ 进一步了解物质的结构和性能之间的关系，深入探讨化学反应的本质。

前三个问题属于化学反应热力学的范畴，第四个问题属于化学反应动力学的范畴，而最后一个问题则是物质结构的范畴。它们是近代化学的三大基本理论基础。

本篇中主要涉及前四个问题，即化学反应热力学和化学反应动力学，并且阐述它们的应用。本篇主要包括化学热力学、化学反应动力学、化学平衡以及氧化还原反应和电化学四大部分，力求运用工程技术的观点来探讨、阐述最基本、最通用的高等教育层次的化学反应基本规律。

# 第 5 章　化学热力学

热力学是研究能量相互转换过程中应遵循规律的科学。它研究在各种物理变化和化学变化中所发生的能量效应；研究在一定条件下某种过程是否自发进行，如果能自发进行，则进行到什么程度为止，这就是变化的方向和限度问题。热力学是解决实际问题的一种非常有效的方法。

什么是化学热力学

热力学第一定律和热力学第二定律是热力学的主要理论基础，是人类经验的总结，有牢固的实验基础，其结果是绝对可靠的。把热力学的基本原理用于研究化学现象就产生了化学热力学。

化学热力学的主要内容：利用热力学第一定律计算过程变化前后系统与环境间能量交换的情况；利用热力学第二定律解决各种物理、化学过程变化的方向和限度问题；热力学第三定律是一个关于低温现象的规律，主要阐明规定熵的数值。

化学热力学的研究对象是大量质点的结合体，它采用宏观的方法，只考虑物质的宏观性质，不考虑分子的个体行为，不涉及物质的微观结构，不考虑变化过程中的细节，不研究反应机理，只考虑从起始状态到终止状态发生变化的净结果。这些都是热力学的优点，但同时也带来了它的局限性。首先，它不管物质的微观结构，所以它虽能指出在一定条件下，变化能否发生，能进行到什么程度，但它不能解释变化发生的原因。其次，因其不管过程的细节，故只能处理平衡态而不问这种平衡态是如何达到的。它没有时间因素，不能解决过程的速率问题。化学反应的速率问题要由化学动力学来解决。尽管热力学有这样的局限性，但因其方法严谨、结论可靠，是一种非常有用的基础理论。

本章主要介绍热力学的一些基本概念、热力学第一定律、热力学第二定律、热力学第三定律及运用这三个基本定律研究化学反应中能量变化与化学反应进行的方向问题。

## 5.1　基本概念

### 5.1.1　系统与环境

自然科学所研究的对象是千变万化、丰富多彩的自然界，其中各种事物、各个部分是始终不断相互影响并相互联系的。但为研究问题的方便，把一部分物体和周围其他物体划分开来作为研究对象，这部分被划分出来的物体就称为系统（过去称体系），与系统密切相关的部分称为环境。

热力学基本概念

系统与环境的划分是人为的。因此，在不同的研究中系统与环境的范围是可以变化的。例如把溶有某种物质的水溶液放在烧杯中，研究它的化学反应，则水溶液就是系统，烧杯以外的部分就是环境。

系统与环境之间一定有一个界限，这个界限可以是实际的也可以是想象的。系统与环境间往往要进行物质和能量的交换而发生联系。按交换情况的不同，系统可分为三种类型。

敞开系统是指系统与环境之间既有物质的交换，又有能量的传递；封闭系统是指系统与环境之间只有能量的传递，没有物质的交换；孤立系统是指系统与环境之间既无物质的交换又无能量的传递。

例如，将盛有一定量热水的容器选作系统，则容器以外的空气等其他相关部分就是环境。如果容器是敞口的，则该系统为敞开系统，因为这时在瓶的内外除有热量交换外，还有水的蒸发和气体的溶解；如果容器是带塞的玻璃瓶，则该系统是一个封闭系统，因为这时瓶的内外只能有热量交换，而无物质交换；如果容器是一个带塞的刚性保温瓶，则该系统就基本上可以看成是一个孤立系统，因为这时瓶内外既无物质交换，也无热量交换。当然，绝对的孤立系统是不存在的，因为既没有绝对不传热的物质，也没有能将热、声、光、电、磁等所有的能量形式完全隔绝的材料。

### 5.1.2 系统的性质和状态

物质的性质分为两类：微观性质和宏观性质。前者包括分子的极性、偶极矩、磁矩等；后者包括温度（$T$）、压力（$p$）、体积（$V$）、密度（$\rho$）、物质的量（$n$）、黏度（$\eta$）、热导率（$\lambda$）、热力学能（$U$）等。热力学研究的是由大量粒子构成的系统的宏观性质，简称性质。微观性质不在热力学讨论的范围内。

系统的性质可按是否有加和性分为两类：广度性质（或称容量性质）和强度性质。广度性质是指其量值与系统中物质的量成正比，具有加和性，如体积、质量、热力学能等。强度性质是指其量值与物质的量无关的性质，它们不具有加和性，如温度、压力、密度等。

应该注意，在一定条件下，广度性质可转化为强度性质。例如，摩尔体积（$V_m=V/n$）是物质的量为1mol时物质所具有的体积，因强调的是1mol物质的量，故不具有加和性，亦即广度性质的摩尔值应为强度性质。换言之，某些广度性质的比值往往是强度性质。

当系统的各项性质确定后，就称系统处于一定的状态。如果系统的一个或几个性质发生了变化，则称系统的状态发生了变化。反过来，系统状态确定后，它的所有性质均有确定值。由此可知，我们用系统的性质来描述系统的状态及变化。由于系统的性质和状态之间存在着一一对应的函数关系，因而把性质称为状态函数。

### 5.1.3 过程和途径

系统由一个状态变化至另一个状态，这种变化即发生了一个热力学过程，简称过程。

① 简单状态变化过程 简单状态变化过程是指系统的化学组成和聚集态不变，只有温度、压力和体积等参量变化的过程。可分为等温、等压、等容、绝热和循环过程。等温过程是系统始态和终态温度相等，且等于恒定的环境温度的过程；等压过程是系统的始态和终态压力相等，且等于恒定的环境压力的过程；等容过程是系统的始态和终态体积保持不变的过程；绝热过程是系统和环境之间无热量交换的过程；循环过程是系统经历一系列变化后又回到原来的状态。

② 相变过程 相变过程是指系统的化学组成不变而聚集态发生变化的过程。在此过程中分子本身并未改变，只是其运动形式和聚集方式发生了变化。液体的蒸发、固体的熔化和气体的冷凝等都是相变过程。

③ 化学变化过程 系统内进行化学反应，系统中分子内部原子结合方式及运动形态发生变化，因而是系统组成发生变化的过程。在此过程中，分子的种类和数目，也将改变。

一个热力学过程的实现，可通过许多不同的方式来完成，我们把完成一个过程的具体步骤称为途径。

例如，我们讨论一定量的理想气体的状态变化，它由始态 $T_1=273\text{K}$、$p_1=1\times10^5\text{Pa}$、

$V_1=2m^3$ 变成终态 $T_2=273K$、$p_2=2\times10^5Pa$、$V_2=1m^3$，图 5.1 中两种不同的途径都可以实现由 $p_1$、$V_1$、$T_1$ 到 $p_2$、$V_2$、$T_2$ 的变化。

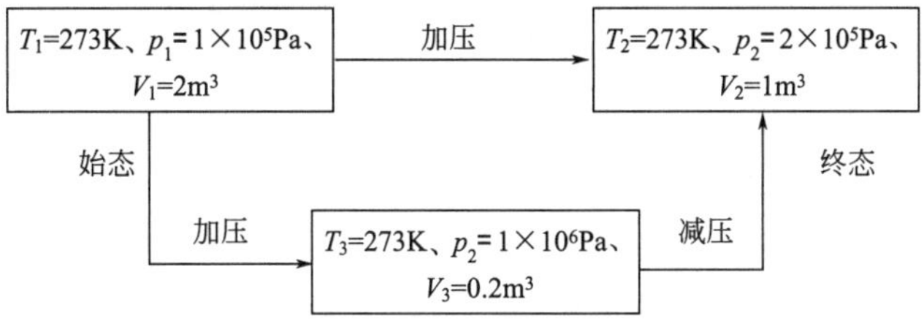


图 5.1　状态函数的变化与途径无关示意图

### 5.1.4　状态函数

由于系统的状态函数是由其状态决定的，因而有几个重要的基本性质。

① 系统的状态一定，状态函数就具有确定值。

② 系统从一种状态转变为另一种状态时，状态函数的变化量只取决于系统的始态（变化前的状态）和终态（变化后的状态），而与变化的具体途径无关。

如图 5.1，不论是由始态经过一次加压达到终态，还是先加压再减压分两步达到终态，只要始态和终态确定，状态函数（$p$、$V$、$T$）的增量就是一定的，即等于终态的状态函数值减去始态的状态函数值。

$$\Delta p=p_2-p_1=2\times10^5Pa-1\times10^5Pa=1\times10^5Pa, \Delta V=V_2-V_1=1m^3-2m^3=-1m^3$$

系统经历循环过程回到始态，系统的一切性质都未改变，因而一个循环过程结束后，状态函数的改变量为零。

## 5.2　热力学第一定律

热力学第一定律的实质就是能量守恒及转换定律，它是能量守恒及转换定律在热力学中的具体表现，它指出系统的热力学状态发生变化时系统的热力学能与过程的热和功的相互关系。

热力学第一定律

热力学第一定律是人类经验的总结，无需用理论进行证明，它的一切结论从来没有与事实发生过矛盾，这就更加证明了它的正确性。

在 17 世纪到 19 世纪期间，不少人幻想制造一种既不靠外界提供能量，本身也不减少能量，却能不断做功的机器，这种机器就是所谓的第一类永动机，结果无一成功。这也从反面证明了第一定律的正确性。因此，“第一类永动机是不可能造成的”就成了热力学第一定律的另一种表述。

### 5.2.1　热力学能

任何物质都具有能量，一个系统的能量通常由系统整体运动的动能 $E_k$、系统在外力场中的势能 $E_p$ 和系统的热力学能 $U$ 三部分组成。化学热力学中，通常研究宏观静止、无整体运动的系统，即 $E_k=0$。如果不存在特殊的外力场（如电磁场）并忽略地球引力场的影响，则 $E_p=0$。这时系统的总能量就是热力学能。

热力学能又称内能，它是系统内部各种能量的总和，用符号 $U$ 表示，单位为 J(焦耳)。它包括了系统中分子（微观粒子）的平动能、转动能、振动能、电子运动与原子核内的能量以及分子与分子之间相互作用的位能等，但不包括系统整体的动能与势能。

热力学能的大小与系统的温度、体积、压力及物质的量有关。温度反映组成系统的各粒子运动的激烈程度，温度越高，粒子运动越激烈，系统的能量就越高。体积（或压力）反映了粒子间的相互距离，因而反映了粒子间的相互作用势能。因为物质与能量两者是不可分割的，所以系统中所含物质越多，系统的能量就越高。可见，热力学能是温度、体积（或压力）及物质的量的函数，因而也是状态函数，是系统的性质。因此，当系统处于一定的状态时，系统的热力学能便具有一定的数值。但由于人们对微观世界的认识还不够清楚，因此热力学能的绝对值尚无法确定。但这一点对解决实际问题并无妨碍，因为热力学是通过状态函数的改变量来解决问题的。

## 5.2.2 热和功

热和功是在状态发生变化的过程中系统与环境交换能量的两种形式，它们都具有能量的量纲和单位。

### 5.2.2.1 热

系统与环境之间，因温度差别而引起的能量交换，这种被传递的能量就称为热。热只是能量传递的一种形式，与过程和途径密切相关，一旦过程停止，也就不存在热。热不是系统的固有性质，不是状态函数。化学热力学主要讨论三种形式的热：①在等温条件下系统发生化学变化时吸收或放出的热，称为化学反应热；②在等温、等压条件下系统发生相变时吸收或放出的热，称相变热或潜热，如蒸发热、凝固热和升华热等；③由于系统本身温度变化而吸收或放出的热，称为显热。本教材中仅讨论化学反应热。

热用符号 $Q$ 表示，单位为 J。并规定当系统从环境吸热为正值，$Q>0$；系统释放给环境的热为负值，$Q<0$。

### 5.2.2.2 功

除热以外，系统与环境间以其他形式交换的能量统称为功。功只是能量传递的一种形式，与过程和途径密切相关，功也不是系统的固有性质，不是状态函数。

功和热都是被交换的能量，从微观的角度看，功是大量粒子以有序运动的方式传递的能量，热是大量粒子以无序运动的方式传递的能量。

功的符号以 $W$ 表示，单位为 J。并规定环境对体系做功（系统得到能量），$W$ 为正值；系统对环境做功（系统失去能量），$W$ 为负值。

### 5.2.2.3 体积功

系统在抵抗外压的条件下体积发生变化而引起的功称为体积功，用 $W_e$ 表示；体积功以外的其他功（如电功、表面功）都称为非体积功（亦称非膨胀功），用 $W_f$ 表示。由于体积功在热力学中有特殊的意义，下面着重进行讨论。

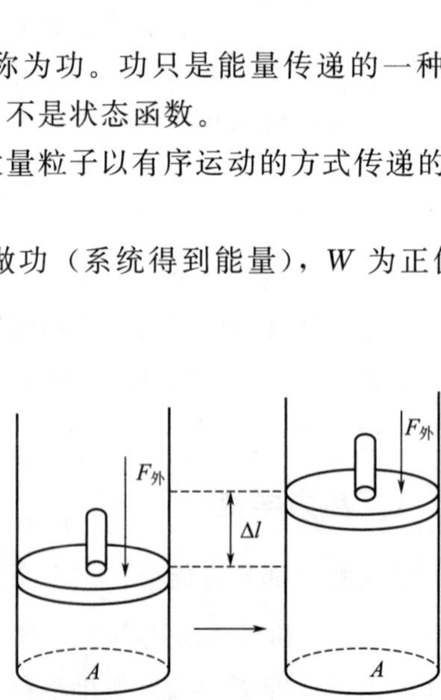

图 5.2 体积功计算示意图

如图 5.2 所示，设有一内盛气体的圆筒，圆筒上方有一无摩擦、无质量的活塞，其截面积为 $A$。理想气体反抗恒定外力 $F_外$，使活塞移动了 $\Delta l$ 的距离。这是一

个反抗恒定外压 $p_e$ 的膨胀过程，外压 $p_e=F_{外}/A$，系统做功：

$$\delta W_e=-F_{外}dl=-p_eA\,dl=-p_e dV$$

$dV=V_{终态}-V_{始态}$。对一个宏观过程，体积功为：

$$W_e=-p_e\Delta V \tag{5.1}$$

系统膨胀，$\Delta V>0$，$W_e<0$，系统对环境做功；系统被压缩时，$\Delta V<0$，$W_e>0$，表示环境对系统做功。

以上的体积功计算过程适用于任何恒外压的变化过程，在具体运算中还要根据具体途径加以变化。图 5.3 是不同过程中体积功示意图。

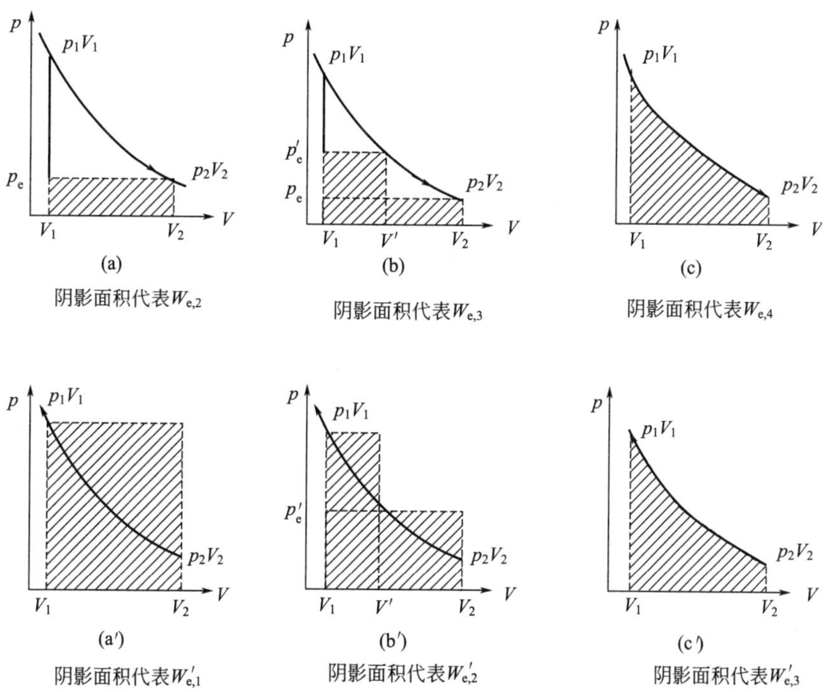


图 5.3　各种过程的体积功

① 自由膨胀　即向真空膨胀。由于 $p_e=0$，所以 $W_{e,1}=0$，即系统对外不做功。

② 外压始终维持恒定　若外压 $p_e$ 保持恒定不变，体系从状态 1 膨胀到状态 2 所做的功为

$$W_{e,2}=-p_e(V_2-V_1)$$

$W_{e,2}$ 相当于图 5.3(a)中阴影部分面积。

③ 多次等外压膨胀　若系统从状态 1 膨胀到状态 2 由几个等外压膨胀过程所组成，设由两个等外压过程组成：第一步在外压保持为 $p'_e$，体积从 $V_1$ 膨胀到 $V'$，体积变化为 $\Delta V_1=(V'-V_1)$；第二步在外压为 $p_e$ 下，体积从 $V'$ 膨胀到 $V_2$，体积变化为 $\Delta V_2=(V_2-V')$，则整个过程所做的功为

$$W_{e,3}=-(p'_e\Delta V_1+p_e\Delta V_2)$$

$W_{e,3}$ 相当于图 5.3(b)中阴影部分的面积。显然 $W_{e,3}>W_{e,2}$。以此类推，分步越多，系统对外所做的功也就越大。

④ 外压 $p_e$ 总是比内压小一个无限小的膨胀　即不断地调整外压，始终使压力保持相差一个无限小，$p_i-p_e=dp$，直至膨胀到 $V_2$。

$$W_{e,4}=-\int_{V_1}^{V_2}p_e\mathrm{d}V=-\int_{V_1}^{V_2}(p_i-\mathrm{d}p)\mathrm{d}V\approx-\int_{V_1}^{V_2}p_i\mathrm{d}V=-\int_{V_1}^{V_2}\frac{nRT}{V}\mathrm{d}V=nRT\ln\frac{V_1}{V_2}$$

$W_{e,4}$ 相当于图 5.3(c)中阴影部分的面积。由此看出，从同样的始态到同样的终态，环境所得到功的数值并不一样，所以功与变化途径有关。功不是状态函数，不是系统的性质，因此不能说系统中含有多少功。

**5.2.2.4　可逆过程**

可逆过程是热力学中又一个重要的概念。如果将 5.2.2.3 中②～④各过程逆转，把气体从终态压缩回始态，外压始终大于系统的压力，那么从图 5.3(a′)～(c′)可以清楚地看出：等压一次、多次压缩时环境对系统所做的功比相应膨胀时系统对环境做的功大。只有④过程中，环境对系统做的压缩功与系统所做的膨胀功大小相等，符号相反，如果把系统膨胀过程中对环境所做的功储存起来，再用于压缩过程，则恰好可以使系统复原。而且，在膨胀过程中热源所失去的热，在压缩过程中又如数还给了热源。这种能通过原来过程的反方向变化而使系统和环境同时复原，不留下任何痕迹的过程称为可逆过程。反之，称为不可逆过程。因此，④是可逆过程。而过程①、②、③中，当系统回复到原状时，环境并没有复原。因为环境所消耗的功大于在原膨胀过程中得到的功，亦即环境失去了一部分功，却得到了一部分热，而热是不能无偿地转化为功的，因此是不可逆过程。

热力学可逆过程具有以下特点：

① 在整个过程中，系统与环境的相互作用无限接近平衡，过程进行得无限缓慢，环境的压力 $p_e$ 与系统的压力 $p_i$ 可以看作近似相等。

② 可逆过程进行后，系统和环境都能由终态沿着无限接近原来的途径，步步复原，直到都回复原来的状态（即系统和环境都没有功、热和物质的得失）。

③ 在可逆膨胀过程中系统做最大功（指绝对值），在可逆压缩时，环境做最小功。

可逆过程是一种理想过程，不是实际发生的过程，但其仍具有重大的理论意义和实际意义。可逆过程可以当作一种基准来研究实际过程的效率，从实用的观点看，可逆过程最经济、效率最高。所以，可逆过程指出了能量利用的最大限度（系统做最大功，环境消耗最小功），可用来衡量实际过程完善的程度，并将其作为改善、提高实际过程效率的目标；另一方面，前面已经提到，状态函数的变化只与始态和终态有关，与途径无关，因此可以选择适当的途径来计算状态函数的变化以及建立状态函数间的关系，热力学的许多重要公式正是通过可逆过程建立的，可逆过程是热力学中极为重要的过程。

### 5.2.3　热力学第一定律的数学表达式

热力学第一定律的数学表达式

根据热力学第一定律，系统的热力学能发生变化时必须与环境交换能量。在封闭系统中，系统与环境只有能量交换，没有物质交换。因此，当系统从状态Ⅰ（热力学能为 $U_1$）变到状态Ⅱ（热力学能为 $U_2$）时，系统中热力学能的变化量（$\Delta U=U_2-U_1$）必定等于系统与环境之间热功交换量的总和。热力学第一定律（或称能量守恒定律）的数学式可写为：

$$\Delta U=U_2-U_1=Q+W \tag{5.2}$$

式中，$U_1$、$U_2$ 分别表示系统变化前后两个状态的热力学能（或称内能）；$\Delta U$ 为系统热力学能的改变量；$Q$ 和 $W$ 分别表示变化过程中系统与环境传递或交换的热和功。

由上述热力学第一定律的数学表达式可以得出如下结论。

① 孤立系统与环境之间没有物质和能量的交换，所以孤立系统中发生的任何过程都有 $Q=0$，$W=0$，$\Delta U=0$，即孤立系统的热力学能守恒。

② 系统由始态变为终态，$\Delta U$ 不随途径而变，因而 $Q+W$ 也不随途径而变，与途径无关，但单独的 $Q$、$W$ 却与途径有关。

## 5.3　焓与化学反应的热效应

### 5.3.1　焓

焓

如果系统在变化过程中只做体积功而不做其他功（$W_f=0$），则 $\Delta U=Q+W_e$。因本章所讨论的问题均不包括其他功，所以习惯上仍将体积功写为 $W$，而不再加下角标“e”，即

$$\Delta U=Q+W \tag{5.3}$$

如果系统的变化是等容过程，则 $\Delta V=0$，因此 $W=0$，所以

$$\Delta U=Q_V \tag{5.4}$$

$Q_V$ 称为等容热效应。

如果系统变化是等压过程，即 $p_2=p_1=p_{外}$

$$U_2-U_1=Q_p-p_{外}(V_2-V_1)$$

$$Q_p=(U_2+p_2V_2)-(U_1+p_1V_1) \tag{5.5}$$

若将 $U+pV$ 合并起来考虑，则其数值也应只由系统的状态所决定。于是我们可以定义一个新的状态函数 $H$，称为焓：

$$H\equiv U+pV \tag{5.6}$$

则式(5.5)可写为成

$$Q_p=H_2-H_1=\Delta H \tag{5.7}$$

从式(5.4)和式(5.7)可以看出，虽然系统中 $U$ 和 $H$ 的绝对值不知道，但在一定条件下，可以从系统和环境间热量的传递来衡量系统 $U$ 和 $H$ 的变化。系统在等容过程中所吸收的热，全部用于增加系统的内能，在等压过程中所吸收的热，全部用于增加系统的焓值。即用等压热效应 $Q_p$ 可以衡量系统 $\Delta H$ 的变化。这又是一个通过外界环境的变化来衡量系统内部变化的例子。这种认识事物的方法在热力学中是经常使用的。

焓 $H$ 在化学热力学中是重要的物理量，我们可以从以下几方面来理解它的意义和性质。

① 焓是状态函数，具有能量的量纲。

② 焓是体系的广度性质，它的量值与物质的量有关，具有加和性。

③ 焓与热力学能一样，其绝对值至今无法确定。但状态变化时体系的焓变是确定的，而且是可求的。

④ 对于一定量的某物质而言，由固态变为液态或由液态变为气态都必须吸热，所以

$$H(g)>H(l)>H(s)$$

⑤ 当某一过程或反应逆向进行时，其 $\Delta H$ 要改变符号，即 $\Delta H(正)=-\Delta H(逆)$。

需要注意的是，虽然焓是从等压过程引入的概念，但并不是说只有等压过程才有焓这个热力学函数。焓是状态函数，是系统的性质，无论在何种确定的状态下都有确定的值。无论什么过程，只要系统的状态改变，系统的焓就有可能改变；只是在不做非体积功的等压过程

中，才有 $Q_p=\Delta H$，而非等压过程或有非体积功的等压过程中 $Q_p\neq\Delta H$。

由于大多数化学反应是在等压条件下进行的，其 $\Delta H=Q_p$，即为等压反应热。通常求出了化学反应的焓变，就可以得知该化学反应的热效应。所以，焓变比热力学能变更具有实用价值，用得更广泛、更普遍。

常用热效应

### 5.3.2　化学反应的热效应

化学变化常伴随有放热或吸热现象。对一个化学反应，可将反应物看成体系的始态，生成物看成体系的终态。由于各种物质蕴含的热力学能不同，当反应发生后，生成物的总热力学能与反应物的总热力学能就不一定相等。这种热力学能变化在反应过程中就以热或（和）功的形式表现出来，这就是化学反应热效应产生的原因。

化学反应热效应的定义为：在不做非体积功的条件下，使生成物温度回到反应开始前反应物的温度，系统所吸收或放出的热量。在定义中强调反应后的生成物必须使之回复到反应物起始状态的温度，因为生成物的温度升高或降低所引起的热量变化并不是真正化学反应过程中的热量，所以不能计入化学反应的热效应。

化学反应是一个过程，在过程中放热（或吸热）多少都与反应进行的程度有关。因此，需要有一个物理量用以表示反应能够进行的程度，这个物理量就是反应进度，用符号 $\xi$ 表示。

#### 5.3.2.1　反应进度

对于一给定反应，其配平了系数的反应方程式又称化学反应的计量方程。

设有化学反应　　$aA+bB=dD+gG$

定义：$\nu_A=-a$，$\nu_B=-b$，$\nu_D=d$，$\nu_G=g$，则 $\nu_A$、$\nu_B$、$\nu_G$、$\nu_D$ 分别称为物质 A、B、G、D 的化学计量系数，它是一种无量纲的物理量。

如反应　　$N_2(g)+3H_2(g)=2NH_3(g)$

$$\nu_{N_2}=-1，\nu_{H_2}=-3，\nu_{NH_3}=2$$

根据化学计量方程，反应在进行过程中，反应物减少、生成物增加的物质的量是按 $a$、$b$、$d$、$g$ 的比例发生的，即参加反应的物质的量的变化与计量系数成正比。因此，人们将物质的量的变化量与其计量系数之比定义为给定反应进行到一定状态时的反应进度。

| 对于任意化学反应： | $aA$ | + | $bB$ | = | $dD$ | + | $gG$ |
|---|---|---|---|---|---|---|---|
| $\xi=0$ 时， | $n_A(0)$ | | $n_B(0)$ | | $n_G(0)$ | | $n_D(0)$ |
| $\xi=\xi$ 时， | $n_A(\xi)$ | | $n_B(\xi)$ | | $n_G(\xi)$ | | $n_D(\xi)$ |

则

$$\xi=\frac{n_A(\xi)-n_A(0)}{\nu_A}=\frac{n_B(\xi)-n_B(0)}{\nu_B}=\frac{n_G(\xi)-n_G(0)}{\nu_G}=\frac{n_D(\xi)-n_D(0)}{\nu_D} \qquad (5.8)$$

取其中一式写成：$\xi=\dfrac{n_B(\xi)-n_B(0)}{\nu_B}$

显然 $n_B(0)$ 代表 $\xi=0$ 时 B 的物质的量，$n_B(\xi)$ 代表反应进行到 $\xi=\xi$ 时 B 物质的量。式(5.8)就是反应进度的定义。反应进度 $\xi$ 和物质的量具有相同的量纲，SI 单位是 mol。由于 $\xi$ 的定义与化学计量系数 $\nu_B$ 有关，故采用反应进度这一概念时必须与化学反应的计量方程对应（即必须给出反应式）。当 $\xi=0$ 时，表示反应刚开始时刻的反应进度。特别地，当

$\xi$=1mol 时，表示反应已经有 $\Delta n_A=\nu_A$mol 的 A 和 $\Delta n_B=\nu_B$mol 的 B 反应，生成了 $\Delta n_D=\nu_D$mol 的 D 和 $\Delta n_G=\nu_G$mol 的 G，此时称为发生了 1mol 反应。式(5.8)还表明，用参加反应的任何一种物质计算同一时刻的反应进度 $\xi$，所得到的数值都是一样的。

一个化学反应的焓变必然取决于反应的进度，不同的反应进度，显然有不同的 $\Delta_r H$ 值。将发生 1mol 化学反应时的焓变称为化学反应的摩尔焓变，用 $\Delta_r H_m$ 表示。

$$\Delta_r H_m=\frac{\Delta_r H}{\xi} \tag{5.9}$$

“r”是代表化学反应“reaction”之意。其中“m”表示发生了 1mol 的反应，即反应进度为 1mol，$\Delta_r H_m$ 的单位为 $kJ \cdot mol^{-1}$ 或 $J \cdot mol^{-1}$。

#### 5.3.2.2　化学反应标准摩尔焓变

化学反应的标准摩尔焓变

热力学函数 $U$、$H$ 以及后面要学到的 $G$、$S$ 等都是状态函数。不同的系统或同一系统的不同状态，状态函数都应有不同的数值，而它们的绝对值又是无法确定的。为了比较它们的相对值，需要一个状态作为比较的标准。根据国际共识和我国的国家标准：标准状态是在温度 $T$ 和标准压力为 $p^{\ominus}$(100kPa)下该物质的状态，简称标准态。对具体系统而言：纯理想气体的标准态是该气体处于标准压力 $p^{\ominus}$下的状态。混合理想气体中任一组分的标准态是指该气体组分的分压力为 $p^{\ominus}$ 的状态。

对纯液体（或纯固体），物质的标准态就是标准压力 $p^{\ominus}$下的纯液体（或纯固体）。

处于标准压力下的理想溶液，浓度为标准浓度 $c^{\ominus}=1mol \cdot dm^{-3}$ 时的状态，即为该溶液的标准态。

应当注意的是，规定标准状态时只规定了压力为 $p^{\ominus}$(100kPa) 而没有指定温度。处于 $p^{\ominus}$下的各物质，如果改变温度，它就有很多个标准状态。但是 IUPAC 推荐选择 298.15K 作为参考温度，所以我们通常从手册或专著查到的有关热力学数据大都是 298.15K 时的数据。

标准状态是一种非常重要的状态，以后可以看到这种状态是与化学平衡相联系的。

如果参加反应的各物质都处于标准状态，则发生了 1mol 化学反应时的焓变称为化学反应的标准摩尔焓变，记为 $\Delta_r H_m^{\ominus}$，单位为 $kJ \cdot mol^{-1}$；其中，“$\ominus$”表示标准态，$p^{\ominus}$=100kPa，温度一般为 298.15K；显然 $\Delta_r H_m^{\ominus}$ 的值与化学反应方程式书写有关。例如：

$$Na(s)+1/2Cl_2(g) \longrightarrow NaCl(s)；\Delta_r H_m^{\ominus}=-441.0kJ \cdot mol^{-1}$$

$$2Na(s)+Cl_2(g) \longrightarrow 2NaCl(s)；\Delta_r H_m^{\ominus}=-882.0kJ \cdot mol^{-1}$$

由此可见，要计算一个化学反应的焓变（当然也包括其他热力学函数的变值）首要的问题，就是必须写出反应的方程式，以明确反应系统的起始和终了状态是些什么物质，当然要注明这些物质所处的状态。不写出反应式只给出 $\Delta_r H_m^{\ominus}$ 是没有意义的。

#### 5.3.2.3　热化学方程式

表示化学反应与热效应关系的方程式称为热化学方程式。一个热化学方程式的正确表示需要注意以下几点。

① 写出反应的计量方程式，计量方程式不同，摩尔反应焓变 $\Delta_r H_m$ 或 $\Delta_r U_m$ 也不同。

② 指明是等压热效应还是等容热效应，前者用 $\Delta_r H_m$ 表示，后者用 $\Delta_r U_m$ 表示。

③ 要表示出反应的温度和压力等条件。对于在温度 $T$ 恒定条件下的反应热，用符号 $\Delta H(T)$表示。例如：$\Delta H$(298.15K)和 $\Delta H$(500K)分别表示热力学温度为 298.15K 和 500K 时的反应热。因为通常采用的热力学数据都是指 298.15K 条件下得到的，所以如在 $\Delta H$ 之

后未注明温度 $T$ 者，就是指 298.15K 时的反应热。压力对反应热也有影响，但影响并不大，一般恒压热效应都是指 100kPa 压力下的 $\Delta H$。

④ 注明参加反应的各物质的状态。以 g、l、s 分别代表气态、液态和固态。如果固体的晶型不同，则需注明晶型，如 C(石墨)、C(金刚石)。

⑤ 正、逆反应的热效应数值相同而符号相反。

下面写出一完整的热化学方程式：

$$2H_2(g)+O_2(g)\!=\!=\!=2H_2O(l);\ \Delta_r H_m^{\ominus}(298.15K)=-571.66kJ\cdot mol^{-1}$$

计量方程和反应热之间用分号隔开。上式表示 298.15K 时，反应物和生成物都处于标准状态时，按计量方程发生 1mol 的反应，放热 571.66kJ。

### 5.3.3 盖斯定律

1840 年前后，俄国科学家盖斯（G. H. Hess）从实验中总结出如下规律："化学反应所吸收或放出的热量，仅取决于反应的始态和终态，与反应是一步或者分为数步完成无关。"该定律的提出略早于热力学第一定律，但它实际上是第一定律的必然结论，因为化学反应通常是在等压不做非体积功的条件下进行的，$Q_p=\Delta H$，而 $H$ 又是状态函数，故反应热仅取决于始、终态也是必然的。

这个定律表明，热化学方程式可以像普通简单的代数方程那样进行加减运算，从而可以利用已经测量过热效应的反应，通过代数组合，计算那些难以测量的反应热。下面就以等压过程的反应热为例来说明盖斯定律的应用。

**【例 5.1】** 计算 298.15K 和标准状态下，$C(s)+1/2O_2 \!=\!=\!= CO(g)$ 的热效应（此反应的热效应很难直接测量，因为很难控制 C 的氧化只生成 CO，而无 $CO_2$ 生成。但让碳全部氧化成 $CO_2$ 的反应热效应比较容易测定）。

已知

$$C(石墨)+O_2(g)\!=\!=\!=CO_2(g);\Delta_r H_m^{\ominus}(1)=-393.51kJ\cdot mol^{-1} \qquad (1)$$

$$CO(g)+1/2O_2(g)\!=\!=\!=CO_2(g);\Delta_r H_m^{\ominus}(2)=-283.0kJ\cdot mol^{-1} \qquad (2)$$

**解：** 反应（2）的逆反应

$$CO_2(g)\!=\!=\!=CO(g)+1/2O_2(g);\Delta_r H_m^{\ominus}(3)=283.0kJ\cdot mol^{-1} \qquad (3)$$

(1)+(3) 得

$$C(石墨)+1/2O_2(g)\longrightarrow CO(g);\Delta_r H_m^{\ominus}(4) \qquad (4)$$

由盖斯定律 $\Delta_r H_m^{\ominus}(4)=\Delta_r H_m^{\ominus}(1)+\Delta_r H_m^{\ominus}(3)$

$$=-393.51kJ\cdot mol^{-1}+283.0kJ\cdot mol^{-1}=-110.51kJ\cdot mol^{-1}$$

### 5.3.4 化学反应热效应的计算

化学反应热效应可以由实验直接测定，也可以根据前人长期积累的热力学数据进行间接计算。本节重点介绍以下几种计算方法。

#### 5.3.4.1 由标准摩尔生成焓计算

对一个化学反应来说，反应的焓变 $\Delta_r H$ 为生成物的焓与反应物的焓之差。

$$\Delta_r H=H_{终}-H_{始}=H_{生成物}-H_{反应物}$$

该过程的焓变即等压反应热。由于 $H$ 是状态函数，是物质本身的属性，某一状态下的某一物质的焓为一定值。因此，若能知道反应物和生成物焓的绝对值，就可以非常方便地计算出反应热 $\Delta_r H$，但由于焓的绝对值无法测得，只好采用一种相对标准，以便确定焓的相对值。这样我们就可利用各种物质的相对焓来计算任何一个反应的焓变 $\Delta_r H$。

在标准压力下，在进行反应的温度时，由最稳定的单质合成标准状态下 1mol 物质时的反应热，称为该物质的标准摩尔生成焓，其符号为 $\Delta_f H_m^{\ominus}$，单位为 $kJ \cdot mol^{-1}$ 或 $J \cdot mol^{-1}$，符号中“f”表示生成反应。

$$H_2(g,100kPa)+1/2O_2(g,100kPa) = H_2O(l);\ \Delta_r H_m^{\ominus}(298.15K) = -285.83kJ \cdot mol^{-1}$$

故 $H_2O(l)$ 的标准摩尔生成焓 $\Delta_f H_m^{\ominus}(298.15K)$ 就是 $-285.83kJ \cdot mol^{-1}$。

可见一个化合物的标准摩尔生成焓并不是这个化合物焓的绝对值，而是相对于生成它的稳定单质焓的相对值。

由标准摩尔生成焓的定义可知，任何一种稳定单质的标准摩尔生成焓都等于零。例如 $\Delta_f H_m^{\ominus}(H_2,g,298.15K)=0$；$\Delta_f H_m^{\ominus}(O_2,g,298.15K)=0$。但对有不同晶态的固体物质来说，只有最稳定单质的标准摩尔生成焓才等于零。例如，C(石墨)、$O_2(g)$、$H_2(g)$、S(正交)、$Br_2(l)$、$I_2(s)$、$F_2(g)$，它们自己生成自己，没有发生变化，也就没有焓变。同一化合物的不同聚集状态具有不同的标准摩尔生成焓。如 $H_2O(l)$ 的 $\Delta_f H_m^{\ominus}(298.15K)$ 就是 $-285.83kJ \cdot mol^{-1}$，$H_2O(g)$ 的 $\Delta_f H_m^{\ominus}(298.15K)$ 为 $-241.82kJ \cdot mol^{-1}$。C(石墨)和 C(金刚石)两者的标准摩尔生成焓也不同，前者为 0，后者为 $1.9kJ \cdot mol^{-1}$。

附表 7 中列有若干常见单质、化合物的标准摩尔生成焓，通过它们可以计算由这些物质参加的许多化学反应的焓变。

设计如图 5.4 所示反应过程。

由标准摩尔生成焓计算反应焓变

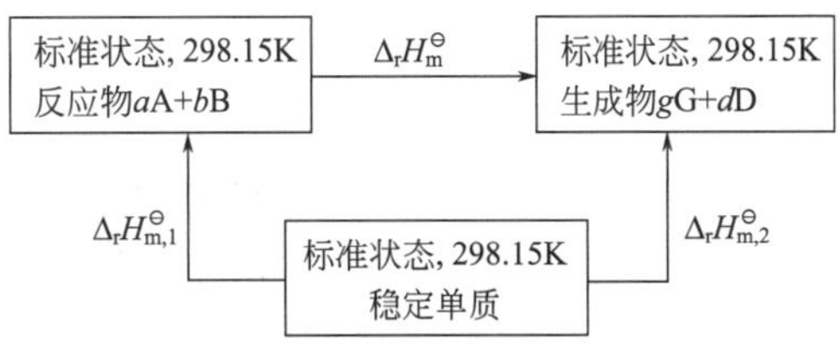


图 5.4　用标准摩尔生成焓计算标准摩尔反应焓

如图 5.4 所示，设定标准状态、298.15K 下稳定单质为始态，标准状态、298.15K 下生成物为终态。由始态到终态可经两条不同的途径。其一，由稳定单质先结合生成反应物，再由反应物转变为生成物；其二，由稳定单质直接结合为生成物。由于焓是状态函数，其增量——焓变只与始、终态有关而与途径无关。相同的始、终态，两条途径的焓变应当是相等的，所以

$$\Delta_r H_m^{\ominus} = \Delta_r H_{m,2}^{\ominus} - \Delta_r H_{m,1}^{\ominus}$$

式中，$\Delta_r H_m^{\ominus}$ 是温度在 298.15K 时的标准摩尔反应焓变；$\Delta_r H_{m,1}^{\ominus}$ 是在标准状态下由稳定单质生成 $a$ mol A 和 $b$ mol B 时的总焓变，也就是 A、B 物质的标准摩尔生成焓之和，即

$$\Delta_r H_{m,1}^{\ominus} = a\Delta_f H_m^{\ominus}(A) + b\Delta_f H_m^{\ominus}(B)$$

$\Delta_r H_{m,2}^{\ominus}$ 是在标准状态下由稳定单质生成 $d$ mol D 和 $g$ mol G 时的总焓变，也就是 G、D 物质的标准摩尔生成焓之和，即

$$\Delta_r H_{m,2}^{\ominus} = g\Delta_f H_m^{\ominus}(G) + d\Delta_f H_m^{\ominus}(D)$$

将 $\Delta_r H^{\ominus}_{m,1}$、$\Delta_r H^{\ominus}_{m,2}$ 代入前面的公式，得

$$\begin{aligned}\Delta_r H^{\ominus}_m &= [g\Delta_f H^{\ominus}_m(G)+d\Delta_f H^{\ominus}_m(D)]-[a\Delta_f H^{\ominus}_m(A)+b\Delta_f H^{\ominus}_m(B)] \\ &= \sum(\nu_B\Delta_f H^{\ominus}_m)_{生成物}-\sum(-\nu_B\Delta_f H^{\ominus}_m)_{反应物} \end{aligned} \tag{5.10a}$$

若用计量方程中物质化学计量系数表示，则更为简明

$$即\ \Delta_r H^{\ominus}_m=\sum\nu_B\Delta_f H^{\ominus}_m(B) \tag{5.10b}$$

所以，化学反应的标准摩尔反应焓变等于生成物的总标准摩尔生成焓减去反应物的总标准摩尔生成焓。

**【例 5.2】** 由标准摩尔生成焓计算下述反应的 $\Delta_r H^{\ominus}_m$

$$2Na_2O_2(s)+2H_2O(l) = 4NaOH(s)+O_2(g)$$

**解：** 由式(5.10)得

$$\Delta_r H^{\ominus}_m=[4\Delta_f H^{\ominus}_m(NaOH,s)+\Delta_f H^{\ominus}_m(O_2,g)]-[2\Delta_f H^{\ominus}_m(H_2O,l)+2\Delta_f H^{\ominus}_m(Na_2O_2,s)]$$

查附表 7，得：$\Delta_f H^{\ominus}_m(NaOH, s) = -426.73\ kJ\cdot mol^{-1}$，$\Delta_f H^{\ominus}_m(Na_2O_2, s) = -513.20 kJ\cdot mol^{-1}$，$\Delta_f H^{\ominus}_m(H_2O,l)=-285.83 kJ\cdot mol^{-1}$。

$O_2$ 是稳定单质，$\Delta_f H^{\ominus}_m(O_2,g)=0 kJ\cdot mol^{-1}$，故

$$\begin{aligned}\Delta_r H^{\ominus}_m &= [4\times(-426.73)+0]kJ\cdot mol^{-1}-[2\times(-513.2)+2\times(-285.83)]kJ\cdot mol^{-1} \\ &= -108.9 kJ\cdot mol^{-1}\end{aligned}$$

由标准摩尔燃烧焓计算反应焓变

#### 5.3.4.2 由标准摩尔燃烧焓计算

许多无机化合物的生成焓，一般可以通过实验来测定，而有机化合物的分子比较庞大和复杂，很难由元素单质直接合成，故其生成焓的数据不易获得。但几乎所有的有机化合物都容易燃烧，生成 $CO_2$ 和 $H_2O$，其燃烧焓就比较容易测定。因此，可利用燃烧焓的数据来计算有机化学反应的热效应。

1mol 标准状态的某物质 B 完全燃烧（或完全氧化）生成标准状态的生成物的反应热效应称为该物质 B 的标准摩尔燃烧焓，并用符号 $\Delta_c H^{\ominus}_m(B)$表示（下标 c 表示燃烧），其单位是 $kJ\cdot mol^{-1}$。所谓“完全燃烧”或“完全氧化”是指反应物中 C 变为 $CO_2(g)$，H 变为 $H_2O(l)$，S 变为 $SO_2(g)$，N 变为 $N_2(g)$，Cl 变为 HCl(aq)。根据燃烧焓的定义，燃烧生成物 $CO_2(g)$和 $H_2O(l)$以及 $O_2$ 等，它们的标准摩尔燃烧焓均为零。所以燃烧焓实际上是一种相对焓。常见物质的标准燃烧焓数据见表 5.1。

**表 5.1 若干有机化合物的标准燃烧焓**

| 物 质 | $\Delta_c H^{\ominus}_m/kJ\cdot mol^{-1}$ | 物 质 | $\Delta_c H^{\ominus}_m/kJ\cdot mol^{-1}$ | 物 质 | $\Delta_c H^{\ominus}_m/kJ\cdot mol^{-1}$ |
|---|---|---|---|---|---|
| $CH_4(g)$ | −890.31 | $CH_3OH(l)$ | −726.5 | 甲酸 | −254.6 |
| $C_2H_4(g)$ | −1411.0 | $C_2H_5OH(l)$ | −1366.8 | 乙酸 | −874.5 |
| $C_2H_2(g)$ | −1299.6 | 正丙醇(l) | −2019.8 | 苯酚 | −3053.5 |
| $C_2H_6(g)$ | −1559.8 | 乙醚(l) | −2751.1 | 甲酸甲酯 | −979.5 |
| $C_3H_8(g)$ | −2219.8 | HCHO(g) | −570.78 | 蔗糖 | −5640.9 |
| $C_3H_6(g)$ | −2085.5 | 乙醛 | −1166.4 | 甲胺 | −1060.6 |
| $C_6H_6(l)$ | −3267.5 | 丙酮 | −1790.4 | 尿素 | −631.66 |

由标准摩尔燃烧焓求同温下的标准摩尔反应焓，仍是利用状态函数的特点。应用与标准

摩尔生成焓相似的方法，读者可自己推出任意化学反应的 $\Delta_r H_m^{\ominus}$ 与反应物和生成物的 $\Delta_c H_m^{\ominus}(B)$之间存在下列关系：

$$\Delta_r H_m^{\ominus}(T) = -\sum_B \nu_B \Delta_c H_m^{\ominus}(B,T)$$

$$\Delta_r H_m^{\ominus}(298.15K) = [\sum -\nu_B \Delta_c H_m^{\ominus}(298.15K)]_{反应物} - [\sum \nu_B \Delta_c H_m^{\ominus}(298.15K)]_{生成物} \quad (5.11)$$

所以，化学反应的标准摩尔反应焓变等于反应物的总标准摩尔燃烧焓减去生成物的总标准摩尔燃烧焓。

**【例 5.3】** 由标准摩尔燃烧焓计算下列反应在25℃时的标准摩尔反应焓。

$$CH_3OH(l) + \frac{1}{2}O_2(g) \xlongequal{} HCHO(g) + H_2O(l)$$

**解：** 由式(5.11)

$$\Delta_r H_m^{\ominus} = \Delta_c H_m^{\ominus}(CH_3OH,l) - \Delta_c H_m^{\ominus}(HCHO,g)$$

查表 5.1 得：$\Delta_c H_m^{\ominus}(CH_3OH,l) = -726.5kJ \cdot mol^{-1}$

$\Delta_c H_m^{\ominus}(HCHO,g) = -570.78kJ \cdot mol^{-1}$

故 $\Delta_r H_m^{\ominus} = 1\times(-726.5)kJ \cdot mol^{-1} - 1\times(-570.78)kJ \cdot mol^{-1}$

$= -155.72kJ \cdot mol^{-1}$

由于燃烧焓规定该物质为1mol(反应物)，基准相同，故可以由燃烧焓来比较1mol物质燃烧的放热能力，负值越大（或代数值越小），放热越多。

另外，从公式(5.10a)计算化学反应焓变的通式分析，若希望燃烧反应放出较多的热，$\Delta_r H_m^{\ominus}$ 有较大的负值，则要求燃烧反应生成物的标准摩尔生成焓 $\Delta_f H_m^{\ominus}$ 负值越大越好；燃烧反应的反应物（燃料）的标准摩尔生成焓 $\Delta_f H_m^{\ominus}$ 负值要小，甚至为正值更好。

硼的氢化物——硼烷，硅的氢化物——硅烷，它们的标准摩尔生成焓 $\Delta_f H_m^{\ominus}$ 为正值，分子量较小，燃烧时可提供较大的热量，称之为高能燃料。例如，硼乙烷 $B_2H_6$(g) 的 $\Delta_f H_m^{\ominus} = 36.56kJ \cdot mol^{-1}$，硅烷 $SiH_4$(g)的 $\Delta_f H_m^{\ominus} = 34.31kJ \cdot mol^{-1}$，都有较大的正值，燃烧产物 $B_2O_3$(s)、$SiO_2$(s)和 $H_2O$(l)的 $\Delta_f H_m^{\ominus}$ 又有较大的负值，所以反应放热很大。

$$B_2H_6(g) + 3O_2(g) \xlongequal{} B_2O_3(s) + 3H_2O(l);\ \Delta_r H_m^{\ominus} = -2026.6kJ \cdot mol^{-1}$$

$$SiH_4(g) + 2O_2(g) \xlongequal{} SiO_2(s) + 2H_2O(l);\ \Delta_r H_m^{\ominus} = -1516.8kJ \cdot mol^{-1}$$

联氨 [$N_2H_4$(l)]又称肼，它及由它派生的一系列衍生物都是较成功的高能燃料。肼的 $\Delta_f H_m^{\ominus}$ 为 $50.6kJ \cdot mol^{-1}$，与氧或氧化物反应时，放出的热量大，且燃烧速率极快，产物稳定，无害，是理想的液体高能燃料。

$$N_2H_4(l) + O_2(g) \xlongequal{} N_2(g) + 2H_2O(l);\ \Delta_r H_m^{\ominus} = -622.3kJ \cdot mol^{-1}$$

#### 5.3.4.3 由键能估算

上述反应热效应都是用热力学方法进行计算的，热力学在处理化学反应热效应这类宏观现象的问题时，具有很大的优点和方便，其最大的特点是只需注意过程的起始和终了状态，而无需考虑变化的具体途径和反应机理，就能得出完全正确的结果，但它并不能回答热效应的本质问题。如果对宏观的能量变化——化学反应热，从物质内部的微观结构加以解释，那么对反应热的本质就会有较深一步的认识。

在化学反应过程中，反应物分子的化学键要遭到破坏，同时要形成生成物分子的新化学键，破坏化学键需要吸收能量，形成化学键则要释放能量，因此化学反应的热效应就是来源于破坏原有化学键和形成新化学键过程中所发生的能量变化。

在恒压下气态分子断开单位物质的量的化学键变成气态原子时的反应热，称为键能，符号为 $\Delta_b H_m$。例如：

$$H_2(g) = 2H(g) \quad \Delta_b H_m(H—H) = 435.97 kJ \cdot mol^{-1}$$

即 H—H 键的键能是 $435.97 kJ \cdot mol^{-1}$。注意，上述反应中只有反应物和生成物都是气体时，$\Delta_r H_m$ 才是键能。表 5.2 列出某些化学键的键能数值。

**表 5.2 某些化学键的键能（298.15K）** 单位：$kJ \cdot mol^{-1}$

| 键 | 键能 | 键 | 键能 | 键 | 键能 | 键 | 键能 |
|---|---|---|---|---|---|---|---|
| H—H | 435.97 | Br—Br | 192.88 | H—Cl | 431.79 | Si—O | 369.03 |
| C—C | 347.69 | I—I | 151.04 | H—Br | 365.26 | Si—Cl | 350.57 |
| Si—Si | 176.56 | C—H | 413.38 | H—I | 298.74 | P—Cl | 330.95 |
| N—N | 160.67 | Si—H | 294.55 | C—Si | 289.95 | C═O | 723.83 |
| P—P | 214.64 | N—H | 390.79 | C—N | 291.62 | C═C | 606.68 |
| O—O | 138.91 | P—H | 319.66 | C—O | 351.46 | C≡C | 828.43 |
| S—S | 222.97 | O—H | 462.75 | C—S | 259.41 | N≡N | 941.82 |
| F—F | 153.13 | S—H | 339.32 | C—F | 592.03 | O═O | 490.36 |
| Cl—Cl | 242.67 | H—F | 563.17 | C—Cl | 328.44 | C≡N | 790.78 |

从表 5.2 看出，键能总是正值，即打开某个化学键时，分子总是要吸收能量的，反之，当气态原子成键时，就会放出能量。例如

$$HCl(g) = H(g) + Cl(g) \qquad \Delta_b H_m(H—Cl) = 431.79 kJ \cdot mol^{-1}$$

$$H(g) + F(g) = HF(g) \qquad \Delta_r H_m = -\Delta_b H_m(H—F) = -563.17 kJ \cdot mol^{-1}$$

化学反应热等于反应物中被破坏的化学键键能的总和减去生成物中生成新键键能的总和。即

$$\Delta_r H_m = \sum(-\nu_B \Delta_b H_m)_{反应物} - \sum(\nu_B \Delta_b H_m)_{生成物} \tag{5.12}$$

键能的概念可帮助我们从分子角度领会为什么有些反应放热，有些反应吸热。若生成物分子的键能比反应物键能大时，则反应是放热的。反之，若生成物分子的键能比反应物分子的键能小时，必然吸热。

**【例 5.4】** 由键能数据计算反应热效应，求 298.15K 和标准状态下下列反应的 $\Delta_r H_m$ 值。

$$H_2(g) + F_2(g) = 2HF(g)$$

**解：** 查表 5.2 得到：

$$\begin{aligned}\Delta_r H_m &= \sum(-\nu_B \Delta_b H_m)_{反应物} - \sum(\nu_B \Delta_b H_m)_{生成物} \\ &= \Delta_b H_m^{\ominus}(H—H) + \Delta_b H_m(F—F) - 2\Delta_b H_m(H—F) \\ &= 435.97 kJ \cdot mol^{-1} + 153.13 kJ \cdot mol^{-1} - 2 \times 563.17 kJ \cdot mol^{-1} \\ &= -537.24 kJ \cdot mol^{-1}\end{aligned}$$

此反应是放热的，说明 H—F 键比单质 H—H 键和 F—F 键都更强。

## 5.4 化学反应的方向

自然界进行的一切过程，全都服从热力学第一定律。但是，不违反热力学第一定律的过程并不是都能实现的。例如，两块不同温度的铁块接触，究竟热从哪一块流向哪一块呢？按

热力学第一定律，只要一块铁流出的热量等于另一块铁吸收的热量就可以了。但实际上，热必须从温度较高的一块流向温度较低的那块，最后两块温度相等。至于反过来的情况，热从较冷的一块流向热的一块，永远不会自动发生。

热力学第一定律只能告诉我们，在任何过程中，相互转变的各种形式的能量之间存在严格的当量关系。至于在给定条件下，一个过程究竟向什么方向能够自发进行，进行到什么限度为止，这些问题只有热力学第二定律才能预测。例如，石墨变成金刚石的反应，热力学第一定律只能解决在一定温度下，由石墨变成金刚石这一过程的能量变化；热力学第二定律可以进一步解决在什么条件下，石墨能够自发地变成金刚石，又在什么条件下，金刚石能自发地变成石墨。热力学第二定律对于解决生产上的实际问题，以及研究一些理论问题，都具有重大意义。下面以热力学第二定律为核心讨论化学反应进行的方向问题，同时引出两个十分重要的状态函数，熵和吉布斯函数。

### 5.4.1　自发过程

自然界中存在着许多能够自动发生的过程，即不需要人为干涉而自行发生的变化。例如，两个温度不同的物体相接触，热总是由高温物体传向低温物体，直至两物体达到温度相同为止，而从未见到热由低温物体传向高温物体这一过程能自动发生。

类似的例子，还可举出很多。水总是自动地从高处流向低处。水流动的原因是两处的水位不同，有水位差存在；水位差越大，水自动向下流动的趋势越大，直到水位差等于零时，水的流动才会停止。而相反的过程不会自动发生，即水决不会自动从低水位流向高水位，除非借助水泵做功。

电流总是自动地从高电势流向低电势；气体总是从高压区流向低压区；流体中的扩散总是从浓度大的区域向着浓度较小的区域，相反的过程绝不会自动发生。这些过程之所以自动进行，是由于系统中存在着电势差（$\Delta V$）、压力差（$\Delta p$）和浓度差（$\Delta c$），过程总是向减少这些差值的方向进行，直到上述差值消失。

给定条件下，不需外力作用而能自动进行的过程或反应称为自发过程或自发反应，大多数自发过程都有对外做功的能力。只要有适当的装置，就可以获得有用功。例如，水流可以转动水轮机；一个自发的化学反应，可通过电池而产生电流、做电功等。非自发过程不能自动发生，需要靠外界做功才能进行。

人们通过长期的实践，概括出了能够反映一切自发过程的本质特征。

① 自发过程具有不可逆性，即它们只能朝某一确定的方向进行。自发过程之所以单向进行，是由于系统内部存在某种性质的差别（如温度差等），过程总是向着消除这些差值的方向进行，这些差值正是推动过程自动发生的原因和动力。反之，自发过程的逆过程就不可能自动进行，但这并不意味着它们根本不可能倒转，借助于外力是可以使一个已经发生了的自发变化逆向进行，重新使系统恢复原状，但却给环境留下了一个永久性的不可弥补的变化。例如，理想气体的真空膨胀是一个自发过程，在这个过程中，$Q=0$，$W=0$，$\Delta U=0$，为使体系恢复原状，可用活塞等温压缩，但其结果是环境付出功，同时环境得到热，环境发生了“功转变为热”这样一个永久性不可逆过程。又如锌投入硫酸铜溶液中置换铜是一个自发过程，且是一个放热反应，欲使该反应逆向进行，我们可以采用电解的方法，但其结果是环境对系统做功（电功），并从系统中得到热，这样环境就留下了一个永久性不可弥补的变化。

② 过程有一定的限度——平衡状态。当上述过程的温差 $\Delta T$、水位差 $\Delta h$、电势差 $\Delta V$、

压力差 $\Delta p$ 和浓度差 $\Delta c$ 分别为零时，就达到了一个相对静止的平衡状态，这就是自发过程在一定条件下进行的限度。可见，不可逆过程就是系统从不平衡状态向平衡状态变化的过程。

一切自发过程都具有不可逆性，它们在进行时都具有确定的方向和限度，怎样才能知道一个自发过程的方向和限度呢？对于一个简单的自发过程来说，根据经验已可判断。在传热传导中，用温度可判断过程的方向和限度，变化方向是从高温物体到低温物体，温度差为零时，就是过程的限度，即热传导不再进行。在水流过程中，水位可以判断过程的方向和限度，其余如压力、电势和浓度可分别判断气流、电流和物质扩散等过程的方向和限度。但是，对一些比较复杂的过程，例如各种化学反应，判断其自发进行的方向、限度就不那么简单了。对于那些不能凭经验来判断的过程方向和限度怎么办呢？大量的实践经验表明，各类自发过程其不可逆性不是孤立的，而是彼此相关的，而且都可以归结为在借助外力使系统复原时在环境中留下了一定量的功变成热的后果。因而有可能在各个不同的热力学过程之间建立起统一的、普遍适用的判据，并根据普适的判据去判断那些复杂过程的方向和限度。

### 5.4.2 热力学第二定律

当人们从大量的实践中总结出热力学第一定律之后，宣告了第一类永动机（不需要外界供给能量而能不断循环做功的机器）的彻底破产。但是，在不违反热力学第一定律的情况下，能否设计出一种能从大海、空气这样巨大的单一热源中不断吸取热量并把它全部转化为功而不产生其他后果的机器第二类永动机呢？如果能实现，那么这个大热源的热量几乎是取之不尽的。但是，实践证明第二类永动机是不可能造成的。

第二类永动机不可能造成，亦即不可能从单一热源取出热使之完全变成功，而不发生其他变化。这就是热力学第二定律的一种经典说法，即开尔文（L. Kelvin）说法；另一种经典说法是克劳修斯（R. J. E. Clausius）说法，即不可能把热从低温物体传到高温物体，而不引起其他变化。热力学第二定律的说法虽然多种，但实质都一样，都说明了热功转换的不可逆性。

不过要特别注意：不能把热力学第二定律简单地理解为“热不能转变为功或不能完全转变为功”。事实上，热可以转变为功，蒸汽机的作用就是将热转变为功；热也可以完全转变为功，理想气体等温膨胀过程，所吸收的热就全部转变成功，但附带的变化是气体的体积增大了，气体的状态发生了变化。由此可见，不是热不能转变为功，而是在不引起其他变化（或不产生其他影响）的条件下，热不能完全转变为功。

克劳修斯和开尔文的说法都是指一件事情是“不可能”的，克劳修斯的说法是指明热传导的不可逆性，开尔文的说法是指热功转换的不可逆性。两种说法实际上是等效的，一致的。

热力学第二定律阐明了热功转化是有方向性的，因此，原则上可以根据克劳修斯和开尔文的说法来判断一个过程的方向，但实际上这样做是很不方便。热力学第二定律能不能像热力学第一定律的热力学能 $U$ 和焓 $H$ 那样，找到一些热力学函数，通过计算这些热力学函数的变化来判断过程的方向和限度呢？这是人们更为期待的问题。

### 5.4.3 熵

#### 5.4.3.1 熵的概念

熵的统计解释

热力学研究的对象都是宏观系统，描述系统状态的热力学性质也都是宏观性质。系统的宏观性质实际上是大量质点的统计平均性质。系统的宏观性质描述了一个确定的宏观状态，然而从微观的角度看，由于微观粒子处于不停的运动之中，微观粒子的状态也在不断改变着，因而系统的一个确定的宏观状态就会对应着许多不同的微观状态。所谓系统的微观状态即是对系统内每个微观粒子的状态（位置、速度、能量）等都给予确切描述时系统所呈现的状态。当系统处于一定的宏观状态时，它所拥有的微观状态总数是一定的。微观状态数的多少，体现了系统混乱度的程度。微观状态数越多，混乱度越大。

设有一个密闭绝热容器，中间用隔板隔开，左半部分盛有气体，右半部分是空的。抽掉隔板前，系统的微观状态数较小（相对有序），混乱度也较小；抽掉隔板后，气体就会自发地迅速充满整个容器，此时系统微观状态数目最多（相对无序）。上述过程中，气体的扩散是一自发过程，该自发过程变化的方向是，从微观状态数少的状态变到微观状态数多的状态（即从有序到无序），同时也是从混乱度小到混乱度大的状态。我们可以定义一个热力学函数熵 $S$ 作为系统混乱度的量度，若以 $\Omega$ 表示微观状态数，则熵与微观状态数 $\Omega$ 之间的关系用下式表示

$$S=k\ln\Omega \tag{5.13}$$

该式称为玻尔兹曼（L. E. Boltzmann）关系式，其中 $k$ 为玻尔兹曼常数，$k=1.38\times10^{-23}\mathrm{J\cdot K^{-1}}$。由于定态下，微观状态数有确定的值，因此熵也是状态函数。

玻尔兹曼关系式是联系宏观与微观的桥梁。它表明，处于一定宏观状态的系统所拥有的微观状态数越多，系统的混乱度越大，熵值越高。当系统的微观状态数为 1 时，系统最为规则，熵值为零。因此，熵是系统混乱度的量度。

上述熵的概念是从统计力学的角度得出的，也可以通过热力学推导得出熵的热力学定义。若以 $Q_{\mathrm{rev}}$ 表示系统可逆过程中的热量，则该过程的热温商为

$$Q_{\mathrm{rev}}/T=S_2-S_1=\Delta S \tag{5.14}$$

系统的熵变（$\Delta S$）等于该可逆过程中所吸收的热（$Q_{\mathrm{rev}}$）除以温度（$T$），“熵”就是由其定义“热温商”而得名。该定义为熵变的实际测量提供了理论依据。

因为熵是状态函数，所以在相同的始、终态间进行的过程，不论是可逆过程或者不可逆过程，它们的熵变都相同。但对于不可逆过程，我们需设计一个始态、终态与其相同的可逆过程，用可逆过程的热温商来计算不可逆过程的熵变。

不可逆过程的热温商 $Q/T$ 不是熵变，由热力学第一定律知，$\Delta U=Q_{\mathrm{rev}}+W_{\mathrm{rev}}=Q_{\mathrm{ir}}+W_{\mathrm{ir}}$，在可逆过程中系统做功最大，即 $|W_{\mathrm{rev}}|>|W_{\mathrm{ir}}|$，于是 $Q_{\mathrm{rev}}>Q_{\mathrm{ir}}$，所以经由不可逆过程后，系统的熵变大于不可逆过程的热温商，即

$$\Delta S=\frac{Q_{\mathrm{rev}}}{T}>\frac{Q_{\mathrm{ir}}}{T}$$

上式可改写为

$$\Delta S\geqslant\frac{Q}{T} \tag{5.15}$$

即系统从状态 A 经由可逆过程变到状态 B，过程的热温商总和等于体系的熵变 $\Delta S$；若从状态 A 经由不可逆过程变到状态 B，过程热温商的总和小于系统的熵变 $\Delta S$。

式(5.15)即是热力学第二定律的数学表达式，也称克劳修斯不等式。不等号适用于不可逆过程，$T$ 表示环境的温度；等号适用于可逆过程，此时环境温度 $T$ 等于系统的温度。

#### 5.4.3.2　熵增加原理

对于绝热过程，$Q=0$，式(5.15)可写为

$$(\Delta S)_{绝热} \geqslant 0 \tag{5.16}$$

式(5.16)表明，在一个绝热系统中只可能发生 $\Delta S \geqslant 0$ 的变化，在可逆绝热过程中，系统的熵不变；在不可逆绝热过程中，系统的熵增加。系统不可能发生一个熵减小的绝热过程。也就是说，一个封闭系统从一个平衡态经过一绝热过程到达另一平衡态时，它的熵永不减少。这个结论就是熵增加原理，它是热力学第二定律的重要结果。

对孤立系统来说，系统和环境之间无能量和物质的交换，因此孤立系统中发生的过程必然是绝热过程，因此熵增加原理又常表述为：一个孤立系统的熵永不减少，即

$$(\Delta S)_{孤立} \geqslant 0 \tag{5.17}$$

#### 5.4.3.3 熵判据

利用熵增加原理还可以判断孤立系统中发生过程的方向和限度。在一个孤立系统中系统和环境间无任何作用，因此在孤立系统中若发生一个不可逆变化，则必然是自发的不可逆过程。而自发不可逆过程是一熵增过程，又是一个从非平衡态趋向平衡态的过程，因此当系统的熵值最大时，就是自发过程的限度，系统也达到了平衡态。达到平衡态的孤立系统不可能再发生一个 $\Delta S > 0$ 的自发过程，如果发生的话，只能是 $\Delta S = 0$ 的可逆过程。所以过程的方向及限度的熵判据是

$$(\Delta S)_{孤立} \begin{cases} >0 & 自发过程 \\ =0 & 平衡态或可逆过程 \\ <0 & 不可能发生 \end{cases} \tag{5.18}$$

由式(5.18)即可判别孤立系统中变化过程的方向。但真正的孤立系统实际上并不存在，因为系统和环境之间总会存在或多或少的能量交换。而若把系统与其周围的环境加在一起考虑，构成一个新的系统，这个新系统就可以看成孤立系统，其熵变为 $\Delta S_{总}$。于是式(5.18)可改写为：

$$\Delta S_{总} = \Delta S_{系统} + \Delta S_{环境} \geqslant 0 \tag{5.19}$$

在计算环境的熵变时，通常把环境看成一个大热源，不论热量的交换是否可逆，热源的流入流出都不会改变它的温度，也不会改变它的体积。系统得到多少热，环境就失去多少热，两者数值相等，符号相反。

### 5.4.4 化学反应的熵变

一般的化学变化都是不可逆过程，求熵变时不能简单地将反应的热效应除以反应的温度。为了计算化学反应的熵变，必须设计可逆途径。这可以借助于电化学反应来实现，但能用这种方法计算其熵变的反应并不多。一个直接的方法是求出生成物熵的总和及反应物熵的总和，二者之差即是化学反应的熵变。物质熵值的计算，可以通过下面介绍的热力学第三定律解决。

#### 5.4.4.1 热力学第三定律和规定熵

人们根据一系列低温实验事实和推测，总结出一个经验定律——热力学第三定律：在0K时任何完美晶体的熵值为零。其数学表达式为

$$S(0\text{K}) = 0 \tag{5.20}$$

按统计热力学的观点，0K时，纯物质的完美晶体的混乱度最小，微观状态数为1，即 $\Omega = 1$，所以

$$S(0\text{K}) = k\ln 1 = 0$$

以此为基准，通过实验和计算求得各种物质在指定温度下的熵值，称为物质的规定熵（也称绝对熵），1mol 物质的规定熵称为摩尔规定熵，记作 $S_m(T)$。在标准压力下，1mol 纯物质的规定熵称为标准摩尔规定熵，简称标准摩尔熵，用符号 $S_m^{\ominus}(T)$表示，其单位是 $J \cdot K^{-1} \cdot mol^{-1}$。

标准摩尔熵 $S_m^{\ominus}(T)$与标准摩尔生成焓 $\Delta_f H_m^{\ominus}$ 有着根本的不同。$\Delta_f H_m^{\ominus}$ 是以最稳定单质的生成热为零的相对数值，而标准摩尔熵 $S_m^{\ominus}(T)$不是相对数值，其绝对值可由热力学第三定律求得，纯单质的标准熵不等于零。熵是一种具有加和性的状态函数。对于不同的纯物质，因其组成和结构不同，其混乱度亦不同，故其熵值不同。对于同一物质，气态时混乱度最大，其次是液态，固体特别是晶体是规则排列的，混乱度最小。

#### 5.4.4.2 标准摩尔反应熵

在标准状态下，按化学反应计量方程式进行一个单位反应时，反应系统的熵变称为标准摩尔反应熵，记作 $\Delta_r S_m^{\ominus}(T)$。

熵的计算

对于任意化学反应 $0=\sum_B \nu_B B$，其 298.15K 时的标准摩尔反应熵为

$$\Delta_r S_m^{\ominus}(298.15K)=\sum_B \nu_B S_m^{\ominus}(B,298.15K) \tag{5.21}$$

式中，$\nu_B$ 是化学反应计量系数，对反应物取负值，生成物取正值。

随着温度的升高，物质的熵值增加，但大多数情况下生成物的熵与反应物的熵增加的数量相近，所以反应的 $\Delta_r S_m^{\ominus}$ 随温度无明显的变化，在近似计算中可以忽略其变化。

$$\Delta_r S_m^{\ominus}(T) \approx \Delta_r S_m^{\ominus}(298.15K) \tag{5.22}$$

### 5.4.5 吉布斯函数和化学反应的方向

应用熵判据，原则上可以确定变化的方向和限度。但它只适用于孤立系统，而实际的变化过程，系统和环境常有能量的交换，这样使用熵判据就不太方便了。德国化学家吉布斯（J. W. Gibbs）在熵函数的基础上引进了新的函数，作为等温等压条件下过程的判据，这就是吉布斯函数 $G$。

#### 5.4.5.1 吉布斯函数

设系统从温度为 $T_{环}$ 的环境中吸取热量 $Q$，由热力学第一定律知 $W=\Delta U-Q$，由克劳修斯不等式 $\Delta S \geqslant \frac{Q}{T}$，可得

$$W=\Delta U-Q \geqslant \Delta U-T\Delta S \tag{5.23}$$

等号表示可逆过程，不等号表示不可逆过程。

$$-p_e \Delta V+W_f \geqslant \Delta U-T\Delta S \tag{5.24}$$

等温等压下 $$W_f \geqslant \Delta(U+pV-TS) \tag{5.25}$$

$U$、$p$、$V$、$T$、$S$ 都是系统的状态函数，它们的组合仍是系统的状态函数，定义一个新的状态函数 $G$

$$G \equiv U+pV-TS=H-TS \tag{5.26}$$

$G$ 称为吉布斯函数，它是系统的广度性质，单位和热力学能相同，也是 J。

于是，式(5.25)可写成

$$W_f \geqslant (\Delta G)_{T,p} \text{ 或} -W_f \leqslant -(\Delta G)_{T,p} \tag{5.27}$$

此式的意义是：在等温等压条件下，一个封闭系统在可逆过程中所做的最大非体积功等于其吉布斯函数的减少。若过程是不可逆的，则所做的非体积功小于系统吉布斯函数减少。应注意，吉布斯函数是系统的性质，是状态函数，$\Delta G$ 的值只取决于系统的始态和终态，而与变化的途径无关（即与可逆与否无关）。但是，只有在等温、等压下的可逆过程中，系统吉布斯函数的减少（$-\Delta G$）才等于对外所做的最大非体积功。因此，可用上式判断过程的可逆性。

### 5.4.5.2　等温等压条件下变化方向的判据

式(5.27) 可以作为封闭系统过程可逆与否的判据，即

$$(\Delta G)_{T,p}\begin{cases}<W_{\mathrm{f}} & \text{不可逆过程}\\ =W_{\mathrm{f}} & \text{可逆过程}\\ >W_{\mathrm{f}} & \text{不可能自动发生}\end{cases} \tag{5.28}$$

用式(5.28) 作判据，不需要是孤立系统，但必须是等温等压过程。

如果过程不仅等温等压，而且不做非体积功，则式(5.28)可变为

$$(\Delta G)_{T,p}\leqslant 0 \tag{5.29}$$

上式表明，在等温等压且不做非体积功的条件下，系统发生可逆过程时，$\Delta G=0$；发生不可逆过程时，$\Delta G<0$，不会发生 $\Delta G>0$ 的过程。又因为该条件下环境未对系统做功，所以一旦系统发生了一个不可逆过程，则该过程必定是一自发进行的过程。于是我们得到判断等温等压不做非体积功条件下过程的方向和限度的吉布斯函数判据

$$(\Delta G)_{T,p,W_{\mathrm{f}}=0}\begin{cases}<0 & \text{自发过程}\\ =0 & \text{平衡态}\\ >0 & \text{不可能自动发生}\end{cases} \tag{5.30}$$

所以，等温等压下且不做非体积功时，系统的状态总是自发地向吉布斯函数减小的方向进行，直至吉布斯函数达到某个极小值，系统达到平衡为止。系统达到平衡时，吉布斯函数值最小。

吉布斯函数

### 5.4.5.3　化学反应的吉布斯函数变的计算

（1）通过标准摩尔生成吉布斯函数计算

如果化学反应在标准状态下进行，则反应前后的系统吉布斯函数变化，称为该反应的标准摩尔吉布斯函数变，它的符号是 $\Delta_{\mathrm{r}}G_{\mathrm{m}}^{\ominus}(T)$。

虽然无法确切知道各物质的吉布斯函数 $G$ 的绝对值，但化学反应的吉布斯函数变 $\Delta_{\mathrm{r}}G$ 却是可由实验测定或理论计算得到的。如同定义物质的标准摩尔生成焓那样，我们可作如下定义：在标准状态时，由稳定单质生成一摩尔纯物质时反应的吉布斯函数变，称为该物质的标准摩尔生成吉布斯函数，用符号 $\Delta_{\mathrm{f}}G_{\mathrm{m}}^{\ominus}(T)$表示，单位为 $\mathrm{kJ\cdot mol^{-1}}$。必须注意，对于同一种物质 B，在不同温度下，其标准摩尔吉布斯函数的值是不同的。物质在 298.15K 时的标准摩尔生成吉布斯函数可以从本书附表 7 中查到。显然，稳定单质的标准摩尔生成吉布斯函数为零。

当参与某一化学反应的所有物质都处于标准状态时，该反应的吉布斯函数变即为反应的标准吉布斯函数变。而当反应进度为 1mol 时，该反应的吉布斯函数变即称为反应的标准摩尔吉布斯函数变，用 $\Delta_{\mathrm{r}}G_{\mathrm{m}}^{\ominus}(T)$表示，单位为 $\mathrm{kJ\cdot mol^{-1}}$，同一反应的 $\Delta_{\mathrm{r}}G_{\mathrm{m}}^{\ominus}(T)$在不同的温度下有不同的值。

与前面介绍过的标准摩尔焓变的计算类似，反应的标准摩尔吉布斯函数变也可以根据其状态函数性质和加和性特点，通过标准摩尔生成吉布斯函数求得。对于反应：

$$aA+bB = dD+gG$$

其标准摩尔吉布斯函数变为：

$$\begin{aligned}\Delta_r G_m^{\ominus}(298.15K) &= \sum[\nu_B \Delta_f G_m^{\ominus}(298.15K)]_{生成物} - \sum[-\nu_B \Delta_f G_m^{\ominus}(298.15K)]_{反应物} \\ &= [g\Delta_f G_m^{\ominus}(G)+d\Delta_f G_m^{\ominus}(D)]-[a\Delta_f G_m^{\ominus}(A)+b\Delta_f G_m^{\ominus}(B)] \qquad (5.31)\end{aligned}$$

$\Delta_r G_m^{\ominus}$ 表示化学反应的标准摩尔吉布斯函数改变量，可作为标准状态化学反应进行的方向和判据。

(2) 利用等温方程式计算

根据吉布斯函数的定义 $G=H-TS$，则吉布斯函数变化

$$\Delta G=G_2-G_1=(H_2-T_2S_2)-(H_1-T_1S_1)$$

在等温条件下，$T_1=T_2=T$，上式则有：

$$\Delta G=(H_2-H_1)-T(S_2-S_1)=\Delta H-T\Delta S \qquad (5.32)$$

吉布斯-亥姆霍兹公式

上式通常称为吉布斯-亥姆霍兹公式，常用于计算等温等压条件下吉布斯函数的变化数值。

若反应是在标准状态和 298.15K 时进行的，则上式可写成

$$\Delta_r G_m^{\ominus}(298.15K)=\Delta_r H_m^{\ominus}(298.15K)-298.15K\times\Delta_r S_m^{\ominus}(298.15K) \qquad (5.33)$$

根据式(5.33)计算的 $\Delta_r G_m^{\ominus}$ 只适用于 298.15K 的情况，而大多数化学反应都不是在 298.15K 下进行的，有的还需在上千度的高温下进行。由于 $\Delta_r H_m^{\ominus}$、$\Delta_r S_m^{\ominus}$ 和 $\Delta_r G_m^{\ominus}$ 都是温度的函数，要计算它们在不同温度下的准确数值，超出了本书讨论的范围。但如在该温度区域内，反应中各物质没有相变发生，则可做近似计算，即将 $\Delta_r H_m^{\ominus}(T)\approx\Delta_r H_m^{\ominus}(298.15K)$ 或 $\Delta_r S_m^{\ominus}(T)\approx\Delta_r S_m^{\ominus}(298.15K)$，则式(5.33)可写为

$$\Delta_r G_m^{\ominus}(T)\approx\Delta_r H_m^{\ominus}(298.15K)-T\Delta_r S_m^{\ominus}(298.15K) \qquad (5.34)$$

#### 5.4.5.4　吉布斯函数的应用

(1) 判断反应进行的方向和限度

一个等温等压只做体积功的化学反应进行的方向和限度的判据如表 5.3 所示。

**表 5.3　判断化学反应进行的方向和限度**

| 非标准态 | 化学反应进行的方向和限度 |
|---|---|
| $\Delta_r G_m<0$ | 正反应方向自发进行 |
| $\Delta_r G_m>0$ | 逆反应方向自发进行 |
| $\Delta_r G_m=0$ | 化学平衡状态，最大限度 |

必须强调的是，自发过程判定的标准是 $\Delta G$，而不是 $\Delta G^{\ominus}$。反应的吉布斯函数会随着系统中反应物或生成物浓度的变化而变化，即处于任意态。实际应用中，反应物基本上处于任意态。$\Delta_r G_m$ 和 $\Delta_r G_m^{\ominus}$ 之间的关系可表示为

$$\Delta_r G_m(T)=\Delta_r G_m^{\ominus}(T)+RT\ln J \qquad (5.35)$$

式中，$J$ 为反应商，此值的大小与系统中反应物和生成物的相对分压或相对浓度有关；$R$ 是摩尔气体常数，其值为 $8.314J\cdot mol^{-1}\cdot K^{-1}$；$T$ 是相应的反应温度。相关的内容将在第 7 章中介绍。

当某一反应的反应物和生成物均处于标准状态时，$J=1$，$\ln J=0$，$\Delta_r G_m(T)=\Delta_r G_m^{\ominus}(T)$。

只有此时才能用 $\Delta_r G_m^\ominus$ 直接判断反应自发进行的方向。可见，$\Delta_r G_m^\ominus$ 是 $\Delta_r G_m$ 的一个特例。

**【例 5.5】** 计算说明在室温、100kPa 下，$H_2(g)$ 和 $O_2(g)$ 能否自动发生反应生成水？

**解：**

$$H_2(g) + 1/2\ O_2(g) = H_2O(l)$$

查附表 7 得：

| | $H_2(g)$ | $1/2\ O_2(g)$ | $H_2O(l)$ |
|---|---|---|---|
| $\Delta_f H_m^\ominus/kJ\cdot mol^{-1}$ | 0 | 0 | −285.83 |
| $S_m^\ominus/J\cdot mol^{-1}\cdot K^{-1}$ | 130.68 | 205.14 | 69.91 |

$$\begin{aligned}\Delta_r G_m^\ominus(298.15K) &= \Delta_r H_m^\ominus(298.15K) - 298.15K \times \Delta_r S_m^\ominus(298.15K) \\ &= -285.83kJ\cdot mol^{-1} - 298.15K \times (69.91J\cdot mol^{-1}\cdot K^{-1} \\ &\quad -130.68J\cdot mol^{-1}\cdot K^{-1} - 1/2 \times 205.14J\cdot mol^{-1}\cdot K^{-1}) \times 10^{-3} \\ &= -237.21kJ\cdot mol^{-1}\end{aligned}$$

故反应能自发进行。

（2）判断物质的稳定性

在恒温、恒压，只做体积功条件下，自发过程的趋势是使系统的吉布斯函数减少。因此，吉布斯函数越大的系统稳定性越小。故可用化合物的标准生成吉布斯函数 $\Delta_f G_m^\ominus$ 的数值和符号来比较它们的稳定性大小。一般说，对于某一化合物，其 $\Delta_f G_m^\ominus$ 的负值越大，其稳定性越大，$\Delta_f G_m^\ominus$ 的负值越小，甚至为正值者，其稳定性越小。而对于有内在联系的系列物质，则是阐述其稳定性变化的依据，如例 5.6。

**【例 5.6】** 试根据标准状态下各物质的有关热力学数据判断 HF、HCl、HBr 和 HI 稳定性的大小。

**解：** 由附表 7 得

| | HF | HCl | HBr | HI |
|---|---|---|---|---|
| $\Delta_f G_m^\ominus/kJ\cdot mol^{-1}$ | −273 | −95.299 | −53.45 | 1.7 |

由此可知，在 298.15K，四种物质的稳定性由大到小依次为 HF＞HCl＞HBr＞HI。

（3）了解反应温度对化学反应方向性的影响

温度对于恒压条件下化学反应方向的影响，主要取决于 $\Delta_r H$ 和 $\Delta_r S$ 数值的正负号。由于 $\Delta H$ 和 $\Delta S$ 既可为正值，又可为负值，就有可能出现下面的四种情况，可概括于表 5.4。

**表 5.4　ΔH 和 ΔS 及 T 对反应自发性的影响**

| 反应实例 | $\Delta H$ | $\Delta S$ | $\Delta G = \Delta H - T\Delta S$ | 反应的自发性 |
|---|---|---|---|---|
| ① $H_2 + Cl_2(g) = 2HCl(g)$ | − | + | − | 自发(任何温度) |
| ② $CO(g) = C(s) + 1/2O_2(g)$ | + | − | + | 非自发(任何温度) |
| ③ $CaCO_3(s) = CaO(s) + CO_2(g)$ | + | + | 升高至某温度时由正值变负值 | 升高温度，有利于反应能自发进行 |
| ④ $N_2(g) + 3H_2(g) = 2NH_3(g)$ | − | − | 降低至某温度时由正值变负值 | 降低温度，有利于反应能自发进行 |

对于 $\Delta_r H$ 和 $\Delta_r S$ 具有相同符号的反应，我们只需控制适当的温度，就能使反应向着我们需要的方向进行。这类化学反应的转变温度 $T_c$ 可以根据 $\Delta_r G_m^\ominus(T) \approx \Delta_r H_m^\ominus(298.15K) - T\Delta_r S_m^\ominus(298.15K)$ 关系式进行计算得出。

$$T_c \approx \frac{\Delta_r H_m^{\ominus}(298.15K)}{\Delta_r S_m^{\ominus}(298.15K)} \quad (5.36)$$

**【例 5.7】** 计算石灰石（$CaCO_3$）热分解反应的 $\Delta_r G_m^{\ominus}(298.15K)$、$\Delta_r G_m^{\ominus}(1273K)$ 及转变温度 $T_c$，并分析该反应在标准状态时的自发性。

**解：**

$$CaCO_3(s) = CaO(s) + CO_2(g)$$

(1) $\Delta_r G_m^{\ominus}(298.15K)$ 的计算

方法一：利用 $\Delta_f G_m^{\ominus}(298.15K)$ 的数据，按式(5.31) 可得

$$\begin{aligned}\Delta_r G_m^{\ominus}(298.15K) &= \sum_B \nu_B \Delta_f G_{m,B}^{\ominus}(298.15K) \\ &= [(-604.2)+(-394.36)-(-1128.8)]kJ\cdot mol^{-1} \\ &= 130.24kJ\cdot mol^{-1}\end{aligned}$$

方法二：利用 $\Delta_r H_m^{\ominus}(298.15K)$ 和 $\Delta_r S_m^{\ominus}(298.15K)$ 的数据，按式(5.33) 可得

$$\begin{aligned}\Delta_r G_m^{\ominus}(298.15K) &= \Delta_r H_m^{\ominus}(298.15K) - 298.15K\times\Delta_r S_m^{\ominus}(298.15K) \\ &= \left(178.32 - 298.15\times\frac{160.59}{1000}\right)kJ\cdot mol^{-1} \\ &= 130.44kJ\cdot mol^{-1}\end{aligned}$$

(2) $\Delta_r G_m^{\ominus}(1273K)$ 的计算

可利用 $\Delta_r H_m^{\ominus}(298.15K)$ 和 $\Delta_r S_m^{\ominus}(298.15K)$ 的数值，按式(5.34) 计算

$$\begin{aligned}\Delta_r G_m^{\ominus}(1273K) &\approx \Delta_r H_m^{\ominus}(298.15K) - 1273K\times\Delta_r S_m^{\ominus}(298.15K) \\ &\approx \left(178.32 - 1273\times\frac{160.59}{1000}\right)kJ\cdot mol^{-1} \\ &\approx -26.11kJ\cdot mol^{-1}\end{aligned}$$

(3) 反应自发性的分析和 $T_c$ 的估算

298.15K 的标准状态时，因为 $\Delta_r G_m^{\ominus}(298.15K)>0$，所以石灰石热分解反应非自发。

1273K 的标准状态时，因 $\Delta_r G_m^{\ominus}(1273K)<0$，故此热分解反应能自发进行。

石灰石分解反应是低温非自发，高温自发的吸热的熵增大反应，在标准状态时自发分解的最低温度即转变温度可按式(5.36) 计算

$$T_c \approx \frac{\Delta_r H_m^{\ominus}(298.15K)}{\Delta_r S_m^{\ominus}(298.15K)} \approx \frac{178.32kJ\cdot mol^{-1}\times 1000}{160.59J\cdot K^{-1}\cdot mol^{-1}} = 1110.4K$$

## 复习题

1. 系统常见的状态函数有哪些？其基本特征是什么？
2. 化学热力学中所说的“标准状态”是指什么？
3. 简述焓的定义式和基本性质。
4. 标准摩尔生成焓的定义是什么？如何根据标准摩尔生成焓的数值计算反应的标准摩尔焓变？
5. 金刚石和石墨的标准摩尔燃烧焓是否相等？为什么？
6. 自发过程的定义是什么？自发过程具有哪些特征？

7. 简述熵的统计意义和基本性质。

8. 熵增加原理的内容和数学表达式是什么？

9. 能否用焓变判断化学反应的自发性？简述理由。

10. 如何应用 $\Delta G$ 判断一个过程的自发性？其适用的条件是什么？

11. 总结 $\Delta H$ 和 $\Delta S$ 数值的正负号以及 $T$ 对反应自发性的影响。

## 习 题

1. 下列说法是否准确？简述理由。

(1) 状态改变后，状态函数一定都改变。

(2) 封闭系统由始态变为终态，$\Delta U$ 不随途径而变，$Q+W$ 也不随途径而变，因而 $Q$、$W$ 与途径无关。

(3) 热力学能是一个系统能量的总和。

(4) 对于任何气体，其焓和热力学能的相对大小都是 $H>U$。

(5) 由于 $CaCO_3$ 的分解反应是吸热的，故它的生成焓为负值。

(6) 对于参考态单质（通常是最稳定单质），规定它的 $\Delta_f H_m^{\ominus}(298.15K)=0$、$\Delta_f G_m^{\ominus}(298.15K)=0$ 和 $S_m^{\ominus}(298.15K)=0$。

(7) 某化学反应的 $\Delta_r G_m^{\ominus}>0$，则此反应一定不能自发进行。

2. 某封闭系统在失去 15kJ 热给环境后，系统热力学能增加了 5kJ，则环境对系统做的功是多少？

3. 由书末附表中 $\Delta_f H_m^{\ominus}$ (298.15K) 的数据计算：

(1) 水蒸发成水蒸气，$H_2O(l)$ ══ $H_2O(g)$ 的标准摩尔焓变 $\Delta H_m^{\ominus}(298.15K)$；

(2) 298.15K 下，2.0mol 的 $H_2O(l)$ 蒸发成同温、同压的水蒸气，该过程的焓变 $\Delta H^{\ominus}$、吸热 $Q$、做功 $W$ 和内能的增量 $\Delta U$ 分别是多少？

4. 在标准状态，298.15K 下，由 $Cl_2(g)$ 与 $H_2(g)$ 合成了 4mol HCl(g)，试分别按下列计量方程：

(1) $\frac{1}{2}H_2(g)+\frac{1}{2}Cl_2(g)$ ══ $HCl(g)$

(2) $H_2(g)+Cl_2(g)$ ══ $2HCl(g)$

计算各自的 $\xi$、$\Delta_r H_m^{\ominus}(298.15K)$ 和 $\Delta_r H^{\ominus}(298.15K)$。

5. 已知 $CO_2(g)$ 的 $\Delta_f H_m^{\ominus}(298.15K)=-394kJ\cdot mol^{-1}$，则反应 $CO_2(g)$ ══ C(石墨) $+O_2(g)$ 的 $\Delta_r H_m^{\ominus}$ (298.15K) 是多少？

6. 已知：C(石墨) $+O_2(g)$ ══ $CO_2(g)$，$\Delta_r H_m^{\ominus}(298.15K)=-394kJ\cdot mol^{-1}$

C(金刚石) $+O_2(g)$ ══ $CO_2(g)$，$\Delta_r H_m^{\ominus}(298.15K)=-396kJ\cdot mol^{-1}$

试求金刚石的 $\Delta_f H_m^{\ominus}(298.15K)$。

7. 已知：$Cu_2O(s)+\frac{1}{2}O_2(g)$ ══ $2CuO(s)$，$\Delta_r H_m^{\ominus}(298.15K)=-145kJ\cdot mol^{-1}$

$CuO(s)+Cu(s)$ ══ $Cu_2O(s)$，$\Delta_r H_m^{\ominus}(298.15K)=-12kJ\cdot mol^{-1}$

试求 CuO(s) 的标准摩尔生成焓 $\Delta_f H_m^{\ominus}(298.15K)$ 是多少？

8. 为测定燃料完全燃烧时所放出的热量，可使用氧弹式量热计。将 1.000g 火箭燃料二甲基肼 $[(CH_3)_2N_2H_2]$ 置于盛有 5.000kg 水的氧弹式量热计的钢弹内完全燃尽，系统温度上升 1.39℃。已知钢弹的热容为 $1840J\cdot K^{-1}$，水的比热容（质量热容）$C=4.184J\cdot g^{-1}\cdot K^{-1}$，试计算：

(1) 此燃烧反应实验中总放热多少？

(2) 此条件下，1mol 二甲基肼完全燃烧放热多少？

9. 比较 $MgF_2$、MgO、$MgSO_4$、$MgCO_3$ 的标准摩尔熵大小。

10. 判断下列过程 $\Delta_r S_m^{\ominus}$ 的符号（“+”或“−”），简述理由：

(1) 溶解少量盐于水中；

(2) 纯碳和氧气反应生成 CO(g)；

(3) $CaCO_3$ 加热分解为 CaO 和 $CO_2(g)$；

（4）$N_2(g)$ 和 $H_2(g)$ 反应得到 $NH_3(g)$。

11. 已知：$2Fe(s)+\frac{3}{2}O_2(g) = Fe_2O_3(s)$，$\Delta_r G_m^{\ominus}(298.15K)=-742.2kJ\cdot mol^{-1}$

$$4Fe_2O_3+Fe(s) = 3Fe_3O_4,\ \Delta_r G_m^{\ominus}(298.15K)=-76.2kJ\cdot mol^{-1}$$

则 $Fe_3O_4$ 的标准生成吉布斯函数 $\Delta_r G_m^{\ominus}(298.15K)$是多少？

12. 在 298.15K、100kPa 时，反应：

| | $2NO(g)$ | + $O_2(g)$ | = $2NO_2(g)$ |
|---|---|---|---|
| $\Delta_f H_m^{\ominus}/kJ\cdot mol^{-1}$ | 90.37 | 0 | 33.85 |
| $\Delta_f G_m^{\ominus}/kJ\cdot mol^{-1}$ | 86.70 | 0 | |

此反应的 $\Delta_r S_m^{\ominus}=-0.145kJ\cdot mol^{-1}\cdot K^{-1}$，求：$NO_2(g)$的标准生成吉布斯自由能 $\Delta_f G_m^{\ominus}$。

13. 计算反应 $N_2(g)+O_2(g) = 2NO(g)$的 $\Delta_r G_m^{\ominus}(298.15K)$，并说明在标准状态、298.15K 下 NO 是否有自发分解为单质 $N_2$ 和 $O_2$ 的可能。

14. 将反应 $N_2(g)+3H_2(g) = 2NH_3(g)$的 $\Delta_r H_m^{\ominus}$ 及 $\Delta_r S_m^{\ominus}$ 视为与温度无关的常数，且反应是在标准状态下进行的，试计算此反应自发进行的温度条件。

15. 电子工业中清洗硅片上 $SiO_2(s)$的反应为

$$SiO_2(s)+4HF(g) = SiF_4(g)+2H_2O(g)$$

已知：$\Delta_r H_m^{\ominus}(298.15K)=-94.0kJ\cdot mol^{-1}$，$\Delta_r S_m^{\ominus}(298.15K)=-75.8kJ\cdot mol^{-1}$；设 $\Delta_r H_m^{\ominus}$ 和 $\Delta_r S_m^{\ominus}$ 不随温度而变：

（1）试求此反应自发进行的温度；

（2）有人提出用 HCl(g)代替 HF，试通过计算判定此建议可行否？

16. 制取半导体材料硅可用下列反应

$$SiO_2(s,石英)+2C(s,石墨) = Si(s)+2CO(g)$$

（1）计算上述反应的 $\Delta_r H_m^{\ominus}(298.15K)$ 及 $\Delta_r S_m^{\ominus}(298.15K)$；

（2）计算上述反应的 $\Delta_r G_m^{\ominus}(298.15K)$，判断此反应在标准状态、298.15K 下可否自发进行？

（3）计算上述反应的 $\Delta_r G_m^{\ominus}(1000K)$，判断在标准状态、1000K 下，正反应可否自发进行？

（4）计算用上述反应制取硅时，该反应自发进行的温度。

17. 已知 298.15K 时各物质的相关热力学数据：

| | $SnO_2(s)$ | $Sn(s)$ | $C(s)$ | $O_2(g)$ | $CO_2(g)$ | $H_2(g)$ | $H_2O(g)$ |
|---|---|---|---|---|---|---|---|
| $\Delta_f H_m^{\ominus}/kJ\cdot mol^{-1}$ | −580.70 | 0 | 0 | 0 | −393.51 | 0 | −241.82 |
| $S_m^{\ominus}/J\cdot mol^{-1}\cdot K^{-1}$ | 52.3 | 51.55 | 5.74 | 205.14 | 213.7 | 130.68 | 188.83 |

用锡石（$SnO_2$）制取金属锡，有建议可用下列几种方法：

（1）单独加热矿石，使之分解；

（2）用碳（以石墨计）还原矿石（加热产生 $CO_2$）；

（3）用 $H_2(g)$ 还原矿石（加热产生水蒸气）。

现希望加热温度尽可能低些，试利用标准热力学数据通过计算说明采用何种方法为宜。

第 5 章参考答案

• 讲解视频

• 习题答案

# 第6章 化学反应动力学

化学热力学从宏观的角度研究化学反应的方向和限度，不涉及时间因素和物质的微观结构，我们也不能根据反应趋势的大小来预测反应进行的快慢。例如，汽车尾气 CO 和 NO 之间的反应：

化学动力学

$$CO(g)+NO(g)=\!=\!=CO_2(g)+1/2N_2(g) \qquad \Delta_r G_m^{\ominus}=-344kJ\cdot mol^{-1}$$

从热力学角度看，进行的趋势很大，但其反应速率却很慢。要用这个反应来治理汽车尾气的污染，还须从动力学方面进行研究，提高其反应速率，才能付诸实现。

化学反应动力学是研究化学反应速率及其机理的学科。它的基本任务是研究各种因素对反应速率的影响，揭示化学反应进行的机理，研究物质结构与反应性能的关系。研究化学动力学的目的就是为了能控制化学反应的进行，使反应按人们所希望的速率进行，并得到人们所希望的产品。

本章主要介绍化学反应速率的表示方法和反应的机理，介绍基元反应和复合反应的速率方程，讨论影响化学反应的因素以及反应速率理论。

## 6.1 化学反应速率及其机理

### 6.1.1 化学反应速率的定义及其表示方法

不同化学反应的快慢是不同的，有的反应，例如爆炸和中和反应等，进行得非常迅速，以致在瞬间就能完成。但有的反应，例如氢和氧在常温下化合成水以及石油的形成，则进行得十分缓慢，以致在有限的时间内难以察觉。

化学反应速率的基本概念

衡量化学反应快慢程度的物理量称为化学反应速率。通常以单位时间内，反应物浓度（或分压力）的减少或生成物浓度的增加来表示。浓度的单位为 $mol\cdot m^{-3}$ 或 $mol\cdot dm^{-3}$，时间为 s(秒)、min(分) 等。例如

$$CO(g)+NO_2(g)=\!=\!=CO_2(g)+NO(g)$$

反应速率以反应物 CO 浓度的减少来表示，则

$$\bar{v}(CO)=-\frac{c(CO)_{t_2}-c(CO)_{t_1}}{t_2-t_1}=-\frac{\Delta c(CO)}{\Delta t} \tag{6.1}$$

因此表示的反应速率，称为平均速率，以 $\bar{v}$ 表示。

由于反应速率是正值，而 $\Delta c$（反应物）是负值，故在 $\frac{\Delta c}{\Delta t}$ 前面加负号，$t$ 表示时间，$c(CO)_t$ 表示 $t$ 时刻 CO 物质的量浓度。若以生成物 $CO_2$ 表示反应速率，则

$$\bar{v}(CO_2)=\frac{\Delta c(CO_2)}{\Delta t}$$

当反应方程中反应物和生成物的化学计量系数不等时，用反应物或生成物浓度（或分压力）表示的反应速率其值不等，但对于下述反应它们之间存在如下关系：

$$aA+bB=\!=\!=dD+gG$$

则
$$-\frac{1}{a}\times\frac{\Delta c_A}{\Delta t}=-\frac{1}{b}\times\frac{\Delta c_B}{\Delta t}=\frac{1}{d}\times\frac{\Delta c_D}{\Delta t}=\frac{1}{g}\times\frac{\Delta c_G}{\Delta t} \tag{6.2}$$

**【例 6.1】** 已知 CO 和 $NO_2$ 气体反应生成 $CO_2$ 和 NO 气体，温度为 673.15K，$t=0$ 时，$c(CO)=c(NO_2)=0.100 mol\cdot dm^{-3}$，而 $t=10s$ 时，它们的浓度为 $0.067 mol\cdot dm^{-3}$，求反应开始到 10s 之间反应物 CO 的平均速率。

**解：** 根据式(6.1)，代入已知数，则
$$\bar{v}=-\frac{\Delta c(CO)}{\Delta t}=\frac{-(0.067-0.100)mol\cdot dm^{-3}}{(10-0)s}=0.0033 mol\cdot dm^{-3}\cdot s^{-1}$$

目前，国际单位制推荐采用以反应进度 $\xi$ 随时间 $t$ 的变化率来表示反应进行的快慢程度，称为转化速率 $\dot{\xi}$，即对于反应 $\sum_B \nu_B B=0$，有
$$\dot{\xi}=\frac{d\xi}{dt} \tag{6.3}$$

如此定义的转化速率是瞬时速率，即真实速率。由于 $d\xi=\frac{1}{\nu_B}dn_B$，按照式(6.3)对转化速率的定义，式(6.3)可表示为
$$\dot{\xi}=\frac{1}{\nu_B}\times\frac{dn_B}{dt}$$
$n_B$ 为物质 B 的物质的量；$\nu_B$ 为物质 B 的化学计量系数，对于反应物 $\nu_B$ 为负值，对于产物 $\nu_B$ 为正值。对于反应 $aA+bB=dD+gG$
$$\dot{\xi}=-\frac{1}{a}\times\frac{dn_A}{dt}=-\frac{1}{b}\times\frac{dn_B}{dt}=\frac{1}{d}\times\frac{dn_D}{dt}=\frac{1}{g}\times\frac{dn_G}{dt} \tag{6.4}$$

如上定义的转化速率与物质 B 的选择无关，$\dot{\xi}$ 的单位为 $mol\cdot s^{-1}$。由于反应用 $\dot{\xi}$ 必须测物质的量 $n$ 的变化，应用不十分方便，人们常采用其他形式来表示反应进度的快慢程度。

对于等容系统即体积 $V$ 一定的密闭系统，人们常用单位体积的反应速率 $r$ 表示，而 $r=\frac{\dot{\xi}}{V}$。将式(6.4)的 $\dot{\xi}$ 代入，则得出任意化学反应速率 $r$ 为
$$r=\frac{\dot{\xi}}{V}=-\frac{1}{a}\times\frac{dc_A}{dt}=-\frac{1}{b}\times\frac{dc_B}{dt}=\frac{1}{d}\times\frac{dc_D}{dt}=\frac{1}{g}\times\frac{dc_G}{dt} \tag{6.5}$$

化学反应速率的表示方法

式(6.5)中 $c_B=\frac{n_B}{V}$，表示参加化学反应的物质 B 的物质的量浓度，$r$ 单位为 $mol\cdot dm^{-3}\cdot s^{-1}$，如时间和浓度变化较大，则可用 $\frac{\Delta c}{\Delta t}$ 代替 $\frac{dc}{dt}$，则式(6.5)即变为式(6.2)。很显然式(6.5)和式(6.2)表示的反应速率与选择的物质无关，其值相等，但通常选择比较容易测定的物质表示反应速率。

### 6.1.2　反应速率的实验测定

对于等容的反应系统，用实验测定反应速率，必须知道 $dc/dt$。为此必须在反应开始前和反应后的不同时间 $t_0$，$t_1$，$t_2$，…，分别测出参加反应的物质浓度 $c_0$，$c_1$，$c_2$，…，然后以浓度 $c$ 对时间 $t$ 作图。图中曲线上某点的斜率即为反应速率 $dc/dt$。举例如下。

【例 6.2】 已知下述反应：

$$CO(g)+NO_2(g)══CO_2(g)+NO(g)$$

测得 CO 浓度随时间的变化如表 6.1 所示。

表 6.1 CO 浓度随时间的变化

| $t$/s | 0.0 | 10.0 | 20.0 | 30.0 | … | 100.0 |
|---|---|---|---|---|---|---|
| $c$(CO)/mol·dm$^{-3}$ | 0.100 | 0.067 | 0.050 | 0.040 | … | 0.018 |

试用作图法求反应时间为 10s 时的瞬时速率 $dc/dt$ 为多少。

**解：** 以纵坐标表示反应物 CO 的浓度 $c$(CO)，横坐标表示反应时间 $t$，根据表 6.1 数据作 $c$-$t$ 曲线，如图 6.1 所示。

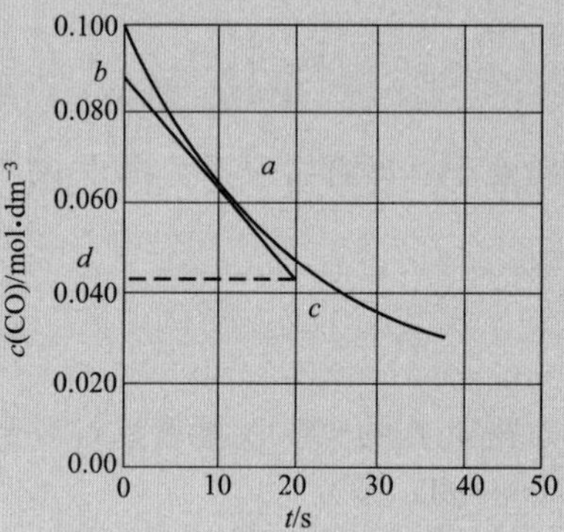


图 6.1 瞬时速率示意图

设在 10s 时作平行于纵坐标的直线，相交于 $c$-$t$ 曲线上 $a$ 点，然后通过 $a$ 点作曲线的切线，在切线上任取两点 $b$ 和 $c$，通过 $b$ 和 $c$ 点画平行于纵轴和横轴的直线相交于 $d$ 点，构成直角三角形△$bdc$，则此直角三角形的斜率$=\dfrac{bd}{cd}$。$bd$ 代表 CO 的浓度变化 $\Delta c$，$cd$ 代表时间的变化 $\Delta t$，则 10s 时 CO 的瞬时速率为

$$r(CO)=-\frac{dc(CO)}{dt}=\frac{bd}{cd}=\frac{(0.084-0.044)mol\cdot dm^{-3}}{(20.0-0.0)s}=0.002mol\cdot dm^{-3}\cdot s^{-1}$$

由上可见，反应速率的测定实际上就是测定不同时间反应物或产物的浓度。浓度的测定可分为化学法和物理法两类。

① 化学法　一般用于液相反应。就是用化学分析法来测定不同时间反应物或产物的浓度。此法要点是取出样品后，必须立即“冻结”反应，使反应不再继续进行，并尽快地测定浓度。冻结的方法有骤冷、冲稀、加阻化剂等。化学法的优点是设备简单，可直接测得浓度；缺点是没有合适的“冻结”反应的方法，很难测得指定时间的浓度，误差大，很少采用。

② 物理法　此法是基于测量与物质浓度变化相关的一些物理性质随时间的变化，然后间接计算出反应物或产物的浓度。可利用的性质有压力、体积、旋光率、光谱、电导和电动势等。物理法优点是迅速而且方便，特别是可以不中止反应，可以连续测定、自动记录等。缺点是，如果反应系统有副反应或少量杂质对所测物质的物理性质有灵敏影响时，有较大的误差。

### 6.1.3　反应机理和反应分子数的概念

（1）基元反应和反应机理的概念

化学反应进行时，反应物分子（或离子、原子、自由基）在碰撞过程中，只经过一步直接转化为生成物分子的反应，称为基元反应。如 $CO+NO_2 \longrightarrow CO_2+NO$，CO 和 $NO_2$ 分子相互碰撞时一步就生成 $CO_2$ 和 NO，该反应为基元反应。

大多数反应要经过若干步骤（或称途径）才能转变为产物。在化学反应过程中，从反应物变为产物所经历的具体途径，称为反应机理，或称反应历程。基元反应是反应机理最简单的反应。

例如人们熟知的化学反应：

$$I_2+H_2 \longrightarrow 2HI$$

它表示一个宏观的总反应。经研究它并不是由一个碘分子和一个氢气分子直接作用生成两个碘化氢气体分子，实际上它是经过如下三个步骤完成的：

$$①\ I_2+M \longrightarrow I\cdot+I\cdot+M$$

$$②\ H_2+I\cdot+I\cdot \longrightarrow 2HI$$

$$③\ I\cdot+I\cdot+M \longrightarrow I_2+M$$

反应①和③中，M 是只参加反应微粒碰撞但不参加化学反应的分子，只起带来或取走能量作用。I· 代表自由原子碘，黑点“·”表示未配对的价电子。

上述三个步骤的每一个步骤是由反应物分子经过碰撞直接作用生成产物的，每一步骤都是基元反应，由两个或两个以上步骤才能从反应物变成生成物的反应称为非基元反应或复合反应。

（2）简单反应和复合反应

由一种基元反应组成的总反应，称为简单反应，如 $2NO_2 \longrightarrow 2NO+O_2$ 是简单反应；由两种或两种以上基元反应所组成的总反应，是非基元反应，称为复合反应，如碘和氢气的反应是由三个基元反应组成的复合反应。

（3）反应分子数

对于基元反应，发生反应所必需的最少反应物微观粒子（分子、原子、离子、自由基等）数，称为反应分子数。如上述碘和氢反应机理的三个步骤中，第一个步骤，反应物的微粒只有一个碘分子，故分子数为 1；第二个步骤反应物的微粒数为 3，故反应分子数为 3；第三个步骤反应物微粒数为 2，故反应分子数为 2。只有基元反应才有分子数，且为正整数。

依据反应分子数的数目不同，基元反应可分为单分子反应（反应分子数为 1）、双分子反应（反应分子数为 2）、三分子反应（反应分子数为 3），四分子反应几乎不可能发生，因为四个反应物分子同时碰撞接触的概率实在太小了。

## 6.2　化学反应速率方程

化学反应速率方程又称动力学方程，即表明反应速率与浓度等参数之间的关系或浓度等参数与时间的关系。速率方程的具体形式随反应不同而异，必须由实验来确定。

### 6.2.1　基元反应速率方程

（1）质量作用定律

人们根据实验得出：一定温度下，基元反应的反应速率与反应物浓度（或分压）以化学计量方程中化学计量系数为幂的连乘积成正比。此定量关系式称为质量作用定律。对于下述基元反应：

$$aA + bB \longrightarrow dD + gG$$

反应速率 $r$ 与浓度的关系为

$$r = -\frac{dc_A}{dt} = kc_A^a c_B^b \tag{6.6}$$

上式是质量作用定律的数学表达式，习惯上称为化学反应速率方程式，上述表示的速率方程形式，称为微分式。$a$、$b$ 分别为 A、B 物质的化学计量系数（取正值）。

对于下述各种基元反应，其速率方程可根据质量作用定律直接写出，具有简单的幂函数形式：

基元反应的化学反应速率方程

| | | |
|---|---|---|
| 单分子反应 | $A \longrightarrow P$ | $r = kc_A$ |
| 双分子反应 | $2A \longrightarrow P$ | $r = kc_A^2$ |
| | $A + B \longrightarrow P$ | $r = kc_A c_B$ |
| 三分子反应 | $3A \longrightarrow P$ | $r = kc_A^3$ |
| | $2A + B \longrightarrow P$ | $r = kc_A^2 c_B$ |
| | $A + B + C \longrightarrow P$ | $r = kc_A c_B c_C$ |

（2）反应速率常数

上式中的 $k$ 称为反应速率常数。它是各反应物浓度均为 $1\text{mol}\cdot\text{m}^{-3}$ 或 $1\text{mol}\cdot\text{dm}^{-3}$ 时的反应速率，是基元反应的特性。$k$ 的单位为 $(\text{mol}\cdot\text{m}^{-3})^{1-n}\cdot\text{s}^{-1}$ 或 $(\text{mol}\cdot\text{dm}^{-3})^{1-n}\cdot\text{s}^{-1}$，它与反应物浓度无关，与反应物本性、温度和催化剂等有关。不同的反应 $k$ 值不同，$k$ 的大小可直接体现反应进行的难易程度，因而是重要的化学动力学参数。反应速率与反应速率常数应成正比。

### 6.2.2　复合反应速率方程

复合反应的速率方程式中，浓度的方次和反应物的系数不一定相符，不能由化学方程式直接写出，而要由实验确定。

（1）幂函数型速率方程

对于任一化学反应

$$aA + bB + \cdots \longrightarrow dD + gG + \cdots$$

其反应速率方程式可写为

$$r = kc_A^\alpha c_B^\beta \cdots \tag{6.7}$$

式中，指数 $\alpha$、$\beta$ 为物质 A、B 的分级数，而指数之和 $n$ 为反应级数，即 $n = \alpha + \beta + \cdots$。$n = 0$，1，2，…，$n$ 的反应分别称为零级反应、一级反应、二级反应、…、$n$ 级反应。反应级数可以是正整数，也可以是分数、负数或零。反应级数表示浓度对反应速率影响的程度。$n$ 越大，浓度对反应速率影响愈剧烈。特别指出的是，分级数和 $n$ 的数值完全由实验确定。不能简单地根据化学反应式中的化学计量系数直接写出。

例如 $2N_2O_5 \longrightarrow 4NO_2 + O_2$，实验得出，$r = kc(N_2O_5)$ 为一级反应。

由此可见，要正确写出复合反应的速率方程，找出浓度与速率的关系，必须由实验测定速率常数和反应级数，研究反应进行的过程，即反应机理。

（2）非幂函数型速率方程

最常见的形式为

$$r=\frac{kc_A^{\alpha}c_B^{\beta}}{1+k'c_A^{\alpha'}c_B^{\beta'}}$$

这时谈论分级数和反应级数已经没有意义，一个典型的例子是 $H_2+Br_2 \longrightarrow 2HBr$，此反应的速率方程为

$$r=\frac{kc(H_2)c^{1/2}(Br_2)}{1+k'c(HBr)c^{-1}(Br_2)}$$

非幂函数型速率方程往往预示着复合反应有着比较复杂的反应机理。

### 6.2.3　简单级数反应的速率方程的积分形式

反应级数

上述速率方程表示了浓度对反应速率的影响，而在实践中人们往往想知道反应经过多长时间，浓度变为多少？或者达到一定的转化率，应需要多少时间？因此，就需要将速率方程的微分形式转化为积分形式。

凡是反应速率只与反应物浓度有关，而且反应级数，无论 $\alpha$、$\beta$ 或 $n$ 都只是零或正整数的反应，统称为简单级数反应。本书仅讨论零级反应和一级反应的速率方程的微积分形式及其特征。

（1）零级反应速率方程

反应速率与反应物的浓度无关的反应称为零级反应。即在整个反应过程中，反应速率为一常数：

$$A \longrightarrow P$$

$$r=-\frac{dc_A}{dt}=k_0 \tag{6.8}$$

$k_0$ 为零级反应速率常数。反应物浓度随时间变化的关系为

$$c=c_0-k_0t \tag{6.9}$$

$c_0$ 为反应的起始浓度。

反应的总级数为零的反应并不多，最常见的零级反应是在表面上发生的多相催化反应。例如，氨在金属钨上的分解反应是零级反应。

$$2NH_3(g)\xrightarrow{W}N_2(g)+3H_2(g)$$

$NH_3$ 先被吸附在催化剂 W 表面上然后再进行分解。由于 W 表面上的活性中心是有限的，当活性位被占满后，再增加气相中 $NH_3$ 的浓度，对反应速率就没有影响，而呈现零级反应的特征。

一级反应

（2）一级反应速率方程

反应速率与反应物浓度的一次方成正比的反应，称为一级反应。对于 $A \xrightarrow{k_1} P$ 的一级反应，其速率方程的微分式为

$$r=-\frac{dc_A}{dt}=k_1c_A \tag{6.10}$$

式中，$k_1$ 为反应速率常数；$c_A$ 为反应物 A 在 $t$ 时刻的浓度。设 $t=0$，反应物的浓度为 $c_0$，将上式改写成：

$$-\frac{dc_A}{c_A}=k_1dt \tag{6.11}$$

对上式两边积分：
$$-\int_{c_0}^{c_A}\frac{dc_A}{c_A}=k_1\int_0^t dt \tag{6.12}$$

积分后可得：
$$\ln\frac{c_0}{c_A}=k_1 t \tag{6.13}$$

$k_1$ 单位为 $s^{-1}$，上式改写成：
$$\ln c_A=\ln c_0-k_1 t \tag{6.14}$$

若将 $\ln c_A$ 对 $t$ 作图应得一直线，直线的斜率$=-k_1$，求得 $k_1$。上式又可写成：
$$c_A=c_0 e^{-k_1 t} \tag{6.15}$$

(3) 一级反应半衰期

常用半衰期表示反应的快慢。半衰期是指反应物的起始浓度消耗了一半所需的时间，用 $t_{1/2}$ 表示。将 $c_A=\frac{1}{2}c_0$ 代入式(6.13)，则

$$\ln\frac{c_0}{\frac{1}{2}c_0}=k_1 t_{1/2}$$

所以半衰期 $t_{1/2}$ 为
$$t_{1/2}=\frac{1}{k_1}\ln 2=\frac{0.6932}{k_1} \tag{6.16}$$

可以看出一级反应的半衰期与反应速率常数成反比，与反应物的浓度无关，这是一级反应的特征。放射性衰变以及许多分子的重排反应和热分解反应多属一级反应。半衰期的特征在考古学、地质岩石、陨石年龄的估算等领域都有重要的作用。$^{40}K$ 和 $^{238}U$ 常用于陨石和矿物的年龄估算，$^{14}C$ 用于确定考古学的发现物和化石的年代。

**【例 6.3】** 已知 $^{14}C$ 的半衰期 $t_{1/2}=5760$ 年，有一棵被火山喷出的灰尘埋藏的树木，测定其中 $^{14}C$ 的质量只有活树中 $^{14}C$ 的 45%（即 $w=0.45$）。假定活树中 $^{14}C$ 的质量是恒定的，试计算火山爆发的时间或树死的时间。

**解**：根据式(6.16) 得

$$t_{1/2}=\frac{0.6932}{k_1}=5760\text{ 年}$$

$$k_1=1.20\times10^{-4}\text{ 年}^{-1}$$

$$\text{已知}\frac{c(^{14}C)}{c_0(^{14}C)}=\frac{m(^{14}C)}{m_0(^{14}C)}=0.45\text{，则}\frac{c_0(^{14}C)}{c(^{14}C)}=\frac{1}{0.45}$$

代入式(6.13)，可得

$$t=\frac{2.303}{k_1}\lg\frac{c_0(^{14}C)}{c(^{14}C)}=\frac{2.303}{1.20\times10^{-4}}\lg\frac{1}{0.45}\approx6655.4\text{ 年}$$

故火山爆发或树死的时间为 6655.4 年前。

## 6.3 化学反应速率的影响因素

影响化学反应速率的根本原因在于物质的内部因素，而反应物的浓度、温度、反应物质之间的接触情况以及催化剂的使用等，是影响反应速率的外部原因。内因是基础，外因是条件，外因通过内因而起作用。本节只讨论浓度、温度、催化剂对化学反应速率的影响。

### 6.3.1　浓度对反应速率的影响

化学反应速率方程式定量表达了浓度对反应速率的影响。对于大多数反应，各反应物的分级数是正值，因此增加反应物的浓度，常使反应速率增大。例如，$2NO+O_2 \longrightarrow 2NO_2$，其速率方程为 $r=kp^2(NO)p(O_2)$，增加操作压力，相当于增大 NO 与 $O_2$ 的浓度，反应速率大大加快。然而还有一些反应，为加快其反应速率增加所有反应物的浓度并无必要，例如药物非那西丁的生产中有一个反应：

$$p\text{-}NH_2 \cdot C_6H_4 \cdot OC_2H_5 + CH_3COOH \longrightarrow p\text{-}NHCOCH_3 \cdot C_6H_4 \cdot OC_2H_5 + H_2O$$

其速率方程式为 $r=kc^2(CH_3COOH)$，对于对乙氧基苯胺是零级。增加对乙氧基苯胺的浓度，对反应速率没有影响，只有增加醋酸浓度，才能加快反应速率，工业上正是在醋酸过量 65%的条件下进行生产的。应该注意，尽管增加反应物浓度会提高某些反应的速率，但实际上却不能简单地采用这种方法。如反应物在溶剂中的反应，反应物浓度就受到溶解度的限制。又如某些在气相中进行的化学反应，增加反应物浓度，还会受到安全问题的限制。

此外，有的反应对参与反应的某物质有负值的分级数，这表明该物质能够抑制反应的进行，增加它的浓度反而使反应速率下降。

综上所述，浓度对反应速率的影响包括浓度的高低以及级数的大小和正负。只有当温度及催化剂确定时，浓度才是影响化学反应速率的唯一因素。

**【例 6.4】** 273℃时，测得反应 $2NO(g)+Br_2(g) \longrightarrow 2NOBr(g)$ 在不同的反应物初始浓度下的初始反应速率如下：

| 实验编号 | 初始浓度/$mol \cdot dm^{-3}$ | | 初始速率/$mol \cdot dm^{-3} \cdot s^{-1}$ |
|---|---|---|---|
| | NO | $Br_2$ | |
| 1 | 0.10 | 0.10 | 12 |
| 2 | 0.10 | 0.20 | 24 |
| 3 | 0.10 | 0.30 | 36 |
| 4 | 0.20 | 0.10 | 48 |
| 5 | 0.30 | 0.10 | 108 |

试求：①反应级数；②速率常数；③速率方程式。

**解：** ① 设反应的速率方程式为

$$r=kc^{\alpha}(NO)c^{\beta}(Br_2)$$

由实验 1 和实验 2 得

$$r_1=kc^{\alpha}(NO)c^{\beta}(Br_{2,1})$$

$$r_2=kc^{\alpha}(NO)c^{\beta}(Br_{2,2})$$

两式相除得　$2=2^{\beta}$

所以　$\beta=1$

以同样的方法分析实验 1 和实验 4、实验 1 和实验 5 两组数据可得 $\alpha=2$，即 NO 的分级数为二级。反应的总级数 $n=\alpha+\beta=2+1=3$。

② 将 $\alpha=2$、$\beta=1$ 和任何一组实验数据代入所设速率方程，均可求得速率常数；

$$k=1.2\times10^4\ mol^{-2} \cdot dm^6 \cdot s^{-1}$$

用实验数据求速率常数时，应该至少求出三个 $k$ 值，最后结果是这些 $k$ 值的平均值 $\bar{k}$，对于本题

$$\bar{k}=1.2\times10^{4}\,\mathrm{mol^{-2}\cdot dm^{6}\cdot s^{-1}}$$

③ 所以，该反应的速率方程式为 $r=(1.2\times10^{4}\,\mathrm{mol^{-2}\cdot dm^{6}\cdot s^{-1}})c^{2}(\mathrm{NO})c(\mathrm{Br_2})$。

### 6.3.2 温度对反应速率的影响

温度对反应速率的影响特别显著。如氢气和氧气化合成水的反应，在常温下几乎观察不到水的生成，但当温度升高到 600℃以上时，它们立即反应，并发生猛烈的爆炸。一般说来，化学反应速率都随温度升高而增大。范特霍夫从实验中总结出一条经验规则：反应物浓度一定时，温度每升高 10℃，反应速率增加为原来速率的 2 至 4 倍。此经验规则虽不精确，但当数据缺乏时，也可用它来作粗略估计。

(1) 温度与反应速率常数之间的经验关系式——阿仑尼乌斯（S. A. Arrhenius）公式

阿仑尼乌斯公式

从反应速率方程可见，当浓度一定时，反应速率与反应速率常数 $k$ 成正比，$k$ 在一定温度下是一常数，但当温度升高，$k$ 值一般增大。我们讨论温度对反应速率影响时，假设反应物浓度不变，反应速率常数 $k$ 随温度 $T$ 而改变。

1889 年，阿仑尼乌斯从大量实验中总结出反应速率常数和温度间的定量关系式：

$$k=A\mathrm{e}^{-E_a/RT} \tag{6.17}$$

将上式变为$\dfrac{k}{A}=\mathrm{e}^{-E_a/RT}$，则

等式两边取自然对数
$$\ln\frac{k}{A}=-\frac{E_a}{RT} \tag{6.18}$$

等式两边取常用对数
$$\lg k=-\frac{E_a}{2.303RT}+\lg A \tag{6.19}$$

以上两式均称为阿仑尼乌斯公式。$k$ 为反应速率常数；$T$ 为热力学温度；$E_a$ 为实验活化能或阿仑尼乌斯活化能，单位为 $\mathrm{kJ\cdot mol^{-1}}$；$R$ 为摩尔气体常数；$A$ 为一常数，称为指前因子或频率因子，其单位与 $k$ 相同。从式(6.17)可见，$k$ 与 $T$ 成指数关系，温度微小变化将导致 $k$ 的较大变化。因为活化能 $E_a$ 在阿仑尼乌斯公式指数上，所以它对 $k$ 的影响是相当大的。我们在讨论反应速率与温度的关系时，可以认为一定温度范围内活化能 $E_a$ 和指前因子 $A$ 均不随温度的改变而改变。

下面介绍对同一反应，已知活化能和某一温度 $T_1$ 的反应速率常数 $k_1$，求任一温度 $T_2$ 的反应速率常数 $k_2$，或已知两个温度的反应速率常数，求该反应活化能的公式。

将 $T_2$ 和 $T_1$ 分别代入式(6.19)中，即得

$$\lg k_2=-\frac{E_a}{2.303R}\,\frac{1}{T_2}+\lg A$$

$$\lg k_1=-\frac{E_a}{2.303R}\,\frac{1}{T_1}+\lg A$$

两式相减可得反应速率常数随温度变化的计算公式：

$$\lg\frac{k_2}{k_1}=\frac{E_a}{2.303R}\left(\frac{T_2-T_1}{T_1T_2}\right) \tag{6.20}$$

式(6.20)还可通过式(6.18)对 $T$ 微分得到

$$\frac{\mathrm{d}\ln k}{\mathrm{d}T}=\frac{E_a}{RT^2} \tag{6.21}$$

再积分

$$\int_{k_1}^{k_2}\mathrm{d}\ln k=\frac{E_a}{R}\int_{T_1}^{T_2}\frac{\mathrm{d}T}{T^2}$$

可得

$$\ln\frac{k_2}{k_1}=\frac{E_a}{R}\left(\frac{T_2-T_1}{T_1T_2}\right) \tag{6.22}$$

将上式中自然对数变成常用对数，即得式(6.20)。

**【例 6.5】** 已知乙烷裂解反应的活化能 $E_a=302.17\mathrm{kJ\cdot mol^{-1}}$，丁烷裂解反应活化能 $E_a=233.68\mathrm{kJ\cdot mol^{-1}}$，当温度由 700℃增加到 800℃时，它们的反应速率常数将分别增加多少？

**解**：将 $E_a$ 和 $T$ 分别代入式(6.20)，则

乙烷 $$\lg\frac{k(1073.15\mathrm{K})}{k(973.15\mathrm{K})}=\frac{302.17\times10^3}{2.303\times8.314}\left(\frac{1073.15-973.15}{973.15\times1073.15}\right)=1.51$$

$$\frac{k(1073.15\mathrm{K})}{k(973.15\mathrm{K})}=32.36$$

丁烷 $$\lg\frac{k(1073.15\mathrm{K})}{k(973.15\mathrm{K})}=\frac{233.68\times10^3}{2.303\times8.314}\left(\frac{1073.15-973.15}{973.15\times1073.15}\right)=1.17$$

$$\frac{k(1073.15\mathrm{K})}{k(973.15\mathrm{K})}=14.79$$

由计算可知：升高同样温度，活化能大的反应速率常数增加的倍数大。

(2) 活化能作图法的测定

式(6.19)可以表示为 $y=ax+b$ 的直线方程，$y=\lg k$，$a=-\frac{E_a}{2.303R}$，$x=\frac{1}{T}$，$b=\lg A$。为了表示反应速率常数 $k$ 与温度 $T$ 之间的关系和以此求出活化能 $E_a$ 和指前因子 $A$，以 $\lg k$ 对 $\frac{1}{T}$ 作图，得一直线，直线的斜率为 $a$，即可得到活化能 $E_a$，由图得到截距 $b$ 可求得指前因子 A。例如

$$2\mathrm{HI} = \mathrm{H_2}+\mathrm{I_2}$$

将 $\lg k$ 对 $\frac{1}{T}$ 作图，如图 6.2 所示，得到一条直线。

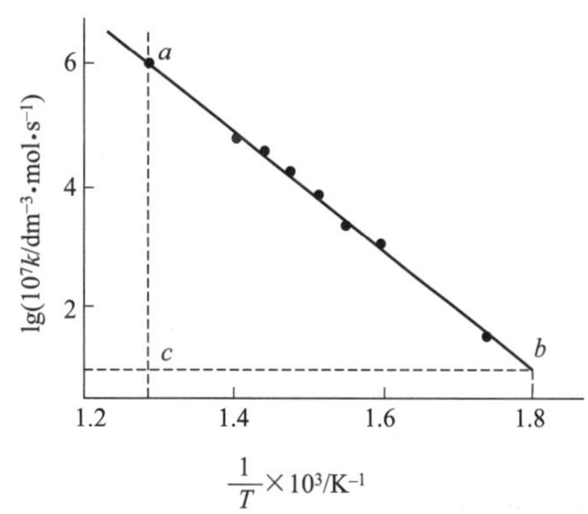

图 6.2　HI 热分解的 $\lg k$ 对 $1/T$ 示意图

在直线上任取 $a$、$b$ 两点，通过 $a$ 点作平行于纵轴的直线，通过 $b$ 点作平行于横轴的直线，两直线交于 $c$ 点，得直角三角形△$acb$，直线 $ab$ 的斜率$=\frac{ac}{bc}$。

$a$ 点：$1000/T=1.28$，$\lg1\times10^7k=6$

$b$ 点：$1000/T=1.8$，$\lg1\times10^7k=1$

$$斜率=\frac{1-6}{1.8-1.28}\times1000=-9620\text{K}$$

$$所以\frac{-E_a}{2.303R}=斜率=-9620\text{K}$$

则活化能 $E_a=9620\text{K}\times2.303\times8.314\text{J}\cdot\text{K}^{-1}\cdot\text{mol}^{-1}=184\text{kJ}\cdot\text{mol}^{-1}$

阿仑尼乌斯公式作为经验式，适用范围较广，它不仅适用于简单反应，而且也适用于某些复杂反应。然而仍有不少反应，阿仑尼乌斯公式不适用。例如，图 6.3 所示的一些反应类型中，第Ⅰ种最为常见，它是符合阿仑尼乌斯公式的，其余的第Ⅱ种到第Ⅴ种均不能用阿仑尼乌斯公式。

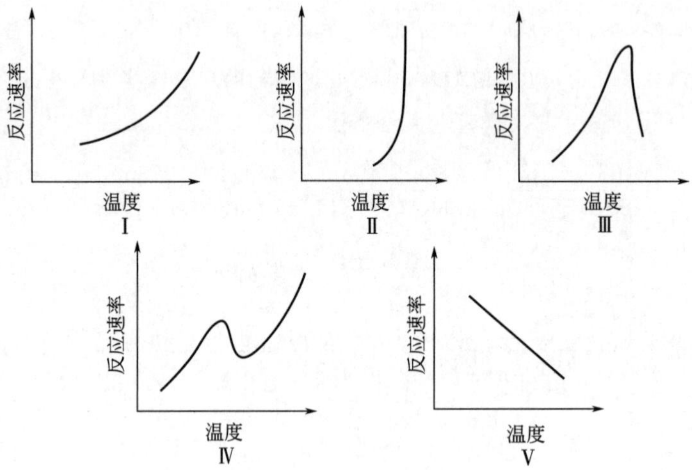


图 6.3 反应速率随温度变化的五种类型

Ⅰ—一般反应；Ⅱ—爆炸反应；Ⅲ—酶反应；Ⅳ—某些碳氢化合物的氧化反应；Ⅴ—$2NO+O_2 \longrightarrow 2NO_2$

### 6.3.3 催化剂对反应速率的影响

催化剂是一种能改变化学反应速率，其本身在反应前后质量和化学组成均不改变的物质。凡能加快反应速率的催化剂叫正催化剂，减慢反应速率的催化剂叫负催化剂。在实际应用中，后者有特定的名称，如减缓金属腐蚀的缓蚀剂，防止高分子老化的抗氧剂，阻缓燃烧过程的阻燃剂等。通常所指的催化剂是正催化剂。

催化剂能够提高化学反应速率的原因，在于它能够降低反应的活化能。表 6.2 列出了一些反应在使用催化剂前后活化能 $E_a$ 的数据。从表中看出，催化反应的活化能显著降低了。至于催化剂对反应速率的影响程度，可用如下例子说明。503K 下 HI 的分解，在无催化剂时活化能为 $184.1\text{kJ}\cdot\text{mol}^{-1}$，速率常数为 $k_1$，而以 Au 作催化剂时，其活化能降为 $104.6\text{kJ}\cdot\text{mol}^{-1}$，速率常数为 $k_2$，按照阿仑尼乌斯公式

催化作用

$$\frac{k_2}{k_1}=\frac{A_2}{A_1}\times\frac{\exp(-E_{a_2}/RT)}{\exp(-E_{a_1}/RT)}$$

式中，$A_1$ 和 $A_2$ 分别为非催化反应和催化反应的指前因子。若仅考虑上式中$\frac{\exp(-E_{a_2}/RT)}{\exp(-E_{a_1}/RT)}$项，当加入催化剂时，其计算值为 $1.8\times10^8$。

催化剂的使用对加速化学反应具有十分重要的现实意义。例如，在硫酸工业中，二氧化

硫氧化为三氧化硫的反应是很慢的，但用五氧化二钒作催化剂后，就可用催化氧化法大量生产硫酸。据统计，现代化学工业中，使用催化剂的反应约占 85%。在生命过程中，催化剂也起着十分重要的作用，生物体中进行的各种化学反应如食物的消化、细胞的合成等几乎都是在酶的催化作用下进行的。

表 6.2 非催化反应和催化反应活化能的比较

| 反　应 | $E_a/kJ \cdot mol^{-1}$ | | 催　化　剂 |
|---|---|---|---|
| | 非催化反应 | 催化反应 | |
| $2HI \longrightarrow H_2+I_2$ | 184.1 | 104.6 | Au |
| $2H_2O \longrightarrow 2H_2+O_2$ | 244.8 | 136.0 | Pt |
| $3H_2+N_2 \longrightarrow 2NH_3$ | 334.7 | 167.4 | $Fe\text{-}Al_2O_3\text{-}K_2O$ |
| 蔗糖在盐酸溶液中的分解 | 107.1 | 39.3 | 转化酶 |

催化剂的主要特征如下。

① 用量小、活性高　催化剂具有程度不同的活性，可使反应物分子活化。它积极地参与反应，又可在反应后再生。因而少量催化剂常能使相当大量的反应物发生反应。

② 催化剂不影响平衡　由于催化剂在反应前后化学性质、组成保持不变，因此它的存在与否不会影响反应的始态和终态，当然就不会改变反应的 $\Delta_r G_m^{\ominus}$ 和 $\Delta_r H_m^{\ominus}$。无论催化剂降低活化能到何种程度，只要反应物和生成物确定，则 $\Delta_r G_m^{\ominus}$ 和 $\Delta_r H_m^{\ominus}$ 就是定值。这就是说，催化剂的作用是加速反应，缩短到达平衡的时间，但不能使化学平衡移动。对正反应有效的催化剂，也是逆反应良好的催化剂。催化剂只能用于热力学认为有可能进行的反应，却不能实现热力学认为不可能自发进行的反应。

③ 少量的杂质常可强烈影响催化剂的活性　这些杂质可起助催化剂或毒物两方面的作用。助催化剂本身活性很小或没有活性，但可提高主催化剂的活性。如合成氨的铁系催化剂，常加入 $Al_2O_3\text{-}K_2O$ 为助催化剂等。毒物则可使催化剂的活性和选择性减小。这种现象，叫作催化剂中毒。

④ 催化剂具有很高的选择性　实验证明，没有适合一切反应的共同催化剂，某一类型的反应只能使用某些催化剂。

# 6.4 化学反应速率理论

化学反应速率千差万别，除了外因浓度、温度和催化剂外，其本质的原因是什么？由原始的反应物分子，经过若干基元反应转变为产物，分子或原子是怎样发生反应的？如何从理论上计算反应速率？如何阐明阿仑尼乌斯指前因子 $A$ 和活化能 $E_a$ 以及外因的微观本质，并从理论上计算它们的数值等，这些都属于反应速率理论问题。人们为了解决上述问题，提出各种揭示化学反应内在联系的模型，其中最重要、应用较广的是简单碰撞理论和过渡状态理论，本节对这两个理论作定性介绍。

## 6.4.1 简单碰撞理论

1918 年，英国科学家路易斯（W. C. M. Lewis）首先提出了一个反应速率理论——简单碰撞理论，也称硬球碰撞理论。这个理论建立在一个简单模型的基础上，即把气体分子视为没有内部结构的硬球，而把化学反应看作刚体球间的有效碰撞，化学反应速率就由这些有效碰撞所决定。

化学反应发生的必要条件是反应物分子必须碰撞，但是反应物分子之间的每一次碰撞并非都能导致反应发生。在亿万次的碰撞中，只有极少数的碰撞才是有效的。这种能导致发生反应的碰撞称为有效碰撞。

一定温度下，气体分子具有一定的平均能量，具体到每个分子，则有的能量高些有的低些。只有极少数的分子具有比平均值高得多的能量，它们碰撞时能导致原有化学键破裂而发生反应，这些分子称为活化分子。事实上，气体分子能量有一个分布。图 6.4 表示出一定温度下气体分子能量分布曲线，横坐标表示分子能量 $E$，纵坐标表示单位能量间隔的分子分数，即 $\frac{\Delta N}{N\Delta E}$，称为能量分布函数，其中 $\Delta N$ 为能量在 $E$ 到 $E+\Delta E$ 之间的分子数，$N$ 为分子总数。图中 $E_{平}$ 表示在该温度下的分子平均能量，$E_0$ 是活化分子必须具有的最低能量，能量高于 $E_0$ 的分子才能产生有效碰撞。活化分子所具有的最低能量与分子的平均能量之差称为简单碰撞的活化能，此处亦简称活化能，也用符号 $E_a$ 表示。活化能可以理解为使 1mol 具有平均能量的分子变成活化分子所需吸收的最低能量。不同的反应具有不同的活化能。用数学方法可以证明，$E_0$ 右边曲线下面积为活化分子所占的分数。反应活化能愈大，$E_0$ 横坐标的位置愈向右移，活化分子所占的分数就愈小，活化分子数目就愈少，因而反应速率就愈小。反之，活化能愈小，反应速率就愈大。

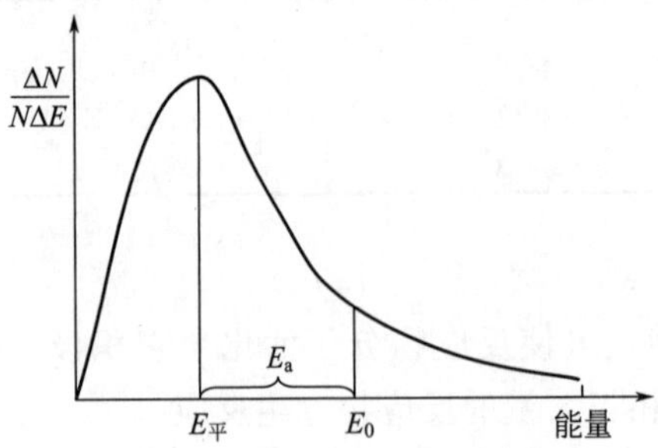


图 6.4　气体分子能量分布曲线

发生有效碰撞时，反应物分子（即活化分子）除了具有足够的能量外，还必须具有适当的碰撞方位，否则即使以再高的能量碰撞，也可能是无效的。

例如，二氧化氮与一氧化碳的反应：

$$NO_2(g)+CO(g) \xlongequal{} NO(g)+CO_2(g)$$

只有当 $NO_2$ 中的氧原子与 CO 中的碳原子靠近，并且沿着 N—O…C—O 直线方向碰撞时，才能发生反应，见图 6.5(a)；如果 $NO_2$ 中氮原子与 CO 中的碳原子相撞，则不会发生

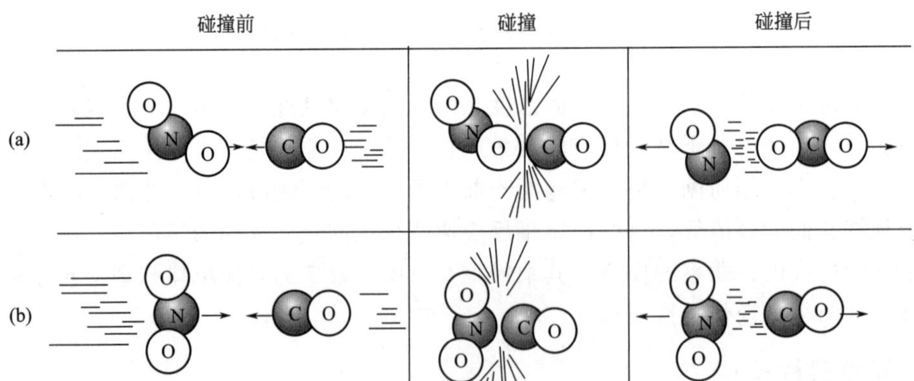


图 6.5　碰撞方位和化学反应

(a) 适当的碰撞方位；(b) 不适当的碰撞方位

反应，见图 6.5(b)。因此，碰撞的分子只有同时满足了能量要求和适当的碰撞方位时才能发生反应。由于简单碰撞理论的模型过于简化，因此该理论还是粗糙的，其应用具有一定的局限性。尽管如此，它毕竟从分子角度解释了一些实验事实，在反应速率理论的建立和发展中起了重要的作用。同时，它的模型直观、形象，物理意义明确。因此，在今天反应速率理论的研究中，仍然非常有用。

### 6.4.2 过渡状态理论

过渡状态理论又称活化络合物理论。最早在 1930 年提出，1935 年后经艾林(H. Eyring) 等人补充完成。这个理论考虑了反应物分子内部结构及运动状况，从分子角度更为深刻地解释了化学反应速率，比简单碰撞理论前进了一大步。

过渡状态理论认为：反应物分子并不是只通过简单碰撞直接形成产物，而是必须经过一个形成活化络合物的过渡状态，并且经过这个过渡状态需要一定的活化能。

对于反应 $A+BC \longrightarrow AB+C$，当反应物分子的能量至少等于形成活化络合物分子的最低能量，并按适当的方位碰撞时，分子 BC 中的旧键才能削弱，A 和 B 之间的新键才能形成，生成所谓的活化络合物 A…B…C。由于活化络合物分子是反应物中原子的组合，它有一定能量，但化学键较弱，因此一经形成，便很快分解，有可能分解为较稳定的产物，也可能分解为原来的反应物。

$$A+BC \rightleftharpoons A\cdots B\cdots C \longrightarrow AB+C$$

图 6.6 表示以上反应中的能量变化，纵坐标表示反应系统的能量，横坐标表示反应坐标，坐标上的各个点代表反应进行的不同程度。由图可见，反应物要形成活化络合物，它的能量必须比反应物的平均能量高出 $E_{a_1}$，$E_{a_1}$ 就是反应的活化能。由于产物的平均能量比反应物低，因此，这个反应是放热反应。

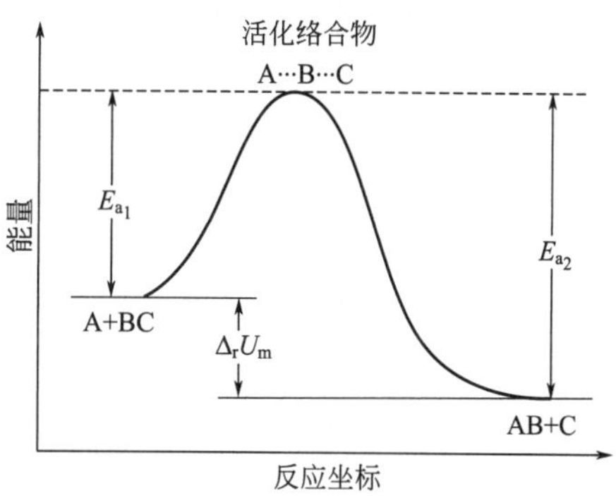


图 6.6 反应过程的能量变化

如果反应逆向进行，即 $AB+C \longrightarrow A+BC$，也是要先形成 A…B…C 活化络合物，然后再分解为产物 A 和 BC。不过，逆反应的活化能为 $E_{a_2}$，它是一个吸热反应，因为 $E_{a_2}>E_{a_1}$，所以吸热反应的活化能总是大于放热反应的活化能。该反应的热效应（热力学能的变化）等于正逆反应活化能之差，即

$$\Delta_r U_m = E_{a_1} - E_{a_2}$$

由以上讨论可知，反应物分子必须具有足够的能量才能越过反应坐标中的能峰而变为产物分子。反应的活化能愈大，能峰愈高，能越过能峰的反应物分子比例愈少，反应速率就愈小。如果反应的活化能愈小，能峰就愈低，则反应速率就愈大。

过渡状态理论是建立在近代量子力学所提供的反应系统位能面的基础上，它在一定程度上补充和修正了简单碰撞理论。但是，由于量子力学对多质点问题的处理并不成熟，因此用过渡状态理论依然不能准确预测反应速率。

在过渡状态理论进一步发展的同时，分子反应动力学理论也得到迅速发展。由于近代激光、分子束、微弱信号测量以及计算机等高新技术的应用及发展，特别是赫施巴赫

(D. R. Herschbach）和李远哲等对交叉分子束、波拉尼（J. C. Polanyi）对红外发光研究的成就，使化学反应速率理论的研究进入了分子动态学的学科前沿，真正从微观上进行动态反应的研究。

### 6.4.3 反应速率与活化能的关系

活化能

应用活化能、活化分子的概念，可以说明反应物的本性、浓度、温度和催化剂等因素对反应速率的影响。

不同的化学反应因具有不同的活化能而有不同的化学反应速率。活化能的大小取决于反应物的本性，它是决定化学反应速率的内在因素。活化能可以通过动力学实验进行测定，一般反应的活化能为 60～250kJ·mol$^{-1}$。活化能小于 40kJ·mol$^{-1}$ 的反应，其反应速率非常大，以至于可瞬间完成；活化能大于 400kJ·mol$^{-1}$ 的反应，其反应速率非常小。

对一定温度下的某一特定反应，反应物分子所占的分数是一定的。因此，单位体积内活化分子的数目与单位体积内反应分子的总数成正比，也就是与反应物的浓度成正比。当反应物浓度增大时，单位体积内分子总数增多，活化分子的数目也相应增多。于是单位时间内有效碰撞次数增多，反应速率加快。

升高温度，分子间碰撞频率增加、反应速率加快，但根据气体动力学理论计算，当温度升高 10℃时，碰撞次数增加 2%左右，而实际反应速率一般增大约 200%～400%。这是因为，温度升高不仅使分子间碰撞频率增加，更主要的是使较多的分子获得能量而成为活化分子。结果导致单位时间内有效碰撞次数显著增加，从而大大加快了反应速率。从不同温度下的能量分布曲线可以看出，升高温度可使活化分子的分数增加。

图 6.7 中的两条曲线分别代表温度 $T_1$ 和 $T_2$($T_2>T_1$) 下的能量分布曲线。$T_1$ 温度下活化分子的分数相当于面积 $A$，$T_2$ 温度下活化分子分数相当于面积 $A+B$。

催化剂能加快化学反应速率的实质，主要是它改变了反应的途径。反应 A+B ⟶ AB，无催化剂存在时按图 6.8 中途径Ⅰ进行，它的活化能为 $E_a$。当催化剂 M 存在时，其反应机理发生了变化，反应按途径Ⅱ分两步进行。

$$A+M \longrightarrow AM \qquad 活化能为 E_{a_1}$$

$$AM+B \longrightarrow AB+M \qquad 活化能为 E_{a_2}$$

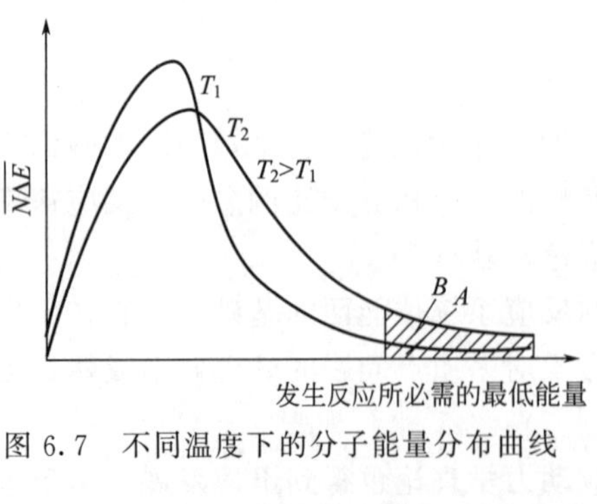


图 6.7 不同温度下的分子能量分布曲线

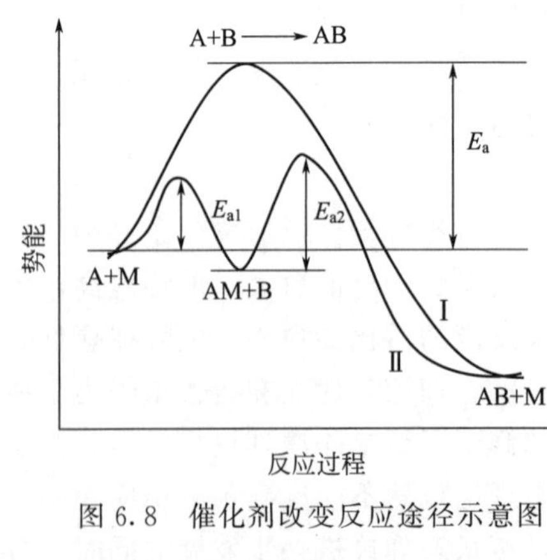


图 6.8 催化剂改变反应途径示意图

在新的反应途径中，形成另一种能量较低的活化络合物，因而降低了反应的活化能，相应地增加了活化分子的分数，反应速率也就加快。

## 复习题

1. 什么是化学反应速率？简述其表示方法。

2. 什么是基元反应（简单反应）和非基元反应（复合反应）？基元反应和平时我们书写的化学方程式（计量方程式）有何关系？

3. 某化学反应 $aA+bB \longrightarrow dD+gG$ 的速率方程为幂函数形式，写出其速率方程表达式。

4. 简述反应分子数和反应级数的概念。

5. 说明速率常数 $k$ 的物理意义及其影响因素。

6. 什么是半衰期？

7. 写出一级反应速率方程的微分式和积分式，说明一级反应有哪些特征。

8. 写出 Arrhenius 公式的常用形式，说明公式中各参数的意义。

9. 简述活化能的概念。

10. 简述催化剂提高反应速率的机理，说明其主要特征。

## 习　题

1. 判断下列说法是否正确，简单说明理由：

(1) 在常温常压下，氢气和氧气能够长期共存而不化合生成水，这表明该反应的 $\Delta_r G_m$ 为正值。

(2) 已知反应 $mM+nN \longrightarrow gG+rR$ 的速率方程式为 $r=kc_M^m c_N^n$，则此反应必定是一步完成的基元反应。

(3) 半衰期是反应进行完全所需时间的一半。

(4) 反应的活化能越大，温度对其反应速率的影响越大。

(5) 对于大多数化学反应而言，升高温度，吸热反应速率增大，而放热反应的反应速率却下降。

(6) 虽然水的分解反应 $2H_2O(l) \longrightarrow 2H_2(g)+O_2(g)$ 在常温常压下不能自发进行，但只要找到合适的催化剂，就能自发进行。

2. 对于任一化学反应，增加反应物的浓度是否都会提高反应速率？为什么？

3. 要使木炭燃烧，必须首先加热，为什么？这个反应究竟是放热还是吸热反应？试说明之。

4. 从活化分子和活化能角度分析浓度、温度和催化剂对化学反应速率有何影响。

5. 过氧化氢溶液的分解反应分别按照以下两种形式书写：

$$2H_2O_2(aq) \longrightarrow 2H_2O(l)+O_2(g) \tag{1}$$

$$H_2O_2(aq) \longrightarrow H_2O(l)+1/2O_2(g) \tag{2}$$

a. 如果按照式(1)给出其反应速率为 $2.5\times10^{-3}\,mol\cdot L^{-1}\cdot min^{-1}$，那么按照式(2)其反应速率为多少？

b. 计算反应中每种物质的浓度变化率，式(1)和式(2)有区别吗？

6. 反应 $nA \longrightarrow mB$ 的速率方程表达为 $-d[A]/dt=k_1[A]^n$，也可表达为 $d[B]/dt=k_2[A]^n$，则速率常数 $k_1$ 和 $k_2$ 的关系是什么？

7. 反应：$H_2PO_3^- + OH^- \longrightarrow HPO_3^{2-} + H_2O$，100℃时，反应物浓度和反应速率关系如下：

| 实验编号 | $c(H_2PO_3^-)/mol\cdot L^{-1}$ | $c(OH^-)/mol\cdot L^{-1}$ | $r/mol\cdot L^{-1}\cdot s^{-1}$ |
|---|---|---|---|
| 1 | 0.5 | 4.0 | $2.56\times10^{-3}$ |
| 2 | 0.5 | 2.0 | $6.42\times10^{-4}$ |
| 3 | 0.5 | 1.0 | $1.60\times10^{-4}$ |
| 4 | 0.2 | 1.0 | $6.38\times10^{-5}$ |
| 5 | 0.1 | 1.0 | $3.20\times10^{-5}$ |

(1) 求反应级数；(2) 计算反应速率常数；(3) 若 $H_2PO_3^-$、$OH^-$ 的浓度均为 2.0mol·L$^{-1}$ 时，反应速率为多少？

8. 下列反应为基元反应：

(1) $I + H \xlongequal{} HI$

(2) $I_2 \xlongequal{} 2I$

(3) $Cl + CH_4 \xlongequal{} CH_3 + HCl$

写出上述各反应质量作用定律表达式。它们的反应级数各为多少？

9. 根据实验，在一定的温度范围内，反应 $2NO(g) + Cl_2(g) \xlongequal{} 2NOCl(g)$ 符合质量作用定律，试求：

(1) 该反应的反应速率方程式；

(2) 该反应的总级数；

(3) 其他条件不变，如果将容器的体积增大到原来的 2 倍，其反应速率如何变化？

(4) 如果容器体积不变，而将 NO 的浓度增加到原来的 3 倍，反应速率又将如何变化？

10. 在 570K，使重氮甲烷（$CH_3—N_2$）的分解反应在 0.210dm$^3$ 的容器中进行，得到下列结果：

| 时间 $t$/min | 0 | 15 | 30 | 48 | 75 |
|---|---|---|---|---|---|
| $CH_3—N_2$ 的分压 $p$/Pa | 4826.3 | 3999.6 | 3319.7 | 2573.1 | 1476.5 |

已知 $CH_3—N_2$ 的分解反应为一级反应。计算此分解反应速率常数 $k_1$ 的平均值和反应的半衰期。

11. 由埃及一法老的古墓发掘的木样中每克碳每分钟放射性$^{14}$C的放射计数为 7 次，即 7.2min$^{-1}$·g$^{-1}$，而活体动植物组织相应的计数则为 12.6min$^{-1}$·g$^{-1}$，试计算古墓年龄。[提示：由于与环境中含碳的物质交换平衡，放射性同位素$^{14}$C与稳定同位素$^{12}$C比例在活体动植组织中保持恒定，动植物死亡意味着交换终止，$^{14}$C按一级反应速率衰减。据历史记载，该法老当政于公元前 2625（±75）年，计算结果不难表明测定方法的精确性。美国科学家利比因发明放射性$^{14}$C确定地质年代的方法获得 1960 年诺贝尔奖。]

12. 乙酸酐的分解是一级反应，其速率常数 $k/s^{-1}$ 与温度 $T$/K 有如下关系：$\lg k = 12.0414 - 7.537 \times 10^3/T$，欲使此反应在 10min 内转化率达到 90%，应如何控制温度？

13. 对于某一级反应，求在下列情况下剩余反应物的百分数。(1) $t = t_{1/2}/2$；(2) $t = 2t_{1/2}$。

14. 高层大气中微量臭氧 $O_3$ 可由以下过程形成：

(1) $NO_2 \xlongequal{} NO + O$（一级反应）　$k_1 = 6.0 \times 10^{-3} s^{-1}$　(1)

(2) $O + O_2 \xlongequal{} O_3$（二级反应）　$k_2 = 1.0 \times 10^6 mol^{-1} \cdot dm^3 \cdot s^{-1}$　(2)

假设由式 (1) 产生原子氧的速率等于式 (2) 消耗原子氧的速率。当空气中 $NO_2$ 浓度为 $3.0 \times 10^{-9} mol \cdot dm^{-3}$ 时，污染空气中 $O_3$ 生成的速率是多少？

15. 蔗糖的转化反应为：

$$C_{12}H_{22}O_{11} + H_2O \xlongequal{} C_6H_{12}O_6(\text{果糖}) + C_6H_{12}O_6(\text{葡萄糖})$$

在一定温度和催化剂条件下，由实验测得其速率方程式为 $r = 0.0193c$(蔗糖)（mol·dm$^{-3}$·min$^{-1}$）。现有浓度为 0.2mol·dm$^{-3}$ 的蔗糖溶液 2dm$^3$，试求：(1) 初速率是多少？(2) 20min 后可得多少摩尔的葡萄糖和果糖？(3) 20min 时蔗糖的转化率是多少？

16. 已知 $N_2O_4(g) \xlongequal{} 2NO_2(g)$ 的指前因子 $A = 1 \times 10^{22} s^{-1}$，活化能 $E_a = 5.44 \times 10^4 J \cdot mol^{-1}$，求此反应在 298K 时的 $k$ 值是多少？

17. 根据实验结果，在高温时焦炭与二氧化碳的反应为：

$$C(s) + CO_2(g) \xlongequal{} 2CO(g)$$

其活化能为 167360J·mol$^{-1}$，计算自 900K 升高到 1000K 时，反应速率之比。

18. 在 301K 时鲜牛奶大约 4.0h 变酸，但在 278K 的冰箱中可保持 48h。假定反应速率与变酸时间成反比，求牛奶变酸反应的活化能。

19. 对下列反应 $C_2H_5Cl(g)$══$C_2H_4(g)+HCl(g)$，已知其活化能 $E_a=246.9kJ \cdot mol^{-1}$，700K 时的速率常数 $k_1=5.9\times10^{-5}s^{-1}$，求 800K 时的速率常数 $k_2$ 是多少？

20. 已知在 967K 时，$N_2O(g)$ 的分解反应 $N_2O(g)$══$N_2(g)+\frac{1}{2}O_2(g)$，在无催化剂时活化能为 $244.8kJ \cdot mol^{-1}$，而在 Au 作催化剂时的活化能为 $121.3kJ \cdot mol^{-1}$。问：在金作催化剂时反应速率增加为原来的多少倍？

第 6 章参考答案

# 第 7 章　化学平衡

借助于化学反应把廉价的原料转化为我们所需要的产品，这是化学工业生产的主要任务和内容。当确定在给定条件下某化学反应可以自发进行后，接着就要考虑随着反应的进行，反应物可以转化为生成物的最大限度以及如何进一步提高产率。这就是化学平衡的问题。

本章应用化学热力学的基本原理，探讨化学平衡的特点和遵循的基本规律，讨论化学平衡建立的条件、化学平衡移动的方向等重要问题。帮助人们找到适当的反应条件，使化学反应朝着人们所需要的方向进行。并应用化学平衡的相关原理讨论酸碱平衡、沉淀-溶解平衡、配位平衡及其移动。

## 7.1　化学反应的可逆性与化学平衡

一些化学反应进行的结果，反应物能完全变为生成物，即所谓反应能进行到底。例如当氯酸钾加热时，它会全部分解为氯化钾和氧气：

$$2KClO_3 = 2KCl + 3O_2 \uparrow$$

反过来，如以氯化钾和氧气来制备氯酸钾，在目前条件下是不可能的。因此，这种反应通常叫作不可逆反应。但是，对于绝大多数化学反应来说，既有反应物变为生成物的反应发生，同时也有生成物变为反应物的反应发生。即虽然从总体上说反应有确定的方向，但实际上它们都包含着两个方向相反的反应，即反应存在对峙性。例如，高温下二氧化碳和氢气在密闭容器中反应，可以生成一氧化碳和水蒸气。

$$CO_2 + H_2 = CO + H_2O$$

而在同样条件下，一氧化碳和水蒸气反应，也可以生成二氧化碳和氢气。

$$CO + H_2O = CO_2 + H_2$$

这种在同一条件下，既能向正反应方向进行又能向逆反应方向进行的反应称为可逆反应。必须强调，这里所说的“可逆”，并非热力学上“可逆”的含义，而是“对峙”的意思。此处之所以仍称可逆反应，仅是人们的习惯而已。

虽然大多数化学反应都是对峙反应，但通常情况下只有一个宏观的反应方向。只有当正逆反应的快慢一样时，此对峙反应才是热力学上可逆的化学反应。

可逆反应

书写可逆反应方程式时，常用两个相反的箭号表示“可逆”之意，例如：

$$CO_2 + H_2 \rightleftharpoons CO + H_2O$$

其中，从左向右进行的反应称为正反应，从右向左进行的反应称为逆反应。

化学平衡的建立是以可逆反应为前提的。从热力学角度看，在等温等压下，当反应物的吉布斯函数的总和高于生成物的吉布斯函数的总和时（即 $\Delta_r G_m < 0$），反应能自发进行。随着反应的进行，反应物的吉布斯函数总和逐渐下降，而生成物的吉布斯函数的总和逐渐上升，当两者相等时（即 $\Delta_r G_m = 0$），反应达到了平衡。

从动力学角度看，反应开始时，反应物浓度较大，生成物浓度较小，所以正反应速率大于逆反应速率。随着反应的进行，反应物浓度不断减小，生成物浓度不断增加。所以，正反应速率不断减小，逆反应速率不断增大，当正、逆反应速率相等时，系统中各物质的浓度不再发生变化，反应达到了平衡。

由上面的讨论可知，化学平衡具有如下特征。

① 化学平衡是一种动态平衡。可逆反应达到平衡后，只要外界条件不变，反应物与生成物的浓度或分压都不再随时间变化。表面上看似反应已经停止，但实际上正向反应（生成物的生成）和逆向反应（生成物重新变成反应物）仍在不断进行，只不过正、逆反应以相同的速率进行。

② 化学平衡是一种有条件的平衡。化学平衡只能在一定的外界条件下才能保持，当外界条件改变时，原有的平衡就会被破坏，直到在新的条件下建立起新的平衡。

可以看出，化学平衡是化学反应的最大限度，这一最大限度一般用化学反应的平衡常数来表示。

## 7.2　化学反应等温式和平衡常数

化学平衡定律

### 7.2.1　经验平衡常数

大量的实验事实表明，在一定的反应条件下，任何一个可逆反应经过或长或短的时间后，总会达到化学平衡。这时，反应系统（反应物和生成物的混合物）中各物质的浓度（或分压力）之间呈现一定的比例关系，即生成物浓度以方程式中化学计量系数为幂的乘积与反应物的浓度以方程式中化学计量系数为幂的乘积之比为一常数，称为经验平衡常数，这就是化学平衡定律。

例如，在三个密闭容器中分别加入不同数量的 $H_2(g)$、$I_2(g)$ 和 $HI(g)$。将容器恒温在793K，直到建立化学平衡。分别测定平衡时各物质的浓度，结果见表7.1。

**表7.1　$H_2(g)$、$I_2(g)$ 和 $HI(g)$ 反应体系的实验数据**

| 试验编号 | 起始浓度/$mol\cdot dm^{-3}$ | | | 平衡浓度/$mol\cdot dm^{-3}$ | | | $\frac{c^2(HI)}{c(H_2)c(I_2)}$ |
|---|---|---|---|---|---|---|---|
| | $c(H_2)$ | $c(I_2)$ | $c(HI)$ | $c(H_2)$ | $c(I_2)$ | $c(HI)$ | |
| 1 | 0.200 | 0.200 | 0.000 | 0.188 | 0.188 | 0.024 | 0.016 |
| 2 | 0.000 | 0.000 | 0.200 | 0.094 | 0.094 | 0.012 | 0.016 |
| 3 | 0.100 | 0.100 | 0.100 | 0.177 | 0.177 | 0.023 | 0.017 |

可以看出：无论反应从正反应开始，还是从逆反应开始，或者正、逆反应同时开始，尽管各物质的平衡浓度不同，但生成物的浓度以方程式中化学计量系数为幂的乘积与反应物浓度以化学计量系数为幂的乘积之比为一常数。这种关系对任何可逆反应都适用，即对任一可逆反应

$$aA+bB \rightleftharpoons dD+gG$$

在一定温度下达到平衡时，都有

$$K_c=\prod_B (c_B)^{\nu_B} \tag{7.1}$$

式中，$K_c$ 为浓度平衡常数；$c_B$ 为物质B的平衡浓度。实际测出体系中各相关物质的平衡浓度 $c_B$，即可求得反应的 $K_c$。

对于气相反应，也可以用平衡时各组分气体分压来代替浓度，得到的平衡常数 $K_p$ 即压力平衡常数，其表达式为：

$$K_p=\prod_B (p_B)^{\nu_B} \tag{7.2}$$

式中，$p_B$ 为物质 B 的平衡分压。

容易看出，浓度和压力平衡常数一般是有单位的（除非该化学反应平衡常数表达式中分子项的量纲和分母项的量纲恰好消去）。

书写平衡常数关系式的规则

对于经验平衡常数，作如下几点说明。

① 反应体系包含的相不同，经验平衡常数的表达式不同。

对于气相反应，用有关物质平衡时的分压代替浓度，如 $H_2(g)+I_2(g) \rightleftharpoons 2HI(g)$ 的 $K_p$ 为

$$K_p=\frac{p^2(HI)}{p(H_2)p(I_2)}$$

对于溶液中的反应，如 $Sn^{2+}(aq)+2Fe^{3+}(aq) \rightleftharpoons Sn^{4+}(aq)+2Fe^{2+}(aq)$ 的 $K_c$ 为

$$K_c=\frac{c(Sn^{4+})c^2(Fe^{2+})}{c(Sn^{2+})c^2(Fe^{3+})}$$

对于复相反应，其中的气相物质用相对分压表示，溶液中的物质用相对浓度表示。稀溶液中的溶剂（如水）、纯液态和纯固态物质的浓度不出现在平衡常数的表达式中。如反应 $Zn(s)+2H^+(aq) \rightleftharpoons Zn^{2+}(aq)+H_2(g)$ 的 $K_c$ 为

$$K_c=\frac{c(Zn^{2+})p(H_2)}{c^2(H^+)}$$

② 平衡常数的表达式及数值与反应式的书写有关，如

$$H_2(g)+I_2(g) \rightleftharpoons 2HI(g)$$

$$K_{p1}=\frac{p^2(HI)}{p(H_2)p(I_2)}$$

$$1/2H_2(g)+1/2I_2(g) \rightleftharpoons HI(g)$$

$$K_{p2}=\frac{p(HI)}{p^{1/2}(H_2)p^{1/2}(I_2)}=\sqrt{K_{p_1}}$$

### 7.2.2 化学反应等温式和标准平衡常数

平衡常数的意义

第 5 章已经讨论了标准状态下化学反应的吉布斯函数变 $\Delta_r G_m^{\ominus}$，实际应用中，反应混合物很少处于相应的标准状态。如何得到任意状态下化学反应的 $\Delta_r G_m$ 呢？范特霍夫从化学热力学中推导了恒温恒压条件下计算非标准状态反应吉布斯函数变 $\Delta_r G_m$ 的化学反应等温式。

对于理想气体的反应 $aA+bB \rightleftharpoons dD+gG$

$$\Delta_r G_m(T)=\Delta_r G_m^{\ominus}(T)+RT\ln\frac{(p'_G/p^{\ominus})^g(p'_D/p^{\ominus})^d}{(p'_A/p^{\ominus})^a(p'_B/p^{\ominus})^b} \tag{7.3}$$

令

$$J_p=\frac{(p'_G/p^{\ominus})^g(p'_D/p^{\ominus})^d}{(p'_A/p^{\ominus})^a(p'_B/p^{\ominus})^b} \tag{7.4}$$

则有

$$\Delta_r G_m(T)=\Delta_r G_m^{\ominus}(T)+RT\ln J_p \tag{7.5a}$$

式中，$p'_A$、$p'_B$、$p'_G$ 和 $p'_D$ 分别表示气态物质 A、B、G 和 D 在任意给定态时的分压力；$p/p^{\ominus}$ 称为相对压力；$J_p$ 称为压力商。

对于溶液中进行的反应同样有

$$\Delta_r G_m(T)=\Delta_r G_m^{\ominus}(T)+RT\ln\frac{(c'_G/c^{\ominus})^g(c'_D/c^{\ominus})^d}{(c'_A/c^{\ominus})^a(c'_B/c^{\ominus})^b}$$

$$J_c=\frac{(c'_G/c^{\ominus})^g(c'_D/c^{\ominus})^d}{(c'_A/c^{\ominus})^a(c'_B/c^{\ominus})^b}$$

化学反应等温方程式

则
$$\Delta_r G_m(T)=\Delta_r G_m^{\ominus}(T)+RT\ln J_c \tag{7.5b}$$

式中，$c'_A$、$c'_B$、$c'_G$ 和 $c'_D$ 分别表示 A、B、G 和 D 物质在任意给定态时的浓度；$c^{\ominus}=1\text{mol}\cdot\text{dm}^{-3}$，$c/c^{\ominus}$ 称为相对浓度；$J_c$ 称为浓度商。

式(7.5a)和式(7.5b)都称为化学反应等温式。它把体系在任意给定态时各物质的分压或浓度与 $\Delta_r G_m(T)$ 和 $\Delta_r G_m^{\ominus}(T)$ 定量地联系起来，是判断化学反应方向的重要公式。若已知 $J_p$ 或 $J_c$，用热力学数据算出 $\Delta_r G_m^{\ominus}(T)$，即可利用化学反应等温式求出 $\Delta_r G_m(T)$，从而判断在任意给定态时反应进行的方向。

对于理想气体的反应，在等温等压下达到平衡时，其 $\Delta_r G_m(T)=0$，此时理想气体 A、B、G、D 在任意给定态时的分压力 $p'_A$、$p'_B$、$p'_G$、$p'_D$ 分别变成平衡时的分压力 $p_A$、$p_B$、$p_G$、$p_D$，式(7.3)变成

$$0=\Delta_r G_m^{\ominus}(T)+RT\ln\frac{(p_G/p^{\ominus})^g(p_D/p^{\ominus})^d}{(p_A/p^{\ominus})^a(p_B/p^{\ominus})^b}$$

因为
$$K^{\ominus}(T)=\frac{(p_G/p^{\ominus})^g(p_D/p^{\ominus})^d}{(p_A/p^{\ominus})^a(p_B/p^{\ominus})^b} \tag{7.6}$$

所以
$$\Delta_r G_m^{\ominus}=-RT\ln K^{\ominus}(T) \tag{7.7}$$

或
$$\ln K^{\ominus}(T)=-\frac{\Delta_r G_m^{\ominus}(T)}{RT}$$

式(7.6)表明：在一定温度下，当反应达到平衡时，生成物的相对压力（或相对浓度）以方程式中化学计量系数为幂的乘积除以反应物的相对压力（或相对浓度）以化学计量系数为幂的乘积是一个常数，称为标准平衡常数，是量纲为一的量。

从式(7.1)可知，通过化学平衡定律可以得到经验平衡常数，而通过式(7.6)可以得到标准平衡常数，前者是由实验测得的，而后者是通过热力学函数得到的。两者之间既有联系又有区别。在一定温度下，某一给定反应的 $\Delta_r G_m^{\ominus}(T)$ 为一定值，所以 $K^{\ominus}$ 的数值也只是温度的函数，而经验平衡常数不仅与温度有关，还与压力或浓度等因素有关。但两者都是描述化学反应在某条件下达到的最大限度，一个反应的平衡常数值越大，表示正反应进行的趋势越强，生成物在平衡系统中所占比例越大，反应的平衡点倾向于生成物一方。

### 7.2.3　多重平衡原理

某些反应体系中，经常有一种或几种物质同时参与几个不同的化学反应，这些物质可以是反应物，也可以是生成物。在一定条件下，这种反应体系中的某一种（或几种）物质同时参与两个或两个以上的化学反应，当这些反应都达到化学平衡时，就称为同时平衡或多重平衡。这种体系就称为多重平衡体系。若多重平衡体系中的某个反应可以由几个反应相加或相减得到，则该反应的平衡常数等于这几个反应的平衡常数之积或商，这种关系称为多重平衡原理。

假设一个体系中有三个平衡同时存在，在同一温度下的标准平衡常数分别为 $K_1^{\ominus}$、$K_2^{\ominus}$ 和 $K_3^{\ominus}$，三个反应的标准吉布斯函数变分别为 $\Delta_r G_{m,1}^{\ominus}$、$\Delta_r G_{m,2}^{\ominus}$、$\Delta_r G_{m,3}^{\ominus}$，若

$$反应(3)=反应(1)+反应(2)$$

则有 $$\Delta_r G^{\ominus}_{m,3}=\Delta_r G^{\ominus}_{m,1}+\Delta_r G^{\ominus}_{m,2}$$

所以 $$-RT\ln K^{\ominus}_3=-RT\ln K^{\ominus}_1+(-RT\ln K^{\ominus}_2)$$

$$\ln K^{\ominus}_3=\ln(K^{\ominus}_1 K^{\ominus}_2)$$

$$K^{\ominus}_3=K^{\ominus}_1 K^{\ominus}_2$$

### 7.2.4 平衡常数的计算及应用

标准平衡常数可以定量地表示出反应进行的程度，因此是化学反应的重要数据。

通过有关的热力学数据，用式(7.7)，由反应的 $\Delta_r G^{\ominus}_m(T)$ 可以计算不同温度下的标准平衡常数 $K^{\ominus}$。

$$\ln K^{\ominus}(T)=-\frac{\Delta_r G^{\ominus}_m(T)}{RT} \tag{7.8}$$

利用标准平衡常数，可以进行许多重要判断或回答许多重要的问题。如由标准平衡常数 $K^{\ominus}$ 预测反应实现的可能性，预测反应进行的方向和程度等。

(1) 预测反应实现的可能性

目前国内外都在开展常温常压下化学固氮的研究工作，这是一个理论上和实践中都具有重大意义的前沿课题。下列三个化学反应可供利用：

| 反应式 | $\Delta_r G^{\ominus}_m/\mathrm{kJ\cdot mol^{-1}}$ | $K^{\ominus}(298.15)$ |
|---|---|---|
| A. $N_2(g)+3H_2(g)\rightleftharpoons 2NH_3$ | $-33.47$ | $+10^6$ |
| B. $N_2(g)+3H_2O(l)\rightleftharpoons 2NH_3(g)+3/2O_2$ | 682 | $-10$ |
| C. $N_2(g)+3SO_3^{2-}+3H_2O(l)\rightleftharpoons 2NH_3(g)+3SO_4^{2-}$ | $-91.2$ | $+10^{16}$ |

从上述三个反应的 $K^{\ominus}(298.15)$ 可见，A 和 C 式在常温常压下都可得到数量可观的氨，特别是 C 式反应产率更大。A 式已有工业化生产，C 式则是寻找合适的催化剂使之实现的问题。就是说，热力学可指出反应的可能性，要把这种可能性变成现实性，则需要化学动力学的研究。目前，科学家正循着 C 式的途径展开艰难的探索。

(2) 判断反应的方向和限度

$$\Delta_r G^{\ominus}_m(T)=-RT\ln K^{\ominus}(T)$$

$$\Delta_r G_m(T)=\Delta_r G^{\ominus}_m(T)+RT\ln J$$

$$\Delta_r G_m(T)=-RT\ln K^{\ominus}+RT\ln J$$

可得出如下结论：

A. 如 $J<K^{\ominus}$，则 $\Delta_r G_m(T)<0$，表示正向反应自发进行；

B. 如 $J>K^{\ominus}$，则 $\Delta_r G_m(T)>0$，表示逆向反应自发进行；

C. 如 $J=K^{\ominus}$，则 $\Delta_r G_m(T)=0$，系统处于平衡状态。

**【例 7.1】** 在 1000K 时，反应 $CO(g)+H_2O(g)\rightleftharpoons CO_2(g)+H_2(g)$（设均为理想气体）的 $K^{\ominus}(1000K)=1.43$。设反应系统中各物质的起始相对压力分别是 $p(CO)/p^{\ominus}=5.0$，$p(H_2O)/p^{\ominus}=2.0$，$p(CO_2)/p^{\ominus}=3.0$，$p(H_2)/p^{\ominus}=3.0$。

(1) 试计算此条件下反应的 $\Delta_r G_m$，并说明反应的方向。

(2) 已知在 1200K 时，$K^{\ominus}(1200K)=0.73$，判断反应的方向。

**解：** (1) 将已知数据代入式(7.4)，得

$$J_p=\frac{3.0\times 3.0}{5.0\times 2.0}=0.9$$

$$\Delta_r G_m=RT\ln\frac{J}{K^{\ominus}}=8.314\text{J}\cdot\text{K}^{-1}\cdot\text{mol}^{-1}\times 1000\text{K}\times\ln\left(\frac{0.9}{1.43}\right)=-3.85\times 10^{3}\text{J}\cdot\text{mol}^{-1}$$

反应正向自发进行。

(2) 在 1200K 时，$J=0.9>K^{\ominus}(1200\text{K})=0.73$

所以 $\Delta_r G_m>0$，上述反应逆向自发进行。

(3) 平衡转化率及组成的计算

化学反应达到平衡时，系统中所有相关物质 B 的浓度不再随时间而改变，此时反应物已最大限度地转变为生成物。平衡常数具体反映出化学反应达平衡时各相关物质的相对浓度、相对分压之间的关系，因而可以定量地表征化学反应进行的最大程度。在化工生产中常用转化率 $\alpha$ 来衡量化学反应进行的程度。某反应物的转化率是指该反应物已转化为生成物的百分数。即

$$\alpha=\frac{c_0-c}{c_0}\times 100\% \tag{7.9}$$

式中，$c_0$ 为初态浓度；$c$ 为末态浓度。化学反应达平衡时的转化率称平衡转化率。显然，平衡转化率是理论上该反应的最大转化率。而在实际生产中，反应达到平衡需要一定的时间，流动的生产过程往往系统还没有完全达到平衡，反应物就离开了反应容器，所以实际的转化率要低于平衡转化率。实际转化率与反应进行的时间有关。工业生产中所说的转化率一般指实际转化率，而一般教材中所说的转化率是指平衡转化率。

**【例 7.2】** $N_2O_4(g)$ 的分解反应为 $N_2O_4(g)\rightleftharpoons 2NO_2(g)$，该反应 298.15K 的 $K^{\ominus}=0.116$，试求该温度下当平衡总压为 200kPa 时 $N_2O_4(g)$ 的平衡转化率。

**解：** 设起始时 $N_2O_4(g)$ 的物质的量为 1mol，平衡转化率为 $\alpha$。

| | $N_2O_4(g)\rightleftharpoons$ | $2NO_2(g)$ |
|---|---|---|
| 起始时物质的量/mol | 1 | 0 |
| 平衡时物质的量/mol | $1-\alpha$ | $2\alpha$ |
| 平衡时总物质的量/mol | $n_{总}=1-\alpha+2\alpha=1+\alpha$ | |
| 平衡分压/kPa | $\frac{1-\alpha}{1+\alpha}p_{总}$ | $\frac{2\alpha}{1+\alpha}p_{总}$ |

$$K^{\ominus}=\frac{[p(NO_2)/p^{\ominus}]^2}{[p(N_2O_4)/p^{\ominus}]}$$

$$=\frac{[2\alpha/(1+\alpha)]^2(p_{总}/p^{\ominus})^2}{[(1-\alpha)/(1+\alpha)](p_{总}/p^{\ominus})}=0.116$$

则 $\alpha=0.12=12\%$

## 7.3　影响化学平衡的因素及平衡的移动

化学平衡状态只有在一定的条件下才能保持，当条件（如浓度、压力、温度等）改变时，平衡将被破坏，直到与新条件相适应，系统又达到新的平衡。这种因条件的改变使化学反应从原来的平衡状态转变到新的平衡状态的过程称为化学平衡的移动，凡能破坏 $J=K^{\ominus}$

的因素都可使化学平衡发生移动。平衡移动的标志是，各物质的平衡浓度（或压力）发生变化。化学平衡移动实际上是系统条件改变后，再一次考虑化学反应的方向和限度的问题。根据式(7.5)，可以由 $J$ 与 $K^{\ominus}$ 的关系判断化学平衡移动的方向。下面分析浓度、压力、温度对化学平衡移动的影响。

### 7.3.1 浓度对化学平衡的影响

根据化学反应等温式

$$\Delta_r G_m = RT\ln\frac{J}{K^{\ominus}}$$

当系统达到平衡时，$J=K^{\ominus}$，$\Delta_r G_m=0$。如果浓度发生变化，则 $J$ 会变，而 $K^{\ominus}$ 不变（对一定的反应，在一定温度条件下，平衡时各物质浓度是一定值)，此时 $J\neq K^{\ominus}$。则 $\Delta_r G_m$ 由原来平衡时等于零变为大于零或小于零，于是平衡发生移动，直至 $J=K^{\ominus}$。根据 $J$ 的表达式(7.4)，若提高反应物浓度（或分压力）或降低生成物浓度（或分压力)，都导致 $J$ 变小，使 $J<K^{\ominus}$，故 $\Delta_r G_m<0$，平衡向右移动，直到 $J=K^{\ominus}$，新的平衡重新建立；相反，减少反应物的浓度（或分压力）或增加生成物浓度（或分压力)，$J$ 将变大，使 $J>K^{\ominus}$，故平衡向左移动。

根据平衡移动的原理，在实际反应中，人们为了尽可能充分地利用某一种原料（较贵重、难得)，往往使用过量的另一种原料（廉价、易得）与其反应，以使平衡尽可能向正方向移动，提高原料的转化率，达到充分利用原料的目的。而如果从平衡系统中不断将生成物分离取出，使生成物的浓度（或分压）不断降低，则平衡将不断地向生成物方向移动，直到某原料基本上被消耗完全，这样也可充分利用原料，提高实际产率。

**【例 7.3】** 已知下列水煤气变换反应于密闭容器中进行，$CO(g)+H_2O(g)=\!=\!=CO_2(g)+H_2(g)$，在 1073K 建立平衡时，各物质的浓度均为 $1.00mol\cdot dm^{-3}$，$K^{\ominus}=1.00$，若再加入 $3.00mol\cdot dm^{-3}$ 的 $H_2O(g)$，试计算说明平衡将向什么方向移动。

**解：** 在平衡体系中再加入 $3.00mol\cdot dm^{-3}$ 的 $H_2O(g)$ 后，反应的浓度商为

$$\begin{aligned}J_c &= \frac{[c'(CO_2)/c^{\ominus}][c'(H_2)/c^{\ominus}]}{[c'(CO)/c^{\ominus}][c'(H_2O)/c^{\ominus}]}\\ &= \frac{(1.00mol\cdot dm^{-3}/c^{\ominus})(1.00mol\cdot dm^{-3}/c^{\ominus})}{(1.00mol\cdot dm^{-3}/c^{\ominus})[(1.00mol\cdot dm^{-3}/c^{\ominus})+(3.00mol\cdot dm^{-3}/c^{\ominus})]}\\ &= 0.25\end{aligned}$$

$J_c<K^{\ominus}$，反应正向进行，即平衡将向正反应方向移动，直至建立新的平衡。

### 7.3.2 压力对化学平衡的影响

压力变化对平衡的影响应视化学反应的具体情况而定。对只有液体或固体参与的反应而言，改变压力对平衡影响很小，可以不予考虑。但对于有气态物质参与的平衡系统，系统压力的改变则可能会对平衡产生影响。如合成氨反应：

$$N_2(g)+3H_2(g)\rightleftharpoons 2NH_3(g)$$

在一定温度、总压为 $p_1$ 下达平衡，平衡常数为 $K^{\ominus}$。则

$$K^{\ominus}=\frac{[p_1(NH_3)/p^{\ominus}]^2}{[p_1(N_2)/p^{\ominus}][p_1(H_2)/p^{\ominus}]^3}$$

如果改变总压力（例如压缩总容积），使新的总压 $p_2=2p_1$，此时，各物质的分压为

$$p_2(N_2)=2p_1(N_2), p_2(H_2)=2p_1(H_2), p_2(NH_3)=2p_1(NH_3)$$

则

$$J_p=\frac{[p_2(NH_3)/p^\ominus]^2}{[p_2(N_2)/p^\ominus][p_2(H_2)/p^\ominus]^3}=\frac{[2p_1(NH_3)/p^\ominus]^2}{[2p_1(N_2)/p^\ominus][2p_1(H_2)/p^\ominus]^3}=1/4K^\ominus$$

$$J_p<K^\ominus$$

因此，增加总压后，将使平衡向右移动，反应向正方向进行。

如果改变总压使新的总压 $p_2=1/2p_1$，则 $J_p=4K^\ominus>K^\ominus$，因此降低总压后，平衡向左移动，反应向逆方向进行。

仔细分析合成氨的反应，可以看出压力对化学平衡影响的原因在于，反应前后气态物质的化学计量数之和 $\sum\nu_{B(g)}\neq 0$。增加压力，平衡向气体分子数减少的方向移动；降低压力，平衡向气体分子数增多的方向移动。显然，如果反应前后气体分子数没有变化，$\sum\nu_{B(g)}=0$，则改变总压对化学平衡没有影响。例如，对反应 $C(s)+H_2O(g) \rightleftharpoons CO(g)+H_2(g)$ 而言，增加总压力将使平衡逆向移动，使水煤气的产率降低；而降低总压力将使平衡正向移动，使水煤气的产率增加。

需要特别指明的是，上述情况中改变总压力的方法是通过改变反应体系的总容积来改变总压力的（压缩总容积使体系压力增加，扩大总容积使总压力降低）。在这种情况下，总压力的增加或降低，导致各气体组分的平衡分压相应地成比例地增减，因而才会引起 $J_p$ 的变化，导致平衡移动。但若向体系中加入某种新的气体组分（如加入某种惰性气体），而不改变体系的总容积，那么体系的总压力虽然也会增加，但并不会引起平衡的移动。因为这种情况下，各组分气体的平衡分压没有变化，$J_p$ 也不会变化。

**【例 7.4】** 已知反应 $N_2O_4(g) \rightleftharpoons 2NO_2(g)$，在总压为 100kPa 和温度为 325K 时达到平衡，$N_2O_4(g)$ 的转化率为 50.2%。试求：

(1) 该反应的 $K^\ominus$；

(2) 相同温度，压力为 5×100kPa 时 $N_2O_4(g)$ 的平衡转化率 $\alpha$。

**解：**(1) 设该反应起始时，$n(N_2O_4)=1mol$，$N_2O_4(g)$ 的平衡转化率为 $\alpha$。

| | $N_2O_4(g) \rightleftharpoons$ | $2NO_2(g)$ |
|---|---|---|
| 起始时物质的量/mol | 1 | 0 |
| 平衡时物质的量/mol | $1-\alpha$ | $2\alpha$ |
| 平衡时总物质的量/mol | $1-\alpha+2\alpha=1+\alpha$ | |
| 平衡分压 $p_B$/kPa | $\frac{1-\alpha}{1+\alpha}\times 100kPa$ | $\frac{2\alpha}{1+\alpha}\times 100kPa$ |

标准平衡常数　$K^\ominus=[p(NO_2)/p^\ominus]^2/[p(N_2O_4)/p^\ominus]$

$$=\left(\frac{2\alpha}{1+\alpha}\times\frac{100kPa}{100kPa}\right)^2\Big/\left(\frac{1-\alpha}{1+\alpha}\times\frac{100kPa}{100kPa}\right)$$

$$=\frac{4\times 0.502^2}{1-0.502^2}\times\frac{100}{100}=1.37$$

(2) 温度不变，$K^{\ominus}$不变。

$$K^{\ominus}=\frac{4\alpha^2}{1-\alpha^2}\times\frac{5\times100}{100}=1.37$$

解得 $\alpha=0.251=25.1\%$

计算结果表明，增加总压，平衡向气体化学计量系数减小的方向移动。在本题中，平衡向 $N_2O_4$ 转化率降低的方向移动，即向逆反应方向移动。

### 7.3.3 温度对化学平衡的影响

浓度和压力对平衡移动的影响是通过改变 $J$ 值，使平衡发生移动，但 $K^{\ominus}$并不改变。温度对化学平衡的影响与浓度、压力的影响有本质上的区别。温度改变会使标准平衡常数的数值发生变化，使得 $K^{\ominus}(T_2)\neq J$，从而引起平衡的移动。

由 $\Delta_r G_m^{\ominus}(T)=\Delta_r H_m^{\ominus}-T\Delta_r S_m^{\ominus}$ 及 $\Delta_r G_m^{\ominus}(T)=-RT\ln K^{\ominus}$

可得 $$\ln K^{\ominus}(T)=-\frac{\Delta_r H_m^{\ominus}}{RT}+\frac{\Delta_r S_m^{\ominus}}{R} \tag{7.10}$$

在温度变化不大时，$\Delta_r H_m^{\ominus}$ 和 $\Delta_r S_m^{\ominus}$ 可看作常数。若反应在 $T_1$ 和 $T_2$ 时的平衡常数分别为 $K_1^{\ominus}$ 和 $K_2^{\ominus}$，则近似有：

$$\ln K_1^{\ominus}(T_1)=-\frac{\Delta_r H_m^{\ominus}}{RT_1}+\frac{\Delta_r S_m^{\ominus}}{R}$$

$$\ln K_2^{\ominus}(T_2)=-\frac{\Delta_r H_m^{\ominus}}{RT_2}+\frac{\Delta_r S_m^{\ominus}}{R}$$

两式相减有：

$$\ln\frac{K_2^{\ominus}(T_2)}{K_1^{\ominus}(T_1)}=\frac{\Delta_r H_m^{\ominus}}{R}\left(\frac{T_2-T_1}{T_1T_2}\right) \tag{7.11}$$

如果是放热反应，$\Delta_r H_m^{\ominus}<0$，当温度 $T$ 升高时，$T_2>T_1$，则 $K_1^{\ominus}>K_2^{\ominus}$，即平衡常数减小（使得 $J>K^{\ominus}$），平衡向逆方向移动（即向吸热方向移动）。而如果是吸热反应，则 $\Delta_r H_m^{\ominus}>0$，当温度 $T$ 升高，$T_2>T_1$ 时，则 $K_1^{\ominus}<K_2^{\ominus}$，即平衡常数将增大（使得 $J<K^{\ominus}$），使平衡向正方向移动（即向吸热方向移动）。因此在不改变浓度、压力的条件下，升高系统的温度时，平衡向着吸热反应的方向移动；反之，降低温度时，平衡向着放热反应的方向移动。

**【例 7.5】** 反应 $BaSO_4(s)\rightleftharpoons BaO(s)+SO_3(g)$ 在 600K 时，$K^{\ominus}=1.60\times10^{-8}$，反应的标准摩尔焓变 $\Delta_r H_m^{\ominus}=175kJ\cdot mol^{-1}$，求反应在 400K 时的 $K^{\ominus}$。

**解：** 按式(7.11)

$$\ln\frac{K_2^{\ominus}(T_2)}{1.60\times10^{-8}}=\frac{175\times10^3 J\cdot mol^{-1}}{8.314J\cdot K^{-1}\cdot mol^{-1}}\times\frac{400K-600K}{600K\times400K}$$

$$K_2^{\ominus}(T)=3.88\times10^{-16}$$

### 7.3.4 勒夏特列原理

1907 年，在总结大量实验的基础上，勒夏特列（Le Chatelier）提出了平衡移动的普遍原理：对任何一个化学平衡而言，当其平衡条件如浓度、温度、压力等由于外部原因而发生改变时，平衡将发生移动。平衡移动的方向总是向着减弱外因所造成的变化方向移动。例如，增加反应物的浓度或分压，平衡就正向移动，使更多的反应物转化为生成物，以减弱反应物浓度或反应气体分压增加的影响；如果压缩体系的总容积以增加平衡的总压力（不包括加入惰性气体），平衡向气体分子数减少的方向移动，以减弱总压增加的影响；对吸热反应，当系统的温度升高时，平衡向吸热的正方向移动，以减弱温度升高对系统的影响；若反应是放热的，则当系统的温度升高时，平衡向吸热的逆方向移动，以减弱温度升高对系统的影响。这就是勒夏特列原理。

必须注意，勒夏特列原理只适用于已经处于平衡状态的系统，而对于未达到平衡状态的系统不适用。

## 7.4　酸碱平衡

酸和碱是常见的重要物质，在日常生活、科学研究及工农业生产中起着十分重要的作用，是重要的化工原料。酸碱反应是一类重要而又常见的反应，在自然界、生物体内处处存在，起着极为重要的作用。酸碱平衡是水溶液中化学平衡的基础，酸碱反应的实质是质子的转移。本节以酸碱质子理论为基础，讨论水溶液中的酸碱平衡及移动。

### 7.4.1　酸碱理论的发展简介

人们对酸碱的认识有 200 多年的历史，可分三个阶段。

第一阶段是表象认识阶段。在氧元素发现以前，人们认为酸是有酸味的物质，碱是能抵消酸味的物质。到 1774 年氧元素发现后，人们又认为凡是酸，组成中都含氧，当时人们遇到的还都是含氧酸。到了 19 世纪初，人们相继发现了盐酸、氢氟酸、氢氰酸等，对这些酸的分析发现，其组成中并不含有氧，却都含有氢，所以人们又认为凡是酸，组成中都含有氢。这是人们对酸的表观认识阶段。

第二阶段是酸碱电离理论。酸碱电离理论是在 19 世纪后期形成的。该理论对酸碱的定义是：在水溶液中解离时所生成的阳离子全部是 $H^+$ 的化合物称为酸；而在水溶液中解离时所生成的阴离子全部是 $OH^-$ 的化合物称为碱。酸碱的电离理论也称为阿仑尼乌斯（S. A. Arrhenius）酸碱理论。在这一理论中，$H^+$ 是酸的特征，而 $OH^-$ 是碱的特征。酸碱反应的实质是

$$H^+ + OH^- \rightleftharpoons H_2O$$

因为 $H_2O$ 可以解离出 $H^+$ 和 $OH^-$，但解离度很小，且 $c(H^+)=c(OH^-)$，所以 $H_2O$ 既不是酸又不是碱。酸碱电离理论从物质的化学组成上揭示了酸碱的本质，并且应用化学平衡原理找到了衡量酸碱强弱的定量标度，这是人们对酸碱的认识由现象到本质的一次飞跃，对化学学科的发展起到了积极的推动作用，目前这一理论在化学上仍得以普遍应用。

但电离理论具有局限性。酸碱电离理论只限于水溶液，离开了水溶液就没有酸碱反应了。但事实是：越来越多的反应是非水溶液中的反应，许多不含 $H^+$ 及 $OH^-$ 的物质也表现出了酸碱性。例如：$NH_3$ 不能解离出 $OH^-$，但它显碱性。这些现象是酸碱电离理论无法解释的，这就促使人们对酸碱进行重新认识。

第三阶段是酸碱质子理论。1923 年，丹麦化学家布朗斯特（J. N. Brønsted）和英国化

学家劳里（T. M. Lowry）分别单独同时提出了酸碱质子理论，克服了电离理论的局限性。

酸碱质子理论认为：凡是能给出质子的物质（分子或离子）都称为酸，凡是能接受质子的物质（分子或离子）都称为碱，如 HCl、$NH_4^+$、HAc 等都能给出质子，都是酸；而 $OH^-$、$CO_3^{2-}$ 等，都能与质子结合，所以它们都是碱。酸碱质子理论大大拓宽了酸碱的范围，更突破了水溶液的局限性，所以得到了普遍的应用。

但这一理论只限于质子的给出与接受，所以必须含有氢，这就不能解释不含氢的一类化合物的反应问题。为此，1923 年路易斯提出了更广泛意义的酸碱理论——酸碱电子理论。该理论在本书中不做介绍。

## 7.4.2 酸碱质子理论

### 7.4.2.1 共轭酸碱概念及其相对强弱

根据酸碱质子理论，能给出质子的物质是酸，能接受质子的物质是碱。例如

$$HAc \rightleftharpoons H^+ + Ac^-$$

$$H_2PO_4^- \rightleftharpoons H^+ + HPO_4^{2-}$$

$$HPO_4^{2-} \rightleftharpoons H^+ + PO_4^{3-}$$

$$NH_4^+ \rightleftharpoons H^+ + NH_3$$

$$[CH_3NH_3]^+ \rightleftharpoons H^+ + CH_3NH_2$$

$$[Fe(H_2O)_6]^{3+} \rightleftharpoons H^+ + [Fe(OH)(H_2O)_5]^{2+}$$

$$[Fe(OH)(H_2O)_5]^{2+} \rightleftharpoons H^+ + [Fe(OH)(H_2O)_4]^+$$

酸碱质子理论

左边是给出质子的物质，都是酸；右边是接受质子的物质，都是碱。酸和碱可以是中性分子，也可以是阴离子或阳离子。需要说明的是："裸核" $H^+$ 是不能孤立存在的，它在水溶液中均以氢键的形式与 $H_2O$ 结合成水合质子，即 $H_3O^+$。为简单书写，经常将 $H_3O^+$ 简写为 $H^+$。

可以看出，酸碱质子理论中的酸与碱不是彼此孤立的，而是统一在对质子的联系上。如以反应式表示，可以写成：

$$酸 \rightleftharpoons 碱 + H^+$$

酸给出一个质子后变成碱，碱接受一个质子后又变成相应的酸。酸与碱这种相互依存相互转化的关系称为共轭关系。相差一个质子的酸碱对，称为共轭酸碱对。

根据酸碱共轭关系不难理解，酸越易给出质子，其共轭碱就越难结合质子。即酸越强，则其共轭碱越弱；反之，酸越弱，则其共轭碱就越强。例如，HCl 是强酸，所以 $Cl^-$ 几乎没有结合质子的能力——很弱的碱；在水溶液中的 HCN 给出质子的能力比较弱，是弱酸，所以其共轭碱 $CN^-$ 结合质子的能力就比较强，是强碱。而有些物质，例如 $HCO_3^-$、$H_2O$ 等既能给出质子，又能结合质子，所以它们是具有酸碱两性的离子或分子。当遇到比它们更强的酸时，它们结合质子，表现出碱的特性；当遇到比它们更强的碱时，它们给出质子，表现出酸的特性。故称其为两性电解质，简称两性物。

### 7.4.2.2 酸碱反应的实质和酸碱反应的方向

根据酸碱质子理论，在酸碱反应中，一定有质子的给出和接受，因此酸碱反应的实质是两个共轭酸碱对之间的质子传递。即

$$酸1 + 碱2 \rightleftharpoons 酸2 + 碱1$$

故质子理论又称为质子传递理论。

酸碱质子理论不仅适用于水溶液，还适用于气相和非水溶液的酸碱反应。例如 $NH_3$ 和 HCl 的反应，无论在水溶液中，还是在气相或在苯溶液中，其实质都是质子传递——$NH_3$ 夺取 HCl 中的质子的反应，其中存在争夺质子的过程。争夺质子的结果，总是强碱（$NH_3$）取得质子。

$$\underset{\text{酸 1}}{HCl}+\underset{\text{碱 2}}{NH_3}\longrightarrow \underset{\text{酸 2}}{NH_4^+}+\underset{\text{碱 1}}{Cl^-}$$

所以，酸碱反应的结果必然是强碱（$NH_3$）夺取强酸给出的质子而转化为它的共轭酸（$NH_4^+$）——弱酸；强酸（HCl）给出质子后转化为它的共轭碱（$Cl^-$）——弱碱。

总之，酸碱反应总是由较强的酸与较强的碱作用，并向着生成较弱的酸和较弱的碱的方向进行。相互作用的酸、碱越强，反应进行得越完全。同一两性物之间发生的酸碱反应称为该物质的质子自递反应。如 $H_2O$ 分子，质子自递反应为

$$\underset{\text{酸 1}}{H_2O}+\underset{\text{碱 2}}{H_2O}\rightleftharpoons \underset{\text{酸 2}}{H_3O^+}+\underset{\text{碱 1}}{OH^-}$$

### 7.4.3 酸碱质子平衡

在一定条件下酸碱反应达到一定平衡状态，采用化学标准平衡常数表达式表示酸碱反应平衡关系。对于酸的解离平衡可写成下列形式

$$HA+H_2O\rightleftharpoons A^-+H_3O^+$$

其平衡常数为

$$K_a^{\ominus}=\frac{\dfrac{c(A^-)}{c^{\ominus}}\times\dfrac{c(H_3O^+)}{c^{\ominus}}}{\dfrac{c(HA)}{c^{\ominus}}}$$

考虑到 $c^{\ominus}=1\text{mol}\cdot\text{dm}^{-3}$，为简便起见，在解离平衡表达式中，经常省略 $c^{\ominus}$，即简写为

$$K_a^{\ominus}=\frac{c(A^-)c(H_3O^+)}{c(HA)} \tag{7.12}$$

式中，$K_a^{\ominus}$ 的大小反映的是酸给出质子的能力，并非电离理论中酸的解离常数，但习惯上仍称其为解离常数（或电离常数）。$K_a^{\ominus}$ 是水溶液中酸强度的量度，$K_a^{\ominus}$ 较大的酸较强，$K_a^{\ominus}$ 较小的酸较弱。

同样，碱的解离常数 $K_b^{\ominus}$ 是反应 $A^-+H_2O\rightleftharpoons HA+OH^-$ 的平衡常数，可表示为

$$K_b^{\ominus}=\frac{\dfrac{c(HA)}{c^{\ominus}}\times\dfrac{c(OH^-)}{c^{\ominus}}}{\dfrac{c(A^-)}{c^{\ominus}}}$$

简写为

$$K_b^{\ominus}=\frac{c(HA)c(OH^-)}{c(A^-)} \tag{7.13}$$

HA 和 $A^-$ 是一共轭酸碱对，由式(7.12) 和式(7.13) 可得它们的 $K_a^{\ominus}$ 与 $K_b^{\ominus}$ 之间的关系为

$$K_a^{\ominus}K_b^{\ominus}=c(OH^-)c(H_3O^+)=K_w^{\ominus} \tag{7.14}$$

$K_w^{\ominus}$ 是水的解离常数，298.15K 时为 $1.00\times10^{-14}$，共轭酸碱对 $K_a^{\ominus}$ 与 $K_b^{\ominus}$ 之间的关系也可表示为

$$pK_a^\ominus + pK_b^\ominus = pK_w^\ominus \tag{7.15}$$

可见，有了酸的 $K_a^\ominus$ 即可得到其共轭碱的 $K_b^\ominus$，有了碱的 $K_b^\ominus$ 同样可得到其共轭酸的 $K_a^\ominus$。常见弱酸、弱碱的 $K_a^\ominus$、$K_b^\ominus$ 可由附表 8 查得。根据酸、碱的 $K_a^\ominus$、$K_b^\ominus$ 的大小，可以比较它们的相对强弱，解离常数值越大，酸或碱就越强。例如 298.15K 时，$K_{a,HAc}^\ominus = 1.76\times10^{-5}$，$K_{a,HF}^\ominus = 3.53\times10^{-4}$，$K_{a,HCOOH}^\ominus = 1.77\times10^{-4}$，在水溶液中的酸性强弱顺序为 HF＞HCOOH＞HAc，它们的共轭碱的强弱顺序为 $F^- < HCOO^- < Ac^-$。

要注意下面几个概念的区别：酸浓度、酸度、酸强度。这是几个不同的概念，酸浓度是指以溶质酸的量计算而得到的浓度，如 HAc 溶液的浓度为 $0.1\text{mol}\cdot\text{dm}^{-3}$ 指的是将 0.1mol HAc 溶解在水中制成 $1\text{dm}^3$ HAc 溶液。酸度是指溶液中的 $c(H_3O^+)$ 或溶液的 pH；酸强度则是指酸的相对强弱，指的是酸的 $K_a^\ominus$ 值的大小。

### 7.4.4　一元弱酸弱碱的解离平衡

弱酸弱碱计算 pH 值的近似公式

以 HA 代表任一种一元弱酸，其初始浓度为 $c$，解离常数为 $K_a^\ominus$，根据解离平衡关系式有

| | $HA + H_2O \rightleftharpoons$ | $H_3O^+$ | $+ A^-$ |
|---|---|---|---|
| 起始浓度/$\text{mol}\cdot\text{dm}^{-3}$ | $c$ | 0 | 0 |
| 平衡浓度/$\text{mol}\cdot\text{dm}^{-3}$ | $c-x$ | $x$ | $x$ |

设平衡时 $c(H_3O^+) = x\,\text{mol}\cdot\text{dm}^{-3}$，则有：

$$K_a^\ominus = \frac{[c(H_3O^+)/c^\ominus][c(A^-)/c^\ominus]}{c(HA)/c^\ominus} = \frac{x^2}{c-x}$$

当 $c/K_a^\ominus \geqslant 400$ 时，和 $c$ 相比，$x$ 很小，$c-x$ 中的 $x$ 可以忽略，$c-x\approx c$，则上式可以简化为：

$$x = \sqrt{K_a^\ominus c/c^\ominus} \qquad (c/K_a^\ominus \geqslant 400) \tag{7.16}$$

一元弱碱溶液中 $c(OH^-)$ 的计算方法与一元弱酸完全相同，只需将计算式中的 $K_a^\ominus$ 和 $c(H_3O^+)$ 相应换成 $K_b^\ominus$ 和 $c(OH^-)$。

对于一元弱碱：

$$x = \sqrt{K_b^\ominus c/c^\ominus} \qquad (c/K_b^\ominus \geqslant 400) \tag{7.17}$$

**【例 7.6】** 计算 $0.100\text{mol}\cdot\text{dm}^{-3}$ HAc 溶液的 $c(H_3O^+)$ 和 pH 值。

**解：** 查表得 $K_{HAc}^\ominus = 1.75\times10^{-5}$

因为 $c/K_a^\ominus = 0.100/(1.75\times10^{-5}) = 5714 > 400$，故

$$c(H_3O^+)/c^\ominus = \sqrt{K_a^\ominus c/c^\ominus} = \sqrt{1.75\times10^{-5}\times0.100} = 1.32\times10^{-3}$$

$$c(H_3O^+) = 1.32\times10^{-3}\,\text{mol}\cdot\text{dm}^{-3}$$

$$pH = -\lg c(H_3O^+)/c^\ominus = 2.88$$

**【例 7.7】** 计算 $0.100\text{mol}\cdot\text{dm}^{-3}$ $NaNO_2$ 溶液的 pH 值。

**解：** 查表得 $K_{HNO_2}^\ominus = 4.6\times10^{-4}$；溶液中 $Na^+$ 并不参与酸碱平衡，决定溶液酸度的是 $NO_2^-$。$NO_2^-$ 是 $HNO_2$ 的共轭碱，它在水溶液中的解离平衡是：

$$NO_2^- + H_2O \rightleftharpoons HNO_2 + OH^-$$

$$K^{\ominus}_{NO_2^-} = \frac{K^{\ominus}_w}{K^{\ominus}_{HNO_2}} = \frac{1.00\times10^{-14}}{4.6\times10^{-4}} = 2.2\times10^{-11}$$

因为 $c/K^{\ominus}_b = 0.10/(2.2\times10^{-11}) = 7.3\times10^9 > 400$，故

$$c(OH^-)/c^{\ominus} = \sqrt{K^{\ominus}_b c/c^{\ominus}} = \sqrt{2.2\times10^{-11}\times0.100} = 1.48\times10^{-6}$$

$$c(OH^-) = 1.48\times10^{-6}\,mol\cdot dm^{-3}$$

$$pH = 14 - pOH = 8.47$$

## 7.4.5　酸碱解离平衡的移动

一切平衡都是暂时的、相对的动态平衡，酸碱解离平衡也不例外。当外界条件发生变化时，旧的平衡被破坏，新的平衡将建立起来，这种“破旧立新”的过程就是平衡移动的过程。例如：在 HAc 溶液中加入强酸或 NaAc，因溶液中 $H_3O^+$ 或 $Ac^-$ 浓度大大增加，使 HAc 的解离平衡向左移动，从而降低了 HAc 的解离度。

$$HAc + H_2O \rightleftharpoons H_3O^+ + Ac^-$$

又如，向 $NH_3$ 溶液中加入强碱或 $NH_4Cl$，同样会使平衡向左移动。这种向电解质溶液中加入具有共同离子的强电解质，从而使解离平衡向左移动，降低弱电解质解离度的现象，称为同离子效应。

$$NH_3 + H_2O \rightleftharpoons NH_4^+ + OH^-$$

酸碱平衡的移动在实际工作中及在生命过程中都具有重要的意义。

### 7.4.5.1　缓冲溶液

缓冲溶液

很多化学反应都必须在一定的酸度范围内才能进行。例如：人体血液的 pH 必须保持在 7.35～7.45，才能维持体内的酸碱平衡，从而保证正常的生理活动。如果血液的 pH 偏离了这一范围，将会导致各种各样的疾病。如何才能使溶液的 pH 保持相对稳定呢？先看表 7.2 的实验结果。

**表 7.2　实验测得的 pH**

| 编　号 | 试　验　步　骤 | 测得的 pH |
|---|---|---|
| 1 | 将 5.0mL 0.20$mol\cdot dm^{-3}$ HAc 与 5.0mL 0.20$mol\cdot dm^{-3}$ NaAc 混合 | 4.84 |
| 2 | 在 1 号溶液中加入 0.10mL(2 滴)0.20$mol\cdot dm^{-3}$ HCl 溶液 | 4.79 |
| 3 | 在 1 号溶液中加入 0.10mL(2 滴)0.20$mol\cdot dm^{-3}$ NaOH 溶液 | 4.91 |
| 4 | 10.0mL $1.0\times10^{-5}$ $mol\cdot dm^{-3}$ HCl 溶液 | 5.00 |
| 5 | 在 4 号溶液中加入 0.10mL(2 滴)0.20$mol\cdot dm^{-3}$ HCl 溶液 | 2.07 |
| 6 | 在 4 号溶液中加入 0.10mL(2 滴)0.20$mol\cdot dm^{-3}$ NaOH 溶液 | 11.81 |

可以看出，在 1 号溶液中加入少量的强酸（2 号）或强碱（3 号）溶液之后，溶液的 pH 变化很小，而在 4 号溶液中加入少量的强酸（5 号）或强碱（6 号）溶液之后，溶液的 pH 变化很大。1 号溶液是由弱酸及其弱酸盐组成的，该溶液能够缓解外加少量酸碱或水对溶液 pH 的影响。这种能够保持溶液 pH 不发生显著变化的作用称为缓冲作用，具有该作用的溶液称为缓冲溶液，一般是由弱酸及弱酸盐（或弱碱及弱碱盐）的混合溶液组成的。

缓冲溶液具有保持溶液 pH 相对稳定的作用，是由酸碱解离平衡移动的原理所决定的。

下面以 HAc 和强电解质 NaAc 组成的溶液为例进行说明。

弱电解质 HAc 和强电解质 NaAc 的解离可写成如下二式：

$$HAc + H_2O \rightleftharpoons H_3O^+ + Ac^-$$

$$NaAc \longrightarrow Na^+ + Ac^-$$

在含有 HAc 和 NaAc 的溶液中，由于同离子效应抑制了 HAc 的解离。此时 $c(HAc)$ 和 $c(Ac^-)$都很大，而 $c(H^+)$很小。当在该溶液中加入少量的强酸（$H_3O^+$）时，$H_3O^+$ 和 $Ac^-$ 形成 HAc 分子，迫使平衡向左移动，溶液中的 $H_3O^+$ 浓度不会显著增大。同样，当向溶液中加入少量的强碱（$OH^-$）时，$OH^-$ 和溶液中的 $H_3O^+$ 结合生成 $H_2O$，平衡向右移动，同时 HAc 会不断地解离出 $H_3O^+$ 和 $Ac^-$，使 $H_3O^+$ 浓度保持稳定，溶液的 pH 基本不变，这就是缓冲溶液具有缓冲能力的原因。

显然，当加入了大量的强酸或强碱，溶液中的 HAc 或 $Ac^-$ 消耗殆尽时，缓冲溶液就不再具有缓冲能力了。所以缓冲溶液的缓冲能力是有限的。

弱碱及其盐所组成的缓冲溶液的缓冲作用，可用同样方法说明。

#### 7.4.5.2 缓冲溶液 pH 的计算

对于由弱酸 HA 及其共轭碱 $A^-$（弱酸盐）组成的缓冲溶液而言。

$$HA + H_2O \rightleftharpoons H_3O^+ + A^-$$

$$K_a^\ominus = \frac{[c(H_3O^+)/c^\ominus][c(A^-)/c^\ominus]}{c(HA)/c^\ominus}$$

$$c(H_3O^+) = K_a^\ominus \frac{c(HA)}{c(A^-)} c^\ominus \tag{7.18}$$

$$pH = pK_a^\ominus - \lg \frac{c(HA)}{c(A^-)}$$

式中，$K_a^\ominus$ 是弱酸 HA 的解离常数；$c(HA)$、$c(A^-)$分别为弱酸与弱酸盐的平衡浓度。由于在缓冲溶液中，弱酸 HA 及其共轭碱 $A^-$ 是大量的，其浓度远大于因缓冲作用而引起的变化。因此在上式中，用缓冲溶液中弱酸及弱酸盐的起始浓度近似代替其平衡浓度，即可方便求出溶液的 pH。

同样，对碱性缓冲体系（如 $NH_3 + NH_4Cl$ 体系），用类似方法可以求得 $c(OH^-)$和 pH 的计算公式。

$$c(OH^-) = K_b^\ominus \frac{c(B)}{c(HB^+)} c^\ominus$$

$$pOH = pK_b^\ominus - \lg \frac{c(B)}{c(HB^+)}$$

$$c(H_3O^+) = \frac{K_w^\ominus}{c(OH^-)}$$

$$pH = 14 - pOH = 14 - pK_b^\ominus + \lg \frac{c(B)}{c(HB^+)} \tag{7.19}$$

式中，$K_b^\ominus$ 为组成缓冲对的弱碱的电离常数；$c(B)$及 $c(HB^+)$分别为溶液中弱碱及弱碱盐的平衡浓度。实际上采用 B 及 $HB^+$ 的起始浓度进行计算。

缓冲溶液的缓冲能力具有一定的限度。由计算公式(7.18) 可知，缓冲溶液的 pH 取决于共轭酸碱对的浓度比，即取决于 $c_{弱酸}/c_{共轭碱}$(或 $c_{弱碱}/c_{共轭酸}$)。只有当这一比值改变量不大时，溶液的 pH 才不会有大的变化。要保证缓冲溶液具有较大的缓冲能力必须做到如下几点。

① 适当提高共轭酸碱对的浓度。在实际工作中往往需要将溶液的 pH 控制在一定的范围，而不是控制在某一固定值，所以通常共轭酸碱对的浓度也不必过高，这样不仅可以节省试剂，也可以减少由于浓度过高而对化学反应可能造成的不利影响和操作上的麻烦。一般当共轭酸碱的浓度比为 1∶1 时，其浓度控制在 $0.1\sim1\text{mol}\cdot\text{dm}^{-3}$ 为宜。此时 $\text{pH}=\text{p}K_a^{\ominus}$。在 $1\text{dm}^3$ 这样的溶液中加入 0.01mol 强酸或强碱，溶液的 pH 改变不超过 0.01～0.1pH 单位。这样的溶液具有较好的缓冲作用。

② 共轭酸碱对的浓度要接近。一般浓度比为 1∶1 或接近这一比值配制的缓冲溶液具有较大的缓冲能力。实验证明，常用缓冲溶液共轭酸碱对的浓度比为 1∶1 时，效果最好。一般配制缓冲溶液时，共轭酸碱对的浓度比保持在 (10∶1)～(1∶10)，其相应的 pH 及 pOH 变化范围为

$$\text{pH}=\text{p}K_a^{\ominus}\pm1 \quad 或 \quad \text{pOH}=\text{p}K_b^{\ominus}\pm1 \tag{7.20}$$

称为缓冲溶液的有效缓冲范围，简称缓冲范围。各体系相应的缓冲范围是以其 $\text{p}K_a^{\ominus}$ 或 $\text{p}K_b^{\ominus}$ 为中心的，这为选择和配制缓冲溶液提供了理论依据。

选择缓冲溶液时，应遵循的原则：

a. 缓冲溶液不能与欲控制 pH 的溶液发生化学反应；

b. 所需控制的 pH 应在缓冲溶液的缓冲范围之内；

c. 缓冲溶液的缓冲能力较大。

酸碱缓冲作用在自然界中是一种普遍现象：土壤的 pH 一般为 5～8，这是因为土壤中含有的硅酸、磷酸、腐殖酸及它们的共轭碱等，形成了一种复合缓冲体系，适宜农作物的生长。在动植物体内也都含有复杂和特殊的缓冲体系维持着体液的 pH，以保证正常的生命活动，如人体血液中除含有血红蛋白和血浆蛋白等有机物缓冲体系外，还含有 $H_2CO_3$-$HCO_3^-$、$H_2PO_4^-$-$HPO_4^{2-}$ 等重要的无机盐缓冲体系。例如：$HCO_3^-$-$H_2CO_3$ 可以中和人体内产生的有机酸，生成 $H_2CO_3$，进而分解为 $CO_2$，经呼吸系统排出体外。人体内这些缓冲溶液通过如下反应起到缓冲作用

$$HCO_3^- + H_2O \rightleftharpoons H_2CO_3 + OH^-$$

$$H_2PO_4^- + OH^- \rightleftharpoons HPO_4^{2-} + H_2O$$

这些缓冲体系相互制约，使人体血液的 pH 始终维持在 7.40±0.05 范围内。超出这一范围就会导致不同程度的“酸中毒”或“碱中毒”；如 pH 改变量超过 0.4pH 单位，患者就有生命危险。在化学和化工领域，缓冲溶液应用更普遍。

**【例 7.8】** 向浓度为 $0.10\text{mol}\cdot\text{dm}^{-3}$ 的 HAc 溶液中加入固体 NaAc，使 NaAc 的浓度为 $0.10\text{mol}\cdot\text{dm}^{-3}$，设 NaAc 加入后溶液的总体积不变，试求该溶液的 pH。

**解：** 由 HAc 与 NaAc 组成的溶液是一缓冲溶液，其 pH 可按式(7.18)求得：

$$\text{pH}=\text{p}K_a^{\ominus}-\lg\frac{c(\text{HA})}{c(\text{A}^-)}$$

按题意知：

$$c(\text{HA})=c(\text{HAc})=0.10\text{mol}\cdot\text{dm}^{-3}$$

$$c(\text{A}^-)=c(\text{Ac}^-)=0.10\text{mol}\cdot\text{dm}^{-3}$$

查附表 8 可得 HAc 的解离常数：$K_a^{\ominus}=1.76\times10^{-5}$，$\text{p}K_a^{\ominus}=4.75$

所以该溶液的 $\text{pH}=4.75-\lg\dfrac{0.10}{0.10}=4.75$

# 7.5 沉淀溶解平衡

与酸碱平衡体系不同，沉淀形成与溶解平衡是一种两相化学平衡体系。例如：在 NaCl 溶液中加入 $AgNO_3$ 溶液，生成白色的 AgCl 沉淀；在 $BaCl_2$ 溶液中加入 $H_2SO_4$ 溶液，会析出白色的 $BaSO_4$ 沉淀，这种在溶液中溶质相互作用，析出难溶性固态物质的反应称为沉淀反应。如果在含有 $CaCO_3$ 的溶液中加入过量的盐酸，则可使沉淀溶解，该反应称为溶解反应。这种沉淀与溶解反应的特征是在反应过程中伴有新物相的生成或消失，存在着固态难溶电解质与由它解离产生的离子之间的平衡，这种平衡称为沉淀溶解平衡。在科学研究和生产实践中，经常利用沉淀的生成或溶解来进行离子的分离、除去杂质、制备材料以及进行分析测定等。因此需要了解沉淀的生成、溶解和转化的规律。

## 7.5.1 溶度积

难溶电解质的溶解和生成是一个可逆过程。例如在一定温度下，把难溶电解质 AgCl 放入水中，则 AgCl 固体表面上的 $Ag^+$ 和 $Cl^-$ 因受到水分子的吸引，成为水合离子而溶解进入溶液。同时，溶液中的 $Ag^+$ 和 $Cl^-$ 由于不断运动，其中有些接触到 AgCl 固体表面又产生沉淀。当溶解和沉淀的速率相等时成为饱和溶液，建立了固体和溶液中离子之间的平衡。表达式为：

$$AgCl(s) \rightleftharpoons Ag^+(aq) + Cl^-(aq)$$
$$K_{sp}^{\ominus} = [c(Ag^+)/c^{\ominus}][c(Cl^-)/c^{\ominus}]$$

$K_{sp}^{\ominus}$ 的意义与一般平衡常数完全相同，只是为了专指沉淀溶解平衡，将 $K^{\ominus}$ 写成 $K_{sp}^{\ominus}$，称为溶度积常数，简称溶度积。

对于任何一种难溶电解质，如果在一定温度下建立了沉淀溶解平衡，则都应遵循溶度积常数的表达式。即：

$$A_mB_n(s) \rightleftharpoons mA^{n+}(aq) + nB^{m-}(aq)$$
$$K_{sp}^{\ominus} = [c(A^{n+})/c^{\ominus}]^m [c(B^{m-})/c^{\ominus}]^n \tag{7.21}$$

例如：

$$Ag_2CrO_4(s) \rightleftharpoons 2Ag^+(aq) + CrO_4^{2-}(aq)$$
$$K_{sp}^{\ominus} = [c(Ag^+)/c^{\ominus}]^2 [c(CrO_4^{2-})/c^{\ominus}]$$

式(7.21)表明，在一定温度下，难溶电解质在其饱和溶液中各离子浓度幂的乘积是一个常数。它与其他平衡常数一样，只与难溶电解质的本性和温度有关，而与沉淀量的多少和溶液中离子浓度的变化无关。溶液中离子浓度的变化只能使平衡移动，但并不改变溶度积。

$K_{sp}^{\ominus}$ 数据可以通过热力学数据计算得到，也可以由物质的溶解度换算得到，还可以通过直接测定难溶电解质饱和溶液中离子浓度来计算得到。本书附表 9 列出了一些难溶电解质在 298.15K 下的溶度积数据。

## 7.5.2 溶度积规则

难溶电解质的多相离子平衡也是暂时的、有条件的动态平衡。当条件改变时，可以使溶液中的离子生成沉淀，也可以使固体溶解解离成离子。在沉淀溶解平衡中，根据难溶电解质

在水溶液中离子积 $J_c$ 的大小与该电解质的 $K_{sp}^{\ominus}$ 大小比较，可判断沉淀溶解反应进行的方向。

$$J_c(A_mB_n)=[c(A^{n+})/c^{\ominus}]^m[c(B^{m-})/c^{\ominus}]^n$$

$J_c$ 为任意给定态时的离子积。当浓度一定时，在含难溶电解质固体的饱和溶液中 $J_c=K_{sp}^{\ominus}$，建立动态平衡。当改变条件，使：

(1) $J_c<K_{sp}^{\ominus}$，则平衡向固体溶解方向移动，直至再次建立平衡；

(2) $J_c>K_{sp}^{\ominus}$，则为过饱和溶液，平衡向生成沉淀方向移动，直至再次建立平衡；

(3) $J_c=K_{sp}^{\ominus}$，溶液饱和，沉淀与溶解处于平衡状态。

以上规则称为溶度积规则，应用此规则可以判断沉淀的生成和溶解。

### 7.5.3　沉淀与溶解平衡

(1) 沉淀的生成

在难溶电解质溶液中，只要离子积大于溶度积，就会有这种物质的沉淀生成。一般常用加沉淀剂的方法使沉淀析出。

如向浓度为 $0.1\text{mol}\cdot\text{dm}^{-3}$ $Na_2CO_3$ 溶液中加入等体积的浓度为 $0.1\text{mol}\cdot\text{dm}^{-3}$ $BaCl_2$ 溶液，此时由于

$$J_c=[c(Ba^{2+})/c^{\ominus}][c(CO_3^{2-})/c^{\ominus}]=\frac{0.1}{2}\times\frac{0.1}{2}=2.5\times10^{-3}>K_{sp}^{\ominus}(2.58\times10^{-9})$$

所以有白色沉淀生成。随着 $BaCO_3$ 沉淀量的增加，溶液中 $Ba^{2+}$ 和 $CO_3^{2-}$ 浓度将逐渐降低，直到$[c(Ba^{2+})/c^{\ominus}][c(CO_3^{2-})/c^{\ominus}]=K_{sp}^{\ominus}(2.58\times10^{-9})$为止，这时溶液达到饱和。

(2) 沉淀的溶解

若在上述饱和溶液中加入稀盐酸，则由于盐酸电离出的 $H^+$ 与溶液中的 $CO_3^{2-}$ 结合成弱电解质 $H_2CO_3$，$H_2CO_3$ 不稳定，再分解为 $H_2O$ 和 $CO_2$ 气体，从而使溶液中的 $CO_3^{2-}$ 浓度降低，致使$[c(Ba^{2+})/c^{\ominus}][c(CO_3^{2-})/c^{\ominus}]<K_{sp}^{\ominus}(2.58\times10^{-9})$，破坏了固体 $BaCO_3$ 与溶液中的 $Ba^{2+}$ 和 $CO_3^{2-}$ 之间的平衡，使平衡向 $BaCO_3$ 沉淀溶解的方向移动，结果使 $BaCO_3$ 沉淀溶解。若加入足量的盐酸，可使 $BaCO_3$ 沉淀全部溶解。

若在 $BaCO_3$ 的饱和溶液中加入 $Na_2CO_3$ 溶液，由于 $CO_3^{2-}$ 浓度增大，此时$[c(Ba^{2+})/c^{\ominus}][c(CO_3^{2-})/c^{\ominus}]>K_{sp}^{\ominus}(2.58\times10^{-9})$，平衡向沉淀方向移动，直到溶液中$[c(Ba^{2+})/c^{\ominus}][c(CO_3^{2-})/c^{\ominus}]=K_{sp}^{\ominus}(2.58\times10^{-9})$为止。当达到新平衡时，溶液中 $Ba^{2+}$ 浓度降低了，结果降低了 $BaCO_3$ 的溶解度。在难溶电解质的饱和溶液中，加入与该难溶电解质具有相同离子的另一种强电解质时，使难溶电解质的溶解度降低，这是多相离子平衡中的同离子效应。

(3) 沉淀的转化

把一种溶度积较大的难溶电解质沉淀转化为另一种溶度积较小的难溶电解质沉淀，叫沉淀的转化。沉淀的转化，在实际生产中有广泛的应用，如水垢的去除、污水的处理和固体物质的分离。

例如，锅炉中的水垢，其中含有 $CaSO_4$，不易用一般的方法除去。由于 $CaCO_3$ 的溶度积小于 $CaSO_4$ 的溶度积，因此加足够量的 $Na_2CO_3$ 溶液，使 $CaSO_4$ 全部转化为疏松的、可溶于酸溶液的 $CaCO_3$ 沉淀，这样就容易清除了。

$$CaSO_4(s)+CO_3^{2-}(aq)\rightleftharpoons CaCO_3(s)+SO_4^{2-}(aq)$$

$$K^{\ominus}=\frac{c(SO_4^{2-})/c^{\ominus}}{c(CO_3^{2-})/c^{\ominus}}=\frac{[c(SO_4^{2-})/c^{\ominus}][c(Ca^{2+})/c^{\ominus}]}{[c(CO_3^{2-})/c^{\ominus}][c(Ca^{2+})/c^{\ominus}]}$$

$$=\frac{K_{sp}^{\ominus}(CaSO_4)}{K_{sp}^{\ominus}(CaCO_3)}=\frac{7.1\times10^{-5}}{4.96\times10^{-9}}=1.43\times10^{4}$$

沉淀转化程度可以用转化反应的平衡常数的大小来衡量。上述转化反应 $K^{\ominus}$ 达到 $1.43\times10^4$，可见沉淀转化程度是比较大的。一般来说，由溶度积大的沉淀向溶度积小的沉淀转化容易实现，而且两者 $K_{sp}^{\ominus}$ 相差越大，越容易转化。

## 7.6 配位平衡

配位反应在一定的条件下，配离子的形成反应和配离子的解离反应最后要达到平衡，这种平衡称为配位平衡。本节主要讨论配离子的解离平衡以及影响配离子平衡移动的因素。

### 7.6.1 配离子的解离平衡

在水溶液中，配离子以比较稳定的结构单元存在，但它也会像弱电解质一样部分解离，存在着解离平衡。以 $[Ag(NH_3)_2]^+$ 为例，在其水溶液中存在着如下平衡：

$$[Ag(NH_3)_2]^+ \rightleftharpoons Ag^+ + 2NH_3$$

$$Ag^+ + 2NH_3 \rightleftharpoons [Ag(NH_3)_2]^+$$

前者是配离子的解离反应，与之相对应的标准平衡常数称为配离子的解离平衡常数，用符号 $K_d^{\ominus}$ 表示。$K_d^{\ominus}$ 是配离子不稳定性的量度：相同配位数的配离子，$K_d^{\ominus}$ 越大，配离子的解离程度越大，配离子在水溶液中越不稳定。后者是配离子的生成反应，与之相对应的标准平衡常数称为配离子的生成平衡常数，用符号 $K_f^{\ominus}$ 表示。$K_f^{\ominus}$ 是配离子稳定性的量度：$K_f^{\ominus}$ 越大，表示配离子在水溶液中越稳定。因而 $K_d^{\ominus}$ 和 $K_f^{\ominus}$ 又可分别称为不稳定常数和稳定常数，分别表示为

$$K_d^{\ominus}=K_{不}^{\ominus}=\frac{[c(Ag^+)/c^{\ominus}][c(NH_3)/c^{\ominus}]^2}{c\{[Ag(NH_3)_2]^+\}/c^{\ominus}} \longrightarrow \frac{[Ag^+][NH_3]^2}{[Ag(NH_3)_2^+]}$$

$$K_f^{\ominus}=K^{\ominus}=\frac{c\{[Ag(NH_3)_2]^+\}/c^{\ominus}}{[c(Ag^+)/c^{\ominus}][c(NH_3)/c^{\ominus}]^2} \longrightarrow \frac{[Ag(NH_3)_2^+]}{[Ag^+][NH_3]^2}$$

显然，$K_f^{\ominus}$ 和 $K_d^{\ominus}$ 互为倒数关系：

$$K_f^{\ominus}=\frac{1}{K_d^{\ominus}}$$

配离子的生成反应一般是分级进行的，每一级都对应一个稳定常数，称之为逐级稳定常数（或分步稳定常数）$K_i^{\ominus}$。它们与总的稳定常数之间的关系应遵循多重平衡规则：

$$K_f^{\ominus}=K_1^{\ominus}K_2^{\ominus}\cdots$$

若将逐级稳定常数依次相乘，可得各级累积稳定常数 $\beta_i$：

$$\beta_1=K_1^{\ominus},\ \beta_2=K_1^{\ominus}K_2^{\ominus},\ \cdots,\ \beta_n=K_1^{\ominus}K_2^{\ominus}\cdots K_n^{\ominus}$$

附表 10 列出了一些常见配离子的稳定常数。

### 7.6.2 配离子平衡的移动

同所有的平衡一样，改变配位解离平衡的条件，平衡将发生移动。

(1) 酸度的影响

配位剂绝大多数是一些弱碱，如 $NH_3$、$CN^-$、$F^-$、$SCN^-$、$I^-$，改变溶液的酸度将改变这些配位剂的平衡浓度，导致配位平衡移动。例如：

$$[FeF_6]^{3-}(aq) \rightleftharpoons Fe^{3+}(aq)+6F^-(aq)$$

增加酸度，发生 $F^-$ 质子化反应：

$$H^+ + F^- = HF$$

造成 $F^-$ 浓度下降，促使 $[FeF_6]^{3-}$ 的解离，平衡向右移动。

(2) 生成沉淀的影响

向 $[Ag(NH_3)_2]^+$ 溶液中加入少量 KI 溶液，可观察到黄色沉淀 AgI 产生。这是由于中心离子 $Ag^+$ 与 $I^-$ 生成 AgI 沉淀而使配离子受到破坏，从而配位平衡向配离子解离的方向移动：

$$[Ag(NH_3)_2]^+(aq) \rightleftharpoons Ag^+(aq)+2NH_3(aq)$$

$$Ag^+(aq)+I^-(aq) \rightleftharpoons AgI(s)$$

(3) 氧化还原反应的影响

向 $[Ag(CN)_2]^-$ 溶液中加入金属锌，由于锌把 $Ag^+$ 还原为单质银，溶液中 $Ag^+$ 浓度减少：

$$[Ag(CN)_2]^-(aq) \rightleftharpoons Ag^+(aq)+2CN^-(aq)$$

此平衡将向配离子解离的方向移动。同时锌被氧化为 $Zn^{2+}$，另一平衡建立起来：

$$Zn^{2+}(aq)+4CN^-(aq) \rightleftharpoons [Zn(CN)_4]^{2-}(aq)$$

总反应式为：$2[Ag(CN)_2]^-(aq)+Zn(s) \rightleftharpoons [Zn(CN)_4]^{2-}(aq)+2Ag(s)$

(4) 配离子的转化

在配离子反应中，一种配离子可转化为另一种更稳定的配离子，即平衡向生成更难解离的配离子方向移动。对于相同配位数的配离子，通常可根据配离子的 $K_f^{\ominus}$ 来判断反应进行的方向。例如：

$$[Fe(NCS)_6]^{3-}(aq)+6F^-(aq) \rightleftharpoons [FeF_6]^{3-}(aq)+6NCS^-(aq)$$

$K_f^{\ominus}([Fe(NCS)_6]^{3-})=1.2\times10^9 \ll K_f^{\ominus}([FeF_6]^{3-})=2\times10^{15}$。因此，若向 $[Fe(NCS)_6]^{3-}$ 溶液中加入足量的 $NH_4F$，则 $[Fe(NCS)_6]^{3-}$ 将转化生成 $[FeF_6]^{3-}$。

## 复习题

1. 如何从热力学和动力学的角度判断反应达到了平衡？
2. 描述化学平衡状态的特点。
3. 反应商和标准平衡常数的概念有何区别？
4. 能否用 $\Delta_r G_m^{\ominus}$ 来判断反应的自发性？为什么？
5. 如何根据反应商和标准平衡常数的大小判断反应的自发性？
6. 什么是多重平衡原理？
7. 计算化学反应的 $K^{\ominus}$ 有哪些方法？
8. 影响平衡移动的因素有哪些？它们是如何影响移动方向的？
9. 说明温度变化对标准平衡常数的影响。
10. “温度与平衡常数的关系式”与“温度与反应速率常数的关系式”有哪些相似之处？有哪些不同之处？举例说明。

11. 酸碱质子理论如何定义酸和碱？有何优越性？什么叫共轭酸碱对？

12. 解释下列概念：(1) 同离子效应；(2) 缓冲溶液。

13. 以 HAc 和 NaAc 组成的溶液为例说明缓冲作用原理。

14. 给出一元及二元弱酸溶液酸碱度计算中常用的近似处理公式。

## 习 题

1. 下列说法是否准确？简述理由。

(1) 对化学反应而言，反应物都能按照计量方程式完全转变为产物。

(2) 化学平衡是一种动态平衡，在平衡系统中，各物质的浓度（或分压）保持不变。

(3) 当化学反应到达平衡后，正、逆反应的速率均为零。

(4) 一个反应的平衡常数值越大，表示正反应进行的趋势越强，生成物在平衡系统中所占比例越大。

(5) 一定温度下，对任一可逆反应而言，改变反应物或生成物浓度，平衡必发生移动，平衡常数也随之改变。

(6) 合成氨是放热反应，升高温度，反应速率常数 $k$ 增大，标准平衡常数 $K^{\ominus}$ 也增大。

(7) 将氢氧化钠溶液和氨水分别稀释 1 倍，则两溶液中的 $[OH^-]$ 都减小到原来的 1/2。

(8) 按照酸碱质子理论，$H_2PO_4^-$ 和 $HS^-$ 既是酸又是碱。

(9) 根据酸碱共轭关系，酸越强，其共轭碱越强。

2. 当向缓冲溶液中加入大量的酸和碱，或者用很大量的水稀释时，pH 值是否仍保持不变？说明其原因。

3. 对于一个在标准状态下是吸热、熵减的化学反应，当温度升高时，根据勒夏特列原理判断，反应将向吸热的正方向移动；而根据公式 $\Delta_r G_m^{\ominus}(T)=\Delta_r H_m^{\ominus}-T\Delta_r S_m^{\ominus}$ 判断，$\Delta_r G_m^{\ominus}$ 将变得更正（正值更大），即反应更不利于向正方向进行。在这两种矛盾的判断中，哪一种是正确的？简要说明原因。

4. 平衡常数改变时，平衡是否必定移动？平衡移动时，平衡常数是否一定改变？

5. 对于制取水煤气的下列平衡反应：$C(s)+H_2O(g) \rightleftharpoons CO(g)+H_2(g)$；$\Delta_r H_m^{\ominus}>0$。问：

(1) 欲使平衡向右移动，可采取哪些措施？

(2) 使正反应进行得较快且较完全（平衡向右移动）的适宜条件如何？这些措施对 $K^{\ominus}$ 及 $k$(正)、$k$(逆) 的影响各如何？

6. 写出下列各反应的 $K_p$、$K^{\ominus}$ 表达式：

(1) $NOCl(g) \rightleftharpoons 1/2N_2(g)+1/2Cl_2(g)+1/2O_2(g)$

(2) $Al_2O_3(s)+3H_2(g) \rightleftharpoons 2Al(s)+3H_2O(g)$

(3) $HCHO(l)+O_2(g) \rightleftharpoons CO_2(g)+H_2O(l)$

(4) $2NaHCO_3(s) \rightleftharpoons Na_2CO_3(s)+CO_2(g)+H_2O(g)$

7. 已知反应

(1) $H_2(g)+S(s) = H_2S(g)$  $K_{(1)}^{\ominus}=1.0\times10^{-3}$

(2) $S(s)+O_2(g) = SO_2(g)$  $K_{(2)}^{\ominus}=5.0\times10^{6}$

计算下列反应的 $K^{\ominus}$ 值

$$H_2(g)+SO_2(g) = H_2S(g)+O_2(g)$$

8. 已知反应 $2SO_2+O_2 \rightleftharpoons 2SO_3$ 在 1062K 时的 $K^{\ominus}=0.955$，如果在该温度下，某一容器中含有 $SO_2$、$O_2$、$SO_3$ 三种气体，其分压力分别为：$p(SO_2)=30.4$kPa，$p(O_2)=60.1$kPa，$p(SO_3)=25.3$kPa，试判断反应进行的方向。

9. 298.15K 时，在真空的容器中放入固态的 $NH_4HS$，分解为 $NH_3(g)$ 与 $H_2S(g)$，平衡时容器内的压力为 66.66kPa。

(1) 当放入 $NH_4HS(s)$ 时容器中已有 39.99kPa 的 $H_2S(g)$，求平衡时容器中的压力；

(2) 当放入 $NH_4HS(s)$ 时容器中已有 6.666kPa 的 $NH_3(g)$，问需加多大压力的 $H_2S(g)$，才能抑制固体 $NH_4HS$ 的分解？

10. 反应 $CO_2(g)+H_2(g) \rightleftharpoons CO(g)+H_2O(g)$，已知 298K 时热力学数据如下：

| | $CO_2(g)$ | $H_2(g)$ | $CO(g)$ | $H_2O(g)$ |
|---|---|---|---|---|
| $\Delta_f H_m^{\ominus}/kJ \cdot mol^{-1}$ | $-393.5$ | 0.0 | $-110.5$ | $-241.8$ |
| $S_m^{\ominus}/J \cdot mol^{-1} \cdot K^{-1}$ | 213.5 | 130.6 | 197.9 | 188.7 |

求：(1) 该反应在 298K 时的 $\Delta_r G_m^{\ominus}$；

(2) 相同温度下，系统中 $p_{CO_2}=p_{H_2}=\frac{1}{3}p^{\ominus}$、$p_{CO}=p_{H_2O}=\frac{1}{4}p^{\ominus}$ 时，计算该反应在 298K 时的 $\Delta_r G_m$，并确定该反应的方向。

11. 将空气中的单质氮变成各种含氮的化合物的反应叫作固氮反应。利用 $\Delta_r G_m^{\ominus}$(298.15K)数据计算下列反应的 $K^{\ominus}$，通过各反应的 $K^{\ominus}$ 值分析选择哪个反应最合适？

$$N_2(g)+O_2(g) = 2NO(g) \quad (1)$$

$$2N_2(g)+O_2(g) = 2N_2O(g) \quad (2)$$

$$N_2(g)+3H_2(g) = 2NH_3(g) \quad (3)$$

12. 已知反应

$$\frac{1}{2}H_2(g)+\frac{1}{2}Cl_2(g) = HCl(g)$$

在 298.15K 时，$K^{\ominus}=4.97\times10^{16}$，$\Delta_r H_m^{\ominus}(298.15K)=-92.307kJ \cdot mol^{-1}$，求 500K 时的 $K^{\ominus}$。

13. 已知反应：$C(s)+CO_2(g) \rightleftharpoons 2CO(g)$，$K^{\ominus}(1042K)=4.6$，$K^{\ominus}(940K)=0.05$。

问：(1) 上述反应是吸热还是放热反应？(2) 在 940K 的 $\Delta_r G_m^{\ominus}$ 是多少？

14. 设汽车内燃机内温度因燃料燃烧反应达到 1300℃，试估算反应 $\frac{1}{2}N_2(g)+\frac{1}{2}O_2(g) = NO(g)$ 在 25℃和 1300℃时的 $\Delta_r G_m^{\ominus}$ 和 $K^{\ominus}$ 的数值，并根据计算结果说明汽车排放对大气污染的影响（忽略温度对 $\Delta_r H_m^{\ominus}$ 和 $\Delta_r S_m^{\ominus}$ 的影响）。

15. $PCl_5(g)$加热分解成 $PCl_3(g)$和 $Cl_2(g)$，将 2.659g $PCl_5$ 装入体积为 $1.0dm^3$ 的密闭容器中，在 523K 达到平衡时系统总压力为 100kPa。求 $PCl_5$ 的分解率及平衡常数 $K^{\ominus}$。

16. 计算下列溶液的 pH 值：

(1) $0.1mol^{-1} \cdot dm^{-3}$ HCN 溶液

(2) $0.1mol^{-1} \cdot dm^{-3}$ $NH_3 \cdot H_2O$ 溶液

17. 指出下列各组水溶液，当两种溶液等体积混合时，哪些可以作为缓冲溶液，为什么？

(1) $NaOH(0.10mol \cdot dm^{-3})$-$HCl(0.20mol \cdot dm^{-3})$

(2) $HCl(0.10mol \cdot dm^{-3})$-$NaAc(0.20mol \cdot dm^{-3})$

(3) $HCl(0.10mol \cdot dm^{-3})$-$NaNO_2(0.050mol \cdot dm^{-3})$

(4) $HNO_2(0.30mol \cdot dm^{-3})$-$NaOH(0.15mol \cdot dm^{-3})$

18. 向 $0.40mol \cdot dm^{-3}$ HAc 溶液中加入等体积的 $0.20mol \cdot dm^{-3}$ NaOH 溶液后，求溶液的 pH 值。

第 7 章参考答案

# 第 8 章　氧化还原反应和电化学

化学反应一般可以分为两大类：一类是在反应过程中元素的氧化数没有发生变化，如酸碱反应、沉淀反应等，这类反应称为非氧化还原反应；另一类是在反应过程中元素的氧化数发生了变化，这类反应称为氧化还原反应。在氧化还原反应中，发生了电子转移，若氧化还原反应的反应物间不直接接触，而是通过导体来实现电子的转移，这样就使电子定向移动，从而使电流与氧化还原反应相联系起来，这样的氧化还原反应称为电化学反应。本章将重点讨论氧化还原反应及阐述电化学的一些基本原理和应用。

## 8.1　氧化还原反应

### 8.1.1　氧化还原反应的概念

原电池

氧化还原反应是元素氧化数发生改变的一类反应，如

$$Zn + CuSO_4 \longrightarrow ZnSO_4 + Cu$$

在反应中，Zn 给出电子而使自己的氧化数由 0 升高到＋2，这个过程称为氧化；$Cu^{2+}$ 从 Zn 中获得电子而使其氧化数由＋2 降低到 0，这个过程称为还原。$Cu^{2+}$ 被称为氧化剂，Zn 被称为还原剂。所以，氧化剂使还原剂氧化而本身发生了还原反应，即被还原。还原剂使氧化剂还原而本身发生了氧化反应，即被氧化。整个氧化还原反应由氧化和还原两个半反应构成：

氧化半反应：　　$Zn \longrightarrow Zn^{2+} + 2e^-$

还原半反应：　　$Cu^{2+} + 2e^- \longrightarrow Cu$

在半反应中，同一种元素的不同氧化态物质可构成一个氧化还原电对（简称电对）。在电对中，高氧化态物质称为氧化型（Ox），低氧化态物质称为还原型（Red），电对通式为氧化型/还原型（Ox/Red），如 $Zn^{2+}/Zn$、$Cu^{2+}/Cu$ 等。

氧化半反应与还原半反应相加为整个氧化还原反应。因此氧化还原反应一般可写为：

$$还原型(\text{Ⅰ}) + 氧化型(\text{Ⅱ}) \rightleftharpoons 氧化型(\text{Ⅰ}) + 还原型(\text{Ⅱ})$$

Ⅰ和Ⅱ分别表示所对应的两种物质构成的不同电对，氧化反应和还原反应总是同时发生，相辅相成。

### 8.1.2　氧化还原反应的配平

配平氧化还原反应方程式的主要方法有氧化数法和离子-电子法。氧化数法适用范围比较广，可以不限于水溶液。离子-电子法仅适用于水溶液，但其优点是方便，尤其是对于有复杂物质参与的反应。本书主要介绍后一种方法。配平氧化还原反应须遵守的规则是：

① 根据质量守恒定律，方程式两边各种元素的原子总数必须各自相等；

② 反应过程中氧化剂所得到的电子数必须等于还原剂所失去的电子数。

在配平过程中，不能引入其他氧化还原电对。由于一般反应是在水溶液中进行，因此，

$H^+$、$OH^-$ 和 $H_2O$ 可能参与反应，在配平中可利用它们。对于酸性溶液可使用 $H^+$ 和 $H_2O$，对于碱性溶液可使用 $OH^-$ 和 $H_2O$，对于中性溶液，任选一种都可以。

例如，配平反应方程式

$$KMnO_4 + K_2SO_3 \longrightarrow MnSO_4 + K_2SO_4\text{(酸性溶液)}$$

第一步：将主要反应物和生成物以离子形式列出

$$MnO_4^- + SO_3^{2-} \longrightarrow Mn^{2+} + SO_4^{2-}$$

第二步：将氧化还原反应分成两个半反应

还原反应： $$MnO_4^- \longrightarrow Mn^{2+}$$

氧化反应： $$SO_3^{2-} \longrightarrow SO_4^{2-}$$

第三步：配平两个半反应式。

在酸性介质中，配平半反应是在多氧的一边加 $H^+$，少氧的一边加 $H_2O$，加 $H^+$ 的个数等于多氧的两倍，加 $H_2O$ 的个数与多氧个数相同。因此在还原半反应式中：$MnO_4^-$ 被还原成 $Mn^{2+}$，Mn 的氧化数降低了 5，须在左边加 5 个电子，同时左边比右边多了 4 个氧原子，反应在酸性介质中进行，应在左边加 8 个 $H^+$，相应右边加 4 个 $H_2O$，写成：

$$MnO_4^- + 8H^+ + 5e^- \longrightarrow Mn^{2+} + 4H_2O \quad (1)$$

在氧化还原反应中，$SO_3^{2-}$ 被氧化成 $SO_4^{2-}$，硫的氧化数升高了 2，须在反应式右边加 2 个电子，同时反应式左边比右边少 1 个氧原子，反应在酸性介质中进行，因此在左边加 1 个 $H_2O$ 分子，右边加 2 个 $H^+$，写成：

$$SO_3^{2-} + H_2O \longrightarrow SO_4^{2-} + 2H^+ + 2e^- \quad (2)$$

第四步：根据氧化剂和还原剂得失电子数相等的原则，求出两个半反应中得失电子的最小倍数，将两个半反应式各自乘以相应的系数，然后相加消去电子就可得到配平的离子方程式：

$$\begin{array}{ll} (1)\times 2 & MnO_4^- + 8H^+ + 5e^- \longrightarrow Mn^{2+} + 4H_2O \\ +(2)\times 5 & SO_3^{2-} + H_2O \longrightarrow SO_4^{2-} + 2H^+ + 2e^- \\ \hline \end{array}$$

$$2MnO_4^- + 5SO_3^{2-} + 6H^+ \rightleftharpoons 2Mn^{2+} + 5SO_4^{2-} + 3H_2O$$

第五步：在离子反应式中添上不参加反应的反应物和生成物的正负离子，并写出相应的分子式，就得到配平的方程式（注意：在选用何种酸时，应以不引入其他杂质和引进的酸根离子不参加氧化还原为原则。上述反应物中有 $SO_4^{2-}$，所以用 $H_2SO_4$ 为好）。

$$2KMnO_4 + 5K_2SO_3 + 3H_2SO_4 \rightleftharpoons 2MnSO_4 + 6K_2SO_4 + 3H_2O$$

最后再核对各种元素的原子个数是否在方程式两边各自相等。

## 8.2 原电池

### 8.2.1 原电池的组成

将银白色的锌片放入蓝色的硫酸铜溶液中，就会观察到：在锌片表面有红色的金属铜析出，溶液蓝色逐渐消失，溶液温度升高。这表明发生了如下化学反应：

$$Zn + CuSO_4 \rightleftharpoons ZnSO_4 + Cu$$

由于锌片直接与 $Cu^{2+}$ 接触，电子便由锌直接传递给 $Cu^{2+}$，电子的流动是无序的，因

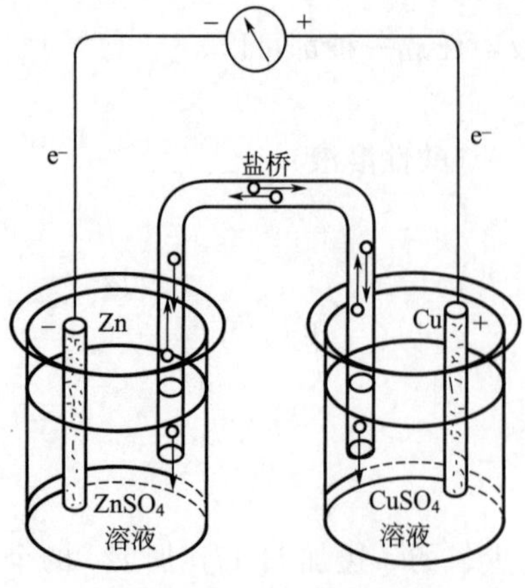


图 8.1 铜锌原电池示意图

此氧化还原反应中释放出的化学能转变成热能。若利用一种装置，使锌片中的电子不是直接传递给 $Cu^{2+}$，而是通过导线来传递，则电子沿导线定向流动而产生电流，这样就使反应过程中所释放出的化学能转变成电能。这种利用自发氧化还原反应产生电流，而使化学能转变为电能的装置称为原电池。

图 8.1 是一种简单的原电池，称为铜锌原电池。这个电池是将锌片插入盛有 $ZnSO_4$ 溶液的烧杯中（称锌半电池），铜片插入 $CuSO_4$ 溶液中组成铜电极（铜半电池），铜片与锌片用导线连接，其中串联一个电流计以观察电流的产生和方向。两个半电池用盐桥（一个充满饱和 KCl 或 $KNO_3$ 的琼脂冻胶 U 形管）沟通。这样就组装成铜锌原电池。

### 8.2.2 原电池的半反应式和电池符号

原电池符号

从电流计的指针偏转方向可知，电流是由铜电极流向锌电极，即电子是由锌片经导线流向铜片，说明锌电极为负极，铜电极为正极。两个电极发生的反应是

锌电极（负极）：$Zn(s)-2e^- \longrightarrow Zn^{2+}(aq)$（氧化反应；阳极）

铜电极（正极）：$Cu^{2+}(aq)+2e^- \longrightarrow Cu(s)$（还原反应；阴极）

总电池反应：$Zn(s)+Cu^{2+}(aq) \longrightarrow Cu(s)+Zn^{2+}(aq)$

反应进行时，在锌半电池中，由于反应而增多的 $Zn^{2+}$ 聚集在 Zn 片附近，对 Zn 片上的电子产生吸引力从而阻碍 Zn 继续氧化。在铜电极中，$Cu^{2+}$ 反应后留下过剩的 $SO_4^{2-}$ 也会聚集在 Cu 片附近，排斥由锌片流来的电子，阻碍了 $Cu^{2+}$ 的还原。这样就使电池反应停止，电流中断。当有盐桥存在时，盐桥中的 $Cl^-$ 会比 $K^+$ 更多地进入 $ZnSO_4$ 溶液以中和过剩的正电荷，盐桥中的 $K^+$ 则会比 $Cl^-$ 更多地进入 $CuSO_4$ 溶液，中和过剩的负电荷。这样就可以保持两盐溶液的电中性，使反应持续进行，电流不断产生。

原电池的装置可用电池符号表示。例如上述的铜锌原电池可表示为

$$(-)Zn(s)\,|\,Zn^{2+}(c_1)\,\|\,Cu^{2+}(c_2)\,|\,Cu(s)(+)$$

图中用“|”表示两相之间的界面，用“‖”表示盐桥。此外原电池的电池符号还规定：

① 写在左边的电极是负极，发生氧化反应；写在右边的电极是正极，发生还原反应；

② 盐桥的两边应是两个电极所处的溶液，溶液要注明活度或浓度；

③ 电池电动势 $E=\varphi(+)-\varphi(-)$。$\varphi(+)$ 为正极电极电势，$\varphi(-)$ 为负极电极电势。

原电池的电动势是通过外电路电流为零时电极电势差的极限值，原电池的电动势可通过实验测定。

### 8.2.3 电极类型

任何一个原电池都是由两个电极构成的。构成原电池的电极通常分为三类。

(1) 第一类电极

这类电极是电极物质插入含有该物质离子的溶液中所形成的电极。这类电极又分为

两类。

① 金属电极　金属浸入含有该金属离子的溶液中构成的电极，电极图式为$M|M^{n+}$，电极反应通式为

$$M^{n+}+ne^- \rightleftharpoons M(s)$$

例如　　$Zn|Zn^{2+}$　　$Zn^{2+}+2e^- \rightleftharpoons Zn$

② 非金属电极　这类电极是非金属与其离子成平衡的电极。由于构成此类电极的物质不能导电，因此做电极时必须用一惰性物质作为导体（如铂或石墨等），插入含有该离子的溶液中，它们仅起传递电子和吸附气体的作用，不参与电极反应，常称为惰性电极。常用的该类电极有氢电极、氧电极、氯电极等。它们的图式和电极反应分别为：

$$Pt|H_2|H^+ \quad 2H^+ +2e^- \rightleftharpoons H_2(g)$$

$$Pt|Cl_2|Cl^- \quad Cl_2(g)+2e^- \rightleftharpoons 2Cl^-$$

$$Pt|O_2|OH^- \quad O_2(g)+2H_2O+4e^- \rightleftharpoons 4OH^-$$

（2）第二类电极

此类电极有难溶盐电极和难溶氧化物电极，是将金属表面覆盖一薄层该金属的一种难溶盐（或氧化物），然后浸入含有该难溶物负离子的溶液中而构成的。最常见的有氯化银电极、甘汞电极及氧化汞电极。它们的图式、电极反应分别是：

氯化银电极　$Ag(s)|AgCl(s)|Cl^-$　　$AgCl(s)+e^- \rightleftharpoons Ag(s)+Cl^-$

氧化汞电极　$Hg(l)|HgO(s)|OH^-$　　$HgO(s)+H_2O+2e^- \rightleftharpoons Hg(l)+2OH^-$

（3）氧化还原电极

它是用惰性金属（Pt）插入含有某种离子的两种不同的氧化态的溶液中构成的。例如，Pt 插入含有 $Fe^{3+}$、$Fe^{2+}$ 的溶液中，构成的电极图式和电极反应为：

$$Pt|Fe^{3+},Fe^{2+} \qquad Fe^{3+}+e^- \rightleftharpoons Fe^{2+}$$

### 8.2.4　可逆电池

在电化学中可逆电池十分重要。可逆电池的“可逆”是指热力学可逆，可逆电池中的任何过程均为热力学的可逆过程。可逆电池必须满足的条件是：

① 电极反应和电池反应必须可以正、逆两个方向进行，且互为可逆反应；

② 通过电池的电流必须无限小，电极反应是在接近电化学平衡的条件下进行的。

将电池$Zn(s)|ZnCl_2(aq)\|KCl(aq)|AgCl(s)|Ag(s)$ 与外电源并联，当电池的电动势稍大于外电压时，电池放电，其反应如下。

负极：　$Zn(s)-2e^- \longrightarrow Zn^{2+}(aq)$

正极：　$2AgCl(s)+2e^- \longrightarrow 2Ag(s)+2Cl^-(aq)$

电池反应：　$Zn(s)+2AgCl(s) \longrightarrow Zn^{2+}(aq)+2Cl^-(aq)+2Ag(s)$

当外电压稍大于电池电动势时，电池充电，其反应如下。

负极：　$Zn^{2+}(aq)+2e^- \longrightarrow Zn(s)$

正极：　$2Ag(s)+2Cl^-(aq)-2e^- \longrightarrow 2AgCl(s)$

电池反应：　$Zn^{2+}(aq)+2Cl^-(aq)+2Ag(s) \longrightarrow Zn(s)+2AgCl(s)$

可见，该电池充、放电反应互为可逆，满足可逆电池第一个条件。

但并不是充、放电反应互为可逆反应的电池都是可逆电池。只有当充、放电通过电池的电流无限小时，才会有电能可逆地转化为化学能的现象发生，而实现能量转化的可逆（即如果

把电池放电时的电能全部储存起来，再用它对电池充电，当电池内化学反应系统恢复原状时，外界环境也恢复原状）。

# 8.3　可逆电池热力学

## 8.3.1　可逆电池电动势 $E$ 与 $\Delta_r G_m$ 的关系

由热力学原理知，在等温、等压条件下，当系统发生变化时，系统吉布斯函数的减少等于系统对外做的最大非体积功，用公式表示为：

$$-(\Delta_r G)_{T,p}=-W_f$$

如果非体积功只有电功，则上式又可写为

$$-(\Delta_r G)_{T,p}=-W_f=nEF$$

即

$$(\Delta_r G)_{T,p}=-nEF \tag{8.1}$$

式中，$n$ 为电池输出电荷的物质的量，mol；$E$ 为可逆电池的电动势，V；$F$ 为法拉第（M. Faraday）常数，即 1mol 电子所带的电量，其值为 $96485\mathrm{C\cdot mol^{-1}}$。

如果可逆电动势为 $E$ 的电池按电池反应式，当反应进度 $\xi=1\mathrm{mol}$ 时，吉布斯函数的变化值可表示为

$$(\Delta_r G_m)_{T,p}=\frac{-nEF}{\xi}=-zEF \tag{8.2a}$$

式中，$z$ 为按所写的电池反应，在反应进度为 1mol 时，反应式中电子的计量系数，其单位为 1。显然，当电池中的化学能以不可逆方式转变为电能时，两电极间的不可逆电势差一定小于可逆电动势 $E$。

如果原电池在标准状态下工作，则

$$\Delta_r G_m^{\ominus}(T)=-zFE^{\ominus} \tag{8.2b}$$

式中，$E^{\ominus}$ 是原电池在标准状态下的电动势，简称标准电动势。

式(8.2a)是一个十分重要的关系式，它是联系热力学和电化学的主要桥梁，使人们可以通过可逆电池电动势的测定等电化学方法求得反应的 $-\Delta_r G_m$，并进而解决热力学问题。式(8.2b)也揭示了化学能转变为电能的最高限度，为改善电池性能或研制新的化学能源提供了理论依据。

## 8.3.2　电动势 $E$ 与电池反应各组分浓度间的关系——能斯特方程

浓度对电池电动势的影响

设电池反应为

$$a\mathrm{A(aq)}+b\mathrm{B(aq)}\rightleftharpoons g\mathrm{G(aq)}+d\mathrm{D(aq)}$$

根据化学反应等温式，上述反应的 $\Delta_r G_m$

$$\Delta_r G_m=\Delta_r G_m^{\ominus}+RT\ln J$$

将式(8.2a)和式(8.2b)代入，得

$$E=E^{\ominus}-\frac{RT}{zF}\ln\frac{[c_G/c^{\ominus}]^g[c_D/c^{\ominus}]^d}{[c_A/c^{\ominus}]^a[c_B/c^{\ominus}]^b} \tag{8.3}$$

式(8.3)是由德国化学家能斯特（W. Nernst）首先得出的，因此称为能斯特方程式。表示组成原电池的各种物质的浓度（对气态物质，用压力代替浓度）、温度与原电池电动势的

关系。当 $T=298.15\mathrm{K}$ 时，将式(8.3)中自然对数换为常用对数，可得

$$E=E^{\ominus}-\frac{0.0592\mathrm{V}}{z}\lg\frac{[c_{\mathrm{G}}/c^{\ominus}]^{g}[c_{\mathrm{D}}/c^{\ominus}]^{d}}{[c_{\mathrm{A}}/c^{\ominus}]^{a}[c_{\mathrm{B}}/c^{\ominus}]^{b}} \tag{8.4}$$

应该注意，原电池电动势数值与电池反应计量式的写法无关。例如，上述电池的化学计量数扩大 2 倍，则电池反应成为

$$2a\mathrm{A(aq)}+2b\mathrm{B(aq)}\rightleftharpoons 2g\mathrm{G(aq)}+2d\mathrm{D(aq)}$$

与此同时，$\xi=1\mathrm{mol}$ 时电子的计量系数也扩大为 2 倍，所以

$$E=E^{\ominus}-\frac{0.0592\mathrm{V}}{2z}\lg\frac{(c_{\mathrm{G}}/c^{\ominus})^{2g}(c_{\mathrm{D}}/c^{\ominus})^{2d}}{(c_{\mathrm{A}}/c^{\ominus})^{2a}(c_{\mathrm{B}}/c^{\ominus})^{2b}}$$

$$=E^{\ominus}-\frac{0.0592\mathrm{V}}{z}\lg\frac{(c_{\mathrm{G}}/c^{\ominus})^{g}(c_{\mathrm{D}}/c^{\ominus})^{d}}{(c_{\mathrm{A}}/c^{\ominus})^{a}(c_{\mathrm{B}}/c^{\ominus})^{b}}$$

可见，电动势数值并不因化学计量数而改变。

### 8.3.3 电池反应的标准平衡常数 $K^{\ominus}$ 与标准电动势 $E^{\ominus}$ 的关系

由热力学已知化学反应的标准平衡常数 $K^{\ominus}$ 与标准摩尔吉布斯函数变 $\Delta_{\mathrm{r}}G_{\mathrm{m}}^{\ominus}$ 有如下关系：

$$\Delta_{\mathrm{r}}G_{\mathrm{m}}^{\ominus}=-RT\ln K^{\ominus}$$

$$\Delta_{\mathrm{r}}G_{\mathrm{m}}^{\ominus}=-zFE^{\ominus}$$

所以

$$\ln K^{\ominus}=\frac{zFE^{\ominus}}{RT} \tag{8.5}$$

当 $T=298.15\mathrm{K}$ 时

$$\lg K^{\ominus}=\frac{zE^{\ominus}}{0.0592\mathrm{V}}$$

可见，只要测得原电池的标准电动势 $E^{\ominus}$，就可以求出在该温度 $T$ 时电池反应的标准平衡常数 $K^{\ominus}$。由于电动势能够精确测量，因此用这种方法推算出的反应平衡常数，比用测量平衡浓度而得出的结果要准确得多。

## 8.4 电极电势

在原电池中，把两个电极用导线连接，并用盐桥将电解液连接，导线中就有电流通过，这说明在两个电极上有电势存在，并且两极之间具有电势差，这种电极上所具有的电势就称为电极电势。

### 8.4.1 电极电势的产生

任何两种不同的物体相互接触时，在界面上都会产生电势差。当金属浸入水中或其离子所构成的盐溶液中时，金属表面的一些金属离子由于本身的热运动和受极性溶剂水分子的吸引，有离开金属以溶剂化离子形式进入溶液的倾向。金属越活泼，溶液越稀，这种倾向就越大。与此同时，溶液中的金属离子也有从溶液中沉积到金属表面的倾向，溶液中的金属离子浓度越大，金属越不活泼，这种倾向越大。当这两种倾向（溶解与沉积）的速率相等时，就建立了如下动态平衡

$$\mathrm{M}^{n+}\mathrm{(aq)}+z\mathrm{e}^{-}\rightleftharpoons \mathrm{M(s)}$$

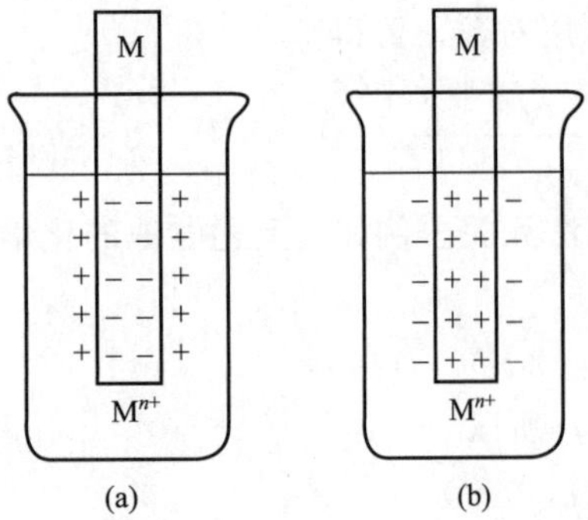


图 8.2 双电层示意图

当离子进入溶液的倾向占主导地位时，金属板上剩余的自由电子就会吸引溶液中的正离子，使之向金属电极运动而聚集在电极表面附近，在金属和溶液之间的界面处形成了金属一边带负电，溶液一边带正电的双电层，如图 8.2(a)所示，使金属和溶液之间产生了电势差。

与图 8.2(a)相反，若金属离子在金属表面沉积的倾向占主导地位，则在金属与溶液之间形成如图 8.2(b)所示的双电层，其间也产生了电势差。

无论形成哪种双电层，在金属与其盐溶液之间都产生电势差，这种电势差叫金属的平衡电极电势，也叫可逆电极电势，简称电极电势，用符号 $\varphi(Ox/Red)$ 表示，其单位为 V。由于金属的活泼性不同，各种金属的电极电势不同。因此，可以用电极电势来衡量金属失电子的能力。

双电层理论

电极电势的绝对值是无法得到的，在实际工作中人们更关心的是两个电极的电极电势之差——电势差。电势差是可以测定的，只需将两个电极构成一个原电池，测定原电池的电动势即可。为了有一个统一的比较标准，通常选择标准氢电极作为基准，规定标准氢电极的电极电势为“零”，其他电极相对于它的电势差即为该电极的电极电势。

### 8.4.2 标准氢电极和标准电极电势

(1) 标准氢电极

标准氢电极的组成和结构如图 8.3 所示，将镀有海绵状的蓬松铂黑的铂片插入 $c(H^+)=1mol\cdot dm^{-3}$ 的硫酸溶液中，在 298.15K 下不断通入压力为 100kPa 的纯氢气，氢气为铂黑所吸附，这样，被氢气饱和的铂黑就成为一个由氢气构成的电极，此时氢离子 $H^+$ 与氢气 $H_2$ 间就构成了氢电极电对 $H^+/H_2$，其相应的电极反应为：

$$2H^+(1mol\cdot dm^{-3})+2e^- \rightleftharpoons H_2(100kPa)$$

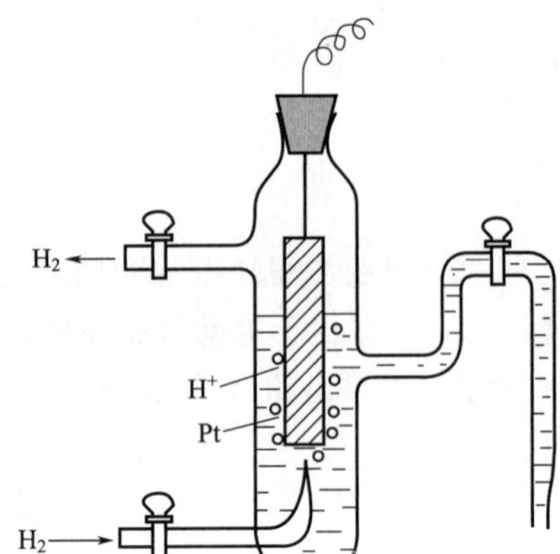


图 8.3 标准氢电极示意图

由于电极反应中各物质均处于标准状态，故上述装置就构成了标准氢电极的半电池，它所具有的电势，就称为标准氢电极电势，用符号 $\varphi^{\ominus}_{298.15K}(H^+/H_2)$ 表示，其中 $\varphi$ 表示电极电势，右上角标$^{\ominus}$表示标准状态。标准氢电极作为比较标准，通常规定它在 298.15K 下的标准电极电势为 0，即：

$$\varphi^{\ominus}_{298.15K}(H^+/H_2)=0V$$

(2) 标准电极电势

现在若要测定其他电极的电极电势，就可将它与标准氢电极一起构成如下的原电池：

标准氢电极 ‖ 待测电极

该原电池的电动势就是待测电极的电极电势。在上述电池中，若待测电极上实际发生的是还原反应时，待测电极作正极，标准氢电极作负极，则电极电势为正值；若待测电极上实际发生的是氧化反应时，待测电极作负极，标准氢电极作正极，则电极电势为负值。

如果待测电极中各物质均处于标准状态，则根据上述方法可以测得待测电极的标准电极电势 $\varphi^{\ominus}$。虽然有些电对的电极电势目前尚不能直接测定出来，但却可以用间接方法推算出来。

由于实际测定电极电势时，使用标准氢电极不很方便，往往需另寻其他电极作为参比电极。常用的参比电极是由 Hg、糊状 $Hg_2Cl_2$ 和 KCl 饱和溶液构成的甘汞电极。当 KCl 为饱和溶液时，其电极电势为 0.2415V。

### 8.4.3　标准电极电势表

标准电极电势

将各种电极的标准电极电势按大小排列，可得标准电极电势表（表 8.1）。其中像 $F_2$、Li 等易与水作用的活泼元素电对的电极电势，无法在水溶液中测定，其数值是根据热力学方法计算得到的。

**表 8.1　标准电极电势表（298.15K，水溶液中）**

| 电　对 | 半电池反应 | $\varphi^{\ominus}$/V | 变化趋势 |
| --- | --- | --- | --- |
| $Li^+/Li$ | $Li^+ + e^- \rightleftharpoons Li(s)$ | −3.04 | 氧化态的氧化性增强（↓）；还原态的还原性增强（↑） |
| $Na^+/Na$ | $Na^+ + e^- \rightleftharpoons Na(s)$ | −2.71 | |
| $Al^{3+}/Al$ | $Al^{3+} + 3e^- \rightleftharpoons Al(s)$ | −1.662 | |
| $Zn^{2+}/Zn$ | $Zn^{2+} + 2e^- \rightleftharpoons Zn(s)$ | −0.762 | |
| $Fe^{2+}/Fe$ | $Fe^{2+} + 2e^- \rightleftharpoons Fe(s)$ | −0.447 | |
| $Pb^{2+}/Pb$ | $Pb^{2+} + 2e^- \rightleftharpoons Pb(s)$ | −0.126 | |
| $H^+/H_2$ | $2H^+ + 2e^- \rightleftharpoons H_2$ | 0 | |
| $Cu^{2+}/Cu$ | $Cu^{2+} + 2e^- \rightleftharpoons Cu(s)$ | +0.342 | |
| $Hg_2^{2+}/Hg$ | $Hg_2^{2+} + 2e^- \rightleftharpoons 2Hg(l)$ | +0.797 | |
| $Ag^+/Ag$ | $Ag^+ + e^- \rightleftharpoons Ag(s)$ | +0.800 | |
| $F_2/F^-$ | $F_2 + 2e^- \rightleftharpoons 2F^-$ | +2.866 | |

对表 8.1 的使用，需说明如下。

① 表中半电池反应即电极反应，全部按还原反应书写，即氧化态 $+ze^- \rightleftharpoons$ 还原态，因此，标准电极电势的数值表示了氧化态得电子能力（即氧化能力）的强弱。如标准电极电势数值大，则氧化态得电子能力强；反之亦然。按上述规定，若以 $2H^+ + 2e^- \rightleftharpoons H_2$ 反应的 $\varphi^{\ominus}(H^+/H_2)=0V$ 为标准，则氧化态的氧化性比氢离子强的电对，其标准电极电势为正值；反之则为负值，这种标准电极电势数值称为标准还原电势。

② 标准电极电势值的大小，反映了电极的氧化态与还原态的氧化和还原能力或倾向。即表中自上而下，氧化态物质得电子倾向增加，而还原态物质失电子倾向减弱。

③ 标准电极电势是系统的一个强度量，其值与氧化还原电对的本性有关，而与发生电极反应的物质的量无关。发生电极反应的物质的量只会影响原电池的电量。例如：

(a) $Ag^+ + e^- \rightleftharpoons Ag(s)$　　$\varphi^{\ominus}(Ag^+/Ag) = +0.800V$

(b) $2Ag^+ + 2e^- \rightleftharpoons 2Ag(s)$　　$\varphi^{\ominus}(Ag^+/Ag) = +0.800V$

(a)、(b) 两个电极反应从左到右进行 1mol 时，(a) 转移 1mol 电子，(b) 转移 2mol 电子，电量不同，但其标准电极电势却相等。

④ 表中数值是在室温水溶液中测量的，因此不适用于非水溶剂、高温和固相反应。

### 8.4.4　影响电极电势的因素

标准电极电势是在标准状态及温度通常为 298.15K 时测得的，但是化学反应往往是在非标准状态下进行的，当浓度和温度改变时，电极电势也随之改变。影响电极电势的因素主要有：电极的本性、Ox 和 Red 物质的浓度（或分压）以及温度等。对于给定的电极，其电极电势与温度、浓度之间的关系如下。

电极反应 $a(\mathrm{Ox})+z\mathrm{e}^- \rightleftharpoons b(\mathrm{Red})$

$$\varphi(\mathrm{Ox/Red})=\varphi^{\ominus}(\mathrm{Ox/Red})-\frac{RT}{zF}\ln\frac{(c_{\mathrm{Red}}/c^{\ominus})^b}{(c_{\mathrm{Ox}}/c^{\ominus})^a} \tag{8.6}$$

式中，$z$ 为电极反应中电子的计量系数；$T$ 为热力学温度；$c_{\mathrm{Ox}}$、$c_{\mathrm{Red}}$ 分别为电极反应中在 Ox 和 Red 一侧的各物质的浓度（气体为相对分压）。

当温度为 298.15K 时，式(8.6)可变为

$$\varphi(\mathrm{Ox/Red})=\varphi^{\ominus}(\mathrm{Ox/Red})-\frac{0.0592\mathrm{V}}{z}\lg\frac{(c_{\mathrm{Red}}/c^{\ominus})^b}{(c_{\mathrm{Ox}}/c^{\ominus})^a} \tag{8.7}$$

这是一个常用的公式，如果没有特殊说明，一般是指 298.15K 的情况。

书写能斯特方程式时，应注意以下问题：

① 电极反应要配平；

② 电极反应中的纯固体、纯液体以及稀溶液中的溶剂，它们的 $c=1$；

③ 电极反应中的气体物质，能斯特方程中用 $p$ 代表其分压；

④ 电极反应中，若除了 Ox、Red 物质外，还有其他物质，如 $H^+$、$OH^-$ 等，也必须将这些物质列在能斯特方程中。

电极电势 Nernst 公式

如：反应 $Cl_2+2e^- \longrightarrow 2Cl^-$ 的能斯特方程

$$\varphi(\mathrm{Cl_2/Cl^-})=\varphi^{\ominus}(\mathrm{Cl_2/Cl^-})-\frac{0.0592\mathrm{V}}{2}\lg\frac{[c(\mathrm{Cl^-})/c^{\ominus}]^2}{p(\mathrm{Cl_2})/p^{\ominus}}$$

$Cr_2O_7^{2-}+14H^++6e^- \longrightarrow 2Cr^{3+}+7H_2O$ 的能斯特方程

$$\varphi(\mathrm{Cr_2O_7^{2-}/Cr^{3+}})=\varphi^{\ominus}(\mathrm{Cr_2O_7^{2-}/Cr^{3+}})-\frac{0.0592\mathrm{V}}{6}\lg\frac{[c(\mathrm{Cr^{3+}})/c^{\ominus}]^2}{[c(\mathrm{Cr_2O_7^{2-}})/c^{\ominus}][c(\mathrm{H^+})/c^{\ominus}]^{14}}$$

下面根据能斯特方程式讨论影响电极电势的几种因素。浓度的改变、沉淀的生成、弱电解质的生成、酸度等对电势都有影响，本书中我们仅讨论浓度和酸度对电极电势的影响。

(1) 浓度对电极电势的影响

由能斯特方程式可知，电对中的 Ox 或 Red 物质的浓度改变时，将会改变电对的电极电势，Ox 物质浓度增大，电对的电极电势也增大；Red 物质浓度增大，电对的电极电势将减小。

**【例 8.1】** 已知 $\varphi^{\ominus}(Fe^{3+}/Fe^{2+})=+0.771V$。求 $c(Fe^{3+})=1.0mol\cdot dm^{-3}$，$c(Fe^{2+})=1.0\times10^{-3}mol\cdot dm^{-3}$ 时的 $\varphi(Fe^{3+}/Fe^{2+})$。

**解：** 电极反应为 $Fe^{3+}+e^- \longrightarrow Fe^{2+}$

$$\varphi(\mathrm{Fe^{3+}/Fe^{2+}})=\varphi^{\ominus}(\mathrm{Fe^{3+}/Fe^{2+}})-\frac{0.0592\mathrm{V}}{1}\lg\frac{c(\mathrm{Fe^{2+}})/c^{\ominus}}{c(\mathrm{Fe^{3+}})/c^{\ominus}}$$

$$=0.771\mathrm{V}-0.0592\mathrm{V}\lg\frac{1.0\times10^{-3}}{1.0}=0.95\mathrm{V}$$

注意：根据能斯特方程式计算电对的电极电势时，应写出配平的电极反应式，以确定电子转移数 $z$ 及有关物质的乘幂。

(2) 酸度对电极电势的影响

对于有 $H^+$ 或 $OH^-$ 参加的电极反应，溶液酸度的变化会对电极电势产生影响。

【例 8.2】 已知电极反应，$Cr_2O_7^{2-}+14H^++6e^- = 2Cr^{3+}+7H_2O$，$\varphi^{\ominus}(Cr_2O_7^{2-}/Cr^{3+})=+1.232V$，求 $c(Cr_2O_7^{2-})=c(Cr^{3+})=1.0mol \cdot dm^{-3}$，$c(H^+)=1.0\times10^{-3}mol \cdot dm^{-3}$ 时的 $\varphi(Cr_2O_7^{2-}/Cr^{3+})$。

**解：**

$$\varphi(Cr_2O_7^{2-}/Cr^{3+})=\varphi^{\ominus}(Cr_2O_7^{2-}/Cr^{3+})-\frac{0.0592V}{6}\lg\frac{[c(Cr^{3+})/c^{\ominus}]^2}{[c(Cr_2O_7^{2-})/c^{\ominus}][c(H^+)/c^{\ominus}]^{14}}$$

$$=1.232V+\frac{0.0592V}{6}\lg\frac{1.0\times(1.0\times10^{-3})^{14}}{1.0^2}=0.822V$$

可以看出，由于电极反应中 $H^+$ 的化学计量数为 14，当 $c(H^+)$ 由标准浓度降至 $1.0\times10^{-3}mol \cdot dm^{-3}$ 时，电对 $Cr_2O_7^{2-}/Cr^{3+}$ 的电极电势从标准状态的 1.232V 降至 0.822V，即此类含氧酸盐的氧化性随酸度的降低而减弱，或随酸度的增大而增强。

对于没有 $H^+$ 或 $OH^-$ 参加的电极反应，如 $Fe^{3+}+e^- = Fe^{2+}$ 和 $Cl_2+2e^- = 2Cl^-$ 等，酸度的改变对其电极电势的影响很小。

# 8.5　电极电势在化学上的应用

电极电势在化学上的应用

电极电势数值是电化学中很重要的数据。除了计算原电池的电动势外，还可比较氧化剂和还原剂的相对强弱，判断氧化还原反应进行的方向和限度。

## 8.5.1　计算原电池的标准电动势 $E^{\ominus}$ 和电动势 $E$

在组成原电池的两个半电池中，电极电势代数值较大的半电池是原电池的正极，电极电势代数值较小的半电池是原电池的负极。原电池的电动势等于正极的电极电势减去负极的电极电势。

$$E=\varphi(+)-\varphi(-)$$

在标准状态时

$$E^{\ominus}=\varphi^{\ominus}(+)-\varphi^{\ominus}(-)$$

另外，也可以根据电动势的能斯特方程计算非标准状态下的电动势。

【例 8.3】 根据下列氧化还原反应 $Pb^{2+}+Sn = Pb+Sn^{2+}$，计算在（1）标准状态；（2）$c(Pb^{2+})=0.0010mol \cdot dm^{-3}$，$c(Sn^{2+})=1.0mol \cdot dm^{-3}$ 时，原电池的电动势，并写出所组成原电池的电池符号。

**解：**（1）在标准状态时，查表可得 $\varphi^{\ominus}(Sn^{2+}/Sn)=-0.138V$，$\varphi^{\ominus}(Pb^{2+}/Pb)=-0.126V$。

因为 $\varphi^{\ominus}(Sn^{2+}/Sn)<\varphi^{\ominus}(Pb^{2+}/Pb)$，所以 $Pb^{2+}/Pb$ 为正极，$Sn^{2+}/Sn$ 为负极，$E^{\ominus}=\varphi^{\ominus}(Pb^{2+}/Pb)-\varphi^{\ominus}(Sn^{2+}/Sn)=-0.126V-(-0.138V)=0.012V$

标准状态的原电池符号为

$$(-)Sn|Sn^{2+}(c^{\ominus})\|Pb^{2+}(c^{\ominus})|Pb(+)$$

（2）$c(Pb^{2+})=0.0010mol \cdot dm^{-3}$，$c(Sn^{2+})=1.0mol \cdot dm^{-3}$ 时，有

$$\varphi(Sn^{2+}/Sn)=\varphi^{\ominus}(Sn^{2+}/Sn)=-0.138V$$

$$\varphi(Pb^{2+}/Pb)=\varphi^{\ominus}(Pb^{2+}/Pb)-\frac{0.0592V}{2}\lg\frac{1}{c(Pb^{2+})/c^{\ominus}}$$

$$=-0.126V-\frac{0.0592V}{2}\lg\frac{1}{0.0010}=-0.216V$$

这时所组成的原电池 $Sn^{2+}/Sn$ 为正极，$Pb^{2+}/Pb$ 为负极

$$E=\varphi(Sn^{2+}/Sn)-\varphi(Pb^{2+}/Pb)=-0.138V-(-0.216V)=0.078V$$

此时的原电池符号为

$$(-)Pb|Pb^{2+}(0.0010mol\cdot dm^{-3})\|Sn^{2+}(c^{\ominus})|Sn(+)$$

另外，(2) 条件下的电动势也可由电动势的能斯特方程求得

$$E=E^{\ominus}-\frac{RT}{zF}\ln J=[\varphi^{\ominus}(Pb^{2+}/Pb)-\varphi^{\ominus}(Sn^{2+}/Sn)]-\frac{0.0592V}{2}\lg\frac{c(Sn^{2+})/c^{\ominus}}{c(Pb^{2+})/c^{\ominus}}$$

$$=0.012V-\frac{0.0592V}{2}\lg\frac{1.0}{0.001}$$

$$=0.078V$$

### 8.5.2 判断氧化还原反应进行的方向

恒温、恒压下化学反应自发进行的判据为 $\Delta_rG_m<0$。当 $\Delta_rG_m(T)=-zFE$，$E>0$，则氧化还原反应自发进行。而 $E=\varphi(+)-\varphi(-)$，所以

$\varphi(+)>\varphi(-)$，$E>0$，$\Delta_rG_m<0$ 氧化还原反应自发进行

$\varphi(+)<\varphi(-)$，$E<0$，$\Delta_rG_m>0$ 氧化还原反应不能自发进行

由此可判断氧化还原反应进行的方向。

**【例 8.4】** 判断标准状态下反应 $2Fe^{3+}+2I^-$ ══ $2Fe^{2+}+I_2$ 可否自发进行。

**解：** 查表可知 $\varphi^{\ominus}(Fe^{3+}/Fe^{2+})=+0.771V>\varphi^{\ominus}(I_2/I^-)=+0.536V$，所以电对 $Fe^{3+}/Fe^{2+}$ 的氧化态 $Fe^{3+}$ 可以氧化电对 $I_2/I^-$ 的还原态 $I^-$，即在标准状态下反应 $2Fe^{3+}+2I^-$ ══ $2Fe^{2+}+I_2$ 向正方向自发进行。

这是反应在标准状态下的情况。对于非标准状态下的反应，则应该用 $\varphi(Ox/Red)$ 来判断反应的方向。如在例 8.3 中的反应 $Pb^{2+}+Sn$ ══ $Pb+Sn^{2+}$，在标准状态及非标准状态时，反应方向正好相反。不过，如果当两个电对的标准电极的电势差（$\varphi^{\ominus}$）值大于 0.2V 时，一般仍可以用标准电极电势来判断氧化还原反应进行的方向，因为 Ox 或 Red 物质浓度的改变，一般不足以使电动势 $E$ 的正负号发生改变。

**【例 8.5】** 判断例 8.4 中的反应

$$2Fe^{3+}+2I^- = 2Fe^{2+}+I_2$$

当 $c(I^-)$ 从 $1mol\cdot dm^{-3}$ 降至 $0.0100mol\cdot dm^{-3}$，而其他物质均处于标准状态时，反应自发进行的方向。

**解：** $\varphi(I_2)/I^-=\varphi^{\ominus}(I_2/I^-)-\frac{0.0592V}{2}\lg\frac{[c(I^-)/c^{\ominus}]^2}{1}$

$$=0.536V-\frac{0.0592V}{2}\lg\frac{(0.0100)^2}{1}=0.536V+0.1184V=0.654V$$

$$\varphi(Fe^{3+}/Fe^{2+})=\varphi^{\ominus}(Fe^{3+}/Fe^{2+})=0.771V$$

$E=\varphi(+)-\varphi(-)=\varphi(Fe^{3+}/Fe^{2+})-\varphi(I_2/I^-)=0.771V-0.654V=0.117V>0$

故此时的反应方向与标准状态时的反应方向相同，仍自发正向进行。

**【例 8.6】** 判断在 pH=6.00 的酸性介质中，反应

$$Cr_2O_7^{2-}+6I^-+14H^+ \longrightarrow 2Cr^{3+}+3I_2+7H_2O$$

能否自发进行。除 $H^+$ 外，其他仍处于标准状态。

**解：** $\varphi^{\ominus}(I_2/I^-)=0.536V$，$\varphi^{\ominus}(Cr_2O_7/Cr^{3+})=+1.232V$

在 pH=6.00 时，$c(H^+)=1.0\times10^{-6}mol\cdot dm^{-3}$，此时有

$$\varphi(I_2/I^-)=\varphi^{\ominus}(I_2/I^-)=0.536V$$

$$\varphi(Cr_2O_7^{2-}/Cr^{3+})=\varphi^{\ominus}(Cr_2O_7^{2-}/Cr^{3+})-\frac{0.0592V}{6}\lg\frac{[c(Cr^{3+})/c^{\ominus}]^2}{[c(Cr_2O_7^{2-})/c^{\ominus}][c(H^+)/c^{\ominus}]^{14}}$$

$$=1.232V-\frac{0.0592V}{6}\lg\frac{1.0^2}{1\times(1.0\times10^{-6})^{14}}=0.402V$$

所以，此时 $\varphi(Cr_2O_7^{2-}/Cr^{3+})<\varphi(I_2/I^-)$，故在 pH=6.00 时，反应不能自发正向进行。

对于某些含氧酸及其盐（如 $KMnO_4$、$K_2Cr_2O_7$、$H_3AsO_4$）参加的氧化还原反应，溶液酸度提高会使它们的电极电势增大，酸度降低会使它们的电极电势减小，因此溶液酸度改变有可能导致反应方向的改变。

必须指出，用电极电势预测氧化还原反应进行的方向，是仅从热力学方面考虑的，而实际上反应能否发生，还要考虑反应速率的快慢。

### 8.5.3 比较氧化剂和还原剂的相对强弱

不同的电极具有不同的电极电势，电极电势的大小与电对的性质具有直接的关系。用电极电势比较氧化剂、还原剂相对强弱的准则如下。

① 电极电势越高的电对（即在电极电势表中愈靠下边），其氧化态物质的氧化能力越强，是强的氧化剂；而电对中还原态物质的还原能力越弱，是弱的还原剂。

② 电极电势越低的电对（即电极电势表中愈靠上边），其还原态物质的还原能力越强，是强的还原剂；而电对中氧化态物质的氧化性能力弱，是弱的氧化剂。

例如电对 $F_2/F^-$、$Cl_2/Cl^-$、$Br_2/Br^-$、$I_2/I^-$ 对应的标准电极电势分别为 2.866V、1.358V、1.066V、0.536V，则在标准状态下，氧化剂 $F_2$、$Cl_2$、$Br_2$、$I_2$ 的氧化能力，从强到弱的顺序为 $F_2>Cl_2>Br_2>I_2$；而还原剂 $F^-$、$Cl^-$、$Br^-$、$I^-$ 的还原能力，从强到弱的顺序为 $I^->Br^->Cl^->F^-$。

从氧化剂和还原剂的相对强弱可见，氧化能力强的氧化态物质与还原能力强的还原态物质，可自发进行氧化还原反应。即电极电势表中的左下方的氧化态与右上方还原态物质可自发反应生成右下方的还原态物质和左上方的氧化态物质。如左下方的 $H^+$ 和右上方的 Zn 可自发反应生成右下方的 $H_2$ 和左上方的 $Zn^{2+}$。

### 8.5.4 判断氧化还原反应进行的程度

对于水溶液中进行的氧化还原反应 $aA(aq)+bB(aq) \rightleftharpoons gG(aq)+dD(aq)$，氧化还原反应进行的程度，就是反应平衡时生成物浓度与反应物浓度之比，可由氧化还原反应的

标准平衡常数 $K^{\ominus}$ 的大小来衡量，即

$$\frac{(c_{G}/c^{\ominus})^{g}(c_{D}/c^{\ominus})^{d}}{(c_{A}/c^{\ominus})^{a}(c_{B}/c^{\ominus})^{b}}=K^{\ominus}$$

在原电池的热力学中，已经知道 $T=298.15\text{K}$ 时电池反应的标准平衡常数 $K^{\ominus}$ 与电池的标准电动势 $E^{\ominus}$ 关系如下：

$$\lg K^{\ominus}=\frac{zE^{\ominus}}{0.0592\text{V}}=\frac{z[\varphi^{\ominus}(+)-\varphi^{\ominus}(-)]}{0.0592\text{V}}$$

所以，若能设计一个原电池，其电池反应正好是需讨论进行程度的化学反应，就可以通过该原电池的 $E^{\ominus}$ 推算反应的平衡常数 $K^{\ominus}$，分析该反应能够进行的程度。

由上式可见，电动势 $E^{\ominus}$ 越大，即 $[\varphi^{\ominus}(+)-\varphi^{\ominus}(-)]$ 差值越大，氧化还原反应的标准平衡常数 $K^{\ominus}$ 越大，即氧化还原反应就进行得越完全。

**【例 8.7】** 已知 Cu-Zn 原电池反应如下

$$Cu^{2+}+Zn = Cu+Zn^{2+}$$

若反应开始时 $c(Cu^{2+})=1.0\text{mol}\cdot\text{dm}^{-3}$，$c(Zn^{2+})=0.10\text{mol}\cdot\text{dm}^{-3}$。计算反应的标准平衡常数 $K^{\ominus}$ 和平衡时各离子的浓度。

**解：** 查表得 $\varphi^{\ominus}(Cu^{2+}/Cu)=+0.342\text{V}>\varphi^{\ominus}(Zn^{2+}/Zn)=-0.762\text{V}$，所以 $Cu^{2+}/Cu$ 为正极，$Zn^{2+}/Zn$ 为负极，电子的计量数 $z=2$，则

$$\lg K^{\ominus}=\frac{z[\varphi^{\ominus}(+)-\varphi^{\ominus}(-)]}{0.0592\text{V}}=\frac{2\times[0.342\text{V}-(-0.762\text{V})]}{0.0592\text{V}}=37.16$$

所以　　$K^{\ominus}=1.4\times10^{37}$

因为 $K^{\ominus}$ 值很大，表明 $Cu^{2+}$ 被 Zn 还原的程度很大。设平衡时 $Cu^{2+}$ 的浓度为 $x\text{mol}\cdot\text{dm}^{-3}$，则

| | $Cu^{2+}+Zn = Cu+Zn^{2+}$ | |
|---|---|---|
| 起始浓度/$\text{mol}\cdot\text{dm}^{-3}$ | 1.0 | 0.10 |
| 平衡浓度/$\text{mol}\cdot\text{dm}^{-3}$ | $x$ | $1.1-x$ |

所以

$$K^{\ominus}=\frac{c(Zn^{2+})/c^{\ominus}}{c(Cu^{2+})/c^{\ominus}}=\frac{1.1-x}{x}=1.4\times10^{37}$$

解得

$$x=7.9\times10^{-38}$$

则

$$c(Cu^{2+})=x=7.9\times10^{-38}\text{mol}\cdot\text{dm}^{-3}$$

$$c(Zn^{2+})=1.1-x=(1.1-7.9\times10^{-38})\text{mol}\cdot\text{dm}^{-3}\approx1.1\text{mol}\cdot\text{dm}^{-3}$$

应当指出，以上对氧化还原反应方向和程度的判断，是从热力学角度来判断的，并未涉及反应速率。对于一个具体的氧化还原反应的可行性即现实性，还需考虑反应速率的大小。例如 $1/2O_2(g)+H_2(g) = H_2O(l)$，298.15K 时，$E^{\ominus}=0.401\text{V}$，$K^{\ominus}=3.9\times10^{13}$。反应可以进行得很彻底，但我们观察不到它的发生，这是因为反应速率很小的缘故。一般氧化还原反应的速率比酸碱反应和沉淀反应的速率要慢些。

# 8.6 电　解

## 8.6.1 电解现象和电解池

对一些不能自发进行的氧化还原反应，可利用外加电压迫使其自发进行反应，这样电能就转变成化学能。这种利用外加电压迫使氧化还原反应进行的过程称为电解。实现电解过程的装置称为电解池。

在电解池中，与直流电源正极相连的电极是阳极，与直流电源负极相连的电极是阴极。阳极是电子流出的电极，发生的是氧化反应；阴极是电子流入的电极，发生的是还原反应。溶液中正离子移向阴极，负离子移向阳极，当离子达到电极上，分别发生还原和氧化反应，称为离子放电。

例如，以铂为电极，电解 $0.1mol\cdot dm^{-3}$ NaOH 溶液，见图 8.4。

电解时，$H^+$ 移向阴极，$OH^-$ 移向阳极，分别放电。

阴极反应：$4H^+ + 4e^- \longrightarrow 2H_2(g)$

阳极反应：$4OH^- \longrightarrow 2H_2O + O_2(g) + 4e^-$

总反应：$2H_2O \longrightarrow 2H_2(g) + O_2(g)$

因此，以铂电极电解 NaOH 溶液，实际上是电解水，NaOH 的作用是增加溶液的导电性。

## 8.6.2 分解电压

在对 NaOH 溶液进行电解时，经可变电阻（$R$）调节外电压，从电流计可读出在一定电压的电流数值。当外加电压很小时，电流很小，电压逐渐增加到 1.23V 时，电流仍很小，电解上看不出有气泡析出。当电压增加到 1.70V 时，电流开始剧增，以后电流随电压增加直线上升（见图 8.5），同时在两极上有明显的气泡产生，电解顺利进行。使电解顺利进行所需的最小电压称为分解电压。图 8.5 中的 $D$ 点的电压就是分解电压。

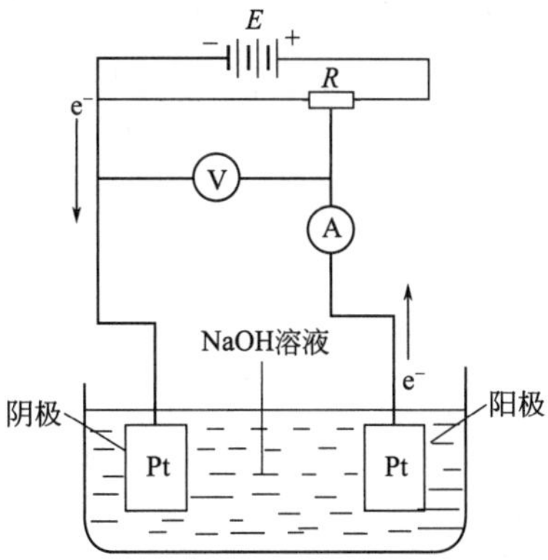


图 8.4　电解 NaOH 溶液示意图

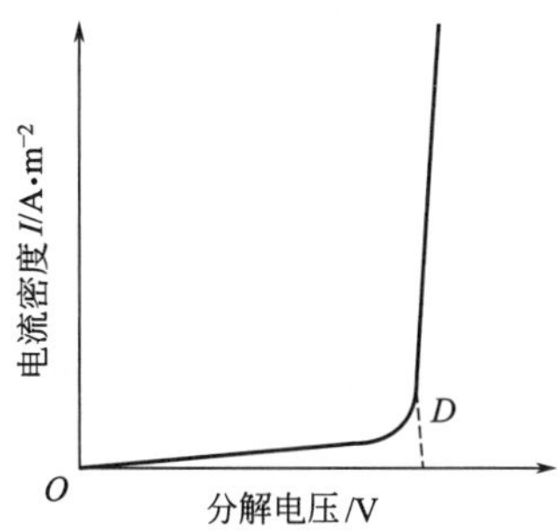


图 8.5　分解电压示意图

产生分解电压的原因是电解时在阴极上析出的 $H_2$ 和阳极上析出的 $O_2$ 分别被吸附在铂片上，形成了氢电极和氧电极组成的原电池：

$$(-)Pt|H_2(p)|NaOH(0.1mol\cdot kg^{-1})|O_2(p)|Pt(+)$$

在 298.15K，$c(OH^-)=0.1mol\cdot dm^{-3}$ 时，当 $p(H_2)=p(O_2)=p^{\ominus}$ 时，该原电池的

电动势 $E$ 为

$$\varphi(+)=\varphi(O_2/OH^-)=\varphi^\ominus(O_2/OH^-)+\frac{0.0592V}{4}\lg\frac{p(O_2)/p^\ominus}{[c(OH^-)/c^\ominus]^4}$$

$$=0.401V+\frac{0.0592V}{4}\lg\frac{1}{(0.1)^4}=0.461V$$

$$\varphi(-)=\varphi(H^+/H_2)=\varphi^\ominus(H^+/H_2)+\frac{0.0592V}{2}\lg\frac{[c(H^+)/c^\ominus]^2}{p(O_2)/p^\ominus}$$

$$=0.00V+\frac{0.0592V}{2}\lg(10^{-13})^2=-0.77V$$

$$E=0.461V-(-0.77V)=1.231V$$

此电池电动势称为理论分解电压，其方向和外加电压相反。显然，要使电解顺利进行，外加电压必须克服这一反向的电动势，可见，分解电压是由于电解生成物在电极上形成某种原电池，产生反向电动势而引起的。

当外加电压稍大于理论分解电压，电解似乎应能进行，但实际上的分解电压为 1.70V，超出理论分解电压的原因，除了因内阻引起的电压降外，主要是由电极极化而引起的。

### 8.6.3　极化和超电势

当电极上无电流通过时，电极处于平衡状态，其电极电势为平衡电极电势。随着电极上电流密度的增加，电极电势偏离平衡电极电势越来越远。电流通过电极时，电极电势偏离平衡电极电势的现象称为电极的极化现象，此时的电极电势称为不可逆电极电势或极化电极电势。在某一电流密度下，极化电极电势 $\varphi_{极}$ 与平衡电极电势 $\varphi_{平}$ 之差的绝对值称为超电势 $\eta$，即

$$\eta=|\varphi_{极}-\varphi_{平}|$$

根据极化产生的原因，可简单将其分为浓差极化和电化学极化。

#### 8.6.3.1　浓差极化

浓差极化是电解过程中电极附近溶液的浓度和本体溶液（指离开电极较远，浓度均匀的溶液）浓度发生差别所致。例如金属银插入浓度为 $c$ 的 $AgNO_3$ 溶液中，电解时，若该电极作阴极，则发生 $Ag^+ + e^- \longrightarrow Ag$ 的反应。由于电极附近的 $Ag^+$ 沉积到电极上，使电极附近的 $Ag^+$ 浓度不断下降，若本体溶液中的 $Ag^+$ 扩散到电极附近的速率小于 Ag 沉积的速率，则阴极附近 $Ag^+$ 浓度 $c_e$ 必低于本体溶液浓度 $c$，这就好像把银电极浸入一个浓度为 $c_e$ 的溶液一样，则

$$\varphi_{平,阴}=\varphi^\ominus(Ag^+/Ag)+\frac{RT}{F}\ln c$$

$$\varphi_{极,阴}=\varphi^\ominus(Ag^+/Ag)+\frac{RT}{F}\ln c_e$$

$c_e<c$，使得 $\varphi_{极,阴}<\varphi_{平,阴}$。这种由于浓度差引起的极化称为浓差极化。阴极极化的结果使阴极的极化电势小于平衡值。同理可以证明，阳极极化的结果使阳极的极化电势大于平衡值。

#### 8.6.3.2　电化学极化

电化学极化是由于电解产物析出过程中的某一步迟缓造成的。例如 $Ag^+$ 在阴极上得电

子，其 Ag 沉积的速率迟缓，就会造成外界直流电源把电子输送到阴极上的速率大于阴极 $Ag^{+}$ 反应消耗电子的速率，而使电极电势低于其平衡值。搅拌和升温可使浓差极化减小，而电化学极化则不受搅拌的影响。

总之，阴极极化的结果是使电极电势变小，阳极极化的结果是使电极电势变大。电解池实际外加电压 $V_{外加}$ 应是理论分解电压 $E_{理,分}$、阴极超电势 $\eta_{阴}$、阳极超电势 $\eta_{阳}$ 及内电阻引起的电压降 $IR$（常忽略）之和，即

$$V_{外加}=E_{理,分}+\eta_{阳}+\eta_{阴}+IR \tag{8.8}$$

影响超电势的因素主要有三个方面。

① 电解产物的本质　金属（除 Fe、Co、Ni 外）超电势一般很小，气体的超电势较大，且氢气、氧气的超电势更大。

② 电极材料和表面状态　同一电解产物在不同电极上的超电势不同，且电极表面状态不同时超电势也不同。

③ 电流密度　随电流密度增大，超电势也变大，因此表达超电势数值时，必须指明电流密度的数值。

### 8.6.4 电解池中两极电解产物

电解熔融盐的情况比较简单，但大量的电解是在水溶液中进行的，则在电极上发生反应的物质就不止是一种，当溶液中存在多种可以在电极上发生反应的物质时，就有一个反应先后顺序的问题。

(1) 阴极反应

阴极上发生的还原反应，其析出电势为

$$\varphi_{阴,析}=\varphi_{阴,平}-\eta_{阴} \tag{8.9}$$

在阴极上析出电势越大者，其氧化态越先还原析出。

例如，298.15K 时，用不活泼电极电解 $AgNO_3$（$c=1mol\cdot dm^{-3}$）的溶液，阴极上可能析出氢或金属银。设阴极上析出银（金属的超电势可忽略）：

$$Ag^{+}[c(Ag^{+})=1mol\cdot dm^{-3}]+e^{-}\longrightarrow Ag(s)$$

Ag 的析出电势：

$$\varphi(Ag^{+}/Ag)=\varphi^{\ominus}(Ag^{+}/Ag)=0.799V$$

设阴极析出的是氢：

$$H^{+}[c(H^{+})=1\times10^{-7}mol\cdot dm^{-3}]+e^{-}\longrightarrow 1/2H_2(g,p^{\ominus})$$

氢的析出电势：

$$\begin{aligned}\varphi(H^{+}/H_2)&=0.0592V\lg(1\times10^{-7})-\eta\\&=-0.414V-\eta\end{aligned}$$

由于银的析出电极电势代数值比氢的大许多，即使氢没有超电势，银的析出也比较容易，实际上氢还有超电势，析出氢就更困难了。随着银的析出，阴极的电极电势逐渐变低，当其等于氢的析出电势时，氢也会析出。因此在阴极上，各种离子是按析出电极电势由高到低的次序先后析出的。

(2) 阳极反应

阳极上发生的是氧化反应，阳极析出电势为

$$\varphi_{阳,析}=\varphi_{阳,平}+\eta_{阳} \tag{8.10}$$

在阳极上析出的电极电势越小者其还原态越先析出。在电解时，阳极电极电势逐渐由低到高的过程中，各种不同离子依其析出电势由低到高的顺序先后放电进行氧化反应。

### 8.6.5 电解的应用

电解的应用很广泛，在对材料进行加工和表面处理时，常用到的电镀、电抛光、电解加工等都属于电解的应用。

① 电镀 为使金属或金属合金制品美观，不受侵蚀，常将其表面镀一薄层的其他金属，这一过程称为电镀。例如电镀锌，以被镀件为阴极，金属锌为阳极，两电极浸入 $Na_2[Zn(OH)_4]$ 溶液中，并接直流电源。选择 $Na_2[Zn(OH)_4]$ 溶液，是因为有 $[Zn(OH)_4]^{2-}$ 的存在，使溶液中 $Zn^{2+}$ 的浓度不大，锌在镀件上不致有太快的晶核生长速率，可以使镀层细致光滑。同时 $Zn^{2+}$ 放电时，$[Zn(OH)_4]^{2-}$ 解离，以保持镀液中 $Zn^{2+}$ 浓度稳定。

② 电抛光 电抛光是在电解过程中，利用金属表面凸出部分的溶解速率大于金属表面凹入部分的溶解速率，从而使金属表面平滑光亮。电抛光时，工作件作阳极，铅板作阴极，两极浸入含有磷酸、硫酸和铬酐（$CrO_3$）的电解液中进行电解。

③ 电解加工 电解加工是利用金属在电解液中可发生溶解的原理，将工件加工成型。电解加工时，工件为阳极，模件为阴极，两极间距很小（0.1～1mm），可使高速流动的电解液通过，以达到输送电解液和带走电解产物的作用，阳极金属能较大量溶解，最后成为与阴极模件表面相吻合的形状。

## 8.7 金属的腐蚀和防护

当金属与周围介质接触时，由于发生了化学作用或电化学作用而引起的破坏叫金属的腐蚀。世界上每年因腐蚀而不能使用的金属制品的质量大约相当于金属年产量的1/4，每年因腐蚀引起的损失达数十亿美元。因此，研究金属腐蚀和防腐是一项重要的工作。

### 8.7.1 腐蚀的分类

（1）化学腐蚀

单纯由化学作用引起的腐蚀叫化学腐蚀。其特点是介质为非电解质溶液或干燥的气体，腐蚀过程无电流产生。例如润滑油、液压油及干燥空气中 $O_2$、$H_2S$、$SO_2$、$Cl_2$ 等物质与金属接触时，在金属表面形成相应的化合物都属于化学腐蚀。温度对化学腐蚀影响很大。

（2）电化学腐蚀

当金属与电解质溶液接触时，由于电化学作用而引起的腐蚀叫作电化学腐蚀。其特点是形成腐蚀电池。电化学腐蚀分为析氢腐蚀和吸氧腐蚀等，其阳极过程均为金属的溶解。

① 析氢腐蚀 在酸性介质中，金属及其制品发生析出氢气的腐蚀为析氢腐蚀。例如，将Fe浸在无氧的酸性介质中，Fe作为阳极而腐蚀，碳或其他比铁不活泼的杂质作为阴极，为 $H^+$ 的还原提供反应界面。腐蚀过程如下。

阳极： $Fe-2e^- \longrightarrow Fe^{2+}$

阴极： $2H^+ + 2e^- \longrightarrow H_2$

总反应： $Fe+2H^+ \longrightarrow Fe^{2+} + H_2$

② 吸氧腐蚀 由于超电势的影响，在中性介质中不可能发生析氢腐蚀。日常遇到大量

的腐蚀现象是有氧存在，在 pH 接近中性条件下的腐蚀，称为吸氧腐蚀。此时，金属仍作为阳极溶解，金属中杂质为溶于水膜中的氧获取电子提供反应界面，金属反应如下。

阳极（Fe）：　$2Fe-4e^- \longrightarrow 2Fe^{2+}$

阴极（杂质）：　$O_2+2H_2O+4e^- \longrightarrow 4OH^-$

总反应：　$2Fe+O_2+2H_2O \longrightarrow 2Fe(OH)_2 \longrightarrow 2Fe(OH)_3$

在 pH＝7 时，$\varphi(O_2/OH^-) > \varphi(H^+/H_2)$，加之大多数金属电极电势低于 $\varphi(O_2/OH^-)$，所以大多数金属都可能发生吸氧腐蚀，甚至在酸性介质中，金属发生析氢腐蚀的同时，若有氧存在也会发生吸氧腐蚀。

### 8.7.2　腐蚀的防护

金属腐蚀的防护，应从材料和环境两方面着手。常用的方法有以下四种。

① 正确选用金属材料，合理设计金属结构　选用金属材料时，应以在具体环境和条件下不易腐蚀为原则，设计金属结构时，应避免电势差大的金属材料相接触。

② 电化学保护法　电化学保护法又分为阳极保护法和阴极保护法。其中阴极保护是使被保护的金属作为腐蚀电池的阴极，可通过两种方式实现。一种是较活泼的金属与被保护的金属连接，较活泼的金属作为腐蚀电池的阳极而被腐蚀（作为牺牲阳极），被保护金属作为阴极则得到电子而达到保护目的。另一种方法是，利用外加电流，将被保护的金属与外电源的负极相连，变为阴极，废钢或石墨作为阳极，这叫外加电流阴极保护法。

③ 覆盖层保护法　该法是将金属与介质隔开避免组成腐蚀电池。覆盖金属保护层的方法有电镀、喷镀、化学镀、浸镀、真空镀等。覆盖非金属保护层的方法是将涂料、塑料、搪瓷、高分子材料、油漆等涂在被保护的表面。

④ 缓蚀剂法　在腐蚀介质中，加入少量能减小腐蚀速率的物质以防止腐蚀的方法称为缓蚀剂法。常用的无机缓蚀剂有铬酸盐、重铬酸盐、磷酸盐、碳酸氢盐等，它们主要是在金属表面形成氧化膜和沉淀物。有机缓释剂，一般则是含有 S、N、O 的有机物，其缓释作用主要是由于它们有被表面强吸附的特性。

## 复习题

1. 解释下列概念：(1) 氧化数；(2) 氧化还原反应；(3) 氧化还原电对。
2. 什么是原电池？形成原电池的基本条件有哪些？
3. 举例说明常见电极：金属电极、非金属电极、难溶盐和难溶氧化物电极、氧化还原电极（离子电极）。
4. 什么是标准电极电势？标准电极电势的正负和物质的氧化性或还原性有何关系？
5. 试推导可逆电池中，吉布斯函数变和电池电动势 $E$ 之间的关系。
6. Nernst 方程式中有哪些影响因素？它与氧化态及还原态中的离子浓度、气体分压和介质的关系如何？
7. 简述电池电动势符号与反应自发性的关系。
8. 根据热力学原理分析标准平衡常数 $K^{\ominus}$ 与电池的标准电动势 $E^{\ominus}$ 的关系，并说明电动势的大小与反应程度的关系。
9. 区分概念：一次电池与二次电池、可逆电池与不可逆电池。
10. 介绍几种不同原电池的性能和使用范围（如锌锰干电池、铅蓄电池、锂电池、燃料电池等）。
11. 什么是电化学腐蚀，它与化学腐蚀有何不同？
12. 防止金属腐蚀的方法主要有哪些？各根据什么原理？

## 习 题

1. 下列说法是否准确？简述理由。

（1）在氧化还原反应中，氧化剂和还原剂必须是不同物质。

（2）在原电池中，正极发生还原反应，负极发生氧化反应。

（3）原电池中接受从外电路流入的电子的电极称为负极。

（4）现有原电池 $(-)Pt|Fe^{3+},Fe^{2+}\|Ce^{4+},Ce^{3+}|Pt(+)$，该原电池放电时所发生的反应是 $Ce^{3+}+Fe^{3+}=Ce^{4+}+Fe^{2+}$。

（5）标准电极电势 $\varphi^{\ominus}$ 是以标准状态下稳定的单质的电极电势为 0V 为参照得出的。

（6）在标准状态下，把氧化还原反应 $Cu+2Ag^{+}=Cu^{2+}+2Ag$ 设计成原电池，则该电池标准电动势 $E^{\ominus}=2\varphi^{\ominus}(Ag^{+}/Ag)-\varphi^{\ominus}(Cu^{2+}/Cu)$。

（7）已知电对的标准电极电势值：$\varphi^{\ominus}(Cu^{2+}/Cu)=0.342V$，$\varphi^{\ominus}(MnO_4^{-}/Mn^{2+})=1.224V$，则标准状态下氧化剂的氧化性 $MnO_4^{-}>Cu^{2+}$。

2. 同种氧化还原电对能否组成原电池？若能，则此溶液的浓度必须满足什么条件？

3. 怎样理解介质的酸性增强，$KMnO_4$ 的电极电势代数值增大、氧化性增强？

4. 电池电动势是否会随着化学反应方程式的计量数而改变？简述原因。

5. 写出反应 $Cl_2+2e^{-}=2Cl^{-}$ 的 Nernst 公式，说明 $p(Cl_2)$ 和 $c(Cl^{-})$ 变化时，电极电势的变化情况。

6. 将下列反应设计成原电池，以电池符号表示，并写出正、负极反应（设各物质均处于标准状态）。

（1）$Fe+Cu^{2+}=Cu+Fe^{2+}$

（2）$2Fe^{2+}+Cl_2=2Fe^{3+}+2Cl^{-}$

（3）$5Fe^{2+}+8H^{+}+MnO_4^{-}=Mn^{2+}+5Fe^{3+}+4H_2O$

7. 判断下列反应在 298.15K 时反应自发进行的方向。

（1）$Fe^{2+}+Ag^{+}=Fe^{3+}+Ag$

$c_{Fe^{2+}}=c_{Ag^{+}}=c_{Fe^{3+}}=1.0mol\cdot dm^{-3}$

（2）$2Br^{-}+Cu^{2+}=Cu+Br_2$

$c_{Br^{-}}=1.0mol\cdot dm^{-3}$，$c_{Cu^{2+}}=0.10mol\cdot dm^{-3}$

8. 今有一种含 $Cl^{-}$、$Br^{-}$、$I^{-}$ 三种离子的混合溶液，欲使 $I^{-}$ 氧化为 $I_2$，而又不使 $Br^{-}$、$Cl^{-}$ 氧化，在常用的氧化剂 $FeCl_3$ 和 $KMnO_4$ 中，选择哪一种才符合上述要求？为什么？

9. 根据标准电极电势确定下列各种物质哪些是氧化剂？哪些是还原剂？并排出它们氧化能力和还原能力的大小顺序。

$Fe^{2+}$，$MnO_4^{-}$，$Cl^{-}$，$S_2O_8^{2-}$，$Cu^{2+}$，$Sn^{2+}$，$Fe^{3+}$，Zn

10. 298K 下分别有 $Fe^{2+}$ 溶液、$Co^{2+}$ 溶液、$Ni^{2+}$ 溶液。当 $Fe^{2+}$ 溶液的浓度为 $0.01mol\cdot dm^{-3}$，$Co^{2+}$ 的浓度均为 $0.0001mol\cdot dm^{-3}$，$Ni^{2+}$ 的浓度为 $10^{-6}mol\cdot dm^{-3}$ 时，比较这三种溶液的氧化性强弱。[已知：$\varphi^{\ominus}(Fe^{2+}/Fe)=0.447V$，$\varphi^{\ominus}(Co^{2+}/Co)=0.28V$，$\varphi^{\ominus}(Ni^{2+}/Ni)=0.257V$]

11. 由标准氢电极和镍电极组成原电池，若 $c_{Ni^{2+}}=0.010mol\cdot dm^{-3}$ 时，电池的电动势为 0.316V，镍为负极，计算镍电极的标准电极电势。

12. 计算下列电池反应在 298.15K 时的 $E^{\ominus}$ 或 $E$ 和 $\Delta_r G_m^{\ominus}$ 或 $\Delta_r G_m$ 值，并指出反应是否自发。

（1）$\frac{1}{2}Cu+\frac{1}{2}Cl_2=\frac{1}{2}Cu^{2+}+Cl^{-}$

$p_{Cl_2}=100kPa$，$c_{Cl^{-}}=c_{Cu^{2+}}=1mol\cdot dm^{-3}$

（2）$Cu+2H^{+}=Cu^{2+}+H_2$

$c_{H^{+}}=0.010mol\cdot dm^{-3}$，$c_{Cu^{2+}}=0.10mol\cdot dm^{-3}$，$p_{H_2}=90kPa$

13. 在 298.15K 时，有下列反应

$$H_3AsO_4+2I^{-}+2H^{+}\longrightarrow H_3AsO_3+I_2+H_2O$$

（1）计算该反应组成的原电池的标准电动势；

(2) 计算该反应的标准摩尔吉布斯函数变，并指出反应能否自发进行；

(3) 若溶液的 pH=7，而 $c_{H_3AsO_4}=c_{H_3AsO_3}=c_{I^-}=1mol\cdot dm^{-3}$，问反应的 $\Delta_rG_m$ 是多少？判断此时反应进行的方向。

14. 计算下列反应

$$Ag^++Fe^{2+}=\!=\!=Ag+Fe^{3+}$$

(1) 在 298.15K 时的平衡常数 $K^\ominus$；

(2) 若反应开始 $c_{Ag^+}=1.0mol\cdot dm^{-3}$，$c_{Fe^{2+}}=0.10mol\cdot dm^{-3}$，求达到平衡时 $c_{Fe^{3+}}$ 为多少？

15. 已知 25℃下电池反应：$Cl_2(100kPa)+Cd(s)=\!=\!=2Cl^-(0.1mol\cdot dm^{-3})+Cd^{2+}(1mol\cdot dm^{-3})$

(1) 写出原电池符号；

(2) 计算此原电池电动势和标准平衡常数。

[$F=96485C\cdot mol^{-1}$，$R=8.314J\cdot mol^{-1}\cdot K^{-1}$，$\varphi^\ominus(Cl_2/Cl^-)=1.358V$，$\varphi^\ominus(Cd^{2+}/Cd)=-0.403V$]

第 8 章参考答案

# 第三篇　化学的现代应用

化学科学本身发展的同时，也促进了其他基础科学和应用科学的发展。化学已渗透到人类生活、社会发展的各个方面，它在为人类提供衣食住行，提供必要的能源和开发新能源，研制开发新材料，保护人类的生存环境，帮助人类战胜疾病、延年益寿，以及增强我们的国防力量，保障国家安全等方面都起着极其关键的作用。目前全球关注的热点问题——能源的开发利用、新材料的研制、信息技术、生命过程奥秘的探索和环境保护等都与化学息息相关。

本篇介绍化学与能源、化学与材料、化学与信息、化学与生命、化学与环境，突出了能源、材料、信息、生命和环境科学中的化学原理，突出了化学与军事武器装备的密切联系。

# 第 9 章　化学与能源

能源是人类生存和发展的重要物质基础，是从事各种经济活动的原动力，也是社会经济发展水平的重要标志。一种新能源的出现和能源科学技术的每次重大突破，都带来世界性的经济飞跃和产业革命，极大地推动着社会的进步。利用能源的各个环节都和化学密切相关，如一次能源中的核能，必须通过矿物的开采、分离、冶炼、提纯等化学过程。经过加工或转换的二次能源，如各种石油制品，是化学和化学工业研究和生产的产物。各种新能源材料、节能材料和储能材料也都和化学密切相关。能源开发和综合利用的关键在于能源转化、储存形式，以及相关换能材料的运用。化学物质的多样性，加之化学物质间转化的易操作性，致使化学能在多种能量形态中具有突出的地位。

本章主要介绍了能源的分类和级别，能量的利用及其化学转化；介绍了化学推进剂、炸药、烟火药、化学激光器等合成能源在军事方面的应用。

## 9.1　能源的分类

能源是指能够提供某种形式能量的资源，它既包括能提供能量的物质资源，又包括能提供能量的物质运动形式。

能源种类很多，从不同角度进行分类，大致有以下几类。

（1）按能源的来源

可以分为三大类。

第一类是从地球以外天体来的能量，其中最重要的是太阳辐射能，简称太阳能。一般认为，煤炭、石油、天然气是古代生物沉积形成的，它们所含有的能量是通过植物的光合作用从太阳能转化来的，总称为化石能源。风、水流、海流中所含的能量也是来自太阳能，它们和草木燃料、沼气以及其他由光合作用而形成的能源都属于第一类能源。

第二类能源是地球本身蕴藏的能量，如海洋和地壳中储存的各种核燃料原子能以及地球内部的热能（地震、火山活动、地下热水以及热岩层等）。

第三类能源是由于地球在其他天体影响下产生的能量，例如潮汐能。

（2）按能源的形成

可分为一次能源和二次能源。一次能源指自然界存在的可直接使用的能源，如煤、石油、天然气、太阳能等，也称天然能源（上述按能源的来源分类的三类均为一次能源）。二次能源是指依靠一次能源制造或生产出的更适合人类生产活动的能量形式，是经过加工转化而形成的能源，如电能、蒸汽、煤气、氢气、火药、合成燃料等，又称人工能源。见表 9.1 所示。

（3）按能源能否再生

可分为再生能源和非再生能源。再生能源是指不随人类的使用而减少的能源，如太阳能、生物质能等。非再生能源是指随人类的使用而逐渐减少的能源，如煤、石油、天然气等。如表 9.2 所示。

（4）按能源性质

可分为含能体能源和过程性能源。

含能体能源指能够提供能量的物质资源，如煤、石油、天然气等，这种能源若暂不使用可以保存也可以直接储存运输。

表 9.1 能源分类（Ⅰ）

<table>
<tr><td rowspan="6">一次能源</td><td rowspan="2">第一类能源（来自地球以外）</td><td>太阳辐射能</td><td>①煤、石油、天然气、油页岩、草木燃料、沼气和其他由于光合作用而固定下来的太阳能<br>②风能、水流、海流、直接的太阳辐射</td></tr>
<tr><td colspan="2">宇宙射线、流星和其他星际物质带给地球大气的能量</td></tr>
<tr><td rowspan="2">第二类能源（来自地球内部）</td><td>地球热能</td><td>①地震、火山活动<br>②地下热水和地热蒸汽<br>③热岩层</td></tr>
<tr><td>核能</td><td>铀、钍、钚、氘等</td></tr>
<tr><td colspan="2">第三类能源（来自地球和其他天体的相互作用）</td><td>潮汐能</td></tr>
<tr><td>二次能源</td><td colspan="3">电能、氢能、汽油、煤油、柴油、酒精、甲醇、二甲醇、黑色火药等</td></tr>
</table>

表 9.2 能源分类（Ⅱ）

<table>
<tr><td rowspan="2">一次能源（原生能源）</td><td>再生能源</td><td>风能、水流、海流、海洋热能、潮汐能、直接的太阳辐射、地震、火山活动、地下热水、地热蒸汽（包括温泉）、热岩层</td></tr>
<tr><td>非再生能源</td><td>①化石燃料（煤、石油、天然气、油页岩）<br>②核能（铀、钍、钚、氘等）</td></tr>
<tr><td>二次能源（次生能源）</td><td colspan="2">电能、氢能、汽油、煤油、柴油、火药、酒精、余热等</td></tr>
</table>

过程性能源指能够提供能量的物质运动形式，如太阳能、风能等，这种能源不能保存而且很难直接储存运输。

（5）按能源使用的成熟程度

可分为常规能源（传统能源）和新能源。常规能源指人类已经长期广泛使用，技术上比较成熟的能源，如煤、石油、天然气等。新能源指虽已开发并少量使用，但技术上还不成熟，尚未普遍使用，却极具潜在应用价值的能源，如太阳能电池、氢能源等。

新能源并不是新发现的能源，而是以新技术和新材料为基础，经过现代化的开发和利用，可以取代资源有限、对环境有污染的化石能源的那些取之不尽、周而复始的可再生能源。

“常规”与“新”是一个相对的概念，随着科学技术的进步，它们的内涵将不断发生变化。

（6）按能源消费后是否造成环境污染

可分为污染型能源和洁净型能源。煤炭、石油等是污染型能源，而水力能、风能、氢能和太阳能等是洁净型能源。

以上能源的分类，只是对地球上能源的分类，而不是对一切能源的分类，在宇宙空间里还有许多能量高度集中的强大能源，但人类还无法加以利用。

地球从太阳辐射获取光和热，经植物的光合作用转化为生物质的化学能。埋藏在地下的动植物残骸经过漫长的地质作用转化为煤炭、石油和天然气等化石能源。江河湖海中的水经蒸发、凝结降落在高山丘陵形成水力能。空气经太阳能加热，因密度差而形成风能。所以可以说除核能外，太阳能是地球能源的总来源。

过去人们主要利用木柴、秸秆等生物质燃料。蒸汽机的发明完成了第一次工业革命，使煤炭成为主要能源。20 世纪初，石油逐渐成为能源消费的主流，目前占世界能源消费结构中的 30%～33%，占我国能源总消费的 20%左右。天然气是从地下开采出来的碳氢化合物，其主要成分是甲烷，目前已成为世界第三位的能源。

热能、水力能向电能的转化，使电力技术成为第二次工业革命的核心技术和标志，电能已成为不可或缺的能源。

以信息、生物和新材料技术为标志的第三次工业革命为新能源技术创造了机遇和条件，使氢能、太阳能、核能和天体运动能正在成为代替化石燃料的新能源。

## 9.2　能源的级别

每种能源都具有两个内在特点：集中程度和质量，它们在决定能源“品质优良”方面起着重要作用。

能源的集中程度是指单位体积的能量，或单位质量的能量。对于流动的能源（如太阳能)，其量度是能量通量，亦即在单位时间内通过单位面积的能量。其他因素不变，能量集中程度越高，能源就越好。

能源的质量是指总能量中可供利用部分的比例，它是以转化为功的能力和程度来区分和判别的。

以上介绍表明，能量不仅有数量之分，而且有质量（品质）之别。对于 1kJ 功和 1kJ 热，不能“等量齐观”，从热力学第一定律看，它们的数量是相等的，但从热力学第二定律考察，它们的质量即做功能力是不相当的，功的质量高于热。

按照能量的质量，即做功能力的大小，可以将能量分为三大类：高级能量、低级能量和僵态能量。理论上完全可以转化为功的能量，称为高级能量，如机械能、电能、水力能和风能等，它们全属于一种有序能，熵值为零。理论上不能全部转化为功的能量，称为低级能量，如热能、内能和焓等，热能是一类无序能，熵值不为零。完全不能转化为功的能量，称为僵态能量，如大气、大地、天然水源具有的内能，对于大气、大地和天然水源，它们在一定区域内往往处于热平衡，而平衡态的熵值达到极大。

由高质量的能量变成低质量的能量，称为能量贬值（降级)。能量贬值意味着做功能力的损耗。生产过程中普遍存在能量贬值现象，如最常见的传热过程和节流过程，前者由高温热能贬值为低温热能，后者由高压流体降级为低压流体，两者都是做功能力的损失。

## 9.3　能量的利用

能量和能源既有联系又有区别。能量来自能源，但能量本身是量度物质运动形式和量度物体做功的物理量。自然界存在着各种不同的物质运动形式，相应于每一种物质运动形式有其相应的不同质的能量。化学能是作为对化学运动（即化学反应）这一物质运动量度的“能”。物质的运动形式除化学外，还有机械的、物理的、生物的等运动形式，其中每一运动形式，如物理的又有电、光、热等具体的运动形式。自然界的物质运动形式不仅和物质本身一样无限多样，而且也处在由一种运动形式向另一种运动形式不断转化的过程中。因此，作为物质运动量度的“能”，不仅具有与其量度的运动相适应的形式（如机械能、化学能、热能、电能、磁能、核能、生物质能等），而且也处在不断地相互转化过程中。图 9.1 为四种主要能量形式相互转化关系图。

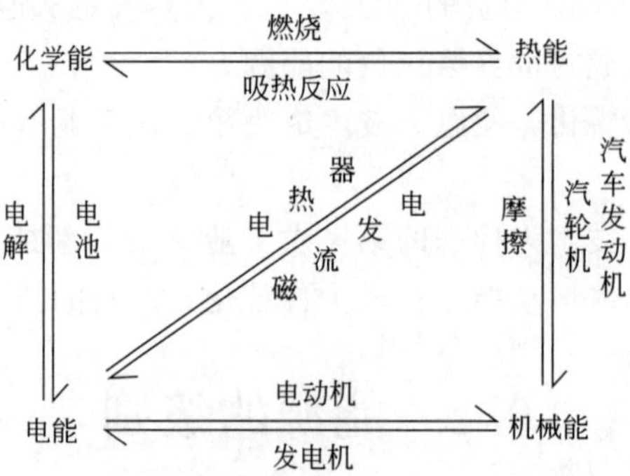


图 9.1 四种能量形式相互转化关系图

能量可以互相转化，转化过程必须遵守热力学第一定律和热力学第二定律。按照前者，一个孤立系统的总能量守恒；按照后者，一个孤立系统的热力学熵总是趋向极大，就是说系统的有用能总是要逐渐转化为无用能，并最终失去做功的能力，这实质上指出了能量的质量不守恒性——贬值。不同形态的能量，质量不同，如机械能、电能可以无限制地全部转化为功，而热能、化学能只能部分转化为功；不同状态的同种载能物质，能的质量也不同，如相同数量的热量，温度高的热能质量高，温度低的热能质量低甚至是无用能。

人类利用的各种形式的能量都是由一次能源转化而来的，在人们的生产和生活中，每时每刻都在消耗着大量的能源，但并不是在消耗能量而是在利用能量。利用能量的实质是能量的传递过程，它主要包括能量转化、能量传输和能量储存等环节。使用能量的过程中，能量质量下降是能量的基本属性。能量数量的守恒性与能量质量的贬值性，使人们认识到，在能量利用中，除了毫无意义的能量流失和漏损外，能量的数量并没有减少。因此，能量利用实际上就是能量质量的利用。尽可能使高质量的能物尽其用和做到合理用能——按质用能，是能量利用的重要问题。

人类经历了生物质（以木材为主）、煤和石油（包括天然气）三代能源。现代生产、生活的主要能源仍来自煤、石油和天然气这些“燃料”。煤、石油、天然气所蕴含的能就是自然界中储存的一种化学能。从常见能量相互转化图上，不难看出化学能在能量相互转化关系中处于源头地位。正是燃料中的化学能经过燃烧过程变成热能，再转化为机械能。虽然热能成了能量转化过程的必经之道，但热功之间转化的不可逆，制约着能量利用“效率”。由化学能利用电化学原理直接转化为优质的能量电能，理论上转化效率可接近 100%。因此，化学能在各种能量相互转化中具有特殊的重要性。

## 9.4 能量的化学转化

能量转化包括同种能量和不同种能量转化，又包括能量的直接转化和间接转化。化学反应是能量转化的重要技术。能量的化学转化主要利用热化学反应、光化学反应、电化学反应和含有微生物的生物化学反应等。表 9.3 列出了能量的化学转化途径。

表 9.3　用化学反应进行的能量转换

| 能量的化学转化 | 现　象 | 能量的化学转化 | 现　象 |
|---|---|---|---|
| 化学能→热能 | 燃烧反应、反应热 | 化学能→电能 | 电化学反应、燃料电池 |
| 热能→化学能→热能 | 化学热管、化学热泵 | 电能→化学能 | 电解 |
| 化学能→化学能 | 气化反应、液化反应、化学平衡 | 光能→生物能 | 光合作用、生物化学反应 |
| 光能→化学能 | 光化学反应 | 生物能→化学能 | 生物化学反应、发酵 |
| 光能→化学能→电能 | 光化学电池 | | |

### 9.4.1　利用热化学反应的能量化学转化

常规能源如煤、石油、天然气等主要利用热化学反应（燃烧反应）将化学能直接转化成热能。各种燃料完全燃烧时的产物是 $CO_2$ 和 $H_2O$。表 9.4 是几种燃料（以每克燃料计）在标准态下燃烧时放出的热量。

表 9.4　燃料完全燃烧时放出的热量

| 燃　料 | 化学反应式 | $Q/kJ \cdot g^{-1}$ |
|---|---|---|
| 煤 | $C(s)+O_2(g)=CO_2(g)$ | −32.8 |
| 石油① | $C_8H_{18}(l)+\frac{25}{2}O_2(g)=8CO_2(g)+9H_2O(l)$ | −48.0 |
| 天然气 | $CH_4(g)+2O_2(g)=CO_2(g)+2H_2O(g)$ | −55.6 |

① 石油主要由各种烷烃、环烷烃和芳香烃所组成，石油加工可得到石油气、汽油、煤油、柴油等。辛烷（$C_8H_{18}$）是汽油的代表性组分。

由表 9.4 可知，相同量的燃料，煤燃烧反应放出的热量最少。但是，在化石燃料中，石油、天然气等的储存量远没有煤丰富。因此，虽然煤燃烧反应放出热量较少，但它们仍然是使用最多的能源之一。在我国煤炭一直是主要能源，虽然在逐年下降，但目前在一次能源结构中仍占到 50%以上。为了解决煤（含杂质 S）燃烧时产生 $SO_2$ 等有毒气体引起环境污染的问题，并且充分利用煤资源，人们一直致力于提高煤的化学转化的利用率。其中煤气化、液化后转变为气态或液态燃料是有效的方法。

（1）煤的气化

从能量转化角度来讲，煤的气化技术是把煤的化学能转化成易于利用的气体的化学能的过程。煤的气化是在气化剂（空气、氧气、水蒸气或氢气）作用下把煤及其干馏产物最大限度地转化为煤气。以 $O_2$ 和水蒸气为气化剂，焦炭（以石墨计）发生如下反应：

$$C(s)+O_2(g)=CO_2(g);\qquad \Delta_r H_m^{\ominus}=-393.5kJ \cdot mol^{-1}$$

$$C(s)+H_2O(g)=CO(g)+H_2(g);\qquad \Delta_r H_m^{\ominus}=131.3kJ \cdot mol^{-1}$$

水煤气的主要成分是 CO 和 $H_2$，它们完全燃烧时可以放出大量热量：

$$CO(g)+\frac{1}{2}O_2(g)=CO_2(g);\qquad \Delta_r H_m^{\ominus}=-283.0kJ \cdot mol^{-1}$$

$$H_2(g)+\frac{1}{2}O_2(g)=H_2O(g);\qquad \Delta_r H_m^{\ominus}=-241.8kJ \cdot mol^{-1}$$

将 $O_2$ 和水蒸气在加压下通过灼热的煤，可以发生甲烷化反应，并生成合成气：

$$C(s)+H_2O(g)=\frac{1}{2}CH_4(g)+\frac{1}{2}CO_2(g);\qquad \Delta_r H_m^{\ominus}=7.6kJ \cdot mol^{-1}$$

$$C(s)+H_2O(g)=\!=\!=CO(g)+H_2(g);\quad \Delta_r H_m^{\ominus}=131.3kJ\cdot mol^{-1}$$

合成气中主要含 $CH_4$、$H_2$ 和 CO，可用作天然气的代用品。

(2) 煤的液化

煤的液化是将煤最大限度地转化为液体燃料，又称人造石油。它包括煤的间接液化和直接液化两类。它们都是通过一定的方法人为地提高煤中的含氢量，使燃烧时放出的热量大大增加且减少煤直接利用所造成的严重的环境污染问题。

煤的直接液化是将煤粉、重油和催化剂（$ZnCl_2$ 等）放入高压釜内，在隔离空气情况下加氢气，使氢气渗入煤的结构内部，将高度聚合的环状结构缓慢地分解破坏，生成含氢较多的烷烃、环烷烃和芳香烃等化合物，再除去矿物质，即得到液体燃料。从煤直接液化得到的合成原油，可精制成汽油、柴油等产品，在石油资源日益减少的威胁下，煤的直接液化具有十分诱人的前景。

煤的间接液化是以水煤气或合成气为原料，在高压和适当催化剂存在下生成多种直链烷烃和烯烃等。例如：

$$6CO(g)+13H_2(g)=\!=\!=C_6H_{14}(l)+6H_2O(g)$$
$$8CO(g)+17H_2(g)=\!=\!=C_8H_{18}(l)+8H_2O(g)$$
$$8CO(g)+4H_2(g)=\!=\!=C_4H_8(l)+4CO_2(g)$$

在煤的间接液化技术中，值得注意的是甲醇（$CH_3OH$）作为燃料的生产和应用。水煤气或合成气在加压和催化剂存在下可以合成甲醇：

$$CO(g)+2H_2(g)=\!=\!=CH_3OH(l)$$
$$CO_2(g)+3H_2(g)=\!=\!=CH_3OH(l)+H_2O(l)$$

甲醇是一种易燃液体，可作为洁净燃料，完全燃烧时反应为：

$$CH_3OH(l)+\frac{3}{2}O_2(g)=\!=\!=CO_2(g)+2H_2O(l);\quad \Delta_r H_m^{\ominus}=-726.64kJ\cdot mol^{-1}$$

如果以 1.0g $CH_3OH$ 计，则燃烧时放热为 29.9kJ，与燃烧相同质量的煤放出的热量接近。

### 9.4.2 利用电化学反应的能量化学转化

利用电化学反应可以将化学能直接转化为电能，提高化学能的利用效率。电池是将自发的氧化还原反应过程中的化学能转变为电能的结构装置。电池种类很多，按其特点分为一次电池、蓄电池和燃料电池三大类。下面介绍几种常见的电池。

#### 9.4.2.1 一次电池

一次电池是指电池放电到活性物质耗尽只能废弃而不能再生和重复使用的电池。最常见的是锌锰干电池。日常生活中用的 1、5 号干电池就属于此类电池。负极为锌，一般做成筒式结构兼作电池容器。正极的导电材料为石墨棒，活性材料为二氧化锰，电解质为氯化锌和淀粉的氯化铵水溶液。二氧化锰和电解质溶液常制成糊状（不易流动），填充在两极间。干电池的图式为：

$$(-)Zn\,|\,ZnCl_2,NH_4Cl\,|\,MnO_2\,|\,\text{石墨}(+)$$

负极： $Zn(s)-2e^- \longrightarrow Zn^{2+}$

正极： $2NH_4^+ +2MnO_2+2e^- \longrightarrow 2NH_3+Mn_2O_3+H_2O$

电池反应： $Zn+2NH_4^+ +2MnO_2 \longrightarrow 2NH_3+Mn_2O_3+H_2O+Zn^{2+}$

该电池电动势为 1.5V，与电池的大小无关。这种电池适用于间歇式放电场合。

#### 9.4.2.2　蓄电池

蓄电池是指活性物质耗尽后，用其他外来直流电源进行充电，使活性物质再生，可重复使用的电池，又称二次电池。这类电池在使用前要充电，利用外界直流电源使蓄电池内部进行化学反应，把电能转变成化学能储存起来。充电后的蓄电池也就可以作电源使用，此时化学能转化为电能，这叫放电。

要实现这一过程，构成蓄电池的电池反应必须是可逆反应。蓄电池一次充放电的容量取决于内部所含电极活性物质的量和利用率，充、放电的循环次数主要取决于电极的可逆性及隔膜和结构材料在充放电过程中的稳定性。

(1) 铅蓄电池

铅蓄电池是最常用的二次电池。它的正极是活性物质——二氧化铅，负极以海绵状铅为活性物质，电解液为硫酸水溶液，所以此电池又称为酸性蓄电池。电池充放电时发生的化学反应如下。

负极：　$Pb + SO_4^{2-} - 2e^- \longrightarrow PbSO_4$

正极：　$PbO_2 + 4H^+ + SO_4^{2-} + 2e^- \longrightarrow PbSO_4 + 2H_2O$

电池反应：　$PbO_2 + Pb + 2H_2SO_4 \longrightarrow 2PbSO_4 + 2H_2O$

该电池优点是价廉，充放电循环次数为 300～500 次。缺点是质量大，比能量低，对环境有一定的污染。

(2) 镍镉电池

镍镉电池是近年来取得广泛用途的碱性蓄电池（充电电池）。以金属镉为负极，氧化镍为正极，氢氧化钾、氢氧化钠的水溶液为电解液。

Cd 极（负极）：　$Cd(s) + 2OH^-(aq) - 2e^- \longrightarrow Cd(OH)_2(s)$

$NiO_2$ 极（正极）：　$NiO_2(s) + 2H_2O(l) + 2e^- \longrightarrow Ni(OH)_2(s) + 2OH^-(aq)$

电池反应：　$Cd(s) + NiO_2(s) + 2H_2O(l) \longrightarrow Cd(OH)_2(s) + Ni(OH)_2(s)$

该电池的电动势为 1.4V，稍低于干电池，但它的前景很诱人。首先，它的使用寿命比铅蓄电池长。其次，它可像普通干电池一样制成封闭式的体积很小的电池，并可反复充电。这些优点使它可以作为电源用于多种电器，如可用来制造充电式电器，如电子闪光灯、电动剃须刀。

(3) 固体电解质蓄电池

固体电解质蓄电池具有质量轻、体积小、储存能量大以及无污染的优点，被称为新一代无污染的“绿色电池”。

锂是自然界最轻的金属元素，密度仅及水的一半，同时它又具有最低的电负性，所以选择适当的正极与之匹配，可以获得较高的电动势，这种电池应该具有最高的比能量。由于金属遇水会发生剧烈的反应，因此电解质溶液都选用非水电解液。比较成熟的锂离子电池的正极有 $LiCoO_2$、$LiNiO_2$ 等化合物。

锂电池可制成一次电池，也可制成二次电池。锂电池作为一种新颖的电池，其性能是十分诱人的，主要是其比能量高，有宽广的温度使用范围，放电电压平坦。以固体电解质制成的锂电池，体积小，无电解液渗漏，电压随放电时间缓慢下降，可以预示电池寿命等优点，特别适用于心脏起搏器的电源。但在短路或某些重负荷条件下，有发生爆炸的可能性，这是锂电池的一大缺点。

#### 9.4.2.3 燃料电池

燃料电池在工作时不断从外界输入氧化剂和还原剂，同时将电极反应产物不断排出，所以可不断地放电使用，因而又称连续电池，其原理见图 9.2。由于反应物质是储存在电池之外的，因此可以随着反应物质的不断输入而连续发电，展现出特殊的发展前景。

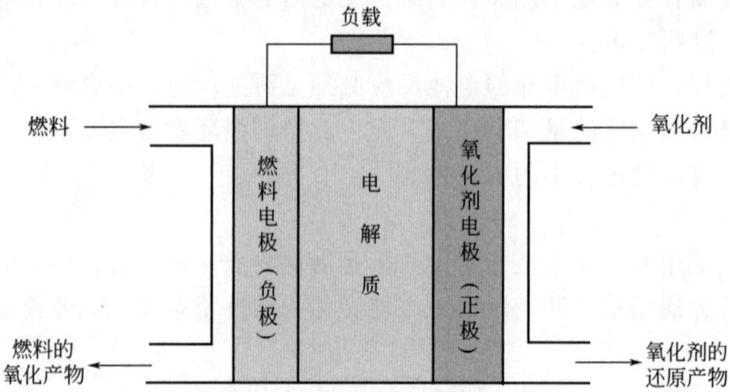


图 9.2 燃料电池的原理图

用作燃料电池的燃料主要有氢气、甲醇、肼、煤气和天然气等，用作氧化剂的主要有氧气、空气以及氯、溴等卤素单质。电解质构成电池内部的离子导电通道，同时起隔离燃料和氧化剂的作用，电解质应具备良好的化学稳定性和较高的导电性，其碱性电解质有 $K_2CO_3$、KOH、NaOH 等，酸性电解质有 $H_2SO_4$、$H_3PO_4$ 等，还有有机化合物，例如甲醛及其衍生物的水溶液。燃料电池的电极通常用有催化性能的多孔材料，如多孔石墨、多孔镍和铂、银等贵金属，起集流和催化作用。

氢-氧燃料电池的燃料是氢气，氧化剂是氧气。电池符号可简单表示如下。

$$(-)Pt|H_2|KOH|O_2|Pt(+)$$

负极： $2H_2+4OH^- -4e^- \longrightarrow 4H_2O$

正极： $O_2+2H_2O+4e^- \longrightarrow 4OH^-$

电池反应： $2H_2+O_2 \longrightarrow 2H_2O$

氢氧燃料电池的优点是能量转换效率高，电池能长时间连续运行，且污染小，噪声低；缺点是成本高，电池寿命不够长。成本高的原因是发电过程中需用大量贵金属催化剂，燃料使用纯氢气。

按照使用的燃料和氧化剂不同，燃料电池的种类很多，有氢氧燃料电池、甲醇-氧燃料电池、肼-空气燃料电池、烃燃料电池、氨燃料电池、高温固体电解质燃料电池等。燃料电池的能量转换实际效率可达到 50%～70%。它们已经在航空航天、海洋开发和通信电源等方面得到应用。

### 9.4.3 利用光化学反应的能量化学转化

利用光化学反应的能量化学转化就是将太阳能转化为化学能。它主要有两种方法：①光合作用；②光分解水制氢。

光合作用是将太阳能变成植物化学能加以利用。人类赖以生存的粮食就是由太阳能和生物的光合作用生成的。光合作用可近似地表示为：

$$nCO_2+mH_2O \xrightarrow{h\nu} C_n(H_2O)_m+nO_2$$

生成的碳水化合物（糖类）维持着生命活动所需的能量。

光分解水制氢是将太阳能转化成能够储存的化学能的方法。由于氢是一种理想的高能物质，地球上水的资源又极其丰富，因此光分解水制氢技术对利用氢能源具有十分重要的意义。

水分解反应如下：

$$H_2O(l) = H_2(g) + \frac{1}{2}O_2(g); \qquad \Delta_r H_m^{\ominus} = 285.83kJ \cdot mol^{-1}$$

要实现水分解制氢，至少需要 $285.83kJ \cdot mol^{-1}$ 的能量，它相当于吸收 500nm 波长以下的光。但是 $H_2O$ 几乎不吸收可见光，另外，虽然发现可以用 185nm 紫外光将水直接分解生成氢，然而在太阳光谱中几乎没有这种波长的光。所以太阳光不能直接分解水，需要有效的光催化剂才能实现光分解制氢。

$TiO_2$ 是一种具有半导体催化性能的材料。以碱性水溶液为电解质，用 $TiO_2$ 作负极，Pt 作正极，光照射 $TiO_2$ 时将发生下列反应。

负极：

$$(TiO_2) - 2e^- \xrightarrow{h\nu} 2P^+ (空穴)$$

$$H_2O + 2P^+ \longrightarrow 2H^+ + \frac{1}{2}O_2$$

正极：

$$2H^+ + 2e^- \longrightarrow H_2$$

总反应：

$$H_2O \xrightarrow{h\nu} H_2 + \frac{1}{2}O_2$$

图 9.3 是光分解水制氢的原理图。某些过渡金属离子的配合物也可以对太阳能分解水制氢起催化作用。已经证明，钌的配合物在光能激发下，可以向水分子转移电子，使 $H^+$ 变为氢气放出：

$$M \xrightarrow{h\nu} M^*$$

$$2M^* + H_2O \longrightarrow H_2 + \frac{1}{2}O_2 + 2M$$

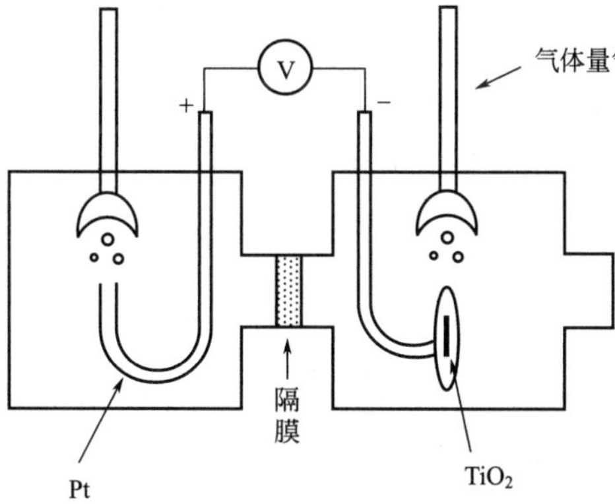


图 9.3 光分解水制氢的原理图

M 代表钌的配合物，$M^*$ 代表吸收了光能而活化了的配合物。第二个反应则代表活化配合物 $M^*$ 同水分子发生能量转移使水分子分解的过程。

为了提高光分解水制氢的效率，科学家设计了一个综合制氢的新方法，即在 $FeSO_4$、$H_2SO_4$ 和 $I_2$ 的溶液中，通过吸收一定波长的太阳能，发生光催化氧化还原反应生成

$Fe_2(SO_4)_3$ 和 HI。HI热分解产生 $H_2$ 和 $I_2$。$Fe_2(SO_4)_3$ 热分解产生 $FeSO_4$ 和 $O_2$。$I_2$ 和 $FeSO_4$ 可循环使用。该反应如下：

$$2FeSO_4+I_2+H_2SO_4 \xrightarrow{h\nu} Fe_2(SO_4)_3+2HI$$

$$Fe_2(SO_4)_3+H_2O \xrightarrow{\triangle} 2FeSO_4+\frac{1}{2}O_2+H_2SO_4$$

$$2HI \xrightarrow{\triangle} H_2+I_2$$

总反应式：

$$H_2O \xrightarrow{h\nu} H_2+\frac{1}{2}O_2$$

这是一种很有发展前途的理想制氢方法。

### 9.4.4 利用生物化学反应进行的能量化学转化

生物质主要是由太阳能经光合成反应生成的物质以及动物的残骸、废弃物等。生物质是一种可再生能源，它可通过微生物的生化反应转换成气体燃料（$CH_4$、$H_2$）等。转换反应如下：

$$CO_2+4H_2 \longrightarrow CH_4+2H_2O$$

$$CH_3COOH \longrightarrow CH_4+CO_2$$

$$4C_2H_5COOH+2H_2O \longrightarrow 4CH_3COOH+3CH_4+CO_2$$

$$2C_3H_7COOH+CO_2+2H_2O \longrightarrow 4CH_3COOH+CH_4$$

可用含糖类、淀粉较多的农作物如高粱、玉米等为原料，加工后经水分解和细菌发酵制成乙醇，此类乙醇可在汽油中混入10%～20%用作汽车燃料。

## 9.5 合成能源在军事方面的应用

合成能源是指采用分子设计方法合成或采用物理混合方法制备的能源。在军事应用中，合成能源主要有火炸药（推进剂、炸药、烟火药）和化学激光器等。近期内，其他能源尚无法取代火炸药在军事上的地位。因为：①火炸药是高能量密度物质；②火炸药的化学反应可以在隔绝大气的条件下完成；③火炸药反应迅速，能以极高的功率释放出能量；④大多数火炸药在储存时是固体，便于储存；⑤火炸药反应过程可以控制。火炸药的这些特征，使武器的结构简单，具有机动性和突击性，更具摧毁、致命打击和威慑的能力。

### 9.5.1 化学推进剂

#### 9.5.1.1 推进剂的军事应用

推进剂的主要用途是作火箭发动机的能源，用于推进载荷。推进剂在运载火箭和各种战术、战略导弹系统中得到广泛应用，在航天领域中也占重要地位，用于大型助推器、顶级发动机、姿态控制和入轨发动机等。推进剂的高温高压燃烧产物作驱动功，可作为海、空军驱动装置的能源。推进剂也作为紧急情况下的气源，例如充气浮体等。

#### 9.5.1.2 推进剂的分类

根据推进剂各组分在常温常压下呈现的物态，可将推进剂分为液体推进剂和固体推进剂。

（1）液体推进剂

液体火箭发动机中氧化剂和燃料分别储存，因此可以选用高能组分，而不必考虑两者之间的相容性，通常液体火箭发动机的能量高于固体火箭发动机。按液体推进剂进入发动机的组元分类，可将液体推进剂分为单组元、双组元和多组元等。

① 单组元液体推进剂　单组元液体推进剂是通过自身分解或燃烧提供能量和工质的液体物质。一般分成三类：第一类，是在分子中同时含有可燃性元素和燃烧所必需的氧的化合物，如硝基甲烷、硝酸甲酯等；第二类，是在常温下互不产生化学反应的安定混合物，如过氧化氢-甲醇等；第三类，是在分解时能放出大量热量和气态产物的吸热化合物，如肼等。单组元液体推进剂推进系统结构简单、使用方便，但能量偏低，属于低能液体推进剂，一般只用在燃气发生器或航天器的小推力姿态控制发动机上。中、高能单组元液体推进剂，虽经多年探索研究，至今未见有实际可用的品种，主要是因为没有解决它们的安全使用问题。

② 双组元液体推进剂　双组元液体推进剂由液体氧化剂和液体燃料两个组元组成。通常选用氧化能力强的物质，如液氧、液氟作氧化剂；选用含氢量大、燃烧热值比较高的物质，如液氢、肼类、碳氢化合物作燃料。这类推进剂可供选择的余地比单组元液体推进剂大得多，释放的能量较高。同时，由于氧化剂和燃料是分装在两个独立储箱中，使用比较安全。这是目前火箭、导弹动力系统中使用最多的液体推进剂组合。

③ 多组元液体推进剂　由多于两种化合物组合成的液体推进剂称为多组元液体推进剂。三组元液体推进剂的优点是把轻金属（如锂、铍及锂或铍的氢化物）同液氟、液氧或臭氧燃烧产生的高温与能够降低燃烧产物平均摩尔质量的氢结合起来而提高比冲。氢在三组元火箭发动机中主要是起工质的作用。因为加入的金属比氢有更强的还原性。

三组元液体推进剂系统复杂，目前还没有得到实际应用。

在提高液体推进剂能量特性方面，推进剂研究人员采取了多条途径，如合成或选取高能量、高密度含 H、C、N 的化合物；采用燃烧热值高的金属及其金属氢化物，如 Li、Be、Al、LiH、$BeH_2$、$B_5H_9$、$AlH_3$ 作燃料；制取胶体推进剂，提高推进剂单位容积能量；使用比氧的氧化性能更强的氧化剂等。经过大量的研究工作，人们逐渐地认识到，选择含 H、C、N 多的化合物做燃料与氧及含氧多的氧化剂匹配性能好。这是因为，氢在氧系统中放出的热量最大、燃烧产物摩尔质量最低、不产生固体颗粒物。肼及其衍生物含有较多的氢，它与氧燃烧的产物摩尔质量较低，生成易解离的二氧化碳较少。烃类燃料含有较多的氢和大量的碳，燃烧时放出很大的热量。所以，氢、肼类、烃类燃料与氧组合是提高液体推进剂能量特性的有效途径。金属及其氢化物，虽与液氧、液氟、臭氧组合有密度大和燃烧热值高的优点，但由于金属及其氢化物化学性质活泼、毒性大、价格昂贵，并且燃烧时生成较大摩尔质量的燃烧产物和不能膨胀做功的固体颗粒物，因此其实际性能并不好。胶体推进剂能增加液体推进剂的密度和热值，但存在着燃烧效率低、输送供应不方便以及长期储存易分层等问题，实际使用也是困难的。氟及其氟系氧化剂虽然氧化能力强，但生产困难、成本高、本身及其燃烧产物有毒、腐蚀性强、材料选择困难、与烃类燃料组合性能也不好。所以，上述几种提高推进剂能量特性的途径，还存在许多有待克服的技术问题。

液体推进剂发展到今天，燃料、氧化剂、单组元推进剂，共有十余类、数十种推进剂。但是，得到实际使用的燃料、氧化剂、单组元推进剂为数并不多。其中燃料有氢、肼及其衍生物、胺类、烃类、醇类及混肼、混胺、胺肼、油肼系列等近 30 种，见表 9.5。氧化剂有液氧、硝基类、过氧化氢、氟类及硝酸与四氧化二氮的混合系列、四氧化二氮与一氧化氮混合系列等十余种，见表 9.6。单组元推进剂有过氧化氢、肼、硝酸酯类、硝基烷烃类、环氧乙烷以及混合型单组元推进剂十余种，见表 9.7。表中百分数均指质量百分数。

与传统燃料的燃烧反应类似，液体火箭推进剂在燃烧室中的燃烧也是一种剧烈的氧化还原反应，同时放出大量热量：

$$氧化剂(Ox)+燃料(f) \longrightarrow 燃烧产物-Q$$

表 9.5 液体推进剂燃料

| 类或系 | 举例 |
|---|---|
| 氢类 | 液氢($H_2$) |
| 醇类 | 甲醇($CH_3OH$)、乙醇($C_2H_5OH$)、异丙醇($C_3H_7OH$)、糠醇($C_5H_5OH$) |
| 肼类 | 肼($N_2H_4$)、一甲基肼(代号为 MMH)($CH_3N_2H_3$)、偏二甲基肼(代号为 UDMH)[$(CH_3)_2N_2H_2$] |
| 胺类 | 氨($NH_3$)、亚乙基二胺[$C_2H_4(NH_2)_2$]、二亚乙基三胺[$H(C_2H_4NH)_2NH_2$]、三乙胺[$(C_2H_5)_3N$] |
| 苯胺类 | 苯胺($C_6H_5NH_2$)、二甲基苯胺[$(CH_3)_2C_6H_3NH_2$] |
| 烃类 | 煤油、甲烷($CH_4$)、乙烷($C_2H_6$)、丙烷($C_3H_8$) |
| 混肼类 | 混肼-Ⅰ(肼 50%＋偏二甲基肼 50%)、混肼-Ⅱ(偏二甲基肼 50%＋一甲基肼 50%) |
| 混胺类 | 混胺-Ⅰ(二甲基苯胺 50%＋三乙胺 50%) |
| 胺肼类 | 胺肼-Ⅰ(偏二甲基肼 10%＋二亚乙基三胺 90%)、胺肼-Ⅱ(偏二甲基肼 60%＋二亚乙基三胺 40%) |
| 油肼类 | 油肼-Ⅰ(煤油 60%＋偏二甲基肼 40%) |

表 9.6 液体推进剂氧化剂

| 类或系 | 举例 |
|---|---|
| 液氧 | 液氧($O_2$) |
| 过氧化氢 | 过氧化氢($H_2O_2$) |
| 氟类 | 液氟($F_2$)、三氟化氯($ClF_3$)、五氟化氯($ClF_5$) |
| 硝基类 | 硝酸($HNO_3$)、四氧化二氮($N_2O_4$) |
| 硝基系 | 硝酸-15($HNO_3$ 85%＋$N_2O_4$ 15%) |
| | 硝酸-20($HNO_3$ 80%＋$N_2O_4$ 20%) |
| | 硝酸-27($HNO_3$ 73%＋$N_2O_4$ 27%) |
| | 硝酸-40($HNO_3$ 60%＋$N_2O_4$ 40%) |
| 混氮系 | MON-10($N_2O_4$ 90%＋NO10%) |
| | MON-30($N_2O_4$ 70%＋NO30%) |

表 9.7 液体单组元推进剂

| 种 类 | 举例 |
|---|---|
| 过氧化氢 | 过氧化氢($H_2O_2$) |
| 无水肼 | 无水肼($N_2H_4$) |
| 硝酸酯类 | 硝酸正丙酯($C_3H_7NO_3$)、硝酸异丙酯($i$-$C_3H_7NO_3$)、Otto-Ⅱ[$C_3H_6(NO_3)_2$]76% |
| 硝基烷烃类 | 硝基甲烷($CH_3NO_2$)、硝基乙烷($C_2H_5NO_2$)、硝基丙烷($C_3H_7NO_2$)、四硝基甲烷[$C(NO_2)_4$] |
| 环氧乙烷 | 环氧乙烷($C_2H_4O$) |
| 混合型 | 过氧化氢与乙醇混合($H_2O_2+C_2H_5OH+H_2O$)、过氧化氢与甲醇混合($H_2O_2+CH_3OH+H_2O$)、四氧化二氮与苯混合($N_2O_4+C_6H_6$ 或 $N_2O_4+C_7H_8$)、肼与硝酸肼混合($N_2H_4+N_2H_3NO_3+H_2O$) |

推进剂组分不同，其燃烧产物的分布也有差异。对于不含金属添加剂的常规液体推进剂而言，其组分由碳（C）、氢（H）、氧（O）和氮（N）等元素构成，其燃烧产物主要由 CO、$CO_2$、$H_2$、$H_2O$、$N_2$ 和各种氮氧化物构成。在这些燃烧产物中，氮氧化物对环境污染的影响最大，是引起酸雨的主要原因之一，而 $CO_2$ 则是造成温室效应的元凶之一。

(2) 固体推进剂

固体推进剂药柱预先装填于固体火箭发动机内。与液体火箭发动机相比，固体火箭发动机具有结构简单、发射准备时间短、可靠性高等优点，被广泛用于各类战略导弹及战术导弹的动力装置。

从化学反应的角度看，固体推进剂的燃烧仍然是一种剧烈放热的氧化还原反应。在推进剂的主要组分中，氧化剂主要提供氧化还原反应所需的氧化性物质，燃料添加剂和黏合剂提供氧化还原反应所需的还原性物质。

固体推进剂是以高聚物为基、并具有特定性能的含能复合材料。固体推进剂按其主要组分和特点，可分为双基推进剂和复合固体推进剂两大类。

① 双基推进剂　双基推进剂由硝化纤维素（NC）溶胀在硝化甘油（NG）中均匀混合而成。在两大组分的分子中，同时都含有氧化剂（氧原子和硝酸酯基）和可燃元素（C、H等）。双基推进剂的比冲较低。

② 复合固体推进剂

a. 复合固体推进剂的组成　复合固体推进剂主要由高分子黏合剂预聚体、固化剂、氧化剂、燃料添加剂（金属粉或非金属粉）和增塑剂组成，为赋予复合固体推进剂某些特定性能，往往添加不同功能助剂和性能调节剂，如固化交联剂、固化促进剂、键合剂、工艺助剂、内弹道性能调节剂、防老剂和化学安定剂等。目前常用的复合固体推进剂由高氯酸铵（AP）、铝粉（Al）、端羟基聚丁二烯黏合剂（HTPB）和甲苯二异氰酸酯（TDI）等组成。

在复合固体推进剂制造过程中，氧化剂和燃料添加剂等固体填料均匀分散在黏合剂预聚体中，这种高黏度的推进剂药浆采用真空浇铸等工艺浇铸到发动机燃烧室中。固化剂与黏合剂预聚体之间的交联反应使原来线型的黏合剂预聚体固化形成了具有网状结构的热固性树脂，作为这种复合材料的基体，与固体填料一起，呈现出一定的力学性能。HTPB 预聚体与异氰酸酯固化剂的交联反应为：

$$HO\!\left[CH_2CH{=}CHCH_2\right]_nOH + NCO \longrightarrow -NHCOO\!\left[CH_2CH{=}CHCH_2\right]_nOH$$

b. 复合固体推进剂各组分的作用及选择　AP 是目前最常用的氧化剂，它具有氧含量高、安定性好、价格低廉等优点，但同时具有生成焓低、分子中含氯（是燃烧产物中白烟 HCl 的主要来源）等不足之处。新型高能氧化剂——ADN(二硝酰胺铵盐)、KDN(二硝酰胺钾盐）和 HNF(硝仿肼）等正处于研制中。

金属添加剂的主要作用是增加推进剂的燃烧热值。常用金属添加剂的性能数据见表 9.8。由表 9.8 可见，铍（Be）燃烧热最大，硼（B）次之，然后是铝（Al）、镁（Mg）。由于氧化铍剧毒，铍的使用受到了限制；硼的价格高昂，同时燃烧难以组织，实用还存在某些关键技术有待突破，但硼仍是一个潜在的高能添加剂；相比之下，铝在燃烧热、价格等方面具有综合优势，因此目前的金属添加剂主要采用铝粉。

**表 9.8　高能添加剂的性能**

| 高能添加剂 | 化学式 | 密度/g·cm$^{-3}$ | 燃烧热/kJ·kg$^{-1}$ |
|---|---|---|---|
| 硼 | B | 2.37 | 57740 |
| 铍 | Be | 1.85 | 67780 |
| 铝 | Al | 2.70 | 30752 |
| 镁 | Mg | 1.70 | 24602 |

HTPB 是性能优良的复合固体推进剂用黏合剂，它具有预聚体黏度低，固化后力学性能适中，抗老化能力强等优点，因而得到了广泛的应用。但是，其能量低的缺陷也限制了它在高能推进剂中的应用。20 世纪 70 年代美国率先开发了 GAP(聚缩水甘油叠氮化物）为代

表的叠氮黏合剂具有高能黏合剂的特点，是黏合剂高能化的趋势。

#### 9.5.1.3 推进剂在火箭发动机中的能功转换过程

火箭发动机通常用作航天飞行器和导弹的动力装置，而推进剂则是火箭发动机的能源，图 9.4 为火箭发动机的原理图。

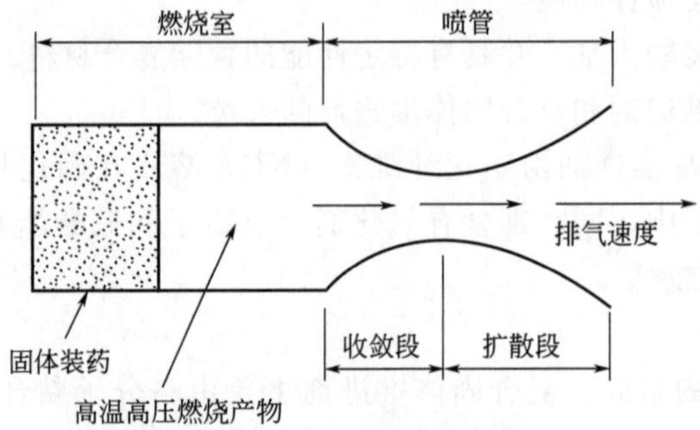


图 9.4 火箭发动机原理图

火箭发动机由燃烧室和收敛-扩张喷管组成，推进剂在火箭发动机燃烧室内进行燃烧，把化学能转为热能，产生高温高压气体。这些高温高压气体作为工质，在喷管中进行绝热膨胀，把释放出的热能转变为动能，变为高速气体排出，使系统获得一个反作用力，以此推动导弹（火箭）的飞行，或进行航天器的姿态控制、速度修正、变轨飞行等。

火箭发动机实际上是一个能量转换系统，其工作过程及能量转换过程可表示为：

$$\text{推进剂} \xrightarrow[\text{燃烧}]{\text{燃烧室}} \text{高温高压燃气} \xrightarrow[\text{膨胀}]{\text{喷管}} \text{高速喷流}$$

$$\text{化学潜能 } H_p \longrightarrow \text{热焓 } H_c \longrightarrow \text{动能}$$

可以将推进剂在火箭燃烧室的燃烧过程看成为理想的等焓过程，即推进剂的初始焓等于燃烧室的燃烧产物焓。重要的能功转换出现于燃烧产物的喷管流动过程，该过程可以简化为理想的等熵过程。能功转换的全过程可以概括为：推进剂在等压、绝热条件下燃烧，其初始焓（推进剂的总焓）等量地转换为燃烧室燃烧产物的焓；燃烧室燃烧产物的焓转换为喷管出口处流动产物的动能。

设单位质量推进剂在初温 $T_0$ 下的总焓为 $H_p$，单位质量推进剂燃气在燃烧室中的总焓为 $H_c$，流速为 $v_c$，而喷管出口处单位质量推进剂燃气总焓为 $H_e$，流速为 $v_e$，根据单位质量燃烧产物的一维能量守恒方程，在喷管的入口处（燃烧室）和出口处，有

$$H_c + \frac{1}{2}v_c^2 = H_e + \frac{1}{2}v_e^2 \tag{9.1}$$

火箭发动机喷管的作用就是将推进剂燃烧产物的热能转化成动能，使其从喷管出口处高速流出。喷管出口处产物的高速流动对火箭施加反作用力（推力 $F$）。推力 $F$ 做功，火箭获得飞行所具有的主动段末速度 $v_k$ 为

$$v_k = I_{sp}\ln(m/m_k) \tag{9.2}$$

式中，$m$ 为推进剂装药质量 $m_p$ 与发动机结构质量 $m_k$ 之和。显然，火箭主动段末速度 $v_k$ 与推进剂比冲 $I_{sp}$ 成正比。

#### 9.5.1.4 推进剂的能量特征参数

表征推进剂能量特性的主要参数有燃烧热、燃气比容、燃气平均摩尔质量、比冲、特征速度、密度及密度比冲等，其中比冲是最重要的能量特性参数，它对导弹的射程有直接影响。

推进剂的比冲是指单位质量推进剂产生的冲量。由定义，则有

$$I_{sp}=\frac{I}{m_p} \tag{9.3}$$

式中，$I$ 为全部推进剂装药（质量为 $m_p$）所产生的总冲量。

当发动机处于最佳膨胀条件时，则有

$$I_{sp}=\sqrt{2(H_c-H_e)}=\sqrt{2(H_p-H_e)} \tag{9.4}$$

式中，焓的单位为 $J \cdot kg^{-1}$，比冲单位为 $N \cdot s \cdot kg^{-1}$ 或 $m \cdot s^{-1}$。由上式可以看出，推进剂比冲的大小直接取决于燃烧室内燃气热焓值与喷管出口处燃气热焓值之差。$H_c$ 的大小反映了推进剂化学潜能的大小，而 $H_e$ 的大小则反映了燃烧产物在喷管中能量转化的情况，故比冲值反映了整个推进系统（包括发动机和推进剂）所能提供的能量大小。

根据热力学知识和燃气在喷管中的绝热可逆流动等假设，可以进一步导出比冲的另一种表达形式：

$$I_{sp}=\sqrt{2R\,\frac{k}{k-1}\times\frac{T_c}{\overline{M}_g}\left[1-\left(\frac{P_e}{P_c}\right)^{\frac{k-1}{k}}\right]} \tag{9.5}$$

式中，$k$ 为燃烧产物的平均比热比；$\overline{M}_g$ 为气态燃烧产物的平均摩尔质量；$T_c$ 为燃烧室温度；$P_c$ 为燃烧室压强；$P_e$ 为燃气在喷管出口处压强；$R$ 为摩尔气体常数。

由式(9.5)可看出，推进剂比冲与推进剂本身特性（$T_c$、$\overline{M}_g$ 和 $k$）有关，也与发动机设计（$P_c$、$P_e$）有关，是整个发动机能量特性的综合评价因子。

#### 9.5.1.5　提高推进剂能量的化学途径

推进剂作为发动机的能源，高能量始终是追求的目标，如何提高能量呢？根据式(9.5)分析，我们可从发动机和推进剂两方面来考虑。发动机方面，可通过减小 $P_e/P_c$ 比，提高喷管膨胀的热效率来提高能量。推进剂方面，通过调节推进剂配方，提高燃烧室温度 $T_c$，降低燃气平均摩尔质量 $\overline{M}_g$，即可提高能量，这种方法称为提高推进剂能量的化学途径。

（1）添加高能物质，提高燃烧室温度 $T_c$

从化学反应热力学看

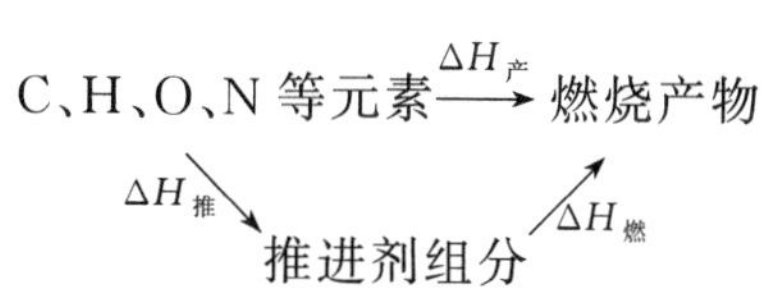


根据盖斯定律有

$$\Delta H_{产}=\Delta H_{推}+\Delta H_{燃} \tag{9.6}$$

即

$$\Delta H_{燃}=\Delta H_{产}-\Delta H_{推} \tag{9.7}$$

式中，$\Delta H_{推}$ 为推进剂各组分的生成焓；$\Delta H_{产}$ 为推进剂燃烧产物的生成焓；$\Delta H_{燃}$ 为推进剂的燃烧热，要求放热量越大越好。因此，为满足火箭发动机中燃烧产生大量热的要求，应尽可能选择生成焓高的组分构成推进剂。即要提高燃烧室温度 $T_c$，关键在于组分的含能化。

燃烧温度与单位质量推进剂燃烧后放出的热量（$Q$）有关。如果 $Q$ 越大，则燃烧温度越高。因此，为了提高推进剂的能量，通常选择生成焓高的组分，常用固体推进剂组分的生成焓见表 9.9。

表 9.9 常用固体推进剂组分的性能数据

| 组分 | 分子式或结构式 | 生成焓/kJ·mol$^{-1}$ | 密度/g·cm$^{-3}$ |
|---|---|---|---|
| AP | $NH_4ClO_4$ | −295.9 | 1.95 |
| KP | $KClO_4$ | −433.3 | 2.53 |
| RDX | 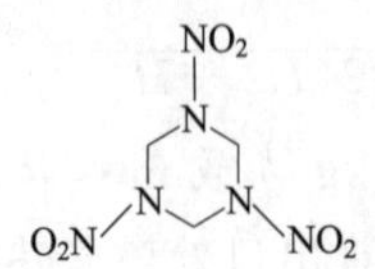 | +70.7 | 1.82 |
| HMX | 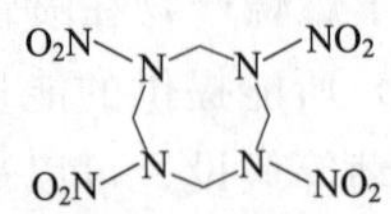 | +74.9 | 1.90 |
| CL-20 | 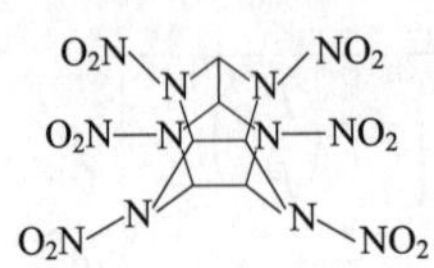 | +415.5 | 2.04 |
| ADN | $NH_4N(NO_2)_2$ | −140.3 | 1.80 |
| HTPB | $HO(CH_2CH{=}CHCH_2)_nOH$ | −103.8(分子量 1120) | 0.90 |
| GAP | 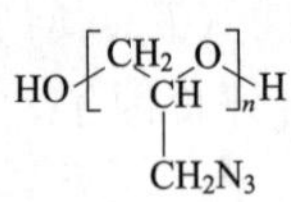 | 401.5 | 1.30 |
| NC | 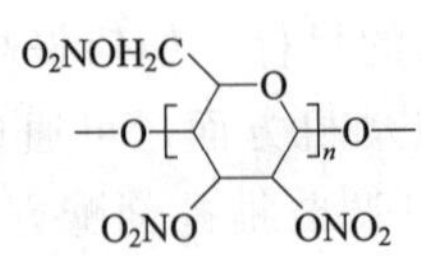 | −669.8 | 1.66 |
| NG | 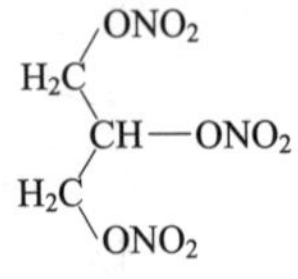 | −351.5 | 1.59(25℃) |
| BTTN | 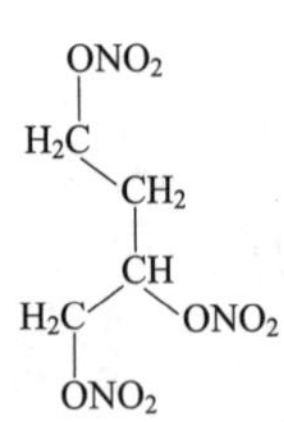 | −374.3 | 1.52(25℃) |
| TMETN | 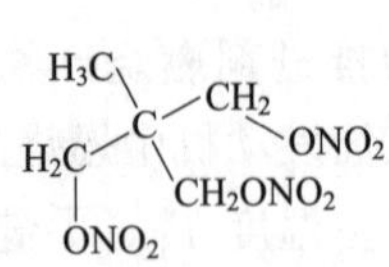 | −408.0 | 1.47 |
| BDNPA | $CH_3C(NO_2)_2CH_2OCH(CH_3)OCH_2C(NO_2)_2CH_3$ | | 1.37(25℃) |
| BDNPF | $CH_3C(NO_2)_2CH_2OCH_2OCH_2C(NO_2)_2CH_3$ | | 1.41(25℃) |

从键能的角度来看，燃烧反应使反应物分子中的键断裂，生成燃烧产物中的新键，键断裂需吸收热量，生成新键又放出热量。推进剂组分的键能越小，燃烧产物的新键能越大，则燃烧反应产生的热量就越高。由此可见，选择生成焓高的组分，或吸热性的化合物，或者含弱键的化合物，即采用添加高能物质的方法，选择含氧量高、生成焓高（最好为正值）的氧化剂，选择燃烧热值高的金属或碳作为燃料，采用添加硝胺炸药（如 HMX 或 RDX 等）或含能增塑剂（如硝基增塑剂等）等方法，便可提高燃烧温度。具体做法如下。

将含有弱键结合的基团引入推进剂组分，这些基团主要有：硝基（$—NO_2$）、硝氨基（$—NHNO_2$）、亚硝基（—NO）、肼基（$—N_2H_5$）、羟氨基（—NHOH）、二氟氨基（$—NF_2$）、叠氮基（$—N_3$）、硝酸酯基（$—ONO_2$）、高氯酸基（$—ClO_4$）等。

选用高热值的轻金属和轻金属氢化物。Li、Be、B、Al 都具有高的燃烧热，从能量的观点看，作为推进剂燃料是合适的。但是，Be 有毒性，不易燃烧完全。Li、B 单质很活泼，直接加入推进剂中尚有许多困难。而 Al 在推进剂中已获得广泛应用。

硝胺类炸药，如 RDX（黑索金、1,3,5-三硝基-1,3,5-三氮杂环已烷）、HMX（奥克托今、1,3,5,7-四硝基-1,3,5,7-四氮杂环辛烷）和新型笼状硝胺 CL-20（六硝基六氮杂异伍兹烷），这些物质具有高的生成焓，引入推进剂中可增加燃烧热。同时，由于它们分子中不含有氯元素，可降低燃气摩尔质量，因此可提高推进剂的能量。

为了提高复合固体推进剂中增塑剂的能量，借鉴双基推进剂组分的特点，即采用硝基增塑剂——NG、BTTN(1,2,4-丁三醇三硝酸酯)、TMETN(三甲基醇乙烷三硝酸酯)、BDNPA(双-2,2-二硝基丙基乙缩醛）和 BDNPF(双-2,2-二硝基丙基甲缩醛）等取代惰性增塑剂，构成了新一代高能推进剂——NEPE 推进剂（硝酸酯增塑的聚醚聚氨酯推进剂）。

从另一方面看，双基推进剂的发展也借鉴了复合固体推进剂配方的优点，即在双基推进剂配方中增添了 AP、RDX（或 HMX）和 Al 粉，构成了复合改性双基推进剂（CMDB）。

总之，固体推进剂高能化的途径就是在满足组分相容性要求的前提下，尽可能使用高能组分。推进剂组分的变化如表 9.10 所示。

**表 9.10　复合固体推进剂组分**

| 组　分 | 常用配方 | 高能配方 |
|---|---|---|
| 氧化剂 | AP | AP、ADN |
| 高能添加剂 | | RDX、HMX、CL-20 |
| 金属添加剂 | Al | Al、B |
| 黏合剂 | HTPB | GAP 等叠氮黏合剂 |
| 增塑剂 | DIOS① | NG、BTTN 等 |

① DIOS 为癸二酸二异辛酯。

（2）降低燃气平均摩尔质量 $\overline{M}_g$

从化学组成看，为了降低燃气的平均摩尔质量，应尽量选择原子量小的元素构成推进剂组分。密度满足要求后，尽量选择含轻元素多的组分，如选择含氢量多的组分。其次是选择成气性好的化合物。许多含弱键基团的化合物和含 H、N、F 量大的化合物都具此特点。

（3）提高密度

通常飞行器或导弹动力装置部分的直径和长度均有限制，故要求推进剂应具有尽可能高的密度，以保证在有限容积中尽可能多装填推进剂，增加飞行器或导弹的射程。

由于推进剂一般是由多种组分混合而成的，因此提高推进剂的密度，实际上就是设法提高推进剂组分的密度或选择高密度高能组分。如在复合固体推进剂中，采用金属燃料一方面可以提高推进剂的燃烧焓值，另一方面也可显著提高推进剂的密度。又如 GAP 黏合剂的密度为 $1300kg\cdot m^{-3}$，用它取代 HTPB(密度为 $930kg\cdot m^{-3}$)，也可在显著提高推进剂能量的同时，提高推进剂的密度。

也可以选择合适的黏合剂，提高固体含量，从而提高密度。例如 HTPB 推进剂，固体含量可达 90%。

综合能量、密度两方面的要求，即推进剂组分最好应同时满足高能、高密度的要求，目前将新型含能材料统称为高能量密度材料。显然，高能量密度材料应具备高能（生成焓高）和密度大等特点。ADN、CL-20 和 GAP 等就是新一代高能量密度材料的典型代表。

(4) 利用空气中的氧

为了进一步提高发动机的能量，在大气层内飞行的导弹又可采用冲压发动机，常用的是火箭-冲压组合发动机。该类发动机利用空气中的氧与燃气发生器中燃料燃烧产生的富燃燃气进行二次燃烧。由于利用了空气中的氧，使得推进剂中携带的氧化剂含量大大降低，从而显著降低了推进剂的装药量，提高了发动机的能量。与这种发动机匹配的燃料是富燃料推进剂。

与复合固体火箭推进剂的构成相似，富燃料推进剂也由氧化剂、燃料添加剂和黏合剂组成，但氧化剂含量较低，一般在 30%～40%。固体富燃料推进剂常用的氧化剂仍是高氯酸铵，黏合剂常用 HTPB。富燃料推进剂中常用的燃料添加剂有硼、铝和镁，加入 Mg 是为了改善富燃料推进剂的燃烧性能。

对于富燃料推进剂，提高能量和改善燃烧性能的要求通常是相互矛盾的。提高富燃料推进剂的能量要求尽可能减少氧化剂的含量，增加燃料的成分；但氧化剂含量的减少对推进剂燃烧稳定性构成了威胁，给燃烧性能的调节带来了困难。因此，解决上述问题是富燃料推进剂配方调节的关键技术之一。

#### 9.5.1.6 推进剂的组成和反应

推进剂的能量通过燃烧室燃烧释放。从化学反应的角度看，燃烧是发光放热的氧化还原反应，显然推进剂的主要组分为氧化剂和还原剂（燃料）。

### 9.5.2 炸药

#### 9.5.2.1 炸药的军事应用

炸药在军事上的用途是爆炸做功。例如装配在炮弹、火箭弹、炸弹、地雷、水雷等兵器上，以摧毁对方武器装备、破坏工事设施以及杀伤有生力量。这时，炸药是弹药发射时的有效载荷，并在目标处做破坏功。在军事上也用炸药做有用功，例如应用于拆迁、筑路等军事工程，作核武器的引爆装置，以及用作物体加速的能源和控制系统的能源。

#### 9.5.2.2 爆炸和化学爆炸特征

爆炸是物质的一种非常急剧的物理、化学变化。在此变化过程中，于有限体积内发生物质能量形式的快速转变和物质体积的急剧膨胀，并伴随有强烈的机械、热、声、光、辐射等效应。爆炸伴有物质所含能量的快速转变，即将物质某种形式的能量变为该物质本身、变化的产物或周围介质的压缩能或运动能。因此，它的一个重要特点是大量能量在有限的体积内突然释放或急骤转化。这种能量在极短时间和有限的体积内大量积聚，造成高温高压等非寻常状态对邻近介质形成急剧的压力突跃和随后的复杂运动，显示出不寻常的移动或机械破坏效应。爆炸的一个显著的外部特征是由于介质受振动而发生一定的音响效应。一般将爆炸现象区分为两个阶段：先是某种形式的能量以一定的方式转变为原物质或产物的压缩能；随后物质由压缩态膨胀，在膨胀过程中做机械功，进而引起附近介质的变形、破坏和移动。

爆炸过程的能功转换为：爆炸过程十分迅速，可以认为过程是绝热的，即 $Q=0$，则内能的变化都用于做功。

爆炸一般分为物理爆炸、核爆炸和化学爆炸。由物理变化引起的爆炸称为物理爆炸，如高速运行的物体强烈撞击高强度的障碍引起的爆炸，高压气瓶和蒸汽锅炉引起的爆炸均属于物理爆炸，此时一种形式的机械能转变为另一种形式的机械能和热能。原子弹和氢弹的爆炸则属于核爆炸，此时原子核分解释放出的能量转变为机械能、热能、光能、声能及辐射能。由化学变化引起的爆炸称为化学爆炸，此时化学反应能转变为机械能、热能、光能、声能。能进行化学爆炸的物质称为炸药。

炸药的化学爆炸有三个特征：反应的放热性、反应的快速性和生成大量气体产物。

（1）反应的放热性

反应的放热性是炸药发生爆炸变化的必要条件。炸药发生爆炸时产生的热量要足以维持炸药快速分解反应的进行。衡量炸药爆炸做功能力的一个重要参数是爆热，爆热是指在一定条件下单位质量炸药爆炸时放出的热量，分为定容爆热及定压爆热，军用炸药的爆热一般为 $3\sim6\mathrm{MJ\cdot kg^{-1}}$。

爆炸本身是能量急骤转化的过程。炸药爆炸是通过将炸药转化为稳定的爆炸产物，从而将化学能转变为热能，热能再转化为对周围介质所做的机械功。不放热或放热很少的反应不能提供做功的能量，因此不具有爆炸性质。

炸药（主要指固态和液态炸药）在爆炸时所放出的能量，并不是特别高的。如按单位质量计算，并不比一般的燃料高。那么，为什么炸药能够发生猛烈的爆炸呢？这是因为按单位体积计算，炸药的含能量比一般的燃料要大得多，从而有很高的能量密度。表 9.11 列出了炸药和普通燃料的含能量，通过对比可以看出炸药含能量的特点。

**表 9.11　炸药和普通燃料的含能量**

| 物质 | 燃烧热或爆热/kJ | | |
|---|---|---|---|
| | 每千克物质 | 每千克燃料或空气混合物① | 每升燃料空气混合物 |
| 木柴 | 18830 | 7950 | 20 |
| 无烟煤 | 33500 | 9200 | 18 |
| 汽油 | 41840 | 9630 | 17.6 |
| 黑火药 | 2930 | 2930 | 2800 |
| 梯恩梯 | 4180 | 4180 | 6500 |
| 硝化甘油 | 6280 | 6280 | 10040 |

① 燃料空气混合物是指燃料完全氧化所需要的空气和燃料的混合物。

由表 9.11 可见，以单位质量物质来比较，炸药爆炸时放出的能量比普通燃料燃烧放出的能量低得多，甚至只相当于其十分之几。就单位质量的燃料和空气混合物来看，炸药的能量也只相当于燃料和空气混合物能量的一部分。但是由于空气的密度小，空气混合物占的体积相当大，因此，就单位体积的含能量来看，炸药的含能量可以达到燃料-空气混合物含能量的 130～600 倍，也就是说炸药的能量集中即能量密度大。

（2）反应的快速性

爆炸反应是在微秒级（$10^{-6}$s）的时间内完成的（军用炸药的爆速一般为 $5\sim9\mathrm{km\cdot s^{-1}}$），

这是爆炸具有巨大功率和爆破作用的前提条件，因而反应的快速性也是炸药发生爆炸的必要条件，它是爆炸过程区别于一般化学反应过程的最重要的标志。仅以单位质量物质的放热来说，炸药往往比不上普通燃料，但普通燃料的燃烧一般不具有爆炸的特征，而炸药的爆炸则具有爆炸的特征，这是由其反应的快速性所决定的。例如，每千克无烟煤与空气的混合物燃烧反应的放热量为9200kJ，而每千克硝化甘油的爆热为6280kJ，但前者反应所需的时间为数分钟到数十分钟，而后者则可以在百分之几到百万分之几秒的时间内完成。也就是说，炸药的爆炸要比普通燃料的燃烧快千百万倍。虽然这两种反应最终都会放出大量热量，生成大量气体，但前者由于反应缓慢，气体产物可以扩散开而不致形成高压；后者则由于过程的快速性，在反应过程中，气体来不及膨胀，所放出的热量集中在炸药原来占有的体积内，而维持很高的能量密度，因此形成了高温、高压气体，使炸药爆炸具有巨大的功率和强烈的破坏作用。例如，据粗略估计，1kg炸药仅仅释放出相当于1000W的电机运转一个多小时的能量，而1kg炸药在爆炸瞬间却可以达到5000MW的功率。

再以煤的燃烧为例来说明反应快速性的作用，如：

$$C(s)+O_2(g)═══CO_2(g); \qquad \Delta_r H_m^{\ominus}=-393.5kJ\cdot mol^{-1}$$

这一反应是大家所熟悉的。煤块在空气中燃烧可以放出大量的热量和气体，但煤块燃烧并不能爆炸。这是因为只有氧气扩散到煤的表面才能起反应，而反应进行又缓慢。其放出的热量和气体能逐渐扩散到周围的大气中，不会形成高温、高压，因而也不能对外界产生激烈的机械作用。若将煤块粉碎成极细的煤粉，并均匀地悬浮在空气中，则点火后就有可能产生爆炸。这是由于煤和氧气充分接触，反应十分迅速的缘故。

（3）生成大量气体产物

爆炸对周围介质的做功是通过高温高压的气体迅速膨胀实现的，这些气体产物是爆炸做功的工质。因此在反应过程中，生成大量气体也是炸药爆炸的一个重要因素。军用炸药爆炸时生成的气体产物量一般为600～1000$L\cdot kg^{-1}$。1L普通炸药爆炸时，可以产生1000L左右的气体产物（标准状态），又由于反应的快速性和放热性，这样大量的气体在爆炸瞬间仍然占据炸药原来所占的体积形成高压，并被加热到高温。高温高压的气体便对外界产生猛烈的机械作用。

综上所述，放热性、快速性和成气性是决定炸药爆炸过程的重要条件。放热给爆炸变化提供了能源，而快速性则是使有限的能量集中在较小体积内产生大功率的必要条件，反应生成的气体则是能量转换的工质，它们都与炸药的做功能力有密切的关系。这三个因素又是互相联系的。反应的放热性将炸药加热到高温，从而使化学反应速率大大地增加，即增大了反应的快速性。此外，由于放热可以将产物加热到很高的温度，这就能使更多的产物处于气体状态。

炸药由它本身的化学结构和物理状态而决定其能够发生爆炸变化。但是，不同炸药放热量的多少、反应速率的大小以及生成气体的量在程度上是不同的。

#### 9.5.2.3 炸药的组成

组成现有炸药的基本元素主要是C、H、O、N。

在一定的环境条件下，某些物质的生成焓可以完成对环境做功的化学能转换，炸药物质具有这样的功能。分子结构中含有爆炸性基团的化合物，常可作为单组分炸药或混合炸药的组分，表9.12中列出了一些常见的具有爆炸性的基团和化合物。

表 9.12　具有爆炸性的基团和化合物

| 基　团 | 化　合　物 | 例 |
|---|---|---|
| C—$NO_2$,N—$NO_2$,O—$NO_2$ | 硝基化合物,硝铵,硝酸酯 | TNT,PETN,HMX |
| $ClO_3$,$ClO_4$,$NO_3$ | 氯酸盐,高氯酸盐,硝酸盐 | 高氯酸铵,硝酸铵 |
| ONC | 雷酸盐 | 雷汞 |
| N═N,$N_3$ | 偶氮,重氮,叠氮化合物 | 叠氮化铅,重氮二硝基酚 |

混合炸药主要由氧化剂和可燃物组成，还有一些附加物。使用附加物的目的是调节炸药的使用性能以及改善炸药的工艺性能，附加物种类很多，如降低感度的石蜡、苯二甲酸二丁酯、二氧化钛等钝感剂；用于改善燃烧性能的燃烧催化剂和消焰剂；用于改善安定性能的安定剂；用于调节能量性质的金属粉等能量添加剂，以及用于调节加工性能的工艺助剂。

炸药的发展表明，炸药组分不能局限于 C、H、O、N 系列的物质，从能量考虑，一些化合物，例如金属的氢化物、氟氮、氟碳化合物等高能量物质，它们在化学潜能上具有优势。所以，除了 C、H、O、N 系炸药之外，某些炸药也采用了含金属或含卤族元素的配方。金属粉已作为高能添加剂应用于混合炸药中。一些金属化合物对起爆药的某种激发冲量具有敏感性，因此，金属及其化合物被广泛地应用于起爆药中。

#### 9.5.2.4　炸药基本特征

炸药是在外部激发能作用下，能发生爆炸并对周围介质做功的化合物（单质炸药）或混合物（混合炸药）。炸药的爆炸绝大多数系氧化还原反应，且可视为定容绝热过程，高温、高压的爆炸气态产物骤然膨胀时，在爆炸点周围介质中发生压力突跃，形成冲击波，可对外界产生相当大的破坏作用。炸药具有四个特点：高体积能量密度、自行活化、亚稳态、自供氧。

① 高体积能量密度　如以单位质量计，炸药爆炸所放出的能量远低于普通燃料燃烧时放出的能量，但如以单位体积物质所放出的能量计，情况就大不相同了。常用炸药的密度（$\rho$）与其定容爆热（$Q_V$）的乘积 $\rho Q_V$ 来表示炸药的体积能量密度。几种军用炸药的 $\rho Q_V$ 值见表 9.13。

表 9.13　几种军用炸药的 $\rho Q_V$ 值

| 炸　　药 | $\rho$/g·cm$^{-3}$ | $Q_V$/MJ·kg$^{-1}$ | $\rho Q_V$/MJ·m$^{-3}$ |
|---|---|---|---|
| 梯恩梯 | 1.65 | 4.18 | $6.9\times10^3$ |
| 太安① | 1.78 | 6.25 | $11.1\times10^3$ |
| 黑索金 | 1.82 | 6.32 | $11.3\times10^3$ |
| 奥克托今(β 型) | 1.91 | 6.19 | $11.8\times10^3$ |
| 六硝基六氮杂异伍兹烷(HNIW,ε 型) | 2.04 | 6.30 | $12.9\times10^3$ |

① 太安是季戊四醇四硝酸酯（PETN）。

② 自行活化　炸药在外部激发能作用下发生爆炸后，在不需外界补充任何条件和没有外来物质参与下，爆炸反应即能以极快速度进行，并直至反应完全。这是因为炸药本身含有爆炸变化所需的氧化组分和可燃组分，且爆炸时放出的爆热足以提供爆炸反应所需活化能。

③ 亚稳态　炸药在热力学上是相对稳定（亚稳态）的物质，只有在足够外部能激发下，才能引发爆炸。对某些工业炸药，可以说是相当稳定的，有时即使雷管也不能将其引爆。另外，大部分炸药的热分解速率甚低，甚至低于某些化肥和农药。近代战争要求炸药具有低易损性和高安全性，一些不稳定的爆炸物是不能作为炸药使用的，它们只能称为爆炸物质，而不能归入炸药的行列。

④ 自供氧 常用单质炸药的分子内或混合炸药的组分内，不仅含有可燃组分，而且含有氧化组分，它们不需外界供氧，在分子内或组分间即可进行化学反应。所以，即使与外界隔绝，炸药自身仍可发生燃烧或爆炸。

**9.5.2.5 炸药的爆炸反应**

确定炸药的爆炸反应方程，一般采用化学分析和仪器分析方法，但所得的均为冷却后爆炸产物的组分。由于在冷却过程中温度和压力的变化，产物之间相互反应的化学平衡发生移动，因此得到的分析结果和爆炸瞬间并不一致，而且炸药爆轰时的化学反应是多种反应同时进行，炸药装药的几何尺寸、密度、引爆方式、爆炸环境、混合炸药成分的均匀程度等也对实测产物组成有影响，因此确定炸药化学反应是一困难而又复杂的问题，而得到的炸药化学反应方程也只能是近似的。

对 $C_aH_bO_cN_d$ 类炸药，根据其含氧量的不同可分为三种类型来讨论。

当炸药的含氧量足以使可燃元素完全氧化时，生成物中含有完全燃烧的产物（$CO_2$、$H_2O$）、氧（$O_2$）、氮（$N_2$）及一些吸热化合物（NO）等，其爆炸反应方程可用式(9.8)表示。

$$C_aH_bO_cN_d = xCO_2 + yCO + uH_2O + wN_2 + iO_2 + jNO \qquad (9.8)$$

当炸药的含氧量虽不能完全氧化炸药组分中的可燃元素，但足以使其生成完全气化的产物，不含游离固体碳时，产物主要成分为 $CO_2$、CO、$H_2O$、$N_2$ 及 $H_2$ 等，其爆炸反应方程可用式(9.9)表示。

$$C_aH_bO_cN_d = xCO_2 + yCO + uH_2O + wN_2 + hH_2 \qquad (9.9)$$

当炸药缺氧较多，以致不能完全生成气体产物，含有固体碳时，爆炸产物组分主要有 $CO_2$、CO、$H_2O$、$N_2$、C 及 $H_2$，其爆炸反应方程可用式(9.10)表示。

$$C_aH_bO_cN_d = xCO_2 + yCO + zC + uH_2O + wN_2 + hH_2 \qquad (9.10)$$

上述爆炸反应方程式中的各组分的系数可通过解联立方程组得到或通过经验法确定。

**9.5.2.6 炸药分类**

很多能够发生爆炸的化合物由于各种不同的原因而不能实际应用，因此能作为炸药的单一化合物是不多的，但混合炸药的品种则繁多。按照作用方式可将广义的炸药分为猛炸药、起爆药、火药及烟火剂四类，但通常称谓的炸药有时仅指猛炸药。

(1) 炸药按用途可分为起爆药和猛炸药。

起爆药是一种对外界作用十分敏感的炸药。它不但在比较小的外界能量作用下，就能发生爆炸变化，而且变化速度可以在很短的时间内增至最大值。起爆药可用来激发其他炸药发生爆炸变化。因此可用其装填各种起爆器材和点火器材，如火帽、雷管等。起爆药有时亦称为初级炸药、主发炸药或第一炸药。

起爆药按照组成，可分为单质起爆药、复盐起爆药（与复盐起爆药性能类似的尚有配位化合物起爆药）及混合起爆药；按激发方式，可分为针刺药、击发药、摩擦药及导电药等。常用的起爆药有氮化铅、雷汞、斯蒂酚酸铅、特屈拉辛等。

猛炸药爆炸时，对周围介质有强烈的机械作用，能粉碎附近的固体介质，故作为爆炸装药装填各种雷弹和爆破器材。猛炸药需要较大的外界作用或一定数量的起爆药作用才能引起爆炸变化，故有时亦称为高级炸药、次发炸药或第二炸药。

常用的猛炸药有黑索金、特屈尔、太安、梯恩梯、梯黑、硝铵炸药等。

(2) 炸药按组成可分为单质炸药和混合炸药。

单质炸药又称为爆炸化合物，是一种均一的相对稳定的化合物。单质炸药分子含有爆炸性基团，其中最重要的有 $C—NO_2$、$N—NO_2$ 及 $O—NO_2$ 三种，它们分别构成三类最主要的单质炸药：硝基化合物（如梯恩梯）、硝胺（如黑索金）及硝酸酯（如硝化甘油）。

混合炸药常由单质炸药和添加剂或由氧化剂、可燃剂和添加剂按适当比例混制而成。常用的单质炸药是硝基化合物、硝胺及硝酸酯三类，氧化剂是硝酸盐、氯酸盐、高氯酸盐、单质氧、富氧硝基化合物等，可燃剂是木粉、金属粉、碳、碳氢化合物等，添加剂有黏结剂、增塑剂、敏化剂、钝感剂、防潮剂、交联剂、乳化剂、发泡剂、表面活性剂和抗静电剂等。研制混合炸药可以增加炸药品种，扩大炸药原料来源及应用范围，且通过配方设计可实现炸药各项性能的合理平衡，制得具有最佳综合性能且能适应各种使用要求和成型工艺的炸药。绝大多数实际应用的炸药都是混合炸药，常用的混合炸药有钝化黑索金、塑-1 和硝铵炸药等。

（3）炸药按应用领域可分为军用炸药和工业炸药。

军用炸药是指用于军事目的的炸药，主要用于装填各种武器弹药和军事爆破器材。其特点是能量水平高，安定性和相容性好，感度适中，理化和力学性能良好。此外，低易损性也是 20 世纪 70 年代以来对军用炸药提出的普遍要求。军用炸药按其组分特点常分为铵梯炸药、熔铸炸药、高聚物黏结炸药、含金属粉炸药、燃料-空气炸药、低易损性炸药、分子间炸药等几大类。

民用炸药是指用于工农业目的的炸药，也称工业炸药，广泛用于矿山开采、土建工程、农田基本建设、地质勘探、油田钻探、爆炸加工等众多领域，是国民经济中不可缺少的能源。按组分可分为胶质炸药、铵梯炸药、铵油炸药、浆状炸药、水胶炸药、乳化炸药（包括粉状的）和液氧炸药等。按用途可分为胶质岩石炸药、煤矿安全炸药、露天炸药、地质勘探炸药和地下爆破炸药等。民用炸药应具有足够的能量水平，令人满意的安全性、实用性和经济性。

常用炸药的基本性质见表 9.14～表 9.16。

**表 9.14　常用起爆药的基本性质**

| 项　目 | 雷　汞 | 氮化铅 | 斯蒂酚酸铅 | 特屈拉辛 |
|---|---|---|---|---|
| 学名 | 雷酸汞 | 叠氮化铅 | 三硝基间苯二酚铅 | 四氮烯 |
| 分子式 | $Hg(ONC)_2$ | $Pb(N_3)_2$ | $C_6H(NO_2)_3O_2Pb$ | $C_2H_8N_{10}O$ |
| 外观 | 白色、灰白色结晶 | 白色、微红色结晶 | 深黄色结晶 | 无色或淡黄色结晶 |
| 用途 | 起爆药、激发药 | 起爆药、针刺药，起爆力大于雷汞 4 倍 | 针刺药的主要成分，弥补氮化铅火焰密度不足，无腐蚀击发药 | 击发药、针刺药的一个组分 |

**表 9.15　常用单质炸药的基本性质**

| 项　目 | 学　名 | 代　号 | 分子式 | 外　观 | 用　途 |
|---|---|---|---|---|---|
| 黑索金 | 1,3,5-三硝基-1,3,5-三氮杂环己烷 | RDX | $C_3H_6O_6N_6$ | 白色粉状结晶，钝化 RDX 为红色 | 传爆药，反装甲战斗部，导弹战斗部的主装药 |
| 奥克托今 | 1,3,5,7-四硝基-1,3,5,7-四氮杂环辛烷 | HMX | $C_4H_8O_8N_8$ | 白色结晶 | 耐热炸药，比 RDX 用途更广 |
| 太安 | 季戊四醇四硝酸酯 | PETN | $C(CH_2ONO_2)_4$ | 白色结晶，钝化后为玫瑰色 | 与 RDX 类似 |
| 特屈尔 | 三硝基苯甲硝铵 | CE | $C_6H_2(NO_2)_3NNO_2CH_2$ | 淡黄色结晶 | 传爆药柱 |
| 梯恩梯 | 三硝基甲苯 | TNT | $C_6H_2(NO_2)_3CH_3$ | 淡黄色鳞片状结晶 | 各种弹药的战斗部，可与其他炸药混合使用 |
| 硝化甘油 | 丙三醇三硝酸酯 | NC | $C_3H_5(ONO_2)_3$ | 无色或淡黄色液体 | 威力最大，但不能单独使用，用于制造胶质混合炸药 |
| 硝化棉 | 硝化纤维素 | NC |  | 白色纤维 | 发射药 |

表 9.16 常用混合炸药的基本性质

| 项目 | 梯黑炸药 | 塑-1 炸药 | 2# 岩石硝铵炸药 |
|---|---|---|---|
| 组成 | TNT/RDX=50/50 | RDX 为主、聚醋酸乙烯酯和环氧树脂为黏结剂，磷酸二苯乙辛酯增塑 | $NH_4NO_3$/TNT/木粉=85/11/4 |
| 外观 | 黄色、淡黄色 | 白色、微黄色颗粒，-10～60℃可塑 | 淡黄色或灰白色粉末 |
| 用途 | 装填各种雷弹 | 地雷、碎甲弹、破甲弹装药 | 工业和国防施工的主装药 |

在军事应用中，各类炮弹、导弹战斗部的效能不仅取决于炸药的威力，还与弹的结构设计有关，因此在军事上通常将弹的结构设计与炸药合称为弹药。

如对付新型复合反应装甲的装甲弹，一方面采用高密度钨合金、贫铀合金弹芯，以提高穿甲能力；另一方面还具有串联战斗部，即采用多个前置小弹芯和一个主弹芯的串联方式，其作用机理是在穿甲弹碰击目标时首先采用小弹芯打爆反应装甲，然后主弹芯侵彻坦克的主装甲。

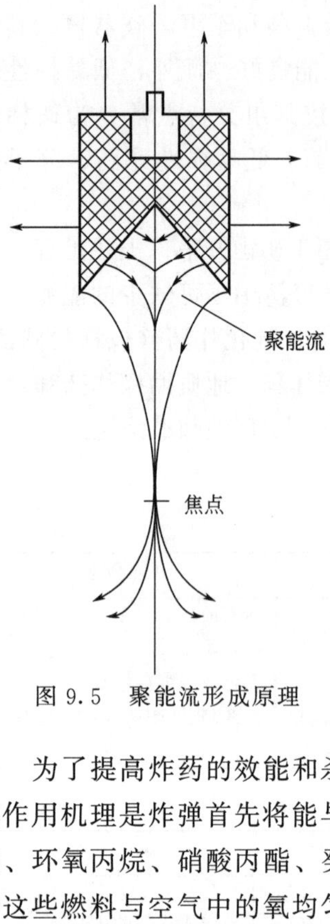

图 9.5 聚能流形成原理

另外，还运用弹药型面设计技术，形成聚能战斗部，构成聚能破甲弹。聚能破甲战斗部是对付装甲目标的。为了穿透厚达 200mm 以上的装甲，一种方法是发射穿甲弹，使炮弹获得很高的初速，依靠它所具有的动能来穿甲，延时引信在穿甲后才起爆；另一种是用初速低的炮弹空心装药，利用炸药的聚能效应（使炸药爆炸作用的能量集中于一定方向的效应）来穿透钢甲，称聚能破甲战斗部。反坦克导弹采用的就是这种聚能破甲战斗部。它是在圆柱形炸药的一端制成一锥形凹槽，当它在另一端引爆时，炸药的能量在凹槽的轴线上出现聚焦现象，实际上是形成一种定向爆炸，产生一股速度极高的聚能流（见图 9.5）。这股高压、高温、高速、高密度的聚能流，速度可达 $10km \cdot s^{-1}$，温度可达 4000～5000℃，压力可达几万兆帕。因而，它的动压非常大，能把钢甲穿透。如果在聚能槽表面再衬上一层金属罩（即药型罩），则破甲效能大为增加，比不用药型罩者可大 4～5 倍。

为了提高炸药的效能和杀伤面积，近年来又开发研制了燃料-空气炸弹，又称云爆弹。其作用机理是炸弹首先将能与空气反应形成爆炸的燃料，如易挥发的碳氢化合物（环氧乙烷、环氧丙烷、硝酸丙酯、癸烷、甲基乙炔和丙二烯等），均匀抛散在空气中形成气溶胶，待这些燃料与空气中的氧均匀混合后，通过二次引爆产生爆轰。燃料-空气炸弹用于大面积杀伤人员，摧毁武器装备和工事，大面积扫雷。如采用氧化丙烯为燃料的燃料-空气扫雷系统，一次爆炸就可开辟 10m×300m 的通道。燃料-空气炸弹的威力巨大，可代替小当量的核爆炸。

## 9.5.3 烟火药

### 9.5.3.1 烟火药及其分类

烟火药是利用其固体混合物或化合物的放热反应，产生特殊的光、声、烟、热、气动或延期等烟火效应的制剂，烟火药是一种特殊的含能材料。按产生出的烟火效应分类，烟火药可分成图 9.6 所示的类别。

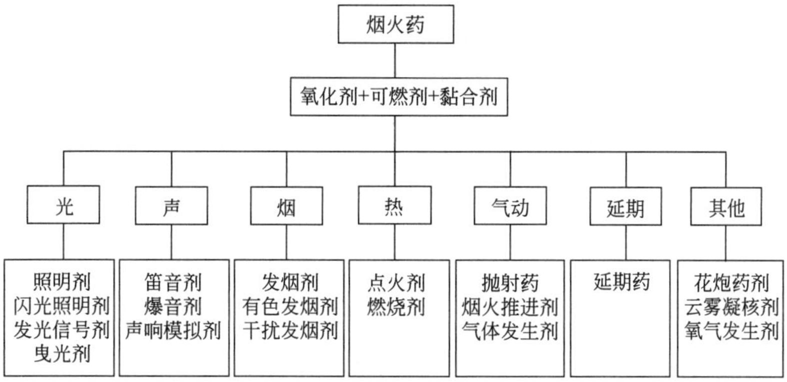


图 9.6　烟火药分类

根据燃烧过程的特点来分类，烟火药可以分成火焰剂、高热剂、发烟剂和借空气中氧燃烧的物质及混合物等。

**9.5.3.2　烟火药的组成**

烟火药最基本的组成是氧化剂和可燃剂。氧化剂提供燃烧反应时所需的氧，可燃剂提供燃烧反应赖以进行所需的热。但仅有单一的氧化剂和可燃剂组成的二元混合物，很难在工程应用上获得理想的烟火效应。因此，实际应用的烟火药除氧化剂和可燃剂外，还包括使制品具有一定强度的黏结剂、产生特种烟火效应的功能添加剂（如使火焰着色的物质，增加烟雾浓度的发烟物质，增加火焰亮度的其他可燃物质，降低燃速的惰性添加物质）等。

（1）氧化剂

烟火药所用氧化剂通常要求其是富氧的离子型固体，在中等温度下即可分解放出氧。氧化剂中水分、杂质含量应极少，其阴离子应含有高能键，如 Cl—O 或 N—O 等，通常的阴离子有 $NO_3^-$ 硝酸根离子、$ClO_3^-$ 氯酸根离子、$ClO_4^-$ 高氯酸根离子、$CrO_4^{2-}$ 铬酸根离子、$O^{2-}$ 氧离子和 $Cr_2O_7^{2-}$ 重铬酸根离子等。

需要指出的是，与上述阴离子构成离子型固体氧化剂的阳离子，必须对所产生的烟火效应起积极作用而不产生消极影响。例如，$NaNO_3$ 氧化剂，其 $Na^+$ 是黄光发射体，在黄光剂中起积极作用，但 $NaNO_3$ 氧化剂不宜用于制造红光剂、绿光剂、蓝光剂，因 $Na^+$ 在红光剂、绿光剂、蓝光剂中起消极作用，它的存在会干扰红色、绿色和蓝色火焰比色纯度（色饱和度）。$Li^+$、$Na^+$、$K^+$ 碱金属阳离子和 $Ca^{2+}$、$Sr^{2+}$、$Ba^{2+}$ 碱土金属阳离子都是不良的电子受体，它们也不与镁、铝活性金属可燃剂在常温下（长储中）发生反应，因此由它们与阴离子结合的盐类氧化剂在烟火药中应用相对广泛。由 $Pb^{2+}$、$Cu^{2+}$ 这类阳离子与阴离子结合的盐类氧化剂，例如 $Cu(NO_3)_2$，易氧化 Mg 等活性金属可燃剂：

$$Cu(NO_3)_2 + Mg \longrightarrow Cu + Mg(NO_3)_2$$

因此，由 $Pb^{2+}$、$Cu^{2+}$ 这类阳离子与阴离子结合的盐类氧化剂很少用于烟火制造。

除富氧的离子型固体被选作氧化剂外，含卤素原子（如 F 和 Cl）的共价键分子也可以用作烟火药的氧化剂，例如六氯乙烷和聚四氟乙烯，它们分别与 Zn 和 Mg 的烟火反应如下：

$$3Zn + C_2Cl_6 \longrightarrow 3ZnCl_2 + 2C$$

$$(C_2F_4)_n + 2n Mg \longrightarrow 2nC + 2n MgF_2$$

烟火药常用氧化剂的理化性能如表 9.17 所示。

(2) 可燃剂

烟火药的可燃剂可分为三类：金属可燃剂、非金属可燃剂和有机化合物可燃剂。常用的金属可燃剂如表 9.18 所示，非金属可燃剂如表 9.19 所示。

**表 9.17 烟火药常用氧化剂的理化性能**

| 名称 | 分子量 | 密度/$g\cdot cm^{-3}$ | 熔点/℃ | 燃烧时的分解反应式 | 分解时放出1g氧的氧化剂质量/g | 氧化剂生成焓/$kJ\cdot mol^{-1}$ |
|---|---|---|---|---|---|---|
| $KClO_3$ | 123 | 2.3 | 370 | $2KClO_3 = 2KCl+3O_2$ | 2.55 | 402 |
| $Ba(ClO_3)_2H_2O$ | 332 | 3.2 | 414 | $Ba(ClO_3)_2 = BaCl_2+3O_2$ | 3.35 | 740(无水盐) |
| $KClO_4$ | 139 | 2.5 | 610(分解) | $2KClO_4 = 2KCl+4O_2$ | 2.17 | 452 |
| $NaClO_4$ | 122 | 2.5 | 482(分解) | $2NaClO_4 = 2NaCl+4O_2$ | 1.90 | 385 |
| $NaNO_3$ | 85 | 2.2 | 308 | $2NaNO_3 = Na_2O+2.5O_2+N_2$ | 2.13 | 465 |
| $KNO_3$ | 101 | 2.1 | 336 | $2KNO_3 = K_2O+2.5O_2+N_2$ | 2.53 | 498 |
| $Sr(NO_3)_2$ | 212 | 2.8 | 645 | $Sr(NO_3)_2 = SrO+2.5O_2+N_2$ | 2.65 | 967 |
| $Ba(NO_3)_2$ | 162 | 3.2 | 592 | $Ba(NO_3)_2 = BaO+2.5O_2+N_2$ | 3.27 | 992 |
| $CaSO_4$ | 136 | 3.0 | 1450 | $CaSO_4 = CaS+2O_2$ | 2.13 | 995 |
| $BaSO_4$ | 233 | 4.5 | 1580 | $BaSO_4 = BaS+2O_2$ | 3.64 | 1423 |
| $BaO_2$ | 169 | 5.0 | 约 800(分解) | $BaO_2 = BaO+0.5O_2$ | 10.6 | 628 |
| $Fe_3O_4$ | 232 | 5.2 | 1527 | $Fe_3O_4 = 3Fe+2O_2$ | 3.34 | 1113 |
| $Fe_2O_3$ | 160 | 5.3 | 1565 | $Fe_2O_3 = 2Fe+1.5O_2$ | 3.35 | 793 |
| $MnO_2$ | 87 | 5.0 | 535(分解) | $MnO_2 = MnO+0.5O_2$ | 5.44 | 523 |
| | | | | $MnO_2 = Mn+O_2$ | 2.72 | 523 |
| $Pb_3O_4$ | 636 | 9.1 | 加热时分解 | $Pb_3O_4 = 3Pb+2O_2$ | 10.71 | 733 |
| $K_2Cr_2O_7$ | 294 | 2.7 | 398 | $K_2Cr_2O_7 = K_2O+Cr_2O_3+1.5O_2$ | 6.13 | 2015 |
| $H_2O$ | 18 | 1.0 | 0 | $H_2O = H_2+0.5O_2$ | 1.12 | 285 |
| $C_7H_5N_3O_6$ | 227 | 1.7 | 80 | $C_7H_5N_3O_6 = 7C+1.5N_2+2.5H_2+3O_2$ | 2.36 | 54 |
| $NH_4ClO_4$ | 117.5 | 1.95 | 150(开始分解) | $NH_4ClO_4 = N_2+3H_2O+2HCl+2.5O_2$ | 3.5 | |

**表 9.18 常用的金属可燃剂的性质**

| 名称 | 符号 | 原子量 | 熔点/℃ | 沸点/℃ | 燃烧热/$kJ\cdot g^{-1}$ | 燃烧产物 | 与1g氧燃烧所需要的可燃剂量/g |
|---|---|---|---|---|---|---|---|
| 铝 | Al | 27.0 | 660 | 2497 | 30.9 | $Al_2O_3$ | 1.12 |
| 镁 | Mg | 24.3 | 649 | 1107 | 24.7 | MgO | 1.52 |
| 镁铝合金 | Mg/Al | — | 460 | — | — | $MgO/Al_2O_3$ | 1.32 |
| 铁 | Fe | 55.8 | 1535 | 2750 | 7.5 | $Fe_2O_3$ | 2.32 |
| 钛 | Ti | 47.9 | 1660 | 3287 | 19.6 | $TiO_2$ | 1.50 |
| 钨 | W | 183.8 | 3410 | 5660 | 4.6 | $WO_3$ | 3.83 |
| 锌 | Zn | 65.4 | 420 | 907 | 5.4 | ZnO | 4.09 |
| 锆 | Zr | 91.2 | 1852 | 4377 | 12.1 | $ZrO_2$ | 2.85 |

**表 9.19 常用的非金属可燃剂性质**

| 名称 | 符号 | 原子量 | 熔点/℃ | 沸点/℃ | 燃烧热/$kJ\cdot g^{-1}$ | 燃烧产物 | 与1g氧燃烧所需要的可燃剂量/g |
|---|---|---|---|---|---|---|---|
| 硼 | B | 10.8 | 2300 | 2550 | 58.5 | $B_2O_5$ | 0.45 |
| 木炭 | C | 12.0 | 分解 | — | 32.6 | $CO_2$ | 0.38 |
| 赤磷 | P | 31.0 | 590 | 升华 | 24.7 | $P_2O_5$ | 0.78 |
| 黄磷 | $P_4$ | 124.0 | 44 | — | 24.7 | $P_2O_5$ | 0.78 |
| 硅 | Si | 28.1 | 1410 | 2355 | 30.9 | $SiO_2$ | 0.88 |
| 硫黄 | S | 32.1 | 119 | 445 | 9.2 | $SO_2$ | 1.00 |

有机化合物可燃剂在燃烧时除提供热量外，还产生大量的 $CO_2$ 和水蒸气等产物，这对形成火焰十分有益。有机化合物可燃剂主要有酚醛树脂（$C_{13}H_{12}O_2$）、虫胶（$C_{16}H_{24}O_5$）、淀粉[$(C_6H_{10}O_5)_n$]、乳糖（$C_{12}H_{24}O_{12}$）、松脂酸钙[$(C_{20}H_{29}O_2)_2Ca$]、石蜡（$C_{26}H_{54}$）、萘（$C_{10}H_8$）等，以及硝化纤维素、聚乙烯醇、硬脂酸、乌洛托品、煤油、环氧树脂和不饱和聚酯树脂等。有机化合物可燃剂往往同时又具有黏结剂功能。

（3）黏结剂

烟火药组分中的黏结剂主要起增强制品机械强度、减缓药剂燃速、降低药剂敏感度和改善药剂物理化学安定性等作用。

在烟火药中过多地使用黏结剂是不适宜的。一方面，当药剂中的黏结剂含量超过10%～12%时，制品强度不再增强，另一方面过多的黏结剂会破坏烟火药氧平衡，使烟火效应受到显著影响。实际使用时，一般以 5%～10%为宜。在有色发光剂中加入黏结剂时，应选用在燃烧时仅产生无色火焰的那些黏结剂，以使火焰保持较好的比色强度。含氧量超过50%的有机物，在空气中燃烧时，其火焰几乎是无色的。含氧量低的有机物在空气中燃烧时，由于产物中未燃尽的游离碳的存在，会使火焰呈黄色。因此，有色发光剂黏结剂应选择含氧量高的有机化合物。烟火药中常用黏结剂如表 9.20 所示。

**表 9.20　常用黏结剂物理化学性质**

| 名称及分子式 | 密度 /g·cm$^{-3}$ | 分子量 | 软化点 /℃ | 溶剂 | 与 1g 氧燃烧的质量/g | |
|---|---|---|---|---|---|---|
| | | | | | 生成 CO 和 $H_2O$ | 生成 $CO_2$ 和 $H_2O$ |
| 酚醛树脂[①] $C_{13}H_{12}O_2$ | 1.3 | 200 | 80～110 | 酒精 | 0.74 | 0.42 |
| 虫胶 $C_{16}H_{24}O_5$ | 1.1 | 260 | 70～120 | 酒精 | 0.80 | 0.47 |
| 淀粉$(C_6H_{10}O_5)_n$ | 1.6 | 162 | — | 水 | 1.69 | 0.85 |
| 松脂酸钙$(C_{20}H_{29}O_2)_2Ca$ | 1.2 | 643 | 120～150 | 汽油、酒精 | 0.61 | 0.38 |
| 松香 $C_{20}H_{30}O_2$ | 1.1 | 302 | 大于 65 | 汽油、酒精、苯 | 0.57 | 0.36 |
| 干性油 $C_{16}H_{26}O_2$ | 0.93 | 250 | — | — | 0.58 | 0.36 |
| 蓖麻油 $C_{50}H_{104}O_6$ | 0.96 | 933 | 10～18 | 酒精 | 0.58 | 0.37 |
| 聚氯乙烯 $\text{+}H_2C\text{—}CHCl\text{+}_n$ | 1.4 | 62.5 | 80 | 环己酮、二氯甲烷 | 1.3 | 0.78 |
| 萘 $C_{10}H_8$ | 1.14 | 128.2 | | 甘油 | 0.57 | 0.33 |
| 明胶 $\text{+}CH_2\text{—}NH\text{—}CO\text{+}_n$ | — | 57 | — | 醋酸 | — | — |

① 酚醛树脂分热固性和热塑性，实际分子式为 $C_{48}H_{72}O_7$，分子量为 730。

（4）功能添加剂

烟火药组分中的功能添加剂主要包括使火焰着色的染焰剂、加快或减缓燃速的调速剂、增强物理化学安定性的安定剂、降低机械敏感度的钝感剂以及增强各种烟火效应的添加物质等。例如，为了降低燃速，有时在烟火药中添加 $CaCO_3$、$MgCO_3$ 和 $NaHCO_3$，因为它们在高温下可吸热分解，从而降低了反应温度，使燃速变慢。

**9.5.3.3　烟火药的燃烧反应方程式**

烟火药的燃烧反应是放热的氧化还原反应。烟火药燃烧时的氧化作用多数是借其本身所含的氧来氧化可燃剂的，即自供氧系统。它可以在隔绝空气的条件下燃烧，把反应进行到底。燃烧反应中，可燃剂（可燃元素）被氧化，氧化剂被还原，燃烧反应方程式建立的原则是：

① 烟火药燃烧时产生的微量产物忽略不计；

② 烟火药中的氮（N）全部生成氮气（$N_2$）；

③ 烟火药中的氧首先将可燃的金属元素氧化成金属氧化物，如 $Mg \longrightarrow MgO$，

$Al \longrightarrow Al_2O_3$；

④ 当氯和氟的化合物为氧化剂时，则

a. $Mg \longrightarrow MgCl_2(MgF_2)$

b. $Al \longrightarrow AlCl_3(AlF_3)$

c. $H \longrightarrow HCl(HF)$

d. $Cl(F) \longrightarrow Cl_2(F_2)$；

⑤ 烟火药中的氧将 $H \longrightarrow H_2O$（氧不足则 $H \longrightarrow H_2$）；

⑥ 剩余的氧将 $C \longrightarrow CO$，若还有剩余，则将 $CO \longrightarrow CO_2$，若还有剩余，则成游离氧（氧不足时碳成游离 C）。

#### 9.5.3.4 现代高技术战争中光电对抗用的新型烟火药

光电电子战包括光电侦察与反侦察、光电干扰与反干扰、光电制导与反制导、光电隐身与反隐身、光电摧毁与反摧毁等几个方面。提高己方雷达、红外侦察及制导能力和抗干扰能力，干扰及摧毁敌方雷达、红外侦察设备及制导武器，是现代高技术战争中光电对抗的主要任务。

烟火光电对抗，是一项利用烟火药的光、声、烟、热及其电磁效应来对高技术的光电制导武器和观瞄探测器材，实施诱骗迷惑、隐身遮蔽干扰和软杀伤破坏的新概念烟火技术。现有的技术内涵包括诱饵、烟幕和软杀伤烟火。烟火光电对抗干扰弹药已成为世界各国海陆空三军必不可少的装备。中东战争结束后的 1976 年，美国即成立了“烟幕局”，投入巨资以极快速度开发研制装备了多品种的光电对抗干扰弹药，如箔条弹、红外诱饵弹和烟幕弹等。其后，世界范围内掀起了光电对抗干扰弹药研究热潮，新概念的干扰弹药与器材纷纷涌现，如红外照明弹、碳纤维干扰弹、光弹、声弹、交通封锁弹、使发动机失能的烟火熄燃与爆燃弹等。

电子战光电对抗所使用的红外诱饵弹、红外照明弹、烟幕弹等光电干扰装备能有效地使敌方的光电制导武器失控、失灵或失效，因此，烟火光电对抗在高科技战争中占据了重要地位。

(1) 红外诱饵剂

红外诱饵剂是在红外区产生强烈辐射的烟火剂，用于制备各类红外诱饵弹及红外干扰器材。它能模拟飞机、舰艇、装甲车辆等目标的红外辐射特性，对各种红外侦察、红外观瞄器材和红外寻的导弹，起引诱、迷惑和扰乱作用。

诱饵即以假乱真，使得真目标隐身而达到自卫目的。红外诱饵剂应具备如下特殊的技术要求：①发出的红外光谱分布必须与被保护目标相一致；②发出的红外能量（辐射强度）应远高于目标能量；③快速形成红外辐射，且辐射持续时间要长。

红外诱饵剂通常由氧化剂、可燃物和黏合剂所组成，燃烧时，在红外区产生强烈辐射。目前，常用的红外诱饵剂有热剂型、凝固汽油型、自燃型和气溶胶型等。

热剂型红外诱饵剂中燃料多为镁、铝等金属，采用聚酯或聚四氟乙烯为黏合剂。有的剂型还添加硝酸钠氧化剂。该种红外诱饵剂通过燃烧而产生作用。

凝固汽油型红外诱饵剂主要用于模拟喷气机尾部羽烟的红外辐射特征。

自燃型红外诱饵剂采用类似稠化三乙基铝一类的自燃液体，抛撒雾化后遇空气自燃，从而构成一个接近目标大小和红外辐射特征的暖空气云团假目标。另外，黄磷遇空气也发生自燃，也可用于制造自燃型红外诱饵剂。

气溶胶型红外诱饵剂采用酸酐、四氯化钛等形成具有红外辐射的气溶胶。

在军事上，红外诱饵弹属于有源干扰器材，用于防御热寻的导弹和雷达导引导弹的攻击。其作用机理有“离散”技术和“干扰”技术两种。“离散”技术是使具有能模拟目标特性的假诱饵的红外诱饵弹远离真实目标，达到诱骗目的。“干扰”技术则是大量的红外干扰弹，以造成导弹对攻击目标识别的错误。

(2) 红外照明剂

红外照明剂是一种在近红外区（0.7～1.3μm）辐射强度高而在可见光区发光强度低的烟火药剂。它用于制造各类红外照明弹和红外照明器材，使红外夜视仪和微光夜视仪提高视距，扩大视野。

红外照明实际是为夜视仪要观测的目标景物提供近红外光源，增大目标景物近红外照度，从而使得夜视仪的视距增加。由于红外照明可见光输出低，战术使用时发射至目标区(一般是敌区)，故只照亮目标区，而照不亮己方阵地，从而不会暴露自己，具有隐身作用。

红外照明剂也由氧化剂、可燃剂和黏合剂等组成。选择红外照明剂组分的原则是可见光输出应尽可能低，而红外辐射强度应尽可能高。

红外照明剂的氧化剂可选择 $KNO_3$、$KClO_4$ 和 $CsNO_3$ 等。可燃剂应避免选用能产生强烈可见光输出的金属粉，如 Mg、Al、$Mg_4Al_3$ 等，当选用 Si 和六亚甲基四胺作主要可燃剂时，可见光输出较低，隐身指数较好，也可选用 B、Ti、Zr 作红外照明剂的可燃剂。红外照明剂的黏合剂一般选用短碳链的聚酯，它能减少燃烧过程中的烟炱生成。为了加快红外照明剂的燃速，可加入助燃剂，当选用硼和氧化铁共同作助燃组分时，燃速明显加快，红外辐射强度增加，而可见光输出增加得很少。

(3) 烟幕

烟幕（亦称为烟雾）是一种由发烟剂形成的人工气溶胶，通常情况下是烟与雾的混合或复合体系，形成烟雾屏障，用以隐蔽己方部队的行动和其他目标，妨碍敌人的观察和射击，对光学、电子技术器材的观测、瞄准等还能构成无源干扰。施放烟幕的器材有发烟手榴弹、发烟罐、发烟炮弹、发烟火箭弹、航空发烟弹和机械发烟器等。

① 气溶胶　固态或液态的微粒悬浮于空气之中形成的悬浮体系称为气溶胶。作为胶体，气溶胶同其他胶体一样，由分散介质和分散在介质内的微粒——分散相所构成，分散介质为气体的胶体体系即为气溶胶。

通常所说的气溶胶，是指以空气为介质，以固态或液态的微粒为分散相的胶体体系。人工制造的气溶胶（烟幕）其微粒成分和结构较复杂，可以是无机物质的，也可以是有机物质的，可以是固态或液态的，也可以是固、液态结合的。

气溶胶产生的方法有多种，从气溶胶形成的原理角度归类，基本上有两种。

a. 由分散法形成的气溶胶称为分散性气溶胶。它是通过机械的手段（对液体用喷雾方式，对固体采用机械破碎方式）分散和爆炸分散或靠自然的风化作用使固态的或液态的物质粉碎、剥蚀成颗粒或液滴，再经风力或气流作用扬起而悬浮于大气之中。

b. 由凝集法形成的气溶胶称为凝集性气溶胶。它是由过饱和蒸汽在大气中凝集成固态或液态粒子；也可由不同成分的混合气体的气相化学反应，光分解反应以及燃烧反应等形成过饱和蒸气再凝集成固态或液态微粒。

分散介质为空气、分散相为液态的气溶胶称为雾；分散介质为空气、分散相是固态的气溶胶称为烟。也有将气溶胶体系分为四类：雾——液态气溶胶（包含分散性与凝集性）；

烟——固态凝集性气溶胶；尘——固态分散性气溶胶；烟雾——固、液两态混合气溶胶。

② 烟幕形成的基本原理和方法 军用烟幕是一种人工烟雾，系发烟剂产生的烟与雾的混合或复合体系的气溶胶，其形成的基本原理与一般气溶胶没有本质上的差异，通常是由物理过程的机械分散方式和物理化学过程的凝集方式而形成的。烟幕形成的方法一般有三种：分散法、凝集法和综合法。

分散法是以机械力将固体（或液体）发烟物粉碎成细小粒子分散到空气中去。凝集法分散相的形成为：先形成过饱和蒸气，然后过饱和蒸气再凝集成烟。综合法是指同时采用分散法和凝集法来制造烟雾，烟粒的形成是分散与凝集两个过程的综合结果，爆炸成烟是综合法的实例，爆炸时固体或液体受高压气体冲击被分散到以炸点为中心的球面度空间中去形成烟雾微粒，与此同时，由于爆炸时的高温，使之形成蒸气与空气混合，经冷却使其所占空间达过饱和状态，进而凝集成烟。

③ 烟幕对可见光的遮蔽效应及红外消光原理 烟幕对可见光产生的遮蔽效应，其根本原因是烟幕对入射光产生散射和吸收，造成目标射来的光线衰减而使观察者看不见目标；另一个原因是烟幕能够降低目标与背景之间的视觉对比度。

烟幕对红外消光不像对可见光消光那样能直观地为人眼所见，烟幕的红外消光是烟幕气溶胶微粒对入射红外辐射的吸收和散射衰减共同作用的结果。

按照经典振子理论，热辐射是由组成物质的原子和分子的热运动产生的一种电磁辐射。每个原子和分子都可看作是在其平衡位置附近作振动的振子，当振子发生共振时，即当入射辐射的频率等于振子的固有频率时，就要吸收入射辐射能量，从而增加振子的振动能量，这就是烟幕红外消光的吸收作用。

烟幕对红外辐射的吸收由两个部分构成：一是气溶胶凝聚核（如 $SiO_2$、C 粒、尘埃和金属盐类等）的吸收；二是水蒸气在核上聚集而形成的液态水滴的吸收。

另外，当红外辐射入射到烟幕中时，烟幕中带电质点、电子或离子随着红外辐射电矢量的振动而谐振起来，这种受迫的谐振产生了次生波，成为二次波源向各个方向辐射出电磁波，形成散射，从而使红外入射辐射在原传播方向上能量减少了，而在其他方向上的能量分布又不相同，这就是烟幕对红外散射的消光过程。

烟幕对红外的消光特性取决于烟幕中红外活性物质的多寡。相应遮蔽波段内具有尽可能多的波段匹配的红外活性烟幕物质有利于红外消光。判断烟幕物质是否具有红外活性的依据是该物质分子内有无固有偶极矩或偶极矩有无变化。凡是具有固有偶极矩的异核双原子分子，均表现为红外活性。完全无对称性的多原子分子，其所有的振动都表现为红外活性；对于某些具有对称性的多原子分子，振动无偶极矩变化，则不具有红外活性。

④ 对发烟剂的特殊技术要求 产生烟雾的物质统称为发烟剂。发烟剂可以是一种单组分的物质，也可以是多组分的物质；可以是固态的（如赤磷发烟剂、HC 发烟剂、膨胀石墨、陶瓷粉等），也可以是液态的（如水、雾油、$TiCl_4$ 发烟剂、氯磺酸发烟剂等）；可以是无机物，也可以是有机物，还可以是矿物质或尘埃。在军事上主要用于形成烟幕（人工气溶胶），起遮蔽隐身或眩惑干扰作用。

传统的军用发烟剂所形成的烟雾只能遮蔽可见光（0.4～0.76$\mu$m），但对近（1～3$\mu$m）、中（3～5$\mu$m）、远（8～14$\mu$m）红外和毫米波（1～10mm）的遮蔽基本无效。随着光电技术的快速发展，现代光电观瞄探测器材和制导武器的工作波段已由可见光发展至激光、红外和毫米波。因此，开发研究遮蔽干扰波段覆盖可见光至红外（0.4～14$\mu$m）、激光（1.06$\mu$m、

10.6μm）和毫米波（3mm、8mm）的多频谱发烟剂成为当今发烟剂发展的主流。

良好的发烟剂，除应符合烟火药的一般技术要求外，尚需满足下列特殊技术要求：a. 遮蔽能力应最大，例如对可见光遮蔽应不少于 $500m^2 \cdot kg^{-1}$，对 3～5μm 的红外透过率低于 10%，对 8～14μm 的红外透过率低于 15%；b. 在空气中应有足够的稳定性和持续时间；c. 燃烧型发烟剂工作时不应产生火焰，且其残渣产物应为疏松多孔状，以便发烟生成物能顺利通过，从而获得最佳烟幕效果；d. 烟幕形成时间（指烟幕将所有目标遮蔽而观测不到目标的所需时间）要短；e. 烟幕应无毒，无刺激，无腐蚀，以保障被遮蔽设备和人员的安全。

⑤ 常规发烟剂　主要遮蔽可见光的发烟剂称为常规发烟剂。它包括吸湿型发烟剂、磷烟和燃烧型混合物发烟剂等。

吸湿型发烟剂是运用某些发烟剂的蒸气与空气介质中的水分作用形成烟雾。常用的有硫酸酐（$SO_3$）与发烟硫酸（$H_2SO_4+SO_3$）体系、氯磺酸（$HSO_3Cl$）及其与硫酸酐的混合物（$SO_3$-$HSO_3Cl$）体系、金属四氯化物。

磷烟发烟剂则是利用磷在空气中氧化生成五氧化二磷，吸收空气中水分后形成的磷酸烟雾。磷烟是目前遮蔽可见光性能最佳的发烟剂。通常用黄磷、塑态黄磷或赤磷（红磷）作磷烟发烟剂。

燃烧型混合物发烟剂中的混合物有两种形式：其一，混合物组分中含受热即升华的发烟物质，如氯化铵、萘、蒽等，这些物质因燃烧产生的热而升华，冷凝而生烟；其二，混合物组分中并无受热即升华的发烟物质，它是靠燃烧反应产生出发烟物质，如金属氯化物发烟剂，它主要由氯有机化合物（氧化剂）、金属粉（可燃物）和一些起辅助作用的物质组成，HC 发烟剂［1920 年法国陆军上尉伯格（Berger）发明，由金属粉和有机氯化物组成］即为该类发烟剂的典范。

⑥ 抗红外发烟剂　抗红外发烟剂是指对红外辐射具有消光作用的发烟剂，用以遮蔽、干扰工作波段为红外的光电器材和制导武器。

大量实验已表明，常规烟幕对于工作波段扩展后的光电器材和制导武器基本不起遮蔽作用。但各国军方则要求发展从可见光（0.4～0.76μm）到近红外（1～3μm）、中红外（3～5μm）、远红外（8～14μm），直至毫米波（1～10mm）的所谓“全波段”遮蔽烟幕。要实现这种“全波段”，当前的技术途径有两方面：一是新配方研究；二是基于现有药剂的装药技术研究。后者是对已有的各种波段的遮蔽材料进行“组配”，构成所谓“组合烟幕”或“宽频烟幕”。我们知道，不同遮蔽材料在不同辐射波段内能表现出不同的红外活性，研究这些材料在特定光谱波段是否具有较好红外活性就成为确定抗红外发烟剂的重要依据。任何一种材料有无好的红外活性，是由该材料形成的气溶胶的物理化学物质（粒子形状及大小、粒度分布、化学成分、结构键能及活化能等）和光学性质（吸收、散射等）以及入射光的波长等因素决定的。

抗红外发烟剂按生成烟幕方式大体分三大类：烟火燃烧类、爆炸撒布类、机械喷洒类。

烟火燃烧类抗红外发烟剂是通过混合组分燃烧（含加热升华）而成烟的一类发烟剂。它包括改进型 HC 发烟剂、赤磷基发烟剂、钛粉基发烟剂等。

爆炸撒布类抗红外发烟剂是借炸药或火药的爆炸作用而撒布在大气中形成对红外遮蔽干扰的一类发烟剂。它包括鳞片状金属粉型、活性炭型和硫酸铝水溶液型抗红外发烟剂。特点是成烟快，撒布过程中基本不起化学变化，保证原有遮蔽物的固有成分、粒度和粒子几何形状。

机械喷洒类抗红外发烟剂是利用压缩气体或燃气轮机及坦克发动机排气作气体动力源，将遮蔽红外的粉末材料喷洒成烟幕，通常称为“冷烟”。按材料分则有四类：金属粉末类（包括片状铝粉、鳞片状铜粉、铁粉、铬粉及其氧化物粉末）；固体粉末类（指金属粉末以外的各种固体材料作发烟剂的物质，包括有机物和无机盐类、金属氧化物、矿物质等）；液体材料类（指液体有机化合物以及水一类的遮蔽红外发烟剂）；空心微球类（玻璃空心微球或镀金属膜的高分子化合物微球喷洒到大气中构成的抗红外气溶胶）。

## 9.5.4　化学激光器

### 9.5.4.1　激光的形成

激光是一束相位、频率、方向均相同的光束。当某些物质原子中的粒子受能量激发时，从基态跃迁至不稳定的高能态，又自发地回到一个亚能态。粒子在亚能态寿命较长，造成亚能态的粒子数目不断积累增加。当能量较高的亚能态粒子数目多于基态粒子数目时，如果受到波长相当于两种状态能量差的电磁波的激励，粒子就会跌落至基态，同时释放出同一性质的光子，光子又激发其他粒子也落回基态，并释发出新的光子，如此循环，便起了放大作用（泵浦作用）。如果在一个光谐振腔里反复作用，便构成了光振荡，并能产生强激光。

产生激光必须满足以下三个条件。

① 要有足够强的激励源，把大量处于低能态的原子，迅速激发到高能态上去。外界激励源可以是光源、电源、热源、化学源等。激励源必须强而有效。

② 要有特殊的发光物质作为激光工作物质。特殊的发光物质的各个原子能级中，存在一个寿命比较长的高能级（所谓能级寿命，是指原子在这个能级上平均能停留的时间），不论是激发还是跃迁到这个高能级上的原子，都能在这个高能级上稳定一段较长的时间（大约 $10^{-3}$s）。

③ 要有一个能使受激辐射和光放大过程持续进行的光学谐振腔。为保证受激辐射光子沿着人们所要求的工作物质的轴线方向进行，并使受激辐射和光放大过程持续进行下去，就需要设计在工作物质的两端平行放置两块反射镜的光学谐振腔。

总之，激光的形成要由激励源（激光泵浦源）提供很强的能量，经过特殊发光工作物质转化能量，由光学谐振腔持续地放大取出能量。其内因是处于粒子反转的物质的受激辐射，而谐振腔的作用则为激光的形成创造了重要的外部条件，可以说，激光是受激辐射和谐振腔共同作用的结果。

### 9.5.4.2　激光器的分类

若通过受激辐射实现光放大而产生激光，需要有产生激光的装置——激光器。通常，激光器由工作物质（激光介质）、泵浦源和谐振腔组成。按激励源不同，激光器可分为受激发射激光器和化学激光器两大类。

受激发射激光器的激光工质通常是一氧化碳或二氧化碳。在二氧化碳激光器中有时加入氦气和氢气，以提高能量转换效率。激励源有电源和热源等。电激发型二氧化碳（或一氧化碳）激光器是利用气体放电产生的电子或高能电子通过碰撞把能量传给气体。电激发方法的最大问题是需要一个强大的电源。热激发激光器也称气动激光器。气动激光器是利用热的气体混合物中得到的能量，靠热激发使粒子处于激发态，通过绝热膨胀形成粒子数反转。一氧化碳等燃料气体在氧气中燃烧，产生几千度处于热平衡的高温气体，它的压强高于大气压强几兆帕。通过一个特殊的喷嘴射向一接近真空的环境中，急剧的膨胀使气体冷却。如果这种膨胀冷却过程比激光分子自发辐射的过程还要快，就会产生粒子数反转。

化学激光器是一类通过放热化学反应实现激活介质粒子数反转从而产生受激辐射的激光器。化学激光器的激励源是化学反应，化学激光器从化学反应中获取能量。产生化学激光的必备条件是：①化学反应必须是放热反应，这是化学激光的能量来源。②化学反应释放出的能量必须转化为反应产物的内能，并有选择地分布在反应产物的自由度上，使该产物的粒子达到激发态。以上两个条件的结合构成了化学激光的泵浦过程（将化学能转化为产物分子的内能、使其由基态上升到激发态的过程，称作化学泵浦过程）。③不仅要产生激发态分子，而且需形成粒子数反转，即要求化学泵浦速率大。

#### 9.5.4.3　化学激光器的特点

化学激光器的特点是：①原则上不需要外界能量作激励源，而是靠工作物质本身化学反应释放的能量作为泵浦源，所用的电源或光源只是为引发化学反应而设置的，因此，化学激光器的效率高，能获得大功率或高能量输出。②从化学结构上看，产生激光的工作粒子往往不是原体系中固有的，而是在反应过程中形成的，不仅可以是原子、离子，而且可以是多原子分子或不稳定的中间产物，因此，产生的激光波长非常丰富。③化学激光器不需要庞大的储能能源和电源，因此激光器的结构比较简单，体积相对小些，对野战或武器机动较有利，并且操作也方便。

化学物质一般储能密度很高，例如 1kg 氟和氢燃料反应生成氟化氢（HF）时，可放出 $1.3\times10^{7}$J 的能量。正因为储能密度高，当化学能直接转换为受激辐射能时，有高能量的激光输出。虽然高能化学激光器的功率和 $CO_2$ 激光器的不相上下，但它的激光波长较短，大多在 2～5μm 间，光子能量大，不仅穿透能力强，而且远距离传输衍射损失也较小，因此对目标破坏能力大。化学激光器之所以具有高能量辐射，是因为化学反应释放的能量被直接转换为激光能量，而且转换效率高。这也是化学激光器能较早地成为武器的重要原因。

#### 9.5.4.4　产生化学激光的典型化学反应和工作物质

能产生化学激光放热化学反应的种类很多，其中最重要的是原子 A 同双原子分子 BC 的交换反应：

$$A+BC \longrightarrow AB+C$$

如果 AB 的化学键比 BC 的化学键强，此式的反应就是放热反应。反应前后的焓差 $\Delta H$ 就是放出的能量。上式的特点是反应速率特别快，这有利于形成粒子数反转，究其原因是这种反应的活化能 $E_a$ 很小。如氢气和氟气反应生成处于振动激发态的氟化氢（HF）分子。高振动态的粒子向低能态跃迁时，产生特定波长的光子。利用化学泵浦过程产生的化学激光波长可根据获得的最大反应热量来进行推测。

化学激光的工作物质多用氟化氢（HF）、氟化氘（DF）、碘（I）原子、HF-$CO_2$ 和 DF-$CO_2$，有时也用氯化氢（HCl）、氯化氘（DCl）、溴化氢（HBr）、溴化氘（DBr）和一氧化碳（CO）等。所有这些，都是利用了它们分子的振动-转动能级的跃迁。由于分子的电子能态跃迁可以辐射 0.2～1μm 短波长的化学激光，因此利用化学反应激励实现电子能态粒子数反转的碘、溴、氟等物质，越来越引起人们的关注。此外，还有利用自由基的振动-转动能级跃迁的化学激光器，所使用的自由基是 OH、NO 和 CN 等。其他新型的化学激光器还包括：氧-碘化学激光器和准分子激光器。

#### 9.5.4.5 化学激光器的分类和优点

化学激光器大致分为两大类：一类是纯化学激光器，它不需要或很少需要外部的电能、热能或光能作引发能源，主要依靠化学反应本身的自由能维持反应的进行，并把化学反应释放的能量转变为激光辐射能，例如 HF 激光器是由 F 原子引发的，而 F 原子可由 $NO+F_2$ 燃烧所释放的热能去解离氟分子而得到；另一类是传能（转移能量）化学激光器，它是由化学反应产生的激发态粒子（原子、分子或自由基），经过非弹性碰撞以共振方式，把激发能传递给另一种粒子，使其发生粒子数反转而产生激光，具有代表性的是 DF-$CO_2$ 转移化学激光体系，这种体系可提高化学能的利用效率及光学谐振腔的气压，不仅操作简便，尚可调整激光输出波长。

从军事观点看，化学激光器与二氧化碳激光器相比有许多优点：一是能量可以化学形式密集存储而不是以电的形式存储，这一点不论是在地面还是在空间使用都很重要，化学燃料储于高压罐内，可做到重量轻，体积小，这比起大电源来要容易处理得多；二是波长短，可以避免大气的吸收。激光在靶子上的最小斑点取决于其波长除以输出光学系统的直径，如果 3$\mu$m 的化学激光器和 10$\mu$m 的二氧化碳激光器用相同的反射镜，则化学激光器的焦点直径只有二氧化碳激光器的 30%，面积为二氧化碳激光器的 9%，在靶子上的功率密度就将提高 11 倍。一般来说，功率密度越高对目标产生的破坏越严重。但波长短时，不仅要求有高光学精确性和很好的定位控制，而且制造的价格也高。

#### 9.5.4.6 激光器的应用

激光器在军事方面的应用主要有激光武器、激光雷达与对抗、激光制导和激光通信等。

激光武器是一种利用沿一定方向发射的激光束攻击目标的定向能武器。与火箭、导弹相比，激光武器具有反应迅速（光速以每秒 30 万千米的速度传输）、抗干扰能力强（可在电子战环境中正常工作）、转移火力快和作战使用效费比高等优点。激光武器按其破坏作用可分为硬杀伤激光武器和软杀伤激光武器。

硬破坏通常是用激光破坏敌空中目标或其他大型目标。摧毁这类目标通常需要高能激光武器。硬杀伤激光武器主要包括用于战略防御的天基激光武器、地基反卫星武器和战区防御的各种机载、舰载或车载激光武器。

软破坏是用激光破坏导弹和制导炸弹等精确制导武器的导引头等易损部件，或摧毁传感器及敌方人员。软杀伤激光武器主要使目标失效或人员致盲，因此通常用低能激光器。

激光雷达和激光测距仪，则是利用激光束抗干扰能力强，光束窄的优点。

激光制导是利用激光控制兵器飞向攻击目标的一种制导技术。它是继雷达、红外制导之后发展起来的当前精度最高的一种制导技术。激光制导系统由激光指示器和目标寻的器两部分组成。激光指示器用来照射和捕捉目标；目标寻的器用来探测从目标反射回来的激光波束、测量目标的方位和距离，引导武器追踪目标。

激光制导武器属于精确制导武器的范畴。已投入使用或正在研制的激光制导武器有激光制导的炸弹、空地导弹、空地反坦克导弹、炮弹、火箭和防低空导弹等。

## 复习题

1. 简述能源在国民经济建设中的重要性。
2. 什么是能源？能源有哪几种分类方法？
3. 从热力学第二定律来分析“能源的级别”。

4. 实现光分解水制氢的基本条件是什么？$TiO_2$ 是如何促进水分解为氢气的？

5. 简述化学推进剂的军事用途、分类，化学推进剂应具备的基本性能，各类推进剂的组成、反应与性能的关系（以表格罗列）。

6. 论述提高推进剂能量的化学方法。

7. 简述炸药的军事用途、分类；炸药的组成、结构与性能的关系；常用炸药的基本性质。

8. 简述烟火药的分类，举例说明烟火药的军事用途，烟火药的组分及作用。

9. 简述红外诱饵剂和烟幕的组成、作用机理及在现代高技术战争中的应用。

10. 什么是化学激光器？产生化学激光的必备条件是什么？简述产生化学激光的典型化学反应和工作物质。

## 习　题

1. 下列说法是否准确？简述理由。

(1) 化学能在能量转化中处于源头地位，由化学能通过电化学原理转化为电能，是目前能量转化效率最高的方式，可达到 100%。

(2) 推进剂的能量通过燃烧室燃烧释放，其主要组分为燃料和催化剂。

(3) 推进剂在火箭发动机中的能量转换过程可以表示为：化学能→热能→动能。

(4) 火炸药的化学反应需要氧气才能完成。

(5) 烟火药是一种特殊的含能材料，其基本组成是氧化剂和可燃剂。

2. 能源的利用与能量守恒定律有何联系？

3. 化学能在诸多能量形式中的突出地位是什么？

4. 当今我国主要使用哪几种能源？存在什么问题？

5. 简述燃料电池的基本原理，燃料电池与干电池的主要差别在哪里？

6. 锂离子电池是当前手机、笔记本电脑等设备中广泛应用的电池形式，调研资料简述锂离子电池的工作原理和常用的正负极材料。

7. 举例说明常用的液体火箭推进剂有哪些？分析每种的优缺点。

8. 六硝基六氮杂异伍兹烷（俗称 CL-20）是目前已知能够实际应用的能量最高、威力最强大的非核单质炸药之一，调研其分子结构和物化性质，分析其性能的优越性。

第 9 章参考答案

- 讲解视频
- 习题答案

# 第 10 章　化学与材料

材料是人类生产活动和生活必需的物质基础，与人类文明和技术进步密切相关。随着科学技术的发展，材料的种类日新月异，各种新型材料层出不穷，在高新技术领域中占有重要的地位。

材料科学是研究材料的成分、结构、加工和材料性能及应用之间相互关系的科学。材料科学的内容，一是从化学的角度出发，研究材料的化学组成、结构与性能的关系；二是从物理学的角度出发，阐述材料的组成原子及其运动状态与各种物性之间的关系，在此基础上为材料的制备和应用提供科学依据。许多新型材料的发展，很大程度上是建立在化学结构理论和化学变化规律提供的理论基础之上。化学是材料科学的重要基础。

本章将介绍材料的一些基本知识，并讨论其中的化学问题。

## 10.1　化学与材料的关系

### 10.1.1　元素、物质与材料

元素是具有相同核电荷数的一类原子的总称。

在我们周围的世界里，物质的种类已超过三千多万种。但这些物质都是由一百余种元素组成的。物质可分为纯净物和混合物。纯净物通常指具有固定组成和独特性质的物质，又可分为单质和化合物。单质是由同种元素组成的纯净物；化合物是由两种或两种以上元素组成的纯净物。混合物由两种或两种以上的单质或化合物组成，混合物里各单质或化合物都保持原来的性质。

材料是能为人类经济地制造有用物品的物质。物质中只有一部分是材料，材料的一大特点就是要能为人类使用。另外，其经济性也很重要。比如，天然金刚石很硬，这个性能很有用，但由于它的稀有和昂贵，其作为材料使用的范围就受到了限制。所有的材料都是由元素周期表上的元素组成的。我们不仅在化学中用元素周期表归纳和预测元素的化学行为，而且在材料科学中也将应用元素周期表来分析材料的形成及性能。

### 10.1.2　材料的发展及其对社会发展的作用

人类发展的历史证明，材料是人类文明进步的里程碑。纵观人类利用材料的历史，可以清楚地看到，每一种重要材料的发现和利用，都会把人类支配和改造自然的能力提高到一个新的水平，给社会生产和人类生活带来巨大的变化。

历史学家早就按人类使用材料的特点将历史划分为旧石器时代、新石器时代、钢铁时代和合成高分子时代。人类使用的材料也经历了石器、陶器、毛皮和天然纤维织物、金属（金、铜、铁等）、人工合成高分子材料等阶段。

随着科学技术的发展，功能材料越来越重要。特别是半导体材料出现以后，促进了现代电子技术的加速发展。高性能磁性材料的不断涌现，激光材料与光导纤维的问世，使人类社会进入了“信息时代”。

材料又是社会现代化的物质基础与先导。材料，尤其是新材料的研究、开发与应用反映着一个国家的科学技术与工业水平。例如，从电子技术的发展史来看，新材料研制与开发起了举足轻重的作用。1906 年发明了电子管，从而出现了无线电技术、电视机、电子计算机；1948 年发明了半导体晶体管，导致了电子设备的小型化、轻量化、节能化及成本的降低，可靠性的提高和寿命的延长；1958 年出现了集成电路，使计算机及各种电子设备的发展发生了一次飞跃。此后，集成电路发展十分迅速，这就是以硅为主的半导体材料相应发展的结果。20 世纪 90 年代，集成电路的加工技术达到 0.3μm。2000 年左右达到 90nm，然后逐步缩小到 2010 年后的 21nm、14nm 乃至现在的 7nm、5nm 和更小的 3nm 甚至 2nm。

现代文明的另一个标志是航空航天技术的发展，它促使了耐高温材料及高性能结构材料，特别是耐高温合金和钛合金的发展。作为航空航天所用的材料，其比强度、比刚度尤为重要。新开发的高强度高分子芳纶纤维，其比强度较之高强度钢高出近 100 倍。高比刚度材料在相同受力条件下变形量小，从而保证了飞行器原设计的气动性能。另外，热机的工作温度越高，其效率也越高，但是目前所用的金属材料由于熔点及抗氧化能力所限，不能保证更高的使用温度。因此，现代功能陶瓷就成为当前研究的重点。

人类进入 21 世纪后，世界各发达国家都把材料科学和工程作为重大科学研究领域之一。根据材料及其在各领域的应用可划分为以下几大部分：

① 与信息获取、传输、存储、显示及处理有关的材料，即信息功能材料；

② 与宇航事业的发展、地面运输工具的要求相适应的高温、高比刚度和高比强度的工程结构材料及先进的陶瓷材料；

③ 与能源领域有关的能源结构材料、功能材料与含能材料；

④ 以纳米材料为代表的低维材料，也是当前材料科学技术的前沿；

⑤ 与医学、仿生学及生物工程相关的生物材料；

⑥ 与信息产业相关的智能化材料；

⑦ 与环境工程相关的环境材料，也称绿色材料。

综上所述，材料是人类赖以生存的基础，材料的发展和进步伴随着人类文明发展和进步的全过程。材料是国民经济建设、国防建设和人民生活不可缺少的重要组成部分。同时，材料特别是新材料与社会现代化及现代文明的关系十分密切，新材料为提高人民生活质量、增强国家安全实力、提高工业生产率与经济增长提供了物质基础，因此新材料的发展十分重要。

### 10.1.3　材料中的化学

材料是一切科学技术的物质基础，而各种材料主要来源于化学制造和化学开发。化学为新材料的开发储备了足够的化合物。

材料科学是以物理、化学及相关理论为基础，根据工程对材料的需要，设计一定的工艺过程，把原料物质制备成可以实际应用的材料和元器件，使其具备规定的形态和形貌，如多晶、单晶、纤维、薄膜、陶瓷、玻璃、复合体、集成块等；同时具有指定的光、电、声、磁、热学、力学、化学等性质，甚至具备能感应外界条件变化并产生相应的响应和执行行为的机敏性和智能性。应该指出的是：材料与器件紧密关联，材料离开器件就会失去其意义，器件离开材料也不可能实现其功能。材料所具备的特性，与其内在组成、结构与加工过程密切相关。因此，物理学和化学就构成了材料科学的基础。

利用化学对于物质的结构和成键的复杂性的深刻理解及化学反应实验技术，在探索和开发具有新组成、新结构和新功能的材料方面，在材料的复合、集成和加工等方面，可以大有作为。例如在新材料的研制中，可以进行分子设计和分子剪裁；可以设计新的反应步骤；可以在极端条件下进行反应，如在超高压、超高温、强辐射、冲击波、超高真空、无重力等环境中进行反应，合成在地面常规条件下无法合成的新化合物。也可以在温和条件下进行化学反应，以控制反应的过程、路径和机制，一步步地设计中间产物和最终产物的组成和结构，剪裁其物理和化学性质，可以形成介稳态、非平衡态结构，形成低熵、低焓、低维、低对称性材料，可以复合不同类型、不同组成的材料（有机物-无机物、金属-陶瓷、无机物-生物体等）。

近年来，纳米科技表明，物质的性质并不是直接由构成物质的原子和分子决定的，在宏观物质和微观原子、分子之间还存在着一个介观层次，即纳米相材料，这种由有限分子组装起来的纳米相材料表现出异于宏观物质的物性。纳米相材料在信息科技的超微化、高密度、高灵敏度、高集成度和高速度的发展中，将发挥巨大的作用。可以用化学反应手段来制备得到这类纳米相材料。例如，数十种具有光、电、磁等功能的单一或复合的 3～10nm 的纳米陶瓷材料，可以通过碱土金属氢氧化物溶液和相应的各种过渡金属氢氧化物凝胶之间的回流反应来制备；也可以在油包水的微乳液环境中，使相应金属醇盐或配合物进行反应来制得。这些方法缓和可控、简便易行。

总之，化学是材料科学发展的基础，化学为材料科学的发展揭示新原理，化学为新型材料的设计创立新理论，化学为新型材料的合成提供新方法，化学为新型材料的表征建立新手段，化学为材料技术的应用奠定新基础。

## 10.2 材料的组成、结构与材料性能

### 10.2.1 材料的分类

材料的品种很多，分类方法也有许多。通常采用的分类法主要是依据材料的用途和材料的化学成分及特性分类。

依据材料的使用性能，通常将材料分为结构材料和功能材料两大类。结构材料是指利用材料具有的力学和物理、化学性质，广泛用于机械制造、工程建设、交通运输及能源等部门的材料。功能材料是指利用材料具有的某种声、光、电、磁和热等性能，应用于微电子、激光、通信、能源和生物工程等许多高新技术领域的材料。智能材料是功能材料的最新发展，它具有环境判断功能、自我修复功能和时间轴功能。智能材料被誉为 21 世纪材料。

材料按其发展历史可分为传统材料和新材料。传统材料指发展已趋成熟，并被广泛使用的材料，如普通钢铁、水泥、玻璃、木材、普通塑料。新材料指那些新近出现以及正在发展中具有优异性能的、能满足高技术需求的材料，如高强钢、高性能陶瓷、复合材料、半导体材料等。材料按其性能特征可分为智能材料、纳米材料、超导材料等；按其应用领域可分为电子信息材料、生物材料、能源材料、建筑材料、航空航天材料、生态环境材料等。

依据材料的化学成分及特性，通常将材料分为金属材料、无机非金属材料、高分子材料和复合材料。

① 金属材料　金属材料是以金属元素为基础的材料。金属材料绝大多数以合金的形式

出现，纯金属的直接应用很少。合金是在纯金属中有意识地加入一种或多种其他元素，通过冶金或粉末冶金方法制成的具有金属特性的材料。金属材料可分为黑色金属材料和有色金属材料两大类。黑色金属材料包括铁、锰和铬以及它们的合金。这是一类使用最广泛的金属材料。除黑色金属外的其他各种金属及其合金统称为有色金属。金属材料一般具有优良的力学性能，特别是高强度和高塑性的配合，还具有优良的可加工性及优异的物理特性。金属材料的性质主要取决于它的成分、显微组织和制造工艺，人们可以通过调整和控制成分、组织结构和工艺，制造出具有不同性能的各种金属材料。

② 无机非金属材料　无机非金属材料基本上是由非金属元素或其与金属元素的化合物所组成的材料。这类材料主要有陶瓷、砖瓦、玻璃、水泥和耐火材料等以硅酸盐化合物为主要成分制成的传统无机材料，以及由氧化物、碳化物、氮化物、硼化物等制成的新型无机材料。无机材料具有耐高温、高硬度、抗腐蚀等优异性能，以及优良的介电、压电、光学、电磁学及其功能转换等特性。非金属材料也统称为陶瓷材料。

③ 高分子材料　高分子材料的主链主要由碳和氢元素构成，是由1000个以上原子通过共价键结合形成的分子，其分子量可达几万乃至几百万。它通常是指合成塑料、合成纤维、合成橡胶、涂料及黏合剂等。这类合成材料以质轻、比强度大、电绝缘性和耐腐蚀性好、加工容易和价廉等优点迅速发展，其发展速度超过了钢铁、水泥和木材等传统材料。

④ 复合材料　复合材料是由有机高分子、无机非金属或金属等几类不同材料通过复合工艺组合而成的新型材料。它既能保留原组成材料的主要特色，还能通过复合效应获得原组分所不具备的性能。可以通过材料设计使各组分的性能互相补充并彼此关联，从而获得新的优越性能，与一般材料的简单混合有着本质的区别。一般将其中的连续相称为基体，分散相称为增强相。复合材料按其基体种类的不同可分为金属基复合材料、陶瓷基复合材料和聚合物基复合材料。复合材料也可分为结构复合材料和功能复合材料，还可分为常用复合材料和现代复合材料。

## 10.2.2　材料的组成、结构与性能的关系

### 10.2.2.1　材料的组成和性能的关系

从化学观点看，所有的材料都是由已知的100多种元素的单质和它们的化合物组成的。组成不同，便会得到物理、化学性质迥异的物质。例如，水（$H_2O$）与过氧化氢（$H_2O_2$），两种物质的分子中仅相差一个氧原子，但性质上完全不同：前者十分稳定，后者极易分解；前者呈中性，后者显弱酸性等。

材料内部某些化学成分在含量上的变化，也会引起材料性能的变化。如钢铁的性质与其中的碳含量有密切关系。含碳量0.02%以下的铁称熟铁，其质很软，不能作结构材料使用。含碳量2.0%以上时称铸铁，其质硬而脆。含碳量在上述两者（0.02%～2.0%）之间，则称钢。钢中含碳量小于0.25%的称低碳钢，介于0.25%～0.60%的称中碳钢，大于0.60%的称高碳钢。钢兼有较高的强度和韧性，因此在工程上获得广泛的应用。与此相似，合金钢的性能也与合金元素的含量密切相关。钢中加铬，可提高钢的耐腐蚀性，但只有当钢中含铬量在12%以上时，才能成为耐蚀性强的不锈钢。

材料的性能与内部的化学组分的密切关系，还可以从杂质对材料性能的影响得到说明。杂质的存在，会使材料的机械性能、电性能等恶化。因此，提高材料的纯度，是增强材料特性的重要途径。在现代高新技术中，对材料纯度要求越来越高，使其成为高纯或超高纯物

质，比如半导体硅的纯度要求达到8～12个“9”（即99.999999%～99.999999999 9%），才能符合半导体工艺要求。另一方面，又要在高纯的硅中有控制地掺入少量杂质，以提高其半导体性能，并使之具有不同的半导体类型和特征。由此可见，材料的组成对于控制、改变材料性能有重要作用。

### 10.2.2.2 化学键类型与材料性能的关系

化学键类型是决定材料性能的主要依据，三大类工程材料的划分，就是依据各类材料中起主要作用的化学键类型。

金属材料主要由金属元素组成，金属键为其中的基本结合方式，并以固溶体和金属化合物合金形式出现。因此，表现出与金属键有关的一系列特性，如金属光泽、良好的导热导电性、较高的强度和硬度、良好的机械加工性能（铸造、锻压、焊接和切削加工等）等。但金属材料也表现出与金属相联系的两大缺点：①容易失去电子，易受周围介质作用而产生程度不同的腐蚀；②高温强度差。因为温度升高，使金属中原子间距变大，作用力减弱，机械强度迅速下降。一般金属及其合金的使用温度不超过1273K。因此，金属材料的应用范围受到限制。

无机非金属材料多由非金属元素或非金属元素与金属元素组成。以离子键或共价键为结合方式，以氧化物、碳化物等非金属化合物为表现形式，因而具有许多独特的性能，如硬度大、熔点高、耐热性好、耐酸碱侵蚀能力强，是热和电良好的绝缘体。但存在脆性大和成型加工困难等缺点。

有机高分子材料以共价键为基本结合方式。其“大分子链”长而柔曲，相互间以范德华力结合；或以共价键相交联产生网状或体型结构；或以线型分子链整齐排列而形成高聚物晶体。正是这类化合物结构上的复杂性，赋予有机高分子材料多样化的性能，如质轻，有弹性，韧性好，耐磨，自润滑，耐腐蚀，电绝缘性好，不易传热，成型性能好，其比强度（强度与密度之比）可达到或超过钢铁。这类材料的主要缺点是：①结合力较弱、耐热性差，大多数有机高分子材料的使用温度不超过473K。有的高分子材料易燃，使用安全性差；②在溶剂、空气和光作用下，易产生老化现象，表现为发黏变软或变硬发脆，性能恶化。

### 10.2.2.3 晶体结构与材料性能的关系

离子晶体、原子晶体、分子晶体和金属晶体的区分，主要是从晶格结点上的粒子和粒子间的化学键类型不同这两方面考虑的。例如，碳的两种同素异形体——金刚石和石墨的不同性质，源于晶格类型的不同。金刚石属立方晶型，而石墨则为六方层状晶型。不少晶格类型相同的物质，也具有相似或相近的性质。与碳元素同为“等电子体”（组成中每个原子的平均价电子数相同）的氮化硼BN，也有立方和六方两种晶型。立方BN的主要性质与金刚石相近，硬度近于10，有很好的化学稳定性和抗氧化性，用作高级磨料和切割工具。六方BN性质与石墨相近，较软（硬度仅为2），高温稳定性好，作为高温固体润滑剂，比石墨效果还好，故有“白色石墨”之称。

除晶体外，固体材料的另一大类是非晶体。这类材料结构中，原子或离子呈不规则排列的状态，其外观与玻璃相似，故非晶态也称玻璃态。非晶态固体，由液态到固态没有突变现象，表明其中粒子的聚集方式与通常液体中粒子的聚集方式相同。近代研究指出，非晶态的结构可用“远程无序、近程有序”来概括。由此产生了非晶态固体材料的许多重要特性。

金属及其合金极易结晶，传统的金属材料都是以晶态形式出现的。但如果将某些金属的熔体，以极快的速度（例如，每秒钟冷却温度大于一百万度）急剧冷却，便可得到非晶态金属。非晶态金属具有三大优异性能：强度高而韧性好；突出的耐腐蚀性；很好的磁性能。

#### 10.2.2.4　结构缺陷与材料性能的关系

在材料的组成和基本结构相同的情况下，固体结构中的缺陷对材料的性能也会产生重大的影响。结构缺陷的存在，对材料性能通常带来两方面的影响。一方面晶体的缺陷使材料的某些优良性能下降，如金属晶体中存在位错，将使原子间结合力减弱，机械强度降低（位错可使一般金属材料的强度降低 2～3 个数量级）。另一方面，晶体的缺陷常使晶体的性质发生许多变化，甚至在光学、电学、磁学、声学和热学上出现新的功能特性，因此人们有意地制造晶体的缺陷，造就各种特殊性能的晶体材料。

晶体缺陷的类型很多，通常将其分为点缺陷、线缺陷、面缺陷、体缺陷。在缺陷的部位，由于缺陷破坏了正常的点阵结构，因此能量比较高，它对晶体的一系列物理、化学性质（如力学、电学、光学、催化等）产生明显影响。

## 10.3　金属材料

### 10.3.1　金属元素及其性质

在迄今为止已被人类发现的 112 种元素中，金属元素约占 4/5。它们在元素周期表中的位置可以通过硼-硅-砷-碲-砹和铝-锗-锑-钋之间的对角线来划分（图 10.1）。这条对角线的右上方是非金属元素，左下方是金属元素，而位于对角线两侧的硼、硅、锗、砷、碲，则为半金属或准金属元素。

| | | | | | | | | | | | | 非 | 金 | 属 | | H | He |
|---|---|---|---|---|---|---|---|---|---|---|---|---|---|---|---|---|---|
| Li | Be | | | | | 金 | 属 | | | | | B | C | N | O | F | Ne |
| Na | Mg | | | | | | | | | | | Al | Si | P | S | Cl | Ar |
| K | Ca | Sc | Ti | V | Cr | Mn | Fe | Co | Ni | Cu | Zn | Ga | Ge | As | Se | Br | Kr |
| Rb | Sr | Y | Zr | Nb | Mo | Tc | Ru | Rh | Pd | Ag | Cd | In | Sn | Sb | Te | I | Xe |
| Cs | Ba | La | Hf | Ta | W | Re | Os | Ir | Pt | Au | Hg | Tl | Pb | Bi | Po | At | Rn |
| Fr | Ra | Ac | | | | | | | | | | | | | | | |

图 10.1　金属元素在周期表中的位置分布

金属的分类有各种不同的方法，最常见的分类方法是将金属分为黑色金属（铁、铬、锰）和有色金属（其余的金属）两大类。有色金属又可分为四类。

① 重金属　包括铜、锌、铅、镍、钴、锡、锑、铋、镉、汞等（$\rho>5\times10^3 kg\cdot m^{-3}$）。

② 轻金属　包括铝、镁、钠、钾、钙、锶、钡等（$\rho<5\times10^3 kg\cdot m^{-3}$）。

③ 贵金属　包括金、银、钌、铑、钯、锇、铱等。

④ 稀有金属　通常是指自然界中含量稀少的金属，或虽然含量并不少但分布稀散难以单独成矿的金属，以及难以制备、纯化的金属。完全通过核反应得到的放射性金属元素，也属稀有金属。

各种金属的化学活泼性相差很大，这主要是由金属元素核外电子结构不同所致。s 区的ⅠA 和ⅡA 族金属称为碱金属和碱土金属，由于它们的第一和第二电离能较小，容易失去最外层的 $ns^1$ 和 $ns^2$ 电子，形成＋1 和＋2 价态的离子，变为稳定的稀有气体结构，故其金属活泼性十分明显，其还原性都十分强。同一周期中ⅠA 族的金属活泼性比ⅡA 族大。

ds 区的ⅠB 和ⅡB 族金属与 s 区金属类似，也能失去最外层的 $ns^1$ 和 $ns^2$ 电子，形成＋1 和＋2 价态的离子，不同的是这些金属的次外层为屏蔽作用较少的 d 电子，其有效核电荷较大，因此电离能 $I_1$ 和 $I_2$ 也较大，故金属的活泼性不如ⅠA和ⅡA族元素。

d区的过渡金属元素不仅能失去最外层的 $ns^1$ 和 $ns^2$ 电子，而且还可以失去次外层的d电子，故这些族的金属元素常常有+3～+6的高价态。由于次外层为d电子，故与ds区的ⅠB和ⅡB族金属类似，金属活泼性也不如ⅠA和ⅡA族。

f区为镧系和锕系金属元素，镧系的15个元素与化学性质相近的钪（Sc）钇（Y）总称为稀土金属。它们电离时失去 $ns^2$ 电子及 $(n-1)$d电子，如果没有d电子则失去 $(n-2)$f电子。由于次外层为d电子或f电子，屏蔽作用少，其金属活泼性同样不如 $ns$ 区的金属。

p区金属主要在该区的左下半部，可以看出，周期数越高，有效核电荷越少，电离能也越小，金属性就越强。这是金属元素集中在该区下半部的原因。

## 10.3.2 金属的主要制备方法

除了金、银、铜和汞在自然界中能以游离单质形式存在外，其他金属都是以化合物的形式存在。在这些化合物中，金属都呈正氧化态，要得到这些金属单质，必须通过金属冶炼。工业上金属的冶炼一般有热还原法、热分解法和电解法。

① 热还原法　这是一种使用最广泛的方法，还原剂通常是碳、一氧化碳、氢及活泼金属。例如历史上最早的炼铁和铜，就是用碳作还原剂：

$$Cu_2O + C \xlongequal{} 2Cu + CO$$

$$2Fe_2O_3 + 3C \xlongequal{} 4Fe + 3CO_2$$

由三氧化钨制备金属钨，是通过氢气还原制得：

$$WO_3 + 3H_2 \xlongequal{} W + 3H_2O$$

由于铝的还原能力强而价格较低廉，常被用来还原其他金属，如：

$$Cr_2O_3 + 2Al \xlongequal{} 2Cr + Al_2O_3$$

② 热分解法　有些金属可以通过加热直接分解其氧化物或卤化物而得到。例如：

$$ThI_4 \xlongequal{(1400K)} Th + 2I_2$$

$$2HgO \xlongequal{} 2Hg + O_2$$

③ 电解法　电解是最强的还原手段，任何金属阳离子化合物都可以电解，在阴极上得到还原的金属产品。该法制得的金属纯度高（可以达到99.99%），但耗电量也高，成本高，故除了制取如铝、钙、镁、钠、钾等活泼金属，以及对纯度要求高（如用于电缆的铜）的金属外，一般不采用电解法制取。

## 10.3.3 合金的结构和类型

纯金属虽然有一些可贵的性能，但由于它们的强度和硬度都较低，而且价格也较高，不能满足工程上的各种要求，因此工业上应用并不多，而大量使用的是合金。合金是由两种或两种以上的金属元素或金属元素与非金属融合在一起所得到的具有金属特性的物质。由于组成和结构的不同，合金在性质上也有很大差异。

合金的种类很多，按结构特点合金可以分为机械混合物、固溶体和金属化合物三大类。

（1）机械混合物合金

这种合金是由两种或两种以上组分混合而成的。组成该合金的组分在熔融状态时可完全或部分互溶，但在凝固时各组分金属又分别独立结晶出来。显微镜下可以观察到各组分的晶体或它们的混合晶体，整个合金不完全均匀。机械混合物合金的熔点、导电、导热等性质与组分金属的性质可有很大的区别，取决于各组分的性能，以及它们各自的形状、数量、大小及分布情况等。如纯锡和纯铅的熔点分别是 232℃和 327.5℃，而含锡 63%的铅锡合金可用作焊锡，其熔点只有 181℃。

(2) 固溶体合金

一种金属与另一种（或多种）金属或非金属熔融时互相溶解，凝固时形成的组分均匀的固体称为金属固溶体。其中含量多的金属称溶剂金属，含量少的称溶质金属（或非金属）。根据溶质原子在溶剂晶格中所处位置的不同，固溶体可分为取代（置换）固溶体和间隙固溶体两种，见图 10.2。

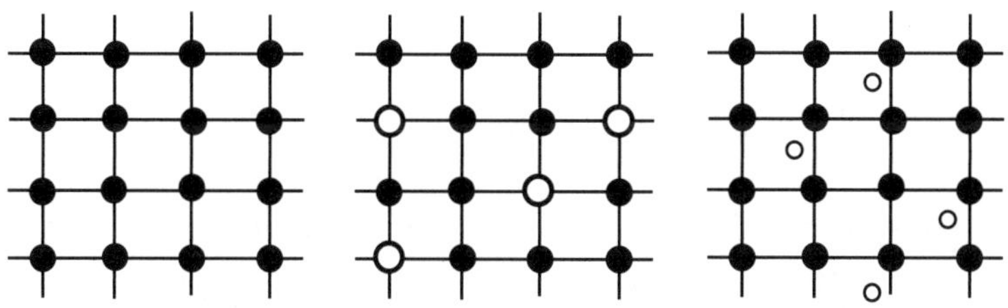


图 10.2　纯金属和固溶体晶体中原子分布示意图

● 溶剂原子；○ 溶质原子

一般来说，原子半径相近（$\Delta r<15\%$）、外层电子结构相似、电负性相差不大的金属容易形成取代固溶体。例如 Ag-Au、Au-Cu、Mo-W、Fe-Cr 等合金就属于这种类型。原子半径很小的溶质原子 [$r$(溶质)/$r$(溶剂)<0.59]，如 H、B、C、N、O 等，易“钻入”溶剂金属晶格的间隙中，形成间隙固溶体。

无论是取代固溶体还是间隙固溶体，都保持着溶剂（基体）金属的晶体结构，基本上仍具有溶剂金属的性质。但金属（或非金属）溶质的“溶入”对溶剂金属的性能将会产生一定影响。例如黄铜（铜锌合金）比纯铜坚硬。钢（如碳钢、锰钢等）的硬度高于纯铁。特别是ⅣB、ⅤB、ⅥB 族金属的碳、氮、硼的间隙固溶体（如 ZrC、$W_2C$）等，熔点、硬度特别高，远超过原金属，这种合金俗称硬质合金。这是因为在形成固溶体时，溶质原子除“钻入”溶剂金属晶格间隙外，还与溶剂金属形成部分共价键的结果。

(3) 金属化合物合金

当两种金属元素原子的外层电子结构、电负性和原子半径相差较大时，所形成的金属化合物（金属互化物）称为金属化合物合金。金属化合物合金的晶格不同于原来的金属晶格。通常又分为两类：正常价化合物合金和电子化合物合金。

正常价化合物合金是金属原子间通过化学键形成的，具有固定的组成。例如，$Mg_2Pb$、$Na_3Sb$、$Fe_4B_2$ 等就属于这类合金。这类合金的化学键介于离子键和金属键之间，其导热、导电性比纯金属差，而其熔点、硬度却比纯金属高。

大多数金属化合物属于电子化合物合金。这类化合物以金属键相结合，其成分可在一定范围内变化。

### 10.3.4　金属及其合金材料

金属材料分为黑色金属和有色金属两大类，除了铁、锰、铬之外，周期表中其他金属都归于有色金属。但作为结构材料的有色金属，主要有铝合金、镁合金、铜合金、钛合金、镍合金和锌合金等。

#### 10.3.4.1 钢铁

地壳中铁的资源是比较丰富的，主要以氧化物、硫化物和碳酸盐形式存在。重要的矿石有赤铁矿（$Fe_2O_3$）、磁铁矿（$FeO \cdot Fe_2O_3$）、褐铁矿［$Fe_2O_3 \cdot 2Fe(OH)_3$］、菱铁矿（$FeCO_3$）和黄铁矿（$FeS_2$）等。

铁矿石中铁的冶炼过程实为还原反应，以焦炭为还原剂，再加一些石灰石和二氧化硅等作助熔剂。冶炼时先将处于高炉下层的焦炭点燃，使其生成 $CO_2$，$CO_2$ 与灼热的焦炭起反应生成 CO，反应可表示如下：

$$C + O_2 = CO_2$$

$$CO_2 + C = 2CO$$

一氧化碳气体能将铁矿石中的铁还原出来：

$$Fe_2O_3 + 3CO = 2Fe + 3CO_2$$

由于炉中温度很高，还原出来的铁被熔化为铁水，铁水可从高炉中放出。因为在炉中铁水和碳接触，铁水中含碳量较高，约有 3%～4%，这种铁称为生铁。生铁性脆，一般只能浇铸成型，又称铸铁。生铁中还含硫、磷、硅、镁等其他杂质。处于熔融状态的铁水，其中碳以 $Fe_3C$ 的形式存在，待铁水慢慢冷却，$Fe_3C$ 则分解为铁和石墨，此时铁的断口呈灰色，故称灰口铁。若将熔融的铁水快速冷却，$Fe_3C$ 来不及分解而保留下来，此时铁的断口呈白色，称白口铁。白口铁质硬且脆，不宜加工，一般用来炼钢。灰口铁柔软，有韧性，可以切削加工或浇铸零件。若在铁水中加入 0.05%的镁，使生铁中的碳变成球状，得到的是球墨铸铁。球墨铸铁可使灰口铁的强度提高一倍，塑性提高 20 倍，它既具有高的强度、塑性、韧性和热加工性能，又保留了灰口铁易切削加工等优点。由于球墨铸铁的综合性能好，在工业上得到广泛应用。

从高炉冶炼得到的生铁，含铁约 95%，要得到纯铁可采用电解还原铁盐的方法。纯铁为银白色且有金属光泽，性软，有延展性，熔点为 1808K，沸点为 3273K。纯铁除了作为分析试剂外，其他用途很少。纯铁在室温下是体心立方结构，称为 α-Fe。将纯铁加热，当温度到达 1183K 时，由 α-Fe 转变为 γ-Fe，γ-Fe 是面心立方结构。继续升高温度，到达 1663K 时，γ-Fe 转变为 δ-Fe，它的结构与 α-Fe 一样，是体心立方结构。纯铁随着温度增加，由一种结构转变为另一种结构，这种现象称为相变。发生结构转变时的温度称为相变温度。图 10.3 示出 Fe 的体心立方和面心立方两种结构。

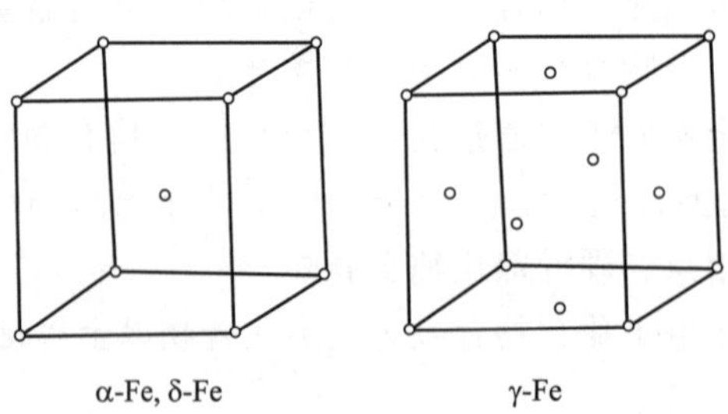


图 10.3 纯铁的体心立方和面心立方结构

钢铁是铁和碳合金体系的总称。其特点是强度高、价格便宜、应用广泛，钢铁约占金属材料产量的 90%，是世界上产量最大的金属材料。钢铁中含碳量大于 2.0%的叫生铁，小于 0.02%的叫纯铁，在这两者之间的称为钢。钢中含碳量小于 0.25%的称低碳钢，介于 0.25%～0.60%的称中碳钢，大于 0.6%的称高碳钢。所谓炼钢，其实质是控制生铁中的含碳量，以达到钢的要求，同时去除危害钢性能的杂质，如 S、P 等。若想得到特殊性能的合金钢，还需要加入一些其他金属，例如，加入 Ni、Cr、Mn、Si 等元素可以提高钢的强度和硬度，改善韧性；加入 Mo、W、V 等高熔点金属可以提高钢的高温强度。

钢中铁和碳形成金属间隙结构。铁有 α-Fe、γ-Fe 和 δ-Fe 三种同素异构体，小的碳原子可填入它们的空隙中形成下列四种物相。

① 奥氏体　奥氏体是碳在 γ-Fe 中的间隙固溶体，碳原子占据八面体空隙，如图 10.4(a)所示。

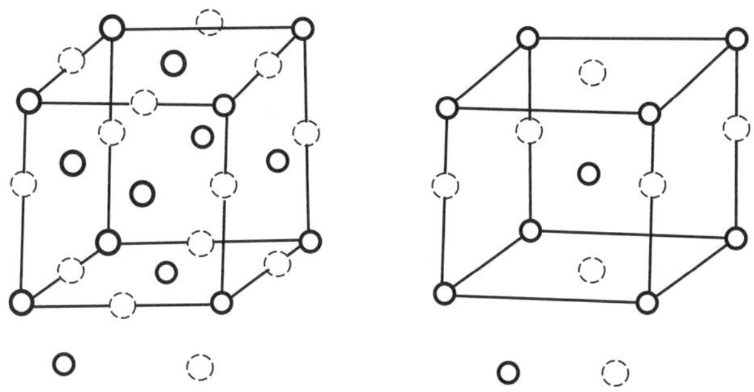

(a) 奥氏体　(b) 马氏体

图 10.4　奥氏体和马氏体结构

② 铁素体　铁素体是碳在 α-Fe 中的间隙固溶体，铁素体含碳量极微，与纯铁甚为相近。

③ 渗碳体　渗碳体是铁和碳形成的化合物，化学式为 $Fe_3C$，含碳量 6.67%。渗碳体是硬而脆的化合物。

④ 马氏体　马氏体是碳在 α-Fe 中过饱和间隙固溶体，铁原子按体心四方分布，碳原子填入变形八面体空隙中，如图 10.4(b)所示。

钢铁的性能既与化学组成有关，也与钢中上述四种物相的相组成和分布有关。在炼钢过程中通过改变化学组成、调节和控制钢中的相组成及分布，可以获得人们所需要的钢材。

#### 10.3.4.2　铝及铝合金

铝是自然界中蕴藏量最大的金属元素，以复硅酸盐形式存在，主要的矿石有铝土矿（$Al_2O_3 \cdot nH_2O$）、黏土［$H_2Al_2(SiO_4)_2 \cdot H_2O$］、长石（$KAlSi_3O_8$）、云母［$H_2KAl_3(SiO_4)_3$］、冰晶石（$Na_3AlF_6$）等。

制备金属铝常用电解法。在矿石中铝和氧结合形成 $Al_2O_3$，它是非常稳定的化合物。在高温下对熔融的氧化铝进行电解，氧化铝被还原为金属铝并在阴极上析出，其反应如下：

$$2Al_2O_3 \xrightarrow{\text{电解}} 4Al + 3O_2$$

熔融的金属铝冷却后成为铝锭。

铝是银白色金属，熔点 932.8K，沸点为 2543K，密度为 $2.7g \cdot cm^{-3}$，仅为铁的三分之一。铝的导电、导热性好，可代替铜做导线。在大气中金属铝表面与氧作用形成一层致密的氧化膜保护层，所以有很好的抗蚀性，广泛被用来制造日用器皿。金属铝中铝原子是面心立方堆积，层与层之间可以滑动，因此铝有优良的延展性，可拉伸抽成丝，也可捶打成铝箔。铝的主要用途是做铝合金，大量用于航空工业、汽车工业及建筑业。

金属铝的强度和弹性模量较低，硬度和耐磨性较差，不适宜制造承受大载荷及强烈磨损的构件。为了提高铝的强度，常加入一些其他元素，如镁、铜、锌、锰、硅等。这些元素与铝形成铝合金后，不但提高了强度，而且还具有良好的塑性和压力加工性能，如铝镁合金、铝锰合金。常见的铝铜镁合金称为硬铝，铝锌镁铜合金称为超硬铝。铝合金强度高、密度小、易成型，是最重要的轻型结构材料，广泛用于航空、航天、机械及造船工业。

若把锂掺入铝中，就可生成铝锂合金。锂的密度比铝还低（$0.535\mathrm{g \cdot cm^{-3}}$），如果加入1%锂，可使合金密度下降3%，弹性模量提高6%。用铝锂合金制造飞机，可使飞机质量减轻15%～20%，并能降低油耗和提高飞机性能。

#### 10.3.4.3 钛及钛合金

钛在地壳中的储量丰富，以钛铁矿（$FeTiO_3$）和金红石（$TiO_2$）等形式存在。生产钛的成熟工业方法有钠热法、碘化法和镁热法。其中以镁热法应用最广，即用镁还原四氯化钛，并经真空蒸馏而得到金属钛。金属钛具有银白色光泽，熔点高（1873K），密度小（$4.5\mathrm{g \cdot cm^{-3}}$），比钢轻（钢的密度为$7.9\mathrm{g \cdot cm^{-3}}$），塑性好，但机械强度可与钢媲美，而且不会生锈。钛的表面容易形成一层致密的氧化物保护膜，因而具有优异的抗腐蚀性能，对海水的抗腐蚀性特别强。钛在常温下不与无机酸反应，在碱溶液和大多数有机酸中抗蚀性也很高，但能溶于热盐酸和热硝酸中，且能溶解于任何浓度的氢氟酸和含有氟离子的酸中。

钛合金的性能比金属钛更优异，其突出的特点表现在：①比强度高；②耐腐蚀性强；③高、低温力学性能好。

近年来，随着新技术的发展，对能在低温和超低温条件下工作的结构件的需求日益增多，如火箭、航天飞机中的液氢储箱，工作温度为20K，液氦储箱为77K。在这样低的温度下一般金属材料不能保持其良好的机械性能和物理性能。而钛和钛合金却具有优良的低温性能，可用作低温和超低温工作的结构材料。一般金属材料在低温下之所以不能使用，是因为材料变脆。为了使材料在低温下不变脆，即具有高的韧性，就必须尽量减少材料内部的畸变和内应力。过渡金属元素如钒、铌、钼、钽、锆、锡、铪等，与钛具有类似的原子结构和未充满的d电子层，其金属的物理化学性质接近于钛，这些元素与钛组成的合金，组织均匀，晶格畸变和内应力很小，具有极高的低温稳定性，在低温下能保持高塑性、韧性。例如，低温钛合金Ti-5Al-2.5Sn使用温度可达20.3K，Ti-6Al4V使用温度低至77K，可用于制作低温高压容器。

目前钛及钛合金大多数用于航空航天领域，是制造现代超声速飞机、火箭、导弹和航天飞机不可缺少的材料，被称为空间金属。钛合金作为耐热和耐腐蚀材料，在许多情况下可以代替铝合金和镁合金，广泛用于化工、石油、发电等工业中。钛与生物组织和体液有良好的相容性，可以作为生物体材料，用于制造人工关节、心脏起搏器等。此外，某些钛合金还具有记忆、超导、储氢等特殊功能，因此钛及钛合金既是重要的结构材料，又是新兴的功能材料。

### 10.3.5 新型金属材料

#### 10.3.5.1 硬质合金

所谓硬质合金是指第ⅣB、ⅤB、ⅥB族的金属与原子半径小的碳、氮、硼等形成的间隙化合物。这些合金的硬度和熔点特别高，因而称为硬质合金。硬质合金之所以具有高硬度，原因是合金中半径小的原子填充在金属晶格的间隙中，这些原子的价电子可以进入金属元素空的 d 轨道形成一定程度的共价键，金属元素的空轨道越多，合金的共价程度就越大，间隙结构越稳定。

硬质合金在高温下，仍保持良好的热硬度及抗腐蚀性，硬质合金刀具的切削速率比高速刀具的高 4 倍以上。因此，硬质合金被广泛用于切削金属的刀具、地质钻头、金属的模具以及各种耐磨部件等。W、Cr、Ta、Nb、Co 等元素的碳化物是十分重要的硬质合金。例如，WC-Co 硬质合金用于耐磨、抗冲击工具；TiC-Ni-Co 合金主要用于切削钢；碳化钛具有高硬度、高熔点、抗高温氧化、密度小、成本低等特点，是一种在航空、舰船、兵器等工业部门获得应用的非常重要的合金。高密度钨合金、贫铀合金用作穿甲弹弹芯材料，使穿甲弹的穿甲威力显著提高，并且它们在对付大倾角装甲目标上，也表现出了良好的特性。

#### 10.3.5.2 高温合金

与硬质合金在高温下仍具有热硬性不同，耐高温合金要求材料在高温下保持较高的强度和韧性，在高温下仍要具有优良的抗腐蚀性。许多情况要求材料在高温下长时间工作，如火力发电机组、喷气发动机、石油化工的某些设备等，特别是喷气发动机，其工作温度高达 1653K 以上。这样极端的工作条件，普通的钢材是难以胜任的，需要耐高温的材料。

第ⅤB、ⅥB、ⅦB 族的金属是高熔点金属。因为其原子中未成对的价电子数多，在金属晶体中形成了强的金属键，而且其原子半径小，晶格结点上粒子间的距离短，相互作用力大，所以其熔点高、硬度大。高温合金主要是ⅤB～ⅦB 元素和第Ⅷ族元素形成的合金。

早期在高温下使用的材料是钢。随着对高温合金性能的要求越来越高，又由于镍可以使铁基成为稳定的面心立方结构，使得铁基高温合金中镍含量越来越高。习惯上，把含镍 25%～60%的铁基高温合金称为铁镍基高温合金，而富镍的铁镍基高温合金实际上是镍基合金。

一般在 700～1000℃高温下使用的有铁基、镍基和钴基合金。提高铁基合金耐热的方法很多，从结构和性质的化学观点看，大致有两种主要的方法：①加入 Cr、Mo 和 W 等元素，增加铁基合金中原子间在高温下的结合力；②加入能形成各种碳化物或金属间化合物的元素，以使铁基体强化，如加入 W、Mo、V 和 Nb 等过渡金属，可生成 WC、$Mo_2C$、VC 和 NbC 等碳化物，从而提高了铁基合金的高温强度。镍基合金是性能最优的超耐热金属材料，组织中的基体是 Ni-Cr-Co 固溶体和 $Ni_3Al$ 金属化合物，经加工处理后，其使用温度可达 1000～1100℃。

难熔金属钨、钼、铌和钽都有更高的熔点，根据经验，其熔点的 60%可看作理论上可使用温度 $T_c$ 的上限，都可在高于 1100℃的温度下使用。它们在高温下稳定性好，延展性好，但杂质存在则使之呈脆性，需精炼和加工。

#### 10.3.5.3 形状记忆合金

形状记忆合金是一种新的功能金属材料，如果把一根这种合金制成的金属丝，在较高的温度下弯成圆环，降低温度后将其拉直，当再次返回到原来的温度时，拉直的金属丝会自动恢复到圆环形状。

形状记忆合金为什么能具有这种不可思议的“记忆力”呢？目前的解释是因为这类合金具有可逆的马氏体相变。

从根本上说，形状记忆合金的特性是由其内部晶体结构所决定的。这类合金在一定的温度范围内具有一定的外形，而且合金内部的原子排列具有和外形相适应的可逆转变结构。高温下的母相奥氏体结构在降温时转变为马氏体结构，马氏体在外力作用下非常容易形变，同时变为平行的晶格结构，一旦加热到马氏体消失的临界温度以上，形变后的马氏体又变回到奥氏体结构，原子的堆砌规律将恢复到母相状态，同时金属的外形也恢复到原来的形状。凡是具有马氏体相变的合金，将它加热到相变温度时，就能从马氏体结构转变为奥氏体结构，完全恢复原来的形状。

形状记忆合金都有一定的转变温度，在转变温度以上，加工成欲记忆的形状，合金内部原子则排列成一种稳定的晶体结构。把它冷却到转变温度以下，施加外力改变它的形状，此时它的原子结合方式并未发生变化（即没有化学键的改变），只是原子离开原来位置，在邻近位置上暂时停留。如果把这种形变后的记忆合金加热到转变温度以上，由于原子获得了向稳定晶体结构转变所需的能量，就又重新回到原来的位置，从而使合金恢复了以前的形状。

最早研究成功的形状记忆合金是 Ni-Ti 合金。除此之外，还有铜基形状记忆合金如 Cu-Zn-Al 和 Cu-Al-Ni，铁基形状记忆合金如 Fe-Pt、Fe-Pd、Fe-Mn、Fe-Mn-C 等。

形状记忆合金具有特殊的形状记忆功能，被广泛地用于卫星、航空、生物工程、医药、能源和自动化等方面。用形状记忆合金制成的人造卫星天线，便于携带，并可在到达太空后自动展开。

#### 10.3.5.4 储氢合金

氢能是一种理想的极有发展前途的二次能源。氢能源的优点是热值高、无污染和资源丰富。但是，氢若作为常规能源必须解决氢的储存和输送问题。

储氢合金是利用金属或合金与氢形成氢化物而把氢储存起来。某些过渡金属、合金和金属间化合物，由于其特殊的晶体结构，使氢原子容易进入其晶格的间隙中并形成金属氢化物。氢与这些金属的结合力很弱，但这些金属氢化物的储氢量很大，可以储存比其本身体积大 1000～1300 倍的氢，而且加热时氢就能从金属中释放出来。但不是每一种储氢合金都能作为储氢材料，具有实用价值的储氢材料要求储氢量大，金属氢化物既要容易形成，稍稍加热又容易分解，室温下吸、放氢的速度快，使用寿命长和成本低。

目前正在研究开发的储氢合金主要有四大系列：镁系储氢合金，如 $MgH_2$、$Mg_2Ni$ 等；钛系储氢合金，如 $TiH_2$、FeTi、$TiMn_{1.5}$ 等；锆系储氢合金 $ZrV_2$；稀土系储氢合金，如 $LaNi_5$，为了降低成本，用混合稀土 Mm 代替 La，推出了 MmNiMn、MmNiAl 等储氢合金。

#### 10.3.5.5 非晶态合金

传统的金属材料都以晶体形式出现。但如将某些金属熔体，以极快的速率急剧冷却（如冷却速率大于 $10^6$℃·$s^{-1}$，少数金属及合金在 $10^5$℃·$s^{-1}$），则可得到非晶态合金。由于冷却极快，高温下液态时原子的无规状态，被迅速“冻结”而形成无定形的固体，称为非晶态合金；因其内部结构也是“长程无序，短程有序”，与玻璃相似，故又称为金属玻璃。

单独的金属元素难生成非晶态，通常，能形成非晶态合金的有两大类：一类是金属与金属间形成的合金，典型的有 $Cu_{60}Zn_{40}$、$La_{76}Au_{24}$ 和 $U_{70}Cr_{30}$ 等；另一类是金属与某些非金属元素（最有效的是 B、P 和 Si 等）组成的合金，如 $Fe_{80}B_{20}$、$Fe_{40}Ni_{40}P_{14}O_6$ 和 $Fe_5Co_{70}Si_{15}B_{10}$ 等。其中，后一类合金最容易形成非晶态合金。

非晶态金属有许多优异的性能，其中较突出的性能如下：①高强度、高硬度和高韧性兼具；②优良的耐蚀性；③良好的磁学性能；④独特的催化特性。

由于非晶态合金在热力学上是亚稳态，它们在 500℃以上就会转化为稳定的晶态，因此其工作温度要受到限制，这是非晶态合金的研究和应用上需要解决的课题。

## 10.4　无机非金属材料

无机非金属材料包括的范围很广，既有像单晶硅（Si）或金刚石（C）那样的非金属单质，也有像矾土（$Al_2O_3$）那样的由金属和非金属组成的化合物，而更多的是经高温处理工艺得到的被称为陶瓷的非金属材料。

陶瓷材料可分为传统陶瓷材料和精密陶瓷材料，前者主要成分是各种氧化物；后者的成分除了氧化物外，还有氮化物、碳化物、硅化物和硼化物等。传统陶瓷产品如陶瓷、玻璃、水泥、耐火材料、建筑材料和搪瓷等，主要是烧结体，而精密陶瓷产品可以是烧结体，还可以做成单晶、纤维、薄膜和粉末，具有强度高、耐高温、耐腐蚀，并可有声、电、光、热、磁等多方面的特殊功能，是新一代的特种陶瓷，它们的用途极为广泛，遍及现代科技的各个领域。

### 10.4.1　非金属元素的电子结构和性质

已经发现的非金属元素有 16 种，除氢外，都位于周期表的右上方（参见图 10.1），其价电子层结构为 $ns^2np^{1\sim6}$，通常它们倾向于获得电子而呈负氧化态。但在一定条件下，有些元素可以部分或全部价电子发生偏移而呈正氧化态，因此非金属元素一般有两种或多种氧化值。例如硫元素，在金属硫化物（如硫化钠）中，氧化数为－2，而在二氧化硫中，氧化数为＋4，三氧化硫中的氧化数则为＋6。

非金属元素单质按其结构和性质大致可分为三类。

① 小分子物质　如 $X_2$(卤素)、$O_2$、$N_2$、$H_2$ 等。通常状况下它们大多是气体，$Br_2$ 是液体，$I_2$ 是固体。处于固态时，这些小分子非金属单质都以分子晶体存在，故熔点和沸点都很低，易挥发。

② 多原子分子物质　如 $S_8$、$P_4$、$As_4$ 等。通常情况下它们都是固体，为分子晶体。熔点、沸点都不高，但比上述①类要高。较易挥发。

③ 大分子物质　如金刚石、晶体硅和硼等。这类物质都以原子晶体存在，故熔点、沸点都很高，不易挥发。

非金属单质大都由两个或两个以上原子以共价键相互结合，有的元素原子之间除了 σ 键外，还有 π 键，例如 $O_2$ 分子中有一个 σ 键和两个三电子 π 键。$N_2$ 分子中有一个 σ 键和两个 π 键。有的单质通过共价键形成巨大的分子，例如金刚石中，碳原子通过 σ 键生成的原子晶体就是一个大分子。

### 10.4.2　非金属元素单质的主要制备方法

除了氧、氮、硫、稀有气体和碳等少数非金属元素能以单质存在于自然界外，其他元素都是以化合物形式存在。对这些以化合物形式存在的元素的制备，通常有氧化法、还原法、热分解法和电解法等。

① 氧化法　对于以负氧化态形式存在于化合物中的非金属，采用氧化法制取。例如从黄铁矿中提取硫：

$$3FeS_2(s)+12C(s)+8O_2(g)=\!=\!=Fe_3O_4(s)+12CO(g)+6S(s)$$

② 还原法 对于以正氧化态形式存在于化合物中的非金属，可采用还原法制取。例如置换法生产氢气：

$$Zn(s)+H_2SO_4(aq)\xlongequal{\quad}Zn^{2+}(aq)+H_2(g)+SO_4^{2-}$$

③ 热分解法 对于热稳定性较差的含有非金属的化合物，可以采用热分解法来制取。例如加热分解硅烷制备单质硅：

$$SiH_4(g)\xlongequal{加热}Si(s)+2H_2(g)$$

④ 电解法 对于用一般化学方法不能制取的活泼非金属元素，可采用电解的方法来制取。例如 $F_2$ 的制备：

$$2KHF_2(l)\xlongequal{电解}2KF(s)+H_2(g)+F_2(g)$$

### 10.4.3 陶瓷材料

陶瓷种类繁多，按组分可分为硅酸盐陶瓷、氧化物陶瓷和非氧化物陶瓷。它们一般是以天然矿物或人工合成的化合物为基本原料经粉碎、配料、成型和高温烧结等工序制成的无机非金属固体材料。

陶瓷一般由离子键、共价键及离子键向共价键过渡的混合键为特征的无机化合物所组成。因此，它们具有质脆、硬度高、强度高、耐高温、耐腐蚀、对热和电的绝缘性好，但韧性和延展性较差的特点。

#### 10.4.3.1 陶瓷材料的结构

陶瓷是一种多晶材料，它们由晶体相、玻璃相和气相组成。

(1) 晶体相

晶体相是陶瓷的主要组成相，一般数量大，对性能影响最大。陶瓷的晶体结构大致有硅酸盐结构、氧化物结构和非氧化物结构。

① 硅酸盐结构。很多陶瓷中都有硅酸盐，构成硅酸盐的基本结构单元为硅氧四面体 [$SiO_4$]。四个氧原子紧密排成四面体，硅离子居于四面体中心的间隙。四面体的每个顶点的氧最多只能为两个硅氧四面体所共有。在四面体中，Si—O—Si 的键角接近于 145°。由于这种结构的特点，以硅氧键为骨干的硅酸盐晶体可以构成多种结构形式，如岛状、链状、环状、片层状和网状结构。

② 氧化物结构。主要由离子键结合，也有一定成分的共价键。氧化物中的氧离子进行紧密排列，作为陶瓷结构的骨架，较小的阳离子则处于骨架的间隙中，大多数氧化物结构是氧离子排列成简单六方、面心立方和体心立方三类晶体结构，金属离子位于其间隙之中。

③ 非氧化物结构。指不含氧元素，或氧元素并非主要构成成分的陶瓷晶体结构，其化学键以共价键或离子键为主，如氮化硅、碳化硅和硼化物等。

(2) 玻璃相

玻璃相是陶瓷组织中的一种非晶态的低熔点的固体相。玻璃相在陶瓷中主要起黏结分裂的晶体，抑制晶体相颗粒长大，填充晶体相之间的空隙，提高材料的致密度和降低陶瓷烧成温度的作用。

(3) 气相

气相是指陶瓷在烧制过程中，其组织内部残留下来的孔洞，一般占 5%～10%。气相的存在可提高陶瓷抗温度波动的能力，并能吸收振动。但气相使陶瓷的致密度减小。

#### 10.4.3.2 传统陶瓷

传统陶瓷材料的主要成分是硅酸盐或硅铝酸盐。硅氧四面体［$SiO_4$］是硅酸盐结构的基本单元，其中硅原子是以 $sp^3$ 杂化轨道与氧原子成键，［$SiO_4$］四面体的每个顶点上的 O 原子只能为两个［$SiO_4$］四面体所共用。四个顶点 O 原子按照共用情况不同，可将硅酸盐分为四大类：分立型、链型、层型和骨架型，表 10.1 列出了这四大类型的骨架。

表 10.1 硅酸盐中硅氧骨架的结构

| 分 类 | 四面体排列 | 组成单元 | 实 例 |
|---|---|---|---|
| 分立型 | 孤立四面体 | $[SiO_4]$ | $Mg_2[SiO_4]$橄榄石 |
| | 双四面体 | $[Si_2O_7]$ | $Zn_4[Si_2O_7](OH)_2 \cdot H_2O$ 异极矿 |
| | 三环 | $[Si_3O_9]$ | $BaTi[Si_3O_9]$硅酸钡钛矿 |
| | 四环 | $[Si_4O_{12}]$ | $Ca_2Al_2(Fe,Mn)BO_3[Si_4O_{12}](OH)$斧石 |
| | 六环 | $[Si_6O_{18}]$ | $Be_3Al_2[Si_6O_{18}]$绿柱石 |
| | 双六环 | $[Si_{12}O_{30}]$ | $KCa_2(AlBe_2)[Si_{12}O_{30}] \cdot 1/2H_2O$ 整柱石 |
| 链型 | 单链 | $[SiO_3]_n$ | $CaMg[SiO_3]_2$ 透辉石 |
| | 双链 | $[Si_4O_{11}]_n$ | $Ca_2Mg_5[Si_4O_{11}]_2(OH)_2$ 透闪石 |
| | | $[Si_6O_{17}]_n$ | $Ca_6[Si_6O_{17}](OH)_2$ 硬硅钙石 |
| | | $[AlSiO_5]_n$ | $Al[AlSiO_5]$硅线石 |
| 层型 | 六元环层 | $[AlSi_3O_{10}]_n$ | $KAl_2[AlSi_3O_{10}](OH)_2$ 白云母 |
| | 四元环层 | $[Si_4O_{10}]_n$ | $KCa_4F[Si_4O_{10}]_2 \cdot 8H_2O$ 鱼眼石 |
| | 过渡型层 | $[AlSi_3O_{10}]_n$ | $Ca_2Al[AlSi_3O_{10}](OH)_2$ 葡萄石 |
| 骨架型 | 硅石 | $[SiO_2]_n$ | $SiO_2$ 石英 |
| | 长石 | $[AlSi_3O_8]_n$ | $KAlSi_3O_8$ 正长石 |
| | 沸石 | $[Al_pSi_qO_{2(p+q)}]_n$ | $Na[AlSi_2O_6] \cdot 4H_2O$ 八面沸石 |

硅铝酸盐的结构与硅酸盐类似，只是铝原子部分取代了硅原子的位置。

传统陶瓷材料品种很多，生产方法一般是高温烧结。

① 陶瓷　将黏土（主要成分为 $Al_2O_3 \cdot 2SiO_2 \cdot 2H_2O$）加水成型，晾干后经过高温加热失水，有些硅氧骨架重新形成，成为硬陶瓷。烧结温度低时形成结构疏松的陶；烧结温度高时形成结构致密的瓷。

② 玻璃　将 $Na_2CO_3$、$CaCO_3$ 和 $SiO_2$ 按比例混合共熔，$Na_2CO_3$ 和 $CaCO_3$ 高温分解成 $Na_2O$ 和 CaO，后者进一步和 $SiO_2$ 反应，拆开部分 Si—O 键，从而使体系黏度下降成为透明的熔体，将熔体稍微冷却成型，之后再经缓慢过程提高强度，就可以制得非晶态普通窗用玻璃，其成分大致为 $Na_2SiO_3 \cdot CaSiO_3 \cdot 4SiO_2$。若向熔体中加入氧化钴时可制成蓝色玻璃，若用 $B_2O_3$ 代替部分 $SiO_2$ 则制得硼硅酸硬质玻璃，它适用于耐高温的玻璃仪器或器皿。

③ 水泥　水泥是将黏土与石灰石加热到 1723K 左右，使之成为烧结块，再经磨碎即成。普通水泥呈灰褐色是因为含有少量 $Fe_2O_3$，若在生产中尽量除去 $Fe_2O_3$，就得到近乎纯白色的白水泥。白水泥可用作彩色水泥的基料、建筑业的外装饰及人造大理石等。

白水泥属特种水泥，属特种水泥的还有很多，如膨胀水泥、超快硬水泥、蒸压养护水泥、油井水泥等，这些水泥分别具有不同的特殊用途。

#### 10.4.3.3 精密陶瓷

精密陶瓷的化学组成已远远超出了硅酸盐的范围。精密陶瓷的组分主要是一些金属或非金属元素的氧化物、氮化物、碳化物及硼化物等。精密陶瓷大体上可分为结构陶瓷和功能陶瓷两大类。结构陶瓷是具有高硬、高强、耐磨耐蚀、耐高温和润滑性好等性能，用作机械结构零部件的陶瓷材料。目前已经应用的结构陶瓷材料主要有四种：氧化铝结构陶瓷、氧化锆结构陶瓷、氮化硅结构陶瓷和碳化硅结构陶瓷。

具有不同化学组分和显微结构的特种陶瓷有不同的特殊性能，如优异的力学性能，耐高温性能，各种光、电、磁、声性能及各种信号的接收、发射及转换功能，因此是近代尖端科学进步必不可少的材料。

(1) 碳化硅（SiC）陶瓷

碳化硅又称金刚砂，是典型的共价键结合的化合物，其键合能力强、熔点高、硬度大，近似于金刚石。碳化硅化学性质稳定，不会被酸（$HNO_3$、HF、$H_2SO_4$ 等）或碱 NaOH 所腐蚀。但在高温下，碱及其盐、氯气等能使之分解。

$$SiC+2Cl_2 \xrightarrow{900℃} SiCl_4+C$$

$$SiC+4Cl_2 \xrightarrow{1100\sim1200℃} SiCl_4+CCl_4$$

SiC 在空气中加热时会氧化，表面形成 $SiO_2$ 保护膜，阻止氧化向内部扩散，降低氧化速度。纯 SiC 是无色高阻的绝缘体，而掺杂的 SiC 具有半导体性质。SiC 陶瓷具有强度大、抗蠕变、耐磨、热膨胀系数小、热稳定性好、耐腐蚀性好等优点，是良好的高温结构材料。因此，它一般用于耐磨、耐腐蚀以及耐高温条件下的工作零件。如密封环、轴套、轴承、喷嘴、热电偶保护导管等，利用 SiC 的半导体性质可制成避雷器的阀片。

(2) 氮化硅（$Si_3N_4$）陶瓷

$Si_3N_4$ 耐磨，具有润滑性，可作为密封材料，但脆性较大。$Si_3N_4$ 化学性质稳定，在硫酸、盐酸、硝酸、磷酸中都有很好的耐蚀性，但除 HF 外。在常温下 $Si_3N_4$ 不与强碱作用，但受熔碱侵蚀，也能抵抗熔融金属（Al、Pb、Sn、Mg 等）的腐蚀。$Si_3N_4$ 具有较高的硬度，仅次于金刚石、氮化硼等几种超硬材料，是一种优异的高温结构陶瓷，用来制作飞机叶片、飞机发动机轴承、汽车发动机等，提高热机的使用效率。

(3) 氮化硼（BN）陶瓷

BN 是白色、难熔、耐高温物质，将 $B_2O_3$ 与 $NH_4Cl$ 共熔，或将单质硼在 $NH_3$ 中燃烧均可制得 BN。BN 晶体是六方晶系，其晶体结构与石墨相似，具有良好的润滑性和导热性，因此，俗称白色石墨。与石墨不同之处是 BN 结构中没有自由电子，是绝缘体，而石墨为导体。石墨结构的氮化硼在高温、高压条件（1350～1800℃，800MPa）下，可转化为金刚石结构的氮化硼。氮化硼是一种惰性材料，对一般金属、酸、碱等都有很好的耐蚀性。

(4) 氧化铝（$Al_2O_3$）陶瓷

氧化铝陶瓷的主要成分为 $\alpha$-$Al_2O_3$，其含量一般在 75%～99.9%。$\alpha$-$Al_2O_3$ 的含量对氧化铝陶瓷的性能影响显著。随 $\alpha$-$Al_2O_3$ 含量的增加，氧化铝陶瓷的烧成温度提高，机械强度增强，电容率、体积电阻及热导率增大，介电损耗降低。

氧化铝属离子晶体，结构稳定，在高频、高压、高温下绝缘性好，因此在电子工业中被广泛用作固体集成电路基板材料，瓷架、微波窗口、导弹和雷达的天线保护罩等。氧化铝陶瓷化学性能稳定，在酸及酸类介质中具有优良的耐蚀性，对碱液及某些高温金属溶液亦耐蚀。因此可作为坩埚、各种反应器皿、化工泵、反应管道等。氧化铝强度高、硬度大，仅次于金刚石、碳化硼、碳化硅、氮化硼，具有良好的耐磨性，用作磨料、磨具、车刀、密封磨环和防弹材料。

(5) 金属陶瓷

用作工具材料的金属陶瓷主要是超硬陶瓷，其主要成分是高硬度、耐高温、耐磨的金属碳化物，如 WC、TiC、TaC、NbC 等，用钴、镍和钼等抗机械冲击和热冲击性能好的金属做黏结剂，以粉末冶金方法烧结而成。主要有 WC-Co、WC-TiC-Co、WC-TaC-Co、WC-NbC-Co、TiC-Ni-Mo、WC-Ni 等碳化物基金属陶瓷。由于它在高温下能保持其高硬度和高耐磨性，被用作切削钢工具，在 800～1000℃高温下，仍然保持优异的切削性能。

(6) 生物陶瓷

陶瓷与人体的相容性十分好，故可以用陶瓷修补和代替骨骼、牙齿和心脏瓣膜等组织。陶瓷作为生物材料，有生物惰性和生物活性两类。

生物惰性材料的物理和化学性质十分稳定，在人体中几乎不发生变化，主要由 C、$Al_2O_3$-$Si_3N_4$、$TiO_2$、CaO-$Al_2O_3$ 等组成。单晶和多晶氧化铝是一种性能优良的生物惰性材料，它有不生锈、不溶出、不需要取出体外等优点。因其表层具有亲水性，故它具有良好的组织亲和性。20 世纪 60 年代末以来，这种组织用于硬组织的修复，每年有数以万计的器件植入人体。

生物活性材料会分解、吸收、反应或产生沉淀作用等，主要由 CaO、$P_2O_5$ 等组成。这种材料具有优异的生物相容性，能与骨骼形成骨性结合面，结合强度高，稳定性好，植入骨内还具有诱导骨骼细胞生长、逐渐参与代谢，甚至可完全同天然骨骼结合成一体。羟基磷灰石 $Ca_{10}(PO_4)_6(OH)_2$ 是脊椎动物骨骼和牙齿的主要无机成分，是修补牙齿的主要物质。我国已经将 CaO-$P_2O_5$-MgO-$SiO_2$-$B_2O_3$-$Al_2O_3$ 系陶瓷材料用作人工骨骼材料，从 20 世纪 80 年代用于临床以来，效果十分满意，已经推广到全国近百家医学院校使用。

(7) 敏感陶瓷

敏感材料主要有热敏、气敏、湿敏、压敏、声敏及色敏材料等，它具有将外界各种物理或化学的非电参量转换成电参量的功能。敏感材料可分别用于热敏、气敏、湿敏、压敏、声敏及色敏等不同领域。

① 热敏材料是某些性能随温度变化而变化的材料，可分为两大类。第一类就是其电阻随温度变化的所谓热敏电阻，其中具有负温度系数的称为 NTC 热敏电阻，大多是用锰、铁、钴、镍等过渡金属氧化物按一定配比混合，采用陶瓷工艺烧结而成；具有正温度系数的称 PTC 热敏电阻，以 $BaTiO_3$ 为基质的固溶体材料最具代表性。第二类是所谓的热释电材料，其主要特点是，材料随温度变化会引起材料内部介质的极化。热释电材料对温度十分敏感，故主要被用来作为测量温度的材料。近年来发展起来的锆钛酸铅镧 $(Pb/La)(Zr/Ti)O_3$ 等，是一种透明陶瓷材料，其工作温度可高达 240℃，除可用于测量温度外，还可用来制成各种红外探测器。

② 气敏陶瓷是一种对气体“敏感”的半导体材料，它与相应的电子线路组成“电子鼻”，不仅能探测出气体，而且还可以测定其浓度，这些材料多为 Zr、Zn、Ni、Cr、V、Fe、W 等氧化物组成的陶瓷材料。例如，在 $ZrO_2$ 中固溶有 CaO、MgO、$Y_2O_3$ 等物质的陶瓷气敏材料，是一种性能优良的测定氧分压的氧传感器，已大量用于汽车排气和炼钢过程中氧的检测。

③ 湿敏陶瓷是一种其电阻值随所处环境的湿度变化而变化的材料，又称湿度传感器。这些材料都易吸附蒸气，其电导率随水分吸附的多少而变化。主要有多孔烧结体型、厚膜型及玻璃陶瓷复合体型。

(8) 压电陶瓷

压电陶瓷种类很多，研究及应用得比较多的是钛酸钡、锆钛酸铅、铌酸盐三大系列。其制备是根据不同的要求选择不同的配方，经混料、成型、烧结等工序后，再经适当加工，极化而成。常被用来制作压电点火元件、压电蜂鸣器、压电变压器、压电共振器、超声波探测器等。

## 10.5 高分子材料

高分子化合物是指那些由众多原子或原子团主要以共价键结合而成的分子量在 $10^4$ 以上的化合物。与具有相同组成和结构的小分子化合物相比较，高分子化合物具有高熔点（或高软化点）、高强度、高弹性，其溶液和熔体具有高黏度等特殊的物理性质。

高分子化合物按来源可分为：天然高分子化合物和合成高分子化合物。如果按照高分子骨架分类，又分为无机高分子化合物和有机高分子化合物。

天然无机高分子是在地球形成时的高温高压下生成的，如云母、硅酸盐、石棉等。天然有机高分子往往是在生物体内形成的，如动物的肌肉、毛、皮、骨骼、酶类、蛋白质以及植物的纤维如棉花等。

人工合成高分子化合物，通常指那些已投入工业化生产的一些有机聚合物。常见的有人工合成的塑料、橡胶、化学纤维、有机胶黏剂和用于涂料的合成树脂等。由于它们已具备作为材料所要求的形态和物理性能，故又称为合成高分子材料。

### 10.5.1 高分子化合物合成的典型方法

高分子化合物是由小分子化合物相互结合而成的。这种由许多小分子结合成高分子化合物的反应称为聚合反应，高分子化合物作为聚合反应的产物，称为高聚物，而作为原料的小分子化合物称为单体。由单体合成高分子化合物的聚合反应按反应机理类型分，有加成聚合反应（简称加聚反应）和缩合聚合反应（简称缩聚反应）两类。

① 加聚反应 加聚反应是数量众多的含不饱和键的单体（多为烯烃）进行连续、多步的加成反应，由双键打开而使分子彼此连接，形成高聚物。其特征为所得高聚物的结构单元的原子组成与单体的组成相同。一些由加聚反应所得的单体及聚合物见表 10.2。

② 缩聚反应 缩聚反应通常由具有两个或两个以上可反应官能团的单体分子间通过缩合反应成键而彼此连接，形成高聚物。其特点是在形成缩聚物的同时，伴有小分子物质（如水、氨、醇及卤化氢等）的失去。所以，缩聚物中结构单元的原子组成与其单体的组成不同。

含有两个官能团的单体聚合时，生成链型聚合物。链型聚合物通常在溶剂中可溶，受热后可熔。如己二酸与己二胺合成的尼龙-66，即是链型聚合物。它是由己二酸分子两端的羧基（—COOH）与己二胺分子两端的氨基（$—NH_2$）相互缩合，脱去水分子而形成的高聚物：

$$n\,\mathrm{H{-}\overset{H}{\overset{|}{N}}{-}\!(CH_2)_6\!{-}\overset{H}{\overset{|}{N}}{-}H} + n\,\mathrm{HO{-}\overset{O}{\overset{\|}{C}}{-}\!(CH_2)_4\!{-}\overset{O}{\overset{\|}{C}}{-}OH} \longrightarrow \mathrm{H{-}\!\left[\overset{H}{\overset{|}{N}}{-}\!(CH_2)_6\!{-}\overset{H}{\overset{|}{N}}{-}\underset{O}{\underset{\|}{C}}{-}\!(CH_2)_4\!{-}\overset{O}{\overset{\|}{C}}\right]_n\!{-}OH} + 2n\,\mathrm{H_2O}$$

如果单体之一含有三个或三个以上官能团，则缩聚生成的为体型聚合物，通常不溶也不熔。例如油漆工业中的醇酸树脂，就由甘油与邻苯二甲酸酐缩聚而成。甘油有三个羟基，缩聚反应可在三维方向上发生。

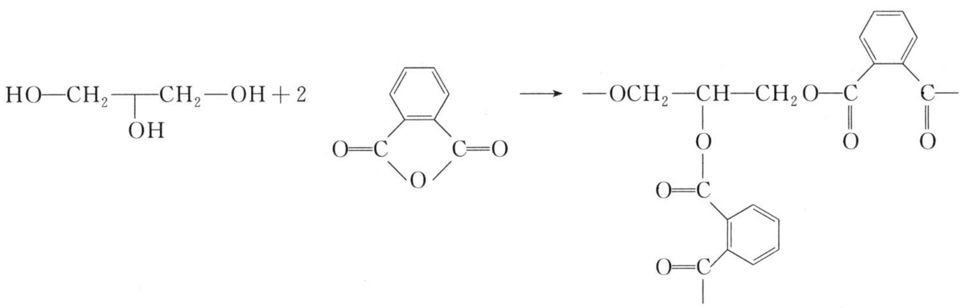

**表 10.2　发生加聚反应的单体及聚合物**

| 聚合物 | | | 单体 | |
|---|---|---|---|---|
| 名称 | 符号 | 结构(简)式 | 名称 | 结构(简)式 |
| 聚乙烯 | PE | $\left[CH_2-CH_2\right]_n$ | 乙烯 | $H_2C=CH_2$ |
| 聚丙烯 | PP | $\left[CH_2-CH(CH_3)\right]_n$ | 丙烯 | $H_2C=CH-CH_3$ |
| 聚苯乙烯 | PS | $\left[CH_2-CH(C_6H_5)\right]_n$ | 苯乙烯 | $H_2C=CH-C_6H_5$ |
| 聚氯乙烯 | PVC | $\left[CH_2-CH(Cl)\right]_n$ | 氯乙烯 | $H_2C=CH-Cl$ |
| 聚四氟乙烯 | PTFE | $\left[CF_2-CF_2\right]_n$ | 四氟乙烯 | $CF_2=CF_2$ |
| 聚丙烯腈 | PAN | $\left[CH_2-CH(CN)\right]_n$ | 丙烯腈 | $H_2C=CH-CN$ |
| 聚甲基丙烯酸甲酯 | PMMA | $\left[CH_2-C(CH_3)(COOCH_3)\right]_n$ | 甲基丙烯酸甲酯 | $H_2C=C(CH_3)-COOCH_3$ |
| 聚异戊二烯 | PIP | $\left[CH_2-C(CH_3)=CH-CH_2\right]_n$ | 异戊二烯 | $H_2C=C(CH_3)-CH=CH_2$ |
| 聚环氧乙烷 | | $\left[CH_2-CH_2-O\right]_n$ | 环氧乙烷 | $H_2C-CH_2$（C—O—C 三元环） |

无论是加聚反应还是缩聚反应，根据参与聚合反应单体的不同，可有两种不同的情况：当聚合是由同一种单体聚合而成时，其分子链中只包含一种单体构成的链节，这种聚合反应称为均聚反应，生成的聚合物称均聚物。如果由两种或两种以上单体彼此进行聚合，则生成的聚合物含有多种单体构成的链节，这种聚合反应称共聚反应，生成的聚合物称为共聚物，例如，由丁二烯与苯乙烯共聚得到丁苯橡胶。共聚物往往兼具两种或两种以上均聚物的一些优异特性。对于共聚物而言，按单体在高分子链中排列方式不同，又可细分为无规共聚物、交替共聚物、嵌段共聚物和接枝共聚物四类。

## 10.5.2　高分子化合物的结构与特性

高聚物的许多特性如弹性、塑性、机械性能、电绝缘性、化学稳定性等，都与其结构有着密切的关系。

(1) 高分子化合物的结构特点

高分子化合物的分子形状有线型和体型两种结构，如图 10.5 所示。

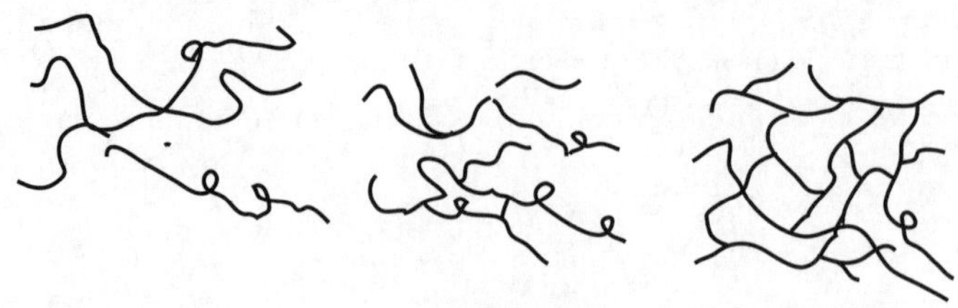

(a) 线型　(b) 线型(有支链)　(c) 体型

图 10.5 高分子化合物的线型和体型结构示意图

线型结构的高分子化合物是指构成高分子的许多链节相互连接成一个长的分子链，其长度常为其直径的几万倍。这种线型的长链很柔顺，通常卷曲成不规则的线圈状态，互相缠绕在一起。例如，聚乙烯、聚氯乙烯、合成纤维等都是线型高分子化合物。有些高分子化合物在分子主链的某些链节上连接了较短的侧链（也称支链），支链型聚合物亦属于线型结构。

体型高分子化合物是线型或支链型高分子化合物的分子链间通过化学键相互连接（交联）而形成的，它具有空间网状结构。酚醛树脂、硫化橡胶以及离子交换树脂等都是体型高分子化合物。

高分子化合物的物理性质与几何构型密切相关。线型高聚物一般可溶于有机溶剂，且可熔融。受热可以软化，冷却时会硬化。反复加热和冷却仍具有可塑性。体型高聚物交联程度小的，受热时可以软化，但不能熔融。加适当溶剂可使其溶胀，但不能溶解。交联程度大的则不能软化，也难溶胀。这类高聚物加工成型只能在其网状结构形成之前进行。网状结构一经形成，就不能再改变形状。

(2) 高分子链的柔顺性

线型高聚物除了分子链可以运动外，分子链中的 C—C 单键（$\sigma$ 键）能够绕着键轴线相对自由旋转。由于碳链中相邻两个单键具有一定的夹角，使得这种自由旋转的运动轨迹如图 10.6 所示。

由于单键的高速旋转，高分子链的形状不是单一的，也不是固定不变的，而且呈伸直状的极少，绝大部分呈卷曲状。若作用以外力，分子链的形态会发生改变，同时引起物体外形的改变。外力撤除，又能借单键的旋转运动而恢复其卷曲形态。高分子链的这种强烈卷曲的倾向称为柔顺性。柔顺性对高聚物的弹性和塑性等有重要的影响。高分子链的柔顺性大小，

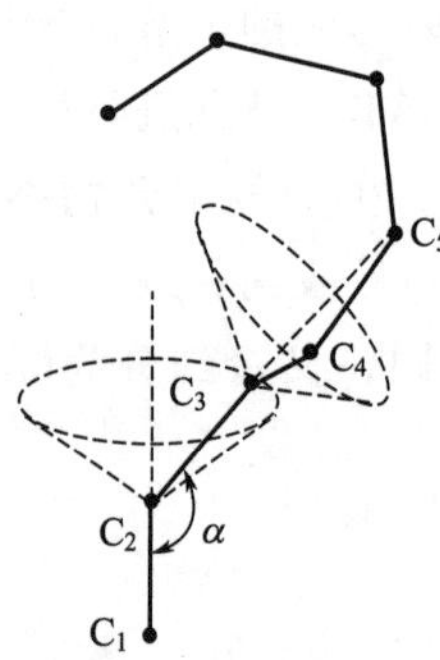


图 10.6 键角固定的单键旋转示意图

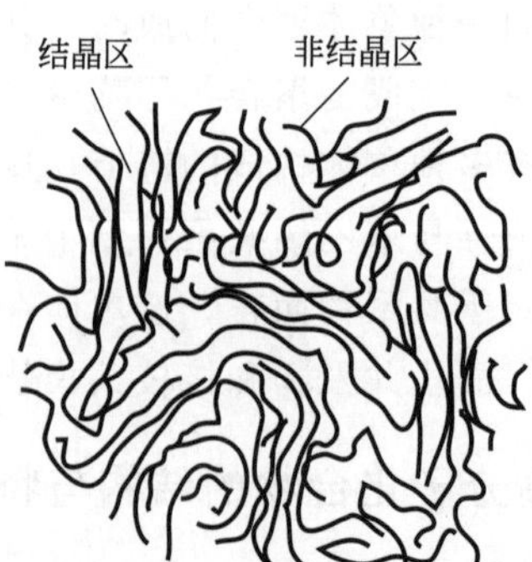


图 10.7 聚合物中结晶区与非结晶区分布示意图

主要取决于高分子链的结构特点。对于简单的线型高分子链，分子链越长，其柔顺性越好；非极性主链比极性主链更柔顺。分子链间相互作用越强，链的柔顺性越差。此外，链上取代基的极性大小、取代基本身体积大小、有无侧链、侧链大小以及取代基的多少、彼此间隔大小等因素都会影响到高分子的柔顺性。

(3) 高分子化合物的力学状态

高分子化合物按其结构形态可分为晶态和非晶态两种。晶态高聚物中分子链作有规则的排列。非晶态高聚物中，分子链的排列是无规则的。同一高聚物可以兼具晶态和非晶态两种结构。例如，合成纤维型分子的排列，一部分是结晶区，另一部分是非结晶区。分子链可以贯穿好几个结晶区和非结晶区（见图 10.7）。通常以结晶度作为结晶部分含量的量度。

高聚物的结晶度随其种类、结晶条件不同而变化。结晶度的大小是影响高分子材料的机械强度、密度、耐热、耐溶性等性能的重要因素。

高聚物从固态变为液态时，一般没有确定的熔点。

对于链型非晶态高聚物而言，随着温度的变化，在从固态逐步软化变为液态的过程中，呈现三种不同的力学状态，即玻璃态、高弹态和黏流态。它们是分子处于不同运动状态的宏观表现。图 10.8 是这种变化的示意图。

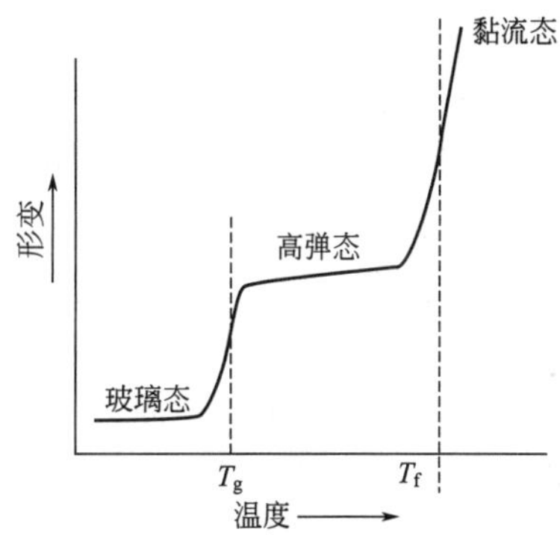


图 10.8　高分子化合物的形变-温度曲线

① 玻璃态　当温度较低时，高分子化合物不仅整个分子链不能运动，而且链段（高分子化合物中，化学组成和结构可重复的最小单位称为重复结构单元，也称为链节。一个包含几个或几十个链节的部分称链段）也处于被“冻结”的状态，分子的状态和分子的相对位置都被固定下来，但分子的排列仍然是紊乱无序的。此时分子只能在它自己的位置上振动。当加外力时，形变很小，链段只作瞬时的微小伸缩和键角改变。当外力去除时，形变能立即回复。此时的高分子化合物像玻璃一样坚硬而缺少弹性，因而称为玻璃态。常温下的塑料就是处于这种状态。

② 高弹态　随着温度的升高，分子热运动能量增加。当达到某一温度时，虽然整个分子链还不能运动，但链段可以自由转动。此时，在外力作用下可以产生很大的可逆形变。当外力去除后，它又恢复到原来的形状，表现很高的弹性，因而称之为高弹态。常温下的橡胶就处于这种状态。

③ 黏流态　当温度上升到适当范围时，分子的动能增加，不仅链段能够运动，而且整个分子链都能运动，高分子化合物就成为流动的黏稠液体，此时整个分子与分子之间能发生相对移动。高分子化合物所处的这种状态称为黏流态。黏流态产生的流动形变是不可逆的，当外力解除后，形变不能恢复。

线型无定形高分子化合物的这种不同的力学聚集状态，随着温度的变化可以相互转化。实验证明，这三种状态的转变都不是突变过程，而是在一定的温度范围内完成的，并有两个转折点，即玻璃化温度和黏流化温度。在玻璃态与高弹态之间的转变温度称为玻璃化温度，以 $T_g$ 表示。在高弹态与黏流态之间的转变温度称为黏流化温度，以 $T_f$ 表示。习惯上把 $T_g$ 高于室温的高分子化合物称为塑料；把 $T_g$ 低于室温的高分子化合物称为橡胶；而把 $T_f$ 低于室温，在常温下处于黏流态的高分子化合物称为流动性树脂。一些高分子化合物的玻璃化温度可参看表 10.3。

**表 10.3 几种高分子化合物的玻璃化温度**

| 高分子化合物 | $T_g$/K | 高分子化合物 | $T_g$/K | 高分子化合物 | $T_g$/K |
|---|---|---|---|---|---|
| 聚苯乙烯 | 353～373 | 聚乙烯醇 | 358 | 天然橡胶 | 200 |
| 有机玻璃 | 330～341 | 聚碳酸酯 | 396 | 氯丁橡胶 | 223～233 |
| 聚氯乙烯 | 348 | 尼龙-66 | 321 | 聚异丁烯 | 200 |

高分子化合物的上述三种状态和两个转变温度对高分子化合物的加工和应用有着重要的意义。对橡胶而言，要保持高度的弹性，$T_g$ 就是工作温度的下限（即耐寒性标志）。因为低于 $T_g$ 时，高聚物将进入玻璃态，会变硬、发脆而失去弹性，所以要选择 $T_g$ 低、$T_f$ 高的高分子化合物，其高弹态的温度范围较宽。塑料和纤维在玻璃态下使用，$T_g$ 就成为工作温度的上限（即耐热性标志）。因为高于此温度，高聚物便呈现高弹态，因而丧失了机械强度和形状尺寸的精度，以致无法使用。因此，为扩大其使用温度范围，塑料、纤维的 $T_g$ 越高越好。作为塑料还要求既易于加工又要很快成型，所以 $T_g$ 与 $T_f$ 的差值还要小。一般对高聚物的加工成型来说，$T_f$ 越低越好。对耐热性来说，$T_f$ 越高越好。

体型高分子化合物的分子是网状结构，它没有黏流态。其中交联程度越大，对链段运动的限制和阻碍就越大，$T_g$ 就越高，甚至高分子化合物一直保持玻璃态而不出现高弹态。

（4）弹性和塑性

弹性是指某物体形变的可恢复性。线型高分子化合物在通常情况下，总是处于能量低的卷曲状态。由于高分子链的柔顺性，当这种聚合物受到拉伸时，卷曲的分子可以被拉直一些，这时分子链的能量增高，高聚物处于紧绷状态。撤去外力，分子链又缩卷起来，高聚物又恢复原状。这时，高聚物呈现弹性。例如，橡胶具有良好的弹性。线型或轻度网型聚合物都有不同程度的弹性，但交联多时则会失去链的柔顺性，变成僵硬且弹性很差的物质。

线型高分子化合物受热会逐渐软化，直至形成黏流态。这时可将它们加工成各种形状，冷却去压后，形状仍可保持。然后，再加热至黏流态，又可加工成别的形状。这种性质称为塑性。塑料就是因为具有塑性而得名的。

（5）机械性能

高聚物的机械性能主要是指抗压、抗拉、抗冲击及抗弯曲性能等，它们与高聚物的平均聚合度、结晶度及分子间力等因素有关。

高聚物的平均聚合度增大，有利于增加分子链间的作用力，可使拉伸强度与抗冲击强度提高。但当聚合度超过一定数值后，不但拉伸强度变化不大，还会使 $T_f$ 升高而不利于加工。

当高聚物分子链中含有极性基团或链间形成氢键时，都可增大分子链间的作用力而提高其强度。如聚氯乙烯因含有极性基团（—Cl），其拉伸强度一般比聚乙烯高。适度的交联可提高抗冲击强度，但过分交联则使材料变脆。如聚乙烯适度交联后，抗冲击强度可提高 3～4 倍，而酚醛塑料因交联程度高而变脆。

处于结晶态的高聚物分子链排列紧密，分子链间作用力较大，机械强度也较高。合成纤维的结晶度比塑料和橡胶要高，其机械强度比后两者都要好。但是结晶度增加，会降低高聚物的弹性和韧性，影响其抗冲击强度。

（6）绝缘性

大多数高分子化合物具有良好的绝缘性。这与它们的化学结构有关。由于高分子链基本上由共价单键构成，分子链中没有自由电子或离子，因此高聚物一般不具备导电特性。又因为高分子化合物的大分子链呈卷曲状态，互相纠缠在一起，受热、声作用后，分子不易振动起来，因而它对热、声也具绝缘性。

(7) 化学稳定性

高聚物的化学稳定性是指对水、酸、碱、氧气等化学环境作用所表现的稳定性。大多数高聚物的分子链主要由 C—C、C—H、C—O 等共价键构成，这些化学键很牢固，化学性质很稳定，且分子链是缠绕在一起的，分子链上的基团难以参与反应，因此，高聚物的化学稳定性较高。许多高分子材料可以制成耐酸、碱及其他化学试剂的优良器皿。但是，即便是这样，含有不同基团的高聚物其化学稳定性还是有差异的。如一些含有 —CONH—、—COO—、—CN 等基团的高聚物不耐水，在酸或碱的催化下会发生水解反应。

高分子材料的化学稳定性是有一定限度的，发生老化现象是其一大缺点。老化是指高分子材料在加工、储存和使用过程中，长期受化学环境（如水、氧、酸、碱等）、物理环境（如热、光、射线、机械等）及霉变等的综合影响，发生交联或裂解，使其使用性能越来越差的现象。塑料变脆、橡胶龟裂、纤维泛黄、油漆发黏等都属于老化现象。

在引起高聚物老化的诸因素中，以氧、热、光最为重要。通常又以在光、热等因素的影响和促进下发生氧化而降解的情况为主。为提高高聚物材料的使用价值，可采取改变高聚物结构、加防老剂（稳定剂）及在材料表面镀（或涂）膜等措施以防止老化。

### 10.5.3　合成高分子材料

品种繁多的合成高分子材料，综合了许多优异性能，诸如质轻、比强度大、高弹性、透明、耐热、耐寒、绝缘、耐辐射、耐化学腐蚀，以及易于加工等，使得人们在相当大的程度上能够按需取材。同时，合成高分子材料的原料资源相当丰富，这就能够大大地减少天然材料诸如木材、皮革、棉花、天然树脂、天然橡胶等的用量。因此，合成高分子材料在材料领域中占有越来越重要的地位。这里简要介绍塑料、合成橡胶、合成纤维、黏合剂和涂料。

(1) 塑料

在室温下，以玻璃态存在和工作的高分子材料称为塑料。塑料在加热、加压下可塑制成型，而在通常条件下能保持形状。塑料的种类很多，总体上可分为两类，即热塑性塑料和热固性塑料。

早期的塑料品种主要以热固性的酚醛塑料为主。20 世纪 50 年代后，随着聚乙烯、聚氯乙烯、聚苯乙烯以及聚丙烯（俗称“四烯”）等热塑性塑料的出现，形成了以酚醛塑料、氨基塑料及“四烯”塑料六大类为主的通用塑料。20 世纪 60 年代前后，出现了一系列综合性能（电性能、机械性能、耐高、低温性能等）好，可以代替金属作为工程技术结构材料的所谓工程塑料，如聚甲醛、聚酰胺、聚碳酸酯、聚四氟乙烯、聚二甲基苯醚、聚砜等。迄今为止，这些塑料在工业上已得到了广泛应用，其各自的特点和应用范围列于表 10.4。

(2) 合成纤维

纤维分为天然纤维和化学纤维两大类。棉、麻、丝、毛属天然纤维。化学纤维又可分为人造纤维和合成纤维。人造纤维是以天然高分子纤维素或蛋白质为原料，经过化学改性而制成的，如黏胶纤维（人造棉）、醋酸纤维（人造丝）、再生蛋白质纤维等。

表 10.4 几种常用的工程塑料

| 名称 | 结构 | 特点 | 应用 |
|---|---|---|---|
| 聚甲醛 | $\text{-}[CH_2O]_n\text{-}$ | 在$-40\sim100$℃范围内使用，具有良好的耐磨性和自润滑性，良好的耐油、耐农药及耐过氧化物性能 | 可代替各种有色金属和合金制造齿轮、凸轮、阀门、管道、泵叶轮、汽车轴承、变换继电器 |
| 聚酰胺 | 尼龙-66<br>$\text{-}[NH\text{-}(CH_2)_6\text{-}NH\text{-}CO\text{-}(CH_2)_4\text{-}CO]_n\text{-}$<br>尼龙-6<br>$\text{-}[NH\text{-}(CH_2)_5\text{-}CO]_n\text{-}$ | 良好的韧性、耐磨性、自润滑性，抗霉且无毒 | 可代替不锈钢、铝、铜等金属，用于制造机械、仪器仪表、汽车等的零件、轴承、齿轮及泵叶等 |
| 聚碳酸酯 | 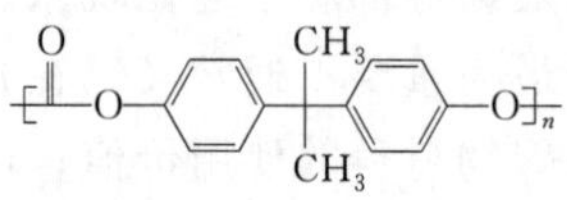 | 使用温度范围宽（$-100\sim130$℃），高透明（透明度达$86\%\sim92\%$），优良的抗冲击性和韧性 | 可代替某些金属、合金、玻璃、木材等，广泛应用于制造齿轮、仪表外壳、照明灯罩、防弹玻璃等 |
| ABS | $\text{-}[(H_2C\text{-}CH(CN))_x\text{-}(CH_2CH{=}CHCH_2)_y\text{-}(H_2C\text{-}CH(C_6H_5))_z]_n\text{-}$ | 良好的电绝缘性、弹性和机械强度，耐热、耐腐蚀，表面硬度高且可镀金属 | 可用于制造电信器材、汽车、飞机零件 |

合成纤维是由合成高分子为原料，通过拉丝工艺获得的。合成纤维的品种很多，最重要的品种是聚酯（涤纶）、聚酰胺（尼龙、锦纶）、聚丙烯腈（腈纶），它们占世界合成纤维总产量的90%以上。此外还有聚乙烯醇缩甲醛（维纶）、聚丙烯（丙纶）、聚氯乙烯（氯纶）等。

合成纤维的特殊性质是由它们的主分子链结构决定的。合成纤维一般是线型高聚物，其分子链具有较大的极性，可以定向排列，产生局部结晶区。在结晶区内分子间力较大，可以使纤维具有一定的强度。此外，还有非定向排列的无定形区，其中分子链可以自由转动，又使纤维柔软且富有弹性。

聚酯纤维的商品名为涤纶，又叫的确良。主要用于织衣料，也可做运输带、轮胎帘子线、过滤布、缆绳、渔网等。涤纶织物牢固、易洗、易干，做成的衣服外形挺括，抗皱性特别好。涤纶的分子链结构中含有酯基（—COOR），这类刚性基团的存在，使分子排列规整、紧密、结晶度较高、不易变形、受力形变后也易恢复，这是涤纶抗皱性好的原因。

聚酰胺纤维的商品名为尼龙，也叫锦纶；最常见的是尼龙-6和尼龙-66。尼龙主要用于制作渔网、降落伞、宇航飞行服、丝袜及针织内衣等。尼龙织物的特点是强度大，弹性好，耐磨性好。这些优越的性能是由其分子结构决定的。聚酰胺分子链中存在酰氨基—$CONH_2$，分子链之间各酰氨基可以通过氢键的作用，使分子链之间的作用力大为加强，保证了织物的强度。

(3) 合成橡胶

橡胶可分为天然橡胶和合成橡胶。天然橡胶来自热带和亚热带的橡胶树。橡胶在工业、农业、国防领域中有重要作用。天然橡胶的基本组成是异戊二烯，于是人们用异戊二烯作为单体进行聚合反应，得到了合成橡胶，称为异戊橡胶。

合成橡胶指由人工合成的、在常温下以高弹态存在并工作的一大类高聚物材料。合成橡胶主要是由二烯类单体合成的高聚物，在结构上与天然橡胶有共同之处，因而它的性能与天然橡胶十分相似。由于早期异戊二烯只能从松节油中获得，原料来源受到限制，而丁二烯则来源丰富，因此以丁二烯为基础开发了一系列合成橡胶，如顺丁橡胶、丁苯橡胶、丁腈橡胶和氯丁橡胶等。

$$\underset{\text{异戊二烯}}{n\,\mathrm{CH_2{=}CH{-}\underset{\underset{CH_3}{|}}{C}{=}CH_2}} \longrightarrow \underset{\text{异戊橡胶}}{\mathrm{\text{-}\!\!\![\,CH_2{-}CH{=}\underset{\underset{CH_3}{|}}{C}{-}CH_2\,]\!\!\!\text{-}_{\mathit{n}}}}$$

$$\underset{\text{丁二烯}}{n\,\mathrm{CH_2{=}CH{-}CH{=}CH_2}} \longrightarrow \underset{\text{顺丁橡胶}}{\mathrm{\text{-}\!\!\![\,CH_2{-}CH{=}CH{-}CH_2\,]\!\!\!\text{-}_{\mathit{n}}}}$$

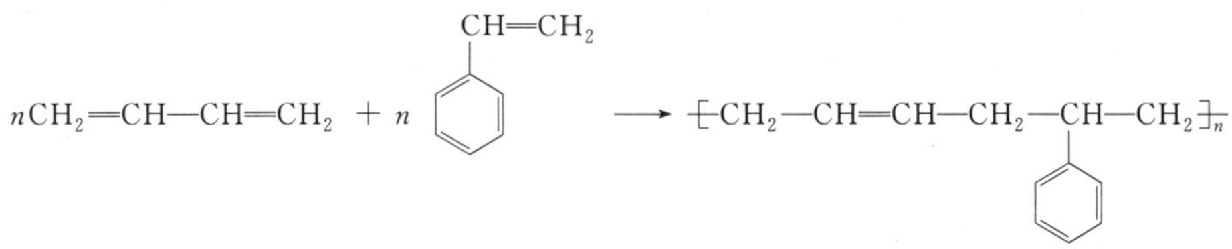

丁二烯　　苯乙烯　　丁苯橡胶

合成橡胶可分为通用橡胶和特种橡胶。通用橡胶用量较大，例如丁苯橡胶占合成橡胶产量的 60%；其次是顺丁橡胶，占 15%；此外还有异戊橡胶、氯丁橡胶、丁钠橡胶、乙丙橡胶、丁基橡胶等，它们都属通用橡胶。表 10.5 列出一些合成橡胶的化学组成和用途。

**表 10.5　一些合成橡胶的化学组成和用途**

| 名　称 | 单　体 | 化学组成 | 特点、用途 |
|---|---|---|---|
| 天然橡胶 | | $\mathrm{\text{-}\!\!\![\,CH_2{-}CH{=}\underset{\underset{CH_3}{\mid}}{C}{-}CH_2\,]\!\!\!\text{-}_{\mathit{n}}}$ | 弹性好，做轮胎、胶管、胶鞋、胶黏剂等 |
| 顺丁橡胶 | $\mathrm{CH_2{=}CH{-}CH{=}CH_2}$ | $\mathrm{\text{-}\!\!\![\,CH_2{=}CH{-}CH{=}CH_2\,]\!\!\!\text{-}_{\mathit{n}}}$ | 弹性很好，耐磨，做飞机轮胎 |
| 丁苯橡胶 | $\mathrm{CH_2{=}CH{-}CH{=}CH_2}$<br>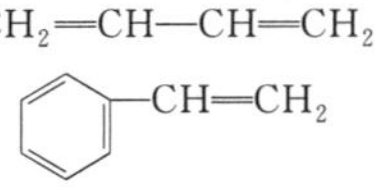 | 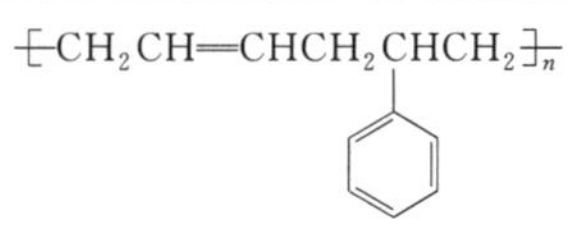 | 耐磨，价格低，产量大，做外胎、地板、鞋等 |
| 氯丁橡胶 | $\mathrm{CH_2{=}CH{-}\underset{\underset{Cl}{\mid}}{C}{=}CH_2}$ | $\mathrm{\text{-}\!\!\![\,CH_2{-}CH{=}\underset{\underset{Cl}{\mid}}{C}{-}CH_2\,]\!\!\!\text{-}_{\mathit{n}}}$ | 耐油，不燃，耐老化，可制耐油制品、运输带、胶黏剂 |
| 丁腈橡胶 | $\mathrm{CH_2{=}CH{-}CH{=}CH_2}$<br>$\mathrm{CH_2{=}\underset{\underset{CN}{\mid}}{CH}}$ | $\mathrm{\text{-}\!\!\![\,CH_2CH{=}CHCH_2{-}\underset{\underset{CN}{\mid}}{CH}{-}CH_2\,]\!\!\!\text{-}_{\mathit{n}}}$ | 耐油，耐酸碱，做油封垫圈，胶管、印刷辊等 |

特种橡胶是在特殊条件下使用的橡胶，它们有特殊的性质，如耐高温、耐低温、耐油、耐化学腐蚀和具有高弹性等。硅橡胶是以硅氧原子取代主链中的碳原子形成的一种特种橡胶，硅橡胶以高纯的二甲基二氯硅烷为原料，经水解和缩合等反应制得。它柔软、光滑，物理性能稳定，对人体无毒性反应，能长期与人体组织、体液接触，不发生变化，因此，在医疗方面用作整容材料。由于硅橡胶中的主链由硅、氧原子构成，它与碳链橡胶性能不同，既能耐低温，又能耐高温，能在－65～250℃保持弹性，耐油、防水、耐老化，电绝缘性也很

好，可用作高温高压设备的衬垫、油管衬里、火箭导弹的零件和绝缘材料等。氟橡胶是含氟特种橡胶的统称，如偏氟乙烯与三氟氯乙烯的共聚物等，这类橡胶经硫化后所得的制品能耐高温、耐油、耐化学腐蚀，可用来制造喷气飞机、火箭、导弹的特种零件。氟橡胶还可做人造血管、人造皮肤等。

许多合成橡胶是线型高分子，具有可塑性，但强度低、回弹力差、容易产生永久变形。加入硫黄与橡胶分子作用，可使橡胶硫化。反应如下：

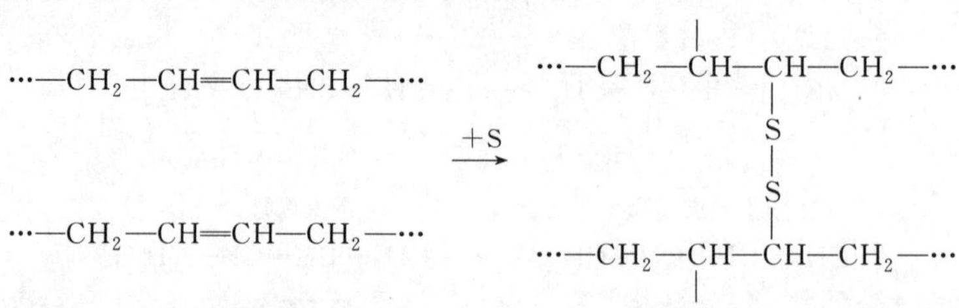

硫是橡胶的硫化剂。凡能使橡胶由线型结构转变为体型结构、并获得弹性的物质都可称为橡胶的硫化剂。硫的作用是使线型橡胶分子之间形成硫桥而交联起来，转变为体型结构，使橡胶失去塑性，同时获得高弹性。

(4) 胶黏剂

胶黏剂又称黏合剂或黏结剂，简称“胶”。它是一种靠界面作用力（如机械结合力、物理吸附力或化学键合力）把各种材料牢固地胶接在一起的物质。用胶黏剂连接构件的工艺技术称为胶接技术，由胶黏剂连接的接头叫作胶接接头。

胶黏剂种类繁多，组成各异，一般可分为天然和合成两大类。糨糊、虫胶等动植物胶属于天然胶黏剂，目前常用的环氧树脂胶黏剂等属于合成胶黏剂。合成胶黏剂的组成包括以下几个方面：树脂成分（俗称黏料），这是胶黏剂的基本组分，胶黏剂的黏结性主要由它决定；固化剂（硬化剂）和促进剂，固化后胶层的性能在很大程度上取决于固化剂；填料，其基本作用在于克服黏料在固化时造成的孔隙缺陷，或是赋予黏合剂某些特殊性能以适应使用的要求；其他附加物。

① 环氧树脂胶黏剂　分子结构中含有两个以上环氧基的树脂统称环氧树脂，以环氧树脂为主料的胶黏剂称为环氧树脂胶黏剂。环氧树脂胶黏剂能胶接许多金属和非金属材料，具有优良的黏附性能，胶接强度高，收缩率小，耐化学介质，是应用极为广泛的一种合成胶黏剂。

应用最多的环氧树脂是双酚 A 型环氧树脂，由二酚基丙烷（简称双酚 A）和环氧氯丙烷缩聚而成。反应如下：

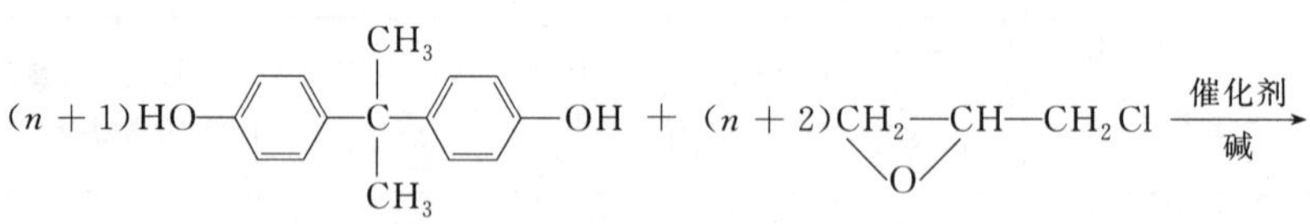

双酚 A　　　　环氧氯丙烷

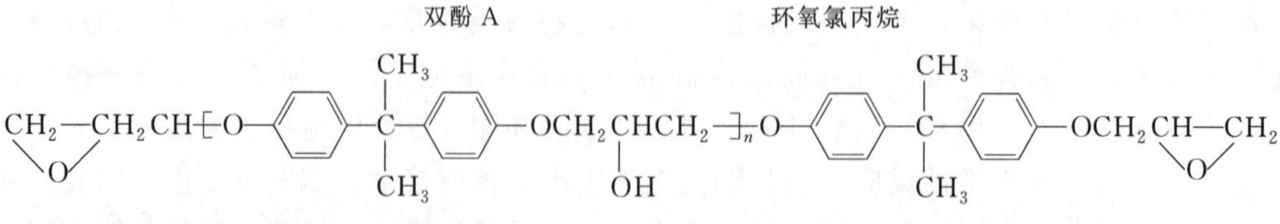

双酚 A 型环氧树脂

式中，$n$ 为聚合度，$n=0\sim20$，平均分子量为 340～7000 不等。环氧树脂分子中含有反应活性很强的环氧基，可以与许多物质形成化学键；还含有脂肪族羟基—CHOH、醚键—O—等极性基团，对金属、陶瓷、玻璃、木材等材料具有牢固的黏附力。一定量树脂中环氧基的数量是环氧树脂的一个重要指标，通常用环氧值表示，即 100g 树脂中含有环氧基物质的量。环氧树脂的型号就是根据该树脂的平均环氧值乘以 100 而定的，例如 E-55 树脂即每 100g 树脂的平均环氧值为 0.55。

环氧树脂本身是线型低聚物，必须通过加入固化剂，把环氧树脂中的环氧基打开，发生交联反应，形成网状体型结构的大分子，变成不熔、不溶的固化产物。因此，固化剂是环氧树脂胶黏剂的一个重要组分。环氧树脂固化剂品种繁多，可分为三类：a. 碱性固化剂（如胺类）；b. 酸性固化剂（如酸酐和有机酸类）；c. 含有活性基团的合成树脂类固化剂（如酚醛树脂、脲醛树脂）。以乙二胺固化剂为例，固化反应如下：

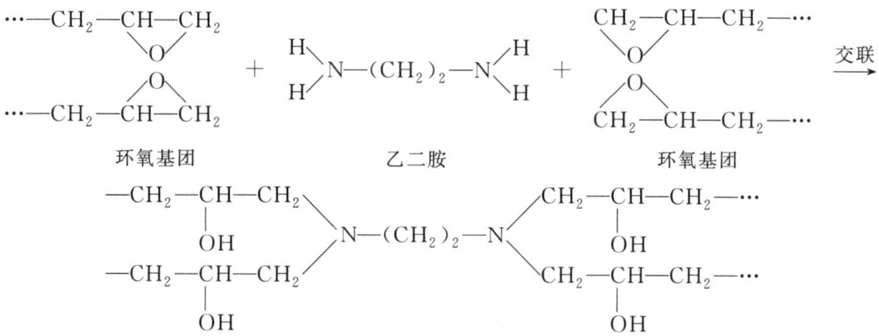


环氧树脂固化后性脆，需添加增韧剂提高胶接接头的抗击能力，同时根据不同的使用要求，可选用适当的填料。

② 聚氨酯胶黏剂　分子结构中含有氨基甲酸酯基（—NH—COO—）的聚合物称为聚氨酯，以聚氨酯和多异氰酸酯为主体的胶黏剂统称为聚氨酯胶黏剂。聚氨酯胶黏剂的主要原料有异氰酸酯、多元醇、含羟基的聚醚、聚酯、环氧树脂、填料、催化剂、溶剂等。按其组分和性能可将聚氨酯胶黏剂分为四类：多异氰酸酯胶黏剂，封闭型异氰酸酯胶黏剂，预聚体聚氨酯胶黏剂和聚氨酯热熔胶黏剂。聚氨酯胶黏剂的主要优点是：a. 耐低温性能好；b. 极高的黏附性和广泛的适用性；c. 具有优良的耐磨性、耐振动性和耐疲劳性。

此外，聚氨酯胶黏剂的工艺性能良好，既可高温固化也能低温固化。不仅能制成胶液，也能制成胶膜，还能以热熔胶形式使用。聚氨酯胶黏剂还能与聚酯、环氧和聚丙烯酸酯等树脂配合使用，获得各种不同性能的胶黏剂。聚氨酯胶黏剂的缺点在于其耐热性和长期耐湿热性能较差。

除此之外，还有丙烯酸胶黏剂、聚醋酸乙烯乳液胶黏剂、氯丁橡胶胶黏剂和丁腈橡胶胶黏剂等合成橡胶胶黏剂。

（5）涂料

涂料也称“漆”，可分为天然漆和人造漆（合成漆料）。天然漆是漆汁（或称火漆、生漆）经过加工而成的涂料。漆膜坚韧光滑，经久耐用，并且能够耐化学试剂的侵蚀。桐油和生漆是天然涂料的典型产品。人造漆是高分子合成材料，是含有干性油、颜料和树脂的合成涂料，即通常所说的“油漆”。

涂料虽有许多种类，但它们都含有四种主要成分，即成膜物质、颜料、溶剂和助剂。成膜物质是形成涂膜（或称漆膜、涂层）的物质，是涂料的基本组分，是天然或合成的高聚物，是决定合成涂料基本性能优劣的决定因素；颜料不仅使漆膜呈现颜色和遮盖力，还可以增强机械强度、耐久性以及特种功能（如防蚀、防污等）；溶剂不仅能降低涂料的黏度，以符合施工工艺的要求，且对漆膜的形成质量起关键作用；助剂在涂料中用量虽小，但对涂料的储存性、施工性及对所形成的漆膜的物理性质都有明显的作用。

（6）新型高分子材料

在合成高分子的主链或支链上接上带有显示某种功能的官能团，使高分子具有特殊的功能，满足光、电、磁、化学、生物、医学等方面的功能要求，这类高分子通称为功能高分子。功能高分子材料发展已有 20 多年历史，它可以制成各种质轻柔顺的纤维或薄膜，在许多领域中得到成功的应用，它将成为合成高分子材料中很有发展前途的一个分支。已知的功能高分子的品种和分类如下。

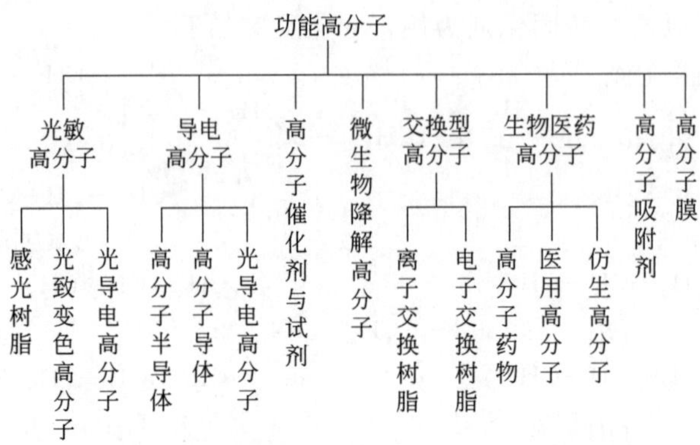


这里简单介绍几种功能高分子。

① 导电高分子　20 世纪 70 年代人们合成了聚乙炔，发现它有导电性能。乙炔分子中碳与碳以叁键结合，单体经加聚聚合后得到聚乙炔，这是一种双键、单键间隔连接的线型高分子，分子中存在共轭 π 键体系，π 电子可以在整个共轭体系中自由流动，因此可以导电。若将碘掺杂到聚乙炔中，电导率会大幅度提高。在聚乙炔后，又发现聚吡咯、聚噻吩、聚苯硫醚等都具有导电性。用导电塑料做成的塑料电池一个电极是金属锂，另一个电极是聚苯胺导电塑料，电池可多次重复充电使用，工作寿命长。

② 医用高分子　由于某些合成高分子与人体器官组织的天然高分子有着极其相似的化学结构和物理性能，因此用高分子材料做成的人工器官具有很好的生物相容性，不会因与人体接触而产生排斥和其他作用。目前已知可用于制作人造器官的合成高分子材料有：尼龙、环氧树脂、聚乙烯、聚乙烯醇、聚甲醛、聚甲基丙烯酸甲酯、聚四氟乙烯、聚醋酸乙烯酯、硅橡胶、聚氨酯、聚碳酸酯等。

③ 可降解高分子　塑料制品已进入千家万户，垃圾中废弃的塑料也愈来愈多。这类合成高分子非常稳定，耐酸耐碱，不蛀不霉，埋入地下后上百年也不会腐烂，因此废弃的塑料已经成为严重的公害，成为“白色污染”。可降解高分子材料可以在一定条件下自行分解成为粉末。

合成高分子的主链结合得十分牢固，要降解必须设法破坏、削弱主链的结合。目前已提出生物降解、化学降解和光照降解等三种方法，并合成了生物降解塑料、化学降解塑料和光照降解塑料，这类可降解高分子将在解决环境污染方面起到重要的作用。

④ 高吸水性高分子　用高吸水性高分子做成的纸尿片，即使吸入 100mL 水，依然滴水不漏、干爽通气。有的高吸水性高分子可吸收超过自重几百倍甚至上千倍的水，体积虽然膨胀，但加压却挤不出水来。这类奇特的高分子材料可用淀粉、纤维素等天然高分子与丙烯酸、苯乙烯磺酸进行接枝共聚得到，或用聚乙烯醇与聚丙烯酸盐交联得到。高吸水性高分子

的吸水机制尚不清楚，可能与高分子交联后结构中立体网络扩充有关。高吸水性高分子是一种很好的保鲜包装材料，也适宜做人造皮肤的材料。有人建议利用高吸水性高分子来防止土地沙漠化。

## 10.6 复合材料

复合材料是由两种或两种以上性质不同的材料通过复合工艺组合而成的多相材料。复合材料既保留了组成材料各自的优点，又得到了单一材料无法比拟的优异的综合性能，如强度高、重量轻、抗疲劳性好、减振性能良好、耐高温、化学稳定性高等，成为一类新型的工程材料。

### 10.6.1 复合材料的组分及功能

复合材料主要由基体材料和增强材料两部分组成。复合材料可按照基体材料的不同分为金属基复合材料、陶瓷基复合材料、高聚物（树脂）基复合材料等；按增强材料的不同分为颗粒增强复合材料、纤维增强复合材料、夹层增强复合材料等；按照其性能高低的层次分为常用复合材料和先进复合材料；按照使用目的的不同分为结构复合材料和功能复合材料。

（1）基体材料

基体材料是一种连续相材料，它能把改善性能的增强材料固结成一体，并起传递应力的作用。基体材料一般有高聚物、金属和陶瓷等。各种增强材料分散到不同的基体中可复合成高聚物基、金属基和陶瓷基复合材料。

作为高聚物基基体材料的高聚物通常是酚醛树脂、环氧树脂、不饱和聚酯及各种热塑性高聚物，见表10.6。这类树脂工艺性好，如室温下黏度低并在室温下可固化，固化后综合性能好，价格低廉。与纤维增强材料复合可得到性能较好的复合材料。其主要缺点是：树脂固化时体积收缩比较大，有毒、耐热强度较低、易变形。

**表10.6 常用高聚物基体材料**

| 材料 | 主要特性 |
| --- | --- |
| 环氧树脂 | 机械性能好，对绝大部分材料有较强的粘接性，固化方便，可在278～453K范围内迅速或缓慢地固化 |
| 酚醛树脂 | 价格便宜，有较好的耐热性，制品尺寸稳定 |
| 聚酯树脂 | 各种性能较平衡、透明，可填充颜料，工艺性好 |
| 聚酰亚胺 | 可在533K下长期工作，热膨胀系数小，耐磨有自润滑性，但施工难，价格昂贵 |
| 聚氨酯 | 韧性好，耐磨，大多用作发泡材料 |
| 尼龙 | 突出的韧性、耐磨、耐油、耐湿，性能稳定 |
| 聚砜 | 热变形温度高，硬度大，韧性好，强度高 |
| ABS | 硬度大，韧性高，吸水率低，尺寸稳定 |
| 聚氯乙烯 | 硬度可调节，耐候性好，耐热较差，价格便宜 |
| 聚乙烯 | 易加工，耐腐蚀性能好，价格便宜 |
| 聚丙烯 | 密度小，抗疲劳性好，耐腐蚀，有良好的电性能，价格便宜，耐老化性差 |
| 热塑性聚酯 | 纤维增强材料的尺寸稳定，电性能好，能镀银、铝等金属 |

用于制造金属基复合材料的基体金属大体都是纯金属及其合金等。

用作陶瓷基复合材料基体的陶瓷主要有$Al_2O_3$、$Si_3N_4$、SiC以及$Li_2O$、$Al_2O_3$和$SiO_2$组成的复合氧化物（$Li_2O \cdot Al_2O_3 \cdot nSiO_2$）。陶瓷具有耐高温、耐氧化、抗压强度大等特点。

但陶瓷的脆性大，受冲击性能差，为了提高陶瓷的抗冲击性能，一般使其与纤维复合成纤维增强复合材料。

（2）增强材料

增强材料是以独立的形态分布在整个基体相（连续相）中的分散相，它起承受应力（结构复合材料）和显示功能（功能复合材料）的作用。按增强材料的形状分类，复合材料可分为：纤维增强复合材料、颗粒增强复合材料和夹层增强复合材料，如图 10.9 所示。纤维增强材料是复合材料的支柱，它决定了复合材料的各种力学性能（如强度、弹性模量等）；颗粒增强材料一般作为填料以降低成本，此外也可以改变材料的某些性能，起到功能增强作用，如以炭黑、陶土、粒状二氧化硅作为橡胶的增强剂，可使橡胶的强度显著提高。下面介绍几种纤维增强材料。

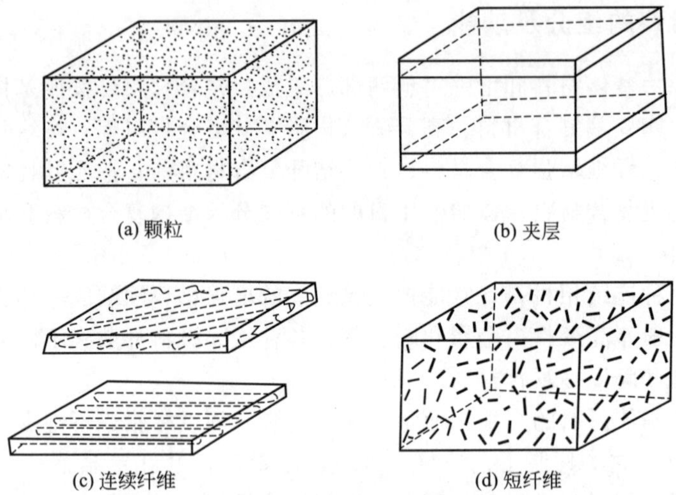


图 10.9　增强材料的形状

① 玻璃纤维　将玻璃熔融后，以极快的速度控制成丝，即为玻璃纤维。玻璃性脆，但拉成纤维（直径约 5～9$\mu$m）后却柔软如丝，可以纺织。玻璃纤维越细，其强度越高。

玻璃纤维按含碱量（即 $Na_2O+K_2O$）的大小可分为有碱玻璃纤维、中碱玻璃纤维和无碱玻璃纤维三大类。

② 碳纤维和石墨纤维　根据热处理温度不同，有机纤维碳化后得到碳纤维（773～2073K）和石墨纤维（>2273K）两种。石墨纤维的结晶度较高，导电性和耐热性也优良，并具有自润滑性。

总的来说，碳纤维和石墨纤维具有密度小、耐热性高、热膨胀系数小等优点，可经受剧烈的加热和冷却。在 93K 仍可保持其柔软性；2273K 下突然降温也不致断裂，其较高的强度，在 2273K 以上仍能保持不变。

③ 芳香族聚酰胺纤维　芳香族聚酰胺纤维是新型有机增强材料，它主要有两种不同的化学组成。一种为聚对苯二甲酰对苯二胺纤维，结构式为：

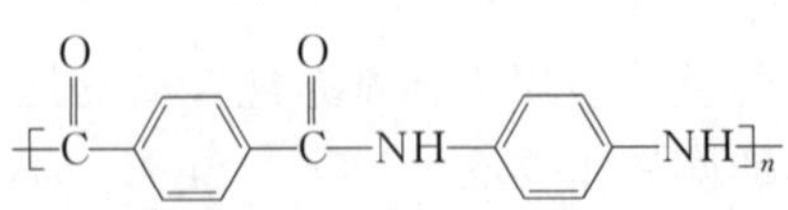

另外一种为聚对苯甲酰胺，结构式为：

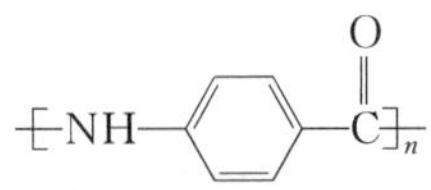

在我国，前者称为芳纶-1414，后者称为芳纶-14。芳纶纤维的特点是密度小，拉伸强度高，单丝强度为 3780MPa（是铝合金的 5 倍），热稳定性好，线膨胀系数小，在 83K 低温下不变脆，123K 长期使用性能不变，能抗一般酸、碱、溶剂，耐磨性好。这类纤维主要用于增强橡胶、绳缆、降落伞、防护服等。

此外，根据不同的需要，还有大量的纤维增强材料被应用，如碳化硅纤维、石棉纤维、硼纤维、晶须、金属丝、尼龙纤维、聚酯纤维等。

## 10.6.2 重要复合材料及应用

### 10.6.2.1 纤维增强树脂基复合材料

(1) 玻璃钢

纤维增强复合材料是以树脂为基体，纤维为增强材料制成的一类复合材料。用玻璃纤维增强热固性树脂得到的复合材料一般称为玻璃钢。常用的热固性树脂有环氧树脂、酚醛树脂、有机硅树脂、不饱和聚酯树脂等。玻璃钢的主要特点是质轻、耐热、耐老化、耐腐蚀性好，具有优良的电绝缘性，成型工艺简单。但其刚度尚不及金属，长时间受力有蠕变现象。

玻璃钢作为结构材料得到广泛应用，在国防工业中用于制造一般常规武器、火箭、导弹，也用于制造潜水艇、扫雷艇的外壳。在石油化工方面，用以代替不锈钢、铜等金属材料收到了良好效果，如做储罐、槽、管道、泵和塔等。在车辆制造方面，玻璃钢可用来制造汽车、机车、拖拉机的机身和配件。

用热塑性树脂为基体的玻璃纤维增强塑料也有多种。用作基体的主要有尼龙、聚碳酸酯、聚乙烯、聚丙烯等。由于其质轻、强度高、优良的电绝缘性，常用于航空、车辆、农业机械等的结构零件以及电机电器的绝缘零件。

(2) 碳纤维增强复合材料

以树脂为基体，碳纤维为增强剂制成的复合材料称为碳纤维增强复合材料。作为基体材料的树脂以环氧树脂、酚醛树脂和聚四氟乙烯应用最多。

碳纤维增强塑料具有质轻、耐热、热导率大、抗冲击性好、强度高等特点。它的强度高于钛和高强度钢。因此在工程上应用越来越广泛，如制造轴承、齿轮不仅质轻而且无须润滑。在航空工业中用于制造飞机的翼尖、尾翼、直升机的旋翼和机内设备。

碳纤维增强塑料可以根据使用温度的不同选择不同的树脂基体。如环氧树脂使用温度为 323～473K，聚双马来酰亚胺为 473～523K，而聚酰亚胺在 573K 以上。这类热固性树脂的碳纤维复合材料较多应用于制造航天飞行器外壳或火箭喷管的耐烧蚀材料中。新一代的运动器材如羽毛球拍、网球拍、高尔夫球杆、滑雪杖、滑雪板、撑杆、弓箭等都采用碳纤维增强塑料来做，为运动员创造世界纪录做出了贡献。

除了玻璃纤维、碳纤维外，作为纤维增强材料的还有硼纤维、碳化硅纤维、氧化铝纤维和芳纶纤维等。

### 10.6.2.2 纤维增强金属基复合材料

树脂基复合材料的耐热性低，一般不超过 573K，且不导电，导热性也较差，这就限制了它们在某些条件下的使用。而金属基复合材料恰好在这些方面具有优势。

金属基复合材料一般在高温下成型，因此要求增强材料的耐热性要高。在纤维增强金属中不能选用耐热性低的玻璃纤维和有机纤维，而主要使用硼纤维、碳纤维、碳化硅纤维和氧化铝纤维。基体金属用得较多的是铝、镁、钛及某些合金。

碳纤维是金属基复合材料中应用最广泛的增强材料。碳纤维增强铝复合材料具有耐高温、耐热疲劳、耐紫外线和耐潮湿等性能，适合于在航空、航天领域中作飞机的结构材料。硼纤维增强铝也用于空间技术和军事方面。

碳化硅纤维增强铝复合材料比铝轻 10%，强度高 10%，刚性高一倍，具有更好的化学稳定性、耐热性和高温抗氧化性。它们主要用于汽车工业和飞机制造业。用碳化硅纤维增强钛做成的板材和管材已用来制造飞机垂尾、导弹壳体和空间部件。

#### 10.6.2.3 纤维增强陶瓷基复合材料

随着对高温高强材料的要求愈来愈高，人们转向研制陶瓷基复合材料。基体陶瓷大体有 $Al_2O_3$、$MgO \cdot Al_2O_3$、$SiO_2$、$Al_2O_3 \cdot ZrO_2$、$Si_3N_4$ 和 SiC 等。增强材料有碳纤维、碳化硅纤维和碳化硅晶须。所谓晶须就是由晶体生长形成的针状短纤维。

纤维增强陶瓷可以增加陶瓷的韧性，这是解决陶瓷脆性的途径之一。由纤维增强陶瓷做成的陶瓷瓦片，用黏结剂贴在航天飞机机身上，使航天飞机能安全地穿越大气层回到地球上。

## 10.7 军用新材料

军用新材料是各项军用新技术尤其是尖端技术的基础和支柱。可以说，武器装备的精良化和现代化，离不开军用新材料的研究和开发。同时由于新材料在军事装备上的应用日益广泛和深化，带动和促进了新材料科学的发展。

### 10.7.1 军用新材料的分类、地位和发展趋势

#### 10.7.1.1 军用新材料的定义及其分类

新材料是指那些新出现或正在发展中的具有传统材料所不具备的优异性能的材料。军用新材料则是指用于制造各种军事装备的先进或新兴材料。按照物化成的武器装备，军用新材料可分成航空材料、航天材料、兵器材料、舰船材料、核武器及核动力装置材料、动能或定向能武器材料以及军用电子材料等。按照材料的主要用途，军用新材料可分为结构材料和功能材料两大类，其中，结构材料又可分为金属结构材料、陶瓷结构材料、高分子结构材料和复合材料；功能材料则可分为磁性材料，电子和光学材料，防热和隔热材料，抗核、抗激光、抗粒子云侵蚀材料和隐身材料，阻尼减振材料，连接材料，高能量密度材料以及新出现的智能材料、功能梯度材料等。近年来，还出现了结构/功能一体化及多功能化的趋势。

#### 10.7.1.2 军用新材料的地位

军用新材料技术是武器装备发展的基础技术、先导技术和关键技术，是军事高技术的重要组成部分，军用新材料技术的应用可显著提高武器装备的战技水平和全天候作战能力，不仅对改造现役和在研武器装备，使其实现轻量化、功能化和高性能化，而且对下一代武器装备的小型化、信息化和高智能化等都起着举足轻重的作用。

军用新材料技术是发展武器装备的物质基础。战略导弹、战术导弹和卫星的发展依赖于先进复合材料技术的发展；新型的复合装甲材料技术（即抗弹陶瓷和树脂基复合材料技术

等）使坦克的防护迎来了新的发展机遇；工程塑料在枪械上的应用，打破了世界枪械研究徘徊不前的局面。

军用新材料技术的性能与水平是决定武器装备性能与水平的重要因素。高效低成本树脂基弹箭复合材料研制成功，及其在战略和战术弹箭上的应用（如 kevlar 纤维增强环氧复合材料弹箭壳体），显著提高了武器装备战技指标，大大地增加了导弹的射程。

军用新材料技术是确保和提高武器装备生存能力的关键技术。坦克和火炮等重装备的装甲防护主要依赖于装甲钢、抗弹陶瓷和树脂基复合材料等技术，其隐身防护主要依赖于先进的隐身涂料和吸波材料技术。

军用新材料技术的应用可导致一种新型武器装备的产生和新型作战模式的形成。运用纳米技术制造武器装备部件，甚至研制纳米武器装备（如“苍蝇”式侦察机、“蜜蜂”式导弹群、“快艇”式装甲突击车和“乌龟”式坦克和微型机器人等），一旦研制成功并加以应用，未来军事技术和作战模式会发生何等变化就可想而知了。

#### 10.7.1.3　军用新材料的发展趋势

作为武器系统重要载体的军用新材料技术，必须满足各种武器装备对强度、刚度、重量、速度、精度、生存能力、信号特征、维护、成本和通用性的要求。对军用新材料的需求主要体现在：①用于极端环境条件的材料；②用于先进武器的轻型材料；③用于特殊要求的新型功能材料；④长寿命、可重复使用、高可靠性和低成本的材料等。

在支撑新军事变革和武器装备迅速发展的过程中，军用新材料发展趋势表现在以下几个方面：一是复合化，通过微观、介观和宏观层次的复合，大幅度提高材料的综合性能；二是低维化，通过纳米技术制备纳米颗粒（零维）、纳米线（一维）、纳米薄膜（二维）等纳米材料与器件，以实现武器装备的小型化；三是高性能化，通过材料的力学性能、工艺性能以及物理、化学性能指标的提高，实现综合性能不断优化，为提高武器装备的性能奠定物质基础；四是多功能化，通过材料成分、组织、结构的优化设计和精确控制，使单一材料具备多项功能，以达到简化武器装备结构设计，实现小型化、高可靠性的目的；五是低成本化，通过节能、改进材料制备和加工技术、提高成品率和材料利用率等方法降低材料制备及应用成本。

### 10.7.2　军用结构材料

#### 10.7.2.1　航空材料

航空新材料主要包括飞机机体结构用材料、发动机用材料和机载设备用材料。

飞机机体结构用材料的发展趋势是大量采用轻质、高强和高模材料，从而降低飞机的结构重量系数。具体来说就是树脂基复合材料和钛合金用量增加，传统铝合金和钢材的用量减少。

发动机的性能水平很大程度上依赖于高温材料的性能水平。研制的各种新型高温材料有：新型高温合金、高温钛合金、高温树脂基复合材料、金属间化合物及其复合材料、金属基复合材料、陶瓷基和碳/碳复合材料等。

机载设备涉及的关键材料主要是各种微电子、光电子、传感器等光、声、电、磁、热的高功能和多功能材料。

#### 10.7.2.2　航天材料

（1）战略导弹弹头

战略导弹弹头承受超高速再入大气层时主动加热流场形成的高温、高压和高热流，因此保证整个再入过程中导弹弹头端头帽的外形稳定对保证弹头的命中精度起到重要作用。导弹弹头端头帽材料经历了从层压玻璃/酚醛、模压高硅氧/酚醛到碳/碳复合材料的发展过程。

(2) 液体导弹、运载器推进剂储箱用结构材料

在液体导弹和运载火箭所使用的各种承压容器中，推进剂贮箱是最主要的结构部件，其所用的材料必须具备良好的力学性能。推进剂储箱需要装载低温高能推进剂（如液氧、液氢等）时，还要求材料必须具有良好的超低温性能，特别是低温韧性，同时还必须具备良好的环境适应性。推进剂储箱材料经历了从初期选用不可热处理强化、具有中等强度的 Al-Mg 系合金，到后来选用可热处理强化、具有较高强度的 Al-Cu 系合金、Al-Li 合金和碳/环氧复合材料液氢贮箱等阶段。

(3) 液体火箭发动机材料

液体火箭发动机推力室一般选用不锈钢材料，涡轮转子一般选用高温合金，燃烧室内壁可选用铜银锆合金。对用于导弹或运载火箭姿态控制的小型液体火箭发动机燃烧室可选用金属铼作基本材料、金属铱作为抗氧化涂层（即铼铱燃烧室）。

(4) 固体火箭发动机材料

固体火箭发动机燃烧室绝热壳体材料目前一般采用纤维缠绕复合材料。使用的纤维有玻璃纤维、碳纤维和 Kevlar-49 芳纶纤维等，树脂基体一般采用环氧体系。

固体火箭发动机的喷管材料经历了金属、金属/非金属复合、碳/碳复合材料的发展过程。

(5) 弹箭热防护材料

弹箭热防护材料有壳体热防护材料、喷管热防护材料、耐烧蚀材料等。壳体内热防护层主要以三元乙丙橡胶为主，目前正在研制的聚二甲基硅氧烷耐高低温度交变和抗老化性能极佳，且密度、热降解率和发气量小。外壳体防护材料则以有机硅弹性体与氯化聚乙烯橡胶为主，目前的发展方向是制备多层复合结构，以抗激光和抗核爆。

喷管热防护材料主要以钡酚醛和氨酚醛为主，用于战术导弹；而战略导弹则采用碳/碳复合材料。

目前，耐烧蚀材料广泛应用的仍是酚醛树脂或改性酚醛树脂。改性酚醛主要采用引进氰基、硼元素、芳环有机硅或采用二苯醚甲醛、芳烷基甲醛等，改性后耐烧蚀效果良好。聚芳基乙炔（PAA）是新一代耐烧蚀材料的代表。

新一代热防护材料主要有陶瓷基复合材料、纳米复合材料和纳米孔硅质绝热材料等。陶瓷基复合材料常用基体为氧化物、氮化物和碳化物，增强材料有颗粒、晶须、纤维（如碳纤维、$Al_2O_3$、$SiO_2$、SiC 等）。纳米孔硅质材料采用凝胶法制备而成，二氧化硅在凝胶状态下进行结构排列，并在二氧化硅结构链周围形成无数小于空气分子自由程度的纳米空间。由于纳米空间形成，使气体传导与对流作用可得到有效控制，使材料热导率低于静止空气，是一种理想的绝热材料。早期纳米硅质产品以粉状提供，目前已有块状材料，已用于核能和航天领域。

(6) 卫星整流罩结构材料

整流罩位于运载火箭的顶部，在保证火箭气动外形的同时给有效载荷——卫星披上坚固的铠甲，在穿过大气层时保护卫星免受气动力和气动热影响以至损伤，是运载火箭的重要组成部分。整流罩通常由端头、锥段和筒段等部分组成。除端头采用层压玻璃钢复合材料外，

其余部分均采用蜂窝夹层结构。由于端头和前锥有透波要求，因此分别采用玻璃纤维/酚醛复合材料和玻璃钢蜂窝夹层结构。

(7) 航天器材料

航天器中，返回式卫星和通信卫星在应用材料上有所不同。返回式卫星属低轨道卫星，有两个舱段：仪器舱和返回舱，返回舱要求密封，所以内部承力结构主要采用轻金属结构材料，外部为防热结构。通信卫星属高轨道卫星，80%以上采用复合材料结构。

#### 10.7.2.3 兵器材料

兵器包括轻武器、火炮、火炸药、坦克与装甲车辆、反坦克武器等（新概念兵器则包括以激光武器、粒子束武器、微波武器为代表的聚能武器以及生化武器、电磁炮等）。在此重点讨论坦克车辆用装甲防护材料和战斗部杀伤材料。

① 坦克车辆用装甲防护材料 目前，通过采取新型的装甲材料技术进行车体、炮塔、隔舱化、内衬等综合防护来巩固现代主战坦克的“最后防线”已日趋成熟。

“整体装甲结构”是将高强度装甲钢、高性能抗弹陶瓷、高性能树脂基复合材料和高功能特征信号防护橡胶结合在一起，形成集抗弹、隐身和结构三位一体的轻量化装甲结构。抗弹陶瓷模块或球体由玻璃纤维增强陶瓷材料组成。多功能橡胶衬板具有衰减特征信号、防中子、防辐射、防爆震功能。高性能树脂基复合材料是采用芳纶纤维、玻璃纤维及其混杂纤维增强的树脂基复合材料。

② 战斗部杀伤材料 主要是破甲弹和穿甲弹材料。穿甲弹由弹芯和弹托组成，国外正在开发大长径比、高强韧的钨合金穿甲弹芯和轻质弹托材料技术，以满足120mm动能弹击毁未来反应/复合组合装甲的要求。破甲弹中，药型罩材料采用无织构Cu合金和各向同性的钨、钼等高密合金。

③ 其他兵器材料 用于制造炮管、枪管及炮架、枪身等结构件的材料主要是金属，首先是钢，其次为钛合金、高温合金。非金属材料如塑料、玻璃钢等主要用于制造炮管、枪件。

#### 10.7.2.4 舰船材料

军用舰船主要包括水面舰艇、潜艇和军辅船等，其工作特点是，长期持续的动载工作条件、腐蚀性的海洋大气和海水介质等。为适应21世纪海战需要，世界各国都努力加强海军舰艇的隐蔽性、突防性。为此对舰船材料提出了更高的要求。

① 舰船结构钢材料 舰船结构钢是舰船中最重要最普遍应用的结构材料。目前舰船结构钢已形成强度为294～1176MPa的系列，已基本具备兼顾力学性能（包括低温性能）、耐海水腐蚀性能、造船工艺性能等高水平的综合性能，正在大力发展低成本结构钢和相应的造船工艺。

② 舰船防腐与防污材料 防腐和防污是舰船在海洋环境中使用需解决的首要问题，它直接影响到舰船的战斗性、维护性和经济性。涂料和电化学联合保护是防止材料受介质侵蚀的最好办法。防锈涂料已从改性沥青系向合成树脂系过渡，保护年限达到7～10年；乙烯共聚体、丙烯酸氧化亚铜涂料的防污期效达到5～7年。所有国内外新近发展的涂料，均重视对人体无毒害和不污染环境。生物防污技术是舰船防污的最新技术，它利用现代生物技术，从海洋生物中提取具有对海洋生物起驱逐作用的防污剂，添加到涂料中并涂刷于舰船底部，以防止生物附着，从而保持航速，延缓腐蚀，同时对环境无害。电化学保护通常有牺牲阳极保护和外加电流阴极保护两种方法。对小型舰船一般采用牺牲阳极保护，而对大中型舰船一

般采用外加电流阴极保护系统。

③ 舰船隐身及减振降噪材料技术　水面舰艇隐身技术的重点集中在雷达波隐身、红外隐身及减振降噪技术。采取涂覆型吸波材料或结构型吸波材料，是解决雷达波隐身的重要技术。采用特殊涂料针对红外隐身的工作正在进行；对舰船上的主、辅机等噪声源，采用吸声、隔音、阻尼材料，是降噪隐身的有效途径。

### 10.7.3 军用功能材料

在现代武器装备中，功能材料的应用变得越来越重要、越关键，甚至起着决定性的作用。军用功能材料种类繁多，在此重点介绍光电子器件材料、耐高温/多功能密封材料、隐身材料。

#### 10.7.3.1 光电子器件材料

光电子器件材料主要有红外探测材料、红外透射材料、激光材料等。

红外探测器材料主要用于制作各种红外探测器，用来获取各种红外光电信息。红外探测器材料主要有碲镉汞、锑化铟、硅化铂、量子阱材料等。

红外透射材料主要用于制作飞行器、导弹以及地面武器装备红外探测系统的窗口、头罩、整流罩等。氟化镁是应用在中红外波段比较好的红外透射材料；远红外透射材料包括硫化锌、硒化锌、硫化镧钙、砷化镓和锗等，其中硫化锌和硫化镧钙是比较实用的材料；金刚石能透过几乎所有波段的红外波，并且具有耐蚀、耐磨和热导率高等诸多优点，因此，被认为是理想的红外透射材料。

目前在航空航天领域应用最多的中、小功率激光器是固体激光器。使用的激光材料有：红宝石晶体、掺钕钇铝石榴石（Nd:YAG）、半导体激光材料等。

#### 10.7.3.2 耐高温/多功能密封材料

所有武器装备都离不开密封材料。通用橡胶密封材料主要是丁腈橡胶密封材料，还有改性的氢化丁腈橡胶密封材料。特种高性能橡胶密封材料有氟硅橡胶、丙烯酸硅橡胶等。碳纤维增强陶瓷复合材料是高温高载高压条件下首选的密封材料，但目前技术尚不成熟。纳米改性橡塑密封材料是橡塑密封材料发展的方向。

#### 10.7.3.3 隐身材料

隐身性能的获得虽然主要靠外形设计，但隐身材料对隐身性能的影响占有十分重要的地位。目前在隐身材料的应用上，仍以涂覆型吸波材料为主，但隐身结构材料也开始获得广泛应用。在隐身结构材料方面，由于碳纤维复合材料是雷达波的良反射体，因此通常采用改善纤维电磁性能（如改变碳纤维截面形状和采用表面处理等方法）使之适合吸收雷达波，或采用吸波性能良好的树脂基体以及将热塑性树脂与导电聚合物复合等方案。新型吸波材料除手征吸波材料外，多晶铁纤维、纳米吸波材料以及智能吸波材料与结构也取得很大进展。随着雷达隐身问题的逐步解决，可见光及红外隐身的问题日益突出。如何使吸波涂层和隐身结构材料在雷达波、红外波、可见光等不同电磁波段彼此兼容，将是今后研究的重要方向之一。

目前已被应用和尚在研制中的可供未来武器装备选用的新型隐身材料有：宽频带吸波材料、高分子隐身材料、纳米隐身材料、手征材料、结构吸波材料和智能隐身材料等。

## 复习题

1. 按材料的用途，材料分为哪两大类？如果按材料的化学成分及特性又分哪几类？
2. 高温合金在成分上与硬质合金有何异同？

3. 硅酸盐结构单元是什么？硅与氧通过什么键结合？它们是怎样连接成大分子的？

4. 何谓加聚反应和缩聚反应？它们有何异同？均聚物和共聚物有何区别？

5. 高分子化合物有哪些特点？

6. 解释下列名词：单体、链节、聚合度；玻璃态、高弹态、黏流态；柔顺性、热塑性、热固性。

7. 简述军用新材料的定义、分类、发展趋势和对军用新材料的要求。

## 习　题

1. 试从不同层次的结构特征上分析材料的结构与性能之间的关系。

2. 硬质合金主要合金元素是哪些？在合金结构上有何特点？

3. $T_g$ 和 $T_f$ 与高分子化合物的哪些性质有关？

4. 什么是复合材料？复合材料中的基体材料和增强材料分别在其中起什么作用？试以玻璃钢为例说明复合材料的组成及特点。

5. 简述材料科学技术在军事中的应用。

第 10 章参考答案

# 第 11 章　化学与信息

研究信息产生、采集、变换、存储、提取、传递、处理、比较、分析、识别、检测、显示、控制和开发利用的技术，统称为信息技术。根据信息技术自身的发展规律和理论，形成了一门新兴的高度综合型学科——信息科学及技术。信息科学是以信息为主要研究对象，以信息的运动规律和应用方法为主要研究内容，以计算机等技术为主要研究工具，以扩展人类的信息功能（特别是智力功能）为主要研究目标的一门新兴科学。信息技术产生于 20 世纪 60 年代末、70 年代初，它是随着计算机技术、通信技术和控制技术的发展而诞生的。其中，计算机技术是信息采集、控制和处理的主要工具，通信技术是它的主要传递手段，控制技术是信息开发使用的主要方法。

材料、能源和信息是现代文明社会的三大支柱，而材料又是能源和信息技术的物质基础，如信息工程中的信息采集、信息记录、信息显示和信息处理都需要功能各异的信息材料，如电子材料和光电子材料。信息材料是指大规模集成电路、计算机、现代通信所必需的新材料，以及发展和生产这些新材料所需的各种辅助材料，如半导体材料、磁记录材料、传感器用的敏感材料、光导纤维等。信息材料往往要通过化学方法来制备，因此化学的发展不断为信息技术提供高、精、新的物质基础。信息技术又给化学的发展注入了新的活力、提供了新的需求。可以说，信息技术、微电子技术和计算机技术的发展与各种新型信息材料的开发密切关联。

本章重点介绍信息处理、信息传递和信息显示等材料以及基于生物的信息处理技术。

## 11.1　信息材料

### 11.1.1　信息处理材料

随着计算机、录音机、录像机的发展和普及，出现了一系列信息处理（信息存储）材料及相关设备。对计算机而言，内存储器通常采用半导体存储器，而外存储器则有磁盘、磁带、光盘、优盘和活动硬盘等。

从存储信息的材料来划分，有磁存储材料、半导体存储材料和光存储材料等。

#### 11.1.1.1　磁存储材料

磁存储材料是指应用于计算机、磁记录和其他信息处理技术中存取信息的一大类磁性材料。计算机和磁记录技术中各种磁带、磁盘、磁鼓、磁卡等以及各种磁存储器诸如磁膜存储器、磁泡存储器、磁光存储器中所使用的磁性材料都属于这一类。

（1）磁存储介质的结构

磁带和磁盘是使用最普遍的磁存储介质。尽管各种磁带和磁盘性能上有很大差别，但结构类同，即它们都是在带基或基板上涂布磁粉层，用于存储信息。因此这类磁记录设备又称磁表面存储器。磁表面存储器是利用一层仅有几微米甚至不到 1$\mu$m 厚的表面磁介质作为存储信息的媒体，以磁介质的两种不同的剩磁状态或剩磁方向变化的规律来表示二进制数字信息的。磁表面存储器的读/写工作过程是电、磁信息转换的过程，它们都是通过磁头和运动着的磁表面来实现读或写操作的。

磁带是将磁性存储介质涂覆在带基上制成的。带基常由聚酯薄膜制成，也可采用聚氯乙烯或醋酸纤维薄膜，带基厚约 25～60μm，磁涂层厚度约为 4～12μm。磁存储介质的成分为铬和氧化铁混合物及黏合剂环氧树脂等，有粒子型（混合涂层）和连续型（金属薄膜型）两种。

软盘是一涂有磁性物质的聚酯薄膜圆盘。由于盘片较柔软，故称为软磁盘，简称软盘。它的存储原理是：由写入电路将经过编码后的“0”或“1”脉冲信号转变为磁化电流，通过磁头使磁盘上生成对应的磁元，从而将信息记录在磁盘上。读出时，磁盘上的磁元在磁头上感应出电压，经过读出电路被还原成“0”或“1”数字信号，送到计算机中。

硬盘存储器的头盘组件是由磁盘组、磁头及其驱动部件以及主轴电机所组成的。温式磁盘的头盘组件组合为一个整体，密封在一个铁制外壳中，以防尘土。

硬磁盘组是固定在同一主轴上的同心金属盘片，一般由铝合金制成，新型硬磁盘片有用改性陶瓷制造的。盘片表面涂覆磁性介质层，工作时磁盘组由主轴电机带动高速旋转。

显然，磁记录设备性能的好坏主要取决于磁存储材料的磁性能和理化性能，而磁存储材料的磁性能取决于其分子结构。

（2）材料的磁性能与分子结构的关系

分子具有磁性的条件是：①分子中具有未填满电子壳层的原子或离子；②有未成对电子，如 Fe、Co、Ni 等原子的 3d 电子，Tb、Dy 等原子的 4f 电子。即分子的磁性源于该分子有净磁矩。通常，分子中未成对电子数越多，磁矩越大，分子的磁性越强。上述具有磁矩的相邻原子之间，由于电子之间的交互作用或由于非磁性原子的媒介作用，它们的磁矩都呈有序排列。不同的排列方式，造成不同的磁性。

例如，(MnZn)$FeO_4$（锰锌铁氧体）分子中锰离子、铁离子都具有净磁矩，但在晶体中所处的位置不同，与氧的作用不同，其磁矩分别指向相反的方向（如图 11.1 所示），因而呈现出亚铁磁性。

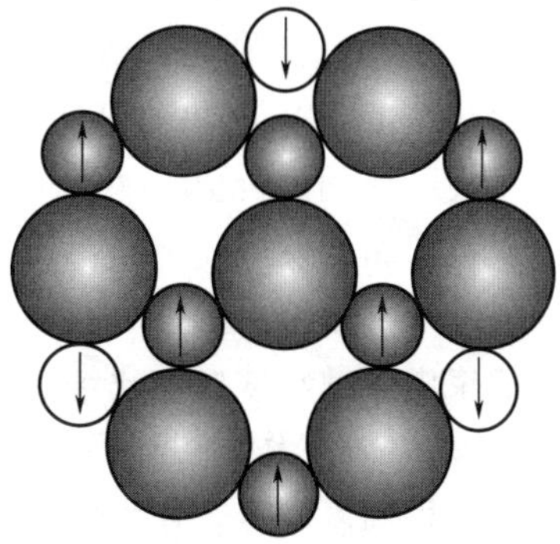

图 11.1　亚铁磁性晶体的磁矩分布

磁介质包括顺磁物质、反磁物质、铁磁物质。

（3）主要的磁记录材料

① $\gamma$-$Fe_2O_3$ 型磁粉　$\gamma$-$Fe_2O_3$ 型磁粉主要指 $\gamma$-$Fe_2O_3$ 以及以 $\gamma$-$Fe_2O_3$ 为基体的各种掺杂、包覆磁粉。这种磁粉是目前应用最广、产量最大、价格最低的磁粉。它具有良好的电磁性能和化学稳定性，尤其是针状 $\gamma$-$Fe_2O_3$。它的发明和使用是磁记录介质发展历史中一个重要的里程碑，后来研制出的钴改性 $\gamma$-$Fe_2O_3$ 和金属磁粉，也是在 $\gamma$-$Fe_2O_3$ 型磁粉的基础上发展起来的。

$\gamma$-$Fe_2O_3$ 是 $\alpha$-$Fe_2O_3$ 的亚稳态，它是具有阳离子缺位的尖晶石结构。温度超过 400℃时，$\alpha$-$Fe_2O_3$ 会迅速转变为 $\gamma$-$Fe_2O_3$。$\gamma$-$Fe_2O_3$ 的制造工艺方法有许多种，主要被用于工业化生产的有以 $\alpha$-FeOOH 为原材料制造 $\gamma$-$Fe_2O_3$ 的技术路线和无极磁粉的制备。

② 钴改性 $\gamma$-$Fe_2O_3$ 磁粉　钴改性 $\gamma$-$Fe_2O_3$ 磁粉主要用于高密度磁记录介质，它继承了 $\gamma$-$Fe_2O_3$ 良好的化学稳定性和温度稳定性的优点，满足了中高档盒式录音带、盒式录像带和高密度磁盘的要求。

钴改性 $\gamma$-$Fe_2O_3$ 磁粉一般是指在针状 $\gamma$-$Fe_2O_3$ 颗粒表面包覆或外延一层钴铁氧体的磁

粉。图 11.2(a)表示了一种常用的钴改性 $\gamma$-$Fe_2O_3$ 磁粉的结构。这种钴改性 $\gamma$-$Fe_2O_3$ 磁粉表面包覆了一层 $CoFe_2O_4$。

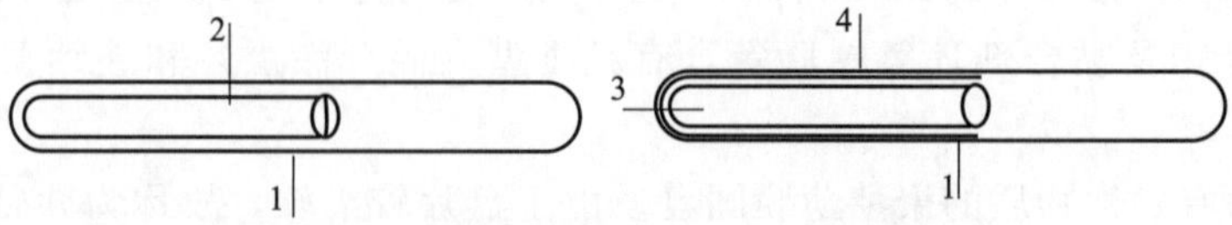


图 11.2 包覆了一层 $CoFe_2O_4$ 的 $\gamma$-$Fe_2O_3$ 磁粉和包钴 $Fe_3O_4$ 结构示意图

1—$CoFe_2O_4$ 层；2—$\gamma$-$Fe_2O_3$ 芯体；3—$Fe_3O_4$；4—陶瓷层

为了进一步提高介质的输出幅度，20 世纪 90 年代初期人们推出了黑色包钴 $Fe_3O_4$ 磁粉，其结构如图 11.2(b) 所示。

钴改性 $\gamma$-$Fe_2O_3$ 磁粉的制造是将 $\gamma$-$Fe_2O_3$ 磁粉分散、悬浮于 $Co^{2+}$（或 $Co^{2+}/Fe^{2+}$）溶液中，例如硫酸钴、硫酸亚铁溶液，然后加入氢氧化钠溶液，使溶液的 pH 值大于 10，生成氢氧化物沉淀并包覆在颗粒表面。将溶液加热到 60～100℃恒定一定时间（3～10h），即可使生成物吸附或外延于磁粉表面。这种磁粉的颗粒尺寸和轴比是由 $\gamma$-$Fe_2O_3$ 决定的，制造工艺的关键技术是 $\gamma$-$Fe_2O_3$ 的分散。充分均匀的分散液（理想状态为单粒子悬浮）是制造高性能、高质量磁粉的关键。

黑色包钴 $Fe_3O_4$ 磁粉的制造过程与钴改性 $\gamma$-$Fe_2O_3$ 基本相同，只是用 $Fe_3O_4$ 替代了 $\gamma$-$Fe_2O_3$ 作芯体材料，在颗粒表面外延生成一层钴铁氧体层（$CoFe_2O_4$）。不同的是在这种磁粉上再包覆一层陶瓷，这一陶瓷壳层将芯体 $Fe_3O_4$ 与外界隔离开，从而起到保护作用，消除了黑色 $Fe_3O_4$ 系列磁粉随时间发生缓慢氧化、导致性能恶化的缺点。

对包钴 $Fe_3O_4$ 磁粉的研究有数十年的历史，但是由于 $Fe_3O_4$ 磁粉的稳定性差，而使它失去了实际使用的价值，一度被冷落。近年来，由于人们解决了缓慢氧化的问题，使这种磁粉又获得了新的发展。

③ $CrO_2$ 磁粉　$CrO_2$ 磁粉具有良好的针状单晶体颗粒形态，表面光洁，不含孔洞，容易在磁浆中分散与取向，比纯 $\gamma$-$Fe_2O_3$ 具有更高的饱和磁化强度与矫顽力。从磁性与结晶形态考虑，$CrO_2$ 作为磁记录材料是比较理想的，尤其是适宜用作高密度磁记录介质。$CrO_2$ 磁粉的居里温度较低，作为热磁记录与复制材料亦十分理想。但是 $CrO_2$ 磁粉受高温、高压制备条件的限制，且含铬化合物多数具有毒性，废液较难处理，$CrO_2$ 磁带还有对磁头磨损率较高、温度特性较差等缺点。另一方面，20 世纪 70 年代出现了钴改性 $\gamma$-$Fe_2O_3$ 磁粉，几乎 $CrO_2$ 的大部分应用领域都被钴改性 $\gamma$-$Fe_2O_3$ 所取代。目前 $CrO_2$ 磁粉只是在计算机磁带、热磁复制磁带等特殊介质中使用。$CrO_2$ 通常采用铬酐（$CrO_3$）在高温、高压下分解而制成。

④ 钡铁氧体磁粉　钡铁氧体磁粉是六角形片状颗粒结构，它是随着垂直磁记录理论而出现在磁记录领域的。用这种磁粉制成的垂直取向介质、纵向取向介质及非取向介质，均具有优良的高密度记录特性。

目前用于磁记录的是 Co-Ti 取代的 M 型钡铁氧体磁粉，这种磁粉的制备方法主要有化学共沉淀工艺、水热反应和玻璃晶化法。化学共沉淀工艺是将 Fe、Ba 的氯盐溶液按一定比例混合，然后用 NaOH、$Na_2CO_3$ 碱性溶液使其沉淀，经过滤、洗涤后烧结。用 Co-Ti 取代钡铁氧体磁粉，控制烧结温度，可得到合适的磁粉颗粒尺寸与磁性。水热反应是采用 $\alpha$-FeOOH 与氢氧化钡水溶液，置于高压釜中进行水热反应，反应温度 $T=150\sim300$℃，可获得六角片状钡铁氧体。亦可采用铁盐与钡盐水溶液按一定比例混合，用碱性溶液进行化学沉淀，将沉淀后的生成物进行水热反应。此种方法已被工业化生产所采用。

⑤ 金属（合金）磁粉　进入 20 世纪 70 年代末，磁记录朝着高密度方向迅速发展，从而推动了人们对高矫顽力、高剩磁金属磁粉的深入研究，金属磁粉的制备、表面钝化与保护以及在黏合剂中均匀分散等问题也逐步得到解决。

金属磁粉是指铁粉或以铁为基体的 Co、Ni 等合金磁粉，金属铁、镍均为立方晶体结构。金属磁粉的制造方法有许多种，如真空蒸发工艺等。其中进入工业化生产的是干式还原法，该工艺主要包括铁黄合成、防烧结剂包覆、脱水热处理、还原和钝化处理几个步骤。

⑥ 连续型薄膜磁记录介质　随着时代的信息化，磁记录向高密度、大容量、微型化方向发展，促使磁记录介质由非连续颗粒状磁记录介质向连续型磁性薄膜方向过渡。从原理上讲，金属薄膜是最理想的磁记录介质，但是磁性薄膜具有化学稳定性差和易氧化与易腐蚀等缺点，此外膜面容易被擦伤与破坏；制造大面积均匀薄膜，在技术上存在一定的困难，有重复性差以及价格较贵等问题，这些问题至今尚未得到彻底解决。随着技术的不断进步，连续膜介质不断推出新的商品，例如，目前计算机使用的大容量、高密度硬磁盘片，微盒式磁带，Hi8ME 型录像磁带，磁光盘等，其应用前景十分光明。薄膜介质制造方法大致分物理和化学方法两种。

磁记录用磁性薄膜可分氧化物和金属薄膜，高密度记录主要是用金属（合金）薄膜，如 Co-P、Co-Ni-P、Fe-Co、Co-Cr 等。

#### 11.1.1.2　半导体存储材料

半导体是导电性能介于导体和绝缘体之间的一类物质，它在室温下的电阻率约为 $10^{-8}\sim10^{-4}\Omega\cdot cm$。目前，半导体的种类已经从锗、硅发展到砷化镓及其他二元、三元和多元化合物。半导体材料的制造技术不断完善，建立了一系列提纯、拉制单晶、外延生长等关键技术。

(1) 半导体的分类

半导体种类繁多，一般可分为元素半导体、化合物半导体、有机半导体等。

元素半导体中具有实用价值的只有硅、锗和硒。对锗半导体性质的研究，促进了半导体材料的发展。由于硅的资源丰富、性能优越，锗已被硅取代。

化合物半导体材料种类繁多，性质各异，如由ⅢA 与ⅤA 元素组成的Ⅲ-Ⅴ族化合物，包括砷化镓（GaAs）、磷化铟（InP）、氮化镓（GaN）等，以及由ⅡB 与ⅥA 元素组成的ⅡB-Ⅵ族化合物，包括硫化镉（CdS）、硒化镉（CdSe）、硫化锌（ZnS）等。它们中有宽禁带材料，也有高电子迁移率材料；有直接带隙材料，也有间接带隙材料。化合物半导体材料比起元素半导体来，有更广泛的用途。

砷化镓是第二代化合物半导体材料，在 5G 通信、光电子、雷达、航天等领域都有广泛的应用，它是继 Si 之后被广受重视的半导体材料。砷化镓的主要特点如下。

① GaAs 的禁带宽度比 Si 大，故它在常温下的导电性不及 Si，但可以在更高温度下工作。且可引进多种掺杂元素，制作大功率的电子元器件。

② GaAs 的电子迁移率较大，因而电子在 GaAs 中的运动速度较快，信息传递的速度也快。用 GaAs 制成的晶体管可以制造出速度更快、功能更强的计算机。

③ GaAs 中电子激发后以光的形式释放能量，因而具有光电转换效应，可制作半导体激光器和发光二极管等。

砷化镓的晶体结构与硅和金刚石相似，性脆而硬，外观呈亮灰色，有金属光泽。GaAs在常温下较稳定，不与空气中的氧气或水作用，加热到600℃时，开始生成氧化膜。常温下不与HCl、$H_2SO_4$、HF等反应，但能与浓$HNO_3$反应，也能与热的HCl和$H_2SO_4$作用。

有机半导体主要是萘、蒽、酞菁等芳香族有机物与碱金属形成的配合物，其共同特点是具有共轭双键—CH═CH—CH═CH—，其性能与分子中共轭双键数目有关。由于影响有机半导体性质的因素较多，制备工艺较难控制，应用受到了限制。

此外，还有固熔体半导体、玻璃半导体等。前者由元素半导体或无机物半导体互熔而成，其性质随固熔体成分而变，所以利用固熔体可以得到性质多样的半导体材料；后者由主族元素氧化物和过渡金属氧化物组成，例如，$V_2O_5$、$P_2O_5$、$Bi_2O_3$、$TiO_2$、CaO、PbO等氧化物中的某几种，按一定配比熔融淬冷形成的玻璃态物质。玻璃半导体因具有“开关效应”和“记忆效应”，是光存储器的良好材料。

(2) 半导体的导电机理

金属键能带理论认为，导体、绝缘体和半导体在导电能力上的差别主要是由于禁带宽度的不同。

在半导体中，满带和空带之间的禁带宽度较小。通常情况下在空带上只有少量激发电子，导电性能较差。当温度升高导致热运动加剧时，满带中的电子容易激发越过禁带进入空带成为自由电子，此时由于空带中存在自由电子而成为导带。当一个电子激发进入空带时，在原来位置上便出现一个带正电荷的空位，称为空穴。在热运动作用下，这个空穴很容易吸引位于其邻近位置上的电子，空穴被电子填满后便消失，而在另一处又出现一个新的空穴。结果空穴由一个原子转移到另一个原子，相当于带正电荷的空穴也可以在晶体中自由运动一样。在外加电场作用下，自由电子将沿着与电场相反方向运动，空穴则与电场相同方向运动，结果便形成电流，表现出导电性。由此可见，在半导体物质中存在两种能传导电流的粒子，或者说有两种荷载电流的粒子：自由电子和空穴，它们统称为载流子。半导体的导电能力取决于单位体积内载流子的数目，即载流子密度。载流子密度越大，半导体的导电性能越强。温度越高，能够产生的自由电子和空穴的数目就越多，半导体的导电能力越强。

没有其他杂质的半导体，称为本征半导体。在本征半导体中，外层电子激发时，产生的自由电子和空穴数目相等。它的导电机制是电子和空穴的混合导电，称为本征导电。通常本征导电能力不强，在高纯半导体中掺入微量杂质，可以改变半导体的导电类型和导电能力。下面以掺有ⅢA族元素或ⅤA族元素的硅半导体为例，说明掺杂半导体的导电类型。

① 电子型半导体（n型半导体）　在高纯硅中掺有ⅤA族元素，如磷、砷、锑时，这些杂质原子的最外层有5个电子，其中4个电子和4个相邻的硅原子形成四个共价键，第五个电子没有成键，即使在通常温度下，这个电子也很容易激发脱离杂质原子的束缚而成为自由电子，同时ⅤA族元素成为带正电荷的离子。杂质原子在硅单晶中施放电子的作用称为施主作用，这类杂质原子称为施主杂质。施主杂质释放电子所需能量很小，室温下就能形成较多的自由电子，半导体的导电能力大大增加。这类主要由施主杂质提供的自由电子起导电作用的半导体称电子型半导体或n型半导体。

② 空穴型半导体（p型半导体）　在高纯硅中掺入ⅢA族元素，如硼，也可以取代硅的位置。但是硼原子的最外层价电子只有3个，当它和相邻4个硅原子形成四个共价键时，还缺少一个电子，必须从硅原子中夺取一个价电子，以致在硅单晶中产生一个空穴。同时硼成为带负电荷的离子（$B^-$）。空穴受负离子的束缚力很弱，只需较低能量便可以摆脱束缚成为

在晶体中自由运动的空穴。杂质原子在硅单晶中接受电子而产生导电空穴的作用称为受主作用，这类杂质原子称为受主杂质。这类由受主杂质接受电子后产生更多的空穴而起导电作用的半导体称为空穴型半导体或 p 型半导体。

用于信息技术中的半导体材料，需要有较快的信息传递速度，为此要求有足够的电子、空穴定向运动。从上面的介绍可以看到，半导体掺入不同性质的杂质，并且控制杂质的掺加量，可以大幅度地改变载流子的种类和数目，从而调节导电能力，加快信息传递速度。此外，半导体还能够产生光电效应，即光（能量的一种形式）照在半导体材料上时，半导体将产生新的电子和空穴，半导体的导电能力发生变化，因此，半导体对光也非常敏感，它为半导体成为光电子材料提供了理论依据。

（3）半导体材料的制备

制备硅半导体材料必须首先制得高纯硅，再通过严格的掺杂控制它的导电类型和导电性。实际应用的高纯硅晶体的纯度已在 9 个“9”以上（99.9999999%以上），这对制备高纯硅晶体提出了极高的要求。硅半导体材料的制备主要以自然界普遍存在的石英砂 $SiO_2$ 为原料，经过复杂的化学、物理过程完成。

① 粗硅的制备　粗硅又称工业硅，一般指纯度在 95%～99%的硅。将 $SiO_2$ 和焦炭以一定比例在电炉中于 1600～1800℃下反应制备：

$$SiO_2(s)+2C(s) \longrightarrow Si(s)+2CO(g)$$

该反应在常温下 $\Delta_r G_m^{\ominus}=582.07kJ \cdot mol^{-1}$，$\Delta_r H_m^{\ominus}=689.94kJ \cdot mol^{-1}$，$\Delta_r S_m^{\ominus}=358.1J \cdot mol^{-1} \cdot K^{-1}$。从化学平衡的原理知，反应需要在高温下才能进行（此时才能变为 $\Delta_r G_m^{\ominus}<0$）。粗硅中杂质含量较多，主要是 Fe、Al、C 等，可用酸洗法初步提纯。但要制得高纯硅，还需进一步提纯。

② 多晶硅的制备　从粗硅制取高纯多晶硅，通常让它先生成 $SiHCl_3$、$SiCl_4$ 或 $SiH_4$ 中间体，精馏提纯后，再用氢气还原或热分解制得。

$SiHCl_3$ 又称硅氯仿，结构与 $SiCl_4$ 相似，为四面体结构，但由于 Si—H 键能（$318kJ \cdot mol^{-1}$）小于 Si—Cl 键能（$343kJ \cdot mol^{-1}$），故 $SiHCl_3$ 稳定性较差，易水解：

$$SiHCl_3+2H_2O \longrightarrow SiO_2+3HCl+H_2$$

$SiHCl_3$ 的制备方法很多，大多采用粗硅与干燥氯化氢气体在 200℃以上反应：

$$Si+3HCl \longrightarrow SiHCl_3+H_2$$

实际反应很复杂，除 $SiHCl_3$ 外，还可能生成 $SiH_4$、$SiH_3Cl$、$SiH_2Cl_2$、$SiCl_4$ 等，其中主要反应是：

$$2Si+7HCl \longrightarrow SiHCl_3+SiCl_4+3H_2$$

上述主反应的热力学函数变为 $\Delta_r G_m^{\ominus}=-260kJ \cdot mol^{-1}$，$\Delta_r H_m^{\ominus}=-196.0kJ \cdot mol^{-1}$，$\Delta_r S_m^{\ominus}=-221.0J \cdot mol^{-1} \cdot K^{-1}$。为使主反应顺利进行，制备时应注意以下几点。

a. 反应温度宜低，否则易生成副产物，实际控制在 280～300℃。为此常加入少量铜粉或银粉作为催化剂。

b. 由于反应放热，常通入 Ar 或 $N_2$ 带走热量以提高转化率。

c. 制备过程须严格控制无水、无氧。因 $SiHCl_3$ 易水解，水解后产生的 $SiO_2$ 会堵塞管道造成操作困难，甚至引起事故。若反应系统中含有空气或氧气，则不仅会与 $SiHCl_3$ 或 $H_2$ 反应，还可能引起燃烧或爆炸。

合成的 $SiHCl_3$ 中还含有杂质，在用氢还原前仍需提纯。提纯的主要手段是精馏：利用杂质与硅氯仿各组分沸点不同而加以分离。精馏提纯后的 $SiHCl_3$ 即可用高纯氢气还原得到多晶硅：

$$SiHCl_3 + H_2 \xlongequal{} Si + 3HCl$$

该反应是生成 $SiHCl_3$ 的逆反应。反应得到的多晶硅还必须制成单晶体并在单晶生长过程中掺杂，以获得特定性能的半导体。

③ 单晶硅的制备　由很多小单晶组成的多晶硅必须转化为一个完整的单晶，并在此过程按照要求“掺杂”才能实际用于制作电子元器件。由多晶转化为单晶是一个要求极为严格的过程，它可采用“区域熔融法”等方法获得。

④ 砷化镓半导体材料的制备　GaAs 的制备主要采用 Ga 和 As 直接化合的方法。水平区域法是最普遍采用的技术：控制镓处于 1250℃左右的高温区，砷处于 610℃左右的低温区，不断蒸发出的砷蒸气进入镓中，与镓化合生成砷化镓熔体。当它们的计量比达到 1∶1 时，熔体表面光亮，流动性良好，这时可缓慢降低温度，将熔体逐步凝固，即得 GaAs。利用这种方法还可以直接进行区域提纯，使熔体从一端凝固并缓慢地向另一端移动，逐渐生成单晶。

从熔体生长出的 GaAs 单晶缺陷较多。几乎所有的 GaAs 器件都以单晶为衬底，将器件制备在外延层中。在 GaAs 外延生长技术中，发展最早且最成熟的是气相外延法。在 GaAs 气相外延法中，广泛采取 $GaCl/As/H_2$ 系统，以 GaAs 为衬底材料，发生如下反应：

$$4GaCl + 2H_2 + As_4 \xlongequal{} 4GaAs + 4HCl$$

生成的 GaAs 在衬底上外延生长。

现已开发了多种外延生长技术。其中分子束外延（MBK）技术是较有前途的一种。它是在超高真空系统中，用分子束或原子束进行外延生长的工艺：将 GaAs 装在蒸发炉内，在超高真空下蒸发成束状射向衬底而进行外延生长。金属有机物的化学气相沉积（MOCVD）也是实现外延生长的新技术。仍以 GaAs 外延生长为例，镓的烷基化合物 $Ga(CH_3)_3$ 和 $AsH_3$ 被氢气携带进入反应室后，在 500～800℃的 GaAs 衬底上发生热分解反应：

$$Ga(CH_3)_3 + AsH_3 \xlongequal{} GaAs + 3CH_4$$

实际的反应相当复杂。但此法操作方便，可靠性高，可进行大面积或多片外延生长，有利于批量生产。它将逐步成为制造ⅢA～ⅤA 族化合物半导体的主要工业生产方法。

#### 11.1.1.3　光刻技术中的材料与化学

1948 年半导体晶体管的发明，使电子设备实现了小型化、轻量化和节能化。1958 年半导体表面技术出现了突破，即采用类似照相制版的方法在半导体表面进行晶体管制作，从而打破了半个世纪以来电子线路的传统概念。硅片中各个电子元件不再需要用金属导线相互连接，硅本身既是电子元件，又可成为电流的通路，于是产生了第一块集成电路板。人们开始将多个晶体管构成的整个电路集中到一小块硅芯片上。20 世纪 60 年代集成电路迅速发展，科学家在一块硅芯片上增加的元件越来越多。1967 年，人们在一块米粒般大小的硅晶体上制造出 1000 多个晶体管的大规模集成电路；1971 年，美国英特尔公司的年轻科学家成功地将一整套计算机中央处理机做成一块芯片，这样的芯片叫微处理器，为大规模集成电路带来了无穷无尽的商业应用。随着时间的推移，1997 年 4 月，美国人在一块面积为 $30mm^2$、大小相当一颗小孩门牙的硅晶片上集成了 13 万个晶体管制成所谓超大规模集成电路。集成电路上可容纳的晶体管数目，约每隔 18～24 个月便会增加一倍，同时性能提升一倍，而成本下降一半。目前，晶体管尺寸已接近物理极限，芯片先进制程工艺已达到纳米量级。

集成电路芯片通常是在半导体材料表面按照设计制作的大规模集成电路，其制作过程包括半导体材料的制造、光刻及封装等。

集成电路的制作过程是：首先根据设计制备出一整套代表每个电路的照相底片，这种底片叫掩模，然后以掩模为模板，通过反复光刻制备集成电路。

（1）光刻技术的基本原理

光刻技术是一种目前广泛应用的微细加工技术。光刻技术的原理是利用一种称为光致抗蚀剂的物质（亦称光刻胶），将这种光刻胶均匀涂覆在经预处理过的、欲加工的基片表面，形成一层薄膜。待光刻胶薄膜固化后，使其在一个预先制好的掩模的遮掩下曝光。由于掩模的遮挡，只有一部分区域是透光的，使衬底表面的光刻胶层只有一部分受到光照，产生光化学反应，分子结构发生变化，另一部分则未受到光照，仍保持原先的组成和结构。利用光刻胶本身受光照部分与未受光照部分在某种溶剂中溶解度的不同，将这种溶剂中受光照过的部分（或未受光照的部分）溶解而洗去，留下不溶的部分。这样就会在光刻胶薄膜层上造成一个和掩模完全对应的图像。这就和经显影后照相底片上出现图像的情形类似。如果在“显影”时被溶解洗去的部分是光照射的部分，那么得到的图像是和掩模上图像黑白完全一致的“正像”，而如果在“显影”中被溶解洗去的部分是未受到光照的部分，那么得到的图像是和掩模上图像黑白完全相反的“负像”。经过曝光显影把掩模上的图形转移复制到光刻胶膜上以后，再将这些基片放到合适的腐蚀液中进行化学腐蚀，受到腐蚀的区域将是那些表面没有受到光刻胶保护的部分，这就造成了一种选择性腐蚀。然后取出腐蚀好的材料，把残留的光刻胶去掉，就在基片上留下了我们所需要的图形。这样，人们就可把各种复杂的图形精确地复制到各种基材的底板上。

光刻技术基本上分为基片预处理、涂胶、前烘、曝光、显影、坚膜（亦称后烘）、蚀刻（亦称腐蚀）、去胶等过程（参见图 11.3）。

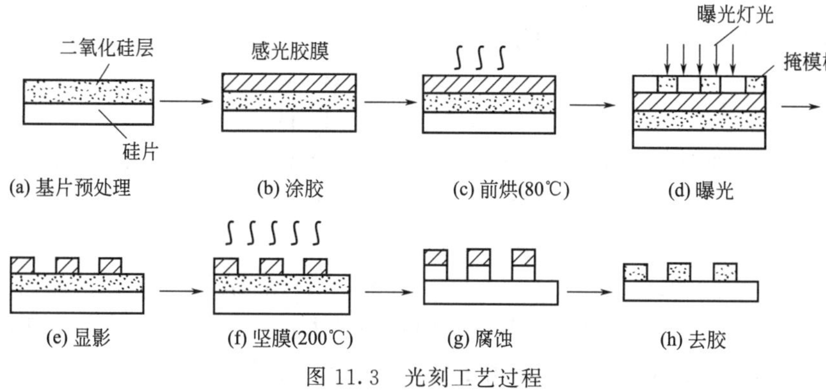


图 11.3　光刻工艺过程

(b)～(e)步骤的操作应在暗室内进行

① 基片预处理　主要是对基片表面进行清洗和干燥，为涂布光刻胶准备一个干燥洁净的表面，使涂上的光刻胶与基片能较牢地黏结。

② 涂胶　涂胶就是把光刻胶均匀地涂布在需要光刻的基片表面。

③ 前烘　涂布好光刻胶以后，曝光之前要先把涂好光刻胶的片子烘干，把光刻胶中的溶剂烘掉，使光刻胶固化，形成一层坚实的薄膜。

④ 曝光　用一定波长和强度的光透过适当的掩模有选择地照射在需要加工的光刻胶薄

层上，使受照射区域的光刻胶发生光化学反应，从而造成曝光部分与未曝光部分光刻胶溶解度的差别。对负性光刻胶而言，胶膜中主要是线型高分子化合物，经光照后，产生了光致交联，形成不溶的网状高分子化合物；而未受光照的区域仍保持为可溶性的线型高分子化合物。对正性光刻胶而言，经前烘后的胶膜已发生固化，变为不溶性的。但在曝光后，受光照的区域将发生降解作用，使高分子链断裂，从而使受光照部分的光刻胶变为可溶性的，而未受光照的部分仍然保持为不溶性。

⑤ 显影 经曝光后，光刻胶层中一部分发生了光交联或光降解，因而使其溶解性发生了变化。选择适当的溶剂，把光刻胶层中可溶性部分溶解掉，使不溶性部分保留下来，这就在光刻胶层上显示出了与掩模相应的图案，或者说把掩模上的图案复制到了光刻胶层上来。

⑥ 坚膜 经过显影后，不溶性的光刻胶部分虽然保留了下来，但由于显影液的浸泡而变软，甚至有些溶胀和微小变形，胶层与基材间的黏着力也降低了。因而需要在180～200℃温度下烘烤30min左右，把渗入到胶层中的微量显影液或水分赶走，使光刻胶层上的图形恢复原来的尺寸，并使光刻胶本身进一步热交联，提高光刻胶本身的强度和耐腐蚀性。同时也改善光刻胶与衬底间的黏着强度。这一步称为坚膜，也称为后烘。

⑦ 腐蚀 选择某种合适的腐蚀剂，能腐蚀基片材料，但对光刻胶不起作用，把经显影、坚膜后的基片置于这种腐蚀液中，就可实现选择性的腐蚀，把光刻胶层上的图案复制到基片上。腐蚀的关键首先在于选择合适的腐蚀剂。腐蚀剂必须能对被蚀刻材料进行腐蚀，但对光刻胶不起作用。对不同的基片采用合适的腐蚀液，并选择相应的工艺条件，精细线条的腐蚀过程就能完善进行。

a. 二氧化硅的腐蚀 用HF和$NH_4F$的混合溶液作腐蚀液，反应式如下：

$$SiO_2+6HF \longrightarrow H_2[SiF_6]+2H_2O$$

$NH_4F$与HF形成缓冲溶液可以控制HF对$SiO_2$的腐蚀速率，得到的线条均匀，同时可防止HF对光刻胶的腐蚀。

b. 硅的腐蚀 常用的腐蚀液有三种。

第一种，$HNO_3$与HF的混合溶液。反应式如下：

$$3Si+4HNO_3 \longrightarrow 3SiO_2+2H_2O+4NO\uparrow$$

$$SiO_2+6HF \longrightarrow H_2[SiF_6]+2H_2O$$

第二种，$CP_4$腐蚀液（$HNO_3$：HF：$CH_3COOH$：$Br_2$＝5：3：3：0.06），反应式同上，其中$HNO_3$为氧化剂，HF为络合剂，$CH_3COOH$为缓和剂，而$Br_2$为附加剂。

第三种，10%～30%NaOH。反应式如下：

$$Si+2NaOH+H_2O \longrightarrow Na_2SiO_3+2H_2\uparrow$$

⑧ 去胶 除去基片上剩余的光刻胶。常用的去胶方法有：用浓硫酸、浓硝酸等强氧化剂氧化去胶、等离子体去胶、紫外光分解去胶、去胶剂去胶等。

经过上述八个步骤，整个光刻过程就完成了。在微电子器件和集成电路块的制作工艺中，根据实际需要往往需要进行多次光刻。每次光刻的对象、要求可能不同，但光刻的原理方法和上述各步骤则基本相同。

（2）光刻胶

要实现光刻工艺，光刻胶的选择是关键。光刻胶可分为正性光刻胶和负性光刻胶两大类。负性光刻胶在曝光前是以线型高分子状态存在的，能溶于一定的溶剂，受到光照后，产生交联，变成不溶的网状结构。例如，聚乙烯醇肉桂酸酯就是一类常见的负性光刻胶。聚乙烯醇肉桂酸酯的光化学反应为：

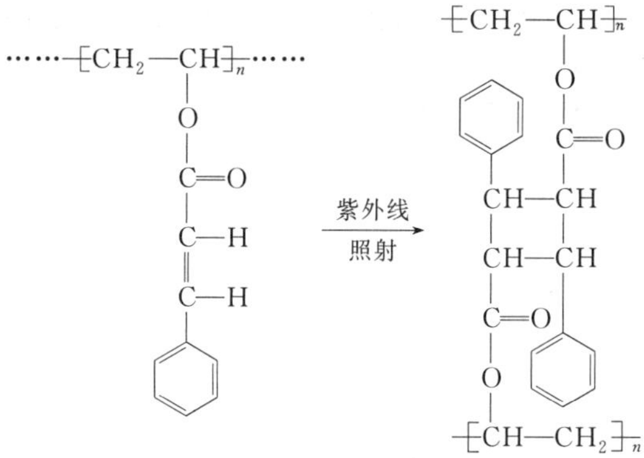


（聚乙烯醇肉桂酸酯）

聚乙烯醇肉桂酸酯线型高分子在紫外线作用下，肉桂酸基中的一个双键被打开，发生交联，由线型分子变为网状结构分子。

正性光刻胶有 201 胶等类型。201 胶由感光剂聚酚-2-重氮-1-萘醌-5-磺酸酯和溶剂乙二醇单甲醚组成。正性光刻胶曝光后，邻重氮萘醌基团受光照射时发生分解反应，放出氮气，同时在分子结构上发生重排，产生环的收缩作用，形成相应的五碳环烯酮化合物。这种化合物遇水发生水解反应，生成相应的羧酸衍生物。经磷酸三钠等碱性水溶液处理，可转变为能溶于水的羧酸盐。其化学反应如下：

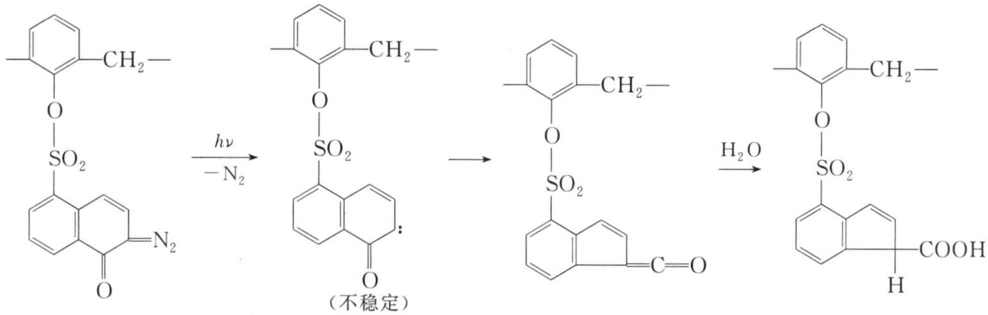


由于烯酮化合物用碱性水溶液处理能生成溶于水的羧酸盐，故 201 胶曝光后用磷酸三钠碱性水溶液显影时，光刻胶曝光部分能溶解，而未曝光的部分不能溶解，因而能得正图形。

### 11.1.2　信息传递材料

光纤通信是利用激光光波作为信息载波、光导纤维作为载体的通信技术，它是伴随着激光技术的发展，从 20 世纪 70 年代初发展起来的一门崭新的通信技术。它是现代通信科学中一个新的分支，也是现代光学和电子学相结合的一门综合性应用技术。光纤及光纤通信的问世具有划时代意义，在世界范围内得到极大重视并获得了飞速的发展和广泛的应用，显示了强大的生命力。

#### 11.1.2.1　光导纤维的结构和功能

根据光的传播形式，光导纤维主要可分为锯齿型和自聚焦型两种结构。图 11.4 表示这两种光纤的剖面图、折射率分布和光的传播形式。锯齿型光纤是在折射率为 $n_1$ 的芯料外面包覆一层折射率为 $n_2$ 的材料，在 $n_1 > n_2$ 的条件下，由光纤端面进入的入射光，将在内芯与包覆层界面上发生全反射，从而在内芯中曲折往返地沿着轴向传播至光纤的另一端。而自聚焦型光纤的折射率在芯部中央最大，沿径向从中心到外周呈连续减小抛物线的分布状态，光线在这种光纤中不是靠全反射，而是因自聚焦作用，以正弦波形式反复穿过中心轴传送出去的。

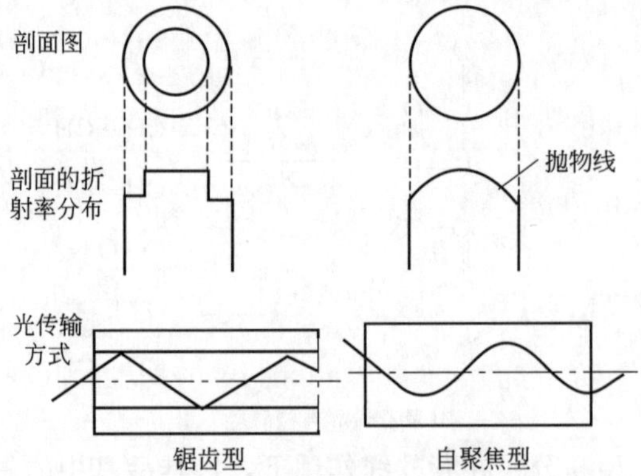


图 11.4 光导纤维的两种结构

### 11.1.2.2 光导纤维的种类

光导纤维的种类在功能上可分为传光纤维和传像纤维；在传输模式上可分为多模光纤和单模光纤，多模光纤是指能够同时传播众多不同的光波模式，单模光纤是指只能传输一种光波模式；根据其化学成分可将其分为氧化物玻璃光纤、非氧化物玻璃光纤和有机高分子塑料光纤。表 11.1 列出了几种光纤的材料成分和制取时的原材料。

**表 11.1 光纤的种类与原材料**

| 光纤种类 | 材料成分 | 采用原料 |
|---|---|---|
| 石英光纤 | 芯线：$SiO_2$、$GeO_2$、$P_2O_5$<br>包层：$SiO_2$、$B_2O_3$ | $SiCl_4$、$GeCl_4$、$POCl_3$<br>$SiCl_4$、$BCl_3$、$BBr_3$ |
| 多组分光纤 | 芯线：$SiO_2$、$Na_2O$、CaO、$GeO_2$<br>包层：$SiO_2$、$Na_2O$、CaO、$B_2O_3$ | $SiCl_4$、$NaNO_3$、$Ca(NO_3)_2$、$Ge(C_4H_9O)_4$<br>$SiCl_4$、$NaNO_3$、$Ca(NO_3)_2$、$BCl_3$ |
| 石英芯线<br>塑料包层光纤 | 芯线：$SiO_2$<br>包层：有机硅 | $SiCl_4$<br>二甲基二氯硅烷 |
| 塑料光纤 | 芯线：PMMA<br>包层：氟化 MAP | 聚甲基丙烯酸甲酯<br>氟化甲酯 |

（1）氧化物玻璃光纤

氧化物玻璃光纤又可分为石英光纤和多元氧化物光纤，如 $SiO_2$-CaO-$Na_2O$ 等。

石英光纤是最具实用价值的光纤，它已广泛用于各种通信系统。石英光纤的主要成分为 $SiO_2$，还要添加少量的 $GeO_2$、$P_2O_5$ 及 F 等，以控制光纤的折射率。为降低其传输损耗，必须尽量除去光纤中的过渡金属离子和羟基离子，因此要对制造玻璃用的原料进行精制。石英光纤所需的主要原料是经过精制的石英（$SiO_2$），它由 $SiCl_4$ 水解而得到。

$$SiCl_4+2H_2O = SiO_2+4HCl$$

工业上通常将天然石英砂在电炉中用碳还原得到粗硅或结晶硅，其硅含量为 95%～99%，然后再在结晶炉中用氯气与粗硅合成四氯化硅。

$$SiO_2+C \xlongequal{\text{电炉}} Si+CO_2\uparrow$$

$$Si+2Cl_2 \xlongequal{450\sim500℃} SiCl_4$$

此法制得的 $SiCl_4$ 含有许多其他物质，如 $BCl_3$、$SiHCl_3$、$PCl_3$ 等，需进一步精馏提纯。

（2）非氧化物玻璃光纤

属于非氧化物玻璃光纤的有：氟化物玻璃光导纤维，硫族化合物玻璃光导纤维，如 $As_{38}Ge_5Se_{57}$、$As_{42}S_{58}$ 等，以及卤化物晶体纤维等。

目前，氟化物玻璃光纤的主要组成为氟化锆-氟化钡-氟化镧三元系玻璃。在此基础上，又引入氟化铝，制成性能最好的氟化锆-氟化钡-氟化镧-氟化铝-氟化钠多元系氟化锆酸盐玻璃光导纤维。氟化物玻璃光纤的最大特点是超低光损耗，比石英光纤的最低光损耗要低 1～2 个数量级。氟化物玻璃光纤的色散小，透光范围可以从紫外 0.2μm 左右，一直到中红外 7～8μm。

晶体纤维就其在纤维中的晶体形态，可分为多晶和单晶纤维。晶体光纤多属于单晶纤维。单晶光纤的制备方法和人工晶体的制备方法相同或类似，但单晶光纤的制作还需要更精确的直径控制。

晶体光纤主要有掺杂稀土离子的氧化钇和氧化铝二元系单晶光纤（又有呈立方晶体结构的 YAG 和呈斜方晶体结构的 YAP 两种）、掺杂钛和铬的氧化铝（$Al_2O_3$）、掺杂钕（Nd）的铌酸锂（也称 LN 光纤）和三硼酸锂（$LiBO_3$，又称 LBO 光纤）单晶光纤等。

YAG、YAP、掺杂钛和铬的 $Al_2O_3$ 等单晶光纤在低功率光的泵浦作用下可产生激光，因此可用于制作晶体光纤激光器、晶体光纤光放大器，用于光纤通信系统。LN 单晶光纤除可制作激光器件外，还可用来制作晶体光纤电光调制器、电压或电场传感器，特别是它还具有非线性光学特性，已经用其制成了世界上第一个晶体光纤倍频激光器。

LBO 晶体是我国独创的性能优异的非线性光学晶体，并首先在我国拉制出了世界上第一根 LBO 晶体光纤。LBO 晶体光纤具有倍频阈值低、光泵能量利用率高、和通信光纤耦合性好、光损耗低的特点，因此可以作为光纤激光倍频器。

（3）塑料光纤

又称聚合物光纤，由高折射率的均匀塑料芯和低折射率的塑料涂层组成。

制作塑料光纤纤芯的高分子材料主要有：聚甲基丙烯酸甲酯（PMMA）和其氘代体、聚苯乙烯及其氟代或氘代体、聚碳酸酯、聚氨酯等。其中氘代 PMMA 的传光损耗最低，是最佳的塑料光纤芯材。制作塑料光纤的包层高分子材料主要有：聚甲基丙烯酸酯类、聚四氟乙烯、含氟丙烯酸酯类、乙烯与醋酸乙烯的共聚物等，而折射率较低的含氟丙烯酸酯类具有憎水、憎油的优点，特别适合作为塑料光纤的包层材料。

聚甲基丙烯酸甲酯塑料在波长为 0.3～0.6μm 时的光损耗较低，在 0.6μm 时的光损耗为最低（$20dB \cdot km^{-1}$）。将这种塑料光纤中的氢用氘置换，则得到氘代聚甲基丙烯酸甲酯塑料光纤，光的透射波长可延伸到 0.9μm。

尽管塑料光纤的光损耗大一些，但是由于塑料光纤的成本低，加工方便，因此也可以用于近距离闭路通信、医疗用内窥镜以及工业自控制系统中的光信息传输。

目前光纤最大的应用是在通信上，即光纤通信。光纤通信信息容量很大，如 20 根光纤组成的像铅笔一样大小的一支电缆每天可通话 76200 人次，而直径 7.62cm、由 1800 根铜线组成的电缆每天只能通话 900 人次。此外，光纤通信具有重量轻、抗干扰、耐腐蚀等优点，而且保密性好，原材料丰富，可节约大量有色金属。因此光纤是一种极为理想的通信材料。

光纤制成的光学元器件，如传光纤维束、传像纤维束、纤维面板等，能发挥一般光学元件所不能起的特殊作用。此外，利用光导纤维与某些敏感元件组合，或利用光导纤维本身的特性，可以做成各种传感器，用来测量温度、电流、电压、速度、声音等。它与现有的传感器相比，有许多独特的优点，特别适宜于在电磁干扰严重、空间狭小、易燃易爆等苛刻环境下使用。

### 11.1.3 信息显示材料

信息显示及输出是信息处理技术中的重要环节。在计算机系统中，显示器就是一种十分重要的外部设备。

液晶显示器（LCD）显示原理是当电场变化时，液晶分子的排列状态变化能改变光线的通过状态，从而实现图像显示。液晶的低功耗、低电压驱动、体积小等特点使其在计算机显示器上得到广泛应用。

#### 11.1.3.1 液晶显示基本原理

液晶最显著的特征是其结构及性质的各向异性，并且其结构会随外场（电、磁、热、力等）的变化而变化，从而导致其各向异性性质的变化。

电光效应是液晶最有用的性质之一，所谓电光效应是指在电场作用下，液晶分子的排列方式发生改变，从而使液晶光学性质发生变化的效应。绝大多数液晶显示器件的工作原理是基于这种效应。

目前市场上广泛流行的液晶显示器件是利用液晶的扭曲向列效应制成的，其原理见图 11.5。在两片载有透明电极的玻璃之间是正介电系数、各向异性的液晶，透明电极表面有一层能使液晶分子长轴方向平行于表面排列的取向膜。由于上下透明电极上的液晶分子长轴互相垂直，从上层到下层的液晶分子将逐渐地以垂直玻璃的直线为轴旋转 90°。两片玻璃四周边缘用胶密封，成为液晶盒。盒上下分别放置两个平行的偏振光片。当不加电时，由于液晶分子的扭曲，光不能通过下偏振片，液晶显示器成为闭态，为暗的。当在两个透明电极之间施加一定电压时，由于液晶分子的正介电各向异性的性质，液晶分子将成为垂直于玻璃面形式。此时偏振光将能通过下偏振片，使液晶显示器亮起来。

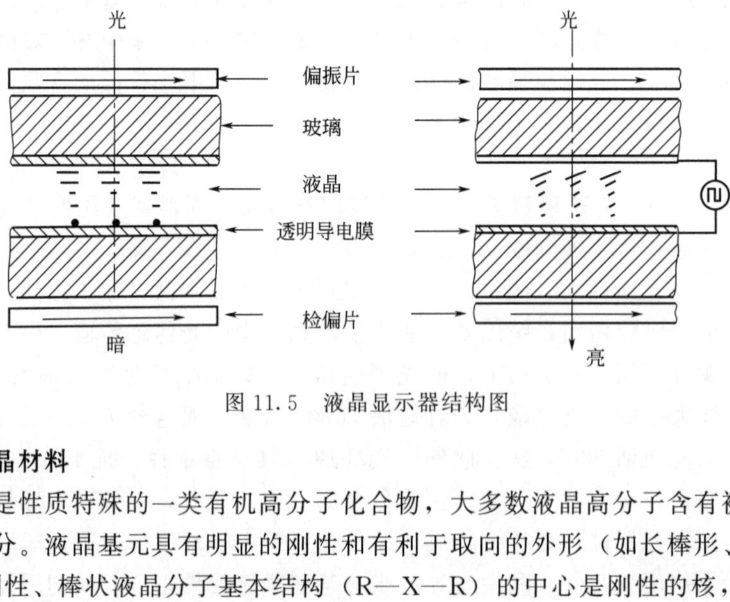


图 11.5 液晶显示器结构图

#### 11.1.3.2 液晶材料

液晶材料是性质特殊的一类有机高分子化合物，大多数液晶高分子含有被称为“液晶基元”的结构成分。液晶基元具有明显的刚性和有利于取向的外形（如长棒形、香蕉形、盘碟形等）。这种刚性、棒状液晶分子基本结构（R—X—R）的中心是刚性的核，核中间有一 X “桥”，如—CH═CH—、—CH═N—或—N═N—等。两侧由苯环、脂环或杂环组成，形成共轭体系。分子尾端的 R 基团可以是酯基（如—$COOC_2H_5$）、硝基（—$NO_2$）或卤素（如 Cl、Br 等）。其分子长度为 200～400nm，宽度为 40～50nm。

# 11.2　基于生物的信息处理技术

## 11.2.1　概述

电子计算机的发明和应用是现代科技进步的最显著标志之一。在过去的 30 多年中，以硅芯片为基础的微电子技术得到迅速发展，半导体芯片的集成度越来越高。支撑半导体工业持续发展的集成电路制作技术不断地提升。采用电子束工艺、离子束工艺、分子束工艺，使集成电路蚀刻线宽已经达到纳米水平。目前采用极紫外光刻技术（extreme ultraviolet lithography，EUV），已经制作出 3nm 的晶体管，每只芯片上集成有上千亿只晶体管，逼近硅芯片的物理学极限。在未来若干年内，晶体管的尺寸将可能达到原子水平。

所谓物理学极限，有两个含义：一是制作技术难题，电路线宽在 0.1μm 以下面临加工精度的限制，芯片的特征尺寸不可能小于光波的波长，即便是超紫外线，波长也为 0.6nm，光刻技术将不能再使用；二是特征尺寸缩小带来的量子效应。当器件的物理特征尺寸小于电子运动的相干长度时，单个器件中电子的运动将遵从量子力学的原理。这意味着在未来硅基计算机中，当电子被加速到原子尺寸电路路径时，它们在受令携带信息时不知道会跑到什么地方。要使计算机线路路径能够可靠地传送信息，则必须克服在原子尺寸水平出现的量子效应问题。此外，还有其他的物理学效应，如短沟效应、热电子效应等。芯片上承载愈来愈多的晶体管，散热成为严重问题。由于导线的尺度愈来愈小，已不能足够快地传输信号。此外还有干扰、短路等问题。

科学家们正在努力寻找克服硅基计算机的物理极限的新途径，先后提出了多种技术路线的设计。研制的新型计算机主要有生物计算机、光学计算机和量子计算机。光学计算机是用光脉冲取代电子信号，信息以光速传输，其信息路径速度比硅基路径速度要快得多。量子计算机采用亚原子粒子的量子态来表达信息值，可以允许每个信息元素同时携带多重数值。量子计算还可以开发量子纠缠现象，即任何给定信息态可以同时存在于两个位置，使信息可以在瞬间双向传输。

生物计算机采用生物组件执行计算操作或与计算有关的操作（如储存）。与其他的取代方案不同，生物计算机主要不是关注提高单个计算操作的速度，而是强调采用大模块并行操作，或将一个计算任务的极小部分配置到许多不同处理基元。每一个基元本身不能快速执行任务，但由于集成了数目巨大的基元，这样的基元执行一个小小的任务，过程操作就大大加快。此外，生物分子还能够自我组合，再生新的微型电路。在理论上，生物计算机具有生物体的一些特点，如能发挥生物本身的调节机能自动修复芯片发生的故障，还能模仿人脑的思考机制，因此可能成为外界信息与大脑之间的界面。生物计算机起源于 20 世纪 80 年代早中期，最先出现的是蛋白质计算机，后来又出现了 DNA 计算机。

生物电子计算机的研究建立在电子计算机、生物工程、生物电子学等学科研究的基础之上。要研究、设计和制造生物计算机，最迫切的任务是研究和开发基于生物分子的信息处理技术。基于生物分子的信息处理技术由信息处理的生物材料的应用技术和基于生物分子的计算技术两部分组成。

## 11.2.2　用于信息处理的分子器件

用于信息处理的分子器件是指具有特定电子学功能的分子材料。研究工作大体有三条途径：一是利用分子生物学的理论和试验结果，获得可利用的分子材料；二是用计算机模拟，选择三维结构蛋白质分子，构造分子的逻辑、开关功能，扩大制作器件的材料范围；三是用重组技术获得特殊需求的蛋白质功能分子。

（1）分子开关

开关是电子计算机的主要器件之一，而要在分子水平上研制分子计算机，分子开关是不可少的。目前，许多科学家把视线主要放在光控、温控和电控等类型的分子开关的研制上。下面介绍一种光控分子开关。

*N*-邻羟亚苄基苯胺具有光致重排性质［见图 11.6(a)］。如果将多聚乙炔链与 *N*-邻羟亚苄基苯胺相连［见图 11.6(b)］，不难看出，在图 11.6(b) 左边，当分子处于基态时，与邻羟亚苄基直接相连的聚乙炔链的共轭体系为单键、双键相间的连续传导系统，即分子开关呈开启状态；而在图 11.6(b)右边，开关分子处于光致激发状态，多聚乙炔链的共轭体系发生间断，从而使其传导功能终止，此时分子开关呈关闭状态。*N*-邻羟亚苄基苯胺光控分子开关，的确是一种十分精巧的设计。但是，要将这种有机分子开关按指定的部位，引入导电聚合物，还有待于进一步探索。当然，要使分子器件设想转变为现实，还要做许多基础性研究工作。

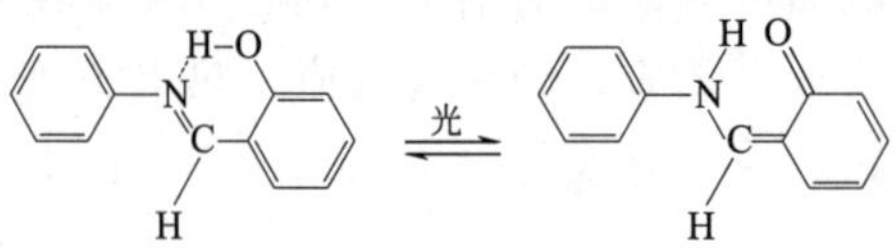

(a)

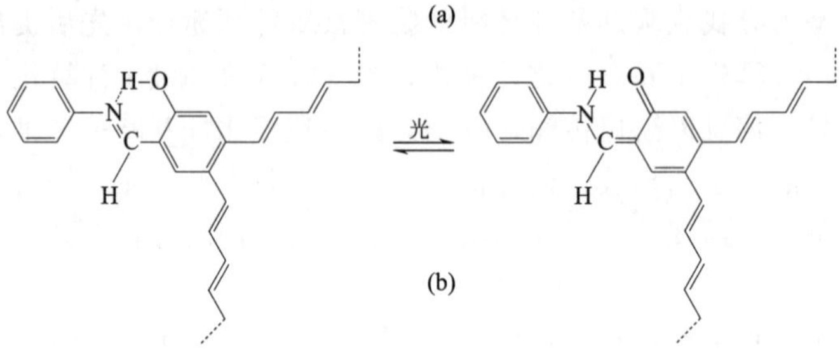

(b)

图 11.6　*N*-邻羟亚苄基苯胺光控分子开关

（2）分子导线

1991 年英国学者博登（N. Boden）提出用盘状液晶作分子导线。例如三亚苯基环类盘状液晶，见图 11.7(a)，在六取代三亚苯基环类分子结构中，三个亚苯基外侧均由具有良好绝缘性能的脂肪链所环绕，又由于盘状液晶分子在外电场作用下有着特殊的分子排列，见图 11.7(b)，因此博登等人设想，如果将少量具有缺电子空轨道分子（如 $AlCl_3$）掺入到盘状液晶分子中，使其具有共轭体系的三亚苯基环中心出现正电性空穴，见图 11.7(c)。再沿三亚苯基环中心轴线方向施加一定的电压，环内电子就可作定向移动。这一设想与无机半导体导电原理是极为相似的。

（3）细菌视紫红质分子存储器

细菌视紫红质（bacterial rhodopsin，BR）是嗜盐古细菌的一种紫色膜蛋白。嗜盐古细

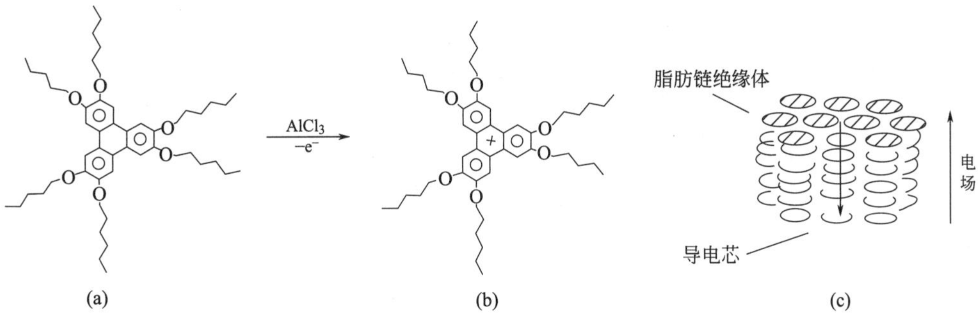


图 11.7　盘状晶型分子导线

菌在现代生物分类学上属于古菌，它生活在盐沼泽地，环境温度可达 150℃。当氧含量水平不足以进行有氧呼吸时，菌体用蛋白进行光合作用，能够在供氧不足的盐沼泽地大量繁殖。当被光照时，BR 改变其分子结构并且跨膜传递质子，从而为细胞代谢提供能量。20 世纪 70 年代早期，当时美国加州理工大学的斯特黑尔特（W. Stoeckenius）发现了 BR 的这一不同寻常的性质。BR 的三维空间结构见图 11.8，它由 3 条 α-螺旋链组成，含 200 多个氨基酸，是一种跨膜紫色蛋白。在细胞膜外伸出一个环，有 4 个谷氨酸残基围绕着质子泵通道的入口处。在细胞质的一端，4 个天冬氨酸处在亲水-疏水界面，它们提供的负电荷与质子的运动相关。当光照发生时，BR 吸收能量并将质子从细胞质泵到胞外。载色基团埋在分子深处，它从光中吸收能量后，触发一系列复杂的分子内运动，导致蛋白质分子结构发生大的变化。

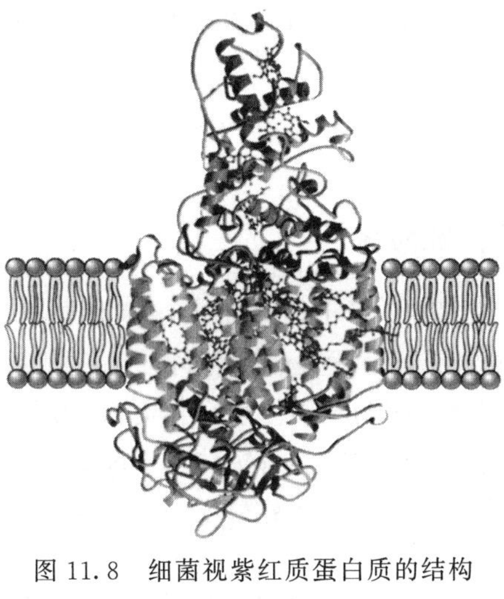

图 11.8　细菌视紫红质蛋白质的结构

对计算机信息处理器和存储器起作用的操作是利用了所谓的细菌视紫红质的光循环特性——细菌视紫红质通过光诱发的一系列结构上的变化特性，可供信息储存的细菌视紫红质的三维存储器使用。BR 的结构变化伴随着光吸收性能的改变。图 11.9 为 BR 的光循环示意图。BR 的初始状态为静息态 bR，在绿光照射下，bR 态转换成过渡态 K，K 态经分子松弛相继形成 M 态和 O 态。如果用红光对 O 态照射，将发生分支反应：O 态回复到 bR 态或转变成 P 态，P 态迅速过渡到 Q 态。Q 态比较稳定，但可以经蓝光照射变回到 bR 态。在光循环中，BR 任何两个持续时间长的状态都可能被设计成二进制的 0 和 1，因此能够用于储存信息。

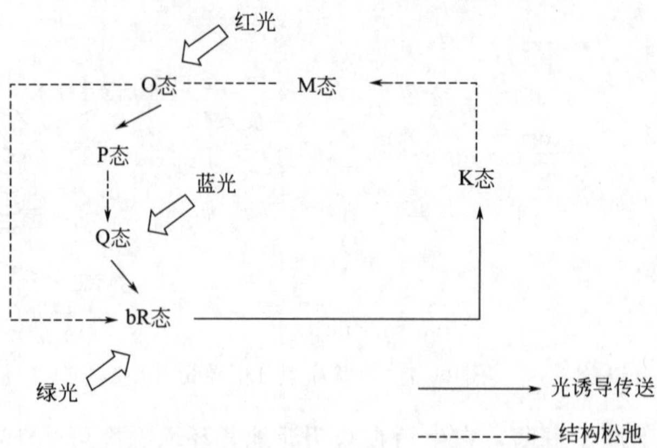


图 11.9 细菌视紫红质的光照-结构循环模式

另外，细菌视紫红质分子还具有潜在的并行处理机制。

（4）生物芯片

构成生物计算机的基础是“生物芯片”。1997 年美国海军研究所的卡特博士就倡导了生物芯片的概念，麦卡利阿提出了用生物分子制造生物芯片的概念图，并发表了制作取代现行的微电子器件的计算机器件的构想。他认为，生物芯片的基本出发点是利用蛋白质高度的分子识别功能和自组织功能，做成以蛋白质为骨架的分子导线和分子功能块，使得在分子水平上具有器件的功能。但是麦卡利阿的构想一直没有实际的进展。于是人们又重新研究了芯片概念，把生物芯片同生物化学器件或生物器件一样都看作是分子器件。分子器件大体有以下三类：①利用生物化学过程的分子构造所制造的器件；②部分或全部利用生物物质而构成的分子器件；③基于脑神经系统的结构或算法所构成的分子器件（即神经元件）。目前第①类或第③类芯片还没有实现，但都有了实验事实；第②类的生物芯片其实就是生物传感器，已经达到商品化生产的规模。

### 11.2.3 基于生物分子的计算技术

沃森（J. D. Waston）和克里克（F. H. C. Crick）提出的 DNA 分子模型以及后来的遗传密码研究使人们认识到 DNA 分子本身就是信息材料，它们的碱基组成顺序携带各种基因和遗传信息，指挥整个复杂的细胞系统乃至整个生命体有机运作，并十分精准地代代相传。早在 20 世纪 50 年代，就有从事计算科学的学者关注到 DNA 的信息作用。进入 20 世纪 70 年代，基因重组技术的出现，使人们开始将计算科学与一些基础生物学机制联系起来，如基因拼接、重组、突变和进化。

1994 年，美国加州理工学院的计算机科学家阿德勒曼（L. Adleman）博士在 *Science* 上发表了题为“溶液的分子计算解决组合难题”一文，这是 DNA 计算机的历史性突破。他首次实验证实了 DNA 计算的概念：利用 DNA 的重组性质能通过整体并行计算来解决某些难题，实验选题是哈密顿路径问题。

哈密顿路径问题（Hamiltonian Path Problem）是指：给定一个“城市”的集合与这些城市之间的有向路径，寻找一条从某一确定城市开始，到某一确定城市结束，并且其他的每一个城市必须恰好访问一次的定向旅游路线。

生物学研究表明，存储在 DNA 中的遗传信息，实际上是代表腺嘌呤、胸腺嘧啶、鸟嘌呤和胞嘧啶的 4 个字母 A、T、G 和 C 组成的字母串。

阿德勒曼博士的研究对象是 4 个城市：亚特兰大（Atlanta）、波士顿（Boston）、芝加哥（Chicago）和底特律（Detroit）。4 个城市之间由 6 条航班连接起来，如图 11.10 所示。问题是要确定是否存在一条以亚特兰大为起点而以底特律为终点的哈密顿路径。

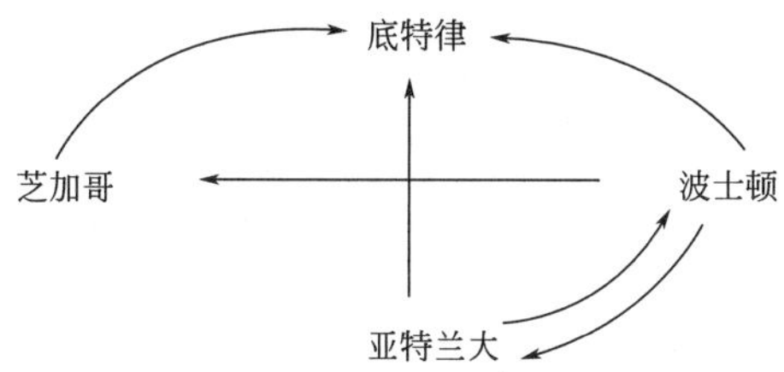


图 11.10　阿德勒曼博士的哈密顿路径问题示意

DNA 算法的基本原理是：首先给每个城市分配一个具有 8 个碱基的 DNA 序列（寡核苷酸链），如亚特兰大为 ACTTGCAG、波士顿为 TCGGACTG 等。为了方便，可以设想是城市 DNA 名字的前半部分为该城市的首名，而后半部分是它的尾名，这样起点城市的尾名和终点城市的首名结合即为两城市之间的航班号，如亚特兰大到波士顿航班号为 GCAGTCGG。

另一方面，根据 DNA 分子中的碱基配对原则（A-T，G-C），每一段 DNA 都有它的 Watson-Crick 补链。故每个城市均有其互补名，如亚特兰大的补名为 TGAACGTC。

城市名与 DNA 序列的对应关系见表 11.2，航班与 DNA 序列的对应关系见表 11.3。

**表 11.2　城市名与 DNA 序列的对应关系**

| 城市 | DNA 序列 | DNA 序列的补名 |
|---|---|---|
| 亚特兰大 | ACTTGCAG | TGAACGTC |
| 波士顿 | TCGGACTG | AGCCTGAC |
| 芝加哥 | GGCTATGT | CCGATACA |
| 底特律 | CCGAGCAA | GGCTCGTT |

**表 11.3　航班与 DNA 序列的对应关系**

| 航　　班 | DNA 序列 |
|---|---|
| 亚特兰大→波士顿 | GCAGTCGG |
| 亚特兰大→底特律 | GCAGCCGA |
| 波士顿→芝加哥 | ACTGGGCT |
| 波士顿→底特律 | ACTGCCGA |
| 波士顿→亚特兰大 | ACTGACTT |
| 芝加哥→底特律 | ATGTCCGA |

将带有上述编码的 DNA 序列试样放在加有水、连接酶、盐及其他几种成分以近似模拟细胞内条件的试管中反应，在 1s 之内即可得到答案。哈密顿路径问题 DNA 算法的解见图 11.11。

DNA 反应计算的核心是 DNA 序列中的碱基配对原则。序列依据 DNA 序列中的碱基配对原则，互补的 DNA 单链形成 DNA 双螺旋结构。DNA 反应计算的步骤为：

① 将分别代表城市之间航班的 DNA 序列与相应的飞机到达地的补码的首部，依据 DNA 序列中的碱基配对原则部分构成 DNA 双螺旋结构；

② 城市补码的尾部与从该城市起飞的航班的 DNA 序列的首部之间，又依据 DNA 序列中的碱基配对原则部分构成 DNA 双螺旋结构；

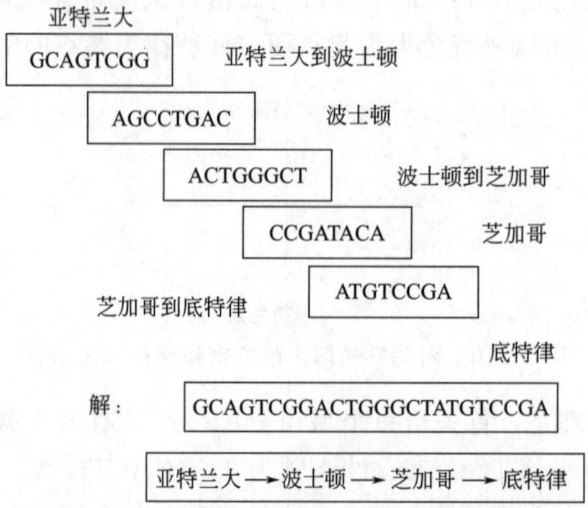


图 11.11 哈密顿路径问题 DNA 算法的解

③ 如此反应下去，得到正解。但要注意的是，反应产物中只有一个是所要得到的正解。

该问题的哈密顿答案是这样得到的：a. 亚特兰大到波士顿航班（GCAGTCGG）和波士顿互补名（AGCCTGAC）两个 DNA 序列局部互补，局部合成为 DNA 双链结构；b. 波士顿到芝加哥的航班（ACTGGGCT）的首部与波士顿补名的尾部互补，合成起来得到二步解；c. 最终得到哈密顿路径问题的解的分子序列为 GCAGTCGGACTGGGCTATGTCCGA，将其分配成三段代表三个航班号，翻译出来即为：亚特兰大→波士顿→芝加哥→底特律。

这种基于 DNA 分子的计算技术的优越性体现在以下几个方面。

① 一台传统电子计算机每秒钟都可以进行约 $10^5$ 次运算。最近在市场上可以购买得到的、最快的超级计算机每秒钟可执行大约 $10^{12}$ 次运算。如果两个 DNA 分子的连接（结连作用）被认为是一次运算，则这种基于分子的计算每秒钟可以进行大约 $10^{15}$ 次或者更多次。在这一规模上，基于分子的计算每秒钟的运算次数可超过当前超级计算机 1000 多倍。

② 单个试管能够容纳 $10^{19}$～$10^{20}$ 个 DNA 链，每一个 DNA 链利用它的核苷酸序列可对一串数据进行编码。通过分子生物学技术，可用不同的运算方式：合并 DNA 链运算，在适当位置切割 DNA 链运算、用给定的核苷酸序列提取 DNA 链运算等，对这些编码数据进行操作控制。虽然，单个运算较慢，需要运行几秒钟，比较而言电子计算机只要几微秒，但是，这些运算是同时在试管中的所有 DNA 上运行的。因此，基于 DNA 的计算具有巨大的潜在并行处理机制，它对这类搜寻问题的处理比传统电子计算机快得多。

③ 原则上，1kJ 的吉布斯自由能就足以进行大约 $2\times10^{19}$ 次分子的连接运算。根据热力学第二定律确定的每焦耳（在 300K 下）执行 $34\times10^{19}$ 次运算的理论最大值，分子计算具有十分显著的能量效率。现有的超级计算机能量效率很低，每焦耳最多能执行 $10^5$ 次运算。因此，分子计算的能量消耗与当前超级计算机的能耗比较也非常小。

④ 电子计算机的一个主要优点是能够提供各种不同运算，并能灵活应用这些运算。在一台电子计算机上能很有效地进行两个 100 位整数乘法的运算，而在一台分子计算机上使用当前有效的算法和酶进行这一计算还是一项艰巨任务。但是，对于有向哈密顿路径问题，现

有的电子计算机的计算效率非常低，而运用分子生物学提供的计算技术能够进行巨大的并行搜寻计算，因此在近期内，可以想象得到只有分子计算才能够与电子计算抗衡。

生物电子计算机的研究，给人们展示了诱人的前景：一旦在研究生物芯片的结构方面和有机体的信息处理功能方面取得重大突破，那么就将产生十分优越的新一代计算机。生物计算机比它的前辈具有如下优点。

① 体积小、容量大、速度快。当代计算机硅片上的一个比特信息包含了上万亿个分子，而在生物电子计算机中，一个分子就能存储至少一个比特的信息，因此存储量和验算速度将分别达到硅片计算机的 $10^9$ 倍和 $10^8$ 倍，它不仅可以组成三维结构，而且可以使目前大型计算机袖珍化，甚至装入人们的口袋。

② 可克服当代计算机的一系列缺点。由于生物分子具有的低阻抗、低能耗，生物电子计算机能很好地克服当代计算机所存在的硬件加工困难、信号干扰严重和散热问题难解决等缺点，从而保证计算机的高度可靠性。

③ 具有自我复制和自我改善的功能。由于生物计算机具有生物体的一些特点，它可依靠大量生物分子单元之间十分协调的相互配合而工作，所以其自我组织、自我修复、自我改善的功能比当代的电子计算机要强得多。

④ 具有可思维性和复杂的处理功能。生物计算机的最大魅力在于它的可思维性。电子生物有机分子中存在着各种能够输送信息的粒子，而且生物有机分子本身种类繁多，构造各异，这就使得它在设计更新颖的电路结构方面比常规半导体材料变得更为有利。因此，可以设想，生物计算机比脑系统和目前的数字计算机具有更复杂的处理功能和丰富的可思维性。

⑤ 可直接接受人脑的指挥。由于生物分子与生物体同质，生物计算机可植入人体，成为人体的一个器官，并和大脑、神经系统有机地连接，使计算机直接接受人脑的指挥。这不仅延伸和扩充了人脑，大大提高其功能，还将改进人类的思维方式。

显而易见，生物计算机具有当代硅片计算机所无法比拟的优点。一旦生物计算机研究工作有了重大进展，人工智能也将取得重大突破，人类将会彻底改变自身和自然界，其意义是极为深远的。

## 复习题

1. 什么是信息？什么是信息技术？简述信息与化学之间的关系。
2. 材料的磁性能与分子结构具有什么关系？主要的磁性记录材料有哪些？
3. 简述半导体 GaAs 的主要特点。
4. 写出制备硅半导体的主要化学反应式，说明为何制备粗硅时必须在高温下进行。
5. 简述光导纤维的结构与功能，常用的光纤有哪些？
6. 简述液晶的特征和显色的基本原理。

## 习　题

1. 举例说明集成电路及芯片制造中的材料与化学的关系？
2. 目前应用最广泛的半导体信息处理材料是什么？有哪些优缺点？未来发展趋势如何？
3. 举例说明 n 型半导体和 p 型半导体的工作原理。
4. DNA 反应计算的核心是什么？基于 DNA 分子的计算技术的优越性体现在哪些方面？
5. 通过本章的学习，你对化学与信息科学之间的关系有何新的看法？

第 11 章参考答案

# 第 12 章　化学与生命

生命科学与化学科学之间的相互渗透、相互促进，对于生命科学和化学的发展都起着极其重要的作用。

## 12.1　生命的化学本质

### 12.1.1　生命科学与化学的关系

现代生命科学是在不断地研究和阐明生命现象中的化学问题过程中发展起来的。几乎所有生命科学的重要发现和突破，都包含了大量化学方面的研究工作。例如，三羧酸循环的发现和阐明，遗传物质 DNA 的确定以及 DNA 双螺旋结构的发现，蛋白质的组成和结构测定等，都是生物化学家和化学家们共同努力的结果。

20 世纪下半叶，生物学进入了分子生物学时代。分子生物学研究生物大分子物质的结构、性质与功能。当传统生物学发展到在分子水平来阐述生命现象时，它不仅是使研究对象微观化，更重要的是使整个研究方法发生变革，它开始大量应用化学的最新概念、定律以及仪器设备。正因为如此，最早的分子生物学家大多在化学上有很深的造诣，而并非来自传统的生物学领域。

现代生命科学的发展，需要化学学科更深入的渗透和融合。另一方面，生命科学中化学问题的研究已经成为化学学科的重要研究内容。对这些问题的深入研究和阐明，不仅对于生命科学的发展具有重要意义，而且必将对化学学科本身的发展产生深远影响。例如，酶为什么具有催化作用，而且具有特殊的选择性和高效性？为了阐明酶的这一特性，就需要详细研究酶分子的化学组成、特殊的立体结构、酶分子中各种基团的相互影响，以及酶分子与底物分子之间的相互作用等。在此基础上，发展和建立了两个新的化学研究领域：①模型酶的研究，已经成为现代有机化学、无机化学和理论化学的重要发展方向；②分子识别和超分子的研究，极大地丰富了人们对于非共价作用力在复杂的分子体系中重要作用的认识。可以预期，随着对生命科学前沿问题的深入研究，一些新的化学现象和规律将被发现，新的研究领域也将出现。

### 12.1.2　构成生命的基本物质

宇宙本是一个统一的整体，传统科学却把它分为物理世界与生命世界两大部分，二者之间似乎存在着不可逾越的鸿沟，但现代生命科学的发展却正在填平这个鸿沟，从而阐释自然界的统一性、精神与物质的统一性。

人类对生物体的研究从研究个体开始，到研究器官组织，再到研究细胞，再到研究生物大分子。随着研究的深入，人们越来越认识到了自然界的统一性。无论是物理世界还是生命世界，其物质基础都统一到了有限种类的原子，由有限的原子结合成了结构简单的小分子；这些小分子进一步化合，出现了蛋白质、多糖、核酸等生物大分子；这些生物大分子可以进一步组合为具有一定功能的生物超分子，如核蛋白、糖蛋白、酶系统等；若干生物超分子构成具有特定生命功能的细胞器；各种细胞器组合在一起，形成一个具有完整功能的细胞，细胞即是生命体的基本单元。因此，从化学构成的角度来看，生物与非生物没有什么不同，生物体也是由各种原本没有生命的化学物质组成的，生命现象其实就是这些物质进行各种物理及化学运动的综合反映。

从藻类到高等植物，从大肠杆菌到人类，虽然表面上看千差万别，但是，都存在一些最基本的共同点：所有的生命物体都由糖、脂、核酸和蛋白质等生物分子以及水和无机离子组成；所有的生命物体的遗传信息物质都是 DNA(极少数是 RNA)，并且具有基本相同的遗传信息传递模式；所有生命物体都具有相似的能量转换机制，ATP 是所有生物的能量转换中间体。随着研究的深入，人们已经发现和阐明了构成生命现象的共同基础和原则。

### 12.1.2.1　生物体的元素组成

组成生物体的物质是极其复杂的，但是它们的元素组成则比较简单，在生命的物质体系中并没有一种元素为生物体所独有，构成生物体的所有元素都普遍存在于非生物界中。这正好说明，生物界和非生物界在物质组成上的统一性。以人体为例，把参与人体组成的元素与元素周期表比较可以看出，这些元素大多集中在周期表中的上部和中间部分。图 12.1 给出了生命元素在周期表中的分布。

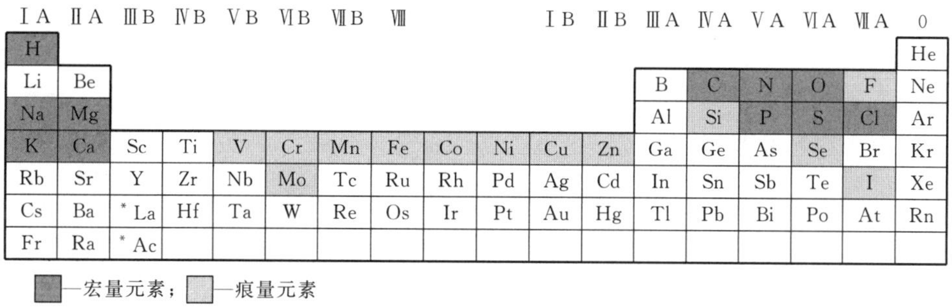


图 12.1　构成生命的基本元素

然而，生物体中各种化学元素的含量与自然界中相应元素的含量却不尽相同。元素硅(Si) 在地球表面极为丰富，但是在生物体中含量很低；在化学性质上与硅相近、同为四价的碳 (C)，却是生命不可缺少的极为重要的元素；在自然界中，碳、氢和氮三种元素的总和还不到元素总量的 1%，但在生物体中氧、碳、氢和氮四种元素竟然占了 96%以上。类似的许多现象都表明，大自然在进化过程中选择这些元素参与生命的组成，绝非偶然。从各个元素的原子构造和化学性质去寻求答案，将是很有意义的研究课题。

### 12.1.2.2　生物小分子

生物体由各种各样的大、小分子组成，生物分子是生物体最重要的组成部分，是生物体和生命现象的结构基础和功能基础，学习各种生物分子的结构和功能，是理解生命奥秘的基础。

按分子量的不同可以把生物分子区分为生物大分子和生物小分子。实际上，已知的生物大分子都是由某些特定的生物小分子为单体所组成的多聚物，如由氨基酸组成蛋白质，由核苷酸组成核酸，由单糖组成多糖。但是，这些作为单体的生物小分子，本身也有其各自的生物功能。

(1) 氨基酸

氨基酸是化学结构特征相近的一类生物小分子。已经发现的天然氨基酸有 180 多种，其中有 20 种氨基酸是生命合成天然蛋白质的原料，被称为基本的氨基酸（表 12.1）。这 20 种基本氨基酸有十分相近的结构，可用如下通式表示：

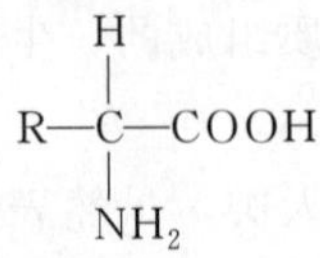

20 种氨基酸的差别就体现在 R 侧链基团的不同上，因 R 侧链基团的不同，相应氨基酸表现出不同的物理和化学性质。结构与性质不同的侧链不但影响各个氨基酸的性质，并且还对由氨基酸组成的蛋白质大分子的立体结构和性质产生极大的影响。20 种基本氨基酸的名称与结构见表 12.1。

**表 12.1　20 种基本氨基酸的名称与结构**

| 符号 | 中文名称 | 英文名称 | R 基团的结构 |
|---|---|---|---|
| Ala | 丙氨酸 | Alanine | $—CH_3$ |
| Arg | 精氨酸 | Arginine | $—CH_2CH_2CH_2NHC(NH)NH_2$ |
| Asn | 天冬酰胺 | Asparagine | $—CH_2CONH_2$ |
| Asp | 天冬氨酸 | Aspartic acid | $—CH_2COOH$ |
| Cys | 半胱氨酸 | Cysteine | $—CH_2SH$ |
| Gln | 谷氨酰胺 | Glutamine | $—CH_2CH_2CONH_2$ |
| Glu | 谷氨酸 | Glutamic acid | $—CH_2CH_2COOH$ |
| Gly | 甘氨酸 | Glycine | —H |
| His | 组氨酸 | Histidine | $—CH_2$—咪唑基 |
| Ile | 异亮氨酸 | Isoleucine | $—CH(CH_3)CH_2CH_3$ |
| Leu | 亮氨酸 | Leucine | $—CH_2CH(CH_3)_2$ |
| Lys | 赖氨酸 | Lysine | $—CH_2CH_2CH_2CH_2NH_2$ |
| Met | 蛋氨酸 | Methionine | $—CH_2CH_2SCH_3$ |
| Phe | 苯丙氨酸 | Phenylalanine | $—CH_2—Ph$ |
| Pro | 脯氨酸 | Proline | ① |
| Ser | 丝氨酸 | Serine | $—CH_2OH$ |
| Thr | 苏氨酸 | Threonine | $—CH(OH)CH_3$ |
| Trp | 色氨酸 | Tryptophan | $—CH_2$—吲哚基 |
| Tyr | 酪氨酸 | Tyrosine | $—CH_2—Ph—OH$ |
| Val | 缬氨酸 | Valine | $—CH(CH_3)_2$ |

① 脯氨酸为亚氨基酸，其结构为 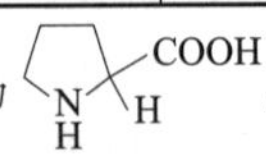 。

（2）单糖

单糖也是一类因化学结构相似而划分在一起的生物小分子，它们的共同特征可以概括为一句话：多羟基的醛或酮称为糖。在生物体内，单糖除了作为原材料用以合成寡糖与多糖外，还是重要的能源物质。

在生物世界中最为重要的单糖是葡萄糖。这不但是因为葡萄糖是组成淀粉、纤维素、糖原等重要多糖大分子的单体成分，更重要的是，葡萄糖是生物体内重要的能源物质。从低等生物大肠杆菌、酵母到高等生物哺乳动物和人类，细胞内都有类似的代谢途径能够氧化分解葡萄糖，取得能量供给生命活动之需。可见，葡萄糖作为能源分子在生物进化中出现得很早，保持得很久。

葡萄糖有六个碳原子，所以叫六碳糖，又称为己糖。其第一碳是醛基碳，第二至五碳上都连接羟基，所以符合上面所述“多羟基的醛”。葡萄糖的分子式可以写为 $C_6H_{12}O_6$，另一种常见的单糖——果糖与葡萄糖是同分异构体，所不同的是果糖的羰基在第二碳上，属于“多羟基的酮”。

除葡萄糖外，还有必要再认识几个在生命科学中比较重要的单糖。

半乳糖和甘露糖都属六碳醛糖，它们的分子式都和葡萄糖一样，三者之间的区别仅在于结构式第二碳和第四碳上的羟基的方向不同，如图 12.2 所示。从化学性质来看，它们是性质相似的三种己糖，可是在生物体内，三者的差别很大，这也充分说明了生物分子的结构对其功能的影响。

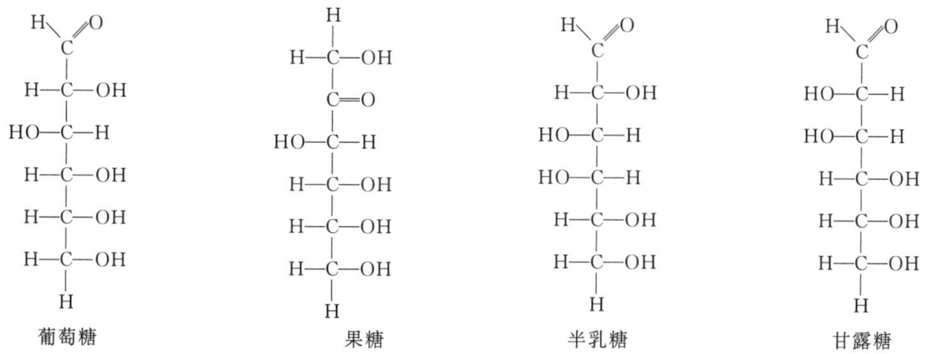

图 12.2　几种常见己糖的结构式

戊糖（五碳糖）中特别应注意核糖，核糖第二位碳的羟基脱去氧则成为 2-脱氧核糖，核糖与 2-脱氧核糖是组成核苷酸的重要成分，图 12.3 给出了这两种戊糖的结构式。

图 12.3　核糖及 2-脱氧核糖的结构式

（3）核苷酸

核苷酸亦是依据结构相似归为一类的生物小分子，但是它在结构上，要比氨基酸和单糖复杂一些。核苷酸分子由三个部分组成：碱基、戊糖和磷酸，其结构如图 12.4 所示。

图 12.4　核苷酸分子结构式

构成核苷酸的碱基有两类，分别为嘧啶和嘌呤。嘧啶碱基的母核是一个含两个氮原子的六元环，称为嘧啶环。因侧链取代基团不同而有不同名称。出现在核酸大分子中的共有三种嘧啶：胸腺嘧啶（T）、尿嘧啶（U）和胞嘧啶（C）。嘌呤碱基的母核由一个嘧啶环和一个五元氮杂环并在一起而成。嘌呤亦因侧链取代基团不同而有不同名称，出现在核酸大分子中的嘌呤共有两种，分别是腺嘌呤（A）和鸟嘌呤（G）。五种碱基的结构式如图 12.5 所示。

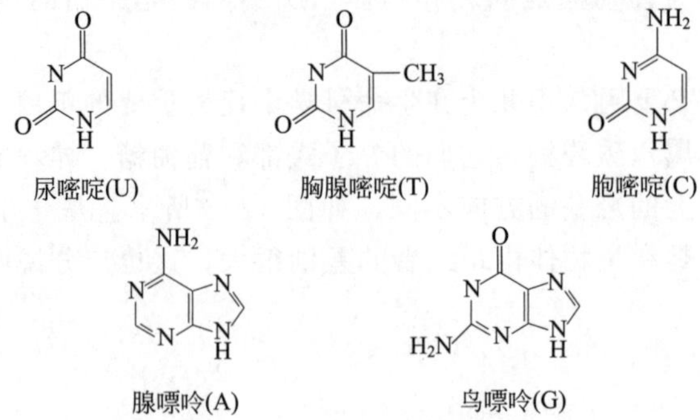


图 12.5 构成核苷酸的五种碱基的结构式

嘌呤或嘧啶碱基和核糖或脱氧核糖通过 $\beta$-糖苷键连接形成的化合物统称核苷。依据所含碱基不同，可分别形成五种核糖核苷和五种脱氧核糖核苷，但在生物体中却只存在其中的八种，如表 12.2 所示。

**表 12.2 生物体中核苷酸的组成及分类**

| 碱 基 | + | 核 糖 | → | 核 苷 | + | $H_3PO_4$ | → | 核 苷 酸 |
|---|---|---|---|---|---|---|---|---|
| 腺嘌呤(A) | + | 核糖<br>脱氧核糖 | → | 腺苷<br>脱氧腺苷 | + | $H_3PO_4$ | → | 腺苷酸(AMP)<br>脱氧腺苷酸(dAMP) |
| 鸟嘌呤(G) | + | 核糖<br>脱氧核糖 | → | 鸟苷<br>脱氧鸟苷 | + | $H_3PO_4$ | → | 鸟苷酸(GMP)<br>脱氧鸟苷酸(dGMP) |
| 尿嘧啶(U) | + | 核糖<br>— | → | 尿苷<br>— | + | $H_3PO_4$ | → | 尿苷酸(UMP)<br>— |
| 胞嘧啶(C) | + | 核糖<br>脱氧核糖 | → | 胞苷<br>脱氧胞苷 | + | $H_3PO_4$ | → | 胞苷酸(CMP)<br>脱氧胞苷酸(dCMP) |
| 胸腺嘧啶(T) | + | —<br>脱氧核糖 | → | —<br>脱氧胸腺苷 | + | $H_3PO_4$ | → | —<br>脱氧胸腺苷酸(dTMP) |

核苷中糖的 5 位碳上通过磷酸酯键联结一个磷酸，便形成核苷酸，在 DNA 或 RNA 的水解产物中，可以分别找到 4 种核糖核苷酸，4 种脱氧核糖核苷酸。

#### 12.1.2.3 生物大分子

蛋白质、核酸和多糖是三类主要的生物大分子。它们可以在酶的作用下，分别水解为各自的单体，即氨基酸、核苷酸和单糖。

(1) 蛋白质

蛋白质存在于所有的生物细胞中，是构成生物体最基本的结构物质和功能物质。蛋白质在重量上占细胞干重的一半以上。肌肉、皮肤、血液和毛发等的重要成分是蛋白质。蛋白质参与几乎所有的生命活动过程，酶是生物体代谢变化的催化剂，酶的主要成分是蛋白质；许多激素和细胞生长分裂的调节因子是蛋白质；细胞表面和内部各种受体是蛋白质。因此，可以说蛋白质是生命活动的物质基础。

构成蛋白质的基本单元是氨基酸。一个氨基酸分子中的氨基与另一个氨基酸分子中的羧基脱水缩合形成的酰胺键称为肽键，所形成的化合物称为肽。由两个氨基酸组成的肽称为二肽，由多个氨基酸组成的肽则称为多肽。组成多肽的氨基酸单元称为氨基酸残基。

蛋白质是由一条或多条多肽链以特殊方式结合而成的生物大分子。蛋白质与多肽并无严格的界线，通常是将分子量在 6000 以上的多肽称为蛋白质。蛋白质分子量变化范围很大，从大约 6000 到 1000000 甚至更大。

蛋白质分子的结构非常复杂，一般非生命物质分子的结构就是指其化学结构，但作为生物大分子的蛋白质除了化学结构外，还具有更复杂的高级结构，即空间结构。也就是说，蛋白质分子不是随机存在的，而是具有特定的空间形状。蛋白质分子的空间结构对其生物学功能是至关重要的，空间结构的改变将可能导致蛋白质分子生物活性的降低甚至完全丧失。事实上，蛋白质分子很多特有的生物学功能就是由于其特殊的空间形状而产生的。蛋白质分子空间结构的形成取决于其化学结构，特别是侧链基团的性质。蛋白质分子化学结构与其空间结构之间的关系如图 12.6 所示。

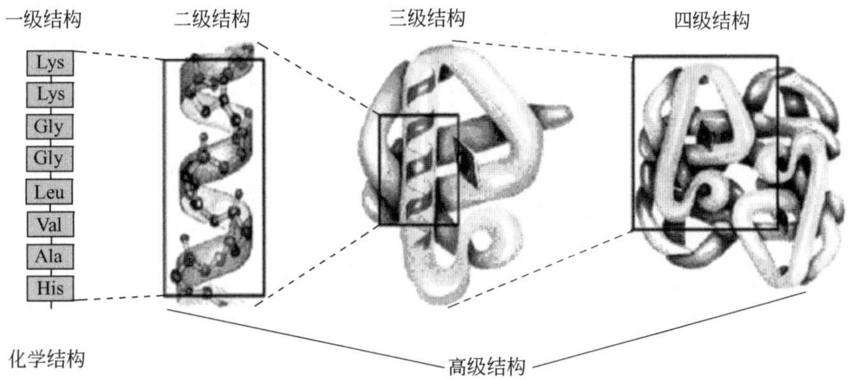


图 12.6　蛋白质分子化学结构与空间结构之间关系示意图

一个庞大的蛋白质分子中任何一个片段都是经过漫长的进化优化而来的，即使只有一个氨基酸残基甚至是一个氨基酸残基上所连接的基团发生改变，都可能改变这个蛋白质的高级结构，从而改变它的生物学活性。例如：镰刀形贫血病患者的血红细胞合成了一种不正常的血红蛋白（Hb-S），它与正常的血红蛋白（Hb-A）的差别仅仅在于 β 链的 N-末端第 6 位残基发生了变化，Hb-A 第 6 位残基是极性的谷氨酸残基，Hb-S 中换成了非极性的缬氨酸残基，这一变化使血红细胞收缩成镰刀形，输氧能力下降，易发生溶血。这说明了蛋白质分子结构与功能关系的高度统一性。

（2）核酸

根据戊糖的结构不同，核酸被分成两大类：含核糖的核糖核酸（RNA）和含脱氧核糖的脱氧核糖核酸（DNA）。DNA 和 RNA 都分别各含有四种碱基。在 DNA 分子中的碱基是腺嘌呤（A）、鸟嘌呤（G）、胸腺嘧啶（T）和胞嘧啶（C）。RNA 分子中的碱基除以尿嘧啶（U）代替胸腺嘧啶外，其余三种与 DNA 分子中的完全相同。DNA 主要存在于细胞核中，是组成染色体的主要成分，而 RNA 主要存在于核外细胞质中。

核酸大分子是核苷酸与核苷酸通过磷酸二酯键相连而形成的一条多聚核苷酸链。如图 12.7 所示，最下方一个核苷酸的磷酸连在上一个核苷酸糖的第三位羟基上，依次相连上去，形成一条长链。

与蛋白质相似，多核苷酸链的结构也很复杂，20 世纪 50 年代初期，华生（J. Watson）和克里克（F. Crick）共同提出 DNA 分子结构的双螺旋模型，被认为是开创生命科学新纪元的里程碑。因为这个模型既符合当时所知道的 DNA 的物理化学性质，又满足了人们对 DNA 作为遗传信息载体的预测。双螺旋结构模型示意如图 12.8 所示。

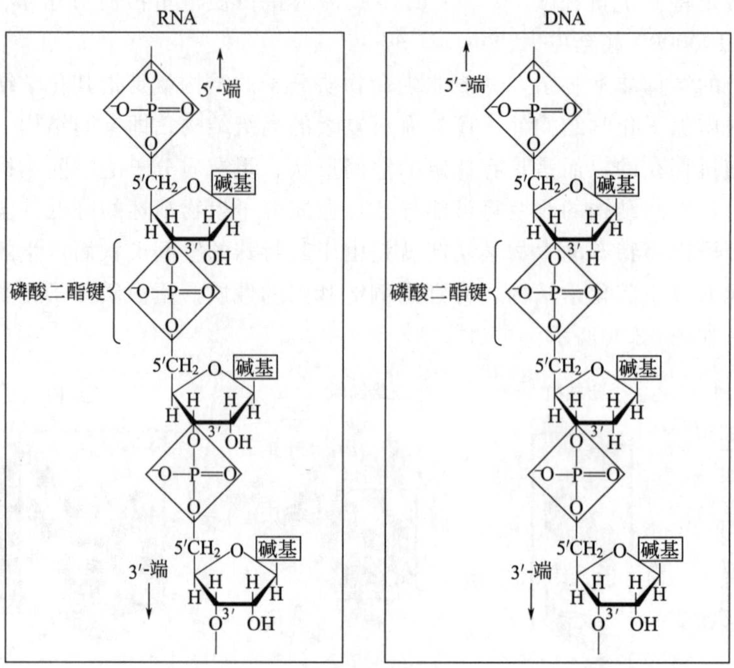


图 12.7　核酸分子结构示意

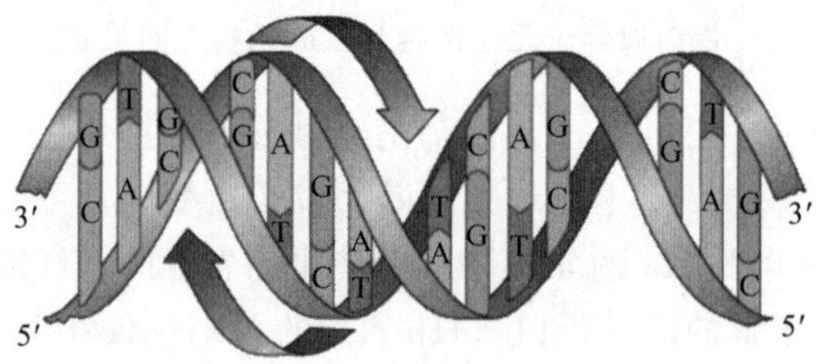


图 12.8　DNA 双螺旋结构模型示意

DNA 双螺旋模型的要点如下：

① DNA 分子由两条反向平行的多核苷酸链组成双螺旋；

② 链的主体是糖基与磷酸基，以磷酸二酯键相连接而成；

③ 与糖基以糖苷键相连的嘌呤或嘧啶碱基位于螺旋中间，碱基平面与螺旋轴相垂直，两条链的对应碱基之间通过氢键连接，呈 A-T、G-C 配对关系。

实际上，双螺旋模型是 DNA 大分子的二级结构。在双螺旋结构的基础上，DNA 大分子进一步折叠盘绕，在细胞内形成染色质或染色体。

细胞内的 DNA 起着遗传信息载体的作用。遗传信息记录在 DNA 分子的碱基序列中，通过 DNA 分子的半保留复制，准确地由上代传递至下代。

（3）多糖

由少数单糖（2～10 个）通过糖苷键连接而成的聚合物称为寡糖，寡糖中最常见的是由两个单糖结合在一起的二糖。日常食用的蔗糖就是一种二糖，它由一个葡萄糖分子和一个果糖分子结合而成；动物乳汁中的乳糖也是一种二糖，它由一个葡萄糖分子和一个半乳糖分子结合而成；麦芽糖是淀粉水解产生的双糖，它由两个葡萄糖分子组成。

由十个以上的单糖聚合而成的聚合物称为多糖。每条肽链或多核苷酸链都是简单的直线链，而糖链却可以有分支，糖链中间的单糖残基的多个碳原子上有羟基，可以与另一个单糖的半缩醛羟基结合形成糖苷键，由此生成分支。

多糖在生物体中主要担负着两个方面的功能。一是能量储备，植物种子和块根、块茎中的淀粉储备能量，供种子发芽或块根、块茎中的幼茎成长时使用；动物体内的糖原也是能量储备物质，肝脏中的肝糖原、肌肉中的肌糖原，储备着供长时间运动或饥饿时使用，淀粉和糖原都是葡萄糖通过 α-糖苷键连接而成，都有环状的高级结构。二是支持骨架，植物细胞壁中的纤维素起着支持骨架的作用，纤维素也是以葡萄糖为单体形成的多糖，与淀粉的不同在于纤维素中葡萄糖残基之间糖苷键是 β-糖苷键。纤维素结构如图 12.9 所示。所以，纤维素糖链的高级结构不像淀粉那样形成螺旋环状，而是致密排列的线状，各种纤维素链之间又有许多氢键把它们捆绑在一起，使之具有相当的韧性和强度。

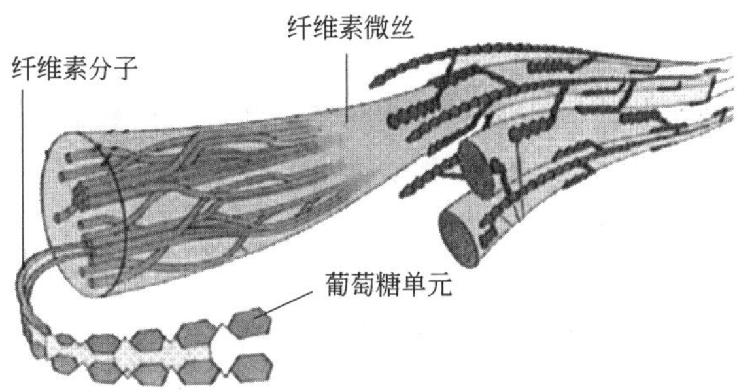


图 12.9　纤维素结构示意图

## 12.1.3　生命活动的基本规律

生命现象基本的化学本质已经开始被揭示。科学家们发现了具有划时代意义的脱氧核糖核酸（DNA）双螺旋结构，发展了 DNA 重组技术，揭示了生命遗传的化学本质。在此期间，蛋白质三维结构、酶作用机制、生物能量转换机制以及神经传导物质等的发现和阐明，使人们看到了最终揭示生命奥秘的前景。

### 12.1.3.1　生物分子的相互作用

生物大分子与普通的小分子不同，生物大分子之间存在着一种特殊的、专一性的相互作用，其结果是导致分子之间的相互识别和形成超分子。生物分子的这种特性是许多重要生理现象的分子基础，例如抗体与抗原的结合作用，酶与底物的专一性作用等。近几年来，关于分子识别机制、分子识别模型的建立、分子识别与药物分子的选择性关系等的研究已经成为生物化学和化学领域研究的热门课题。

生物分子具有非常复杂的化学组成和立体结构，其内部含有大量的各种不同基团，这些基团之间存在着复杂的相互作用，包括氢键、正负离子之间的静电引力、离域键间的电子重叠作用力、疏水键以及范德华力等。生物分子越大，缔合位点越多，分子之间的相互作用越强，这些作用力对生物分子的性质产生重要影响。生物分子之间的识别能力也由此产生。

分子识别是生命现象中的一个重要特性。本质上是生物分子之间的一种特殊的、专一性的相互作用结果。受体与底物相互作用和识别必须满足如下条件：受体空间的大小和形状要与底物分子相吻合；受体内腔表面的基团与底物表面的基团之间存在着互补关系，即通过氢键、正负离子之间的静电引力、芳香基团中离域键间的电子重叠作用力和疏水键等弱的分子间作用力来维系和稳定受体-底物间的缔合状态。

如果同时存在两个结构相似的底物分子，则它们将相互竞争与受体的缔合。这种作用是酶的抑制作用以及药物分子的专一性作用的分子基础。

#### 12.1.3.2 细胞能量的获得

除了绿色植物和光合细菌外，所有其他生物体都不能直接利用太阳能，都是直接地（对于食草动物来讲）或间接地（对食肉动物来讲）利用通过光合作用固定在有机化合物分子中的化学能。即使绿色植物本身的非绿色部分，如根部、茎部等处不含叶绿体的细胞，亦是依赖有机化合物分子中的化学能维持生命活动。

生物氧化是从有机化合物分子中释放化学能的主要途径，细胞内的生物氧化与木材燃烧相似，实际上是葡萄糖分子在氧分子参与下分解为二氧化碳和水的氧化分解过程，其反应方程式为：

$$C_6H_{12}O_6 + 6O_2 \longrightarrow 6CO_2 + 6H_2O$$

细胞内使用的燃料，在大多数情况下是葡萄糖，活细胞内每时每刻在进行的有机物生物氧化取得能量的过程，与木材燃烧有许多相似之处。显然，细胞内氧化也需要供给氧气，生成二氧化碳。对于大多数生物来说，呼吸（吸入 $O_2$，呼出 $CO_2$）是一个时刻不停的重要生理过程。

细胞内的生物氧化又有许多不同于木材燃烧的特点：细胞内的生物氧化所释放的能量，不是以光能和热能的形式骤然释放，而是有控制地分步放出，释放出的能量转储在一些高能分子中，方便于生命活动中使用。ATP(三磷酸腺苷)、NADPH(还原型烟酰胺腺嘌呤磷酸二核苷酸）和 NADH(还原型烟酰胺腺嘌呤二核苷酸）是细胞中与生物氧化密切相联系的高能分子，因为它们可以在各种生命活动过程中方便地使用，又被称为“能量货币”。细胞内生物氧化是由酶催化的，许许多多酶的参与使整个过程有条不紊，控制有序，从而最大限度地把释放出的化学能暂储于高能分子中。

#### 12.1.3.3 酶

细胞的代谢反应，绝大多数是在酶的催化下进行的。胞外物质进入细胞，胞内代谢反应的发生，都需要酶来催化。

根据反应活化能学说，能够自发进行的反应，其反应底物分子需要超越一定的活化能，才能参与到反应中去，酶由于与底物的结合，使反应活化能大为降低，从而使反应速率加快。

应该特别注意，酶作为催化剂，仅仅能够使反应速率加快，并不能改变反应的方向。酶只能催化可以自发进行的反应，使反应较快地达到平衡点。酶不可能催化不能自发进行的反应，也不可能改变反应的平衡点。

酶作为生物催化剂除具有一般催化剂的共性外，还具有自身的特点，如酶的催化效率特别高，酶的催化作用有高度的专一性，酶的活性可以调节等。酶活性调节的方式多种多样，除了环境温度、pH 值可影响酶的活性外，还有一些调节物可以专一地调节酶活性，例如有的调节物分子在外形上与底物相似，因此能与底物竞争结合酶的活性中心，这种调节物称为酶的竞争性抑制剂。

许多酶抑制剂被证明是十分有效的药物。当然，需要谨慎选择和试验，保证被用作药物的抑制剂只抑制致病菌的酶，不会因抑制人体自身的酶而给人体带来毒性。

磺胺药就是一种酶抑制剂。磺胺药大多数是对氨基苯磺酸类化合物，其化学结构十分相似于对氨基苯甲酸。而对氨基苯甲酸是许多细胞用来制造维生素叶酸的原料。所以，磺胺类药作为竞争性抑制剂抑制细菌细胞制备叶酸的酶，致病原菌于死地。磺胺药被广泛地用于消炎灭菌，治疗肺炎等疾病。人体从蔬菜中获取叶酸，自身并不需要从对氨基苯甲酸合成叶酸，所以磺胺药不妨碍人体内需叶酸参与的代谢。

青霉素亦是一种酶抑制剂。青霉素竞争性抑制细菌制造自身细胞壁成分的酶，在青霉素作用下，细菌不能合成完整的细胞壁，易被杀死。人体没有合成细胞壁问题，所以不受青霉素毒害。青霉素作为第一个被发现的抗生素，一直使用至今。

许多有机磷杀虫剂也是酶抑制剂，专门抑制昆虫的乙酰胆碱酯酶。此酶能催化神经递质乙酰胆碱的水解，使神经递质在完成神经兴奋的传递任务后，尽快消失。在有机磷作用下，昆虫的神经递质乙酰胆碱不能很快消失，神经细胞处于持续兴奋中，表现为震颤不已，直至死亡。由于该机制对人体也起作用，因此，有机磷杀虫剂对人体也是有毒的，应该慎用。

科研人员正在从各种来源寻找更为有效的、有选择性的酶抑制剂来对付如艾滋病这样的疑难疾病。

随着对生物研究的深入，人们发现生物与非生物之间的界限开始变得模糊起来。生物学家通过研究病毒知道，生命与非生命之间并没有绝对界限，除了“非此即彼”，还有“亦此亦彼”。生命现象所表现出来的神秘，是由于我们对它的认识还不够。人类探求生命本质的活动由来已久，虽然至今尚未有一个普遍接受的定义，但随着生命科学的发展和人们认识能力的提高，对生命本质的认识已越来越深入，正如薛定谔在《什么是生命》一书中所说“目前的物理和化学虽然还缺乏说明（在生物体中发生的各种事件）的能力，然而丝毫没有理由怀疑它们是可以用物理学和化学去说明的”。

## 12.2　生化战剂

生化武器是一种大规模杀伤性武器，虽然国际上有一系列的公约协定禁止其生产、储存和使用，但生化恐怖袭击确实是一个潜在的威胁。

生化恐怖事件的发生率较低，但危害程度高于一般恐怖事件。生化恐怖的处置行动具有较高的技术含量，有必要了解一些相关的知识。

### 12.2.1　化学战剂

化学战剂一般具有很强的毒性，此外还有中毒途径多、杀伤范围广、作用迅速、持续时间长、影响因素多等特点。化学战剂种类很多，分类的方法也有多种，例如按照作用持续时间可分为暂时性毒剂和持久性毒剂；按照基本杀伤类型可分为致死性毒剂和非致死性毒剂；按毒害发作快慢可分为速效性毒剂和缓效性毒剂；通常按照其毒理作用和临床症状进行分类，将其分为神经性毒剂、糜烂性毒剂、窒息性毒剂、失能性毒剂、刺激性毒剂和全身中毒性毒剂等。

#### 12.2.1.1　神经性毒剂

神经性毒剂是破坏神经系统正常功能的毒剂，这类毒剂主要通过呼吸道吸入或皮肤吸收引起中毒。其中毒症状是胸闷、缩瞳、流涎、多汗、呼吸困难、抽筋等。严重时，如不及时救治，可迅速死亡。

神经性毒剂主要是有机磷酸酯衍生物，该类毒剂毒性强、中毒途径多、作用迅速、杀伤力强、危害持续时间长，是最主要的一类军用毒剂。中毒后主要引起中枢神经系统、自主神经系统、呼吸系统及血液循环系统的功能障碍。病理变化可见皮肤、黏膜及内脏充血、出血及水肿、脑膜及脑实质充血、神经细胞坏死等改变。敌敌畏、马拉硫磷等许多剧毒有机磷农药，其作用机制及毒理性质与神经性毒剂相同，但毒性较低。

神经性毒剂一般分为两类，即 G 类神经毒剂和 V 类神经毒剂，其主要代表 G 类有塔崩、沙林和梭曼，V 类有维埃克斯（VX）。此外，尚有 GE、GF 和 VE 等。

几种常见的神经性毒剂列于表 12.3 中。

**表 12.3　几种常见的神经性毒剂**

| 名　称 | 代号 | 化　学　名　称 | 结　构　式 |
|---|---|---|---|
| 塔崩(tabun) | GA | 二甲氨基氰磷酸乙酯 | 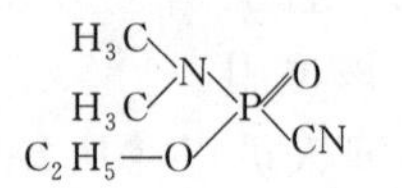 |
| 沙林(sarin) | GB | 甲氟膦酸异丙酯 | 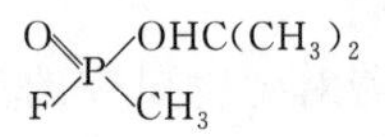 |
| 梭曼(soman) | GD | 甲氟膦酸异己酯 | 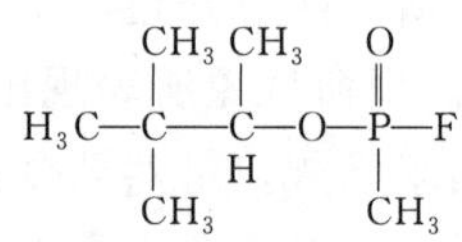 |
| 维埃克斯(VX) | VX | *S*-(2-二异丙基氨乙基)甲基硫代膦酸乙酯 | 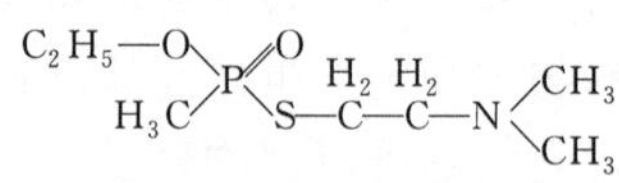 |

此类毒剂均为无色水样液体，维埃克斯为无色油状液体，沸点高，凝固点低，化学性质比较稳定。塔崩略有芳香水果味，沙林几乎无味，工业品梭曼有樟脑气味，维埃克斯有硫醇味。沙林和梭曼的挥发度大，20℃时，前者挥发度为 $12100mg \cdot m^{-3}$，后者为 $2000mg \cdot m^{-3}$，塔崩挥发度较小，仅 $400mg \cdot m^{-3}$，维埃克斯几乎不挥发。

沙林、梭曼及塔崩均能逐渐水解，水解后产生无毒产物，但在常温下水解很慢，如加温或在碱作用下可加速水解，故可用煮沸法消毒，亦可用氨水、碳酸氢钠等碱性物质消毒。维埃克斯很难水解，性质较稳定，不易被碱破坏，可用硝酸水溶液进行消毒。

沙林及塔崩在常温下较稳定，沙林在 180～190℃时迅速分解，塔崩在 150℃开始分解，200℃时分解明显。分解后的产物毒性都很小，爆炸时因受热时间短，故破坏不多。梭曼不如沙林稳定，且易腐蚀金属，不易储藏。维埃克斯则较为稳定。

沙林是 G 类神经性毒剂中最主要的一种，由于其挥发度高，故战斗使用状态主要是气溶胶态或蒸气态，在炎热的气候条件下，易达到致死浓度，可在短时间内造成呼吸道损伤。

维埃克斯主要是液滴态或气溶胶态，经皮肤吸收中毒，由于其毒性大，化学性质稳定，挥发度小，不易发现，故释放后作用持久，属持久性或牵制性毒剂。

神经性毒剂的急性毒性均属剧毒类，其毒性的大小依次为梭曼、沙林、塔崩，而维埃克斯的毒性比 G 类毒剂大 5～10 倍。有关数据见表 12.4。

表 12.4 神经性毒剂中毒计量

| 名称 | 小白鼠经皮肤的半数致死量 /μg·kg⁻¹(体重) | 人的吸入半数杀伤浓度 /mg·m⁻³·min⁻¹ | 经皮肤吸收时人的致死量 /mg |
|---|---|---|---|
| 塔崩 | 270 | 400 | 1500 |
| 沙林 | 200 | 100 | 1700 |
| 梭曼 | 160 | 70 | 1000 |
| 维埃克斯 | 28.8 | 36 | 15 |

环境温度升高、体力活动或负荷增加，均可使毒性作用加强。皮肤黏膜创伤，染毒时间延长，接触面积增大，均可增加吸收而加强毒性。

神经性毒剂的主要作用是抑制体内胆碱酯酶的活力，使乙酰胆碱在人体内大量蓄积，以致使神经所支配的器官活动过度增加，尤其是副交感神经功能亢进的现象最为突出。实验证明，微量的沙林（$3\times10^{-9}mol\cdot dm^{-3}$），在很短时间内即可抑制胆碱酯酶。

使用肟类药物如氯解磷定和双复磷，对沙林和 V 类毒剂的中毒酶均有复能作用，但对梭曼中毒酶却无效。在临床上梭曼中毒亦较其他 G 类神经毒剂难防治，其原因是梭曼中毒酶容易老化，活力难以恢复。此外，即使在梭曼中毒酶未老化之前，肟类药物亦无抗毒效应，中毒症状与胆碱酯酶活性的恢复亦不呈平行关系，故梭曼中毒机理不仅限于中毒酶的老化，还与梭曼直接作用于受体有关，而且其毒性作用不仅限于胆碱能传递系统，还与乙酰胆碱以外的神经递质有关。梭曼中毒时，小脑中 γ-氨基丁酸效应减弱而环磷酸鸟苷浓度增高，出现惊厥症状，安定类药物可有对抗作用。

#### 12.2.1.2 糜烂性毒剂

糜烂性毒剂主要有芥子气、氮芥、路易氏毒剂和光气肟等。该类毒剂性质稳定，作用持久，战斗使用时主要为液滴态，其蒸气或雾可造成中毒，中毒后主要引起皮肤糜烂，亦损伤眼、呼吸道、消化道及伤口等，被机体吸收后可引起严重的全身中毒。

这类毒剂中最重要的是芥子气（mustard gas），化学名二氯二乙硫醚，又称硫芥，代号 HD。芥子气是一类重要的军用糜烂性毒剂，日本在华遗留化学武器中，芥子气为主要毒剂品种。

芥子气纯品为无色油状液体，工业品呈深褐色，有大蒜气味，沸点 217℃，挥发度较低，20℃时仅 $625mg\cdot m^{-3}$。难溶于水而易溶于有机溶剂。芥子气在常温下水解缓慢，加温加碱可加速其水解，水解成盐酸和无毒的二羟二乙硫醚，故可用煮沸法消毒。

芥子气很易与含有活性氯的物质如漂白粉、次氯酸钙、氯胺或氧化剂作用，变成无毒产物，与碱作用亦失去其毒性，但在强氧化剂如硝酸、高锰酸钾及硫酸的作用下可产生仍有低度糜烂作用的芥子砜。

芥子气属高毒性细胞毒物，液滴态芥子气引起皮肤糜烂的剂量为 $0.2mg\cdot cm^{-2}$。经皮肤吸收致死量为每千克体重 70～100mg。地面污染浓度在 $10.6mg\cdot m^{-2}$ 时，对无防护或无消毒措施的人员有杀伤作用。

芥子气液滴态时主要经皮肤吸收，蒸气态可经呼吸道吸入，中毒后主要损伤局部，但也可引起严重的全身损伤。

芥子气除直接引起接触部位的损伤使之发生糜烂外，还能通过完整的皮肤和黏膜侵入体内，引起全身广泛的变化。

芥子气中毒的病理变化包括：皮肤可有红斑、水泡、坏死、溃疡和色素沉着。水泡内含透明或黄白色液体。毒剂接触部位及其周围有轻度皮下水肿。眼损伤可见全眼球炎、角膜炎和眼睑粘连等。上呼吸道严重损伤时，从鼻前庭到支气管可见黄色伪膜覆盖，伪膜下有糜烂面及溃疡。神经系统可见神经细胞虎斑小体缩小或溶解，胞核染色变浅，胞浆有空泡形成。重度中毒可见细胞变性、细胞核分解及神经胶质细胞增生。

芥子气的作用机理还不完全清楚，可能有以下几个方面。

对核酸的作用：芥子气吸收后，在体内极易形成正碳离子和正硫离子，从而对核酸，特别是脱氧核糖核酸起作用，在鸟嘌呤的7位氮上发生烃化并形成两种烃化产物，在脱氧核糖核酸内形成单臂联结或交叉联结，这种结构改变被视为细胞毒化作用的重要原因。联结的形成能影响脱氧核糖核酸双链的分离，而这种分离为细胞分裂所必需，因此导致细胞有丝分裂抑制甚至死亡。

对酶的作用：芥子气能抑制蛋白分解酶及磷酸激酶，特别是能严重抑制己糖磷酸激酶，因而影响了糖酵解及转化，致使整个糖代谢障碍和组织营养失调。

引起病理反射：芥子气作用于皮肤、黏膜感受器，冲动经交感神经或脊髓神经后根传入下丘脑以至大脑皮质，再传到机体各系统而引起病变。

引起高级神经活动障碍：芥子气中毒者有郁闷、精神抑制、木僵、注意力及记忆力丧失、失眠、语言障碍、运动性麻痹、感觉障碍等。

有资料认为，芥子气可被组织氧化酶氧化成二氯二乙亚砜及二氯二乙砜，这些氧化产物对细胞有毒性作用。

对于芥子气中毒伤员应立刻进行急救治疗。皮肤染毒时，可用以下药品对皮肤及服装进行消毒：5%氯胺乙醇溶液或1∶5漂白粉浆涂皮肤，10～15min后水洗。如无上述药物，用肥皂水或清水冲洗也可。眼部染毒时，可用2%碳酸氢钠溶液洗眼。经口中毒时，立即催吐，用2%碳酸氢钠溶液洗胃，并用25g活性炭加水100mL内服。

#### 12.2.1.3 窒息性毒剂

窒息性毒剂主要是具有损伤肺部组织作用的化合物，它通过破坏组织引起肺水肿，从而降低血液摄取氧的能力，造成机体缺氧以致窒息死亡，其对眼、鼻、喉也有一定刺激作用。这类毒剂在第一次世界大战中大量使用过，但以后作为军用毒剂的价值已日趋下降。

窒息性毒剂的典型代表物是光气和双光气，另外硫化氢、氯气等有毒气体也可引起急性窒息性中毒。

光气（phosgene)，代号为：CO(美）和PG(英)，学名二氯化碳酰（$Cl_2CO$)。常温常压下为无色气体，有烂干草味，熔点为－118℃，沸点为8.2℃，吸入中毒，潜伏期数小时，表现为呼吸困难，血压下降，昏迷乃至死亡。

在现有装备毒剂中，光气的毒性最低，毒性比较见表12.5。

**表12.5 一些致死性毒剂毒性的比较**

| 毒剂种类 | 半致死计量/mg·min·$dm^{-3}$ |
|---|---|
| 沙林 | 0.1 |
| 氢氰酸 | 1～1.5 |
| 光气 | 4～6 |

人员一接触到光气，会立即有刺激感，但即使是吸了足够剂量的光气，只要停止接触，这种刺激感会消失，中毒者感觉良好，经2～8h，甚至更长时间（24h）后症状才出现。

光气类窒息性毒剂中毒后没有特效急救药物，主要是进行一些保护性措施，尽可能防止肺水肿的产生，减缓肺水肿的症状，防止休克和感染。通常轻则 2～3 天，重则 7 天以上才能恢复。另外在潜伏期中，人员一定要安静、保暖休息，不要进行消耗体力的活动，否则症状会加重加快。

对光气只需进行呼吸道防护即可，对地（物）面不需要消毒，对染毒的空间可通风使其消散；光气不可能使水源染毒，食物染毒后进行蒸煮便可食用。

#### 12.2.1.4　失能性毒剂

失能性毒剂是引起思维和运动机能障碍、使人员暂时失去战斗力的毒剂，它们通常不引起死亡，不造成永久性伤害。失能性毒剂可通过吸入或口服中毒而引起失能。有些用解毒药即可恢复正常，有些不用解毒药隔一定时间后也能恢复正常。

比兹（BZ）是失能性毒剂的代表，它属于精神失能剂，这类毒剂能使正常人员暂时产生精神失常，即所谓拟精神病。它是通过呼吸道吸入引起中毒的，中毒症状是精神错乱、幻觉、嗜睡，体温、血压失调，出现听觉、视觉障碍等，一般不会引起死亡。

BZ 的化学名称为二苯羟乙酸-3-奎宁环酯，是一种白色结晶性粉末，无特殊臭味，熔点为 165～166℃，在 200℃以下不易分解。BZ 不溶于水，但可溶于稀酸溶液中。能溶于二氯乙烷、氯仿和乙酸乙酯等有机溶剂。

BZ 中毒症状与阿托品中毒相类似。其躯体性症状表现为瞳孔扩大、唾液与汗腺分泌减少、支气管舒张、胃肠蠕动变慢，同时心跳加速、血压上升、体温升高，与含磷毒剂中毒相反。但作为 BZ 的特点，主要还不是这些躯体中毒症状，而应该是精神性症状，即影响了中枢神经系统中的正常功能，这就出现了注意力减退、近期记忆力减退、判断力减退、思维迟缓、反应迟钝、嗜睡、木僵、无力、定向障碍、行动不稳，甚至摔倒在地。有时却相反地出现兴奋状态，躁动不安、幻视幻听、胡言乱语，在情绪上也能出现激动或恐惧。

BZ 中毒后（吸入染毒空气）有 0.5～1h 潜伏期，在最初 4h 内出现心跳加快，眩晕、运动失调、口干、皮肤干燥、视力不清、无力、语言不清；4h 后出现幻视、定向障碍、活动迟钝、谵妄、反应力差。12h 后症状逐渐减轻，2～7 天后恢复正常，无后遗症。1,2,3,4-四氢氨基吖啶（1,2,3,4-tetrahydroaminoakridin）对这类毒剂具有解毒作用。

#### 12.2.1.5　刺激性毒剂

刺激性毒剂是刺激眼睛和上呼吸道黏膜的毒剂，主要通过呼吸道吸入和接触引起中毒。中毒症状是眼睛疼痛、流泪、喷嚏、咳嗽等。

凡是刺激眼睛或鼻咽黏膜，引起眼睛剧痛并大量流泪或引起不断咳嗽、喷嚏而使人员暂时性地失去正常活动能力的毒物叫刺激性毒剂。根据中毒症状不同，刺激性毒剂又可分成催泪剂与喷嚏剂。刺激性毒剂除刺激眼、鼻、咽外，常伴随着刺激皮肤，引起皮肤剧烈疼痛。当人员脱离与毒物的接触后，刺激症状会慢慢地自行消失，不留后遗症状。

当前，因刺激性毒剂的毒性不高，不能造成死亡或长期的伤害，而不列入化学武器与毒剂中，即不作为非常规武器。但它们在过去的战争中使用过，今后的战争中仍然可能使用。同时，也由于刺激性毒剂的这些特点，平时可作为维护治安、控制暴徒暴行的警用控暴剂。

现在各国列入军事装备与警用装备的刺激性毒剂主要有：苯氯乙酮、西埃斯（CS）、亚当氏气、西阿尔（CR）等。

刺激性毒剂只需很少的量就能够达到战斗浓度，以 CS 为例，当浓度达到 5×

$10^{-4}$ mg·$L^{-1}$ 时，即可产生刺激作用，该浓度称为刺激浓度。当浓度达到 $5\times10^{-3}$ mg·$L^{-1}$ 时，人员暴露 1min 就不能忍耐，即开始失能，此浓度称为不可耐浓度。

这类毒剂使用后症状出现和消失都较快，人员一旦接触到刺激性毒剂，立即出现刺激症状，尤其是催泪作用更迅速。但如果进行了防护或离开毒区，刺激症状可较快自行消失，通常不需长期治疗。

刺激性毒剂一般不会造成死亡，即使较长时间暴露，伤害也不会十分严重。

对这类毒剂的防护比较容易，通常不需要消毒，对眼、鼻、咽的防护只要戴上防毒面具就可以了。此外，对引起的皮肤刺激与疼痛也一时难以制止。皮肤上沾有毒剂时，用水冲洗，有时疼痛反而加剧。眼部中毒急救时，可用硼酸稀溶液或碳酸氢钠稀溶液冲洗眼睛。

#### 12.2.1.6 全身中毒性毒剂

全身中毒性毒剂是破坏组织细胞氧化功能，使全身组织缺氧的毒剂，主要有氢氰酸、氯化氰等，通过呼吸道吸入引起中毒。其中毒症状如口舌麻木、呼吸困难、皮肤鲜红、强烈抽筋等，严重时能引起死亡。

全身中毒性毒剂又称血液性毒剂，主要抑制人体细胞和组织内的呼吸酶，造成全身性组织缺氧，例如吸入氢氰酸后立即出现昏迷、痉挛、呼吸困难，严重且未救治者将迅速死亡。此类毒剂主要有两种，见表 12.6。

**表 12.6 血液性（全身中毒）毒剂**

| 名　　称 | 代　　号 | 化　学　成　分 |
|---|---|---|
| 氢氰酸 | AC | HCN |
| 氯化氰 | CK | CNCl |

氢氰酸的特效解毒药有亚硝酸戊酯和硫代硫酸钠。

### 12.2.2 生物战剂

生物武器是生物战剂及其施放工具的统称，如装有生物战剂的炮弹、航空炸弹、导弹弹头和航空布撒器等。生物武器可使大量人、畜发病或死亡，也可大规模毁伤农作物，从而削弱对方的战斗力，破坏其战争潜力。

现在世界上已知的可致病的微生物有 160 多种，但从致病性和传染性等标准来衡量，可作为生物战剂的并不多。

通常按生物战剂的形态和发生病理，将其分成细菌、病毒、立克次体、衣原体、毒素和真菌六大类。

#### 12.2.2.1 细菌

细菌是在显微镜下才能看到的单细胞生物。细菌的大小极不一致，有的杆菌长达 8μm，有的长度只有 0.5μm。细菌是一种单细胞生物，其内部的基本构造与一般植物细胞相似，有胞壁、胞浆膜、胞浆、胞核、空泡和细胞内颗粒。与其他生物一样，在合适的环境条件下，细菌具有生长繁殖和新陈代谢的能力。

各种细菌具有独特的酶系统，在代谢过程中除合成自己的菌体成分外，还可以生产出多种代谢产物。其中有的是分解产物，有的是合成产物。这些代谢产物，有的可用于疾病的防治，有的却可以致病。能够作为生物战剂的细菌一般是致病性、传染性和战场使用性强的，主要有鼠疫杆菌、霍乱弧菌、炭疽杆菌、类疽杆菌、类鼻疽杆菌、土拉杆菌、布番杆菌、嗜肺军团杆菌等。

#### 12.2.2.2 病毒

病毒是以核酸为核心、用蛋白质包膜的微小生物体，它是已知的最小生物。病毒广泛存在于自然界，可感染一切动、植物及微生物。人类的急性传染病中，有许多是由病毒引起的，据统计，病毒病患者约占传染病人中的 70%～80%。

病毒与细菌在生物特性上有很大区别：

① 细菌是单细胞生物，而病毒没有细胞结构；

② 细菌在无生命的人工培养基内可以生长，而病毒必须在有生命的细胞内才能生长；

③ 细菌靠自身的二分裂繁殖，而病毒则不能自行繁殖，要依靠细胞来复制；

④ 细菌具有 DNA 和 RNA 两种核酸，而病毒只有一种核酸 DNA 或 RNA；

⑤ 细菌对抗生素是敏感的，而目前尚无对病毒有效的抗生素；

⑥ 细菌对干扰素不敏感，而病毒对干扰素敏感。

病毒可分为动物病毒、植物病毒和细菌病毒（即噬菌体）三类，对人类有致病性的病毒一般属于动物病毒。人类的急性传染病多数是由动物病毒引起的。应用生物工程技术可以人工复制病毒，用作生物战剂。这类病毒一般有天花病毒、黄热病毒、脑炎病毒、裂谷热病毒、登革热病毒、拉沙病毒等。

#### 12.2.2.3 立克次体

立克次体是介于细菌与病毒之间的一类微生物，它比细菌小，比病毒大。它们有与细菌一样的细胞壁和其他相似的结构。含有的酶系统不如细菌完全，故其生活要求近似病毒，需要活细胞培养才能生长繁殖。目前发现的立克次体共有 40 多种，仅一小部分为致病性，是引起人类 Q 热、斑疹、伤寒等病的病原体。

#### 12.2.2.4 衣原体

衣原体也是一类介于细菌和病毒之间的、在细胞内寄生的原核细胞型微生物。衣原体广泛寄生于人和动物，仅少数致病，引起人类疾病的有鹦鹉热衣原体等。

#### 12.2.2.5 毒素

毒素是致病细菌或真菌分泌的一种有毒而无生命的物质。它的特点是毒性强（1g 的肉毒毒素可使 8 万人中毒）。微量毒素侵入机体后即可引起生理机能破坏，致使人、畜中毒或死亡。毒素作用取决于毒素的类型、剂量和侵入途径等，但没有传染性。毒素有蛋白质毒素和非蛋白质毒素。由细菌产生的蛋白质毒素，毒性强，能大规模生产，曾被作为潜在的战剂进行了广泛的研究。一些国家的有关资料表明，可能作为毒素战剂的有 A 型肉毒毒素和 B 型葡萄球菌肠毒素，前者列为致死性战剂，后者列为失能性战剂。

#### 12.2.2.6 真菌

真菌是一类真核细胞型微生物。细胞结构比较完整，有典型的细胞核，不含叶绿素，无根、茎、叶的分化。少数以单细胞存在，大多数是由丝状体组成的多细胞生物。真菌种类繁多，分布广泛，大多数对人无害或有利。很多真菌具有分解或合成许多种有机物的能力，是地球上有机物质循环不可缺少的角色。

真菌也有对人类不利的一面。有些真菌能使人致病，直接危害人类；另一些真菌能使家畜和农作物致病，或使粮食、食品和日用品霉烂，间接危害人类。使人致病的真菌不到 100 种，大部分可引起皮肤、指甲、毛发或皮下组织的慢性病变。能作为生物战剂的真菌，主要有经呼吸道引起全身病变的粗球孢子菌和荚膜组织胞浆菌。农作物的传染病 80%～90%由真菌引起，故真菌是破坏农作物的主要生物战剂。

某些生物战剂的类别、特点及主要性能见表 12.7。

**表 12.7 部分生物战剂的类别、特点及主要性能**

| 类别 | 名　称 | 性能 | 潜伏期/天 | 传染性 | 病死率/% | 预防疫苗 | 特效治疗 |
|---|---|---|---|---|---|---|---|
| 细菌 | 炭疽杆菌 | 致死 | 1～5 | 低 | 5～20 | + | + |
| | 土拉杆菌 | 致死 | 1～10 | 低 | 40～60 | + | + |
| 病毒 | 黄热病毒 | 致死 | 3～6 | | 5～19 | + | − |
| | 东部脑炎病毒 | 致死 | 5～15 | | 50 | + | − |
| | 委内瑞拉马脑炎病毒 | 失能 | 2～5 | | 1 | + | − |
| | 西部脑炎病毒 | 失能 | 7～12 | | 3 | + | − |
| | 阿根廷出血热病毒 | 致死 | 7～14 | 低 | 5～5 | − | − |
| | 天花病毒 | 致死 | 7～16 | 高 | 10～30 | + | − |
| | 登革病毒 | 失能 | 2～7 | | 低 | − | − |
| | 立夫特山谷热病毒 | 致死 | 3～5 | 低 | 10 | + | − |
| | 马尔堡病毒 | 致死 | 6～10 | 高 | 35 | − | − |
| | 基孔肯雅病毒 | 失能 | 2～16 | | 低 | − | + |
| | 肝炎病毒 | 失能 | 10～15 | 高 | | + | − |
| 立克次体 | Q 热立克次体 | 失能 | 10～12 | 低 | 1 | + | − |
| 衣原体 | 鸟疫衣原体 | 致死 | | | | | |
| 毒素 | A 型肉毒毒素 | 致死 | | | | | |
| | B 型葡萄球菌肠毒素 | 失能 | | | | | |
| 真菌 | 粗球孢子菌 | 致死 | 7～28 | 低 | 1 | − | + |
| | 荚膜组织胞浆菌 | 致死 | 7～21 | 低 | 1～5 | − | + |

1972 年联合国通过了《禁止生物武器公约》，但不排除有些国家仍在秘密研制和发展生物武器。由于生物武器比其他大规模杀伤武器更易制造和走私，因此生物战威胁不仅未消失，还在不断增长。

随着科学技术的飞速发展，特别是现代生物工程的日新月异，遗传工程、细胞工程等科学技术为新一代的生物武器的诞生提供了条件。生物武器的主要发展趋势如下。

（1）传统生物战剂研究重点已由细菌向病毒转移

传统生物武器从 20 世纪 40 年代开始大规模研制，当时仅以细菌为主要研究对象，所以称“细菌武器”。20 世纪 50 年代以后，因空气生物学的创立，生物战剂的研究得到了新的发展。从 20 世纪 60 年代开始，美国及苏联就在世界各地的人和动物中广泛地寻找致死和失能的病原体，重点是寻找新的病毒。生物战剂的研究重点从细菌转向病毒。病毒分子的性质取决于不同的基因密码。利用基因工程修饰不同的基因片段，就可以提高病毒分子的致病力，改变病毒的抗原结构，使之不易产生抗体并增强其敏感性，提高病毒抗热、光、紫外线等因素作用的稳定性，从而便于生产、使用和储存。随着分子生物学、基因编辑、人工智能的发展，研究人员对病毒的研究更加深入、快速，这也引发了极端或非法组织利用这些技术制造生物武器的担忧。

（2）研制高毒性生物化学战剂——毒素战剂

毒素通常是由生物（微生物、动物、植物）产生的有毒物质，由于新毒素战剂处于生物学和化学交叉的边缘，所以又称为生物化学战剂。当前对生物毒素的研究大多侧重于真菌毒素。毒素战剂不仅可伤人，还可毁坏作战物资和妨碍作战行动。另外，一些具有军事意义的生物调节剂因低剂量、高活性等特点，可能被滥用作为躯体或精神失能剂，受到军事化学家关注。

(3) 研制基因武器。

“基因武器”是指按照人的设想，通过基因重组，在一些致病的细菌或病毒中接入能对抗普通疫苗或药物的基因，或者在一些本来不致病的微生物体内“插入”致病基因而制造出来的武器。因为基因重组就像制造密码锁，只有研制者才能拿出“解药”，故基因武器具有使用保密性强、难防难治等特点。与其他武器相比，基因武器还具有成本低、易制造、使用方便、杀伤力大等特点。有人曾计算，用 5000 万美元建立一个基因武器库，其杀伤力将远远超过一座 50 亿美元建成的核武器库。

在生物技术高速发展的当下，基因武器因其隐蔽性、精准性和毁灭性，成为威胁人类的潜在危机，必须高度警惕。

基因武器可利用基因编辑技术，针对特定族群的遗传特征定制“致命代码”。这种“精准杀戮”突破传统武器的滥伤性，挑战人类文明底线。更需警惕的是，CRISPR 等技术的商业化，使非国家行为体甚至个人都可能获取相关工具，恐怖组织或极端势力借此以低成本制造大规模灾难。

基因武器的威胁具有长期性。经基因改造的微生物可能具备跨代遗传破坏力，篡改人类生殖细胞基因，将伤害延续至后代。其通过空气、水源等媒介传播时，初期症状易被误诊，待疫情暴发往往已难以控制。

面对威胁，国际社会需推动《禁止生物武器公约》升级，建立严格的技术核查机制，厘清民用科研与军事滥用的界限；同时倡导全球科技伦理，确保基因编辑技术用于疾病治疗等善意领域。

## 复习题

1. 构成蛋白质的基本单元是什么？何为蛋白质的一级、二级、三级、四级结构？
2. 简述核苷酸结构，在 DNA 和 RNA 中的核苷酸单元有何不同？
3. 化学战剂有几种分类法，如何分？
4. 神经性毒剂有哪些？有何特点？
5. 糜烂性毒剂有哪些？有何特点？
6. 什么是全身中毒性毒剂和窒息性毒剂？
7. BZ 的毒害作用是什么？
8. 简述生物战剂的分类。

## 习　题

1. 下列说法是否准确？简述理由。

(1) 神经性毒剂主要是有机磷酸酯类衍生物，会对核酸起作用，抑制细胞有丝分裂。

(2) 芥子气液滴主要经过皮肤吸收，蒸气状态可通过呼吸道吸入，会损伤肺部组织引起肺水肿，降低血液摄取氧的能力。

(3) 失能性毒剂会使得眼睛剧痛并大量流泪，引起皮肤坏死、溃疡。

(4) 全身中毒性毒剂又称为血液性毒剂，主要抑制人体细胞和组织内的呼吸酶，造成全身性组织缺氧。

2. 沙林属于哪种毒剂？写出沙林的化学名称、结构式以及毒害机理和中毒后的救治方法。

3. 对于芥子气中毒伤员急救治疗，皮肤及服装进行消毒采用的药品有哪些？
4. 酶是生物催化剂，它与一般催化剂有何不同？
5. 现代生物技术在军事上有哪些应用及其发展趋势？
6. 简述生物战剂的实战使用及未来发展趋势。
7. 从战斗效果来看，比较化学武器、核武器与生物武器的特点。
8. 根据毒剂的不同毒害作用，不同物理性质，讨论化学武器在杀伤效应上的多样性和机动性。
9. 描述化学武器使用后的伤害形式。

第 12 章参考答案

- 讲解视频
- 习题答案

# 第 13 章　化学与环境

环境是指环绕在我们周围的各种自然因素的总和，它既是人类生存与发展的物质来源，又同时承受着人类活动的各种作用。人类的生产和生活活动对环境产生的不良影响，引发了环境问题，为了解决环境问题，产生了一门正在蓬勃发展的新学科——环境科学。环境科学就是在人类保持和维护自然资源及干净环境与污染环境的斗争中发展起来的。环境化学是环境科学中的一个重要分支，它是研究化学污染物及对人类生态系统可能带来影响的化学物质在自然环境中的化学变化规律的科学。

## 13.1　环境与人类的关系

人类与环境之间不停地进行着物质和能量的交换，并保持着自然的平衡关系。随着人类社会的发展，过度地开发和利用自然资源打破了这种平衡，使人类赖以生存的环境不断恶化，这种情况已变得越来越严重，并已经威胁到了人类的生存与发展。屡屡发生的公害事件使人们认识到，一味地对自然环境索取而不加保护是要受到严厉报复的。对已被破坏的环境进行治理，保护和防止环境的进一步破坏，是人类面临的重大而迫切的课题。

### 13.1.1　人与环境的辩证关系

生物在自然界中并不是孤立地生存，而是结合生物群落而生存的。生物群落和非生物环境之间互相作用，进行着物质和能量的交换，这种群落和环境的综合体，就称为生态系统。生态系统是一个广义的概念，小到含有几个藻类细胞的一滴水，大到宇宙本身都可称为生态系统。在一定条件下，每个小的生态系统内各种生物之间都保持着自然的平衡关系，称为生态平衡。各个生态系统对于进入其中的化学物质都有一定的净化能力，当进入的有毒物质数量较少时，生态系统能通过物理、化学和生物净化作用降低其浓度或使之完全消除而不致造成危害，这就是生态系统的自净能力。但当有害物质进入生态系统的数量超过了生态系统能够降解它们的能力时，就会打破生态平衡，使人类赖以生存的环境发生恶化，这就是环境污染。

环境污染有各种类型。按环境要素可分为大气污染、水体污染、土壤污染等；按人类活动的性质可分为农业环境污染和城市工业环境污染；按造成污染的性质和来源可分为化学污染、生物污染、物理污染（如噪声、放射性、热、电磁波等）、固体废物污染和能源污染等。

地球化学物质经过长期演变和发展，产生了生命，生命体与环境之间存在一种协调平衡的关系。环境污染使某些化学物质突然增加，破坏了生命体与环境之间的这种协调平衡关系，就会引起机体生病甚至死亡。

自然环境中的污染物质，存在于大气、水、土壤和食物中，通过呼吸、饮食进入人体。有的污染物在短期内大量侵入人体，造成急性危害；有些则是小剂量持续不断地侵入人体，造成对人体的慢性或远期危害，甚至可能影响到子孙后代的健康。第 12 届国际癌症会议认为，80％～90％的癌症都与环境有关。

环境恶化的现实使我们认识到人类发展与环境保护二者之间是一种相互依存和相互制约

的关系。如果人们爱护、保护环境，环境会继续提供人类发展的资源和发展空间；反之，环境就会反制于人类，甚至会导致地球和人类的灭绝。保护环境已成为人类继续健康生存刻不容缓的重要课题。我们必须深入认识污染和破坏环境的根源和危害，有计划地保护环境，预防环境质量的恶化，控制环境污染，促进人类发展与环境协调发展，保持生态平衡，保护和改善我们的生存环境，造福当代人民，也造福我们的子孙后代。

当前，在诸多环境问题中，温室效应、酸雨及臭氧层破坏等全球性的环境问题，尤其受到人们的关注，是世界环境问题的三大热点。

## 13.1.2 影响全球的环境热点问题

### 13.1.2.1 温室效应

全球变暖是目前全球环境研究的一个重要议题。根据对全球变化资料的系统分析，发现全球平均温度相比工业化前已升高约 1.1℃，虽然地球演化史上曾经多次发生变暖-变冷的气候波动，但人类活动引起的大气温室效应增长可能是主要因素。

温室效应是指地球大气层的一种物理特性。地球表面由大气层所包围，就像温室的透明玻璃，在阳光照射地球时，有防止地面热量及水分散失的功能，使地面温度不会下降太快，此现象即称为"温室效应"。假若没有大气层，地球表面的平均温度不会是现在适宜的 15℃，而是十分低的－18℃左右。

可以造成温室效应的气体，称为"温室气体"。二氧化碳是数量最多的温室气体，约占大气总容量的 0.03%。二氧化碳主要是在碳燃烧时产生的。在供氧不充分时生成 CO，供氧充分时生成 $CO_2$。若燃烧温度很高，$CO_2$ 可再分解成 CO。

近百年来，由于生产、生活燃料的激增，植被也被大量的破坏，使大气中的 $CO_2$ 浓度每年以 $(0.7\sim0.8)\times10^{-6}$ 的速率递增，现已超过 0.04%，工业革命前，$CO_2$ 浓度约为 0.028%。$CO_2$ 容易吸收近红外和远红外（波长 7000～1300nm）长波区的光线，地面接收太阳直接辐射后，放出长波辐射，为大气所吸收，使热量截留在 $CO_2$ 层内，使地表温度不易散失，产生"温室效应"。

$CO_2$ 在大气中的含量增加，使全球气温升高。有文献报道：若在 2050 年前，$CO_2$ 的排放量增加一倍，地球的平均气温将继续升高 1.5～4.5℃，会导致两极冰雪融化、海水上涨、海平面提高、沿海低地被淹没、海滩和海岸遭到侵蚀；使气候带移动，温带和降水带北移，造成洪涝干旱及生态系统的变化，对农、林、牧、渔均会有极大影响；使地球赤道半径增大、地球自转一周的时间加长，从而破坏地层结构各板块之间力的平衡，积存应力，加剧某些地震和火山活动。所以，大气中 $CO_2$ 浓度增加是一个全球性的环境问题。

除二氧化碳外，许多其他痕量气体也会产生温室效应，其中有的温室效应比二氧化碳还强，例如甲烷、氮氧化物、氟氯碳化物及臭氧等。各种温室气体的吸热能力不同，表 13.1 给出了 1kg 某种温室气体相对于 1kg $CO_2$ 所产生的温室效应。

**表 13.1 主要温室气体形成温室效应的能力列表**

| 温室气体种类 | 形成温室效应的能力（以 $CO_2$ 作为 1 计算） | 温室气体种类 | 形成温室效应的能力（以 $CO_2$ 作为 1 计算） |
|---|---|---|---|
| 二氧化碳($CO_2$) | 1 | 氟氯碳化物(CFCs) | 140～11700 |
| 甲烷($CH_4$) | 121 | 全氟碳化物(PFCs) | 6500～9200 |
| 氧化亚氮($N_2O$) | 310 | 六氟化硫($SF_6$) | 23900 |

#### 13.1.2.2　酸雨

简单地说，酸雨就是酸性的雨。纯水的 pH 值为 7，未被污染的雨水是中性的，pH 值近于 7。由于大气中含有大量二氧化碳，因此正常雨水本身略带酸性，当它为大气中二氧化碳饱和时，pH 值为 5.6。当雨水被大气中存在的酸性气体污染，pH 值小于 5.6 时，称为酸雨。1872 年，英国科学家史密斯发现伦敦雨水呈酸性，首先提出“酸雨”这一专有名词。表 13.2 中给出了酸雨及一些常见物质的 pH 值。

表 13.2　几种物质的 pH 值

| 参考物 | 柠檬汁 | 醋 | 酸雨 | 正常雨水 | 蒸馏水 |
|---|---|---|---|---|---|
| pH 值 | 2 | 3 | 4～5.6 | 5.6～6.5 | 7 |

现已确认，大气中的二氧化硫和二氧化氮是形成酸雨的主要物质。美国测定的酸雨成分中，硫酸占 60%，硝酸占 32%，盐酸占 6%，其余是碳酸和少量有机酸。大气中的二氧化硫和二氧化氮主要来源于化石燃料的燃烧，它们进入大气后经过一系列的化学变化形成硫酸和硝酸，最后以雨水的形式回到地球表面。主要的化学反应式如下：

$$2SO_2 + O_2 \longrightarrow 2SO_3$$

$$SO_3 + H_2O \longrightarrow H_2SO_4$$

$$2NO + O_2 \longrightarrow 2NO_2$$

$$3NO_2 + H_2O \longrightarrow 2HNO_3 + NO$$

$$NO_2 + NO + H_2O \longrightarrow 2HNO_2$$

酸雨主要是由人类生产活动和生活造成的。据统计，由于人类活动全球每年排放进大气的二氧化硫约 1 亿吨，二氧化氮约 5000 万吨。

酸雨具有很大的破坏力。它会使土壤的酸性增强，肥力降低，导致大量农作物与牧草枯死；它会破坏森林生态系统，使林木生长缓慢，森林大面积死亡；它还使河湖水酸化，导致微生物和以微生物为食的鱼虾大量死亡，成为“死河”“死湖”。酸雨对金属、石料、水泥、木材等材料均有很强的腐蚀作用，因而对电线、铁轨、桥梁、房屋等均会造成严重损害。酸雨还会渗入地下，致使地下水长时期不能利用。

在酸雨区，酸雨造成的破坏比比皆是，触目惊心。湖泊遭酸雨危害，会成为无鱼湖；酸雨会造成森林衰亡；许多古建筑和石雕艺术品遭酸雨腐蚀会严重损坏。

总而言之，酸雨是由于大气污染造成的，大气污染是全球的共同灾害，应引起世人的高度警惕，各国应该通力合作，改进能源的利用技术，发展洁净新能源，以减少硫氧化物、氮氧化物等酸性气体的排放，从而有效地控制酸雨的形成，确保我们有一个健康、和谐、可持续发展的生存空间。

#### 13.1.2.3　臭氧层空洞

大气层的性质随离地面的高度而变化，从地面向上，分为对流层、同温层、过渡层和热层。在同温层上部由于臭氧含量较高被称为臭氧层，当太阳光经过臭氧层时，阳光中的紫外线大部分被臭氧层所吸收，地球上的生物正是在这个天然屏障的保护下得以生存和繁衍。

1984 年，英国科学家首先发现南极上空出现了臭氧层空洞。1985 年，美国气象卫星测到了臭氧层空洞的面积与美国领土相等，深度相当于珠穆朗玛峰的高度。

图 13.1 给出了 1980 年、1994 年和 2000 年南极上空的臭氧层照片，由图 13.1 可以看出，从 1994 年到 2000 年，臭氧层空洞的变化不大，但跟 1980 年相比，臭氧层空洞明显增大。

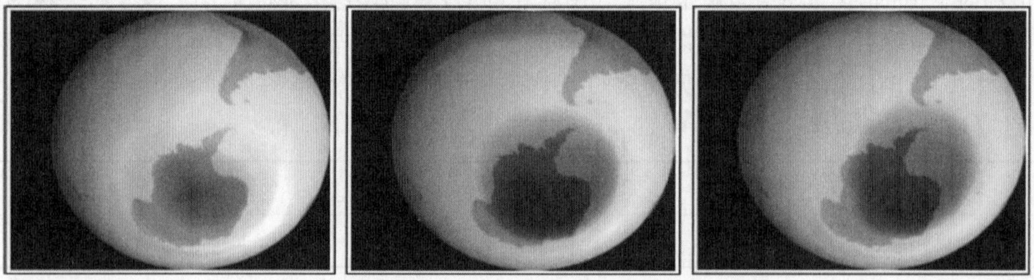

图 13.1 南极上空臭氧层照片

从左到右分别为 1980 年、1994 年和 2000 年的臭氧层空洞状况

长期以来，在工业和日常生活中被广泛用作制冷剂或喷雾剂的氟氯烷烃，包括 $F_{11}$($CFCl_3$)、$F_{12}$($CF_2Cl_2$)、$F_{113}$($CFCl_2CF_2Cl$)、$F_{114}$($CF_2ClCF_2Cl$)、$F_{115}$($CF_3CF_2Cl$)等，它们通称为氟利昂。当它们因渗漏、排放、挥发等原因进入大气，通过扩散进入同温层后，受紫外线照射，可分解出自由基而与臭氧作用：

$$CFCl_3 \xrightarrow{\text{紫外光}} \cdot CFCl_2 + Cl\cdot \tag{1}$$

$$Cl\cdot + O_3 \longrightarrow ClO\cdot + O_2 \tag{2}$$

$$ClO\cdot + O \longrightarrow Cl\cdot + O_2 \tag{3}$$

反应式(2)和式(3)可以反复进行反应，每个氯自由基（Cl·)大约可消耗 10 万个 $O_3$ 分子，造成臭氧层破坏。

臭氧的减少和臭氧层空洞的形成会对地球上的生物产生极为不良的影响。有人估计，如果臭氧量递减 10%，地球上不同地区的紫外线辐射量将增加 19%～22%，由此引起的皮肤癌患者将增加 15%～25%，由此可知氟氯烃的污染是不可忽视的。为了减少对臭氧层的破坏，必须全球行动，限制生产和使用氟氯烃，直至最后不生产和使用为止。

### 13.1.3 环境保护与可持续发展战略

长期以来，人类在改造自然的斗争中，都是以高投入、高消耗为其发展手段，对自然资源重开发、轻保护，重产品质量和经济效益，轻社会效应和长远利益。这违背了自然规律，忽视了对污染的治理，造成了生态危机，遭到自然界的频繁报复。

环境污染对人类的危害已成为一个严重的社会问题，这主要归结于“三废”（废气、废水、废渣）的排放。现代工业生产造成“三废”的大量排放，严重污染人类生存环境，制约了经济的持续发展。20 世纪 70 年代以来，针对日益恶化的全球环境，世界各国通过不断增加投入，治理生产过程中所排放出来的“三废”。然而，污染物一经排放至环境，再进行治理，不但增加难度，而且处理难以达到要求。因此，解决环境污染问题，对工业生产来讲，最主要是采用无公害工艺，即清洁生产。

所谓清洁生产，是指既可满足人们的需要，又可合理使用自然资源和能源，并保护环境的实用生产方法和措施。其实质是将废物减量化、资源化和无害化，或消灭于生产过程之中，实现零排放。

对于在某个产品的生产过程中不可避免产生的“三废”，我们可以根据“三废”的基本化学性质，加以综合利用，在一个城市、一个地区，乃至国家予以整体考虑，变废为宝。例如，硫酸厂的废渣可以作为炼铁厂高炉的原料；湿法磷酸厂排出的磷石膏可用于生产硫酸和水泥；电解食盐氯碱厂排出的盐泥可用于生产轻质碳酸镁或氧化镁等。这样在整个大循环的化工生产过程中做到无废物排放，实行清洁生产。清洁生产，不仅减轻了对环境的污染，而且许多部门还可利用废物作原料或辅助料，从而降低成本，提高经济效益，所以清洁生产也是化工生产的发展方向。

环境恶化的现实使我们认识到人类发展与环境保护二者之间是一种相互依存和相互制约的关系。保护环境已成为人类继续健康生存刻不容缓的重要课题。加强环境保护，实行可持续发展战略已成为越来越多人们的共识。人类只有一个地球，保护我们人类共同的家园是每个人义不容辞的神圣职责。事实迫使我们作出选择，必须抛弃传统的发展思想，建立资源与人口、环境与发展的科学合理比例，实行可持续发展战略，以建立更为安全与繁荣的、良性循环的和谐社会。

## 13.2　军事活动对环境的影响

人类的历史伴随着各种军事活动或各类战争，军事活动或战争给人类带来了严重的环境问题。大规模战争必将造成大气、水和地面环境条件严重恶化。现代战争不管是核战争还是常规战争，都会造成大范围的对军事设施、工厂、城市等目标的毁坏，从而带来长期的环境灾害。近年来，全球的几个战争热点地区均已变成或正在变成不毛之地就是证明。另外，现代化学工业中生产、储存、转运的大量有毒、有害、易燃、易爆化学物质可以构成灾害源，战争破坏可能诱发大批化学泄漏，燃烧爆炸等事件，造成难以控制的化学灾害。例如，1999 年科索沃战争时，美国轰炸了前南斯拉夫的化工厂，污染影响到欧洲多个国家；1991 年海湾战争时，伊拉克在退出科威特前将其一千多口油井点燃，造成海湾地区严重的生态灾难。

与军事战争对环境的直接破坏相比，武器装备的研制生产由于数量大、分布广，其带来的环境问题对我们的影响更大。武器装备生产过程中产生的“三废”，火箭导弹的燃料试验或发射造成的环境污染，核武器试验及反应堆泄漏造成的大气、水、海洋核污染，生化武器试验造成的化学污染等，都给人类带来了严重的环境问题。这些问题影响到我们每一个人的日常生活，因此我们有必要了解相关的知识。

### 13.2.1　常规武器装备对环境的影响

武器装备在生产、试验过程中产生的“三废”是和平时期与军事相关活动带来的主要环境问题，下面我们以火箭推进剂在生产使用过程中产生的“三废”及其处理过程为例来介绍常规武器装备对环境的影响。

火箭推进剂是易燃或能助燃的化学物质，其燃烧产物具有毒性、窒息和污染环境等危害作用。火箭推进剂在生产、加工、运输、储存和使用过程中均会给空气、水体和土壤带来污染。废气的成分与推进剂的种类有关，各类推进剂燃烧后可能产生的有害产物如表 13.3 所示。

表 13.3 推进剂主要成分燃烧后产生的有害产物

| 推进剂成分 | 有害燃烧产物 | 推进剂成分 | 有害燃烧产物 |
|---|---|---|---|
| 烃类 | $CO_2$、CO | 硼氢类 | $B_2O_3$ |
| 肼类 | HCN、$NO_2$ | 硝酸酯类 | HCN、氮氧化物 |
| 胺类 | HCN、$NO_2$ | 硝酸氧化剂类 | 氮氧化物 |
| 氟类 | HF | 含氯氧化剂类 | HCl |

推进剂泄漏到地面直接污染土壤，也可以通过空气和水间接污染土壤。土壤受到污染后，可以影响微生物的生长繁殖，微量元素含量的改变以及土壤肥力和酸碱度的变化，导致植物的生态学改变。

火箭推进剂污染治理中很重要的一个方面就是及时处理火箭推进剂的“三废”，以减少对环境的危害。

目前，国内使用的液体火箭推进剂燃料仍以胺类与肼类推进剂为主。因此，在我国胺类与肼类污水是推进剂污染物主要存在形式之一。

推进剂污水中所含的肼类、胺类物质从化学属性分类，属于还原性物质。因此，很多科学工作者在寻求胺、肼类污水处理技术时，首先想到的是用氧化剂来氧化破坏污水中有毒的胺、肼类物质，使其向低毒、无毒化方面转化，从而实现推进剂污水净化和保护环境的目的。

目前，在胺、肼类污水处理中使用的氧化剂种类很多，如臭氧、过氧化氢、液氯、空气、次氯酸钠、漂白粉、漂粉精、二氧化氯等。综合各种氧化剂在处理胺、肼类污水中的效果和应用范围，臭氧法处理推进剂污水技术应用最广泛。

例如，用臭氧法处理甲基肼污水及含肼污水，其相应的反应方程式如下：

$$CH_3N_2H_3+2O_3 \longrightarrow CH_3OH+N_2+H_2O+2O_2$$

$$CH_3N_2H_3+5O_3 \longrightarrow CO_2+N_2+3H_2O+5O_2$$

$$3N_2H_4+2O_3 \longrightarrow 3N_2+6H_2O$$

固体火箭推进剂的燃烧产物对大气的污染是其对环境污染的一个主要方面。固体火箭推进剂燃气的酸性、对臭氧分解的作用及其毒性均可对大气环境造成污染，对于环境造成的主要危害有酸雨、平流层臭氧减少、温室效应等。含高氯酸铵复合固体推进剂的主要燃烧产物有 HCl、$Al_2O_3$、$CO_2$ 和水，其中 HCl 是燃气酸性的主要来源，也是造成盐酸酸雨的主要诱因；$CO_2$ 和水是造成温室效应的主要原因；$Al_2O_3$ 对环境的影响主要是微粒粉尘问题，其毒性很小。

为了降低各种污染，适应环境保护的要求，近年来很多国家致力于“洁净”推进剂的研究，也开发了一些新型推进剂品种。例如，采用酸中和推进剂、无氯或少氯推进剂可以减少推进剂燃气中的酸性。

酸中和推进剂的基本原理就是利用酸碱中和去除 HCl 的酸性。目前较为成熟的手段是采用镁取代铝粉，而推进剂的其他组分保持基本不变。如酸中和推进剂基本配方为：70%高氯酸铵，12%～14%黏合剂和 16%～18%镁粉。

采用无氯氧化剂、非金属添加剂或高能燃料等组分构成的“洁净”推进剂是降低火箭发射引起环境污染的解决办法，但是采用新型洁净推进剂还受到诸如推进剂性能、成本等方面的制约。

### 13.2.2 核生化武器装备对环境的影响

核生化武器破坏性严重，这类武器的滥用将导致难以控制的严重后果，甚至威胁到全人类的生存，因此世界各国缔结了各种国际公约限制乃至禁止使用这类武器。但近年来恐怖主义在全球蔓延，各种恐怖事件不断发生，恐怖组织为了达到自己的目的往往不择手段，甚至不惜动用核生化武器，使我们每一个人都有可能受到核生化恐怖的威胁，因此，了解核生化的威胁以及相关的处置是很有必要的。

#### 13.2.2.1　核辐射恐怖的危害与处置

放射性是指原子裂变而释放出射线的物质属性。具有这种性质的物质叫放射性物质。放射性物质种类很多，铀、钍和镭就是常见的放射性物质。放射性物质衰变时可从原子核中释放出对人体有害的 α 射线、β 射线、γ 射线、X 射线等。引起环境放射性污染的主要来源是生产和应用放射性物质的单位所排放出的放射性废物以及由核武器爆炸、核事故等产生的放射性物质。

在核武器出现后的几十年中，它给人类带来的最大危害就是在其制造、训练和使用过程中所释放出的巨大核污染。核污染也是核时代人类面临的、今后还将继续存在的十分现实的核威胁。

核试验是全球放射性污染的来源之一，在大气层中进行核试验时，带有放射性的颗粒沉降物最后降到地面，造成对大气、海洋、地面、动植物和人体的污染，而且这种污染由于大气的扩散将殃及全球，其中未衰变完全的放射性物质，大部分尚存在于土壤、农作物和动物中。联合国原子辐射效应委员会 1972 年报告指出：1970 年以前所有大气层核试验注入平流层的 $^{90}Sr$ 总量为 $5.78\times10^{17}$ Bq，其中 $5.58\times10^{16}$ Bq 已沉降到地球表面。沉降在地球表面的 $^{90}Sr$ 有 77%分布在北半球，23%分布在南半球。核试验使地球环境的放射性水平普遍增高，1963 年后，美国、苏联等国家将核试验转入地下，由于发生“冒顶”和其他泄漏事故，仍然对人类环境造成污染。因此，全面禁止核试验是一个关系到人类生存的严肃话题。

放射性物质可通过空气、饮用水和复杂的食物链等多种途径进入人体，还可以外照射方式危害人体健康。过量的放射性物质进入人体（即过量的内照射剂量）或受到过量的放射性外照射，会发生急性的或慢性的放射病，引起恶性肿瘤、白血病，或损害其他器官，如骨髓、生殖腺等。

放射性污染是关系到人体健康的大问题，应积极研究防治办法，认真做好防治工作。由于联合国签订了全面禁止核试验的条约，因此，当今世界放射性污染的最大来源是生产和应用放射性物质的单位产生的“三废”，目前对“三废”的主要治理方法如下。

① 放射性废液的处理在核污染治理中占有非常重要的地位。现在已经发展起来很多有效的废液处理技术，如化学处理、离子交换、吸附法、隔膜分离法、生物处理、蒸发浓缩等。在实际情况中，根据放射性比活度的高低、废水量的大小及水质和不同的处置方式，可选择上述一种方法或几种方法联合使用，达到理想的处理效果。

② 放射性固体废物可采用埋藏、燃烧、再熔化等办法处理。埋藏前应用水泥、沥青、玻璃固化。可燃固体废物多用燃烧法，若为金属固体废物多用熔化法。

③ 放射性废气的处理比起液体固体废料要简单些。对于含有粉尘、烟、蒸气的放射性废气的工作场所，一般可通过操作条件和通风来解决，如通过旋风分离器、过滤器、静电除尘器及高效除尘器等空气净化设备进行综合处理。对于难以处理的放射性废气可通过高烟囱直接排入大气。

#### 13.2.2.2 生化恐怖的危害与处置

化学、生物武器是一种大规模的杀伤武器。虽然化学毒剂中多种化合物是不稳定的，不会造成严重环境影响，但一些新的如二噁英、T-2 毒素等比较稳定。这类毒物有强致癌、致畸、致诱变作用，长期滞留会造成严重环境毒害。二噁英在土壤中残留期为 10 年，并可在水生生物中以 8000 的倍数积累。

化学武器的集体防护主要是利用永备工事和野战工事。永备工事有掘开式和坑道式两类。它们均配备滤毒通风系统、洗消设备和生活保障设施。野战工事主要是堑壕、交通壕、单人掩体、崖孔及掩蔽部。它们也要安装掩蔽门、过滤器和通风装置。

化学武器的个人防护主要是利用防护服（包括衣、裤、围裙、靴套等）、防毒面具。隔绝式防护服不能长时间穿着，夏季还易使人中暑。透气式防毒的生理性能远比隔绝式为佳，可长时间穿着和作战。

对于毒剂的突然袭击，战地人员只能因地制宜，利用地形、地物和现有器材（如口罩、湿毛巾、眼镜、手套等）进行简易防护。

对化学毒剂的药物防护包括：受毒剂袭击或通过染毒区前服用防毒药物；出现中毒症状时立即注射解毒针剂；用药物清洗皮肤、胃肠等。

生物战剂的使用也将构成对环境的重大威胁。大多数生物战剂具有传染性，易造成部队大量非战斗减员。生物战剂可通过多种途径，如吸入、食入、昆虫叮咬、伤口污染、皮肤接触、黏膜感染、饮用受污染的水等，造成杀伤。污染区被封锁，妨碍部队机动；人员穿戴防护器材，部队战斗力明显下降；水源、食物被污染，影响部队供给。生物战剂造成的传染性疾病若在后方流行，将引起社会混乱，造成生产停顿、交通瘫痪等严重后果。

在适当条件下，有的致病性微生物可以存活相当长的时间。如 Q 热病原体在毛、棉布、沙泥、土壤中可以存活数月；球孢子菌的孢子在土壤中可以存活 4 年；炭疽杆菌芽孢在阴暗潮湿土壤中甚至可存活 10 年。自然环境中有多种昆虫和动物是致病性微生物的宿主，可成为传染病的媒介，不少致病性微生物能在媒介昆虫体内长期存活或繁殖，甚至经卵传代，长期延续下去，如流行性乙型脑炎病毒和黄热病毒可在蚊体内保持 3～4 个月或更久，有的蚊虫甚至可终身保存脑炎病毒。

目前，对生物武器尚无有效的防御手段。一般来说，用于核、化武器集体防护和个人防护的器材，对生物战剂都有一定的防护作用。预防接种是反生物战的重要措施。人员受生物战剂感染后，利用潜伏期服用抗生素药物，可防止发病或减轻症状。

## 13.3 军事人工环境

伴随着潜艇的出现，产生了在封闭环境中实现生命保障的人工环境问题。如今的核动力潜艇，可以在水下连续工作数月，其生命保障系统就变得更加重要。而载人航天等实践活动的出现，则使得实现生命保障的人工环境问题变得更加复杂，除了空气的再生，还需要解决代谢产物的回收处理等问题。

### 13.3.1 潜艇内的空气再生

潜艇是一个密闭环境，空气组成不能像自然界中那样进行生态再生循环。随着潜航时间的增长，氧气不断减少，而污染物质浓度将不断增高。据有关资料介绍，潜艇空气中的污染物，仅有机化合物就有 400 多种，已经定量和定性分析的化合物有 150 多种，还有大量组分没有得出分析结果。潜艇在密闭状态下，污染物如此之多，要维持艇员的正常工作，必须想办法排除各种有害气体并提供艇员呼吸所需的氧。

通过大量研究和实践，人们逐渐探索出在密闭状态下供人呼吸的氧气源——化学氧。这种产生化学氧供潜艇艇员在潜航时呼吸、同时吸收艇员呼出的二氧化碳的过程叫作潜艇空气再生。

潜艇空气再生就是氧气的供应和废气的清除。供氧就是使潜艇空气内的含氧量经常维持在 19%～21%的范围内，以便满足艇员呼吸和氧化燃烧过程中氧的消耗。

目前，国外和我国装备的潜艇主要通过人造空气再生循环、氧烛、电解海水制氧等几种方式来供给所需的氧气。

#### 13.3.1.1　人造空气再生循环

利用化学药剂吸收潜艇舱内的二氧化碳、放出氧气的空气再生循环是目前常规潜艇中空气进行再生的一种主要方法，该法也可以作核潜艇中空气再生的应急措施，同时也可应用到其他如坑道、宇航飞行器、水下深潜器等密闭环境中。

常规潜艇常使用的化学药剂主要是超氧化钾。超氧化钾暴露在空气中极易吸潮，与水作用生成氢氧化钾，同时放出氧气；与空气中的二氧化碳作用生成碳酸钾，同时也放出氧气：

$$2K_2O_4+2H_2O \longrightarrow 4KOH+3O_2\uparrow$$

$$2K_2O_4+2CO_2 \longrightarrow 2K_2CO_3+3O_2\uparrow$$

超氧化钾的制取可通过金属钾通氧气在容器内燃烧，生成固体超氧化钾，其原理为：

$$2K+2O_2 \longrightarrow K_2O_4$$

利用超氧化钾与舱内空气中的水分和艇员呼出的二氧化碳发生反应放出氧气这一化学特性，实现空气的再生循环。

除了超氧化钾以外，其他碱金属超氧化物也都可以用作人造空气的再生循环。它不仅能用于潜艇空气再生，也可以在未来的核化战争条件下广泛地应用于发射工事、指挥观察工事、通信工事、导弹基地、舰艇隐蔽洞、地下飞机洞库和各种物资仓库等隔绝式军事防护工事，以及人防工事。

#### 13.3.1.2　生氧的蜡烛——氧烛

氧烛的主要成分是含氧元素丰富的碱金属氯酸盐或高氯酸盐。碱金属氯酸盐和高氯酸盐的热分解反应是一种放热反应，同时放出氧气。氧烛中另一成分是金属粉末，如铁、铝、硼、镁、锰、钴等，其中铁粉是普遍使用的。在氧烛燃烧中，单靠氯酸盐或高氯酸盐的热分解反应放热不能满足其燃烧的供热要求，因此需要加入一定量的金属粉作为燃料。燃料在氯酸盐释氧反应中的作用机理，以氯酸钠、铁为例：

$$2NaClO_3 \longrightarrow 2NaCl+3O_2+\text{热量}$$

$$2xFe+yO_2 \longrightarrow 2Fe_xO_y+\text{热量}$$

氧烛只能生氧，而不能除去人员呼出的二氧化碳，为此人们根据一些化学药剂具有吸收空气中二氧化碳的特点，选用固体吸收剂来完成空气净化任务。目前国外应用的比较广泛的二氧化碳固体吸收剂是氢氧化锂，它是目前包括潜艇在内的密闭系统较好的清除二氧化碳的固体吸收剂。其吸收原理是：

$$2LiOH+CO_2 \longrightarrow Li_2CO_3+H_2O$$

人们利用氢氧化锂作为吸收剂制成二氧化碳吸收罐，使潜艇艇员呼出的二氧化碳不断地被吸收罐吸收，而氧烛燃料放出的氧气提供给艇员呼吸，这样又形成一个空气再生循环，这个循环也是利用化学药剂之间相互发生化学反应完成的。

#### 13.3.1.3 电解海水制氧

超氧化物生氧、氧烛供氧主要用于常规潜艇的空气再生，而对核潜艇来说是不适用的。第一，核潜艇动力充足，潜航时间较长，需要足够的氧气来满足训练和作战的需要；第二，采用富氧化学药剂的供氧方式是消耗式的，随着潜航时间的增长，需要装载大量的药品，影响武器装备的携带，削弱了战斗力。

电解海水制氧是核潜艇供氧的一种主要方式，其反应方程式为：

$$2H_2O \xrightarrow{\text{电解}} 2H_2 + O_2$$

电解水产生的氢气，经氢气压缩机压缩后排出潜艇。由于排至舷外的氢气泡上升至海面时体积会相应地增加，因此潜艇有暴露的危险。目前解决的办法是在氢气压缩机的氢气出口处加一个喷头式的所谓分布器，以减小气泡出口时的体积。即使这样，随着潜艇在水下运动，海面上会形成一条白色的泡沫带，还是有暴露的可能。有人提出将消除氢气和消除二氧化碳气体结合起来，使二氧化碳气体与氢气化合为另一种液态的或固态的、容易排除或容易储存的产物。如：

$$2H_2 + CO_2 \longrightarrow 2H_2O + C$$

或将两者合成为液态的甲醛、甲酸等而加以排除，这些是比较理想的，但处于研究阶段，还未应用到实际中去。

核潜艇采取电解水制氧来供应氧气，对氢气的排除虽采取了一些措施，但泄漏在艇内的氢气也不能忽视，加上由蓄电池释放出来的氢，使氢气成为核潜艇内的有害气体之一。目前核潜艇装备了消氢器，CQ-1 消氢器采用钯粉作活性组分制成催化剂，其载体是瓷球。工作温度一般在 200℃以下，含氢的空气在催化剂的作用下，与空气中的氧气化合成水，达到消氢的目的。另一种 XQ-I/250 型消氢装置，它是以质量分数 0.5%的钯和 2.0%的银作为催化剂，氧化铝作载体，由电加热器加热到 (120±5)℃的环境下，混合气体中的氢气和氧气进入该装置中，在催化剂的作用下进行催化燃烧，使其反应生成水以达到消氢的目的。

核潜艇中艇员呼出的二氧化碳，不能用氢氧化锂吸收，因为会增加潜艇的负荷。目前，核潜艇用的二氧化碳吸收剂均为乙醇胺。

乙醇胺与二氧化碳的化学反应机理及产物，目前尚有争论，归纳起来有两种说法：一种认为乙醇胺与二氧化碳和水反应生成乙醇胺碳酸盐，进而再生成乙醇胺碳酸氢盐：

$$2HOCH_2CH_2NH_2 + CO_2 + H_2O \rightleftharpoons (HOCH_2CH_2NH_3)_2CO_3$$

$$(HOCH_2CH_2NH_3)_2CO_3 + CO_2 + H_2O \rightleftharpoons 2HOCH_2CH_2NH_3HCO_3$$

另一种认为，上述反应不可进行，而乙醇胺与二氧化碳反应，先生成羟乙胺基甲酸铵盐，再与二氧化碳和水生成乙醇酸氢盐：

$$2HOCH_2CH_2NH_2 + CO_2 \rightleftharpoons HOCH_2CH_2NHCOONH_3CH_2CH_2OH$$

$$HOC_2H_4NHCOONH_3C_2H_4OH + CO_2 + H_2O \rightleftharpoons 2HOC_2H_4NH_3HCO_3$$

上述反应的中间历程在这里不加讨论，但最终都能与二氧化碳反应生成乙酸胺碳酸氢盐，且反应是可逆的。利用乙醇胺与二氧化碳这一可逆反应特性，乙醇胺可循环使用，达到对空气中的二氧化碳连续清除的目的。这也是前面所述的核潜艇不用氢氧化锂吸收二氧化碳，而用乙醇胺吸收二氧化碳的又一重要原因。

至此，核潜艇的空气再生得到了较圆满的解决，但是还有很多实际问题和理论问题仍有待化学家们去解决，相信随着军事科学技术的不断发展，化学在潜艇中的应用与研究将会更加广泛和深入。

### 13.3.2　载人航天飞行的环境控制和生命保障技术

空间站又称航天站或轨道站，是一种可供多名宇航员长期居住和工作的载人航天器。

要实现空间站的长期载人飞行，必须为宇航员提供适宜的舱内环境，包括合适的气体总压、氧分压、空气温度和湿度、通风条件以及有害气体的控制等，同时还需为宇航员提供食物、饮水并处理掉宇航员产生的代谢废物。空间站的环境控制和生命保障系统就是为了保障宇航员的身心健康和工作效率而为空间站专门设计的一套功能保障系统。

环境控制与生命保障系统是任何载人航天器必备的系统，是区别航天器是否是载人航天器的显著标志，是航天技术从无人航天向载人航天发展必须首先要突破的关键技术之一。环境控制与生命保障系统的基本任务是在密封舱（空间站、飞船轨道舱、返回舱等）内为航天员创造一个基本的生活条件和适宜的工作环境，环境控制与生命保障系统是飞船上十分重要又相当复杂的系统，是直接关系到航天员身体健康和生命安全的系统，也是关系到航天任务能否圆满完成的重要系统。

从载人航天的发展历史来看，空间站环境控制和生命保障系统一般可划分为以下四种类型：开式系统、改进型开式系统、半闭式系统和闭式系统。

（1）开式系统

开式系统是指宇航员的代谢产物不作回收再生，而是抛出舱外或封闭起来带回地面，消耗性物质通过天地往返运输系统的周期性输送和补给来保障。载人飞船、航天飞机和早期空间站的环境和生命保障系统都是采用这种类型。

美国的载人飞船和航天飞机采用液态超临界压力储存主供氧和高压气态储存辅助氧供航天员呼吸，航天员呼出的二氧化碳由消耗性氢氧化锂吸收。苏联的载人航天器上则采用超氧化物吸收二氧化碳并同时放出氧气，使用氢氧化锂来调整吸收二氧化碳和产生氧气的比例关系。这些都是典型的开式系统。

我国自行研制的神舟号载人飞船，在前期主要采用开式系统。饮用水通过专门的饮水箱和饮水器供给；排泄的尿液和粪便分别通过尿液和粪便收集器进行收集，回到地面后再接受各种相关的分析和处理；呼吸用的是高压氧瓶；航天员呼出的二氧化碳、排放的异味及舱内其他设备释放的微量挥发性有机污染物，通过容量与吸附能力相应增大的氢氧化锂过滤器和碳分子筛过滤器进行清除。

开式系统的消耗性物质都是靠天地往返运输系统进行补给，这对于长期飞行的空间站来说将是一个沉重的负担。

（2）改进型开式系统

改进型开式系统在开式系统的基础上加以改进，让二氧化碳的净化系统采用再生方案。如用分子筛或固态胺代替消耗性氢氧化锂，降低物质补给量，减轻发射重量。不过水、氧气和食物等物质还不能再生，需要天地往返运输系统给以补养。

（3）半闭式系统

半闭式系统在改进型开式系统的基础上进一步加以改进，使水和氧形成闭合回路，使系统无须补给这些消耗性物质，仅供应含水食物和补给舱体泄漏损失所消耗的气体，在系统设计上主要解决舱内大气的再生和废水的回收处理技术。

中国载人航天环控生保系统已实现由“补给式”向“再生式”根本转换。目前，中国空间站环控生保再生系统稳定运行，空间站氧气资源100%再生，水资源闭合度提升到95%以上，主要技术指标达到世界领先水平。研究人员曾估算过，如果支持3名航天员在轨长时间工作，比如一年时间，可能需要8t左右的物资，有了再生生保系统之后，物资需求量仅1吨就可以了，效益非常明显。

从神舟十二号开始，我国的载人航天航空采用了半闭式系统。

(4) 闭式系统

闭式系统是指空间站内部氧、水和碳形成全闭环回路，生物和非生物系统在内部边界上进行物质和能量的交换，形成闭式生态系统。生态系统闭合的三个过程是：首先植物接受太阳辐照把二氧化碳和其他营养成分合成复杂的有机物，其次植物以食物的形式供乘员食用，最后以人的氧化废物作为无机营养供给植物而形成闭环。闭式系统又称闭路生态生命保障系统，也称受控生态保障系统或生物工程生命保障系统。闭式系统在空间站发射后就不再需要地面保障系统的支持，消耗性物质均能完全再生，乘员可长期在站内工作和生活，这使得长期载人航天和行星探测在低成本的条件下成为可能。

考虑到空间站的发展趋势和我国现有的技术基础以及与国际接轨的需要，半闭式系统是国际上所关注的方案。

经典半闭式系统的主要结构如下：①二氧化碳收集系统；②萨巴蒂尔反应系统；③水电解系统；④冷凝水收集系统；⑤尿处理系统。

各系统的具体工作为：二氧化碳收集系统将宇航员代谢产生的二氧化碳经吸附床吸附、加热解吸及压缩浓缩后浓度达98%。浓缩后的二氧化碳被送到萨巴蒂尔反应系统进行反应，萨巴蒂尔反应器将氢气与二氧化碳在570～580K和钌催作剂的作用下进行反应生成水和甲烷，生成的水可供宇航员饮用，甲烷被送到甲烷收集器中作轨道维持系统或姿态控制系统的推进剂用。尿处理系统将宇航员排出的尿液经蒸发、冷凝、过滤、去离子及杀菌处理后能达到饮用水的标准，处理后的水被送到水电解系统进行电解产氧。水电解产生的氧气供给宇航员呼吸，氢气供给萨巴蒂尔反应系统还原二氧化碳。多余的部分水被送到饮用水箱供宇航员饮用。冷凝水收集系统是在冷却液回路中冷流体的作用下将舱内空气中的水蒸气冷凝收集起来，经卫生处理后供宇航员饮用。在再生系统出现故障时，启用备用氧、备用水及备用二氧化碳净化罐，以维持宇航员的生命安全及其能够返回地面。

## 复习题

1. 什么叫生态系统？什么叫环境污染？环境污染对生态系统会产生怎样的影响？
2. 大气中的主要污染物有哪些？它们会造成什么样的危害？
3. 火箭推进剂对环境的污染主要表现在哪些方面？
4. 简述核工业对环境的危害。
5. 简述生化武器的主要防护措施。
6. 常规潜艇常使用的空气再生化学药剂是什么？简述其实现空气再生循环的主要原理。
7. 简述半闭式空间站环境控制和生命保障系统的工作原理。

## 习　题

1. 为什么说酸雨、臭氧层空洞和温室效应是全球性的环境问题？
2. 什么叫可持续发展战略？它与传统的环境发展思想有何本质上的区别？
3. 常用的火箭推进剂“三废”的处理方法有哪些？
4. 简述三种常用的潜艇空气再生系统的工作原理及优缺点。
5. 调研并简述核潜艇中空气再生的方法和未来发展趋势。
6. 调研“神舟”十六号载人飞船使用的空间站环境控制和生命保障系统类型。

第 13 章参考答案

# 附　录

**附表 1　本书常用的符号**[①]

| 符　号 | 意　义 | 符　号 | 意　义 |
|---|---|---|---|
| g | 气体或蒸气 | $\Delta_r H_m^{\ominus}$ | 反应的标准摩尔焓变 |
| l | 液体 | $\Delta_f G_m^{\ominus}$ | 物质的标准摩尔生成吉布斯自由能(标准生成吉布斯函数) |
| s | 固体 | | |
| aq | 水溶液 | $\Delta_r G_m^{\ominus}$ | 反应的标准摩尔吉布斯自由能变 |
| r | 一般化学反应 | | |
| $S_m^{\ominus}$ | 物质的标准摩尔熵 | $\varphi^{\ominus}$ | 标准电极电势 |
| $\Delta_r S_m^{\ominus}$ | 反应的标准摩尔熵变 | $E^{\ominus}=-\Delta_r G_m^{\ominus}/zF$ $=(RT/zF)\ln K^{\ominus}$ | 标准电动势,电化学电池反应的标准电势 |
| $\Delta_f H_m^{\ominus}$ | 物质的标准摩尔生成焓 | | |

① 根据国际纯粹与应用化学协会（IUPAC）推荐。

**附表 2　国际单位制的基本单位**

| 量 的 名 称 | 单 位 名 称 | 单 位 符 号 |
|---|---|---|
| 长度 | 米 | m |
| 质量 | 千克(公斤) | kg |
| 时间 | 秒 | s |
| 电流 | 安[培] | A |
| 热力学温度 | 开[尔文] | K |
| 物质的量 | 摩[尔] | mol |
| 发光强度 | 坎[德拉] | cd |

**附表 3　国际单位制中具有专门名称的导出单位**

| 量 的 名 称 | 单 位 名 称 | 单 位 符 号 | 其他表示示例 |
|---|---|---|---|
| 频率 | 赫[兹] | Hz | $s^{-1}$ |
| 力;重力 | 牛[顿] | N | $kg\cdot m\cdot s^{-2}$ |
| 压力,压强;应力 | 帕[斯卡] | Pa | $N\cdot m^{-2}$ |
| 能量;功;热 | 焦[耳] | J | $N\cdot m$ |
| 功率;辐射通量 | 瓦[特] | W | $J\cdot s^{-1}$ |
| 电荷量 | 库[仑] | C | $A\cdot s$ |
| 电位;电压;电动势 | 伏[特] | V | $W\cdot A^{-1}$ |
| 电容 | 法[拉] | F | $C\cdot V^{-1}$ |
| 电阻 | 欧[姆] | Ω | $V\cdot A^{-1}$ |
| 电导 | 西[门子] | S | $A\cdot V^{-1}$ |
| 磁通量 | 韦[伯] | Wb | $V\cdot s$ |
| 磁通量密度,磁感应强度 | 特[斯拉] | T | $Wb\cdot m^{-2}$ |
| 电感 | 享[利] | H | $Wb\cdot A^{-1}$ |
| 摄氏温度 | 摄氏度 | ℃ | |
| 光通量 | 流[明] | lm | $cd\cdot sr$ |
| 光照度 | 勒[克斯] | lx | $lm\cdot m^{-2}$ |
| 放射性活度 | 贝可[勒尔] | Bq | $s^{-1}$ |
| 吸收剂量 | 戈[瑞] | Gy | $J\cdot kg^{-1}$ |
| 剂量当量 | 希[沃特] | Sv | $J\cdot kg^{-1}$ |

**附表 4　用于构成十进倍数和分数单位的词头**

| 所表示的因数 | 词头名称 | 词头符号 |
|---|---|---|
| $10^{18}$ | 艾[可萨] | E |
| $10^{15}$ | 拍[它] | P |
| $10^{12}$ | 太[拉] | T |
| $10^{9}$ | 吉[咖] | G |
| $10^{6}$ | 兆 | M |
| $10^{3}$ | 千 | k |
| $10^{2}$ | 百 | h |
| $10^{1}$ | 十 | da |
| $10^{-1}$ | 分 | d |
| $10^{-2}$ | 厘 | c |
| $10^{-3}$ | 毫 | m |
| $10^{-6}$ | 微 | μ |
| $10^{-9}$ | 纳[诺] | n |
| $10^{-12}$ | 皮[可] | p |
| $10^{-15}$ | 飞[母托] | f |
| $10^{-18}$ | 阿[托] | a |

**附表 5　一些基本物理常数**

| 物理量 | 符号 | 值 |
|---|---|---|
| 真空中的光速 | $c_0$ | $299792458 m\cdot s^{-1}$(准确值) |
| 元电荷 | $E$ | $1.60217733(49)\times10^{-19}C$ |
| 原子质量常数(统一的原子质量单位) | $m_u=1u$ | $1.6605402(10)\times10^{-27}kg$ |
| 质子静止质量 | $m_p$ | $1.6726231(10)\times10^{-27}kg$ |
| 中子静止质量 | $m_n$ | $1.6749286(10)\times10^{-27}kg$ |
| 电子静止质量 | $m_e$ | $9.1093897(54)\times10^{-31}kg$ |
| 玻尔(Bohr)半径 | $a_o$ | $5.29177249(24)\times10^{-11}m$ |
| 理想气体的摩尔体积($p=100kPa$,$t=0℃$) | | $22.71108(19) L\cdot mol^{-1}$ |
| 摩尔体积① | $V_m$ | 在 273.15K 和 101.325kPa 时,理想气体的摩尔体积为 $0.02241440\pm0.000000191 m^3\cdot mol^{-1}$ |
| 摩尔气体常数 | $R$ | $8.314510(70) J\cdot K^{-1}\cdot mol^{-1}$ |
| 摄氏温标的零点 | | 273.15K(准确值) |
| 标准大气压 | atm | 101325Pa(准确值) |
| 阿伏伽德罗(Avogadro)常数 | $L,N_A$ | $6.0221367(36)\times10^{23}mol^{-1}$ |
| 法拉第(Faraday)常数 | $F$ | $9.6485309(29)\times10^4 C\cdot mol^{-1}$ |
| 玻尔兹曼(Boltzmann)常数 | $K$ | $1.380658(12)\times10^{-23} J\cdot K^{-1}$ |
| 普朗克(Planck)常数 | $h$ | $6.6260755(40)\times10^{-34} J\cdot S$ |
| 里德伯(Rydberg)常数 | $R_\infty$ | $1.0973731534(13)\times10^7 m^{-1}$ |
| 真空电容率 | $\varepsilon_0$ | $8.854187816\cdots\times10^{-12} F\cdot m^{-1}$ |
| 玻尔(Bohr)磁子 | $\mu_B$ | $9.2740154(31)\times10^{-24} J\cdot T^{-1}$ |

① 来自 GB 3102.8—93,《物理化学和分子物理学的量和单位》。

注:本表的数据来自国际纯粹与应用化学联合会(IUPAC)《物理化学中的量单位和符号》,刘天和译,1992 年 9 月,中国标准出版社。

**附表 6　常用单位换算**

| | |
|---|---|
| $1Å-10^{-10}m$ | $1mL=1cm^3=10^{-3}dm^3-10^{-6}m^3$ |
| $1atm=1.01325\times10^5Pa$ | $1L\cdot atm=101.325J$ |
| $760mmHg=1.01325\times10^5Pa(0℃)$ | $1mol\cdot L^{-1}=10^3 mol\cdot m^{-3}$ |
| $1cal=4.184J$ | $0.08206 atm\cdot L\cdot mol^{-1}\cdot K^{-1}=8.315 J\cdot mol^{-1}\cdot K^{-1}$ |
| $0℃=273.15K$ | $1eV=1.60218\times10^{-19}J$ |

附表 7 某些物质的标准生成焓、标准生成吉布斯函数、标准熵（25℃）

（标准态压力 $p^{\ominus}=100kPa$）

| 物 质 | $\Delta_f H_m^{\ominus}/kJ \cdot mol^{-1}$ | $\Delta_f G_m^{\ominus}/kJ \cdot mol^{-1}$ | $S_m^{\ominus}/J \cdot mol^{-1} \cdot K^{-1}$ |
|---|---|---|---|
| Ag(s) | 0 | 0 | 42.55 |
| AgCl(s) | −127.07 | −109.78 | 96.2 |
| $Ag_2O$(s) | −31.0 | −11.2 | 121 |
| Al(s) | 0 | 0 | 28.3 |
| $Al_2O_3$(α,刚玉) | −1676 | −1582 | 50.92 |
| $Br_2$(l) | 0 | 0 | 152.23 |
| $Br_2$(g) | 30.91 | 3.11 | 245.46 |
| HBr(g) | −36.4 | −53.45 | 198.70 |
| Ca(s) | 0 | 0 | 41.6 |
| $CaC_2$(s) | −62.8 | −67.8 | 70.3 |
| $CaCO_3$(方解石) | −1206.8 | −1128.8 | 92.9 |
| CaO(s) | −635.09 | −604.2 | 40 |
| $Ca(OH)_2$(s) | −986.59 | −896.69 | 76.1 |
| C(石墨) | 0 | 0 | 5.740 |
| C(金刚石) | 1.897 | 2.900 | 2.38 |
| CO(g) | −110.52 | −137.17 | 197.67 |
| $CO_2$(g) | −393.51 | −394.36 | 213.7 |
| $CS_2$(l) | 89.70 | 65.27 | 151.3 |
| $CS_2$(g) | 117.4 | 67.12 | 237.4 |
| $CCl_4$(l) | −135.4 | −65.20 | 216.4 |
| $CCl_4$(g) | −103 | −60.60 | 309.8 |
| HCN(l) | 108.9 | 124.9 | 112.8 |
| HCN(g) | 135 | 125 | 201.8 |
| $Cl_2$(g) | 0 | 0 | 223.07 |
| Cl(g) | 121.67 | 105.68 | 165.20 |
| HCl(g) | −92.307 | −95.299 | 186.91 |
| Cu(s) | 0 | 0 | 33.15 |
| CuO(s) | −157 | −130 | 42.63 |
| $Cu_2O$(s) | −169 | −146 | 93.14 |
| $F_2$(g) | 0 | 0 | 202.3 |
| HF(g) | −271 | −273 | 173.78 |
| Fe(α) | 0 | 0 | 27.3 |
| $FeCl_2$(s) | −341.8 | −302.3 | 117.9 |
| $FeCl_3$(s) | −399.5 | −334.1 | 142 |
| FeO(s) | −272 | | |
| $Fe_2O_3$(赤铁矿) | −824.2 | −742.2 | 87.40 |
| $Fe_3O_4$(磁铁矿) | −1118 | −1015 | 146 |
| $FeSO_4$(s) | −928.4 | −820.8 | 108 |
| $H_2$(g) | 0 | 0 | 130.68 |
| H(g) | 217.97 | 203.24 | 114.71 |
| $H_2O$(l) | −285.83 | −237.18 | 69.91 |
| $H_2O$(g) | −241.82 | −228.57 | 188.83 |
| $I_2$(s) | 0 | 0 | 116.14 |
| $I_2$(g) | 62.438 | 19.33 | 260.7 |
| I(g) | 106.84 | 70.267 | 180.79 |
| HI(g) | 26.5 | 1.7 | 206.59 |
| Mg(s) | 0 | 0 | 32.5 |
| $MgCl_2$(g) | −641.83 | −592.3 | 89.5 |
| MgO(s) | −601.83 | −569.55 | 27 |

续表

| 物　质 | $\Delta_f H_m^{\ominus}$/kJ·mol$^{-1}$ | $\Delta_f G_m^{\ominus}$/kJ·mol$^{-1}$ | $S_m^{\ominus}$/J·mol$^{-1}$·K$^{-1}$ |
|---|---|---|---|
| $Mg(OH)_2(s)$ | −924.66 | −833.68 | 63.14 |
| Na(s) | 0 | 0 | 51.0 |
| $Na_2CO_3(s)$ | −1131 | −1048 | 136 |
| $NaHCO_3(s)$ | −947.7 | −851.8 | 102 |
| NaCl(s) | −411.0 | −384.0 | 72.38 |
| $NaNO_3(s)$ | −466.68 | −365.8 | 116 |
| $Na_2O(s)$ | −416 | −377 | 72.8 |
| NaOH(s) | −426.73 | −379.1 | |
| $Na_2SO_4(s)$ | −1384.5 | −1266.7 | 149.5 |
| $N_2(g)$ | 0 | 0 | 191.6 |
| $NH_3(g)$ | −46.11 | −16.5 | 192.4 |
| $N_2H_4(l)$ | 50.63 | 149.3 | 121.2 |
| NO(g) | 90.25 | 86.57 | 210.76 |
| $NO_2(g)$ | 33.2 | 51.32 | 240.1 |
| $N_2O(g)$ | 82.05 | 104.2 | 219.8 |
| $N_2O_3(g)$ | 83.72 | 139.4 | 312.3 |
| $N_2O_4(g)$ | 9.16 | 97.89 | 304.3 |
| $N_2O_5(g)$ | 11 | 115 | 356 |
| $HNO_3(g)$ | −135.1 | −74.72 | 266.4 |
| $HNO_3(l)$ | −173.2 | −79.83 | 155.6 |
| $NH_4HCO_3(s)$ | −849.4 | −666.0 | 121 |
| $O_2(g)$ | 0 | 0 | 205.14 |
| O(g) | 249.17 | 231.73 | 161.06 |
| $O_3(g)$ | 143 | 163 | 238.9 |
| P(α,白磷) | 0 | 0 | 41.1 |
| P(红磷,三斜) | −18 | −12 | 22.8 |
| $P_4(g)$ | 58.91 | 24.5 | 280.0 |
| $PCl_3(g)$ | −287 | −268 | 311.8 |
| $PCl_5(g)$ | −375 | −305 | 364.6 |
| $POCl_3(g)$ | −558.48 | −512.93 | 325.4 |
| $H_3PO_4(s)$ | −1279 | −1119 | 110.5 |
| S(正交) | 0 | 0 | 31.8 |
| S(g) | 278.81 | 238.25 | 167.82 |
| $S_8(g)$ | 102.3 | 49.63 | 430.98 |
| $H_2S(g)$ | −20.6 | −33.6 | 205.8 |
| $SO_2(g)$ | −296.83 | −300.19 | 248.2 |
| $SO_3(g)$ | −395.7 | −371.1 | 256.7 |
| $H_2SO_4(l)$ | −813.989 | −690.003 | 156.90 |
| Si(s) | 0 | 0 | 18.8 |
| $SiCl_4(l)$ | −687.0 | −619.83 | 240 |
| $SiCl_4(g)$ | −657.01 | −616.98 | 330.7 |
| $SiH_4(g)$ | 34 | 56.9 | 204.6 |
| $SiO_2$(石英) | −910.94 | −856.64 | 41.84 |
| $SiO_2$(s,无定形) | −903.49 | −850.79 | 46.9 |
| Zn(s) | 0 | 0 | 41.6 |
| $ZnCO_3(s)$ | −394.4 | −731.52 | 82.4 |
| $ZnCl_2(s)$ | −415.1 | −369.40 | 111.5 |
| ZnO(s) | −348.3 | −318.3 | 43.64 |
| $CH_4(g)$甲烷 | −74.81 | −50.72 | 188.0 |
| $C_2H_6(g)$乙烷 | −84.68 | −32.8 | 229.6 |

续表

| 物质 | $\Delta_f H_m^{\ominus}$/kJ·mol$^{-1}$ | $\Delta_f G_m^{\ominus}$/kJ·mol$^{-1}$ | $S_m^{\ominus}$/J·mol$^{-1}$·K$^{-1}$ |
|---|---|---|---|
| $C_3H_6$(g)丙烷 | −103.8 | −23.4 | 270.0 |
| $C_4H_{10}$(g)正丁烷 | −124.7 | −15.6 | 310.1 |
| $C_2H_4$(g)乙烯 | 52.26 | 68.15 | 219.6 |
| $C_3H_6$(g)丙烯 | 20.4 | 62.79 | 267.0 |
| $C_4H_8$(g)1-丁烯 | 1.17 | 72.15 | 307.5 |
| $C_2H_2$(g)乙炔 | 226.7 | 209.2 | 200.9 |
| $C_6H_6$(l)苯 | 48.66 | 123.1 | 173.0 |
| $C_6H_6$(g)苯 | 82.93 | 129.8 | 269.3 |
| $C_6H_5CH_3$(g)甲苯 | 50.00 | 122.4 | 319.8 |
| $CH_3OH$(l)甲醇 | −238.7 | −166.3 | 127 |
| $CH_3OH$(g)甲醇 | −200.7 | −162.0 | 239.8 |
| $C_2H_5OH$(l)乙醇 | −277.7 | −174.8 | 161 |
| $C_2H_5OH$(g)乙醇 | −235.1 | −168.5 | 282.7 |
| $C_4H_9OH$(l)正丁醇 | −327.1 | −163.0 | 228 |
| $C_4H_9OH$(g)正丁醇 | −274.7 | −151.0 | 363.7 |
| $(CH_3)_2O$(g)二甲醚 | −184.1 | −112.6 | 266.4 |
| HCHO(g)甲醛 | −117 | −113 | 218.8 |
| $CH_3CHO$(l)乙醛 | −192.3 | −128.1 | 160 |
| $CH_3CHO$(g)乙醛 | −166.2 | −128.9 | 250 |
| $(CH_3)_2CO$(l)丙酮 | −248.2 | −155.6 | 200.0 |
| $(CH_3)_2CO$(g)丙酮 | −216.7 | −152.6 | 304.2 |
| HCOOH(l)甲酸 | −424.72 | −361.3 | 129.0 |
| $CH_3OOH$(l)乙酸 | −484.5 | −390 | 160 |
| $CH_3OOH$(g)乙酸 | −432.2 | −374 | 282 |
| $(CH_2)_2O$(l)环氧乙烷 | −77.82 | −11.7 | 153.8 |
| $(CH_2)_2O$(g)环氧乙烷 | −52.63 | −13.1 | 242.5 |
| $CHCl_2CH_3$(l)1,1-二氯乙烷 | −160 | −75.6 | 211.8 |
| $CHCl_2CH_3$(g)1,1-二氯乙烷 | −129.4 | −72.52 | 305.1 |
| $CH_2ClCH_2Cl$(l)1,2-二氯乙烷 | −165.2 | −79.52 | 208.5 |
| $CH_2ClCH_2Cl$(g)1,2-二氯乙烷 | −129.8 | −73.86 | 308.4 |
| $CCl_2{=}CH_2$(l)1,1-二氯乙烯 | −24 | 24.5 | 201.5 |
| $CCl_2{=}CH_2$(g)1,1-二氯乙烯 | 2.4 | 25.1 | 289.0 |
| $CH_3NH_2$(l)甲胺 | −47.3 | 36 | 150.2 |
| $CH_3NH_2$(g)甲胺 | −23.0 | 32.2 | 243.4 |
| $(NH_2)_2CO$(s)尿素 | −322.9 | −196.7 | 104.6 |

注：数据摘自《Lange's Handbook of Chemistry》. Ⅱ th ed.，并按 1cal=4.184J 及 $p^{\ominus}$=100kPa 加以换算。

**附表 8 一些常见弱电解质在水溶液中的电离常数**

| 电解质 | 电离平衡 | 温度 $t$/℃ | $K_a^{\ominus}$ 或 $K_b^{\ominus}$ | $pK_a^{\ominus}$ 或 $pK_b^{\ominus}$ |
|---|---|---|---|---|
| 醋酸 | $HAc \rightleftharpoons H^+ + Ac^-$ | 25 | $1.76\times10^{-5}$ | 4.75 |
| 硼酸 | $H_3BO_3 + H_2O \rightleftharpoons B(OH)_4^- + H^+$ | 20 | $7.3\times10^{-10}$ | 9.14 |
| 碳酸 | $H_2CO_3 \rightleftharpoons H^+ + HCO_3^-$ | 25 | $(K_1)4.30\times10^{-7}$ | 6.37 |
|  | $HCO_3^- \rightleftharpoons H^+ + CO_3^{2-}$ | 25 | $(K_2)5.61\times10^{-11}$ | 10.25 |
| 氢氰酸 | $HCN \rightleftharpoons H^+ + CN^-$ | 25 | $4.93\times10^{-10}$ | 9.31 |
| 氢硫酸 | $H_2S \rightleftharpoons H^+ + HS^-$ | 18 | $(K_1)9.1\times10^{-8}$ | 7.04 |
|  | $HS^- \rightleftharpoons H^+ + S^{2-}$ | 18 | $(K_2)1.1\times10^{-12}$ | 11.96 |
| 草酸 | $H_2C_2O_4 \rightleftharpoons H^+ + HC_2O_4^-$ | 25 | $(K_1)5.90\times10^{-2}$ | 1.23 |
|  | $HC_2O_4^- \rightleftharpoons H^+ + C_2O_4^{2-}$ | 25 | $(K_2)6.40\times10^{-5}$ | 4.19 |
| 甲酸 | $HCOOH \rightleftharpoons H^+ + HCOO^-$ | 20 | $1.77\times10^{-4}$ | 3.75 |

续表

| 电解质 | 电　离　平　衡 | 温度 t/℃ | $K_a^\ominus$ 或 $K_b^\ominus$ | $pK_a^\ominus$ 或 $pK_b^\ominus$ |
|---|---|---|---|---|
| 磷酸 | $H_3PO_4 \rightleftharpoons H^+ + H_2PO_4^-$ | 25 | $(K_1)7.52\times10^{-3}$ | 2.12 |
| | $H_2PO_4^- \rightleftharpoons H^+ + HPO_4^{2-}$ | 25 | $(K_2)6.23\times10^{-8}$ | 7.21 |
| | $HPO_4^{2-} \rightleftharpoons H^+ + PO_4^{3-}$ | 25 | $(K_3)2.2\times10^{-13}$ | 12.67 |
| 亚硫酸 | $H_2SO_3 \rightleftharpoons H^+ + HSO_3^-$ | 18 | $(K_1)1.54\times10^{-2}$ | 1.81 |
| | $HSO_3 \rightleftharpoons H^+ + SO_3^{2-}$ | 18 | $(K_2)1.02\times10^{-7}$ | 6.91 |
| 亚硝酸 | $HNO_2 \rightleftharpoons H^+ + NO_2^-$ | 12.5 | $4.6\times10^{-4}$ | 3.37 |
| 氢氟酸 | $HF \rightleftharpoons H^+ + F^-$ | 25 | $3.53\times10^{-4}$ | 3.45 |
| 硅酸 | $H_2SiO_3 \rightleftharpoons H^+ + HSiO_3^-$ | （常温） | $(K_1)2\times10^{-10}$ | 9.70 |
| | $HSiO_3^- \rightleftharpoons H^+ + SiO_3^{2-}$ | （常温） | $(K_2)1\times10^{-12}$ | 12.00 |
| 氨水 | $NH_3 + H_2O \rightleftharpoons NH_4^+ + OH^-$ | 25 | $1.77\times10^{-5}$ | 4.75 |

注：数据主要录自 David R Lide. CRC Handbook of Chemistry and Physics. 71 th ed. 1990～1991. $pK_a = -\lg K_a$，$pK_b = -\lg K_b$。

**附表 9　一些常见难溶物质的溶度积 $K_{sp}^\ominus$ (298.15K)**

| 难　溶　物　质 | 分　子　式 | 温　度 t/℃ | $K_{sp}^\ominus$ |
|---|---|---|---|
| 氯化银 | AgCl | 25 | $1.77\times10^{-10}$ |
| 溴化银 | AgBr | 25 | $5.35\times10^{-13}$ |
| 碘化银 | AgI | 25 | $8.51\times10^{-17}$ |
| 氢氧化银 | AgOH | 20 | $1.52\times10^{-8}$ |
| 铬酸银 | $Ag_2CrO_4$ | 14.8 | $1.12\times10^{-12}$ |
| | | 25 | $9.0\times10^{-12}$ |
| 硫化银 | $Ag_2S$ | 18 | $6.69\times10^{-50}$（α 型） |
| 硫酸钡 | $BaSO_4$ | 25 | $1.07\times10^{-10}$ |
| 碳酸钡 | $BaCO_3$ | 25 | $2.58\times10^{-9}$ |
| 铬酸钡 | $BaCrO_4$ | 18 | $1.17\times10^{-10}$ |
| 碳酸钙 | $CaCO_3$ | 25 | $4.96\times10^{-9}$ |
| 硫酸钙 | $CaSO_4$ | 25 | $7.10\times10^{-9}$ |
| 磷酸钙 | $Ca_3(PO_4)_2$ | 25 | $2.07\times10^{-33}$ |
| 氢氧化铜 | $Cu(OH)_2$ | 25 | $5.6\times10^{-20}$ |
| 硫化铜 | CuS | 18 | $1.27\times10^{-36}$ |
| 氢氧化铁 | $Fe(OH)_3$ | 18 | $2.64\times10^{-39}$ |
| 氢氧化亚铁 | $Fe(OH)_2$ | 18 | $4.87\times10^{-17}$ |
| 硫化亚铁 | FeS | 18 | $1.59\times10^{-19}$ |
| 碳酸镁 | $MgCO_3$ | 12 | $6.82\times10^{-6}$ |
| 氢氧化镁 | $Mg(OH)_2$ | 18 | $5.61\times10^{-12}$ |
| 氢氧化锰 | $Mn(OH)_2$ | 18 | $2.06\times10^{-13}$ |
| 硫化锰 | MnS | 18 | $4.65\times10^{-14}$ |
| 硫酸铅 | $PbSO_4$ | 18 | $1.82\times10^{-8}$ |
| 硫化铅 | PbS | 18 | $9.04\times10^{-27}$ |
| 碘化铅 | $PbI_2$ | 25 | $8.49\times10^{-7}$ |
| 碳酸铅 | $PbCO_3$ | 18 | $1.46\times10^{-13}$ |
| 铬酸铅 | $PbCrO_4$ | 18 | $1.77\times10^{-14}$ |
| 碳酸锌 | $ZnCO_3$ | 18 | $1.19\times10^{-10}$ |
| 硫化锌 | ZnS | 18 | $2.93\times10^{-29}$ |
| 硫化镉 | CdS | 18 | $1.40\times10^{-29}$ |
| 硫化钴 | CoS | 18 | $3\times10^{-26}$ |
| 硫化汞 | HgS | 18 | $4\times10^{-53}\sim2\times10^{-49}$ |

注：数据主要录自 David R Lide. CRC Handbook of Chemistry and Physics. 71 th ed. 1990～1991。

**附表 10 配离子的稳定常数**

| 配离子 | $K_f^\ominus$ | 配离子 | $K_f^\ominus$ |
|---|---|---|---|
| $[Cd(NH_3)_6]^{2+}$ | $1.4\times10^5$ | $[Fe(C_2O_4)_3]^{4-}$ | $1.6\times10^{20}$ |
| $[Co(NH_3)_6]^{2+}$ | $1.29\times10^5$ | $[Ni(C_2O_4)_3]^{4-}$ | 约 $3.2\times10^8$ |
| $[Co(NH_3)_6]^{3+}$ | $1.59\times10^{35}$ | $[CuI_2]^-$ | $7.08\times10^8$ |
| $[Cu(NH_3)_2]^+$ | $7.24\times10^{10}$ | $[PbI_4]^{2-}$ | $2.95\times10^4$ |
| $[Cu(NH_3)_4]^{2+}$ | $2.09\times10^{13}$ | $[HgI_4]^{2-}$ | $6.76\times10^{29}$ |
| $[Ni(NH_3)_6]^{2+}$ | $5.5\times10^8$ | $[AgI_2]^-$ | $5.50\times10^{11}$ |
| $[Pt(NH_3)_6]^{2+}$ | $1.59\times10^{35}$ | $[AlF_6]^{3-}$ | $6.92\times10^{19}$ |
| $[Ag(NH_3)_2]^{2+}$ | $1.1\times10^7$ | $[FeF_3]$ | $1.15\times10^{12}$ |
| $[Zn(NH_3)_4]^{2+}$ | $2.88\times10^9$ | $[Al(OH)_4]^-$ | $1.07\times10^{33}$ |
| $[HgCl_4]^{2-}$ | $1.17\times10^{15}$ | $[Cr(OH)_4]^-$ | $7.9\times10^{29}$ |
| $[PtCl_4]^{2-}$ | $1.0\times10^{16}$ | $[Cu(OH)_4]^{2-}$ | $3.2\times10^{18}$ |
| $[AgCl_2]^-$ | $1.1\times10^5$ | $[Zn(OH)_4]^{2-}$ | $4.57\times10^{17}$ |
| $[Cd(CN)_4]^{2-}$ | $5.75\times10^{18}$ | $[Cu(SCN)_2]^-$ | $1.51\times10^5$ |
| $[Cu(CN)_4]^{2-}$ | $2.00\times10^{30}$ | $[Hg(SCN)_4]^{2-}$ | $1.70\times10^{21}$ |
| $[Hg(CN)_4]^{2-}$ | $2.5\times10^{41}$ | $[Ag(SCN)_2]^-$ | $1.20\times10^9$ |
| $[Ni(CN)_4]^{2-}$ | $2.0\times10^{31}$ | $[Ag(py)_2]^+$ | $2.24\times10^4$ |
| $[Ag(CN)_2]^-$ | $5.01\times10^{21}$ | $[Cu(py)_2]^{2+}$ | $3.47\times10^6$ |
| $[Fe(CN)_6]^{4-}$ | $1\times10^{35}$ | $[Cu(S_2O_3)_2]^{3-}$ | $1.66\times10^{12}$ |
| $[Fe(CN)_6]^{3-}$ | $1.0\times10^{42}$ | $[Ag(S_2O_3)_2]^{3-}$ | $2.89\times10^{13}$ |
| $[Zn(CN)_4]^{2-}$ | $5.01\times10^{16}$ | $[Cu(P_2O_7)_2]^{6-}$ | $1.0\times10^9$ |
| $[Ag(gly)_2]^+$ | $7.76\times10^6$ | $[Ni(P_2O_7)_2]^{6-}$ | $2.5\times10^7$ |
| $[Al(C_2O_4)_3]^{3-}$ | $2.0\times10^{16}$ | $[Cu(acac)_2]^{2+}$ | $2.19\times10^{16}$ |
| $[Co(C_2O_4)_3]^{4-}$ | $5.10\times10^9$ | $[Zn(acac)_2]^{2+}$ | $6.5\times10^8$(303K) |

注：1. 数据摘自 J. A. Dean. Lange's Handbook of Chemistry－Tab 5-14，5-15 13 th ed. 1985. 温度 293～298K。

2. 配体：gly—甘氨酸，py—吡啶，acac—乙酰丙酮。

**附表 11 298.15K 时水溶液中一些电对的标准电极电势**

**(标准态压力 $p^\ominus=100kPa$)**

| 电对(氧化态/还原态) | 电极反应(氧化态)$+ze^-\rightleftharpoons$还原态 | $\varphi^\ominus$/V |
|---|---|---|
| $Li^+/Li$ | $Li^++e^-\rightleftharpoons Li$ | −3.04 |
| $K^+/K$ | $K^++e^-\rightleftharpoons K$ | −2.93 |
| $Ba^{2+}/Ba$ | $Ba^{2+}+2e^-\rightleftharpoons Ba$ | −2.90 |
| $Ca^{2+}/Ca$ | $Ca^{2+}+2e^-\rightleftharpoons Ca$ | −2.76 |
| $Na^+/Na$ | $Na^++e^-\rightleftharpoons Na$ | −2.71 |
| $Mg^{2+}/Mg$ | $Mg^{2+}+2e^-\rightleftharpoons Mg$ | −2.37 |
| $H_2O/H_2(g)$ | $2H_2O+2e^-\rightleftharpoons H_2(g)+2OH^-$ | −0.827 |
| $Zn^{2+}/Zn$ | $Zn^{2+}+2e^-\rightleftharpoons Zn$ | −0.762 |
| $Cr^{3+}/Cr$ | $Cr^{3+}+3e^-\rightleftharpoons Cr$ | −0.74 |
| $Fe^{2+}/Fe$ | $Fe^{2+}+2e^-\rightleftharpoons Fe$ | −0.447 |
| $Cd^{2+}/Cd$ | $Cd^{2+}+2e^-\rightleftharpoons Cd$ | −0.403 |
| $Co^{2+}/Co$ | $Co^{2+}+2e^-\rightleftharpoons Co$ | −0.28 |
| $Ni^{2+}/Ni$ | $Ni^{2+}+2e^-\rightleftharpoons Ni$ | −0.257 |
| $Sn^{2+}/Sn$ | $Sn^{2+}+2e^-\rightleftharpoons Sn$ | −0.138 |
| $Pb^{2+}/Pb$ | $Pb^{2+}+2e^-\rightleftharpoons Pb$ | −0.126 |
| $H^+/H_2(g)$ | $H^++e^-\rightleftharpoons 1/2H_2(g)$ | 0.0000 |
| $S_4O_6^{2-}/S_2O_3^{2-}$ | $1/2S_4O_6^{2-}+e^-\rightleftharpoons S_2O_3^{2-}$ | +0.08 |
| $Sn^{4+}/Sn^{2+}$ | $Sn^{4+}+2e^-\rightleftharpoons Sn^{2+}$ | +0.151 |
| $Cu^{2+}/Cu^+$ | $Cu^{2+}+e^-\rightleftharpoons Cu^+$ | +0.158 |
| $S/H_2S(g)$ | $S+2H^++2e^-\rightleftharpoons H_2S(g)$ | +0.142 |

续表

| 电对(氧化态/还原态) | 电极反应(氧化态)+$ze^-$ ⇌ 还原态 | $\varphi^{\ominus}$/V |
|---|---|---|
| $SO_4^{2-}/H_2SO_3$ | $SO_4^{2-}+4H^++2e^- \rightleftharpoons H_2SO_3+H_2O$ | +0.172 |
| $AgCl/Ag$ | $AgCl(s)+e^- \rightleftharpoons Ag+Cl^-$ | +0.222 |
| $Cu^{2+}/Cu$ | $Cu^{2+}+2e^- \rightleftharpoons Cu$ | +0.342 |
| $O_2/OH^-$ | $1/2O_2+H_2O+2e^- \rightleftharpoons 2OH^-$ | +0.401 |
| $H_2SO_3/S$ | $H_2SO_3+4H^++4e^- \rightleftharpoons S+3H_2O$ | +0.45① |
| $Cu^+/Cu$ | $Cu^++e^- \rightleftharpoons Cu$ | +0.521 |
| $I_2(s)/I^-$ | $I_2(s)+2e^- \rightleftharpoons 2I^-$ | +0.536 |
| $H_3AsO_4/H_3AsO_3$ | $H_3AsO_4+2H^++2e^- \rightleftharpoons H_3AsO_3+H_2O$ | +0.56① |
| $MnO_4^{2-}/MnO_2(s)$ | $MnO_4^{2-}+2H_2O+2e^- \rightleftharpoons MnO_2(s)+4OH^-$ | +0.60① |
| $O_2(g)/H_2O_2$ | $O_2(g)+2H^++2e^- \rightleftharpoons H_2O_2$ | +0.695 |
| $Fe^{3+}/Fe^{2+}$ | $Fe^{3+}+e^- \rightleftharpoons Fe^{2+}$ | +0.771 |
| $Hg_2^{2+}/Hg$ | $Hg_2^{2+}+2e^- \rightleftharpoons 2Hg$ | +0.797 |
| $Ag^+/Ag$ | $Ag^++e^- \rightleftharpoons Ag$ | +0.800 |
| $Hg^{2+}/Hg$ | $Hg^{2+}+2e^- \rightleftharpoons Hg$ | +0.851 |
| $NO^{3-}/NO(g)$ | $NO_3^-+4H^++3e^- \rightleftharpoons NO(g)+2H_2O$ | +0.957 |
| $HNO_2/NO(g)$ | $HNO_2+H^++e^- \rightleftharpoons NO(g)+H_2O$ | +0.983 |
| $Br_2(l)/Br^-$ | $Br_2(l)+2e^- \rightleftharpoons 2Br^-$ | +1.066 |
| $MnO_2(s)/Mn^{2+}$ | $MnO_2(s)+4H^++2e^- \rightleftharpoons Mn^{2+}+2H_2O$ | +1.224 |
| $O_2(g)/H_2O$ | $O_2(g)+4H^++4e^- \rightleftharpoons 2H_2O$ | +1.229 |
| $Cr_2O_7^{2-}/Cr^{3+}$ | $1/2Cr_2O_7^{2-}+7H^++3e^- \rightleftharpoons Cr^{3+}+7/2H_2O$ | +1.232 |
| $Cl_2(g)/Cl^-$ | $Cl_2(g)+2e^- \rightleftharpoons 2Cl^-$ | +1.358 |
| $PbO_2(s)/Pb^{2+}$ | $PbO_2(s)+4H^++2e^- \rightleftharpoons Pb^{2+}+2H_2O$ | +1.46① |
| $ClO_3^-/Cl_2(g)$ | $ClO_3^-+6H^++5e^- \rightleftharpoons 1/2Cl_2(g)+3H_2O$ | +1.47① |
| $MnO_4^-/Mn^{2+}$ | $MnO_4^-+8H^++5e^- \rightleftharpoons Mn^{2+}+4H_2O$ | +1.507 |
| $HOCl/Cl_2(g)$ | $HOCl+H^-+e^- \rightleftharpoons 1/2Cl_2(g)+H_2O$ | +1.63① |
| $Au^+/Au$ | $Au^++e^- \rightleftharpoons Au$ | +1.68 |
| $H_2O_2/H_2O$ | $H_2O_2+2H^++2e^- \rightleftharpoons 2H_2O$ | +1.776 |
| $Co^{3+}/Co^{2+}$ | $Co^{3+}+e^- \rightleftharpoons Co^{2-}$ | +1.808 |
| $S_2O_8^{2-}/SO_4^{2-}$ | $1/2S_2O_8^{2-}+e^- \rightleftharpoons SO_4^{2-}$ | +2.010 |
| $F_2(g)/F^-$ | $F_2(g)+2e^- \rightleftharpoons 2F^-$ | +2.866 |

## 主要参考文献


［1］ 申泮文. 近代化学导论. 2 版. 北京：高等教育出版社，2008.

［2］ 张志成. 大学化学. 北京：科学出版社，2018.

［3］ 曹瑞军. 大学化学. 3 版. 北京：高等教育出版社，2019.

［4］ 华彤文，等. 普通化学原理. 4 版. 北京：北京大学出版社，2013.

［5］ 傅献彩. 物理化学. 6 版. 北京：高等教育出版社，2022.

［6］ 胡忠鲠. 现代化学基础. 4 版. 北京：高等教育出版社，2014.

［7］ 贾琼，等. 新大学化学. 5 版. 北京：科学出版社，2024.

［8］ 朱裕贞，等. 现代基础化学. 3 版. 北京：化学工业出版社，2010.

［9］ 欧育湘. 炸药学. 北京：北京理工大学出版社，2014.

［10］ 曹保榆. 核生化事件的防范与处置. 北京：国防工业出版社，2004.

［11］ 陈冀胜. 反化学恐怖对策与技术. 北京：科学出版社，2005.

［12］ Allan B. Chemistry. John Wiley & Sons Ltd，2012.

# 元素周期表

IUPAC 2013

| | |
|---|---|
| +2, +3, +4, +5, +6 | 氧化态(单质的氧化态为0，未列入；常见的为红色) |
| 95 | 原子序数 |
| Am | 元素符号(红色的为放射性元素) |
| 镅▲ | 元素名称(注▲的为人造元素) |
| $5f^77s^2$ | 价层电子构型 |
| 243.06138(2)✦ | 以 $^{12}C$=12为基准的原子量(注✦的是半衰期最长同位素的原子量) |

s区元素　p区元素　d区元素　ds区元素　f区元素　稀有气体

| 周期＼族 | 1<br>ⅠA | 2<br>ⅡA | 3<br>ⅢB | 4<br>ⅣB | 5<br>ⅤB | 6<br>ⅥB | 7<br>ⅦB | 8<br>ⅧB(Ⅷ) | 9<br>ⅧB(Ⅷ) | 10<br>ⅧB(Ⅷ) | 11<br>ⅠB | 12<br>ⅡB | 13<br>ⅢA | 14<br>ⅣA | 15<br>ⅤA | 16<br>ⅥA | 17<br>ⅦA | 18<br>ⅧA(0) | 电子层 |
|---|---|---|---|---|---|---|---|---|---|---|---|---|---|---|---|---|---|---|---|
| 1 | −1, +1<br>1 H 氢<br>$1s^1$<br>1.008 | | | | | | | | | | | | | | | | | 2 He 氦<br>$1s^2$<br>4.002602(2) | K |
| 2 | +1<br>3 Li 锂<br>$2s^1$<br>6.94 | +2<br>4 Be 铍<br>$2s^2$<br>9.0121831(5) | | | | | | | | | | | +3<br>5 B 硼<br>$2s^22p^1$<br>10.81 | −4, +2, +4<br>6 C 碳<br>$2s^22p^2$<br>12.011 | −3, −2, −1, +1, +2, +3, +4, +5<br>7 N 氮<br>$2s^22p^3$<br>14.007 | −2, −1<br>8 O 氧<br>$2s^22p^4$<br>15.999 | −1<br>9 F 氟<br>$2s^22p^5$<br>18.998403163(6) | 10 Ne 氖<br>$2s^22p^6$<br>20.1797(6) | L K |
| 3 | −1, +1<br>11 Na 钠<br>$3s^1$<br>22.98976928(2) | +2<br>12 Mg 镁<br>$3s^2$<br>24.305 | | | | | | | | | | | +3<br>13 Al 铝<br>$3s^23p^1$<br>26.9815385(7) | −4, +2, +4<br>14 Si 硅<br>$3s^23p^2$<br>28.085 | −3, −2, +1, +3, +5<br>15 P 磷<br>$3s^23p^3$<br>30.973761998(5) | −2, +2, +4, +6<br>16 S 硫<br>$3s^23p^4$<br>32.06 | −1, +1, +3, +5, +7<br>17 Cl 氯<br>$3s^23p^5$<br>35.45 | 18 Ar 氩<br>$3s^23p^6$<br>39.948(1) | M L K |
| 4 | −1, +1<br>19 K 钾<br>$4s^1$<br>39.0983(1) | +2<br>20 Ca 钙<br>$4s^2$<br>40.078(4) | +3<br>21 Sc 钪<br>$3d^14s^2$<br>44.955908(5) | −1, 0, +2, +3, +4<br>22 Ti 钛<br>$3d^24s^2$<br>47.867(1) | 0, ±1, +2, +3, +4, +5<br>23 V 钒<br>$3d^34s^2$<br>50.9415(1) | −3, 0, ±1, ±2, +3, +4, +5, +6<br>24 Cr 铬<br>$3d^54s^1$<br>51.9961(6) | −2, 0, ±1, +2, ±3, +4, +5, +6, +7<br>25 Mn 锰<br>$3d^54s^2$<br>54.938044(3) | −2, 0, ±1, +2, +3, +4, +5, +6<br>26 Fe 铁<br>$3d^64s^2$<br>55.845(2) | 0, ±1, +2, +3, +4, +5<br>27 Co 钴<br>$3d^74s^2$<br>58.933194(4) | 0, ±1, +2, +3, +4<br>28 Ni 镍<br>$3d^84s^2$<br>58.6934(4) | +1, +2, +3, +4<br>29 Cu 铜<br>$3d^{10}4s^1$<br>63.546(3) | +1, +2<br>30 Zn 锌<br>$3d^{10}4s^2$<br>65.38(2) | +1, +3<br>31 Ga 镓<br>$4s^24p^1$<br>69.723(1) | +2, +4<br>32 Ge 锗<br>$4s^24p^2$<br>72.630(8) | −3, +3, +5<br>33 As 砷<br>$4s^24p^3$<br>74.921595(6) | −2, +2, +4, +6<br>34 Se 硒<br>$4s^24p^4$<br>78.971(8) | −1, +1, +3, +5, +7<br>35 Br 溴<br>$4s^24p^5$<br>79.904 | +2, +4<br>36 Kr 氪<br>$4s^24p^6$<br>83.798(2) | N M L K |
| 5 | −1, +1<br>37 Rb 铷<br>$5s^1$<br>85.4678(3) | +2<br>38 Sr 锶<br>$5s^2$<br>87.62(1) | +3<br>39 Y 钇<br>$4d^15s^2$<br>88.90584(2) | +1, +2, +3, +4<br>40 Zr 锆<br>$4d^25s^2$<br>91.224(2) | 0, ±1, +2, +3, +4, +5<br>41 Nb 铌<br>$4d^45s^1$<br>92.90637(2) | 0, ±1, ±2, +3, +4, +5, +6<br>42 Mo 钼<br>$4d^55s^1$<br>95.95(1) | 0, ±1, +2, +3, +4, +5, +6, +7<br>43 Tc 锝▲<br>$4d^55s^2$<br>97.90721(3)✦ | 0, +1, ±2, +3, +4, +5, +6, +7, +8<br>44 Ru 钌<br>$4d^75s^1$<br>101.07(2) | 0, ±1, +2, +3, +4, +5, +6<br>45 Rh 铑<br>$4d^85s^1$<br>102.90550(2) | 0, +1, +2, +3, +4<br>46 Pd 钯<br>$4d^{10}$<br>106.42(1) | +1, +2, +3<br>47 Ag 银<br>$4d^{10}5s^1$<br>107.8682(2) | +1, +2<br>48 Cd 镉<br>$4d^{10}5s^2$<br>112.414(4) | +1, +3<br>49 In 铟<br>$5s^25p^1$<br>114.818(1) | +2, +4<br>50 Sn 锡<br>$5s^25p^2$<br>118.710(7) | −3, +3, +5<br>51 Sb 锑<br>$5s^25p^3$<br>121.760(1) | −2, +2, +4, +6<br>52 Te 碲<br>$5s^25p^4$<br>127.60(3) | −1, +1, +3, +5, +7<br>53 I 碘<br>$5s^25p^5$<br>126.90447(3) | +2, +4, +6, +8<br>54 Xe 氙<br>$5s^25p^6$<br>131.293(6) | O N M L K |
| 6 | −1, +1<br>55 Cs 铯<br>$6s^1$<br>132.90545196(6) | +2<br>56 Ba 钡<br>$6s^2$<br>137.327(7) | 57~71<br>La~Lu<br>镧系 | +1, +2, +3, +4<br>72 Hf 铪<br>$5d^26s^2$<br>178.49(2) | 0, ±1, +2, +3, +4, +5<br>73 Ta 钽<br>$5d^36s^2$<br>180.94788(2) | 0, ±1, ±2, +3, +4, +5, +6<br>74 W 钨<br>$5d^46s^2$<br>183.84(1) | 0, ±1, +2, +3, +4, +5, +6, +7<br>75 Re 铼<br>$5d^56s^2$<br>186.207(1) | 0, +1, +2, +3, +4, +5, +6, +7, +8<br>76 Os 锇<br>$5d^66s^2$<br>190.23(3) | 0, ±1, +2, +3, +4, +5, +6<br>77 Ir 铱<br>$5d^76s^2$<br>192.217(3) | 0, +2, +3, +4, +5, +6<br>78 Pt 铂<br>$5d^96s^1$<br>195.084(9) | +1, +2, +3, +5<br>79 Au 金<br>$5d^{10}6s^1$<br>196.966569(5) | +1, +2, +3<br>80 Hg 汞<br>$5d^{10}6s^2$<br>200.592(3) | +1, +3<br>81 Tl 铊<br>$6s^26p^1$<br>204.38 | +2, +4<br>82 Pb 铅<br>$6s^26p^2$<br>207.2(1) | −3, +3, +5<br>83 Bi 铋<br>$6s^26p^3$<br>208.98040(1) | −2, +2, +3, +4, +6<br>84 Po 钋<br>$6s^26p^4$<br>208.98243(2)✦ | ±1, +5, +7<br>85 At 砹<br>$6s^26p^5$<br>209.98715(5)✦ | +2<br>86 Rn 氡<br>$6s^26p^6$<br>222.01758(2)✦ | P O N M L K |
| 7 | +1<br>87 Fr 钫▲<br>$7s^1$<br>223.01974(2)✦ | +2<br>88 Ra 镭<br>$7s^2$<br>226.02541(2)✦ | 89~103<br>Ac~Lr<br>锕系 | 104 Rf 𬬻▲<br>$6d^27s^2$<br>267.122(4)✦ | 105 Db 𬭊▲<br>$6d^37s^2$<br>270.131(4)✦ | 106 Sg 𬭳▲<br>$6d^47s^2$<br>269.129(3)✦ | 107 Bh 𬭛▲<br>$6d^57s^2$<br>270.133(2)✦ | 108 Hs 𬭶▲<br>$6d^67s^2$<br>270.134(2)✦ | 109 Mt 鿏▲<br>$6d^77s^2$<br>278.156(5)✦ | 110 Ds 𫟼▲<br>281.165(4)✦ | 111 Rg 𬬭▲<br>281.166(6)✦ | 112 Cn 鿔▲<br>285.177(4)✦ | 113 Nh 鿭▲<br>286.182(5)✦ | 114 Fl 𫓧▲<br>289.190(4)✦ | 115 Mc 镆▲<br>289.194(6)✦ | 116 Lv 𫟷▲<br>293.204(4)✦ | 117 Ts 鿬▲<br>293.208(6)✦ | 118 Og 鿫▲<br>294.214(5)✦ | Q P O N M L K |

| ★ 镧系 | +3<br>57 La★ 镧<br>$5d^16s^2$<br>138.90547(7) | +2, +3, +4<br>58 Ce 铈<br>$4f^15d^16s^2$<br>140.116(1) | +3, +4<br>59 Pr 镨<br>$4f^36s^2$<br>140.90766(2) | +2, +3, +4<br>60 Nd 钕<br>$4f^46s^2$<br>144.242(3) | +3<br>61 Pm 钷▲<br>$4f^56s^2$<br>144.91276(2)✦ | +2, +3<br>62 Sm 钐<br>$4f^66s^2$<br>150.36(2) | +2, +3<br>63 Eu 铕<br>$4f^76s^2$<br>151.964(1) | +3<br>64 Gd 钆<br>$4f^75d^16s^2$<br>157.25(3) | +3, +4<br>65 Tb 铽<br>$4f^96s^2$<br>158.92535(2) | +3, +4<br>66 Dy 镝<br>$4f^{10}6s^2$<br>162.500(1) | +3<br>67 Ho 钬<br>$4f^{11}6s^2$<br>164.93033(2) | +3<br>68 Er 铒<br>$4f^{12}6s^2$<br>167.259(3) | +2, +3<br>69 Tm 铥<br>$4f^{13}6s^2$<br>168.93422(2) | +2, +3<br>70 Yb 镱<br>$4f^{14}6s^2$<br>173.045(10) | +3<br>71 Lu 镥<br>$4f^{14}5d^16s^2$<br>174.9668(1) |
|---|---|---|---|---|---|---|---|---|---|---|---|---|---|---|---|
| ★ 锕系 | +3<br>89 Ac★ 锕<br>$6d^17s^2$<br>227.02775(2)✦ | +3, +4<br>90 Th 钍<br>$6d^27s^2$<br>232.0377(4) | +3, +4, +5<br>91 Pa 镤<br>$5f^26d^17s^2$<br>231.03588(2) | +2, +3, +4, +5, +6<br>92 U 铀<br>$5f^36d^17s^2$<br>238.02891(3) | +3, +4, +5, +6, +7<br>93 Np 镎<br>$5f^46d^17s^2$<br>237.04817(2)✦ | +3, +4, +5, +6, +7<br>94 Pu 钚<br>$5f^67s^2$<br>244.06421(4)✦ | +2, +3, +4, +5, +6<br>95 Am 镅▲<br>$5f^77s^2$<br>243.06138(2)✦ | +3, +4<br>96 Cm 锔▲<br>$5f^76d^17s^2$<br>247.07035(3)✦ | +3, +4<br>97 Bk 锫▲<br>$5f^97s^2$<br>247.07031(4)✦ | +2, +3, +4<br>98 Cf 锎▲<br>$5f^{10}7s^2$<br>251.07959(3)✦ | +2, +3<br>99 Es 锿▲<br>$5f^{11}7s^2$<br>252.0830(3)✦ | +2, +3<br>100 Fm 镄▲<br>$5f^{12}7s^2$<br>257.09511(5)✦ | +2, +3<br>101 Md 钔▲<br>$5f^{13}7s^2$<br>258.09843(3)✦ | +2, +3<br>102 No 锘▲<br>$5f^{14}7s^2$<br>259.1010(7)✦ | +3<br>103 Lr 铹▲<br>$5f^{14}6d^17s^2$<br>262.110(2)✦ |